鋼橋
鋼橋および合成橋の概念と設計
Steel Bridges
Conceptual and Structural Design of Steel and Steel-Concrete Composite Bridges

Jean-Paul Lebet, Manfred A. Hirt

ジャン-ポール・ルベ／マンフレッド・ヒルト〈著〉

山田健太郎〈訳〉

鹿島出版会

Originally published in French under the title

PONTS EN ACIER (TGC volume 12)
Edited by
Jean-Paul Lebet & Manfred A. Hirt

Copyright © 2009 Presses polytechniques et universitaires romandes, Lausanne
All rights reserved.
Japanese translation rights arranged through Japan UNI Agency, Inc., Tokyo.

訳者まえがき

　世界最初の鉄の橋アイアンブリッジ（1779 年）は、鋳鉄でつくられ、支間 30m 程度であった。その後の材料の改良（錬鉄、鋼）と設計法や構造詳細、および製作や架設の技術的な進歩もあって、支間が 2,000m を超える長大橋も可能となった。日本は、本州四国連絡橋を完成させたことから世界でも高い長大橋の技術を擁する国となった。一般的によく用いられる中小支間の鋼橋も、建設コストの削減や耐久性の向上に向けて、鋼橋技術者による改良が加えられてきた。例えば、少数主桁橋や狭小箱桁橋、PC 床版をはじめとする床版の改良などが挙げられる。いずれも日本で独自の進化を遂げてはいるが、そのルーツをたどると欧州の鋼橋に行き着く。そういった欧州の鋼橋の設計の基本を知りたいと感じていたのは、私だけではない。

　この本の著者の Manfred Hirt 教授と Jean-Paul Lebet 教授は、スイス工科大学ローザンヌ（EPFL）の鋼構造研究所（ICOM）の所長をつとめ、私が 1979 年 11 月から 14 か月間、滞在したときからの友人である。その後もたびたびスイスと日本で交流を深めてきた。2009 年に訪問したとき、この本の日本語への翻訳を勧められた。当時の ICOM の研究テーマが、鋼の座屈問題、合成構造、火災に対する安全性、疲労の問題であった。その成果が、この本の随所に見られる。

　この本は、学部や大学院向けに書かれており、基礎的な内容が多いが、実務でもおおいに参考になることから技術者からの評価も高いという。中を見ると、いかにもスイス的な几帳面で分かりやすい図がたくさん盛り込まれている。日本の鋼橋の設計法や構造詳細をもう一度見直すときに大きなヒントが得られると感じて、ぜひ日本にも紹介したいと考えた。

　ただ、フランス語からの翻訳は難しく、一度は断った。幸運にも、その旅先で有能なフランス語通訳兼翻訳家の犬飼玲子氏にお会いできた。お聞きすると、橋の専門家ではないが翻訳は可能ということで、翻訳をお願いした。そのときは、橋の専門用語をチェックすることで修正が可能だと考えていた。始めてみると、基本的な設計の考え方や構造詳細が日本のものとは大きく違い、一筋縄ではいかないことがわかった。その後、2013 年には、英語訳が出版された。Hirt 教授、Lebet 教授との約束を果たすため、英語版からの見直しを進めてこの日本語版が完成した。作業が大幅に遅れたのは、ひとえに訳者の責任である。

　フランス語版からの翻訳のチェックの過程で、多くの鋼橋の技術者に貴重なご意見を頂いた。ここにお名前を記すことはしないが、この方々のご協力がなければ、日本語訳は出版できなかったと思い、深く感謝します。また、名古屋大学教授舘石和雄氏には、大きな支えを頂いた。

　最後に、この日本語版の出版では、鹿島出版会の橋口聖一氏には忍耐強い励ましをいただき、大変感謝しております。

名古屋、2016 年 5 月

山田健太郎

英語版の訳者序文

　私の学位論文の指導教授であり研究仲間であったスイス工科大学ローザンヌ（EPFL）の Manfred Hirt 教授と Jean-Paul Lebet 教授の書かれた本を翻訳できることは、私にとってこの上ない光栄なことである。完成させるのにかなりな時間を要したが、それは、この本が野心的であることを意味している。この本は、学生と実務者の両方に向けて書かれ、その両者を満足させる内容となっている。

　この本は、PPUR の TGC シリーズの他の本と同様に、EPFL の鋼構造研究所（ICOM）の教員の講義にもとづいている。さらに、ICOM の構成員と実業界のパートナーとの長い交流の成果が含まれており、読者である学生と技術者に、基本理論に加えて実務的な指針を与えている。また、ICOM で実施された研究にもとづいて、最新の技術に関する知識も提供している。

　この本の原本は、フランスで「2010 年 Roberval 賞」を受賞したことでも、その質の高さを証明している。この賞は、フランス語で書かれた理工系の高等教育の本の分野で、17 か国から提出された 127 冊の候補から選ばれたものである。

　この英語版は、Eurocode（ユーロコード）に沿った技術的な情報を与えている。これは、英語（U.K.）を母国語とする私にとって、ユーロコードの技術用語の制約のもとで、地球上の他の英語圏の人にその内容をきちっと伝えることは、大きな挑戦であった。言葉は、しばしば時間や流行とともに進化や変化する生き物であり、個人的な好みにも依存する。私の最大の目的は、内容を正確に伝えることであり、その点に関しては成功して原本の質を正しく伝えていると考えている。

Ascot UK, 2013 年 4 月

Graham Coucham

序　文

　この本は、EPFL 出版から出版され、英語版は PPUR 印刷で印刷された。この本は、「土木工学への道」（TGC）のもとにフランス語で出版された 25 冊のシリーズの一つで、そのうちの 3 冊は鋼構造に関するものである。

　その第 12 巻は、スイス工科大学ローザンヌ（EPFL）の講義をもとに、理論と鋼構造研究所（ICOM）で実施された研究、および産業界との交流にもとづくものである。ここでは、鋼橋と鋼コンクリート合成橋の基本的な考え方と設計について示すが、それらは TGC 第 10 巻で示す基本原理と設計に沿っている。TGC の第 10 巻から第 12 巻は、学生が講義や演習を行うときや、実務者がより深くそのテーマを探るときに有用となる。これらの内容は、鋼構造物の設計一般、特に工場や事務棟、および橋に適用される。

　橋の内容は多岐にわたり、すべての橋梁形式やその設計についてこの本で述べることはできない。むしろ、この本では桁橋に焦点をあて、設計の考え方と構造安全性と使用性を確保するために考える基本的な事柄を強調することにする。この考え方は、他の構造形式にも拡張して適用できる。この本では、はじめに道路橋について詳細に示し、さらに鉄道橋や歩行者、自転車のための橋（歩道橋）に特有な点について述べる。

　この本は、5 部に分かれる。最初は、橋の概要で、専門用語や鋼橋の歴史的背景について示す。第 2 部では、鋼橋と鋼コンクリート合成橋の主部材と構造詳細についての基本設計について示す。ここでは、橋を架設する異なるプロセス、その中でも特に橋が持つべき品質について示す。特に、この章では材料の選択と架設方法が基本設計に影響することにも触れる。第 3 部では、鋼と合成橋の構造部材の解析と設計について示す。そこでは、まず読者にキーとなる設計原理を復習し、道路橋では異なる荷重を考慮することを理解する。そして、構造安全性と使用性を保証するのに必要な照査を明確にする。この照査は、スイス（SIA）や欧州（ユーロコード）の最近の指針に示される原理に沿って行う。第 4 部では、他の形式の橋、すなわち鉄道橋や歩道橋、およびアーチ橋に特有な考え方や挙動について示す。歩道橋の動的挙動については、特に詳しく説明する。最後は、合成桁の数値計算例を示す。ここでは、理論を補強するためにいろいろな照査に数値を適用して、計算や設計の重要なステップを示す。

　謝辞
　フランス語版は、鋼構造研究所（ICOM）につながる数多くの方々による仕事の成果によるものである。著者は、これに関与されたすべての方々に感謝する。特に、Michael Thomann は、他の橋梁形式に関する数章の下書きをまとめてくれた。また、Joel Raoul は、この本の初校を丁寧に読んでコメントしてくれた。Marcel Tschumi には、鉄道橋の章に貴重な助言をいただいた。Yves Rey, Dimitrios Papastergiou, Michel Chrisinel, Laurance Davaine には、数値計算の部分にコメントと補助をいただいた。ここに記して感謝します。

　鋼橋と合成橋の考え方や設計は、明快で正確な図や魅力的なレイアウトがなくては、説明ができない。著者は、この本の図を細心の注意を払って作成してくれた Claudio

Leonardi に感謝する。

　この本を翻訳する仕事を引き受け、それをうまく遂行するために個人的な時間と能力を最大限に使ってくれた Graham Couchman には特に感謝します。

　レイアウトや文章の修正は、Anne Kummli が行い、Emily Lundin が校正した。全体の管理は、PPUR の Christophe Borlat が行った。この方たちに加えて、EPFL 出版の主任 Frederic Fenter と PPUR の管理者 Olivier Babel は、この本の出版に対して、忍耐強い支持とお世話をいただいたことに対する感謝の気持ちを受け取って欲しい。

Lausanne, 2013 年 4 月

Jean-Paul Lebet and **Manfred A. Hirt**

目　次

訳者まえがき ·· *i*
英語版の訳者序文 ·· *iii*
序文 ··· *v*

I 部　鋼橋の概説

1 章　概要 ·· *1*
   1.1　本書の目的 ·· *2*
   1.2　本書の構成と内容 ·· *2*
   1.3　参考文献 ·· *3*
      1.3.1　規準と指針 ··· *3*
      1.3.2　その他の参考文献 ·· *4*
   1.4　本書の記述についての決まり ··· *5*
      1.4.1　用語と印字法 ·· *5*
      1.4.2　座標軸 ·· *6*
      1.4.3　記法と記号 ··· *6*
      1.4.4　単位 ·· *7*

2 章　橋について ·· *9*
   2.1　概要 ··· *10*
   2.2　橋の分類 ··· *10*
      2.2.1　使用の形態 ··· *10*
      2.2.2　橋の平面形状 ·· *11*
      2.2.3　構造形式 ··· *12*
      2.2.4　床版の種類 ··· *14*
      2.2.5　断面形状 ··· *14*
      2.2.6　床版の位置 ··· *15*
      2.2.7　鋼橋の架設 ··· *15*
      2.2.8　床版の施工 ··· *17*
   2.3　構造要素 ··· *17*
      2.3.1　上部構造 ··· *17*
      2.3.2　下部構造 ··· *19*
   2.4　他の要素 ··· *19*
      2.4.1　支承 ·· *20*

  2.4.2 路面と伸縮装置 ·· *20*
  2.4.3 排水装置 ·· *21*

3 章 鋼橋と合成桁橋の歴史 ·· *23*

 3.1 概要 ··· *24*
 3.2 橋の建設の歴史 ··· *24*
 3.3 支間長の変遷 ·· *36*

II 部 鋼橋の設計

4 章 橋の基本設計の基礎 ··· *39*

 4.1 概要 ··· *40*
 4.2 工事の遂行 ··· *41*
  4.2.1 予備調査 ·· *42*
  4.2.2 設計案の選定 ·· *42*
  4.2.3 最終の設計案 ·· *43*
  4.2.4 入札 ··· *43*
  4.2.5 施工 ··· *43*
 4.3 橋の工事のための情報 ·· *43*
  4.3.1 使用性の要求性能 ··· *44*
  4.3.2 橋に関する情報 ·· *44*
  4.3.3 建設現場の情報 ·· *45*
 4.4 設計の要件 ··· *46*
  4.4.1 信頼性 ·· *46*
  4.4.2 強度、強靭さ（robustness） ·· *47*
  4.4.3 耐久性 ·· *47*
  4.4.4 美観 ··· *48*
  4.4.5 経済性 ·· *50*
 4.5 材料の特性と選択 ··· *51*
  4.5.1 鋼材の規格と品質 ··· *51*
  4.5.2 溶接性 ·· *54*
  4.5.3 TMCP 鋼 ·· *54*
  4.5.4 鋼橋に用いられる鋼材 ·· *55*
  4.5.5 鋼の防食 ·· *56*

5 章 橋の構造 ··· *61*

 5.1 概要 ··· *62*
 5.2 荷重の伝達 ··· *63*
 5.3 橋軸方向の構造形式 ·· *64*
  5.3.1 支間の影響 ··· *65*
  5.3.2 鈑桁と箱桁橋 ·· *67*

	5.3.3 トラス橋	69
	5.3.4 桁橋の橋軸方向の形	70
	5.3.5 曲線橋	72
5.4	断面の構造	73
	5.4.1 横構	73
	5.4.2 桁橋の断面形状	74
5.5	断面の種類	76
	5.5.1 開断面	76
	5.5.2 閉断面	77
5.6	対傾構	78
	5.6.1 対傾構の役割	78
	5.6.2 対傾構の種類	79
5.7	横構	81
	5.7.1 横構の機能	81
	5.7.2 横構の形式	82

6章　構造詳細　　85

6.1	概要	86
6.2	橋の構造詳細	86
6.3	鈑桁	89
	6.3.1 溶接の詳細	89
	6.3.2 補剛材	91
6.4	対傾構	95
	6.4.1 ラーメン形式の対傾構	95
	6.4.2 トラス形式の対傾構	97
	6.4.3 ダイアフラム形式の対傾構	99
6.5	横構	99
6.6	トラス桁	100
6.7	鋼床版	102
6.8	他の構造要素	103

7章　鋼橋の製作と架設　　105

7.1	概要	106
7.2	工場での製作	106
	7.2.1 鋼材の入荷と準備	106
	7.2.2 構造部材の製作	106
	7.2.3 溶接	107
	7.2.4 防食	107
7.3	輸送	107
7.4	現場での組立て	108
7.5	鋼橋の架設	109
	7.5.1 鋼橋の架設の特徴	110

	7.5.2	地上からのクレーンによる架設	110
	7.5.3	張出し架設	112
	7.5.4	送出し架設	114
	7.5.5	鋼桁全体または大きなブロックの一括架設	120
7.6		許容誤差	121

8章　合成桁の床版 … 123

8.1		概要	124
8.2		床版の設計	124
	8.2.1	床版の役割	124
	8.2.2	一般的な形状	125
8.3		細部構造	126
	8.3.1	防水層と舗装	126
	8.3.2	地覆と壁高欄	127
	8.3.3	床版と鋼桁の連結	128
8.4		コンクリート床版の架設	130
	8.4.1	場所打ち床版	130
	8.4.2	床版の送出し架設	132
	8.4.3	プレキャスト床版	134
	8.4.4	床版の架設方法が橋の設計に与える影響	136
	8.4.5	床版の架設方法が橋脚の荷重に与える影響	138
8.5		床版のひび割れ	139
	8.5.1	ひび割れの原因	139
	8.5.2	コンクリートの硬化の影響	140
	8.5.3	コンクリートの打設順序の影響	142
8.6		橋軸方向のプレストレスの導入	144
	8.6.1	プレストレスの方法の選択	145
	8.6.2	プレストレスの損失の簡略な計算法	148

Ⅲ部　桁橋の構造解析と断面決定

9章　設計の基本 … 151

9.1		概要	152
9.2		橋のライフサイクルと書類	152
9.3		プロジェクトの遂行	154
	9.3.1	協定仕様書	154
	9.3.2	基本計画書	154
	9.3.3	基本設計	156
	9.3.4	構造解析	156
	9.3.5	構造設計	157
9.4		作用	158
9.5		使用限界状態の照査（SLS）	159

9.5.1	照査の基本	159
9.5.2	荷重ケース	159
9.5.3	使用限界	160

9.6　終局限界状態の照査（ULS） ……… 161

9.6.1	照査の基本	161
9.6.2	荷重ケース	162
9.6.3	設計終局強度	163

10 章　荷重と作用 ……… 165

10.1　概要 ……… 166
10.2　長期荷重（死荷重）と長期効果 ……… 166

10.2.1	主構造の自重	166
10.2.2	非構造部材の自重	167
10.2.3	収縮、クリープ、プレストレス	167
10.2.4	支点の沈下	168
10.2.5	土圧と水圧の作用	168

10.3　交通荷重 ……… 168

10.3.1	道路橋	168
10.3.2	その他の橋	171

10.4　気象に起因する荷重 ……… 171

10.4.1	風荷重	171
10.4.2	温度の影響	172
10.4.3	雪荷重	174

10.5　架設時の荷重 ……… 174
10.6　特殊な荷重 ……… 174

10.6.1	地震の影響	174
10.6.2	衝突	177

10.7　支承からの摩擦と拘束による力 ……… 180

10.7.1	すべり支承とローラー支承	180
10.7.2	ゴム支承	181

11 章　桁橋の断面力 ……… 183

11.1　概要 ……… 184
11.2　桁橋のモデル化 ……… 184

11.2.1	構造モデル	184
11.2.2	曲げモーメント	187
11.2.3	せん断力	188
11.2.4	ねじりモーメント	188

11.3　ねじり ……… 191

11.3.1	概要	191
11.3.2	純ねじり	192
11.3.3	反りねじり	194

	11.3.4　複合ねじり	198
11.4	閉断面の直線橋	200
	11.4.1　ねじりに対する挙動	200
	11.4.2　断面力の計算	201
11.5	開断面の直線橋	202
	11.5.1　ねじりに対する挙動	202
	11.5.2　橋軸直角方向の影響線	202
	11.5.3　横構の効果	209
	11.5.4　断面力の計算	210
11.6	斜橋	212
	11.6.1　斜角の影響	212
	11.6.2　閉断面	212
	11.6.3　開断面	216
11.7	曲線橋	218
	11.7.1　曲線の影響	218
	11.7.2　微分方程式	219
	11.7.3　閉断面	221
	11.7.4　閉断面の簡易計算法	224
	11.7.5　開断面	227

12 章　鋼桁　231

12.1	概要	232
12.2	曲げに対する抵抗	233
	12.2.1　概要	233
	12.2.2　圧縮フランジのウェブ内への鉛直座屈	233
	12.2.3　圧縮フランジの回転座屈	235
	12.2.4　桁の横座屈	236
	12.2.5　ウェブの局部座屈	240
	12.2.6　構造安全性の照査（ULS）	244
	12.2.7　計算例：曲げ強度	244
12.3	せん断強度	247
	12.3.1　概要	247
	12.3.2　弾性挙動（座屈前）の強度	248
	12.3.3　後座屈挙動の効果	249
	12.3.4　構造安全性の照査（ULS）	254
	12.3.5　計算例：せん断強度	254
12.4	組合せ力による強度	255
	12.4.1　相互干渉の条件	255
	12.4.2　構造安全性の照査（ULS）	256
	12.4.3　計算例：組合せ力での桁の強度	256
12.5	集中荷重に対する耐荷力	257
	12.5.1　移動する集中荷重に対する耐荷力	258
	12.5.2　構造安全性の照査（ULS）	259

12.6 補剛材	260
12.6.1 中間補剛材	260
12.6.2 中間支点上の補剛材	261
12.6.3 端支点の補剛材	261
12.6.4 水平補剛材	263
12.7 疲労	264
12.7.1 疲労強度	264
12.7.2 照査	265
12.7.3 ウェブのブレッシング	268
12.8 箱桁	268
12.8.1 箱桁と鈑桁の違い	268
12.8.2 補剛材のない箱桁	269
12.8.3 補剛材のある箱桁	270
12.8.4 垂直補剛材	271

13章　合成桁　273

13.1 概要	274
13.2 合成桁橋に特有の荷重の効果	274
13.2.1 概要	274
13.2.2 収縮	275
13.2.3 温度	279
13.3 断面力の計算	281
13.3.1 原理	281
13.3.2 抵抗断面	282
13.3.3 ひび割れの影響	283
13.3.4 床版の有効幅	284
13.4 断面強度と構造安全性の照査（ULS）	285
13.4.1 断面の等級と抵抗モデル	285
13.4.2 弾性の耐荷力	286
13.4.3 塑性耐荷力	287
13.4.4 曲げに対する構造安全性の照査	290
13.4.5 せん断力と組合せの力による構造安全性の照査（ULS）	291
13.5 鋼とコンクリートの連結	292
13.5.1 橋軸方向のせん断	292
13.5.2 スタッドの強度	296
13.5.3 スタッドの数と配置	297
13.5.4 集中せん断力の導入	299
13.6 床版の橋軸方向のせん断	302
13.6.1 床版厚内の橋軸方向のせん断	303
13.6.2 スタッドの周囲の橋軸方向のせん断	305
13.6.3 橋軸方向のせん断と橋軸直角方向の曲げの相互作用	305
13.7 使用性の照査（SLS）	305
13.7.1 鋼桁の引張応力	305

13.7.2	たわみ	306
13.7.3	ひび割れ	306
13.7.4	振動	308

14 章　対傾構と横構 … 309

14.1　概要 … 310
14.2　荷重と作用 … 310
14.2.1　対傾構と横構の機能 … 310
14.2.2　風荷重 … 311
14.2.3　横座屈の拘束 … 312
14.2.4　曲線の影響 … 312
14.2.5　支承取り換え用の仮支点 … 314
14.3　対傾構の断面力 … 314
14.3.1　開断面の橋 … 315
14.3.2　閉断面の橋 … 318
14.4　横構に作用する力 … 322
14.4.1　水平力 … 322
14.4.2　横構の形状の影響 … 322
14.4.3　開断面の箱桁の横構 … 323
14.5　構造設計 … 324
14.5.1　構造安全性（ULS） … 324
14.5.2　最小寸法 … 326

15 章　全体の安定性 … 329

15.1　概要 … 330
15.2　考慮すべき作用 … 331
15.2.1　長期荷重 … 331
15.2.2　交通荷重 … 332
15.2.3　風荷重 … 332
15.2.4　地震 … 332
15.3　転倒に対する安定 … 332
15.3.1　この現象について … 332
15.3.2　構造安全性の照査（ULS） … 332
15.3.3　設計での対応 … 333
15.4　支点のアップリフト … 334
15.4.1　この現象について … 334
15.4.2　構造安全性の照査（ULS） … 334
15.4.3　設計での対応 … 334
15.5　遊動連続桁の橋軸方向の安定性 … 335
15.5.1　この現象について … 335
15.5.2　構造安全性の照査（ULS） … 336
15.5.3　設計での対応 … 339

IV部　その他の橋

16 章　鉄道橋 ……………………………………………………………………… *341*

16.1　概要 …………………………………………………………………… *342*
16.2　基本設計 ……………………………………………………………… *342*
16.2.1　橋軸方向の構造 ………………………………………………… *342*
16.2.2　橋軸直角方向の断面 …………………………………………… *345*
16.2.3　疲労と継手 ……………………………………………………… *348*
16.2.4　特殊な細部構造 ………………………………………………… *349*
16.2.5　美観 ……………………………………………………………… *349*
16.3　荷重と作用 …………………………………………………………… *350*
16.3.1　自重 ……………………………………………………………… *350*
16.3.2　列車荷重 ………………………………………………………… *350*
16.3.3　衝撃係数 ………………………………………………………… *351*
16.3.4　規格荷重モデルの分類のための係数 ………………………… *352*
16.3.5　脱線と衝突荷重 ………………………………………………… *352*
16.3.6　遮音壁に作用する列車風圧の影響 …………………………… *352*
16.3.7　温度 ……………………………………………………………… *353*
16.4　照査 …………………………………………………………………… *353*
16.4.1　構造安全性の照査（ULS） …………………………………… *353*
16.4.2　使用性の照査（SLS） ………………………………………… *353*

17 章　歩行者や自転車のための橋 ……………………………………………… *359*

17.1　概要 …………………………………………………………………… *360*
17.2　基本設計 ……………………………………………………………… *360*
17.2.1　構造 ……………………………………………………………… *360*
17.2.2　床版 ……………………………………………………………… *361*
17.3　荷重と作用 …………………………………………………………… *363*
17.3.1　自重 ……………………………………………………………… *363*
17.3.2　活荷重 …………………………………………………………… *363*
17.4　動的挙動 ……………………………………………………………… *363*
17.4.1　概要 ……………………………………………………………… *363*
17.4.2　基本設計と修正方法 …………………………………………… *364*
17.4.3　動的解析 ………………………………………………………… *365*
17.4.4　マスダンパーの設計 …………………………………………… *371*
17.4.5　照査と限界値 …………………………………………………… *374*
17.4.6　数値計算例 ……………………………………………………… *377*

18 章　アーチ橋 …………………………………………………………………… *379*

18.1　概要 …………………………………………………………………… *380*
18.2　形式と機能 …………………………………………………………… *381*

18.2.1　床版の位置 ································· 381
　　　18.2.2　構造系 ······································· 381
　　　18.2.3　アーチの数 ································· 382
　　　18.2.4　ライズ比 ··································· 382
　18.3　基本設計と構造部材 ····························· 382
　　　18.3.1　荷重の伝達経路 ·························· 382
　　　18.3.2　アーチ ······································· 383
　　　18.3.3　床版 ·· 383
　　　18.3.4　吊材 ·· 385
　　　18.3.5　アーチ間の横桁 ·························· 389
　18.4　架設 ··· 389
　　　18.4.1　ケーブルによる片持ち架設 ·········· 390
　　　18.4.2　半アーチの吊上げ、あるいは吊下げによる架設 ········ 390
　　　18.4.3　橋全体の組立て ·························· 391
　　　18.4.4　床版上でのアーチの架設 ············· 391
　18.5　構造解析 ·· 392
　　　18.5.1　断面力 ······································· 392
　　　18.5.2　非対称荷重と集中荷重 ················ 393
　　　18.5.3　アーチの安定 ······························ 396
　18.6　照査 ··· 400
　　　18.6.1　活荷重の位置 ······························ 400
　　　18.6.2　アーチの照査 ······························ 401

V部　実際の設計例

19章　合成桁橋の設計例 ································· 403

　19.1　概要 ··· 404
　19.2　橋の諸元 ·· 404
　　　19.2.1　橋の使用目的 ······························ 404
　　　19.2.2　側面外形と平面線形 ···················· 404
　　　19.2.3　コンクリート床版を含む代表的な断面 ···· 404
　　　19.2.4　主桁 ·· 405
　　　19.2.5　対傾構と補剛材 ·························· 406
　　　19.2.6　横構 ·· 406
　　　19.2.7　鋼とコンクリートの連結 ············· 406
　　　19.2.8　製作と架設 ································· 406
　　　19.2.9　材料 ·· 407
　19.3　予備設計 ·· 407
　　　19.3.1　鋼桁の桁高 ································· 408
　　　19.3.2　作用荷重 ···································· 408
　　　19.3.3　断面の形状 ································· 409
　19.4　リスクのシナリオと作用 ······················· 411
　　　19.4.1　リスクのシナリオと限界状態 ········ 412

19.4.2	作用	413
19.5	構造解析	414
19.5.1	活荷重の橋軸直角方向の位置	414
19.5.2	活荷重の橋軸方向の載荷位置	415
19.5.3	断面力	415
19.5.4	ひび割れとコンクリートの打設法	418
19.6	構造安全性の照査	419
19.6.1	抵抗断面の定義	419
19.6.2	架設中の径間の断面	420
19.6.3	完成系の中央径間の中央の断面	422
19.6.4	完成系の中間支点上の断面	424
19.6.5	補剛材の照査	428
19.7	鋼とコンクリートのずれ止めの設計	429
19.7.1	中間支点部の弾性強度	430
19.7.2	径間の塑性強度	431
19.8	疲労安全性の照査	433
19.8.1	径間の下フランジ	433
19.8.2	支点 P2 上の上フランジ	435
19.8.3	鋼とコンクリートのずれ止め	435
19.8.4	ウェブのブレッシング	436
19.9	使用性の照査（SLS）	437
19.9.1	快適性	437
19.9.2	外観	437
19.9.3	橋の機能	438

用語・記号説明 ……………………………………………………… 441
索引 ………………………………………………………………… 447

1章　概要

Inclined leg composite bridge between Varone and Loèche (CH) over the Dala river.
Eng. Zwahlen & Mayr, Aigle and Zumofen & Glenz AG, Steg.
Photo Zwahlen & Mayr, Aigle.

1.1 本書の目的

本書は『土木工学概論』シリーズ（Génie civil : Traité de génie civil de l'EPFL）の中の鋼構造に関する図書、以下3冊の第3巻目にあたる。

- 第10巻：鋼構造 —基本概念と構造設計—
  Construction métallique / Notions fondamentales et méthodes de dimensionnement
- 第11巻：鋼構造 —空間建築と高層建築の設計—
  Charpentes métalliques / Conception et dimensionnement des halles et bâtiments
- 第12巻：鋼橋 —鋼橋と合成桁橋の設計—
  Ponts en acier / Conception et dimensionnement des ponts métalliques et mixtes acier-béton

この3冊は、学生向けのテキストであると同時に、空間建築・高層建築、橋の構造に関して鋼構造の分野をできるだけ詳しく知りたい技術者にも役立つようになっており、鋼構造研究室ICOMの教授陣によるスイス連邦工科大学での講義ノートとICOMの講義録のプリント [1.1] [1.2] [1.3] [1.4] をもとに執筆された。

第12巻の目的は、鋼橋と合成桁橋の設計の解説である。橋の分野は広く、多岐にわたるため、各種構造物ついての詳細をここにすべて網羅することは当然不可能である。そこで、本書では主に桁橋について取り扱うことにし、設計、安全性のための基本的な考察、使用性、および照査法に重点を置いたが、本書の考察や原理は他のタイプの橋にも応用できるものである。道路橋について詳しく取り扱っているが、本書の後段では鉄道橋、さらに歩道橋や自転車道橋にも話を広げている。

橋の設計については、スイスでの実績と実験 [1.5] をもとにしているが、鋼構造の長い伝統をもつ他の国（アメリカ合衆国 [1.6]、フランス [1.7]、イギリス [1.8] [1.9]、ドイツ [1.10]）での実績・実験も参考にした。形式決定の原理についてもスイスでの実績（SIA規準）に基づき、新しい規準（ユーロコード）を反映したヨーロッパでの実績にも基づいている。本書の最後に、合成桁橋の設計例を掲載し、本書で取り組んだ内容をできる限り具体的な方法で示した。

本書の内容の理解と応用には、『土木工学概論』シリーズの第10巻で取り上げた基本概念と構造設計、ならびに第11巻で述べた設計法が、基礎として必要である。

1.2 本書の構成と内容

本書は全19章で構成され、全体は5部に分けられる（**表1.1**）。以下がその内容である。

- I部「鋼橋の概説」では、橋特有の用語に親しみながら橋の分野への入門を図る。I部は、1章に概要、2章に橋の分類および橋各部材の特徴、3章に鋼橋と合成桁橋の歴史の図解入り説明で構成される。
- II部「鋼橋の設計」では、4章で橋の基本設計に必要な設計の基本に触れ、5章では橋の構造の様々な方式と各構造部材の役割について論じる。6章は、桁橋の主な構造詳細と最適設計の重要な要素について説明する。7章は鋼部材の製造と架設について、8章では鉄筋コンクリート床版の設計と架設についてである。II部では計算は一切使わず、技術者にとっては設計の基本として実際的で安定な構造を理解できる。
- III部「桁橋の構造解析と断面決定」は、内部応力の計算と構造上の安全と使用性を保証するための照査を取り扱う。9章は断面決定の基本の再確認を、10章は橋に作用する荷重の説明、11章では橋の変形挙動を学び、断面力の計算を扱う。12章は鋼桁

表 1.1　本書の構成

部	章
I 部　鋼橋の概説	1 章　概要 2 章　橋について 3 章　鋼橋と合成桁橋の歴史
II 部　鋼橋の設計	4 章　橋の基本設計の基礎 5 章　橋の構造 6 章　構造詳細 7 章　鋼橋の製作と架設 8 章　剛性桁の床版
III 部　桁橋の構造解析と断面決定	9 章　設計の基本 10 章　荷重と作用 11 章　桁橋の断面力 12 章　鋼桁 13 章　合成桁 14 章　対傾構と横構 15 章　全体の安定性
IV 部　その他のタイプの橋	16 章　鉄道橋 17 章　歩行者や自転車のための橋 18 章　アーチ橋
V 部　実際の設計例	19 章　合成桁橋の設計例

の照査、13 章は合成桁の照査、14 章は対傾構と横構の照査、15 章は構造物全体の安定性の照査について述べる。
- IV 部「その他のタイプの橋」に関して、16 章は鉄道橋、17 章は歩道橋と自転車橋など特殊な用途の橋の設計や断面決定の特性、18 章では、アーチ橋のようによく使われる構造の特性について説明する。
- V 部は、「合成桁橋の設計例」という形で、本書で取り扱う主な基礎知識と照査法を、数値計算例で検証する。

本書では、構造物の下部構造（橋台、橋脚、基礎）の設計は扱わない。下部構造に関しては、コンクリート橋に当てられている『土木工学概論』シリーズの第 9 巻で扱う。

1.3　参考文献

1.3.1　規準と指針

『土木工学概論』シリーズの第 1 巻から第 5 巻で扱う材料の強度と耐荷力の基本事項に加えて、第 10 巻と第 11 巻で取り扱った鋼構造の基本事項は、計算規準と合わせて本書の各章で取り上げる理論的考察の基礎となる。計算規準については、各国それぞれの規準があり、それは断面決定に影響を及ぼす。本書ではスイス技術者・建築家協会（SIA）がチューリッヒにて発行したスイスの規準の中の断面決定の規則に則った（www.sia.ch）。したがって、以下の規準を参考にした。

- SIA 260　「構造設計の基本」 "Bases pour l'élaboration des projets de structures porteuses"(2003)
- SIA 261　「構造物の設計荷重」 "Actions sur les structures porteuses" (2003)
- SIA 262　「コンクリート構造」 "Construction en béton" (2003)
- SIA 263　「鋼構造」 "Construction en acier" (2003)
- SIA 264　「鋼・コンクリート複合構造」 "Construction mixte acier-béton" (2003)
- SIA 269　「構造物保全の基本」 « Bases pour la maintenance des structures porteuses » (2009)

SIA 規準は、特に計算方法に関して、ユーロコードの手引きを参照する場合があり（SIA 規準は特に原則や規則を提示している）、本書も CEN がブリュッセルで発行した以下の文書に基づいている（www.cenorm.be）。
- EN /1990　Eurocode "Basis of structural design" (2002)
- EN 1991　Eurocode 1 "Actions on structures" (部分により 2002-2006)
- EN 1992　Eurocode 2, Part 2 "Design of concrete structures – Concrete bridges – Design and detailing rules" (2005)
- EN 1993　Eurocode 3, Part 2 "Design of steel structures – Steel bridges" (2006)
- EN 1994　Eurocode 4, Part 2 "Design of composite steel and concrete structures – General rules and rules for bridges" (2005)

上記の規準以外に、スイス鋼構造センター（SZS）による出版物もいくつか参照した（www.szs.ch）。これらの出版物は、鋼の部材や接合部（溶接、ボルト、ずれ止め）と継手の強度や構造部材の耐荷力（種々の座屈や合成断面を考慮）の値について大変参考になる。それらは、さらに鋼構造物の設計、製作、架設、鋼部材の防食方法についてのガイドとなる。主要なものは、以下のものである。
- SZS B3　鋼構造物の防食　"Protection de surface des constructions métalliques" (1992)
- SZS C4.1　鋼管構造物のデザインチャート　"Tables de dimensionnement pour la construction métallique" (2006)
- SZS C5　設計チャート　"Tables de construction" (Design Tables) (2005)

上記の文書（SIA 規準、ユーロコード、SZS の出版物）および『土木工学概論』シリーズの各巻は、本書全体の参考文献となるため、各章末の参考文献のリストには含まれていないが、本文で [ ] 内に示された文献は、表出順に各章末の文献リストに挙げた。

1.3.2　その他の参考文献

上記の書籍、規準、指針や一覧以外に、本書は鋼構造と同時に設計や断面決定に関する多数の基本図書、シリーズ、定期刊行物を参考にしている。ここにそのすべてを掲載することはできないが、鋼橋と鋼・コンクリート合成桁橋に関する主な参考文献として以下のものを挙げておく。

書籍

Construire en acier 2 [1.5]：スイスと諸外国の実施例を提示している。スイス鋼構造センター（SZS）発行。

Bridge Engineering Handbook [1.6]：橋梁構造についてまとめたアメリカの本。

Construction métallique et mixte acier-béton, vol. 1 & 2 [1.7]：鋼構造と鋼・コンクリート複合構造についての本。フランスの鋼構造教育推進協会（APK）による。

Steel Designers' Manual [1.8]：イギリスの鋼構造のマニュアル。

European Steel Design Education Programme (ESDEP) [1.9]：全 29 巻シリーズの第 12 巻と第 15 巻。このシリーズはユーロコードをもとにして書かれ、鋼構造研究所（SCI）より出版。

Handbuch Brücken [1.10]：設計、断面決定、構造物保全の基本についての本。

国際的な出版物

IABSE：国際構造工学会。定期刊行物の刊行、構造物テーマとした出版物、講演会記録年刊（www.iabse.org）。

ECCS：ベルギー・ブリュッセルにあるヨーロッパ鋼構造協会。鋼構造の計算と施工に関するガイドライン、指針、マニュアル、啓蒙書などを発行（www.steelconstruct.com）
CIDECT：パイプ構造の研究開発国際委員会。鋼管構造についての技術ガイドを出版（www.cidect.com）。
Construiracier（旧 OTUA）：フランス鉄鋼技術協会。鋼とその使用についての様々な問題についての定期刊行物およびテーマ別刊行物（www.construiracier.fr）。
SCI：イギリス・アスコットにある鋼構造協会。形状決定、鋼部材の施工、構造、標準規格についての多くの出版物あり（www.steel-sci.org）。
Stahlbau-Kalender：鋼構造の計算と形状決定の新トピックを毎年刊行するマニュアルシリーズ。Ernst & Sohn GmbH & Co. KG、ドイツ・ベルリン（www.ernst-und-sohn.de）。

定期刊行物

Advantage Steel, Canadian Institute of Steel Construction, Willowdale, Ontario, Canada (www.cisc-icca.ca).

Bauen in Stahl – Construire en acier – Costruire in acciaio, 2003 年まで。2004 年からは steeldoc, スイス鋼構造センター（SZS）発行の資料 , Zurich, Suisse (www.szs.ch)。

Bridge Design & Engineering, Editorial Office, Huntingdon House, U.K.(www.bridgeweb.com).

Bulletin Ponts Métalliques, OTUA, Paris-la-Défense, France (www.otua.org).

Construction métallique, Centre technique industriel de la construction métallique (CTICM), St-Rémy-lès-Chevreuse, France (www.cticm.com).

Costruzioni Metalliche, ACS-ACAI Servizi Srl, Milan, Italie (www.acaiacs.it).

Journal of Bridge Engineering, American Society of Civil Engineers (ASCE), Reston, VA, USA (www.asce.org).

Journal of Constructional Steel Research, Elsevier Sciences Ltd, Oxford, U. K.(www.elsevier.com).

Modern Steel Construction, American Institute of Steel Construction (AISC), Chicago, Ill, USA (www.aisc.com).

New Steel Construction, The Steel Construction Institute, Ascot, U. K. & The British Constructional Steelwork Association Ltd, Londres, U. K. (www.steelconstruction.com).

Structural Engineering International, SEI, AIPC の専門誌。Zurich, Suisse (www.iabse.org).

Stahlbau, Ernst & Sohn GmbH, Berlin, Allemagne (www.stahlbau.ernst-und-sohn.de).

Stahlbau-Rundschau, Österreichischer Stahlbauverband, Vienne, Autriche (www.stahlbauverband.at).

1.4　本書の記述についての決まり

1.4.1　用語と印字法

『土木工学概論』シリーズ全体を通して使われている方針に従って、以下のような用語と印字法が使われている。

- 本書は章に分けられているが、章ごとに数字が 1 つ当てられている。章内の節は 2 つの数字で表し、節以下の小節（項）は 3 つの数字を用いた。
- 文章外の数式は章ごとに順に番号を付けた。括弧内の 2 つの数字がそれである（例外：ユーロコードより引用された数式には番号は付されていない）。
- 図と表の番号は各章内で連続する。つまり、図 1.2 は表 1.1 の後にあり、表 6.14 は図 6.13 の後にある。
- 新出の用語は**太字**にした。その用語の意味の説明を見つけやすくするためである。太

1.4.2 座標軸

本書で使われる座標軸は SIA 規準や SZS 一覧で使われているものと同じである。構造部材の座標軸と橋についての一般的取り決めは、以下のとおりである（図 1.2）。

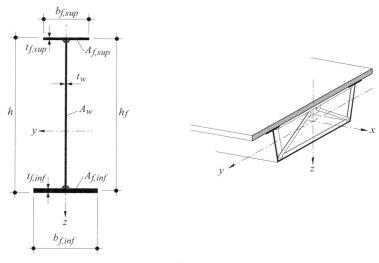

図 1.2

- x 軸：部材の長手方向に沿う軸
- y 軸：断面に水平な軸
- z 軸：断面に鉛直な軸

x、y、z の軸方向への変位は、それぞれ u、v、w で表される。断面の約束事は以下とする。

- y 軸：フランジ（または、矩形の中空断面の短辺）に平行な軸、あるいは橋の断面に水平な軸。
- z 軸：フランジ（または、矩形の中空断面の短辺）に垂直な軸、あるいは橋の断面に鉛直な軸。

山形鋼の場合：
- y 軸：短い方のフランジに平行な軸
- z 軸：長い方のフランジに平行な軸

さらに、必要な場合（山形鋼や他の非対称断面の場合）：
- u 軸：強軸（y 軸に一致しない場合）
- v 軸：弱軸（z 軸に一致しない場合）

1.4.3 記法と記号

表記法の詳細なリストは巻末に掲載した。表記法は SIA 規準と SZS 一覧で使用されている表記法に準じており、例外にはその都度、断り書きを入れた。ユーロコードで使われている表記法にも概して準じている。

正負に関しては、引張を正、圧縮を負で表す。モーメントの正負は、構造力学の慣例（右手の法則、正のモーメントは下側に描かれる）に合わせた方法で示した。しかし計算

ソフトでは、異なる表記を用いる場合があるので、注意してほしい。また、力の絶対値を用いる相関式もある。このような例外は、本文中で指摘するようにした。

1.4.4 単位

本書は国際単位系（SI）に基づいており、基本となる単位はメートル、キログラム、秒である。ニュートン（N）は1kgの質量をもつ物体に$1m/s^2$の加速度を生じさせる力の単位である。なお、常に使われるのは以下の単位である。

- ・長さ　　：ミリメートル（mm）またはメートル（m）
- ・集中荷重：キロニュートン（kN）またはニュートン（N）
- ・分布荷重：1平方メートル当たりのキロニュートン（kN/m^2）
　　　　　　または1メートル当たりのキロニュートン（kN/m）
- ・応力　　：1平方ミリメートル当たりのニュートン（N/mm^2）

単位の混乱を避けるために、数値計算例で明白に示す。このことは厳密な計算を促し、計算結果のオーダーレベルの計算ミスを避ける助けになる。

参考文献

[1.1] ICOM, *Conception des structures métalliques / Partie A: Notions fondamentales et dimensionnement des éléments de construction métallique*, EPFL, ICOM-Construction métallique, Lausanne, 1987 (2e édition).

[1.2] ICOM, *Conception des structures métalliques / Partie C: Dimensionnement des halles et bâtiments*, EPFL, ICOM-Construction métallique, Lausanne, 1987 (2e édition).

[1.3] ICOM, *Conception des structures métalliques / Partie D: Dimensionnement des ponts*, EPFL, ICOM-Construction métallique, Lausanne, 1982 (2e édition).

[1.4] ICOM, *Conception des structures métalliques / Partie E: Dimensionnement plastique des ossatures*, EPFL, ICOM-Construction métallique, Lausanne, 1978.

[1.5] *Construire en acier 2*, Chambre suisse de la construction métallique, Zurich, 1962.

[1.6] Chen, W.-F., Duan, L., *Bridge Engineering Handbook*, édité par Chen, W.-F. et Duan, L., CRC Press, Boca Raton, Fl, USA, 2000.

[1.7] APK, *Construction métallique et mixte acier-béton*, vol. 1: *Calcul et dimensionnement selon les Eurocodes 3 et 4*, vol. 2: *Conception et mise en œuvre*, Eyrolles, Paris, 1996.

[1.8] *Steel Designers' Manual – 6th Edition*, Steel Construction Institute, Ascot and Blackwell Science, Oxford, 2003.

[1.9] *European Steel Design Education Programme* (ESDEP), 29 volumes, The Steel Construction Institute, Ascot (UK), 1995.

[1.10] MEHLHORN, G., *Handbuch Brücken ; Entwerfen, Konstruieren, Berechnen, Bauen und Erhalten*, Springer Verlag, Berlin, 2007.

2章　橋について

Access viaduct to the freeway junction at Aigle (CH).
Eng. Piguet & Associés, ingénieurs-conseils SA, Lausanne.
Photo ICOM.

2.1 概要

橋とは、交通路によって障害物（谷、河川、他の道路や鉄道）を横断する機能をもつ空間構造物である。ゆえに、加えられる荷重を基礎に伝えることができなければならない。この機能を滞りなく果たすために、橋の構造には、障害物の規模や作用の形式により様々な種類がある。この章では、いろいろな分類基準による橋の種類についての説明を行う。橋の機能を確保するために必要な構造部材に関しても、各部材に特有な機能について述べながら説明する。この章の目的は以下のとおりである。

・橋と橋に関する専門用語に読者が親しめるようにする。
・いろいろな分類に従って橋の特徴を説明する。
・橋を構成する様々な要素を記述し、橋の一般的な機能を理解するために各要素の機能を列記し、荷重の作用点から基礎までの力の伝達経路を視覚化する。
・橋の他の部材についてその機能を設計とともに再確認する。

したがってこの章には、解析や設計についての章に入るために必要な基礎知識を盛り込み、橋の特徴や機能を概観することができる。そして、床版や主桁、横構、支承といった桁橋の各要素の詳しい学習できるようになっている。

2.2 橋の分類

橋の分類にはいろいろな考え方がある。荷重モデルやリスクのシナリオ、設計の仮定あるいは設計計算モデルは、橋の形式によるので、これらの考え方は技術者にとって重要となる。したがって、分類には学術以外の意味もあり、技術者にとっては正に仕事道具であり、意思疎通の手段である。主な分類基準として、以下のようなものが挙げられる。

・使用の形態
・橋の平面形状
・構造形式
・床版の種類
・断面形状
・床版の位置
・架設方法
・床版の施工方法

2.2.1 使用の形態

使用の形態による分類では、主に以下のように区別される。

・道路橋
・鉄道橋
・歩行者・自転車専用橋

道路橋は、さらに高速道路橋と州道、市道の橋に分類できる。スイスの高速道路橋は、通常、上下線分離構造になっている。州道・市道の道路橋は、上下線一体構造が一般的である。

鉄道橋は、標準軌道や狭軌の鉄道線路、あるいはアプト式鉄道、ケーブルカーおよびトラムの線路を支えている。本書で扱う基本設計や解析、詳細設計の原則は、一般的に道路橋にも鉄道橋にも利用できる。鉄道橋に関する特記事項は16章に記す。道路と鉄道を同時に支持する橋、道路・鉄道併用橋もある。異なった交通手段を併用する場合は、交通を

2層に分ける場合（図2.1）と同一平面で2つに分ける場合とがあり、複数の交通手段を統合する大規模な都市構造物では上記2つを一度に行うこともある。

歩行者・自転車専用橋は、道路橋と比べて活荷重が小さいことが特徴である。この特徴によって、形や構造形式の選択に大きな自由度が生まれることとなる。この種類の橋は17章で取り上げる。

ほかにも、ライフラインのみに使われる水管橋のような種類の橋もあるが、それは数が少ないため本書では取り扱わない。

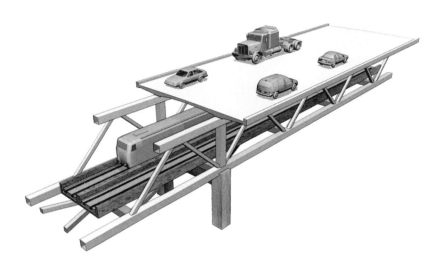

図2.1　道路・鉄道併用橋

2.2.2　橋の平面形状

橋の平面形状と支承を結ぶ線（支承線）による分類では、図2.2に図示した次の3種がある。

- 直橋
- 曲線橋
- 斜橋

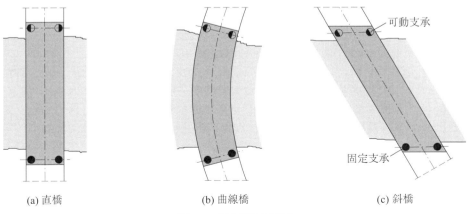

(a) 直橋　　　(b) 曲線橋　　　(c) 斜橋

図2.2　橋の平面の形状

最近の橋の設計では、橋の中心線を道路の線形と合わせる傾向がある。平面と縦断とに曲線をもつ橋の建設が増えてきており、河川や他の路線に対して、以前のように直角に架けるのではなく、斜めに架けることが多くなってきている。

直橋は、平面図で見ると長方形に見える。直橋は一般に、設計計算や細部構造や架設が最も経済的で簡単である。

曲線橋は曲線を軸として造られる。正確には曲線を、平面での曲線と縦断での曲線で区別しなければならないが、例外的な場合を除き、橋の挙動に関して縦断の曲線の影響は考慮しない。しかしながら、曲線を使うと鋼部材の製作が複雑になる。場合によっては、床版は曲線でも、主桁は折れ線になるように連結した直線部材で製作されることもある。

斜橋は、支承線の1本あるいは複数が、橋軸に対して直角になっていない直線橋または曲線橋のことである。

2.2.3 構造形式

よく使われる橋の分類は、構造形式によるものである。主に次の4種類に分けられる。
・桁橋（形鋼を用いた桁、溶接桁、トラス桁、または箱桁）
・アーチ橋
・方づえラーメン橋
・吊形式の橋

桁橋では、鉛直荷重は桁の曲げによって支承に伝えられる。桁橋は短中支間では最もよく使われている橋で、中支間の場合は、鋼・コンクリート合成桁橋の形をとることが多い。桁橋は最も経済的な橋であるが、箱桁の場合、死荷重によって支間が、鉄道橋でおよそ150m、道路橋で300mに制限される。2主桁橋の場合は、この値が約半分となる。トラス桁は、桁高が大きくなるが、部材が最適に利用されているため、桁橋では最も長い支間、約500mまでを取ることができる。巨大なトラス桁の重厚な外観が、特に都市部においては美観的に劣るとされることが多い。

アーチ橋は、支持条件によってさらに以下のように分類される。
・3ヒンジアーチ
・両端固定アーチ：アーチの上端にピンのあるものとないものがある。
・2ヒンジアーチ：タイ部材のあるものとないものがある。

3ヒンジアーチは、支点沈下が問題になる場合に使われるが、アーチ上端のヒンジの施工と維持管理にコストがかかり、橋ではほとんど使われていない。両端固定アーチは、基礎としてしっかりした地盤（硬岩）が必要となるため、山岳地方での使用に限られる。そのため、2ヒンジアーチが最も普及しており、桁形式のアーチリブならスパンは約200mまで、トラス形式のアーチリブなら550mまでの橋がある。

アーチの構造の原理は、アーチの圧縮によって荷重を基礎に伝えることである。基礎に作用する圧縮力に抵抗するためには強固な基礎地盤が必要である。タイドアーチ橋（図2.3(a)）は、地盤の耐力が不十分なときに、支点部の水平反力をタイで受け持つ面白い解決法である。タイ部材は、一般にアーチ支点間に設置された床組みで構成される。

アーチ橋については18章で詳しく述べる。

方づえラーメン橋（図2.3(b)）は、曲げと圧縮によって荷重を支承に伝えるという意味で、桁橋とアーチ橋の機能を併せもつ。特に、橋の中央支間と方づえには、曲げに加えて、アーチ橋と同様に圧縮力が作用する。そのため基礎は水平力と鉛直力を受けることになる。側径間は曲げのみが作用する桁である。

吊形式の橋には、以下のようなものがある。

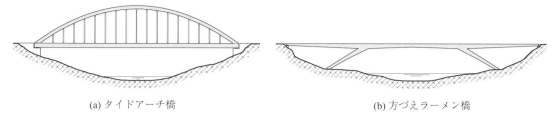

(a) タイドアーチ橋　　　　　　　　　　(b) 方づえラーメン橋

図 2.3　タイドアーチ橋と方づえラーメン橋

・吊橋
・斜張橋

吊橋（図 2.4(a)）では、長大な支間が可能である（例として、日本の明石海峡大橋は主塔間の支間長が 1991m である）。床組は、1 本または数本の放物線をなした主ケーブルから、ハンガーケーブルを介して吊り下げられる。主ケーブルは 2 つの主塔に支持されて、巨大なアンカレッジに固定されるのが一般的だが、床組に固定される場合もある。自重を軽減できるため、鋼は吊橋の建設に適しており、長大吊橋ではすべて鋼床版が使用される。

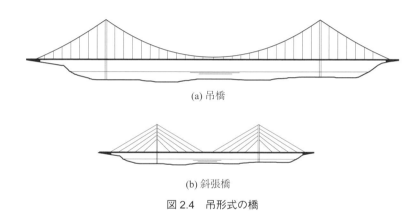

(a) 吊橋

(b) 斜張橋

図 2.4　吊形式の橋

斜張橋（図 2.4(b)）は吊りケーブルの形式によって、さらにハープ形式、ファン形式、放射形式に分けられる（図 2.5）。吊りケーブルの引張力の水平分力が、床組に大きな圧縮力を生じる。最近では、主塔間の支間は 1100m 近くまで達する（例えば、中国の蘇通長江大橋の主径間は 1088m である）。

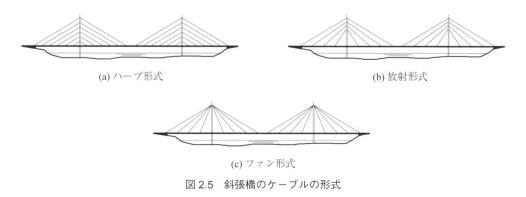

(a) ハープ形式　　　　　　　　　　(b) 放射形式

(c) ファン形式

図 2.5　斜張橋のケーブルの形式

吊形式の橋についての詳細は、この本の範囲を超える。参考となる本がいくつかあるが、特に吊橋では [2.1]、斜張橋では [2.2] が参考になる。

2.2.4 床版の種類

床版は、主に以下の 3 つに分けられる。
・鋼桁に合成されたコンクリート床版
・鋼桁に合成されていないコンクリート床版
・鋼床版

本書では、コンクリート床版が構造的に鋼桁に連結されている鋼・コンクリート合成桁橋を主に示す（図 2.6(a)）。床版の連結は、桁の曲げと橋のねじりに対する抵抗断面に含まれることを意味する。

床版が桁に連結されていない橋では、床版を単なる路面として用い、荷重を局部で支持する。鋼桁の設計は、本書の 11 章と 12 章で述べる。合成しないコンクリート床版の設計は『土木工学概論』シリーズの第 9 巻で扱っている。

鋼床版（図 2.6(b)）は、下側から等間隔に縦方向と横方向に補剛された鋼板で構成される。鋼床版は、主桁に溶接され、上フランジの一部となる。この種の床版は、コンクリート床版に比べて、死荷重が少ないが製作コストが高い。鋼床版の使用は、長大な支間の橋のように、橋の死荷重が活荷重に比べて大きい場合に特に有効である。活荷重を増やすために、古い橋のコンクリート床版を取り替える場合も同様である。ただし、集中荷重（トラックのタイヤ）が床版に直接作用するため、鋼床版は疲労損傷を生じやすい。なお、鋼床版の設計については 6.7 節で述べる。

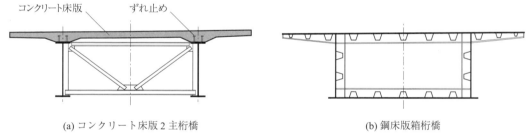

(a) コンクリート床版 2 主桁橋　　　　　　(b) 鋼床版箱桁橋

図 2.6　橋の床版の例

2.2.5 断面形状

橋のねじれに対する挙動に対しては、断面形状による分類が使われる。
・開断面
・閉断面

開断面（図 2.7(a)）は、I 断面の主桁が 2 本ある橋（2 主桁橋）や複数ある橋（多主桁橋）の場合である。**閉断面**は、鋼箱桁（図 2.7(b)）、または U 形の鋼桁（図 2.7(c)）、あるいは下横構によって閉じられた 2 主桁（図 2.7(d)）などである。後の 2 つの場合は、床版は閉断面を構成するために鋼桁に連結されている。

開断面と閉断面の区別は、橋のねじれに対する強度を考えるときに役立つ。これは 11 章で詳しく扱う。開断面は、反りねじり強度が主で、ねじれ剛性が低い。一方、閉断面は、純ねじり（サンブナンのねじり）で抵抗し、ねじりによる変形が少ない。したがって閉断面は、例えば張り出しの大きい床版をもつ曲線橋のように、大きなねじりを受ける橋に有利である。

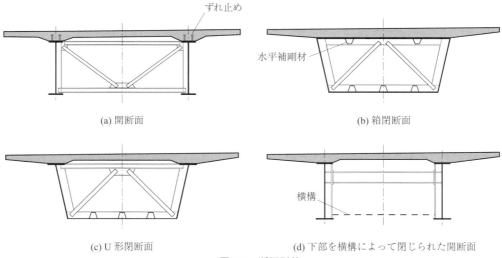

図 2.7　断面形状

2.2.6　床版の位置

床版は、主桁に対していろいろな高さに設置することができる。主に下記の 2 つに分類できる。

・上路床版
・下路床版

最近では、**上路**（図 2.8(a)）の床版が多い。上路床版は、気象や車両の衝突から鋼部材を保護するが、下路床版ではそれはない。上路床版は、将来道路面を拡幅することも可能である。さらに上路床版では、主桁間の床版支間を小さくでき、コンクリート床版の厚さを薄くできる。また、床版の荷重を主桁に伝える横桁が必要なくなる。幅の広い床版（3 車線以上）には、最も経済的な方法である。

しかし、上路床版の場合は、全体の桁高が高くなるため、高さ制限がある場合は**下路**床版（図 2.8(b)）、または多主桁か箱桁を使うのがよい。下路床版の場合は、床版が主桁より下になるため、防音壁の設置が不要となる。下路床版は吊形式橋やアーチ橋でもよく使われている。ケーブルや吊材を主桁に直接固定するのが簡単だからである。

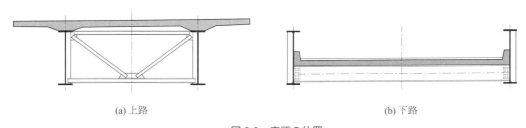

図 2.8　床版の位置

2.2.7　鋼橋の架設

鋼橋の架設方法として、次の 3 つの方法が挙げられる。

・地上からのクレーンによる架設工法
・張出し架設工法
・手延べ式送出し架設工法

上記のほかに、特殊な鋼構造の架設方法もある。例えば、水面を台船で一括架設する方法や、橋全体を横取り架設、橋台で回転させて架設する方法がある。このような方法は、既存の橋の取替えで、幹線道路の交通規制を短縮するときに用いられる。橋桁の組立て自体は交通を妨げず、最終的な架設のときに交通規制をすればよい。鋼橋の架設方法については、7.5 節で詳しく述べる。

地上に設置した**クレーンによる架設**（図 2.9）は、地面に対して橋の高さが低いとき（約 15m 以下）に用いられる。橋の部材を可動クレーンやフォークリフトで順次吊り上げ、橋脚上、あるいは仮支柱（ベント）の上に架設する。その後、部材を溶接によって連結する。なお、現場継手位置は支点上を避け、作用力の小さな位置に設ける。

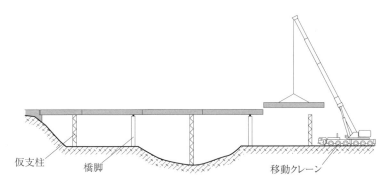

図 2.9　地上に設置したクレーンを使用する工法

張出し架設工法（図 2.10）は、地面に対して橋が高い場合や、谷間などで地上からのクレーンでの鋼部材の設置が不可能な場合に用いられる。部材は、片持ちで、次の支承方向へ進みながら順次連結していく。片持ちに超過応力が作用するのを避けるために、桁下高が適当なら、仮支柱を使うこともできる。張出し架設は重要な航路でよく用いられ、斜張橋にも適する方法である。

手延べ式送出し架設工法（図 2.11）は、張出し架設工法と同じ条件のときに用いられる。鋼部材は、橋の一端とその延長に設けられた組立てヤードで組み立てられる。完成した部材を橋台から引くか押すかして少しずつ移動させる。片持ちが長くなったときに生じる問題を減らすために、軽量の手延機がよく用いられる。

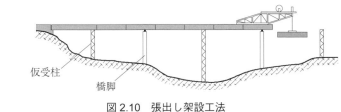

図 2.10　張出し架設工法

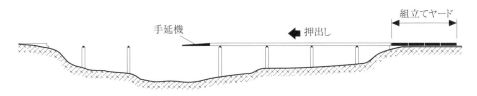

図 2.11　手延べ式送出し架設工法

2.2.8 床版の施工

コンクリート床版の施工は、次の3つの方法に分類される。
- 場所打ち床版
- 押出し架設による床版
- プレキャスト床版

場所打ち床版は、固定した型枠（主桁に固定）または移動式の型枠（桁上を型枠カートが移動）に生コンクリートを流し込む。この作業のとき、鋼桁を仮支持する場合（支柱で支持）と仮支持しない場合（支柱で支持しない）がある。

押出し架設による床版では、コンクリート床版は橋の延長上の1カ所で製作される。そこから鋼桁上に順次押し出す。このコンクリート床版の設置法は、鋼構造の手延式送出し工法の原理に似ている。

プレキャスト床版では、プレキャストされた床版を鋼主桁上に順次設置する。地上からのクレーンか、設置済みの床版の上を移動するフォークリフトで設置する。

2.3 構造要素

本節では、橋を構成する主な構造部材とその機能について説明する。まず、下部構造と上部構造を区別する。下部構造は、橋脚、橋台、基礎といった要素で構成される（図2.12）。コンクリートで作られるこれらの下部構造は、本書の目的ではない。それ以外の構造要素が上部構造で、例えば桁橋の上部構造と下部構造では、両者の境界は、支承の位置となる。

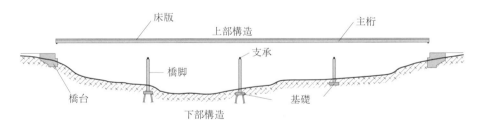

図2.12 上部構造と下部構造

2.3.1 上部構造

図2.13は2主桁橋を構成する構造要素を示す。要素は、**床版、ずれ止めをもつ主桁、および対傾構**である。**横構**も上部構造に属するが、図2.13では、主桁に合成された床版が横構の役割をもつ。床版と主桁で構成される部分を床版と呼ぶこともある。次に、これらの構造要素とそれが橋の中で果たす役割について簡単に述べる。アーチ橋では、アーチと吊材も上部構造に属する。吊形式の橋でも、主塔、主ケーブル、ハンガーケーブルは上部構造に属する。

床版の基本的な機能は、交通荷重を主構造に伝えることである。スイスでは、鉄筋コンクリート床版が一般的で、時には横方向または縦方向にプレストレスが導入されることもある。スイスでは鋼床版はほとんどない。床版が主桁と一体化するときは、主桁の抵抗断面に含まれるほか、設計方法によっては、横構の役割を果たすこともある。上路橋の径間部の床版や、下路橋の中間支点部の床版は、主桁の圧縮側フランジの座屈防止の役割も果たす。合成桁橋の床版については8章で詳しく述べる。

主桁は、橋軸方向の構造要素である。主桁は、曲げ、せん断、ねじりによって、床版の

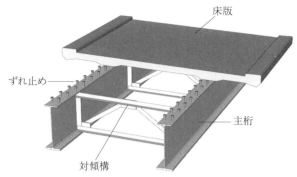

図 2.13　合成 2 主桁橋の上部構造の模式図

荷重を支承に伝える。主桁は、例えば圧延形鋼を用いた支間の短い多主桁橋、溶接桁橋、またはトラスなどがある。溶接組み立てされた鈑桁や箱桁の場合は、薄板の座屈を避けるために、適切な補剛が必要である。鈑桁の構造詳細については 5 章で扱い、鈑桁は 12 章で、鋼・コンクリート合成桁は 13 章で、その照査について示す。

対傾構は、平面図では橋軸に直角に配置された部材で、主桁どうしを連結するものである。主に 2 つの役割を担っている。
・橋の断面の変形を防止する。
・主桁に作用する水平力（風や曲線の影響による）を横構に伝える。

対傾構（図 2.14）は、鋼板（ダイアフラム）、トラス、あるいはラーメンで構成される。対傾構の役割、作用する力、架設からの要求によって、対傾構の種類が決まる。対傾構については、5.6 節（役割、種類）、6.4 節（構造詳細）、14.3 節（対傾構に作用する力）で詳細に説明する。

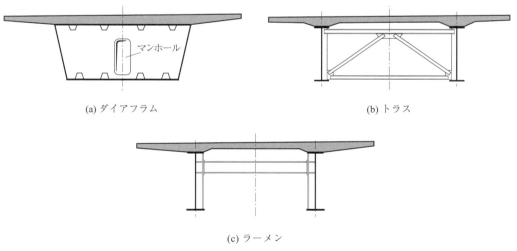

図 2.14　対傾構の形式

鋼・コンクリート合成桁橋では、鋼桁と共に外力に抵抗できるよう、床版は鋼桁に合成される。ずれ止め（図 2.13 参照）は、鋼とコンクリートをつなぐ機能をもっている。ずれ止めには、頭付スタッドジベルが最もよく使われる。桁と床版の合成については、8.3.3 項と 13.5 節で検討する。

横構は、主桁を平面内で補剛することで、水平方向の挙動を向上させる。主として風に

よる水平力を支承に伝える。一般に、主桁とともにトラスを構成する。床版が主桁に合成されている合成桁橋の場合、床版自体がこの役割を果たす。架設中は、水平方向の安定を確保するため、必要に応じて図 2.15 に示す架設用の横構を配置する。横構については、5.7 節（役割、種類）と 6.5 節（構造詳細）、14.4 節（横構に作用する力）で詳しく検討する。

図 2.15 架設時の仮の横構

2.3.2 下部構造

下部構造（図 2.12 参照）には**橋脚**と**橋台**と**基礎**が含まれる。これらの要素の役割は、上部構造を支え、上部構造の荷重を地盤に伝えることである。

スイスでは、橋脚は一般に鉄筋コンクリート製で、時にはプレストレストを与える。稀にではあるが、方づえラーメン橋の例のような鋼製もある。橋脚は、下部をピンにもできるが、通常は剛結で、上部は拘束なしか、ピン接合されることが多い。鋼橋では上部の剛結は少ない。橋脚の形と端部の構造は、基礎地盤、橋全体の安定性（15 章）、橋脚の寸法、作用する荷重などによって決まる。

橋台は、一般に鉄筋コンクリートでできている。橋の両端に位置し、橋と盛土部との接続を担っている。橋台は、川をまたぐ場合は、盛土の端を支え、河川では盛土を水から守る役目も果たす。踏掛版は、橋台を支えとして、車道の下で橋の端部から数メートル（一般的には 3m から 8m）延長される。これにより、橋台の後ろの路面が沈下した場合にも、路面に段差ができるのを防ぐことができる。踏掛版の設置の必要性やその設計指針については、[2.3] に詳しい。橋台は、土圧や水圧を受け、橋の固定支承の場合は、上部構造の鉛直荷重に加えて水平力（制動、風、地震、たわみによる）も作用する。

基礎は、圧縮と摩擦によって、橋脚や橋台からの力を地盤に伝える。基礎は直接基礎（フーチング）と深い基礎（杭、摩擦杭、ケーソン）に分類される。橋脚には大きな荷重が作用するため、直接基礎は、硬岩や緻密な地盤などの好条件の基礎のとき以外は考えられない。歩道橋や跨道橋のような、規模の小さい橋には例外もある。

2.4 他の要素

橋の機能を満足させるには、**支承**、**伸縮装置**、**排水装置**が必要となる。次の項では、これらの部材の機能、設計、耐久性について説明する。スイスでは、実績にもとづいてこれらの要素に関する情報は、定期的に更新されている [2.3]。また、6.8 節にも記載する。

2.4.1 支承

支承は、上部構造と下部構造の境界に設けられ、上部構造の鉛直荷重と水平荷重を橋脚や橋台に伝え、上部構造の必要な変形を許容する。この2つの機能は、一般に必要な動き（水平移動または回転、あるいは両者）に合わせて設計された支承によって満足される。図2.16は、橋軸方向を可動とし、橋軸直角方向は固定とする支承の例である。

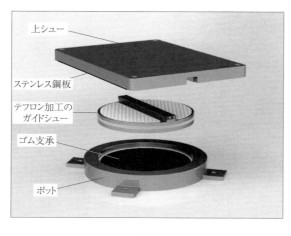
(a) 分解図

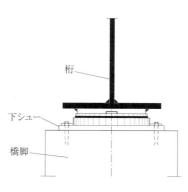
(b) 断面

図2.16　橋軸方向が可動、橋軸直角方向に固定のポットベアリングの例

支承、特に可動タイプの支承は、一般に主構造より耐久性が劣る。定期的な点検と適切な維持管理を行い、必要に応じて新しいものと交換する。支承は、特に水（滞水、浸入水）に弱く、支承の損傷は、上部構造にも下部構造にも有害な荷重を生じる。このため、橋の設計時に、支承の交換が楽な配置となるよう考慮し、傷んだ支承を早期に発見できるような点検プログラムを用意する。

支承には固定と可動のものがあり、前者は上下部構造の相対変位なしで水平力を下部構造に伝え、後者は相対変位があり、その変位は橋軸方向か橋軸直角方向、あるいはその両方向に動く。固定支承か可動支承かは、設計者が考える上部構造の構造系による。なお、可動支承であっても、摩擦やゴム支承の剛性による水平力を伝達することに留意する。支承の摩擦とゴム支承の剛性による反力は10.7節で扱う。

2.4.2　路面と伸縮装置

路面と伸縮装置は、床版と橋台、あるいは2つの床版どうしの走行面の連続性を確保するためにある。そのうえ伸縮装置は、下部構造に対して上部構造が動くことを許容する。例えば、温度変化に伴う桁長の変化、あるいは桁の回転である。また伸縮装置は、直接作用する交通荷重も支持しなければならない。

対応する変位の量によって、伸縮装置にはいろいろな種類がある。そのうち2つを示す。
・伸縮量が小さい（伸び：20mm、縮み：10mm）ときに用いるポリマー瀝青材料による伸縮装置（図2.17(a)）。
・橋台とコンクリート床版に定着した鋼部材による伸縮装置（図2.17(b)）。図では収縮する断面を示す。この伸縮装置の方が大きな伸縮量（±1200mmまで）に対応が可能で、これが一般に**伸縮装置**と呼ばれる。

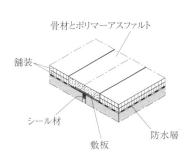 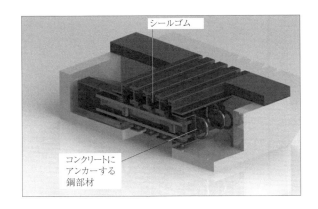

(a) ポリマーアスファルトを用いた埋設ジョイント　　(b) ギャップ × n 個のシールゴムを持つモジュラー
　　（移動伸縮量：+20 〜 -10mm）　　　　　　　　　　伸縮装置（伸縮量：±n×40mm）

図 2.17　伸縮装置の例

　路面と伸縮装置は橋の機能にとって重要であり、それにふさわしい維持管理が必要となる。伸縮装置は、走行荷重のために、損耗や疲労破損を受けやすく、有限の設計寿命となる。それらの交換は、特に伸縮量の大きいものでは、コストが高い。それらの不具合による主構造や支承やその支持構造への浸水のような破損被害があれば、さらに多額の費用がかかる。このため、最近は橋の伸縮装置の数を減らす傾向にある。

　伸縮装置の必要性は、まず、橋の固定点（5.3.4 項）と可動点の距離（伸縮桁長）と、橋を利用する交通量による。短い橋の場合は、伸縮装置のない橋も可能で、維持管理コストの軽減につながる [2.4]。この試みは比較的新しいため、変位を拘束されたことによる損傷（床版のひび割れによる鉄筋の腐食）が生じて、伸縮装置を省略したメリットが無効になるかどうかの確認には、あと数年待つ必要がある。さらに、鋼桁と基礎の地盤の相互干渉については、より詳細に検討しなければならない。長い橋で、600m から 1000m の間に中間の伸縮装置を使わない橋も出現した。

2.4.3　排水装置

　雨水を効果的にきっちり排水することは、橋の耐久性を確保するために重要である。路面の滞水は、利用者にとって危険（ハイドロプレーニング、制動距離が長くなる、滑りやすい）なばかりか、主構造の老朽化を早める。特に防水層の欠陥や損傷は、凍結融解剤や水溶塩分（例えば凍結防止剤の塩）の影響でコンクリートを傷めることがある。

　そのため、縦横両方向の完全な排水システム（図 2.18）を考える必要がある。横断勾配および縦断勾配と、排水システムを詳細に設計することで、局所的な滞水を防ぐことが

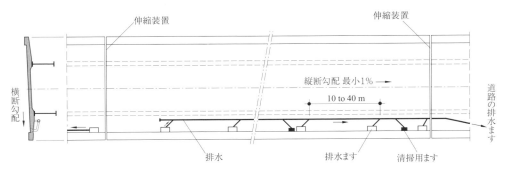

図 2.18　雨水の排水システム

できる。また、排水システムには、事故などで車道にこぼれたガソリンのような公害の原因となる液体が自然の中に流出しないように集める機能も必要である。

参考文献

[2.1]　Gimsing, N.J., *Cable Supported Bridges, Concept and Design*, 2nd edition, John Wiley & Sons Ltd, New York, USA, 1997.

[2.2]　Walter, R., Houriet, B., Isler, W., Moïa, P., *Ponts haubanés*, Presses polytechniques romandes, Lausanne, 1985.

[2.3]　*Détails de construction de ponts: directives*, Office Fédéral des Routes (OFROU), Berne, 2005. Téléchargement depuis: http://www.astra.admin.ch/.

[2.4]　England, G.L., Tsang, N.C.M., Busch, D.I., *Integral Bridges, a Fundamental Approach to the Time-Temperature Loading Problem*, Thomas Telford Ltd, Londres, 2000.

3章　鋼橋と合成桁橋の歴史

Rail bridge over the Rhine between Koblenz (CH) and Waldshut (D), (1859).
Eng. Robert Gerwig.
Photo ICOM.

3.1 概要

この章では、鋼橋にはいろいろな可能性があることに興味をもってもらうために、著名な橋の写真を掲載するが、これらは以下のような基準で選んだ。
・設計または架設技術の発展の上でキーとなった橋
・橋長や支間長の（本書の執筆時点での）最高記録を保持する橋
・ある地方の鋼橋または合成桁橋の特筆すべき橋

写真は鋼橋の発展の歴史順に掲載されている。しかし、すべての著名な橋を本書で紹介するのは不可能であり、当然ながらここに掲載したものがすべてではない。興味のある読者は、橋の発展に関する多くの書物を参考にされたい。なお、この章の最後に、代表的と思われるいくつかの参考図書を示した。

3.2 橋の建設の歴史

本書で紹介する橋の建設の歴史は、3.3節のデータも含めて、主にこの分野についての参考文献とインターネットサイト、および現場訪問をもとにしている。

鉄の構造部材をもつ最初の橋は、吊橋であった。吊橋の原理はかなり古く、世界初の鎖式歩道吊橋として知られている橋が中国にあり、西暦65年に建設された。しかし、18世紀末までは鉄で建設された橋はごく少数であった。鎖の自重のために支間が約20mに限られていたが、1817年にイギリスで特許が下りたアイバーと呼ばれる両端に孔があいた練鉄製の棒をつないで作る鎖を用いることで、長い支間の橋の建設が可能となった。最初の大規模な吊橋は、イギリス人テルフォードによって1826年にメナイ海峡に建設された（図3.1）。支間長176mのこの吊橋は、支間の世界記録を更新した。この橋は現在も使われており、元の練鉄製の鎖は1938年に鋼製のアイバーに取り替えられた。

図3.1 メナイ橋（イギリス）
技師：トーマス・テルフォード（写真：Mike Knapton）

世界初の鋳鉄製の橋がイギリスのコールブルックデールにあるセバーン川に架けられたのは 18 世紀の終わりごろ、1779 年である。鉄工場主エイブラハム・ダービーの着想と建設で、この橋は支間 30m の 5 本のアーチによって構成されている（図 3.2）。他の鋳鉄製のアーチ橋は 18 世紀末から 19 世紀初頭にかけて建設された。例として支間長 72m のサンダーランド橋（イギリス、1796 年）が挙げられる。

図 3.2　コールブルックデール橋（イギリス）
技師：エイブラハム・ダービー（写真：山田健太郎）

その頃、吊橋は、ワイヤーケーブルを使用することにより発展し、完全に鎖にとって代わった。ワイヤーはフランス人セガンが考えた解決策である。最初のワイヤーの使用はイギリス人リーズによるもので、1816 年に遡る。スイス人デュフールは、1823 年から 1824 年にかけてワイヤーについて体系的な実験を行ったが、1823 年にはヨーロッパ大陸初のワイヤー吊橋を完成させた。40m の 2 径間で構成されるジュネーブのサン・アントワーヌ歩道橋である。

ヨーロッパで長い間保持された最長支間の記録がある。支間長 265m を誇るスイスのフリボー吊橋である（図 3.3）。フランス人技師ジョゼフ・シャレーによって 1824 年に建設され、1930 年に解体された。現存するこの時代の吊橋としては、ラ・カイユの吊橋がある。1839 年にサヴォワ地方のユス峡谷にブランによって建設された、支間 192m の吊橋である（図 3.4）。

図 3.3　フリボー吊橋（スイス）
技師：ジョセフ・シャレー（写真：IBK, ETH – チューリッヒ）

図 3.4　ラ・カイユの吊橋（フランス）
技師：E. ブラン（写真：ICOM）

19世紀初頭には、圧延鋼板の合理的な製造法が開発された（1830年）。圧延鋼板をリベット接合することで、大きな橋を簡単に経済的に建設できるようになった。1880年頃、フランス人アルノダンは鋼製ワイヤーロープの重要な改良を行った。それにより、交互にねじったシングルストランドの製造法が完成し、それまでの平行なワイヤーによる方法にとって代わった。

比較的もろい材料である鋳鉄は、桁橋には向いていなかった。19世紀の中頃、引張に対して鋳鉄より性能が良い錬鉄の大量生産が可能になって、錬鉄製の橋が建設され始めたのも、この頃である。最初の最も大きな桁橋のひとつに、1850年に開通したウェールズ地方のブリタニア橋がある（図3.5）。146mの2つの主桁を有するこの橋は、長方形の箱型の断面をもつ桁橋で、その内部を鉄道が通っていたが、1971年に鋼製トラスドアーチ橋に取り替えられた。

図3.5　ブリタニア橋（イギリス）
技師：ウィリアム・フェアバーン、ロバート・スティーブンソン（写真：IBK, ETH - チューリッヒ）

支間の長いアーチ橋に対しても、錬鉄は鋳鉄にとって代わった。最も目覚ましい結果を見せた橋は、1884年にギュスターヴ・エッフェルのグループによって建設されたガラビー高架橋である（図3.6）。全長564mのこの橋は、支間長165m、ライズ52mのアーチをもつ。アーチには張出し架設工法が用いられた。

図 3.6　ガラビー高架橋（フランス）
技師：モーリス・ケクラン、レオン・ボワイエ（写真：ICOM）

　1856 年のベッセマー転炉の発明に続いて、1864 年のシーメンス・マルタン法の発明の後、鋼の大量生産が可能になった。鋼の力学的特徴、とりわけ引張強度の強さのおかげで、鋼が完全に鋳鉄や錬鉄にとって代わった。ヨーロッパの鋼橋の時代は、変断面の高い剛性をもつトラス橋であるフォース鉄道橋（図 3.7）で幕が開いた。1881 年から 1890 年にかけて建設されたこの橋は、521m の中央径間 2 つと 207m の側径間を有する。中央径間は、長さ 107m の桁を支える 207m のカンチレバーで構成されている。このカンチレバーの構造は、その後多くの同様な橋に用いられた。

図 3.7　フォース鉄道橋（イギリス）
技師：ベンジャミン・ベイカー、ジョン・フォーラー（写真：Robert McCulloch）

米国の長支間の橋の発展では、特にナイアガラの滝の下流にある深い峡谷に最初に架けられた吊橋を手がけたジョン・A・ローブリングによるところが大きい。1855年に完成したこの橋は、支間長が250mあり、2層構造で、1層は鉄道、もう1層は馬車のためであった。なお、この橋は1896年に撤去された。

この頃（1877年）、電気アーク溶接が発見された。この新しい接合方法は、20世紀後半の厚板の圧延鋼板の生産に伴って、今日広く普及している鋼桁の製造を可能にした。

ジョン・A・ローブリングは、1883年に開通したニューヨークのイーストリバーに架かるブルックリン吊橋（図3.8）の設計者でもある。支間長487mのこの橋は、当時、世界最長であり、世界初の鋼製ケーブルの使用で成し遂げられた。この橋はケーブルの配置でも特徴的であり、吊橋と斜張橋を組み合わせた「ハイブリッド」と呼ばれる構造である。

図3.8　ブルックリン橋（アメリカ）
技師：ジョン・A・ローブリング、後にワシントン・A・ローブリング（写真：Bojidar Yanev）

米国は長い間、長大吊橋の国と見なされてきた。それは特にスイス人オスマー・H・アンマンの功績による。アンマンは、ニューヨークのハドソン川に架かるジョージ・ワシントンの名を冠した吊橋（図3.9）で最初に1000mを超える支間を実現した。1932年に開通したこの橋は、支間長1067mである。1962年には、この橋に2層目の床版が追加された。サンフランシスコのゴールデンゲート橋（図3.10）は素晴らしい橋であるが、この5年後に完成し、支間長は1280mである。

図 3.9　ジョージ・ワシントン橋（アメリカ）
技師：オスマー・アンマン　（写真：Bojidar Yanev）

図 3.10　ゴールデンゲート橋（アメリカ）
技師：ジョゼフ・B・ストラウス　（写真：Rich Niewiroski Jr.）

強風による補剛桁の共振で、1940年にタコマ吊橋が破壊されるという事故があったため、吊橋の空気力学的な挙動に関する詳細な研究が行われ、トラス補剛桁により床版を支えるという考えが出された。このトラス補剛桁は、さらに10mから12mの桁高を有する2層構造の吊橋を建設するに至った。ニューヨークの入口にあるベラザノ・ナローズ橋もアンマンの作品で、この考え方を踏襲して、1964年に完成した（図3.11）。中央支間1298mのこの吊橋は、1981年まで最長の支間長を保持していた。

図3.11　ベラザノ・ナローズ橋（アメリカ）
技師：オスマー・アンマン（写真：Bojidar Yanev）

その後、1981年にイギリスのハンバー橋によってこの記録は破られた（図3.12）。この橋は中央支間1410mを有し、風の影響を軽減する流線型の箱断面という新しい補剛桁をもつ。しかしながらこの新しい考えの吊橋は、日本ではまだ使われていない。日本では、特に道路と鉄道の2層構造の橋を建設する必要があるため、大規模な吊橋ではトラス補剛桁の考えで建設されている。長大吊橋の多くは、本州と四国をつないでいる。明石海峡大橋は中央支間1991mを誇り、1998年の完成以来、支間の最長記録を保持している（図3.13）[3.1]。

図 3.12　ハンバー橋（イギリス）
技師：ギルバート・ロバーツ、ビル・ハーヴェイ（写真：ICOM）

図 3.13　明石海峡大橋（日本）
建設：本州四国連絡橋公団（写真：本州四国連絡高速道路株式会社）

　アーチ橋の大規模な作品をいくつか挙げておこう。1977年建造の米国にあるニューリバーゴージ橋は支間長518m（図3.14）、1931年完成のベイヨン橋は支間長504m、1932年に開通したオーストラリアのシドニーハーバー橋は支間長503mである。2003年より、中国の蘆浦大橋（図3.15）が支間長550mで鋼アーチ橋の最長記録を保持している。

図 3.14　ニューリバーゴージ橋（アメリカ）
技師：クラレンス・V・クヌーセン（写真：Jason Galloway）

図 3.15　蘆浦大橋（中国）
建設：上海市政工程設計研究院（SMEDI）（写真：Yaojun Ge）

　最後に、20 世紀中頃以降で飛躍的に増えている斜張橋の建設に触れておこう。材料（高降伏点鋼）の改良、コンピュータによる計算方法の発展に合わせて、架設機材の改良がこの傾向に大きく貢献している。例えば、1957 年には斜張橋の最長支間は 260m（ドイツ、デュッセルドルフのテオドール・ホイス橋）であったが、1980 年代の終わりには 400m から 500m の支間をもつ橋が多くなっている。例として、タイのラマ 9 世橋（1987 年建造、450m）、日本の横浜ベイブリッジ（1989 年建造、460m）、カナダのアナシス・アイランド橋（1986 年建造、465m）などが挙げられる。しかし 20 世紀最後の数年間は、支間長の記録が次々に塗り替えられた。1995 年にはフランスのノルマンディー橋の 856m、1999 年には日本の多々羅大橋（図 3.16）の 890m などがある。斜張橋は、それまで吊橋の独壇場であった支間長で吊橋と競い合うこととなった。

図 3.16　多々羅大橋（日本）
建設：本州四国連絡橋公団（写真：本州四国連絡高速道路株式会社）

　他の発展形は、多径間の斜張橋である。この種の橋で最も著名なのは、2004年に開通したフランスのミヨー高架橋（**図 3.17**）である。ミッシェル・ヴィルロジューによって設計されたこの橋は、8径間で構成され、そのうちの6径間は、支間長342mである [3.2]。

図 3.17　ミヨー高架橋（スイス）
技師：ミッシェル・ヴィルロジュー（写真：Daniel Jamme）

　スイスでは、ある程度の規模の鋼橋と合成桁橋は、高速道路網の進展に伴って建設された。例としては、ヴヴェイの近くのヴェヴェーズ川に架かる合成桁橋（1968）は桁高5mの鋼箱桁でできており、支間長は58m、129m、111mである [3.3]。サンモーリスのローヌ川に架かる橋（1986）は、支間長100mの複合斜張橋である（**図 3.18**）。最近の例としては、イヴェルドン-ベルン間の高速道路A1に建設された大規模で革新的な2つの橋が挙げられる。ヴォー高架橋（1999）は、支間長130mを有する合成箱桁で、S字型の複雑な平面形にもかかわらず押出し架設された。ルーリー高架橋（1995）は鋼立体トラスをもつ合成桁橋である（**図 3.19**）[3.4]。この橋の特徴は、鋼立体トラスがガセットなしで溶接された肉厚の鋼管で構成されていることである。

図3.18 サンモーリスのローヌ川に架かる橋（スイス）
技師：ルネ・ヴァルテール（写真：ICOM）

図3.19 ルーリー高架橋（スイス）
技師：ハンス・G・ダウナー（写真：ICOM）

　ヨーロッパでは、中小支間の橋には鋼橋や合成桁橋への強い回帰が見られる。中小支間の橋の大多数が、鉄筋コンクリートまたはプレストレストコンクリートで造られた時代にピリオドを打ったことになる。この傾向は、自動溶接機やNC制御による鋼板の切断の発達、溶接性の高い高張力鋼の開発のような、工場製作の合理化で説明がつく。さらに、工場でも現場でも架設機材（クレーン）の性能が向上し、今日では重量のある上部構造の部材の大型化が可能となり、現場架設を簡便にし、工期も短縮された。このような理由から、合成桁橋、特に合成2主桁橋は、中小支間の橋では、道路橋でも鉄道橋でも、今後数十年間、大いに活用されることが約束されている。2000年代から日本で合成2主桁橋が

かなり増加していることと、フランスの高速鉄道 TGV の路線で大変美しい橋が建設されたことに触れておく [3.5] [3.6]。

3.3 支間長の変遷

この節では、いろいろな種類の鋼橋や合成桁橋の支間長の変遷についてまとめる。特に斜張橋と吊橋では支間長の変遷が速いため、支間長の数値よりも歴史的変遷の方に興味が湧く。

図 3.20 は、1800 年から今日までのいろいろな種類の橋の支間長の変遷を示す。ここに挙げた橋の種類は、箱桁橋、トラス橋、アーチ橋、吊橋、斜張橋である。それぞれ橋の代表的なものが図に示されている。計画中や建設中の橋も、支間長の変遷に関わるものは図に含める。

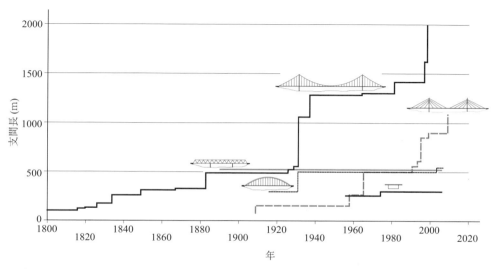

図 3.20　1800 年から今日までのいろいろな種類の橋の支間長の変遷

箱桁橋は、ヨーロッパでは戦後復興需要のもとに 20 世紀の中頃に最盛期を迎えた。ドイツは、ライン川などで変断面の大規模な鋼箱桁橋を建設し、この分野の主導的役割を果たした。1980 年代以降では、鋼箱桁橋は、もはや支間長では斜張橋の競争相手ではなくなり、200m ぐらいまでの支間長に限られるようになった。

鋼箱桁橋とは逆に、トラス橋は特にヨーロッパ以外で建設されたが、とりわけ米国で鉄道の発達に伴って建設された。1980 年ぐらいから、主に経済的な理由で、支間の長い橋は、ケーブル系の吊形式の構造にとって代わられた [3.7]。大きなトラスが美観に欠けるとされるため、将来、この種の橋が数多く建設されることはないであろう。大規模なトラス橋は、図 3.7 に示したように、一般に変断面の橋である。

アーチ橋は、さらに中実アーチとトラスドアーチに分けられ、後者の方が長い支間が可能だが、今日ではトラス橋と同様の運命にある。ところが中実アーチ橋は、タイドアーチ（図 2.3(a) 参照）という形でヨーロッパに返り咲いた。しかしながら、この橋の支間は、現在のところ 150m 程度に限られている。

上記の 3 種のタイプの橋では、支間長の記録が塗り替えられることはもうないだろう。支間長が 400m 以上になると、斜張橋や吊橋が、明らかに経済的になるからである。

吊橋は、いつの時代でも、支間長（500m 以上）では他を凌駕してきた。近年、支間長が飛躍的に伸びたことは特筆に値する。1981 年には 1410m だったのが、今日では 2000m 近くになった。このことから、支間長は今後も伸び続けていくだろう。例えば、シチリア島をイタリア本土とつなぐために、メッシナ海峡をまたぐ橋梁プロジェクトがあり、支間長 3300m の吊橋・斜張橋の混合橋を計画中である。

3.2 節で述べたように、斜張橋は、1980 年ぐらいから飛躍的な発展を遂げた橋である。図 3.20 に、その変遷の速さを示している。2008 年に開通した中国の斜張橋は、中央支間が 1088m あり、全長 8206m の蘇通大橋（図 3.21）の一部となっている。

図 3.21　蘇通大橋
建設：江蘇省交通規画設計院（写真：Yaojun Ge）

参考文献

[3.1]　Japan Society of Civil Engineers, JSCE, *Bridges*, Tokyo, 1999.
[3.2]　Virlogeux, M., Le viaduc sur le Tarn à Millau – Conception de l'ouvrage, *Bulletin Ponts métalliques* n° 23, OTUA, Paris, 2004.
[3.3]　Aasheim, P., C., Les ponts en construction mixte. Evolution dans la conception de la superstructure, de 1960 à nos jours, *Bulletin technique Vevey*, n° 38, Ateliers de Construction Mécaniques de Vevey, 1978.
[3.4]　Dauner, H.-G., Stahlverbundbrücken im Aufwind, *Schweizer Ingenieur und Architekt*, n° 26, Zurich, June 1997, pp. 534-540.
[3.5]　Ramondenc, P., Ponts du TGV Méditerranée, *Bulletin Ponts métalliques* n° 19, OTUA, Paris, 1999.
[3.6]　Lebailly, G., Ouvrages métalliques sur la LGV Est, *Bulletin Ponts métalliques* n° 24, OTUA, Paris, 2007.
[3.7]　Ewert, S., *Die grossen Fachwerkbrücken – Zeugen einer abgeschlossenen Entwicklung?*, Stahlbau, vol. 66, Heft 8, Ernst & Sohn, Munich, 1997, pp. 527-534.

出典

http://www.iabse.org/, Publications Concerning Bridges and Other Structures.
http://structurae.net/, Gallery and International Database of Bridges.
http://wikipedia.org/, Wikipedia, the Free and Multilingual Encyclopedia.
Bulletin Ponts métalliques, OTUA, Paris.
Dietrich, r., J., *Faszination Brücken*, Verlag Georg D. W. Callwey GmbH, Munich, 1998.
Dupré, J., *Les Ponts*, Könnemann Verlagsgesellschaft mbH, Cologne, 1998.

Japan Association of Steel Bridge Construction, *Bridges in Japan – History of Iron and Steel Bridges*, Tokyo, 2004.

Leonhardt, F., *Ponts / Puentes*, Presses Polytechniques et Universitaires Romandes, Lausanne, 1986.

Stüssi, F., *Entwurf und Berechnung von Stahlbauten*, Springer-Verlag, Berlin, 1958.

Walter, R., Houriet, B., Isler, W., Moïa, P., *Ponts haubanés*, Presses polytechniques romandes, Lausanne, 1985.

Wells M., Pearman H., *30 Bridges*, Laurence King Publishing, London, 2002.

4章　橋の基本設計の基礎

Viaduc de Lully (CH).
Sketch by Hans-G. Dauner, ingénieur civil, Aigle.

4.1 概要

橋の建設では、その橋の基本設計は技術者の業務の中でも極めて重要で、構造の主な特徴を決定する。この章では、工事の計画における業務の進め方を説明し、その根拠となる設計の基本を説明する。図4.1 は、橋の工事における設計の基本となる段階を示す。図には、各段階で取り扱う内容と設計の考え方（5〜8 章）、および桁橋の設計（9〜15 章）を示す。

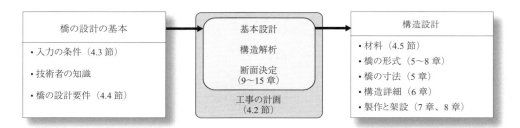

図 4.1　橋の基本設計と構造設計の関係

この章の 4.2 節では、橋の工事の計画で技術者が行う業務を述べるが、その中でも設計は主要な役割を占める。4.3 節では、設計業務を始めるにあたって必要な情報について記述する。これは、橋の要求性能とその建設場所に関する情報であり、施主によって提出される。

4 章と 9 章は相互に関連しており、設計の基本について述べる。特に工事のための情報は、詳細設計にも役立つので、発注者の仕様書（9.3.2 項）にも含まれる。仕様書は施主との話し合いをもとに、建設計画全体を網羅する書類である。橋の設計では、要求される性能と建設場所に関する情報を明確にすることで、設計者は設計の基本（9.3.2 項）を確立できる。

4.4 節では、以下のような、橋の適正な品質や技術者が設計の基本を作成するときに注意すべき要件を示す。
- 信頼性
- 強度
- 耐久性
- 美観
- 経済性

信頼性は、基本的に使用性と構造安全性に対して、設計原理の適用と照査によって確保される（9.5 節と 9.6 節）。それ以外の品質は、選択した事項や基準に関係するが、技術者の経験や技術力、創造力に依存する。

橋の美観と経済性に関しては、この本では参考までに取り上げる。これは地域や時代背景、技術の発展や経済状況によって、他の地域では意味がないこともあるからである（特に人件費）。美観については、客観的に認められる大筋について触れる。美観は、橋の建設場所や環境に依存するので、どの案が美しいかの優劣を判断するのは難しい。

基本設計では、使用材料の強度や特性が極めて重要である。これは、鋼橋に特有な点も含めて 4.5 節で説明する。4.5 節では、防食の課題や鋼橋に適用可能な防食法も示す。

橋の基本設計をまとめると、以下のようになる。
- 5 章では、橋の構造形式、桁橋の分類、構造部材の予備設計について説明する。

・6 章では、鋼桁の細部構造の選択について説明する。
・7 章では、主構造の主な架設方法について述べる。
・8 章は、合成桁橋の床版の設計と構造詳細、および架設について述べる。

4.2　工事の遂行

　ある場所の橋の建設では、基本設計から供用に至るまで、技術者にはいくつかの段階の業務がある。これらを図 4.2 に示すが、①から⑤の番号は、技術者の業務と関連している。それぞれが明確な目的とその成果に対応している。

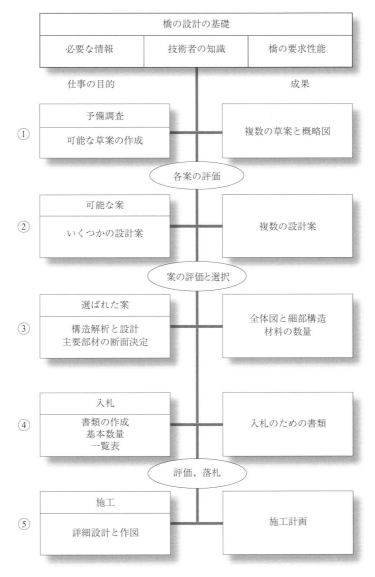

図 4.2　橋の建設に向けての段階

4.2.1　予備調査

　橋の予備調査は、種々の可能性を検討し、より詳細に検討すべき案を選択することが目的となる。特に工事全体の実現可能性を明らかにし、先に進む前に費用の概算を示す。

　現地を視察した後、施主の代理人（4.3節）からの情報をもとに、技術者は橋の草案をいくつか練ることから始める。橋の使われ方と現場の条件から、唯一の案が決まることは少ない。

　可能性のある案について、その橋の複雑さに応じた略図を描く。構想を練るのは、繰り返しのプロセスとなり、種々の外的条件、特に施工や地盤条件、美観に関する条件などを考慮して改善していく。

　予備調査は、まだ構想の段階であり、計算はしない。この段階では、数多くの草案や図面から概略の構造形式や支間などの方向性を決める。主要構造部材の寸法は、過去の経験や典型的な細長比から推定し、その後簡単な計算をする。

　予備調査は、橋の実現可能ないくつかの案を評価し、次の段階に上げる1つか複数の案が決まった時点で終了する。予備調査の規模や、選択する案を1つか複数にするか、その後の検討をどうするかは、その橋の重要性によって決まる。

4.2.2　設計案の選定

　ここでは、予備調査の段階で出てきた1つまたは複数の比較案について検討して、最終的な橋の構造を選択する。予備調査で決められる点もあるが、その橋に必要な要件を満足させるための検討を加える（4.4節）。この段階では、架設時と供用時の性能が満足されるかどうか、より詳細に検討する。さらに、比較案について、先に求めた概略の費用や過去の経験に、支承や伸縮装置、排水施設も含めて、より詳細な費用を出す。

　この段階で重要なのは、使用性と構造安全性に関して基本設計を練ることである。設計の基本から言えば、架設系や完成系について検討することが重要である。主な構造部材の形状を、概略設計をもとにさらに詳細につめる。この段階の成果は、橋の主要な形状と特徴、特に構造形式、橋軸と橋軸直角方向の構造と断面、および主要な細部構造がわかるような図面とする。提案された案には、選択された理由がわかる技術検討書と架設方法についても示す。

　この段階は、橋のその後にとって重要な選択がなされるため、最も重要だと考えられる。完成された橋の良し悪し、特に強度、耐久性、美観、コストは、原案の選択に依存する。構造部材の配置や架設時の異なる部材の構造詳細および製作方法を、この段階で考慮することは重要である。これは、将来の点検や維持管理のしやすさにも影響する。

　この段階の可能な設計案の検討では、担当技術者は、種々の橋の形式とその挙動だけでなく、材料と力学に関しても、経験や想像力や正しい知識を駆使する。同様に製作や架設について、請け負う可能性のある施工会社の資力、能力、施工法についての知識も必要となり、複雑な製作や架設方法の問題がある場合は特に重要となる。このような問題がある場合は、創意に富む経済的な解決策が必要となる。

　構造案を最終的に評価して最終案を選ぶには、以下の点を考慮する。

・入力された情報と使用性への適合性
・可能性と施工の容易さ
・耐久性と維持管理
・美観
・工費と工期

　これらのどれに重きを置くかは、施主の優先順位やその橋の現場状況による。

4.2.3 最終の設計案

最終の設計案を練る目的は、入札に必要な情報をすべて準備することにある。この段階では、全体図と細部構造を準備するために、詳細な構造解析と詳細設計が含まれる。施工計画の詳細もこの段階で準備される。

概略の費用の積算も行う。ここで準備された書類は、公聴会、反対意見への対応、監督官庁への申請や、入札を希望する建設会社に渡す資料として使われる。

4.2.4 入札

この段階で、業務は企業と契約される。まず、公募に必要な書類一式が準備される。多数の企業からの応募に対して、応募内容、提案された施工方法、価格など、関連する内容を比較、検討する。業務は、公募の要件に最も適合した企業に発注される。

4.2.5 施工

施工にあたっては、橋の製作と架設に必要な書類を準備する。この業務には、部材の詳細設計と、製作に必要な工場製作図や材料表などの詳細情報が含まれる。さらに、設計要件を含む要求品質に適合させるための品質管理計画も含まれる。

現場工事の最後に、技術者は、設計図を用いて施工途中での変更点を記入した完成図を用意する。さらに、特に構造安全性に対して、施工中の設計変更を満足しているかを確認する。

最後に、技術者は、施主に渡す点検や維持管理の計画にも協力する。この書類には、その橋の点検や維持管理上の注意点が書かれる。さらに点検に関して設計時に判明したことや、構造部材や機械的な設備の定期的な維持管理について示す。橋の管理者は、これらを参考にして維持管理の規模や内容を把握し、計画立案と予算措置を行う。

重要な橋や特殊な橋の工事では、競争設計（コンペ）の対象になることもある。特に景観に配慮すべき橋や大型予算を必要とする橋、あるいは高速道路上の重要な橋でよく行われる。この場合は、複数の設計会社や共同企業体が、図 4.2 に示した最初の 3 つの仕事を行う。

橋の建設費は、異なる応募者の案が相互に比較できるよう、専門家が一定の基準で算出するのが一般的である。審査員は、提出された様々な案を上記（4.2.2 項）の観点から評価し、最適案を選択する。他の方法もあるが、「コンペ」と呼ばれるこの種の競争設計が最も一般的である。

4.3　橋の工事のための情報

橋の工事を遂行する技術者は、施主の要求をまとめ、設計の基礎を定義し、基本設計をスタートするために、必要な情報を用意する。これらの情報は、橋の供用に関する要求事項や、橋自体、および建設地に関する情報である。橋の工事の初期に技術者が必要となる主要な情報を図 4.3 にまとめる。これらについて以下に示す。

```
┌─────────────────────────────────┐
│      橋の工事のための情報       │
│                                 │
│  使用性の要求性能               │
│  ・橋の使用状況、拡幅の可能性   │
│  ・供用年数                     │
│  ・維持管理に関する条件         │
│  ・使用時の特殊な条件           │
│  ・架設時の特殊な条件           │
│  ・工期                         │
│  ・……                           │
│                                 │
│  橋の仕様                       │
│  ・平面図                       │
│  ・橋軸方向の断面図             │
│  ・橋軸直角方向の断面図         │
│  ・橋が交差する場所             │
│  ・……                           │
│                                 │
│  建設地点の状況                 │
│  ・地形                         │
│  ・地質                         │
│  ・地盤                         │
│  ・水理                         │
│  ・気象と地震                   │
│  ・……                           │
└─────────────────────────────────┘
```

図 4.3 橋の工事に必要な情報

4.3.1 使用性の要求性能

技術者は、まずその橋の使用目的、つまり道路か、鉄道か、歩行者か、あるいはそれらの混合交通かを知る必要がある。また、すべての交通に1つの橋でいいのか、上下線分離のために複数の橋が必要（例えば、スイスの高速道路では、双方向に独立した橋か独立した上部構造を用いる）なのかも知っておく。都市部で特に重要なのは、橋に添架する水道管や送電線などの種類や量についての情報も必要である。特殊な交通の有無も知らなければならない。橋の形は、将来の変更予定（車道の拡張、歩道の撤去など）の有無によっても影響を受ける。

耐用年数（一般に関連の規準で指示される）も明確にする。耐用年数は、橋の推定交通量に関係し、交通量とその重量は鋼橋の疲労耐久性の計算で用いる（12.7節）。他の特殊な要求性能、例えば、その橋の重要性や建設地点（例えば、耐震性能）もまとめる。特殊な使用条件（軍用の車輌）や点検のためのアクセスに関するものもある。ほかにも、工事中の地域の交通規制や地下水面の保全に関する要求がある。最後に、詳細な建設工事の工程や開通日も決める。

4.3.2 橋に関する情報

橋は、使用目的、路線の線形、橋軸と橋軸直角方向の側面図と断面図で定義される。橋が交差する場所の特殊な事情、例えば、高さ制限、空間の制限、橋脚が設置できない場所、景観の要求がある場合、などの条件も入力する。

(1) 線形

線形は、橋軸方向の形を決める。都市部以外での新設道路では、極端な斜角や曲線は可能な限り避ける。このような線形は、橋の力学的な機能に悪影響を与え、橋の形式や架設

方法の選択の余地を狭める。図面上で橋の位置を少し変更することで、橋の施工時や供用年数にとって経済的となることがある。都市部では、新設や架け替えにかかわらず、既存の施設のために線形が先に決まることも多い。

(2) 縦断線形

　縦断線形は、橋の高さ方向の形を決める。交差する障害物に関する制約を考慮するが、特に交差する道路の高さの条件（将来の変更の可能性も含む）に注意する。排水性や景観の理由から、平な線形や水の溜まる窪んだ形は避ける。縦断線形で目に見えるような勾配の変化は避け、なだらかな曲線にする。

(3) 横断線形

　横断線形では、橋の幅を決める。橋の幅は、橋の使用目的、すなわち車線や線路の数、歩道の有無、特殊な施設の有無によって決まる。縁石や高欄、ガードレールは、施主の代理人が決めることが多い。横断線形は要求された形に合わせるが、将来変更することがあればそれを考慮する。これは、床版の拡幅が予想される場合には、特に重要となる。車道と歩道など、複数が通行する場合は、必要なときに歩道を一時的に車道として使うのか、あるいは供用期間中は常に両者を完全に分ける分離帯を設けるのか決めておく。さらに、車と公共交通機関が混在する場合も、分離するのか共用するのかも、将来の展望を含めて考慮する。

(4) 橋が交差する場所

　交差する場所が主要な路線なら、その路線を利用する交通の種類によって、建築制限を定める。その路線の将来の変更、例えば、拡幅などの可能性も考慮する。高さ制限（交差する上の道路に対する）は、縦断線形の変化を考慮するが、それと同時に、特に舗装の増厚、あるいは建設される橋の沈下による変化も考慮する。水路を渡るときは、橋脚を水中に設ける可能性や、あるいは橋脚の水流への影響（河積阻害率）を明らかにする。最後に、景観を含めた建設地点の環境への適合性に対する要求について示す。

4.3.3　建設現場の情報

　建設現場の情報は、その場所の地形や地質や地盤情報、重要な水路を交差する橋の場合には水理情報、気象や地震による荷重も含まれる。荷重は、一般に橋の荷重に関する各種の規準（スイスの場合はSIA161）で規定されるが、その場所の数値を考慮する場合もある（例：支配的な風向きに対する橋の位置、渓谷での乱気流の影響）。

(1) 地形

　地形とは、土地の形状に関することである。既存の道路や建設計画があるアクセス道路、作業ヤードや資材置き場として使用できる場所も明示する。これらの情報は、橋の形式や架設方法を選択する場合に重要な意味をもつ。担当技術者は、仕事に取りかかる前に、必ず現場を視察する。特殊な地形条件以外に、市街化の程度や草木の種類にも留意する必要がある。これらは、橋が地域の環境に溶け込むために考慮すべき重要な要素である。

(2) 地質

　地質の情報は、その土地の特性を定義する。この情報は、橋の建設予定地、またはその近辺でのボーリングによって得られる。また、基礎を置く最適な場所の選定が可能となるだけでなく、基礎の種類（浅いか深いタイプか）、さらには橋の形式を決めるときにも関係するため、大変重要である。特に岩石層の向きやひび割れの状態、リスク（落石、雪崩など）の広がり具合、地すべりの危険性、さらに地下の断層や水流の存在に関する情報も含む。

(3) 地盤

現場や実験室での試験で得られる地盤情報は、地盤の強度や変形の計算に必要となる。この情報は、基礎の深さを決め、地盤の動きや沈下を予想する計算に使われる。担当技術者は、橋の基礎の施工法を決めるために、地下水位も把握する。当初の地盤情報は、予定される橋の基礎の位置と必ずしも一致しない。現地を見た地盤工学の専門家による解釈に基づいているからである。橋の規模やその土地の複雑さによっては、不適切な基礎の設計や施工時の予想外の出費を避けるために、各橋脚と橋台の基礎の位置やその近くで、1回あるいは数回の特定の試験を行うことが勧められる。

(4) 水理情報

重要な水路を交差する橋の場合は、橋脚の設計や架設時の仮支保工の設置に関わるため、水位の変化や増水や渇水の時期を把握する必要がある。水路の幅方向の断面に加えて、堤防の線形の変遷を知ることは重要である。将来の堤防の線形の改変や自然の洗掘を考慮する。水路の中に橋脚を設置することが可能な場合は、流水量と浮遊物体に関する情報と共に、洗掘の量を推定できる情報も必要となる。

(5) 気象と地震

ほとんどの橋では、気象と地震に関する必要な情報は、桁構造に作用させる荷重に関する規準（スイスの場合はSIA261）に示される。気象に関する情報を以下に示す。
- 風荷重
- 温度変化の影響
- 雪荷重

深い谷を越える橋や斜張橋や吊橋のような細長い橋は、地震時や風の影響下の動的な挙動に関して特別な検討が必要となることが多い。

雪荷重は、屋根付きの橋や除雪しない橋、あるいは施工中の特殊事情がない限り、一般には考慮しない。気象の影響や地震荷重は、橋の荷重については10章に詳しく示す。

4.4　設計の要件

橋の設計時に、技術者は、以下の要素を備える設計案を選ぶ。
- 信頼性
- 強度（強靭さ：robustness）
- 耐久性
- 美観
- 経済性

4.4.1　信頼性

信頼性は、計画供用期間の間、限界状態（9.3.5項）を満足させる性能に関係する。構造信頼性を確保するには、荷重の定義、構造のモデル化、荷重作用による応答、材料強度などの不確定要素を考慮する。信頼性は、限界状態を超える確率で示され、使用限界状態（9.5節）と終局限界状態（9.6節）を照査することで確保される。

この信頼性の特徴は、建設工事に全般に共通な設計の明確な原則を基礎にしている。設計の原則は、スイスでは、SIA260「構造設計の基本」に示され、これがすべての材料を用いた構造物の設計の基本となる。この基本は『土木工学概論』シリーズの第10巻の第2章と、この本の9章で詳しく説明する。

しかし、信頼性だけが満足のいく橋の要件ではない。ある橋で、信頼性を満足する設計

案は複数存在する。しかしながら、他の要素、例えば強度、耐久性、美観、経済性を考慮すると、その中のいくつかのみが満足する橋となる。これらは基本設計の段階で考慮するが、特に予備調査（4.2.1 項）と比較案（4.2.2 項）の段階で検討するべき内容である。

4.4.2 強度、強靭さ

SIA260 の定義では、「構造物の強度、強靭さ（robustness）は、損傷や破壊を、その原因となる損傷や破壊に対してある比例関係にとどめることができる能力」である。言い換えれば、不測の原因によって構造物の局部に損傷が生じても、一定範囲までその機能を確保できる（つまり突然の破壊を生じない）ときに、この構造物は強度があると言える。不測の原因とは、例えば、衝突、爆発、破壊活動などで、これらは予測できない。他の不測の原因として、主構造部材の破壊、設計ミス、製作不良、である。強度、強靭性の高い橋を設計する目的は、このような不測の原因によっても橋が全体崩壊しないようにすることである。

橋の強度（強靭さ、robustness）について、図 4.4 に示す 3 種類の 3 径間の橋で説明する。それぞれの桁断面は、使用性と終局限界に対して断面照査され、同じレベルの信頼性をもつ。しかし予想外の事態で中央径間の桁断面に破壊が生じた場合、片持ち桁 2 連と単純桁で構成されるゲルバー桁（図 4.4(a)）と 3 連の単純桁（図 4.4(b)）では、中央径間は崩壊するが、連続桁（図 4.4(c)）の場合は崩壊しない。したがって、連続桁が他の 2 つの構造形式に比べて強度が高いと言える。この桁では、一断面が壊れて剛性が低下しても、橋の上や下の利用者に惨事をもたらすことはない。

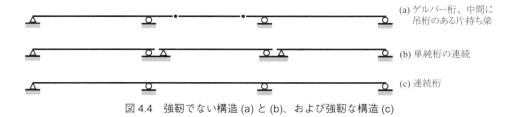

図 4.4　強靭でない構造 (a) と (b)、および強靭な構造 (c)

強度の高い構造物の設計にあたっては、設計者は以下の点を考慮する。
・構造部材の 1 つに破壊が生じて大きな変形が生じても、荷重が他の伝達経路を伝って支持される（不静定構造、冗長性の概念）ように考える。例えば、斜張橋では、床版や他のケーブルに力を分散することで、予期せぬケーブルの破断に対応できる。
・構造部材や連結部には延性の大きい材料を用いる。
・地震（10.6.1 項）や予想外の沈下などの地盤の変形に鈍感で安定した構造系とする。
・施工の不正確さに鈍感な構造系とする。
・偶発的な荷重に対する防護工を設置する（例えば、ガードレール、緩衝装置）。
・構造物全体を点検して、損傷や予想外の挙動に対して措置するためのアクセスを用意する。

橋の世界では、交通量が多い主要幹線の橋には、特に強度、強靭さが要求される。また、その地域で戦略的に重要で、災害の後にその地域の避難路としての役割をもつ橋では、この強度が重要となる（ライフライン）。

4.4.3 耐久性

予想した荷重の作用で、橋全体や細部構造が計画された点検や維持管理のもとで使用性と終局限界の要求性能を満足する場合、橋は耐久性があるという。耐久性は、橋とその要

素の設計耐用年数に関連する。ここで、維持管理の必要のない部材（耐候性鋼の部材とコンクリート部材）の耐用年数と、定期的に点検や交換するもの（舗装、塗装、伸縮装置、支承）の耐用年数を区別する。後者では、基本設計で提案する設計耐用年数は、交換方法と使用材料の選択に影響する。

設計耐用年数を計画するときの耐久性を確保するためには、以下の要因がある。
・材料と適切な防食法の選択
・良い構造詳細の選択
・細部の丁寧な施工
・橋の監視や点検、措置を容易にする橋全体と構造詳細の考え方

鋼橋と合成桁橋の設計における耐久性に関する留意点として、材料の選択（4.5節）、防食（4.5.5項）、鋼構造の基本的な構造詳細（6章）と床版（8章）が挙げられる。

設計の早い段階で形状や構造詳細に関して考えられていれば、橋の耐久性に大いに貢献する。それを無視するか忘れると、現場でお金のかかる即応的な措置となり、橋の品質の低下、耐久性の低下、保全の困難さにつながる。

スイス連邦道路局は、『橋の建設の詳細』[4.1]の中で、橋の建設資材の推奨例を示している。

4.4.4　美観

美観は計測や数値化ができないが、美的価値も橋の品質に関係する。この価値は、その橋の建設地点の環境や橋の構造形式や構造詳細、色彩、その他の要因の総合的な判断に基づく。橋の景観への融合、相対的な大きさ、などの美観について、以下で簡単に触れる。基本設計で考察することで、担当技術者は、橋が景観に負の影響を与える失敗を避けることができる。橋の美観については専門書が出ているので参考にされたい。例として、章末に [4.3] ～ [4.12] の文献を示した。

橋の美観は、調査の最初の段階から考慮に入れる。最後に細部を少し手直しすれば必要な調和感が得られるだろうと考えるのは誤りであり、橋の構造全体が美観の良否を決める。美観への配慮は橋の経済性に影響するが、特別なことをしない限り、それは一般に小さい（全体のコストの 1 ～ 2%）。

(1)　建設地点の景観への同化

橋は、自然環境や人工的な環境に 100 年以上にわたって存在するように設計される。その存在は移り行く社会の中でランドマーク的な役割をもつ。そのため、その環境の中で広く容認される構造物でなければならない。橋の重要な要件のひとつに、周辺の景観との整合性がある。橋はその場の調和を乱さず、それに溶け合い、景観を高めるようにする。橋の形式や架設地点によって、その雰囲気に溶け込むことや、その橋を強調することもできる。後者の場合は、橋自体が美的で風景に合う表現美をもっていなければならない。人目を引く橋が、その地域の環境を損ねてはならない。

周辺環境と調和する橋は、調和の取れた形だけでなく、秩序と一貫性がなくてはならない。和やかな風景では、軽やかさや透明感のある橋で溶け込ませるが、他のケースでは、橋が見ごたえのある景観を強調することがあってもよい。技術者は、この風景に溶け込む点を真剣に考える。それには、いろいろな視点から建設予定地を見るのが第一である。橋が風景に適合するかの評価には、モンタージュ写真や画像処理を使うのが有効である。

(2)　形と調和

橋の要素を調和させることで、重量感ではなくて、軽快で透明感のある印象を与えることができる。調和は、空間での構造要素の相対寸法や繰り返し、閉じた面と開いた面、橋

脚と床版、床版厚と径間長の相関、橋脚の太さと高さ、明るい面と暗い面や影と太陽光の相互の影響、などで決まる。

橋には、秩序や均衡、規則性が必要である。構造部材や断面の寸法、あるいは支間長の急激な変化は避ける。橋の軸線がたびたび変わる、中断する、停止する、あるいは軸線が不連続になると無秩序な印象を与える。統一性と対称性を追求する基本姿勢を忘れてはならない。地上高が一定の橋の場合、美観と構造の観点から、支間長を統一した方がよい（図 4.5(a)）。地上高が徐々に低くなる場合は、支間長を少しずつ短くするのが良い結果を生む（図 4.5(b)）。左右の対称性、調和の取れた径間配置、桁の横断面の形状や橋脚の類似性は、構造系に秩序をもたせ、橋全体に均一性と調和感のある統一した印象を与える。見る人が、橋に伝わる力の流れを無意識に感じられるとよい。

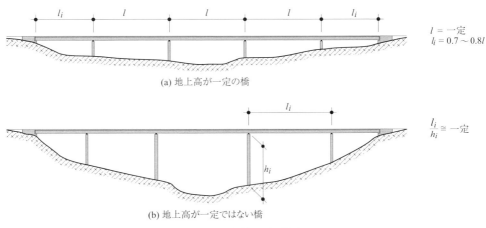

図 4.5　桁橋の形と比率

支間長とその変化の選択は重要である。適切な桁高は支間長によって決まるが、地上高と桁高の比率が 4 以下になると、橋は地面に接近した壁のような印象を与えてしまう。例えば、桁高を支間長の 20 分の 1 とすると、地上高 8m の場合には、最大支間長が 40m となる。地面に近い橋では、正方形や長方形の桁下空間（高さ方向に伸びる形）は、見苦しいと考えられる。

地上高が高い橋の場合には、美観的には桁高と支間はあまり影響しない。橋の床版の細長さは、視認できる長さと高さで定義されるが、高い位置の床版は、下から見える床版の幅と見る人の位置に影響される。支間が長い場合（80m 以上）、変断面の桁の方が不自然に堅い印象を与える直線より見た目が美しい。高さのある橋脚は、傾斜がある方が平行線よりも軽快でエレガントな印象となる。

橋が長く床版が広い（＞12m）場合、支承線当たり 2 本の橋脚とするのが妥当な案だが、残念ながらある視点から見ると、橋脚の林のような煩雑な印象を与える。平行に 2 つの橋がある場合には、より煩雑になる。このような場合、設計者はより細い橋脚を提案することがあるが、橋の安全と安定に対する感覚を損ないかねない。

支間数の少ない橋の場合、支間数が偶数よりも奇数の方が景観の観点から好ましい。例えば、2 径間の橋では、見る人はまず中央の橋脚に目が行き、橋全体の景観が犠牲になってしまう。そのため、できる限り 3 径間の橋（桁橋または方づえラーメン橋）にするのがよい（図 4.6）。

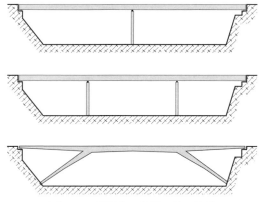

図 4.6　2 径間と 3 径間の橋の美観

　美しいと言われる橋では、構造詳細の設計、特に見える構造には細かいところまで気を配っている。例えば、床版防水や排水装置の劣化による床版の水のしみや汚れが、橋の見え方を台無しにする。後から設置する防音壁、歩道や配管（水、電線、光ファイバーなど）は、橋の軽快さに悪影響を与えることがある。

　鋼部材の色彩や、縁石や高欄、橋台や橋脚の面などのコンクリートの表面仕上げも重要である。塗装される鋼橋では、光沢のある塗装は溶接による鋼板の凸凹（やせ馬）が見えるため、光沢のない塗装の方が好ましい。また、素材の自然な色の方が人工的な色よりも好感を与えることが多い。

　橋の美観はルール化できない。同じ状況でも、美観に優れた案はいくつも存在し、どれも妥当である。創造性や直感、美観や色彩に対する嗜好を活かして最適案を見いだすのは、技術者自身である。ここで示したいくつかの原則が、美観における失敗を避けるのに少しでも役立てばよい。

4.4.5　経済性

　一般の橋や高架橋の費用は、構造形式の種類、支間の数や長さ、建設地によって変わる。新たに建設される路線の橋では、橋の位置は線形の計画で決められるが、それはしばしば相互に矛盾する要求（最適線形、自然および人工環境の保護、アセスメント）を満たすための妥協の産物であり、橋の位置もその流れで決められる。しかしながら、橋の位置の多少の変更による経済性の向上の余地はある。例えば、より良い地盤に基礎を築くための位置の変更や、架設工法や斜角を減らすための形状変更、などである。しかし、当然のことながら、この変更は事業の最初の段階で決断する必要がある。

　最も経済性に貢献するのは、橋の構造形式とその全体構造をうまく選択することにある。ここでは、いくつかの選択肢を評価する。この基本調査の段階での経費削減は、設計の際の詳細な計算による節減より大きい。橋の構造形式は、橋の機能上の要求と、周辺環境からの要求の両者を考慮して選択される。この選択では、橋長と最長支間、それに架設法が大きな役割を果たす。橋長は、盛土の量や橋台の寸法にも関係がある。時には、橋を延長する方が、大きい橋台を作るより経済性があり美観にも優れることがある。

　支間の選択は、基礎や施工の条件、そして橋の美観を考慮に入れる。基本設計の段階では、技術者は、橋長や橋脚の形状、地盤条件の関数となる、橋軸および橋軸直角方向の構造形式を選択する。横断面の形では、橋の使われ方、支間長、施工の条件、景観を考慮する。また、将来の拡幅計画があれば、この段階で考慮する。この段階で少し投資しておく

ことは、将来の改造時に大変有利となる。

基本設計の早い段階で施工性、耐久性を考慮し、維持管理（点検、維持管理、改修）を容易にする構造詳細を考えることは、橋の経済性に大きく貢献する。それを忘れる、あるいは不十分な考察や施工中に性急に決めることは、橋の品質を低下させ、経費を増やすことになる。

橋の費用は、単に設計や建設に関わるものだけではない。それに加えて、供用や保全に必要な費用、金融関係の費用（利息、減価償却費、インフレーション）、さらには撤去やリサイクルの費用も必要となる（ライフサイクルコスト）。

経済状況によって決まる他の要因も、橋の経済性に影響する。これらは、特に建設会社の業務と資金に関係する材料費と建設費に大きく影響する。

経済的な観点からは、一般に単純でよく知られた案とするのがよい。材料を増やして人手を減らすのもよい（例えば、鋼桁のウェブを増厚して補剛材の数を減らす）が、これは材料と人件費の相対的なコストで決まる。単純でよく知られた構造は、施工の容易さ、耐久性、および経済性を保障することが多い。技術革新に伴う案を試すときには、その長所と短所を厳密に検討し、その案が正当化されなければならない。

最後に、工期と工費を守って工事を完成させるには、橋の建設に必要な組織、特に情報や決定事項の伝達方法の確立は必要不可欠である。

橋の建設の経済的な面を示すのに、高速道路の土工区間、橋、トンネルの3つの建設にかかる相対的な費用は、1対3対5と言われる。年間の維持管理と保全の費用は、建設費の1.0～1.2%である。橋の各部の建設費用の内訳は、橋の位置、構造系式の複雑さ、地盤状況によって決まる。平均的な支間の鋼コンクリート合成桁橋では、設計や間接費を除くと、以下のようである。

・下部構造　　：25～40%
・上部構造　　：40～60%
・現場施工　　：6～8%
・付属構造物　：10～15%

4.5　材料の特性と選択

橋の材料の選択は、通常の維持管理のもとでの耐久性を確保するために、最も重要である。特性に合った適切な材料の選択は以下の事柄に依存する。

・構造部材の製作、運搬、接合、設置の簡便さ。例えば、低強度の鋼材を用いると大断面で重い構造となるので、運搬が困難となり、組立てのための溶接量が多くなる。
・平均的な溶接性の鋼材は、現場溶接に特別な注意が必要となる。
・不適切な仕様のコンクリートは、打設が困難となる。
・橋の性能に影響するぜい性破壊のリスク。
・時間とともに劣化する影響に抵抗する能力、例えば、鋼材の耐腐食性やコンクリートの化学物質や空気中の物質に対する耐久性。

この4.5節では、橋の鋼材の選択とその防食について述べる。橋の基礎や橋脚、橋台、床版のコンクリートの選択については、『土木工学概論』シリーズの第10巻の3.3.4項と第8巻と第9巻を参照されたい。

4.5.1　鋼材の規格と品質

製鋼の原理や鋼構造物で使われる鋼材については、『土木工学概論』シリーズの第10巻

の 3.2 節に示す。鋼の機械的性質とそれを決める試験は、『土木工学概論』シリーズの第 10 巻 3.3.1 項で扱う。ここでは、構造用鋼材は以下の特徴をもつ。

・規格は、鋼材の降伏点（S355 は $f_y = 355\text{N/mm}^2$）で表す。
・品質は、衝撃による曲げ抵抗の値（吸収エネルギー、または V ノッチシャルピー試験）で決まり、ぜい性破壊の抵抗の目安であるが、溶接性の目安にもなる。

橋梁用の鋼材を選ぶ際は、次に示すように鋼材の品質は特に重要な問題である。最近圧延技術の進歩によって、製作や溶接性、ぜい性破壊抵抗の点で興味深い鋼材（TMCP 鋼と呼ぶ）ができた。

鋼材の規格は、ヨーロッパ規準 EN 10 027-1[4.12] で決められる。鋼橋に使う鋼材は、以下のヨーロッパ規準に定められる。

・EN 10 025-2: Hot rolled products of structural steels – Part 2: Technical delivery conditions for non-alloy structural steels [4.13].
・EN 10 025-3: Hot rolled products of structural steels – Part 3: Technical delivery conditions for normalized/normalized rolled weldable fine grain structural steels [4.14].
・EN 10 025-4: Hot rolled products of structural steels – Part 4: Technical delivery conditions for thermomechanical rolled weldable fine grain structural steels [4.15].
・EN 10 025-5: Hot rolled products of structural steels – Part 5: Technical delivery conditions for structural steels with improved atmospheric corrosion resistance [4.16]

2003 年版の SIA 規準 263 でも、同じ規格が使われる。

(1) 鋼材の規格

圧延鋼材の規格は、厚さ 16mm 以下の鋼板の降伏点 N/mm^2 で定義される。これに、他の種類の鋼材と区別するために S（英語の Structural steel）を付ける。他の種類の鋼材は、機械構造用（英語の Engineering steel の E を付す）や鉄筋コンクリート用の鋼材（英語の reinforcing **B**ar の B を付す）がある。規準の降伏点 f_y（所定の引張試験の上降伏点に相当する値）は、保証される最低の値である。

橋の分野でよく用いられる鈑桁では、桁断面が大きくなり鋼板が厚くなると、降伏点が低下することを考慮する。鋼板が厚いと高温で圧延されるため、冷却速度が落ち、そのため、粒子の均一性が下がるためである。表 4.7 は、EN 10 025 による鋼の板厚と鋼材規格を示すが、板厚が大きくなると降伏点が下がる。板厚 80mm 以上の TMCP 鋼は降伏点が高いため、この表は適用しない [4.15]。

表 4.7 鋼板の板厚による降伏点 f_y（N/mm^2）

	$t \leq 16\text{mm}$	$16 < t \leq 40$	$40 < t \leq 63$	$63 < t \leq 80$	$80 < t \leq 100$	$100 < t \leq 150$
S235	235	225	215	215	215	195
S355	355	345	335	325	315	295
S420	420	400	390	370	360	340
S460	460	440	430	410	400	380

しかし SIA 規準では、板厚による降伏点の低下を簡略化している。

・$t = 40\text{mm}$ までは表 4.7 に示す $t \leq 16\text{mm}$ の f_y 値を用いる。
・40mm と 80mm の間の t については、表 4.7 の $40 \leq t \leq 63\text{mm}$ の f_y 値を用いる。

鋼橋で用いる S420 以上の鋼材は、普通、高張力鋼（HSS）と呼ばれる。

(2) 鋼材の品質

鋼材の品質の記号は、ノッチのある試験片による衝撃試験（シャルピー試験）による曲

げ抵抗で表すが、これは、ぜい性破壊に対する強度の目安となる。この種の破壊は、荷重が小さくても低温で生じるため、避けなければならない。これは、塑性変形がほとんど生じない破壊である。橋の部材のぜい性破壊のリスクが高くなるのは、以下の条件である。

- 高い引張応力、または多軸の引張応力が作用する場合。多軸性は板厚が大きくなると増加する（平面ひずみの状態）。
- 構造上の欠陥によってひずみが集中する場合。例えば、溶接の不具合（『土木工学概論』シリーズの第10巻7.3.4項）や断面の急変部に生じる。
- 高い引張残留応力の存在。
- 荷重速度、それによってひずみ速度が速い場合。
- 使用温度が低い場合。
- 高規格の鋼材を用いた場合（一定の鋼の品質で）。

これらは鋼橋でよく見られる条件であり、そのためぜい性破壊の現象は慎重に考慮する。

ぜい性破壊に対する鋼材の挙動は、**じん性**、あるいは、き裂進展に伴う吸収エネルギーで表す。じん性は、応力拡大係数を用いて破壊じん性 K_c で示すが、これは材料定数となる（『土木工学概論』シリーズの第10巻13.3.5項）。このじん性の表示は破壊力学の理論を基礎にしており、き裂先端周辺の応力を解析して、そのき裂がどれぐらい有害かを評価できる。応力拡大係数 K（き裂の形と長さ、および作用応力の関数）が破壊じん性値 K_c を超えるとき、そして材料が遷移温度以下のとき、ぜい性破壊が生じる。鋼材の K_c は、疲労予き裂を導入した試験片を用いて決めることができる。しかし、このような試験にはかなりの時間的投資が必要なため、めったに行われない。

鋼材を、ぜい性破壊の抵抗値で工業的に区分けするには、衝撃による曲げ試験（『土木工学概論』シリーズの第10巻3.3.1項）、すなわち規定のVノッチ試験片の衝撃吸収エネルギーを測る方法がある（シャルピー衝撃試験）。この破壊のエネルギー、または衝撃吸収エネルギーはジュール（Joules）、または $1cm^2$ 当たりのジュールで表されるが、このエネルギーは温度や載荷速度で変わる。鋼材の吸収エネルギーと破壊じん性の関係には、いくつかの経験則がある（『土木工学概論』シリーズの第10巻13.3.5項）。橋の使用環境と適切な経験則を考慮すると、ある限界き裂長に対して、使用可能な鋼板の最大板厚を計算できる（4.5.4項の**表4.9**参照）。

規準では、鋼材の品質は、ある規定の温度における吸収エネルギーの最小値、すなわち保証値をもとに規定され、記号と数字によって**表4.8**のように分類される。

例えば、品質K2の鋼材は、-20℃で40ジュールを保証する。よく使われる鋼材の品質は、非合金鋼ではJR、J0、J2、K2の順に、微粒子鋼ではNまたはNLの順に品質が良くなる（MまたはMLはTMCP鋼）。鋼材の溶接性はJRからJ2の順で向上する。

表4.8　EN 10025による鋼材の品質

規準	記号	破壊エネルギー ジュール	試験温度 ℃
EN 10025-2 非合金鋼	J	27	
	K	40	
	R		+20
	0		0
	2		-20
EN 10025-3 微粒子鋼	—	40	-20
	L	27	-50

(3) 供給の状態

品質が J0 以下の鋼材は圧延されたまま納品され、EN 10025-2 に従って +AR の記号で区別される。もし、鋼材が焼きならしされると、同規準では記号 +N で示される。焼きならしは、金属組織を均一化、細粒化することで、引張強度とじん性を向上させる目的でなされる。この微粒子鋼は、EN 10025-3 では記号 N を付けて納品される。橋に使われる鋼材は、一般に焼きならしされている。TMCP 鋼は特別な圧延のプロセスを経ており（以下を参照）、EN 10025-4 では記号 M で区別される。これらの記号は、鋼材の品質を表す記号に付記される。

4.5.2 溶接性

溶接性は、引張強度やじん性とは違い、鋼材の機械的な性質ではない。数字で表すことはできず、溶接棒で他の金属に溶接される金属の性質を見て判断する。溶接性は、炭素当量と呼ぶ指標で与えられ、炭素当量の低い鋼材が溶接性に優れる。

溶接性に優れた鋼材の溶接継手は、母材と同じ特徴をもつ。この品質を得るために、熱影響部（HAZ）に溶接による脆い部分を作らないようにする。詳細は省くが、脆い部分を構成する可能性は、母材の炭素当量が高いほど、そして冷却速度が速いほど、高くなる。

溶接性の欠如は、溶接後に HAZ に低温割れと呼ばれる割れとなって現れる。この割れは、脆い部分に引張応力や水素が存在すると生じやすくなる。この状況を以下に示す。

・炭素当量の高い鋼材の溶接後、冷却が速すぎると脆い部分ができることがある。HAZ の冷却は、鋼の熱伝導率が大きいため、接合する鋼板が厚くなると速くなる。
・冷却による収縮変形が妨げられることにより、HAZ に溶接残留応力が残る（『土木工学概論』シリーズの第 10 巻 7.3.3 項）。このような引張残留応力は、溶接される鋼板が厚いとき大きくなる。
・溶接棒の被覆材や、少ないが空気中の湿気からの水素が溶接部に存在する場合。

上記の 3 つの要因は、厚板を用いた鈑桁の工場製作や、特に溶接を現場で施工するときに生じる。

低温割れを避けるために、一般に次のような予防策をとる。

・HAZ の急激な冷却を防ぐために、溶接前に接合部周辺をガスバーナーで予熱する。現場溶接では、溶接部の保温と防風のために、覆いで囲う。
・溶接残留応力の影響を減らすため、適切な溶接手順を検討する。
・使用前に溶接棒を乾燥機で乾かし、溶接部に水素が入るのを防ぐ。

溶接部の予熱とそれに加えて後熱は、HAZ から水素を除去する効果がある。鋼材で、S355 以上では常に予熱が必要であるが、後述する TMCP 鋼は炭素当量が低いため、予熱は不要である。

4.5.3 TMCP 鋼

主桁の製作用の厚板は、焼きならしされた状態で供給される。これは、焼ならしされた、あるいは鋼の化学成分に応じて圧延された安定した状態で納品される。

最近の強力な圧延機や冷却促進装置、それに付随した正確なコントロール機能の開発によって、熱処理を必要としないで、圧延段階で直接、鋼板に必要な機械的性質が得られるようになった。これが制御圧延、加速冷却により製造される鋼材で、TMCP 鋼という [4.17]。

この製造工程で得られる鋼材は、1990 年代の初頭から商品化されたが、粒子の細かさだけでなく、金属組織、不純物の分布の点で、最適な構造をもつ。この TMCP 鋼は、焼きならしされた旧来の鋼材とは以下の点で異なる。

・同等の機械的性質では、普通鋼より炭素や他の含有元素が少ない（炭素当量がより小

さい）。
・同等の化学成分では、普通鋼より高い機械的性質をもつ。

TMCP 鋼の化学成分は、溶接後の低温割れ感受性が低く、溶接の工程を簡略化できる。すなわち、

・気温 5℃以上の場合、溶接部周辺の予熱が不要となる。
・ほとんどの場合、最低パス間温度を考慮しなくてもよい。

このように TMCP 鋼の溶接工程が簡略化されたことは、以下の点で利点となる。

・溶接材料のコスト
・予熱、後熱やその制御のコスト
・補修のコスト
・屋外での溶接に要求される条件
・低温割れに対する溶接の品質

この利点のおかげで、鈑桁橋の特に作用応力の高い部分に、高張力鋼（S460M）が容易に使用できる。

4.5.4 鋼橋に用いられる鋼材

主桁のような主要な構造部材に普通使用される鋼材は、焼きならしされた状態で供給される S355 である。非合金鋼は S355 J2+N または S355 K2+N（EN 10025-2）、微粒子鋼は S355 N または S355 NL（EN 10025-3）である。TMCP 鋼では、S355 M または S355 ML（EN 10025-4）が使われる。高張力鋼（S460）は、連続桁などの応力の高い部位、特に中間支点の周辺では有利である。例えば、中間支点の周辺では、S355 N と比べて、フランジの板厚を最大 30％減らすことができる。さらに、フランジの接合に必要な溶接金属の量も少なくて済む。その結果、溶接の効率化につながる。S355 以下の鋼材は、橋の建設には使用されないが、例外的に作用応力の小さい 2 次部材に使われることもある。

ぜい性破壊は、破壊力学を用いて橋の使用状況や環境を考慮したうえで、鋼板の作用応力と温度による最大板厚を定義できる。表 4.9 は、種々の規格と品質の鋼材、作用応力 σ_{Ed}、2 つの基準となる温度 T_{Ed} による鋼板の板厚の最大値を示す。この表はユーロコード 3、1-10 の抜粋である。この方法では T_{Ed} が、鋼材の破壊じん性を決めるが、その場所で稀に生じる最低温度である。応力 σ_{Ed} は、それに相当する特殊荷重となるが、よく発生する荷重による応力と仮定できる（『土木工学概論』シリーズの第 10 巻、式 2.23）。表 4.9 の値は、その範囲であれば直線内挿できる。鋼の製造者や供給者は、入手可能な板厚の相談にのることが必要である。

表 4.9　ユーロコード 3 より抜粋した温度 T_{Ed} と応力 σ_{Ed} による鋼板の最大板厚 t [mm]

規準	規格	品質	T_{Ed}			
			0℃	−30℃	0℃	−30℃
			$\sigma_{Ed}=0.50 f_y(t)$		$\sigma_{Ed}=0.75 f_y(t)$	
EN 10025-2 非合金鋼	S235	J0	105	65	75	40
		J2	145	90	105	60
	S355	J0	80	45	50	25
		J2	110	65	75	40
		K2	135	80	90	50
EN 10025-3 et 4 微粒子鋼 N（焼きなまし） M（TMCP 鋼）	S355	N, M	135	80	90	50
		NL, ML	180	110	130	75
	S460	N, M	110	65	70	40
		NL, ML	155	95	105	60

$f_y(t)$：表 4.7 に示す鋼板の板厚による降伏点

4.5.5 鋼の防食

橋の耐久性を確保するには、鋼部材を防食すると同時に、定期的にこの防食性能を維持する必要がある。腐食は、相対湿度60％ぐらいから始まるが、空気中に塩分が存在するとそれ以下でも始まる。腐食速度は、環境の厳しさの関数となる。鋼橋を腐食から守るには、主に2つの方法がある。

・塗装による防食
・耐候性鋼材と呼ばれる耐腐食性能の高い鋼材の使用

塗装による防食は、大気腐食に対して高性能の鋼材、耐候性鋼（weathering steel）の使用が可能になっても、今日でも最もよく使われる防食方法である。耐候性鋼は特別な防食をしなくて使用できる鋼材である。どの防食方法を選ぼうとも、必ず定期的な点検が必要であり、特に建設されたばかりの橋は、塗装による防食の効果や、耐候性鋼の保護性錆の形成具合に異常がないかを確認する。

どの橋の防食であっても、水が障害物で滞水しないで流れることが基本である。細部構造の設計では、水溜りができそうな箇所をなくす（6.2節参照）。例えば、広い水平な面や凹面、水が溜まりやすく蒸発しにくい隙間や隅などである。水が流れるように、補剛材などに排水の孔やスカーラップを設けるとよい。

(1) 塗装による防食

鋼材の塗装による防食には、一般に以下の構成となる。

・下塗り
・中塗り
・上塗り

下塗りは錆止めであり、その上に塗布される塗料の下地にもなる。下塗りは、クロム酸亜鉛や亜鉛粉末などの顔料で腐食を抑制する。工場で1層か2層塗られるが、下塗りが鋼材にうまく付着するために、鋼材の表面を清浄にする。汚れ、錆、すす、油分、溶接スパッタなどをすべて除去することが重要となる。一般に工場では、素地調整のために、スチールショットを用いたブラスト処理が行われる。ショットブラストは、表面を種々のレベルに素地調整できるが、普通は規準[4.18]のSa 2 1/2が求められる。これは表面を丁寧に研磨するレベルで、ブラスト後はほとんどむらのない金属色となる。この方法で、下塗りの施工に適した粗面が得られる。

下塗り塗料のタイプや膜厚にもよるが、次の塗装まで外気にさらされる期間は6カ月から18カ月の間であり、この間は下塗りの保護特性が保持される。現場接合の部分（ボルト、溶接部）や輸送中や架設中に生じた傷を含めて、架設作業では下塗りの保護に注意する。

中塗りの主目的は、塗装に対防食のため厚みを持たせることである。最近は、人件費の節約から、塗装の回数を減らすことや、中塗りを省いて他の塗装の厚みを増やすことで、同等の防食性能を得ようとする傾向にある。

上塗りは、一般に現場で施工されるが、下地の塗料と適合しなければならない。外気（紫外線）に影響されないように、雲母状酸化鉄や酸化アルミニウムを含む顔料を用いる。上塗りは仕上げであるので、装飾的な役割も持ち、色彩や光沢や質感といった表面の特徴を形成する。

良い施工による完全な塗装と膜厚は、必要な防食性能を確保するのに重要な要因である。塗装のタイプと膜厚は、その橋の大気暴露や大気環境によって決まる（腐食性の分類で、低いC1から、かなり高いC5）。塗膜厚は120～300μmであり、1層の塗膜厚は最低30μmで、1回の塗装で60μmまで可能である。スイス鋼構造センター出版の資料B3と

技術書 SIA 2002[4.19] には、大気環境の質に対して必要な膜厚や塗料のタイプ、施工の条件、点検に関する情報が示される。ヨーロッパレベルでは、塗装による防食は SN EN ISO 12944[4.20] で取り扱っている。

部分または全体の塗り替えまでの塗装の耐用年数は、正しく施工され、定期点検で破損部分の部分塗装が行われば、少なくとも 30 年である。防食塗装の部分または全体の塗り替えには、古い塗膜の除去に際して、環境保護のための大掛かりな工事や設備が必要となる。

(2) 耐候性鋼

一般の鋼材と違って、低合金鋼（P, Cu, Cr, Ni, Mo）は、大気腐食に対する耐腐食性能が高い。耐腐食性能が高いのは、鋼材の表面に形成される緻密な酸化皮膜層（保護性錆）のためである。この酸化皮膜層は、水密性や接着性がある硬いこげ茶色で、鋼材の酸化の進行を防ぐ。そのため、この鋼材には塗装による防食は不要となる。この鋼材は、[4.16] で W の記号を付ける。保護性錆は、大気曝露の初期段階ですぐに形成され、その後腐食速度が小さくなり、数十年間ではほとんどゼロになる。

図 4.10 は、鋼板試験片の保護性錆層の厚さを長年測定した結果である [4.21]。耐候性鋼では、保護性錆層が鋼板の暴露の初期に速く構成され、その後成長速度が遅くなり、ほとんど成長が停止していることが見て取れる。また、汚染された大気中（デュッセルドルフ）では、アルプス（ダヴォス）よりも錆層が厚くなることもわかる。さらに、耐候性鋼と一般の鋼材との間に、（少なくともスイスでは）錆層の形成にそれほど違いがないこともわかる。

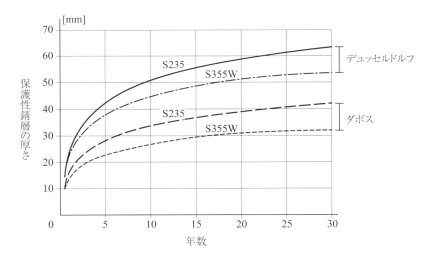

図 4.10　耐候性鋼の錆層が形成される例

スイスでは、1970 年代から橋に耐候性鋼が使われるようになった。既設の橋に関する調査 [4.21] では、この鋼材の使用に関するいくつかの誤りが明らかになったが、実際に時間の経過に伴って腐食が減少していくことが確認できた。しかしながら、大気環境の厳しさと性質に依存することから、腐食による鋼材の損失を正確に推定することは難しい。おおよその値として、暴露面の厚さの減少は最初の 10 年間で、田舎の大気中では 0.04mm から 0.10mm、工場地帯の大気中では 0.15mm から 0.25mm の減少である。次の 50 年間の 10 年ごとの平均減少量は約 0.05mm である。DAST の手引き [4.22] のように、経年による

板厚の減少を考慮して、鋼板、特に主桁の一部となる薄い鋼板を増厚するように提案している規準もある。

適正な保護性錆層の形成のために最も重要な条件のひとつは、乾湿の繰り返しである。鋼構造に水分や湿気が長期間存在すると、その部分に顕著な腐食が生じる。考慮すべき他の重要な条件は、大気中に塩化物が存在する場合は、耐候性鋼の使用には適さない点である。以上のような条件と既設の橋の経験から、耐候性鋼の正しい使用法は以下のようにまとめられる。

- 環境
  - 海岸から500m以内、または海の影響が大きい地域（海からの霧や風）では耐候性鋼は使用しない。
  - 交通による塩が混じった飛沫のある場所（例えば、交通量が多く定期的に塩を散布する道路と交差する橋）では耐候性鋼は使用しない。
  - 地表から1m以下（草木）、または川の水面から3m以下では耐候性鋼は使用しない。
  - 工業による大気汚染の激しい場所では耐候性鋼は使用しない。
- 耐候性鋼の使用における細部構造
  - 鋼板の厚さは5mm以上、主桁のフランジとウェブは最低10mm。
  - 暴露面の風通しが十分良い構造部材の配置（図4.11(a)）。
  - 酸化鉄を含む錆汁が、隣接する構造部材に流れないような配置。例えば、桁に水の返しをつけて、錆汁が部材、特にコンクリート橋脚に直接流れ落ちるのを防止する。
  - 橋の架設中は、流れ出る錆汁から橋脚を保護すること。
- 外観
  - 一様な保護性錆を得るために、鋼の表面はショットブラストを念入りに行う。
  - 合成桁橋の床版のコンクリート打設時に、鋼の表面のコンクリートの飛沫や垂れ落ちは清掃すること。できたら最初からそれを防止する。
  - 鋼部材の一部が結露し、それが鋼板の色や質感のむらになる（しかし、単純な方法でこの現象を防ぐことは不可能である）。
- 点検と維持管理
  - 表面状態の点検と適切な管理が必要で、特に鋼構造の清掃（埃やごみ、枯葉などが溜まるため）と、長時間の滞水の防止、また排水設備の状態と機能を点検するため（特に箱桁の内部）である。

経済性に関する調査では、耐候性鋼の使用は建設時に既に有利（最高10％の節約）であることがわかった。塗装した普通鋼の橋に比べて、材料の増加分を考慮しても、耐候性鋼の経費増加分は、不要となった最初の塗装の費用で相殺される。この利点は、橋の耐用年数の間の塗装の維持や塗替え塗装を考えると、さらに大きくなる。耐候性鋼の使用は、塗替え塗装をする場合に、現場へのアクセスが容易でない場合に、より合理性がある。さらに、塗替え塗装に必要なケレン作業や塗装による環境汚染、労務者の保護も、耐候性鋼を使用することで不要となる。

美観の点では、こげ茶色の保護性錆の色は、特に田園地帯では好感度が高い。最後に、橋のライフサイクルコストは、塗装橋より耐候性鋼を用いる方が有利である。

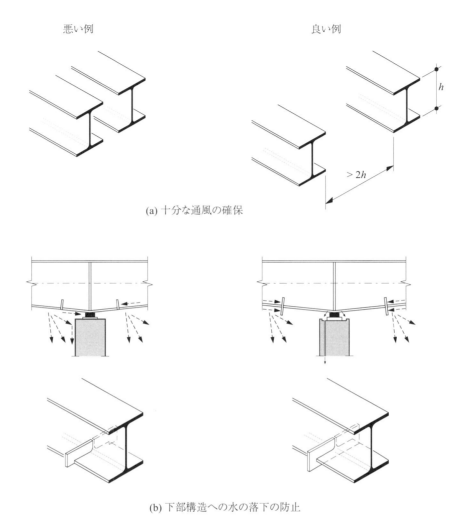

(a) 十分な通風の確保

(b) 下部構造への水の落下の防止

図 4.11　耐候性鋼を使用する時の適切な細部構造の例

参考文献

[4.1]　*Détails de construction de ponts: directives*, Office Fédéral des Routes (OFROU), Berne, 2005. Downloadable from: http://www.astra.admin.ch.

[4.2]　Leonhardt, F., *Ponts*, Presses polytechniques et universitaires romandes, Lausanne, 1986.

[4.3]　Bennett, D., *The Architecture of Bridge Design*, Thomas Telford Publishing, London, 1997.

[4.4]　Bennett, D., *The Creation of Bridges*, Aurum Press, London, 1999.

[4.5]　Bennett, D., *Les ponts*, Eyrolles, Paris, 2000.

[4.6]　Brown, D. J., *Bridges*, Mitchell Beazley Publishing, London, 1993.

[4.7]　D elony E., *Landmark American Bridges*, Americain Society of Civil Engineers (ASCE), New York, 1993.

[4.8]　Gottenmoeller, F., *Bridgescape, the Art of Designing Bridges*, John Wiley & Sons, Inc., New York, 1998.

[4.9]　Cortright, R. S., *Bridging, Discovering the Beauty of Bridges*, Bridge Ink, Tigard, Oregon, 1998.

[4.10]　Troyano, L. F., *Bridge Engineering, a Global Perspective*, Thomas Telford Publishing, London, 2003.

[4.11]　M artinez Calzón, J., *Puentes, Estructuras, Actitudes*, Edition Turner, Madrid, 2006.

[4.12]　SN EN 10 027-1, *Système de désignation des aciers – Partie 1: Désignation symbolique*, SNV,

Association suisse de normalisation, Zurich, 2005.

[4.13] SN EN 10 025-2, *Produits laminés à chaud en aciers de construction – Partie 2: Conditions techniques de livraison pour les aciers de construction non alliés*, SNV, Association suisse de normalisation, Zurich, 2005.

[4.14] SN EN 10 025-3, *Produits laminés à chaud en aciers de construction – Partie 3: Conditions techniques de livraison pour les aciers de construction soudables à grains fins à l'état normalisé/laminage normalisé*, SNV, Association suisse de normalisation, Zurich, 2005. 72 Conceptual Design of Bridges

[4.15] SN EN 10 025-4, *Produits laminés à chaud en aciers de construction – Partie 4: Conditions techniques de livraison pour les aciers de construction soudables à grains fins obtenus par laminage thermomécanique*, SNV, Association suisse de normalisation, Zurich, 2005.

[4.16] SN EN 10 025-5, *Produits laminés à chaud en aciers de construction – Partie 5: Conditions techniques de livraison pour les aciers de construction à résistance améliorée à la corrosion atmosphérique*, SNV, Association suisse de normalisation, Zurich, 2005.

[4.17] AFPC, *Les aciers thermomécaniques, une nouvelle génération d'aciers à hautes performances*, Office technique pour l' utilisation de l' acier, OTUA, Paris, 1997.

[4.18] SN EN ISO 8501-1, *Préparation des subjectiles d'acier avant application de peintures et de produits assimilés – Evaluation visuelle de la propreté d'un subjectile*, SNV, Association suisse de normalisation, Zurich, 2004.

[4.19] SIA, *Traitement de surface des constructions en acier*, Technical bulletin 2022, Société suisse des ingénieurs et des architectes, Zurich, 2003.

[4.20] SN EN ISO 12944, *Peintures et vernis – Anticorrosion des structures en acier par systèmes de peinture*, SNV, Association suisse de normalisation, Zurich, 2005.

[4.21] Lebet, J.-P., Lang, T. P., *Brücken aus wetterfestem Stahl*, Office fédéral des routes, Publication VSS FB 562, Zurich, 2001.

[4.22] DASt Richtlinie 007, *Lieferung, Verarbeitung und Anwendung wetterfester Baustähle*, Deutscher Ausschuss für Stahlbau, Köln, 1993.

5章　橋の構造

Truss girders composed of tubular members for the Viaduc de Lully (CH).
Eng. Bureau d'ingénieurs DIC, Aigle.
Photo Bureau des autoroutes, canton de Fribourg.

5.1 概要

橋は、1つまたは複数の交通が、谷、河川、他の交通の障害物を横断することを可能にする構造物である。その主な役割は、交通の荷重を支持して、それを地盤に伝えることである。活荷重のほかに、橋は自重と他の付属物の荷重も支える。さらに周辺環境からの荷重、すなわち風、雪、温度変化、地震の影響にも耐えなければならない。

橋は、その構造によって、鉛直荷重と水平力に耐えるとともに、適切な安全性と使用性、耐久性を確保するように造られている（9章）。橋の構造は、鉛直荷重と水平力を基礎に伝える一連の構造部材（図 5.1）で構成される。橋の構造は、荷重が作用すると3次元的な挙動を示す。しかし、技術者は普通、基本設計でも詳細設計でも3次元の構造物を平面の構造に分解する。この単純化は、多くの橋の構造において正しいと認められている。

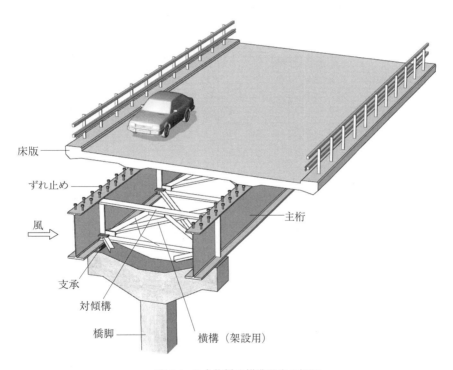

図 5.1　2 主桁橋の構造要素の概要

この章では、橋の設計の主な概念と、構造を構成するいろいろな要素の機能について説明する。まず 5.2 節では、作用点から支点まで荷重の伝達経路を示す。次に、いろいろな構造について、橋軸方向の構造（5.3 節）と橋軸直角方向の構造（5.4 節）について説明する。本書では主に桁橋を扱うので、その断面の設計と機能は 5.5 節で、対傾構は 5.6 節で詳しく検討する。水平力が横構を介して基礎まで伝達される経路については 5.7 節で述べる。

この章は長くなるので、鉄道橋、歩道橋や自転車のための橋、アーチ橋の構造の設計については、それぞれ 16 章、17 章、18 章で詳述する。橋の構造設計に関する参考文献を [5.1] ～ [5.3] に示す。

5.2 荷重の伝達

橋は一般に、死荷重と活荷重を同時に受けるが、これらの作用は鉛直荷重と水平力に分けられる。水平力は、橋の橋軸方向または橋軸直角方向に作用する。図 5.2 は、橋が受ける 3 種類の活荷重を示す。

- 活荷重を表す鉛直方向の分布荷重 q または集中荷重 Q。
- 水平力、すなわち風荷重の橋軸直角方向の分布荷重 q_T、または地震の影響を表す集中荷重 Q_T。
- 減速や加速の影響、地震の橋軸方向の作用などを表す橋軸方向の荷重 Q_L。

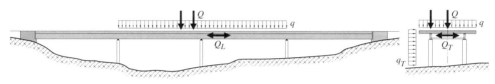

図 5.2 橋に作用する活荷重の例

これらの活荷重に、図 5.2 には示していない死荷重を加える。死荷重は鉛直に作用し、構造部材の自重と、舗装や支承などの付属の部材の荷重を含む。

死荷重と活荷重のすべては、橋の構造によって橋台と橋脚の位置で基礎に伝達される。この構造は、床版と、形はなんであれ床版を支持するもの（橋脚、アーチ、ケーブル）で構成される。そして、上記で述べた 3 種類の活荷重と自重を支えるように考える。

最初にも述べたように、橋は 3 次元の構造物であるため、橋を解析して設計するにあたって、技術者は互いに関連のある平面に分けて考えるのが一般的である。図 5.3(a) は、図 5.1 に示す桁橋を、2 本の主桁、対傾構、床版で構成される横構の一連の平面に分けて図示した。

橋の床版の片寄った位置に作用する鉛直荷重 Q の伝わり方を検討しよう（図 5.3(b)）。床版は 2 本の主桁に支えられており、鉛直荷重は各桁に分布する。正確には、面 B と面 C を通っての主桁への荷重の分布は、その橋の断面（5.5 節）、さらにねじり剛性にも依存する。床版の反力は、面 A の桁の曲げとせん断によって伝達される。主桁は、橋脚や橋台に支持され、荷重を地盤に伝達する。面 A では、鉛直荷重を支持するための橋軸方向の橋の形状とその構造について議論する。種々の橋軸方向の構造形式については、5.3 節で取り扱う。

今度は橋軸直角方向 Q_T の伝わり方を考察しよう（図 5.3(c)）。この力は面 A の桁に垂直に作用する。さらに、桁を水平方向に補剛する横構や面 C の床版で伝達される。水平の力は、部分的に面 B の対傾構を通しても伝わる。水平力は、面 C（水平な面）の横構の曲げとせん断によって支承に伝達される。この面 C では、横構は橋脚と橋台に支持されており、横構からの反力を基礎に伝達する。もし、横構の水平面が桁の支承と同一の面でない場合は、横構からの反力は、橋脚と橋台の位置にある面 B の対傾構を通して伝達される。この支承と横構の水平面のずれは、支承の水平反力に加えて、鉛直反力を生じる（図 5.18 参照）。水平な面 C では、水平力（橋軸直角方向に作用する）を支持するための構造詳細を検討する。断面の構造詳細については 5.4.2 項で詳述する。

図 5.3(d) には、橋軸方向に作用する水平荷重 Q_L が、床版と桁に作用し、それが橋の固定支点に伝わる経路を示す。固定支点は、橋軸方向の固定点に相当し、橋台上に位置するか、いくつかの橋脚に支持される形をとることもある（遊動連続桁橋）。構造物の固定支点の位置については 5.3.4 項で詳しく説明する。

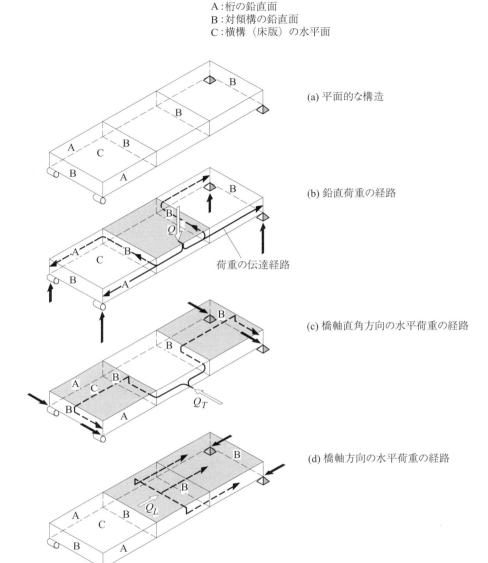

図 5.3　構造要素の面への分解と荷重の伝達経路

5.3　橋軸方向の構造形式

　橋軸方向の構造形式を選択するには、横断するべき障害物の規模、支間長、現場への接近方法、可能な架設方法を考える。ある支間に対して複数の構造形式が考えられるが、すべての構造がどんな支間にも適用できるわけではない（主に技術的、経済的理由による）。図 5.4 に、主な構造形式と代表的な支間長を示す。

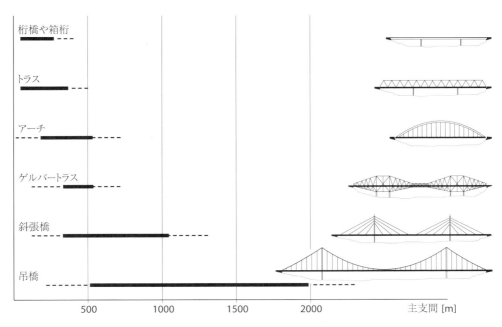

図 5.4 主な構造形式と代表的な支間

5.3.1 支間の影響

荷重全体に対して橋の自重が占める荷重は、支間が長くなると増大し、結果的に橋が支持できる活荷重がそれにつれて減ることになる。橋の理論的な限界の支間長は、外力を支持する余裕がない状態で、自重だけを支持するぎりぎりの支間と定義できる。この限界支間長は、主に使用材料の性質と構造形式による。ただし実際の支間長はこれよりもかなり短くなるが、それには以下の3つの理由がある。

・橋は自重と他の死荷重に加えて、活荷重を支持する。
・経済的に実現可能。
・支間長の選択にあたって、魅力的な外観となるために、地上高、上部構造の細長比、周辺の環境を考慮しなければならない（4.4.4 項）。

図 5.4 に示す構造形式の支間長は、決まったものではない。人件費や材料や使用可能な技術、あるいは時代や国によって変わる。

支間の短い橋には、普通は桁橋が使用される。桁橋の構造は、橋脚と橋台に支持された鈑桁または箱桁からなり、主に曲げとせん断で抵抗する（図 5.5(a)）。箱桁の断面ではそれに加えてねじり抵抗強度をもつ。支間が長くなると、中立軸から遠い断面しか曲げに有効でないことから自重が増加するので、鈑桁と箱桁は利点が少なくなる。材料のより有効な使い方は、引張か圧縮に有効に働く部材を用いることである。そのため、鈑桁や箱桁は支間が長くなると、トラスが選択される（図 5.5(b)）。

横断すべき障害物の両側が急な崖や深い谷の場合やアクセスが難しい場合、床版を吊るあるいは載せたアーチ橋が選択肢となる。これは、アーチの支点の圧縮力に耐える地盤であることが条件となる。アーチ橋は、単純な短い支間長の場合にも、床版をアーチから吊り、アーチをつなぐタイドアーチが有効である（図 5.5(c)）。この構造では、アーチの支点に作用する圧縮力の水平分力を床版で受けて、それがタイ部材の役割を果たす。方づえラーメン橋も、幅の狭い切り立った谷を横断するのに有効な構造である。この構造は、曲げと圧縮で抵抗するため、桁橋とアーチ橋の中間の挙動を示す（図 5.5(d)）。

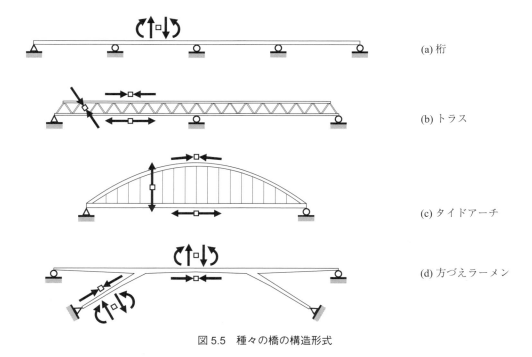

図 5.5　種々の橋の構造形式

　支間が長くなると、ケーブル構造が有利になる。ケーブルの引張で床版を吊るもので、斜張橋なら主塔に（図 5.6(a)）、吊橋なら主ケーブルに力を伝達する（図 5.6(b)）。ケーブルを用いた構造では、床版は柔軟に支持されるが、支間の短い橋では（桁橋のように）床版は橋脚や橋台で剛に支持される。

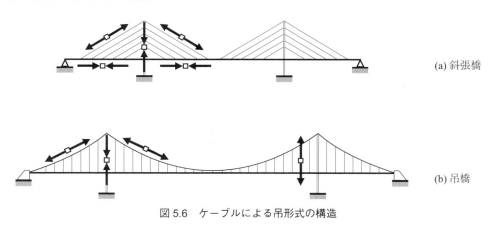

図 5.6　ケーブルによる吊形式の構造

　構造形式や支間長、基礎の種類の選択は、いろいろな要因に支配されるので、技術者が最初に選択した案が最適だということはまずない。予備調査の段階（構造形式、支間）や設計計画案の段階（4.2.1 項）では、より最適な案を検討するための複数の素案を考慮するのがよい。
　選ばれた構造形式に対して、技術者は経験を活かして、基礎の種類によって変わる異なる支間長に対するコスト（床版 $1m^2$ 当たりのコスト）への影響を評価するとよい。これを図 5.7 に摸式的に示す。支間が長くなると、大きな荷重を支持するため、より多くの材

料が必要となり、上部構造のコストが増大する。しかし、支間長が長くなると、基礎の数が減るため基礎のコストは減少するし、基礎の耐荷力を上げても、コストはそれほど上がらない。上部構造と下部構造のコストを合わせることで、最適な支間長の範囲を割り出すことができる。この考え方は他の要因にも応用できる。

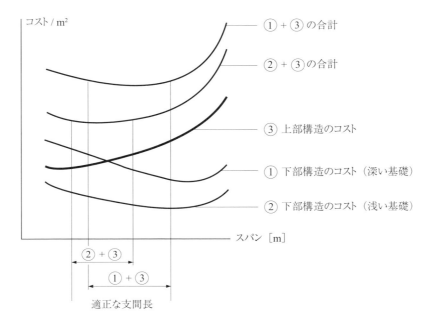

図 5.7　支間長と基礎の種類によるコストの変化の例

5.3.2　鈑桁と箱桁橋

桁橋の支間長の範囲は、箱桁橋の場合で数 m から 300m、長大トラス桁の場合で 500m までである（図 5.4 参照）。鈑桁橋では、およそ 125m の最長支間が可能である。それ以上の支間長では箱桁が有利となる。

中小支間の構造形式では、桁橋が最も一般的である。桁橋の断面は、例えば、圧延形鋼の鈑桁、溶接鈑桁、箱桁、トラス桁などの、単一、または複数の桁で構成される（5.5 節）。桁は、曲げとせん断によって床版の荷重を支承に伝達する。桁高 h は、経験的に支間 l を用いて、桁の**桁高比**と呼ばれる比 l/h で関係づけられる。**表** 5.8 は、道路橋で、単純桁と連続桁の鈑橋、箱桁橋、トラス橋の標準的な桁高比を示す。

表 5.8　鋼道路橋の標準的な桁高比　l/h

橋のタイプ	構造形式	
	単純桁	連続桁
鈑桁橋	12〜18	20〜28
箱桁橋	20〜25	25〜30
トラス橋	10〜12	12〜16

道路橋の標準的な桁高比は、圧延形鋼（桁高が最大約 1000mm）の使用範囲は支間長約 25m までである。それ以上では溶接桁を使用する。溶接桁は、作用する応力に合わせて製作できるという利点がある。作用する曲げやせん断に応じて、フランジとウェブの断面

積を橋軸に沿って変化させることができる。ただし、耐久性や製作時の取扱いを保証するために、ウェブの最小板厚は10mmとする。フランジの幅厚比（すなわち板幅と板厚の比）を、局部の安定問題（局部座屈）によって桁断面の曲げ強度が低下しないように選ぶ（12.2.3項）。

　鈑桁は、桁高を変化させることもできる。桁高の増加は、支間長が長い桁の中間支点上では特に有効である。曲げ剛性（すなわち、断面2次モーメント）の増加は、この部分でのモーメントを増やすが、支間の曲げモーメントを減少させるので、支間の中央部の桁断面を小さくでき、結果的に中央径間の自重を減らすことが可能となる。さらに、橋の美観を向上させることが多く、特に図5.9に示す長い支間の両側に2つの短い支間がある場合に当てはまる。

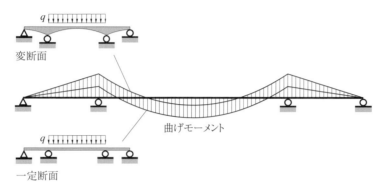

図5.9　等断面桁と比較した変断面桁の等分布荷重qによる曲げモーメント

　桁高が変化する場合は、支間の桁高比を40〜50にすることができるが、中間支点上は20〜25程度である。変断面の橋はすべて鋼（桁と床版）の場合に有利であるが、合成桁橋にはあてはまらない。合成断面は正の曲げモーメントに対して最も有効であり、わざわざ支点上で変断面を用いて支間中央部の正の曲げモーメントを減らすのは有効ではない。

　スイスで建設または計画された70橋ほどの連続合成桁橋（主に2主桁橋）の分析から、鋼桁の桁高比の経験式を定義した。この関係は支間と床版の幅によって式(5.1)で表すことができる。

$$\frac{l}{h} = 20 + \frac{l-30}{5} - \frac{2b-12}{2.5} \tag{5.1}$$

ここで、l：最長の支間［m］
　　　　h：鋼桁の桁高［m］
　　　　$2b$：床版の総幅員［m］

　合成桁橋の鋼桁の断面は、圧延形鋼の断面とは違い、2軸対称ではない。鋼桁に接合される床版は、上フランジの役目も果たすので、上フランジの面積を減らせる。その結果、上フランジは下フランジよりも面積が小さくなる。中間支点上では、コンクリート床版には引張応力が発生し、ひび割れが生じる。この部分では、床版内の鉄筋が上フランジに効果的に寄与する。しかし、この効果は、圧縮を受けるコンクリートの場合より小さい。合成桁橋の寸法の比は、ウェブの面積A_w、上フランジの面積$A_{f,\,sup}$、下フランジの面積$A_{f,\,inf}$、および総断面積A_{tot}とすると以下のようである（スイスの橋をもとにしている）。

・$A_{f,\,sup}/A_{tot}$：支点上では25%、中間では20%
・A_w/A_{tot}：支点上では35%、中間では40%

・$A_{f.inf}/A_{tot}$ ：40%

これらの比率は床版が鋼桁の上で支持される橋に適用できる。床版が鋼桁の間に位置する場合は、鋼桁はむしろ2軸対称の断面となる。

スイスで建設または計画された橋の同じ調査で、2主桁で支持された床版を有する合成桁橋（図5.1参照）のフランジとウェブの代表的な寸法について、支間長が30mから100mまでの場合を表5.10に示す。

表5.10 合成桁橋に用いた鈑桁のウェブとフランジの寸法 [mm]

寸法	表記	中間	支点上
上フランジの板厚	$t_{f.sup}$	15〜40	20〜70
下フランジの板厚	$t_{f.inf}$	20〜70	40〜90
ウェブの板厚	t_w	10〜18	12〜22
上フランジの板幅	$b_{f.sup}$	300〜700	300〜1200
下フランジの板幅	$b_{f.inf}$	400〜1200	500〜1400

ウェブの幅厚比 h_w/t_w は、通常は支点上でおよそ100〜150、中間部で200程度である。長支間の場合は、フランジ厚は150mmまで可能だが、厚板では、ぜい性破壊の問題と、要求する規格の鋼材が製鋼所から入手が可能かも考慮する。

箱桁では、フランジ幅が狭小箱桁の1.0m程度から、数メートルのものまであるので、フランジの幅厚比は特に重要となる（5.5.2項）。すなわち、圧縮を受けるフランジでは、断面の曲げ強度に対して全断面有効となるように、補剛材を溶接して座屈を防止する。補剛材として、平板、山形鋼、あるいは箱断面の形となる。支間長が45〜150mの合成桁橋の箱桁のフランジやウェブに用いられる鋼板の板厚を表5.11に示す。

表5.11 箱桁橋のウェブとフランジの板厚 [mm]

寸法	表記	中間	支点上
上フランジの板厚	$t_{f.sup}$	16〜28	24〜40
下フランジの板厚	$t_{f.inf}$	10〜28	24〜50
ウェブの板厚	t_w	10〜14	14〜22

5.3.3 トラス橋

最近、トラス橋が見直されている。トラス橋は、小支間の道路橋にも使われるようになったが、その構造のもつ軽快な印象と鋼管の使用や溶接技術の進歩のおかげで復活が可能となった。近代の道路橋では、トラス桁は一般にワーレントラス（単純なVトラス）であるが、しばしばコンクリート床版と合成される。

図5.12に、2面のワーレントラスで構成された三角形の断面を有する合成トラス桁橋の例を示す。最初の例（図5.12(a)）では、上下線で分離された構造の橋を、橋脚上で横桁で連結することで、桁の転倒に対する安定性が確保される。別の例（図5.12(b)）では、橋台が上弦材の位置で単純トラスを支え、転倒安定性を確保する。このトラス桁は2つとも上弦材、下弦材、斜材が鋼管でできているが、鋼管の形が異なる。ルーリー高架橋では、熱間圧延した肉厚の円形鋼管を用いている。鋼管はガセットなしで直接接合される。ハグネック運河橋では、鋼板を溶接した長方形の中空断面が使われている。鋼管トラスに使われる継手の詳細は、6.6節で示す。

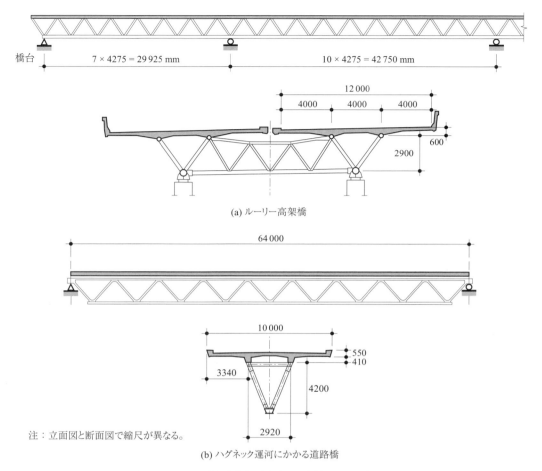

(a) ルーリー高架橋

(b) ハグネック運河にかかる道路橋

注：立面図と断面図で縮尺が異なる。

図 5.12　トラス橋の最近の例（DIC 設計、スイス）

5.3.4　桁橋の橋軸方向の形

桁橋は、橋台と橋脚の位置で、支承によって支持される（2.4.1 項）。支承は、橋軸方向の相対的な移動を可能にする方法（滑り支承、ローラー支承）と、橋脚または橋台で桁を固定する方法がある。同様に、支承は橋軸直角方向に固定することも、可動にすることもできる。スイスでは、鋼桁をコンクリート橋脚に剛結しない。一般に鋼桁は、それを支える橋脚や橋台の間で回転を許容できるようにする。

図 5.13 は、2 主桁の遊動連続桁橋（柔な橋脚上の連続桁橋）（この橋の考え方は後述する）の橋桁と橋脚、橋桁と橋台の間の固定支承と可動支承の例である。この図では、平面図上で支承とその役割を表記する方法も示す。

橋軸方向に作用する水平力（図 5.3(d) 参照）は、橋脚か橋台の固定支承を介して基礎に伝達される。もし固定支点が橋台上にある場合は、橋の固定点は橋台となる。もし、固定支承が橋台上ではなく複数の橋脚上にある場合は、この橋の不動点（例えば、温度変化による桁の伸縮に対して）は、いくつかの要因、橋脚の曲げ剛性や地盤の条件できまる。

橋の不動点 F の意味を考えるために、図 5.14 に 2 つの構造系の例を示す。

・橋台上に固定点をもつ橋
・遊動連続桁橋

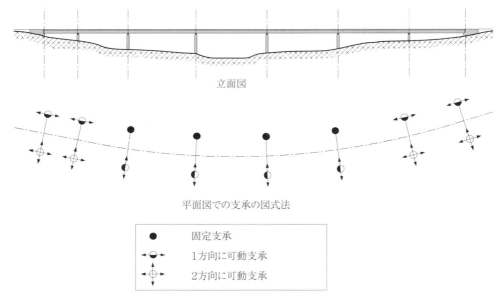

図 5.13　2 主桁の遊動連続桁橋の固定支承と可動支承の例

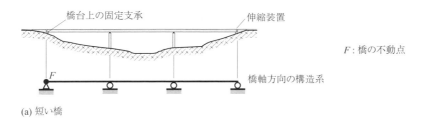

(a) 短い橋

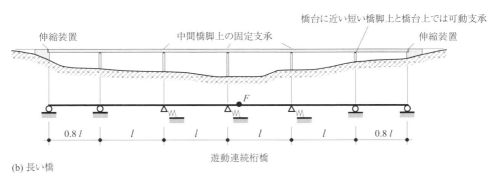

(b) 長い橋

図 5.14　橋軸方向の構造系と橋の不動点 F

　最初の例は、一般に短い橋に用いられる。橋軸方向の固定支承は橋台にあり、他の支承は可動支承となる（図 5.14(a)）。伸縮装置はもう一方の橋台上に設置される。橋が高い橋脚で支持される場合は、複数の橋脚上の支承を固定支承とすることがある。この時、例えば温度変化による桁の伸縮は、橋脚の上端に変位を生じる。しかしながら、短い橋では伸縮量は小さく、また高い橋脚は橋軸方向に曲げ剛性が小さいので、橋脚はその変位を吸収できる。

橋長が大きく、固定点が橋台上にある場合、可動支承が受ける大きな伸縮量を制限するために、支間の1つに伸縮装置を使用することもある。しかし、この解決策は、伸縮装置の局所的な耐久性に問題が生じ、さらに桁の連続性が途切れるので、できる限り避ける。橋長の大きい橋では、他の解決策として**遊動連続桁橋**を考えるとよい。

　遊動連続桁橋（仏語で pont flottant、英語で bridge on flexible piers、独語で schwimmende Largerung）は、物理的な定義による橋軸方向の固定点がないため、この名称で呼ばれている（図 5.14(b)）。この橋の考え方では、両橋台で可動となり、そこに伸縮装置が設置される。一番高い橋脚（一般に橋の中央部に位置する橋脚）には、固定支承を設置し、一番低い橋脚（橋台の近くにある）は橋軸方向の可動支承を設置する。桁に固定された中央の橋脚は、温度変化による伸縮に対してバネの働きをする。この場合、遊動連続桁橋の不動点は、固定支承を有する橋脚の（橋軸方向の）曲げ剛性の中心になる。

　温度変化の影響による遊動連続桁橋の伸縮は、橋軸方向に変化し、桁の不動点と支承の距離に比例する。固定支承のある細長い橋脚は、橋の不動点に近いため、橋軸方向の変位は小さい。橋脚が細長く変位に抵抗する曲げ剛性が小さいため、この変位による曲げ応力は小さくなる。不動点から最も離れている橋脚（橋台の近くにある橋脚）は一般に橋脚自体が短く、曲げ剛性が高い。しかし、これらの橋脚は可動支承を有するため、橋軸方向の変位を受けることはない（滑り支承の摩擦による小さい変位は例外）。このようにして、橋台以外に伸縮装置のない橋長 1km を超える橋を造ることができる。この構造物は、橋軸方向の安定性を確保するための最小の数の固定支承を橋脚上に設ける。これに対する設計の照査は 15 章に述べる。

　剛性の小さい橋脚、あるいは細長い橋脚上の短い桁の両者とも、できるだけ多くの固定支承を用いることを考える。それは、固定支承は可動支承（可動することで壊れやすい）に比べて、耐久性が高く、維持管理の手間が少なくて済むからである。

　長い橋の設計では、同一の支間長で計画するのが有効である。この方法は、同じ主桁を製作するので簡単になる。しかし、可能なら両端の支間を中央の支間の 80% 程度とするのが望ましく、それによって両端の桁も中央の桁と同じ断面を使うことができる（図 5.14(b)）。この方法により美観も向上する。

5.3.5　曲線橋

　直線橋は、温度変化により橋軸方向の伸縮が生じる。橋が平面で曲がっている場合は、温度変化により橋長の変化だけでなく、曲線の半径にも変化が生じる。そのため、橋の変位は橋軸方向に生じるのではなく、各支承を橋の固定点と結ぶ支承線軸で生じる。

　図 5.15(a) は、2 径間の曲線橋で、固定点が橋台上にある場合の伸縮の様子を示す。明らかに橋の可動支承の変位は橋軸方向でない。さらに、伸縮装置では、開閉方向の変位だけでなく、橋軸直角方向への変位も生じている。

　その場合、もし可動支承が橋軸方向のみに可動なら、橋軸直角方向の力が生じる。この力が小さく、支承がこの力に耐えるようであれば、支承は橋軸方向に変位することになる。しかしながら、ほとんどの曲線橋では図 5.15(b) に示すように、可動支承は変位の方向に設置される。そのため、伸縮装置は橋台に対して橋軸直角方向の橋の動きに対しても設計する必要がある。

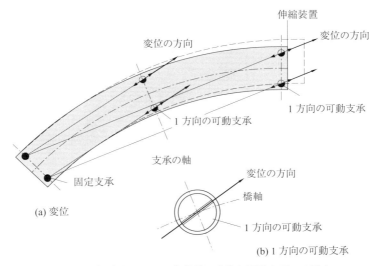

図 5.15　温度上昇による曲線橋の変位と可動支承での動き

5.4　断面の構造

5.4.1　横構

　橋軸直角方向では、橋の側面に作用する水平力を基礎まで伝えなければならない（図 5.3(c) 参照）。設計者は、横構を使ってこの力を伝達するために水平面に抵抗する構造を考える。多くの橋で使われている方法は、図 5.16 の例に示す水平面のトラスを用いるものである。横構は、トラス形式で対傾構を組む場合は、橋の断面の上部か下部に設置し、曲げモーメントに抵抗するラーメン形式の対傾構を設置する場合はその位置に設置する。

　図 5.17 は、水平方向の風の力が、支間にある対傾構を含む部材から横構に伝わる道筋を示す。この図は、橋の断面の下部で、対傾構のトラス下弦材と同じ面に設置された横構への風力の伝わり方を示すが、これは横構が断面の上部にある場合にも適用できる。風圧は桁のウェブに作用するが、一般に風荷重の半分は直接横構に作用し、残りの半分は対傾構を介して作用すると仮定する。

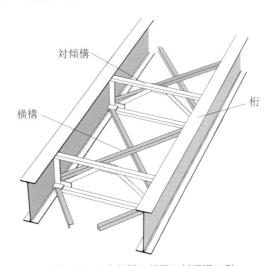

図 5.16　2 主桁橋の横構と対傾構の例

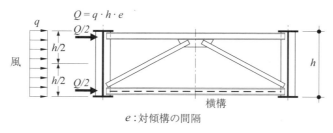

図 5.17　対傾構を介しての下横構への風の力の伝達

　合成桁橋の場合は、鋼桁に合成された床版が横構の役割を務める。しかし架設中は床版がないため、普通は架設用の横構が必要となる。

　横構は、橋脚と橋台の位置で支持される。横構からの力は支承を介して橋脚と橋台に伝達されるが、横構が支承面に近い場合は直接伝達され、横構が支承面と同一の面でない場合は端対傾構を介して伝達される。後者の例として、床版が横構の役割を兼ねる合成桁橋の場合が挙げられる（図 5.18）。

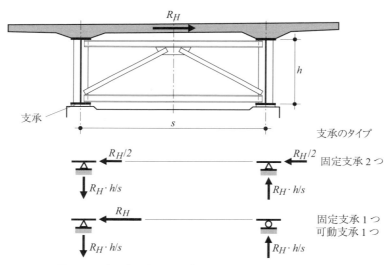

図 5.18　水平力の床版から支承への水平風荷重 R_H の伝達

5.4.2　桁橋の断面形状

　横構からの力 R_H を橋脚と橋台に伝えるためには、各橋脚と橋台の支承 2 つのうち最低 1 つを橋軸直角方向に固定する（図 5.13 参照）。そうすることで、橋軸直角方向の支点となる。図 5.18 は 2 主桁橋で、固定支承 2 つの場合と、固定支承 1 つと横方向に可動な支承 1 つの場合の 2 例を示している。反力 R_H とつりあう端対傾構からの水平反力と鉛直反力についても図に示す。橋脚や橋台の位置で複数の支承が橋軸直角方向に固定される場合、橋の断面は自由に変形できなくなり、そこには力が生じる（例えば、橋と橋脚の温度差が生じる場合）。もし、2 つ以上の支承が橋軸直角方向に固定された場合、横構からの力はそれらの支承に分散される。

　支点の反力 R_H の大きさは、橋軸直角方向の橋脚の曲げ剛性によって変わる（図 5.19）。実際には、橋軸直角方向では、橋台のみが横構の固定支承となり、橋脚は、その形状によって多かれ少なかれ弾性支承となる。図 5.19 は、横構を支持する橋脚の役割に関して、

3径間の橋の橋脚の剛性を仮定した例と、その横構の構造系（平面に関する）を示す。上部構造がどっしりした橋脚に支持される場合（図5.19(a)）、横構の中間支点は固定と考えてよい。逆に、橋が細長い橋脚に支持される場合（図5.19(c)）、橋脚は横構の支点とはならず、橋台のみが横構を支持する。上記の両極端なケースの間で（図5.19(b)）、橋脚の有効な剛性を考慮して、支承の横方向のバネ剛性を定義する。

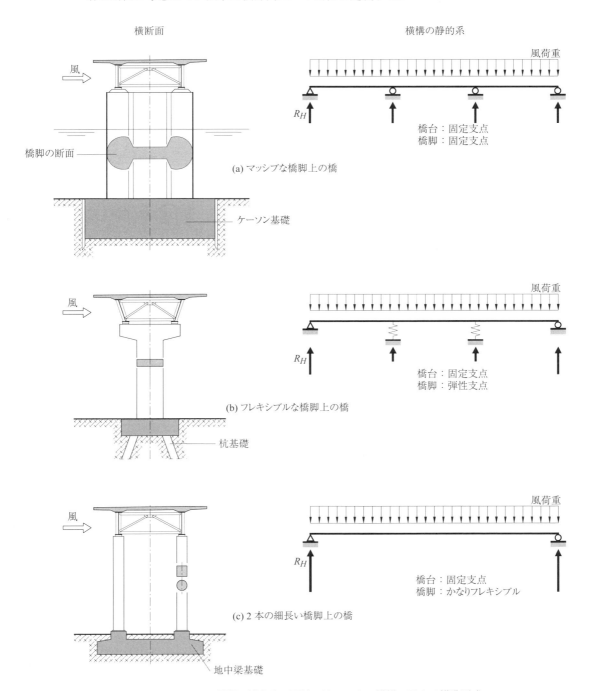

図5.19　橋脚の横方向の剛性の違いによる横構の異なる構造形式

5.5 断面の種類

桁と床版からなる桁橋は下記の断面（2.2.5 項）をもつ。
・開断面
・閉断面

断面が 2 本以上の I 断面（圧延、溶接）やトラス、あるいは小さい箱断面で構成される場合、開断面という。単室または多室の箱断面を構成する場合は閉断面と呼ぶ。この開断面と閉断面の区別は、主に橋軸に偏心して作用する荷重に対するねじりモーメントへの抵抗の仕方に依存する。

5.5.1 開断面

図 5.20 に、最もよくある開断面をもつ 2 主桁橋または多主桁橋の例を示す。2 主桁橋（図 5.20(a)）は、最も単純な合成桁橋である。断面は、2 本の鋼桁とそれに連結されたコンクリート床版からなる。この設計は、床版の幅が約 13m 以下の合成桁構造物によく用いられ、この幅は一方向に 2 車線の高速道路の床版の幅に相当する。床版の幅がもっと広い場合、2 主桁橋では橋軸直角方向の曲げに耐えるために、さらに厚いコンクリート床版が必要となる。この結果、床版が重くなり、横断方向のプレストレスも必要となる。通常用いられる主桁の間隔は、b を床版幅の半分として、およそ b（$1.0b \sim 1.1b$）である。この間隔は、床版に作用する正負の曲げモーメントを等しくするよう選択された。このタイプの断面は、支間長約 125m までの橋に適する。さらに長い支間の場合は、自重を減らすために、コンクリート床版を鋼床版（2.2.4 項）に代えるか、あるいは、偏心荷重に対して抵抗する箱桁橋を採用する（11.4 節）。

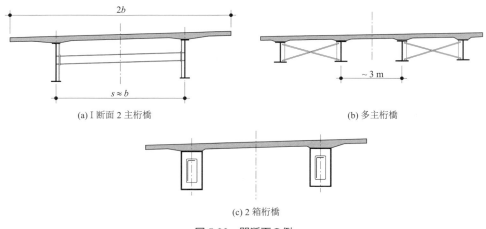

図 5.20　開断面の例

床版の幅がかなり広い場合、または桁高が制限される場合、多主桁橋が必要となる（図 5.20(b)）。この形式は、スイスでは稀であるが、桁は圧延形鋼で主桁間隔はおよそ 3m である。

I 桁ではなく、狭小箱桁も特に高さ制限がある場合は使える（図 5.20(c)）。この形式は、箱桁のねじり剛性が荷重の横方向の分布に寄与するにもかかわらず、開断面に分類される（11.5.2 項）。狭小箱桁の弱軸まわりの曲げ剛性とねじり剛性は、I 桁のそれよりも大きい。そのため、地面の近くに架設する橋は、架設用の横構や対傾構（少なくとも支間での）を

省略することができる。この場合、断面自身が曲げモーメントに抵抗するラーメンとして、対傾構の役割を果たす（床版は横桁となり、床版に取り付けられた箱桁の腹板が支柱となる）。

5.5.2 閉断面

橋の断面が箱断面の場合、閉断面という。中支間長の合成桁橋では、閉断面は、開断面の箱桁とも呼ばれる U 形の鋼桁を用いて、コンクリート床版で閉じることで閉断面を構成することがある（図 5.21(a)）。支間が長い、あるいは架設方法によっては、コンクリート打設の前に閉断面箱桁とする方が有利なこともある。この断面を図 5.21(b) に示す。床版が箱桁の上フランジに連結されており、上フランジは橋軸方向と橋軸直角方向に補剛され、コンクリート打設時に型枠代わりとなる。長大支間の場合は、構造要素の自重を減らすために、コンクリート床版の代わりに鋼床版を用いる（図 5.21(c)）。長支間のケーブル構造の橋では、箱断面は単なる長方形ではなく、風荷重に対する挙動を向上させるために、空気力学的に適した断面とする（図 5.21(d)）。

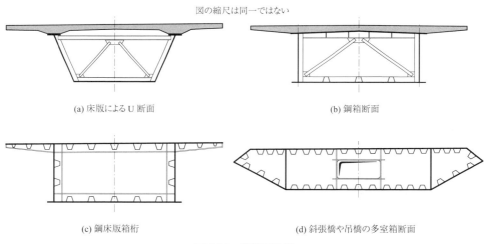

(a) 床版による U 断面　　　　(b) 鋼箱断面

(c) 鋼床版箱桁　　　　(d) 斜張橋や吊橋の多室箱断面

図 5.21　閉断面の例

閉断面の鋼箱桁は、通常は長方形であり（図 5.21(b)）、一室の箱断面が多い。開断面の合成箱桁橋の場合、断面を台形とすることが多い（図 5.21(a)）。鉛直線に対するウェブの傾斜は、20〜25 度を超えないようにするが、そうでない場合は床版のコンクリート打設時に形状を保つための特別な措置を検討する。台形にした理由のひとつは、正負の曲げモーメントを均等化する最適な位置で床版を支持することにある。また、この形は、下フランジの幅を小さくして、負のモーメント領域で圧縮を受けるときにフランジを全断面有効にするのに必要な橋軸方向の補剛材の数を減らすことができる（12.2 節）。圧縮を受ける下フランジを全断面有効にするために、下フランジの上にずれ止めで合成したコンクリート床版を打設する方法もある。橋が合成桁橋であると仮定すると、中間支点の部分では、2 重合成桁の断面となる。

閉断面箱桁は、鋼板ではなくトラスを箱桁のウェブとして用いることもできる。したがって、2 本のトラスと 2 面の横構で構成された橋も閉断面となり、一体として挙動する。図 5.12 の断面は、2 本のトラスと床版からなり、三角形の閉断面を構成する。

桁の下フランジの位置に設置したトラス構造の横構をもつ 2 主合成桁橋も、閉断面とな

る。この種の横構を開断面に付加すると偏心荷重を受けたときの挙動が変わる。このような閉断面は、開断面に比べてかなり高いねじり剛性をもつ。

閉断面は、水平の曲げに対する高い剛性を持ち、水平方向の風による力に抵抗する。また、開断面箱桁の場合、架設方法によっては、架設中の風荷重に抵抗するため、閉断面が必要となることが多い。この場合の閉断面は、架設作業の間、コンクリート打設前に床版の代わりとなる架設用の上横構を用意することで得られる（5.7節）。

ねじり剛性の高い閉断面によって、支間長300mまでの橋の建設が可能となる。この上限の支間では、すべて鋼部材で製作され、鋼床版をもつ。なお、閉断面は、付加的なねじりの作用を受ける曲線橋にとっても有効な方法である。

5.6 対傾構

主桁、水平面にある横構、橋軸直角方向にある対傾構は、橋の立体構造に対して、抵抗する三面を構成する（図5.3(a) 参照）。対傾構は、橋脚と橋台の上、および支間にも等間隔に配置される。5.6節では、対傾構の役割と異なる設計の可能性、および基本設計における留意点について述べる。

5.6.1 対傾構の役割

対傾構は、橋の荷重支持機構の一部として、種々の役割をもつ。2.3.1項で述べた主な役割のほかに、形状や架設方法によっては、他の補助的な機能をもつ。以下に対傾構の種々の機能を示す。

・対傾構は、荷重が作用しても、橋の断面が最初の形から変わらないようにする。これによって、断面の寸法は一定という構造力学の仮定を構造解析で適用できることになる（11.2.1項）。この機能に関しては、I桁は橋軸方向のねじり剛性が小さいため、2主桁橋の対傾構に発生する応力は小さい。この種の橋では、偏心荷重が作用しても、橋の断面形状は対傾構によって簡単に保持される（14.3.1項）。閉断面の橋では、形状の保持は、その支間にある対傾構がねじり荷重を箱断面に伝え、箱断面はせん断流によってこれらの荷重に抵抗する（14.3.2項）。

・開断面の橋では、支間にある対傾構は、主桁のウェブに作用する風荷重の一部を床版または横構に伝達する（図5.17参照）。橋脚と橋台位置では、対傾構は、横構の水平力を支承に伝達する（横構が支承面より上にある場合）（図5.18参照）。箱桁橋の橋脚と橋台位置の支点がねじりに対して固定の場合、箱桁橋の対傾構は、ねじりモーメントを支点に伝達する。この役割があるため、閉断面の対傾構は、2主桁橋の開断面の橋の場合より、大きな荷重が作用する。

・対傾構は、I形断面の主桁の圧縮フランジを横から拘束し、有効座屈長を小さくすることで横座屈強度を高める。この機能に伴う対傾構の力（14.2.3項）は、水平な横構に伝達される。対傾構がもつ横方向の弾性拘束は、対傾構の形式や合成に依存し、それは横座屈の有効座屈長を決める際に考慮する（12.2.4項）。

・曲線橋での対傾構は、圧縮や引張を受けるフランジの偏向する力を受け、桁の曲がりに起因するねじり荷重を主桁に伝える（14.2.4項）。

・対傾構は、支承の修理や交換のために橋を持ち上げるときに、ジャッキからの局所的な力を導入する（14.2.5項）。

・対傾構は、送水管や配管を保持するのに使われ、また、床版の現場打設では主桁ウェブ間で型枠を支持する。

・対傾構は、鋼部材の架設や床版の設置の両方で鋼桁の形状保持と安定性を確保する。

開断面の直線橋では、対傾構は 6〜10m の間隔となる。閉断面の場合では、対傾構の間隔は、断面の桁高の 3〜4 倍である。曲線橋の対傾構の間隔は、一般に直線橋よりも短くなる。橋脚や橋台の上の対傾構は、風荷重を伝える横構からの力と、閉断面の桁に作用するねじりモーメントを支承へ伝達する。そのため、橋脚と橋台上の対傾構は、支間にある対傾構よりも大きい荷重が作用し、より強くする傾向にある。

5.6.2 対傾構の種類

対傾構には下記の 3 種類が使われ、その形状によって以下のように区別される。
・トラス形式の対傾構
・ラーメン形式の対傾構
・桁高の大きい桁、またはダイアフラム形式の対傾構

対傾構の選択は、いくつかの基準によるが、その各々の重要性は、橋の架設方法、断面のタイプ、支間長、その橋の場所によって変わる。対傾構の基本設計で考慮する主な点は、架設設備や方法、荷重の大きさ、通信ケーブルや配管を通すための空間、コンクリート床版の型枠設置や維持管理などである。橋の位置によっては、対傾構の美観も考慮する。現在スイスで最もよく使われる対傾構は、2 主桁橋で最も経済的なラーメン形式の対傾構である。

(1) トラス形式の対傾構

トラス形式の対傾構は、K 字型のものが主で、たまに X 字型のものもある。図 5.22 はトラス形式の対傾構の 2 つの例、すなわち 2 主桁橋と箱桁橋の例を示す。開断面では、対傾構は、上弦材と下弦材、斜材、トラス支柱となる主桁の垂直補剛材で構成される。閉断面では、対傾構は、斜材と箱断面内でラーメンとなる 4 本の補剛材で構成される。こういった対傾構は、トラスを逆にして、斜材が断面の上部で合わさる形もある。この形式は、中間の対傾構に使われるが、特に上弦材が 2 主桁橋の床版型枠を支持する場合に多い。下弦材の中央で斜材が連結されるトラス形式の対傾構では、下弦材を拘束して面内の座屈を防止する。これは、支点上の対傾構の場合で、支点上の断面の形状にもよるが、下弦材に高い圧縮力が生じる場合に有効である。

トラスには種々の鋼断面部材が使われる。圧延山形鋼を 1 本か複数組み合わせて使うもの、圧延溝形鋼、角型あるいは円形の中空鋼管を用いるものが一般的である。トラスは、溶接かボルトで組まれ、直接またはガセットを介して主桁の補剛材に接合される（6.4.2 項）。この選択は構成要素の大きさによる。

トラス形式の対傾構は、（せん断に対して）面内の剛性が高く（14.5.2 項）、主に箱桁橋の支間の対傾構として用いられる。ラーメン形式の対傾構は、施工の手間が少ないので、

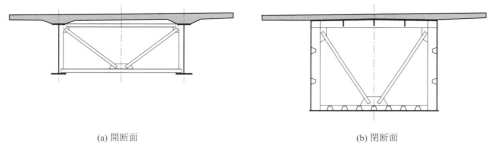

(a) 開断面   (b) 閉断面

図 5.22 トラス形式の対傾構

2 主桁橋によく使われる。

(2) ラーメン形式の対傾構

ラーメン形式の対傾構（図 5.23）は、主桁ウェブを補剛する垂直補剛材とそれに剛結された横桁で構成される。横桁は、一般に圧延 H 形鋼か圧延 I 形鋼、あるいは大きい荷重では溶接桁が使われる。横桁は垂直補剛材に溶接かボルトで連結する（6.4.1 項）。対傾構に剛性を十分に持たせるために、横桁は最低 300mm の桁高とする。横桁は、桁高の中央あたりに設置される（図 5.23(a)）が、床版コンクリート打設時の型枠を支持する場合は、床版に近い位置に設置することもある。床版を桁と合成した後に横方向にプレストレス力を与える場合、これにより対傾構が受ける圧縮力は、断面の低い位置に対傾構を設置

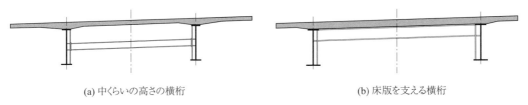

(a) 中くらいの高さの横桁　　　　　　(b) 床版を支える横桁

図 5.23　ラーメン形式の対傾構

すると小さくなる。

断面の設計によっては、ラーメン形式の対傾構の横桁が床版を支持し、それによって主桁間隔を大きくできる（図 5.23(b)）。このような床版の中間の支持は、局部的な曲げを減らす。この場合、それらの間隔は 3～4m に減る。床版の局部の曲げモーメントは、この間隔に大きく左右されるので、局部の曲げや全体の曲げに対して床版が最もうまく挙動するように、この間隔を検討するのがよい。対傾構の横桁を桁の張出し部に延長し、その床版を支持することもできる。張出し部の床版の支持は、鉛直変形を顕著に減らし、伸縮装置の挙動の助けになるので、特に伸縮装置に近い位置では推奨される（図 6.14 参照）。

ラーメン形式の対傾構は、水平力に対しては柔となり、主に開断面の桁橋に使われる。この対傾構は、箱桁のウェブとフランジにラーメンを構成する部材が溶接される場合、閉断面にも使われる。しかし、ラーメン形式の対傾構は、ラーメンの面内剛性が箱桁の断面形状の保持に十分であるとの保証がないため、箱断面にはトラス形式の対傾構ほど用いられない（図 6.15 参照）。

(3) ダイアフラム形式の対傾構

桁高の大きい桁、またはダイアフラム形式の対傾構は、開断面の橋では主桁と同程度の高さの鈑桁で構成される（図 5.24(a)）。箱桁では、ダイアフラムは断面全体を占める補剛された鋼板で構成される（図 5.24(b)）。この形式は、主に長支間の箱断面橋で、特に対傾

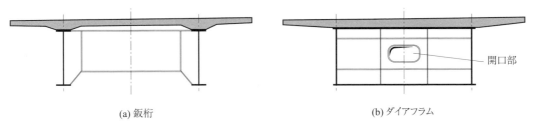

(a) 鈑桁　　　　　　(b) ダイアフラム

図 5.24　桁高の大きい鈑桁、またはダイアフラム形式の対傾構

構への負荷が大きい支承上や橋台上の対傾構に使われる。

箱桁橋のダイアフラムは、箱断面の全周に溶接される。点検員や保全員が箱桁内を移動するために開口部を設ける。主にせん断荷重を受けるダイアフラムは、特に開口部の周囲を補剛材で補剛してあり、面内の剛性が高い。

5.7 横構

5.7.1 横構の機能

横構は、橋軸直角方向に作用する水平力に対する抵抗面を構成する（図 5.3(a) 参照）。横構は、平面で桁を構成し、橋脚と橋台で支持される（5.4.1 項）。横構の主な役目は、橋に作用する風荷重を支承に伝達することである。さらに、鋼部材の架設時や床版の設置時に、形状を保持する機能を果たす。

合成桁橋では、床版が主桁に合成されており、完成時には床版が横構の機能を果たす。しかし、合成桁橋の鋼部材の架設時には、主桁の強度と横方向の安定性を確保するため、トラス形式の仮の横構が必要となる。

桁橋では、横構のトラスの部材は主桁の一部である。トラス形式の横構が取り付く垂直補剛材は対傾構の一部であり、トラス形式の対傾構では弦材に、ラーメン形式の対傾構の場合なら横桁となる。

地表から近く、桁高の小さい桁のクレーン架設の場合には、床版の設置が鋼桁に与える横力は小さく、横構は必ずしも必要ではない。多少の風荷重なら耐える小断面の箱桁の架設の場合も同様である。しかし、鋼桁の送出し工法では、開断面でも U 形の箱断面でも、横座屈に対する安定を確保するために、仮の横構が必ず必要となる。後者の断面の場合は、横構は箱桁を閉じることで、せん断中心の位置 C_T を変える効果があり（『土木工学概論』シリーズの第 10 巻 4.5.2 項）、ねじり剛性を増大させる。図 5.25 に、せん断中心の位置の変化と水平力が作用したときの断面の変形と回転を示す。この図から、断面が上横構で閉じられると、桁の変形が減少することがわかる。

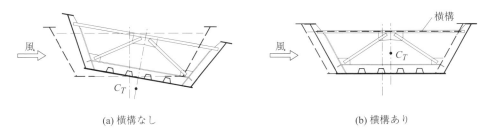

(a) 横構なし　　　　　　　　　　　　(b) 横構あり

図 5.25　上横構がせん断中心 C_T の位置に及ぼす影響と開断面の変形

開断面の場合は、仮の横構は一般にラーメン形式の対傾構では横桁の位置、あるいはトラス形式の対傾構なら上または下弦材の平面の位置に設置される。仮の横構は、床版の設置後に取り外されるか、撤去費用によってはそのまま残される。

風による水平荷重に加えて、横構は対傾構とともに、主桁の圧縮フランジの横座屈に対する力にも抵抗する。形状にもよるが、横構は主桁のフランジに直接固定することもでき、このフランジの接合点は、圧縮部材の横座屈を考慮する場合に、固定支点と見なされる。

5.7.2 横構の形式

橋のトラス形式の横構には、いくつかの形状がある。図 5.26 は、桁橋で最も一般的な X 形、ひし形、K 形の横構の形を示す。前述したように、トラス形式の横構の弦材は主桁および対傾構の横桁（または支柱）で構成される。

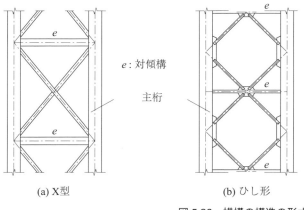
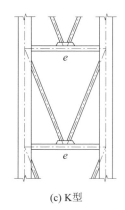

(a) X型　　　　　(b) ひし形　　　　　(c) K型

図 5.26　横構の構造の形式

横構の形は、橋の施工の条件、力の大きさ、鋼部材の架設方法、または横構が固定される主桁の鉛直方向の変形の大きさ、などに影響される。実際、横構の形や断面内での高さの位置によっては、桁の変形に追従できない場合、主桁の曲げによる橋軸方向の変形が横構部材に応力を生じることがある（14.4.2 項）。「寄生する」力とか「2 次的な」力と呼ばれるこの力の大きさは、横構の形や斜材に対する弦材の断面の相対的な大きさ、桁高に対する横構面の位置による。特に、横構が桁の中性軸付近にあれば、曲げによる 2 次的な力は無視できる。

一般的な横構の 3 つの形（図 5.26）の中で、X 形が最も 2 次的な力の影響を受けやすい。この力はひし形の横構ではもっと弱く、K 形の横構では無視できる。そのため、K 形が最も適切な形で、鉄道橋に良く見られるのもこの理由からである（鉄道の鈑桁またはトラス桁では、大きな活荷重が作用する）。横構の形を決めたときには、2 次力を計算して考慮する。しかしながら、仮の横構の場合は、建設中に桁に活荷重が作用しなく変形も小さいため、上記のどの形でもよい。

横構の斜材は、一般的に圧延鋼材、例えば、1 本あるいは組み合わせた山形鋼、溝形鋼、T 形鋼、さらに角型や円形の中空鋼管を用いる。仮の横構では、荷重が小さいので丸鋼の使用も考えられる。

鋼橋（合成桁橋ではない）では、横構とその接合の詳細について、構造物の耐用年数の間その機能を確保できるよう、綿密に検討しなければならない。これは特に、一般的な設計の鉄道橋の横構に言えることである。この橋には一般に役割の違う 3 種類の横構が必要である。

・主要な横構：橋軸に対して垂直に作用する水平力に対する構造物の強度を保証する。
・2 次的な横構：レールに作用する橋軸直角方向の水平力（横揺れ）を対傾構に伝える（それ自体が主要な横構の支柱となる）。
・特別な横構で制動による力に抵抗（制動トラス）

鉄道橋を扱う 16 章で詳細を示す（16.2.1 項）。

参考文献

[5.1]　S. Evert, Brücken, die Entwicklung der Spannweiten und Systeme, Ernst & Sohn, Berlin, 2003.

[5.2]　A. Berdain, P. Corfdir, T. Kertz, Etude des montants de cadres d'entretoisement des bipoutres à entretoises, Bulletin Ponts Métalliques n°18, OTUA, Paris, 1996.

[5.3]　P. Bourrier et J. Brozzeti, Construction métallique et mixte acier-béton, 2. Conception et mise en oeuvre, Edition Eyrolles, Paris, 1996.

6章　構造詳細

Cross bracing in the box girder of the Viaduc de Millau (F).
Eng. Michel Virlogeux, France and Bureau d'études Greisch, Belgique.
Photo ICOM.

6.1 概要

支間約 20m 以上の鋼橋や合成桁橋には、一般に主桁に溶接鈑桁が用いられる。溶接桁は、鋼板を溶接して組み立て、I や H 形断面、あるいは箱桁となる（図 6.1）。このような断面は、他の寸法に比べて薄い鋼板（特にウェブは薄い）で構成されるために補剛する。多くの場合、強度と桁の機能を確保するために、垂直補剛材と水平補剛材が必要となる。鋼板と鋼板を連結する溶接は適切な方法で施工され、局部の荷重を伝達するのに十分な強度を確保する。

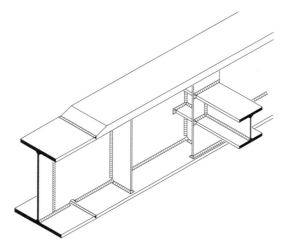

図 6.1 補剛材とラーメン形式の対傾構をもつ鈑桁

この章では、橋の荷重支持構造である鋼構造の構造詳細の基本的な設計を示す。まず 6.2 節で、鋼構造上に常時滞水や湿気のある状態を避ける基本的な構造詳細を示す。6.3 節では、工場製作および現場作業での鈑桁の構造詳細を示す。

床版を支持するのに複数の桁を用いる場合、桁は対傾構で連結される（5.6 節）。対傾構は、箱桁にも必要である。6.4 節では、対傾構の形状、および主桁との取合いを示す。6.5 節では、主桁間の横構の構造詳細を示す。部材を組み立ててトラス構造とする場合の構造詳細は、6.6 節で示す。

鋼床版は、スイスでは中小支間の新橋にはほとんど使われないが、既設橋の改修や拡幅工事で新たな注目を浴びている。そのため、その形と構造詳細を 6.7 節で示す。さらに 6.8 節では、支承や伸縮装置といった橋に必要な構造要素に触れる。

この章で構造詳細を網羅的に記述することはしない。しかし、ヨーロッパで設備の整った工場に適する、よく使われる構造詳細は示す。製作工場の慣習や好みによって細部の設計が異なることもある。その場合でも、関係する要求事項に適合しなくてはならない。

なお、欧州鋼構造協会（ECCS）[6.1] は、疲労挙動に関して適切な構造詳細の設計の手引きを出版している。

6.2 橋の構造詳細

鋼橋や合成桁橋の全体構造や構造詳細の設計では、橋は屋外の構造物であり、風、雨や温度変化などの気象の変化を常に受けていることを考慮する。4.5.5 項で示したように、鋼構造は、湿気や水の影響からの保護が必要だが、特にそれらが構造要素の上で蓄積や滞

水しないようにする。この問題への適切な対策はいくつか考えられる。

図6.2 に、滞水と湿気を防ぐための構造詳細の良い例と悪い例をいくつか示す。ここに示す例がすべてではないが、これに類似した構造詳細の設計の参考となる。これらの滞水や湿気を防ぐ良い例は、当然、耐候性鋼の橋にも、塗装橋（通常は塗装により十分保護されている）にも適用できる。塗装橋の点検から、腐食が生じた部位では、自然の通気が不十分で常に湿気や水にさらされたことがわかっている。

・溶接で考慮することは、鋼板の間や端部にギャップを残さないようにする。ギャップは片面溶接で生じる。湿気はギャップに溜まり、塗装で保護しにくいうえに、通気性も悪い（図 6.2(a)）。

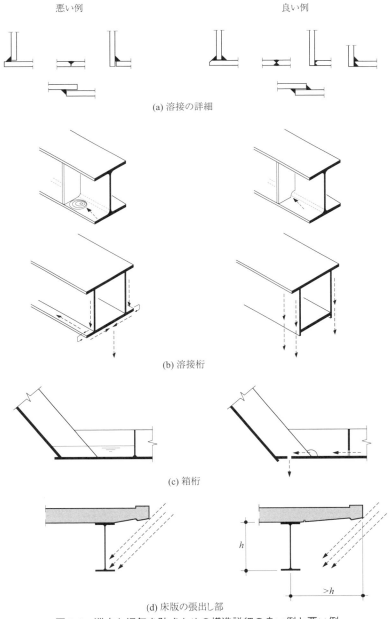

(a) 溶接の詳細

(b) 溶接桁

(c) 箱桁

(d) 床版の張出し部

図 6.2　滞水と湿気を防ぐための構造詳細の良い例と悪い例

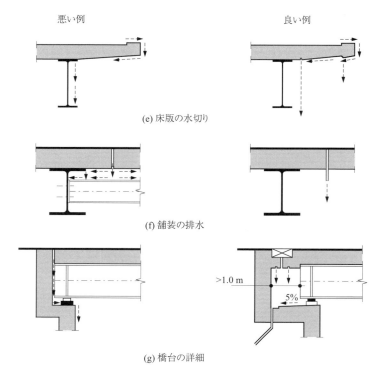

図 6.2　滞水と湿気を防ぐための構造詳細の良い例と悪い例（続き）

- 鈑桁のフランジ上の水は流れ落ちるようにする。風によって雨が桁に吹き寄せられたり、よくあることだが、明け方に冷たいウェブに結露して、それがフランジに流れ落ちたりすることがある。多くの場合、フランジには縦断勾配があり（橋の傾斜、変断面の桁、キャンバー）、水はその勾配に沿って流れる。垂直補剛材が水を通す形状でないと、流れが妨げられて滞水する。そこは、ほこりも溜まりやすい場所でもあるので、問題をさらに悪くする（図 6.2(b)）。箱桁の場合は、ウェブを水切りのように延長することで下フランジの上の滞水を防止できる。
- 橋の上の雨水は排水管より排水される。美的配慮により、排水管は箱桁内に設置される。この排水管やその継ぎ目が破損した場合には、箱桁の下フランジに水が溜まることがある。このようなことを避けるために、補剛材と下フランジに孔をあけて、排水する（図 6.2(c)）。
- できる限り桁に雨水がかからないようにする。張出し長が桁高より長い床版は、これができる。（図 6.2(d)）。
- 鋼桁から水を遠ざける他の手段として、コンクリート床版の縁に水切りをつける（図 6.2(e)）。
- 舗装や床版の防水層によっては、排水管や雨どいが床版を貫通することもある。床版の下にあるこれらの出口や集水ますとの継目は注意深く設計し、鋼部材の真上に位置しないようにする（図 6.2(f)）。
- 橋台は、鋼構造の自然な通風が得られるように設計する。橋台は、埋設ジョイントや、非排水の伸縮装置でもそれに不具合が生じて流れる水を集められるように設計する（図 6.2(g)）。適切に設計された橋台は、桁端や支承の点検時に人がアクセスできる。

6.3 鈑桁

6.3.1 溶接の詳細

鈑桁は、溶接で組立てられた異なる板厚の鋼板で構成される。桁高が一定の桁では、解析で算出した曲げモーメントやせん断力に応じて、フランジの寸法（板幅と板厚）とウェブの板厚は支間に沿って変化する。一般に、隣接する2枚の鋼板の形状変化は、溶接する2枚の端が同じ寸法になるように、厚板または広幅の鋼板をグラインダーか機械によって加工する。そのとき、鋼板は不連続な変化があるという（図6.1参照）。橋軸方向に厚さが変わるテーパー鋼板（longitudinally profiled plates）を用いることで、厚さの異なる2枚の鋼板の溶接を避けることができる。

フランジとウェブの間の橋軸方向の溶接と、鋼板の形状が変化する位置や橋軸直角方向の現場溶接は区別するのがよい。

(1) フランジとウェブの間の溶接

鈑桁のフランジとウェブの溶接は、一般に自動溶接機を用いて工場ですみ肉溶接される（『土木工学概論』シリーズの第10巻7.3.1項）。このすみ肉溶接は、一般に5～8mmののど厚で、サブマージアーク溶接で行われる。この溶接方法では、ほぼ水平な位置でなければ溶接できないため、ウェブを上フランジに溶接するためには、桁を反転する必要がある。適正に施工されると、このようなすみ肉溶接は、部分溶け込み溶接となり、溶接強度の計算で考慮できる（『土木工学概論』シリーズの第10巻7.4.2項）。

図6.3は、鈑桁のフランジとウェブの溶接の例を示す。図6.3(a)は、2つの溶接と鋼板の間に、溶接されない部分があることを示す。フランジ面に垂直に大きな力が作用する場合、このような溶接は許容されない。このような力が作用する場合は、鋼板間の適切な荷重の伝達を確保するために、完全溶け込み溶接とする。例えば桁の支承の周辺がその例であるが、完全溶け込みのK型溶接によって、支点反力を溶接継手経由でウェブに適切に伝えることができる（図6.3(b)）。

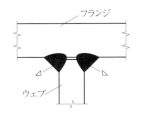
(a) 一般的な場合：
部分溶け込みすみ肉溶接

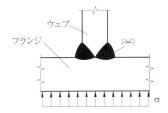
(b) 支承領域：
完全溶け込みK型溶接

図6.3 ウェブからフランジへの溶接の例

(2) 断面の変化

フランジの板幅か板厚、あるいはウェブ厚の変化する箇所は、2枚の鋼板を突合せ溶接する。可能な限り、断面変化する部位、とりわけ現場溶接する継手は、大きな応力が作用する位置から離す（例えば中間支点上、あるいは支間中央）。桁の橋軸方向の断面変化の数、あるいは断面一定の部材の長さは、材料の最適な使用と接合にかかる施工費との兼ね合いで決まる。労務費が比較的高い最近のヨーロッパでは、断面変化を制限する傾向にある。

フランジとウェブの断面変化は、桁の橋軸方向の同一の位置でなくてもよい。フランジどうし、あるいはウェブどうしは、桁断面の完全な連続性と直応力とせん断応力の伝達を

確保するため、完全溶け込み突合せ溶接で連結される。一般にフランジの溶接は、工場ではX開先で、現場ではV開先で溶接される。

考え方として、フランジ厚の変化（図6.4）は、次の2つの方法で行う。

・ウェブ高を一定に保つが、そのため鋼桁の桁高は少し変化する（図6.4(a)）。この方法は工場製作では便利だが、送出し架設やコンクリート床版を送出し架設する方法には適さない。
・ウェブ高を変化させて桁高を一定に保つ方法（図6.4(b)）は、架設方法の自由度があり、見栄えも良いことから、桁の設計で一般的である。

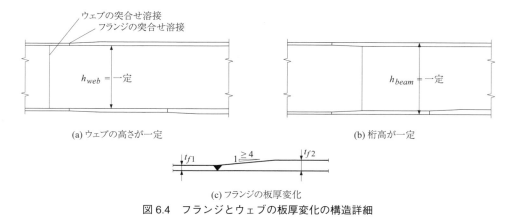

図6.4 フランジとウェブの板厚変化の構造詳細

板厚の異なるフランジの接合は、荷重の滑らかな伝達を確保するために、厚い方の鋼板を機械加工して行う（図6.4(c)）。板厚変化の勾配は、適切な疲労強度になることも含めて、1：4以下とする。

断面変化とは別に、桁の部材を現場で連結する継手部を考慮する。第1の問題は、現場溶接は、工場溶接に比べて条件的に悪い場所で施工されることである（風、温度、湿気）。第2の問題は、最適な溶接姿勢とするために桁を反転するといったことができない。したがって、現場溶接の数はできるだけ少なくするのがよい。現場継手の数は、当然、現場へのアクセス、工場から現場への輸送（桁部材の形状、重量に影響）で決まる。さらに、それは現場で用いることのできる架設機材によっても決まる。

図6.5は、桁の現場継手の例を示す。溶接の前や溶接の間は、2つの部材の相対的な位置はきっちり固定されるが、それは、桁の形状を保証し、良い溶接に必要な鋼板の間のギャップを保持するためである（これは溶接の種類と板厚による）。図6.5の例では、溶接後に取り外されるボルト締めされた添接板で鋼板を保持している。仮の保持の方法はほかにもあり、その選択は、施工業者のやり方によって変わる。

三線の溶接交差部の応力集中を減らすために、フランジの溶接と交差するウェブに半円形のスカーラップを設ける。応力集中を減らす他の方法として、ウェブの継手をフランジのそれから数十cm、橋軸方向にずらす方法もある。この方法では、フランジの現場突合せ溶接の位置のウェブにスカーラップを設けるが、それは溶接施工のためだけでなく（上フランジのルートの裏溶接）、超音波による検査のためでもある。

現場溶接の熟練工がいない場合は、桁の現場継手はボルト継手となる。ボルト継手は、ウェブとフランジに添接板を用いて行われ（『土木工学概論』シリーズの第10巻9.4.2項）、橋の鈑桁にはかなりの数のボルトが必要となる。ヨーロッパで現場溶接が好まれる傾向にあるが、桁の連続性が得られ、さらに外観が優れるのがその理由である。

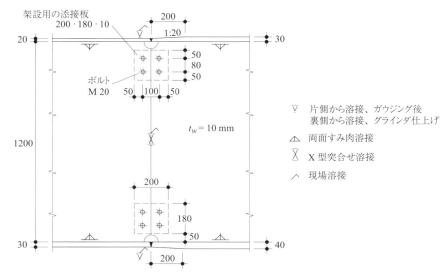

図 6.5　現場溶接継手の例

6.3.2　補剛材

鈑桁のウェブとフランジに溶接される補剛材の役割は、桁上の位置や向きによって異なる。向きに関しては、桁の橋軸方向に平行な縦補剛材と、橋軸方向に直角な横補剛材がある。溶接 I 桁では、横補剛材を垂直補剛材とも呼ぶ。名前からもわかるように、補剛材の役割は、それが溶接される鋼板を補剛し、鋼板が断面強度に有効に働くようにすることである。そのため、補剛材は鋼板を直角方向に支持し、面外変形を拘束し、圧縮が作用する時の局部座屈を防止する（12.6 節）。支承の位置にある支点上の補剛材は、さらに支点反力を桁に伝達する役目も果たす。

図 6.6 は、フランジを横補剛と縦補剛した箱桁の例を示す。この図に示される箱桁の断面は、中間の支承付近の負の曲げモーメントを受ける断面の特徴を示す。圧縮を受ける下フランジの橋軸方向の補剛は、引張を受ける上フランジの補剛よりも重要となる。上フランジの完成系では、コンクリート床版がずれ止めで接合されて合成断面となるので、この上フランジの縦補剛は、合成するまでコンクリートの自重に耐えるだけでよい。現場打設のコンクリートの場合、上フランジは型枠代わりとなり、コンクリート全体と局部の作用に抵抗する必要がある。

(1)　橋軸方向の補剛材

フランジに溶接した橋軸方向の縦補剛材は、上フランジを桁の曲げに対する終局強度に有効な役割を果たす。細長い I 桁の場合、フランジは、曲げに完全に有効になるコンパクト断面に設計されている（12.2.3 項）ため、縦補剛材は不要となる。一方、箱桁の場合は、フランジは一般に幅厚比が大きく、橋軸方向の縦補剛材が必要となる。

ウェブを曲げに完全に有効とするために、ウェブに縦補剛材（水平補剛材）を溶接するのは、一般に経済的ではない。実際、曲げ強度を少し向上させるための人件費（補剛材の溶接や横補剛材との交差部を設ける作業）は、同程度の強度向上を得るためにウェブを少し増厚する鋼材費よりも高くなることが多い。鈑桁では、曲げ強度に含まれるウェブの断面は、有効幅を用いて決定される（12.2.5 項）。

しかしながら、圧縮される部分の幅厚比が大きすぎる場合、ウェブに水平補剛材が必要となる。水平補剛材を溶接することで幅厚比が小さくなり、交通荷重によるウェブの面外

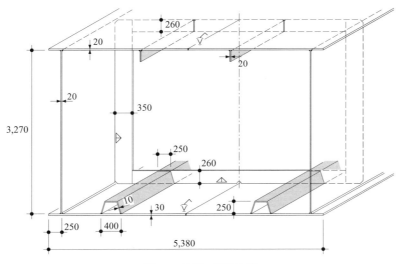

図 6.6 箱桁の補剛の例

変形（ウェブの息、web breathing）を小さくできる。この面外変形が大きすぎると、長い間には、圧縮ウェブとフランジまたは垂直補剛材の溶接に疲労き裂が生じることがある。

縦補剛材は、横補剛材と同様、すみ肉溶接される。縦補剛材は、桁間や箱桁の内部の片側に取り付けられるので、通常は遠くからは見えない。補剛材は、ねじり剛性のない開断面の平鋼かT形鋼、またはL形鋼で構成される（図6.7(a)）。あるいは、鋼板に溶接して閉断面とする（図6.7(b)）。後者の場合、補剛材はねじり剛性をもち、溶接される鋼板を単純支持ではなく、回転固定する。

図 6.7 橋軸方向の補剛材

(2) 橋軸直角方向の補剛材

鈑桁のウェブに溶接された垂直補剛材は、桁のせん断強度を上げる（12.3節）。この強度は、垂直補剛材の間隔が小さいほど高くなる。そのため、垂直補剛材は支間よりせん断力が大きい支点近傍で密に配置する（図6.8）。一般に、垂直補剛材の間隔は、支点付近では桁高と同程度であり、支間では間隔は長くなり、垂直補剛材がその一部となる対傾構の間隔と同程度となることもある。

図 6.8 鈑桁の垂直補剛材の例

中間の垂直補剛材、すなわち桁の支点間の垂直補剛材は、一般に桁間の片側にすみ肉溶接される。この補剛材は、平鋼かT形鋼でできている。垂直補剛材は桁の上下のフランジにも溶接される。これは横方向に溶接されており、引張応力を受けるフランジでは、疲労の観点からは最適な構造詳細ではない（12.7節）。それでも、垂直補剛材の両端を連結しないよりはよい（図6.9）。その理由は、交通荷重によって、垂直補剛材とフランジの間で連結していない部分が、小さな面外変形を生じるからである。この小さな変形は、ウェブのこの位置の応力を大きくして、いくつかの橋で経験したように、疲労き裂の原因となる。

垂直補剛材と上フランジの溶接は、上フランジ面に垂直な荷重が作用しなければ、部分溶け込みすみ肉溶接で連結できる。しかし合成桁橋で床版がフランジに合成されると、交通荷重による局部的な応力が疲労き裂を生じさせることがあるため、垂直補剛材を上フランジに完全溶け込み溶接することが望ましい。

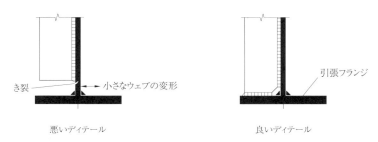

図 6.9　引張を受けるフランジへの垂直補剛材の接合

T型断面の垂直補剛材は、ラーメン形式の対傾構の支柱を兼ねるが、桁の引張応力を受けるフランジとT型断面のフランジの溶接部分は、T型断面のフランジが長くなると、疲労強度が低下する構造詳細である（12.7節）。必要なら補剛材のT型フランジを中断し、ウェブのみをフランジに溶接する。図6.10は、引張フランジと補剛材の構造詳細の例を示す。補剛材のT型断面のフランジを切ることで、ウェブが手溶接できる。また、補剛材のウェブの幅は、全周溶接を可能にするために、桁のフランジ幅より狭くする。

桁が箱断面の場合、フランジに溶接する横補剛材も考慮する（図6.6参照）。その役割の1つは、閉断面内のせん断流による応力が作用するフランジのせん断強度を確保することにある。また、圧縮フランジの橋軸方向の補剛材を支持する中間の支点としての役割もある。同一の鋼板に溶接された横補剛材と縦補剛材がある場合、補剛材の交差部をどうするかの問題がある。それには2つの解決策がある。

- 縦補剛材を連続として、横補剛材を縦補剛材の形に切断して取り付ける。この方法は縦補剛材の自動溶接が可能だが、縦補剛材の形に合うように横補剛材を切断する必要がある。
- 縦補剛材をそれぞれの横補剛材の箇所で不連続とする。この方法では横補剛材の切断は不要になるが、横補剛材間での縦補剛材の自動溶接が適用できなくなる。さらに、縦補剛材の端には、溶接の冷却時に生じる収縮を拘束するため、溶接部に引張残留応力が生じる。

どちらの方法を選ぶかは、縦補剛材と横補剛材の相対的な数や業者のやり方による。しかし、疲労の影響を受けやすい十字溶接継手を避けられる一番目の方法が望ましい。

支承上の補剛材は、通常ウェブの両側に設ける。これは、ウェブへ伝達される支点反力が中央から桁に伝わり、さらにウェブ面に非対称な補剛材による曲げモーメントを避けるためである。これらの補剛材は、ウェブにすみ肉溶接する。下フランジの位置では、支点

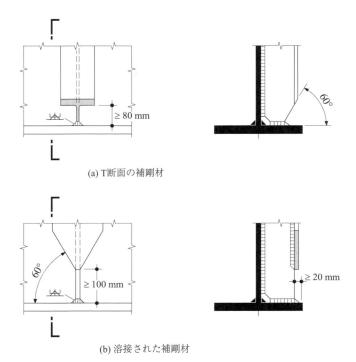

図 6.10　引張を受けるフランジへの T 型の補剛材の接合の例

　反力を適切に伝達するために、下フランジと補剛材の間は完全溶け込み溶接するのが望ましい。補剛材と上フランジとの連結には、合成桁橋の中間補剛材のように、完全溶け込み溶接するのがやはり望ましい。なお、合成桁橋の中間支承の位置では、引張応力を受ける上フランジに、T 型の補剛材のフランジを溶接できる。桁のこの位置では、疲労荷重により生じる引張応力の範囲は、支間の下フランジの場合より小さいからである。

　支点上の補剛材の形状（図 6.11）は、支点反力の大きさによる。小さい橋に用いる最も単純な形は、2 枚の平鋼で構成される（図 6.11(a)）。支承が橋軸方向に可動なら（図 6.11(b)）、T 型の補剛材 2 本を用いるのがよい。それは、支点反力が正確に補剛材の位置にない場合でも、フランジに対する適切な面外の剛性に寄与するからである。しかしながら、支承の位置の下フランジは、キャンバーまたは変断面のために、桁の低い箇所になる。そのため、T 型補剛材を使うとほこりや水が溜まる。このような水溜りは桁の耐久性に悪影響を与えるため、水を排除できる閉じた補剛材が考えられる（図 6.11(c)）。また、支承の大きな反力を桁に伝達するため、平鋼で構成されたもっと大きな補剛材が必要となることもある（図 6.11(d)）。その場合は、補剛材の品質を保証するため、すべての溶接の手順を綿密に検討する。

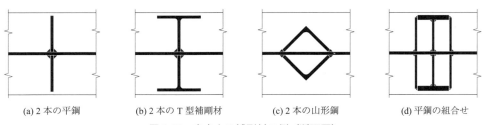

図 6.11　支点上の補剛材の例（断面図）

6.4 対傾構

この節では、鈑桁橋または箱桁橋の対傾構の構造詳細について示す。これらの橋に使われる対傾構の種類と、橋の挙動に対する対傾構の機能は 5.6 節で示す。

一般に、構造物上の位置によって、支間の対傾構と支点上の対傾構を分ける。支点上の対傾構はより大きな作用を受けるので、支間の対傾構よりも大きい（14.3 節）。また支承の交換や修理で橋を持ち上げる場合には、主桁の仮支点にもなる。橋台の位置の対傾構は、床版を支持するために、桁より外に延長されることが多い。この構造では、伸縮装置が正しい働きをするために、床版の端部の適切な形状を確保できる。以下の 3 種類の対傾構では、支点上と支間で設計概念が異なることを対比して示す。

6.4.1 ラーメン形式の対傾構

ラーメン形式の対傾構は、支間でも支点上でも 1 本の横桁と 2 本の支柱で構成される。支柱は垂直補剛材の役目ももち、支点ではさらに支点反力を桁のウェブに伝達する。横桁は、ラーメンを構成するために支柱に剛結する。横桁は、多くの場合現場で一括架設され、溶接かボルトで支柱に連結する。図 6.12 は、支間長 50m の合成桁橋の支点上と支間に溶接されたラーメン形式の対傾構の例を示す。横桁と支柱の断面は、溶接組立てか圧延形鋼（図 6.12(a)）、すなわち支柱は T 型、横桁は圧延 H 形鋼で構成する（図 6.12(b)）。

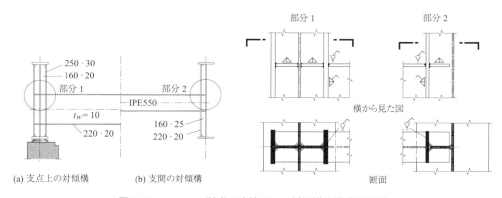

図 6.12　ラーメン形式の溶接された対傾構の構造詳細例

横桁と支柱の間は、通常平鋼で補剛する。この平鋼はラーメンに荷重を伝達し、支柱と主桁ウェブに完全溶け込み溶接される（図 6.12(a)）。支間のラーメン形式の対傾構では、支柱が桁のウェブに対称でないとき、製作を楽にするため平鋼はウェブの手前で止める（図 6.12(b) の詳細 2）。ラーメン形式の補剛材は、架設時の仮の横構をボルトで固定するためのガセットとすることもできる（図 6.13）。

溶接された対傾構の場合、横桁のラーメンの支柱とは、荷重の適切な伝達を保証するために、完全溶込み突合せ溶接とする。ボルト締めの対傾構の場合は、横桁にエンドプレートを完全溶け込み溶接する。次に、エンドプレートをラーメンの支柱のフランジに高力ボルト摩擦接合で固定する（図 6.13）。ラーメンの連結部に曲げモーメントを伝えるために、エンドプレートは、通常横桁の上下にはみ出す。というのは、風向きによって曲げモーメントは正にも負にもなるからである（風がこれに影響する主な作用となる）。現場でボルト締めする対傾構は、製作や架設の許容値のため、溶接で取りつける対傾構よりも施工が簡単である。しかしながら、接する鋼板の平坦さの保証がなく、その結果、エンドプレートと対傾

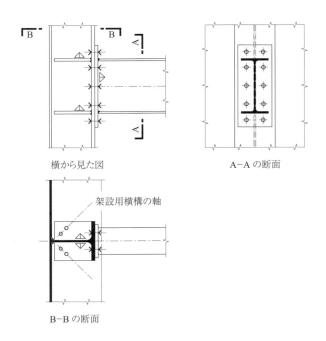

図 6.13　ラーメン形式の対傾構のボルト継手の構造詳細

構の支柱のフランジとの間にギャップができ、水が浸入して耐久性を損なうこともある。

　支間のラーメン形式の対傾構は、設計上の曲げモーメントや力の計算では横桁には小さな圧延 H 形鋼で十分でも、フランジの側方変形に関して、横桁には十分な剛性が必要で、一般には IPE300 以上の形鋼を用いる。横桁の高さ方向の設置位置は、強度の要求よりも、施工や供用中の挙動の要因に左右される。例えば、床版の型枠を支持、点検用の通路あるいは水道管やケーブルなどによる。維持管理のために、横桁の上フランジへのアクセスも必要となる。横桁は、架設系や完成系の曲げモーメントの正負による横座屈を考えて、主桁の桁高の中央ぐらいに設置する。床版に橋軸直角方向にプレストレス力を導入する場合、横桁を床版から離して、断面の下の方に設置すれば、その力の影響は小さい。

　ラーメン形式の対傾構の横桁が、合成桁橋の床版に連結されるとき、横桁は床版の自重（死荷重）に加えて交通による活荷重も支持する。床版を支持する横桁は、一般に狭い間隔で配置する。主桁の両側で張り出し床版を支持する横桁は、桁高が低くなるか一定になる。床版の全幅員を支持する考え方は、伸縮装置の位置にある橋の両端の対傾構にも応用できる。その場合の対傾構は、伸縮装置が適切に設置できるような床版の端部の形状を確保する役割ももつ。図 6.14 は、橋台の位置の対傾構の例を示す。この図の例では、対傾構の重要性から、桁高の大きい横桁、あるいはダイアフラム形式の対傾構となっている（6.4.3 項）。

　支承の補修や交換の際に、対傾構はジャッキの支点とすることができる。ジャッキの力を対傾構に伝えるために、ジャッキの支点部に補剛材を溶接して補強する。図 6.14 と図 6.15 は、この補強の例を示す。

　箱桁に対しては、閉断面箱桁では、ラーメン形式の対傾構は 2 本の横桁と 2 本の支柱で構成され、開断面箱桁の場合は、下部に配置される 1 本の横桁で構成される。図 6.15 は、開断面合成箱桁のラーメン形式の対傾構の 2 例を示す。合成桁橋の場合には、開断面は床版を設置すると閉断面となる。閉断面の鋼箱桁の場合は、ラーメン形式の対傾構は当然閉断面となる。

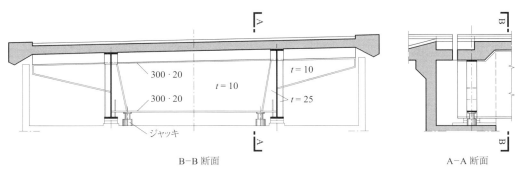

図 6.14 橋台の位置の対傾構の例

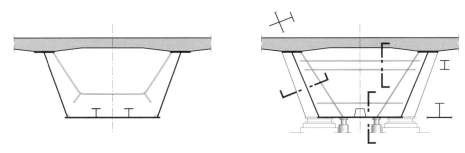

図 6.15 開断面箱桁のラーメン形式の対傾構の例

6.4.2 トラス形式の対傾構

トラス形式の対傾構（図 6.16）は、弦材、斜材およびガセットで構成されており、支柱は主桁のウェブの補剛材の役目を、さらに支点反力を伝達する役目ももつ（支点上の対傾構）。荷重の大きさにより、弦材と斜材は、1 本または 2 本の山形鋼や溝形鋼、または中空鋼管となる。トラス形式の対傾構は、現場で鈑桁にボルトで固定する。図 6.16 は、開断面の鋼橋のトラス形式の対傾構の例を示す。図 6.16(a) の形は、上弦材が床版の型枠を支持する場合によく使われる。その逆の形（図 6.16(b)）は、支承部に適用でき、大きな圧縮力を受ける下弦材の座屈強度を高めるのに使われる。

図 6.16 には、対傾構の構造詳細の例も示す。支点部の対傾構は、橋をジャッキアップするときの支点となるので、ジャッキの反力に耐える設計とする。図 6.17 にこの例を示す。

箱桁の場合、トラス形式の対傾構は、通常、垂直補剛材に溶接される。箱桁は、全断面あるいは半割れで現場に運ばれる。図 6.18 に、半割れで現場に輸送され、現場で溶接された箱桁のトラス形式の対傾構の例を示す。

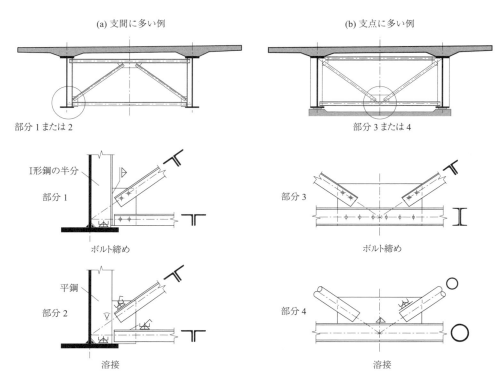

図6.16 ボルトまたは溶接接合された開断面のトラス形式の対傾構の例

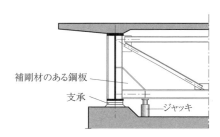

図6.17 橋のジャッキアップと支承の交換のための構造

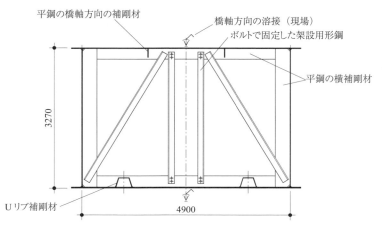

図6.18 箱桁のトラス形式の対傾構

6.4.3 ダイアフラム形式の対傾構

ダイアフラムは、箱桁の内部に全周にわたって溶接された補剛された鋼板である。すなわち、これは箱桁にのみ使われる。しかしながら、桁高の高い桁が、開断面のほとんどを占めるような桁高の高い桁を用いる場合にも、ダイアフラムと呼ぶことがある（図 6.14 参照）。支点上では対傾構に作用する荷重が大きいため、ダイアフラムは、主に支点上の箱断面に配置される。ダイアフラムは、扁平や幅の狭い箱桁にも使われるが、そのような箱桁には他の形式の対傾構が適さないからである。箱桁内部の点検のために、ダイアフラムには開口部を設ける。このような開口部と、ジャッキからの力を受ける場所には、局部的な補剛が必要になる。ダイアフラムのせん断強度を確保するための補剛も必要となる。図 6.19 にダイアフラムの例を示す。

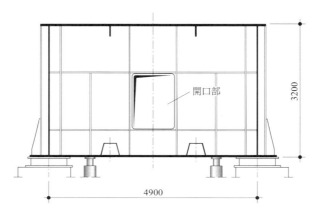

図 6.19　箱桁のダイアフラムの例

6.5　横構

横構は、橋軸に直角に作用する水平力を伝達するために必要である。合成桁橋では、コンクリート床版がその役割を果たすため、完成系では横構は不要である。しかし、架設時には、仮の横構が必要となる。この仮の横構は、一般に床版を設置した後に取り外す。

横構は主桁間に配置し、一般に、支柱として使うトラス形式の対傾構の弦材の面か、ラーメン形式の対傾構の横桁の面に配置する。後者では、対傾構の横桁が横構の支材となる。仮の横構は、一般に山形鋼の斜材を用いた X 型（セントアンドリュースのクロスという）をしている。山形鋼は、対傾構の支柱に溶接されたガセットにボルトで固定する（図 6.20）。場所が十分ある場合、ラーメン形式の対傾構の横桁の添接板の補剛材にボルトで直接固定することもできる（図 6.13 参照）。

種々の形の横構があり、種々の斜材とともに 5.7.2 項で示す。非合成の鋼橋の場合、横構は架設時だけでなく、橋の全寿命の間、残置される。このため、横構の形状や橋の断面での位置によって、斜材は大きな 2 次的な力を受けることがある（14.4.2 項）。

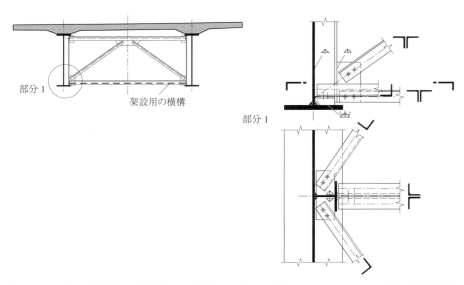

図 6.20 主桁に連結された架設用の X 型（セントアンドリュースのクロスという）の横構の例

6.6 トラス桁

形に関しては、道路橋や鉄道橋に使われるトラス桁は、他のタイプの構造物（『土木工学概論』シリーズの第 10 巻 5.7 節、第 11 巻 12.3 節）と何ら変わりはない。しかし、トラスを構成する部材の断面寸法がより大きく、重量が大きい点で異なる。

一般に、トラスの部材は鋼板で作られた円形や角形の中空断面で構成される。維持管理や耐久性の観点から、開断面の I 形よりも閉断面の中空断面の方が好まれる。特に I 形の部材は、格点部にほこりが溜まり、滞水が生じやすい。両者は、耐久性に悪い影響を与える。

図 6.21 に、道路橋や歩道橋でよく使われるワーレントラスの例を示す。ワーレントラスが鉄道橋として使われる場合は、垂直材をもつ形で設計される。図 6.21(a) に、角形鋼管の K 形の格点の構造を示すが、これは歩道橋の例である。図 6.21(b) は肉厚の円形鋼管の例で、例えば道路橋に使われる。図 6.21(c) は板組みされた格点の例である。

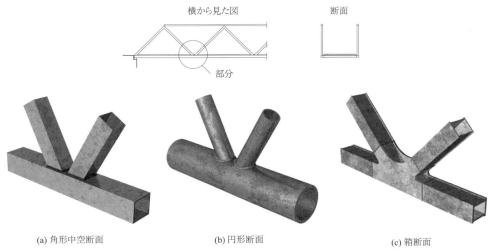

図 6.21 ワーレントラスの継手の構造詳細

橋では、力をうまく伝え、応力集中を小さくして適切な疲労強度を確保するために、弦材、斜材、垂直材の間の連結を注意深く設計する必要がある。疲労の観点からは、斜材と弦材の力の伝達に用いる溶接ガセットは、建物のトラス（『土木工学概論』シリーズの第11巻、図12.7(c)）によく見られるが、構造詳細としては劣る。橋には、例えば図6.21(c)に示す構造詳細を用いることで、引張を受ける弦材で、その方向の長い溶接を避けることができる。この部分では、ガセットは角が丸くなるように切り出しており、これにより応力の流れが改善され、引張を受ける弦材の長手方向の溶接を避けことができる。このガセットは弦材のウェブの一部となる。トラス部材と格点の溶接は、完全溶込み突合せ溶接とする。

　ガセットを使わないで中空断面を溶接した継手（図6.21(a)と(b)）は、簡素さと見た目の美しさで評価されている。しかしながら、この接合には部材の端部の複雑な形状を正確に切断する作業を要する。端部は、完全溶け込み溶接のために開先をとり、その複雑な形状のため、手溶接される。このような構造の疲労強度の問題、特に弦材と2本の斜材の間は、今後の重要な研究課題である。

　ガセットを用いない他の方法は、格点全体を鋳鋼製の格点に代える方法である。図6.22に、鋼で鋳造したK形の格点の外観と断面図を示す。この例では、トラス部材の加工と溶接作業はより簡単になる。格点の周りは、突合せ溶接を用いる。

　トラス桁は設計者に多くの自由度があり、トラス部材の形を工夫し、平面トラスや立体トラスを用いることができる。図6.23は、道路橋の床版を支持する立体トラスと、ダブルK形の格点の例を示す。一方は、鋼管でできたトラス（図6.23(a)）と、他方は鋼板で組み立てた中空断面の例（図6.23(b)）である。

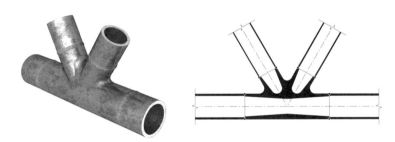

図6.22　鋼で鋳造したK形の格点

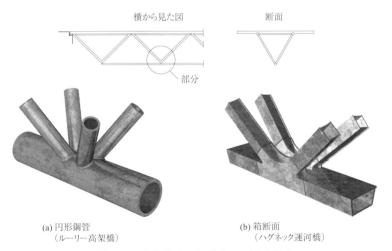

(a) 円形鋼管
（ルーリー高架橋）

(b) 箱断面
（ハグネック運河橋）

図6.23　立体トラスとダブルK形の格点

6.7 鋼床版

橋の鋼床版は、下面に橋軸方向と橋軸直角方向に補剛材を溶接した鋼板である。この鋼板は、鈑桁または箱桁の上フランジも兼ねる（図6.24）。したがって、鋼床版には、主桁の一部として全体構造からの応力と、局部的には重い輪重による集中荷重による応力が作用する。さらに、鋼板とその補剛材には、輪重が通過するたびに局部的な荷重サイクルが生じる。それらの継手には、重要な疲労荷重が作用するため、鋼床版の溶接継手は、注意深く設計し、製作することが必要となる。

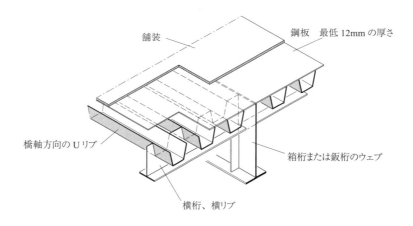

図6.24　鋼床版の例

鋼床版は、輪重による集中荷重を受け、それを曲げによって主桁に伝えるために、直交する二方向に補剛される（図6.24）。橋軸方向の補剛材は、平鋼や山形鋼のような開断面、あるいは箱断面を用いる。閉断面の補剛材はねじり剛性が高く、集中荷重による鉛直方向の変形と局部的な曲げ応力を小さくするので、優れた鋼板の補剛が得られる。最近の鋼床版の橋軸方向の補剛材として、一般に閉断面を用いる。箱断面は、Uリブをデッキプレートに溶接して作る。Uリブは、板厚6mmか8mmの鋼板を曲げて作る。橋軸直角方向は、一般に対傾構の部材で補剛する。対傾構の部材とは、対傾構の形式によってダイアフラムやラーメン形式の横桁である。あるいは、対傾構の間にある単なる横リブのこともある。

鋼床版の板厚は、通常、12mm以上である（EN 1994-2）。鋼板は、特に車道部では、局部曲げに対する剛性を持たせるため薄くしすぎない。そうすることで疲労応力が小さくなり、疲労耐久性が向上する。さらに局部変形が小さくなることで、鋼床版の舗装の耐久性も向上する。橋軸方向のUリブは、一般に300mm間隔とする（図6.25）。Uリブの高さは250mmから300mmで、Uリブのウェブ間は300mであるが、これはUリブの高さによって100mmから150mmに減らす。橋軸方向の補剛材は、およそ4m間隔に配置された横リブで支持される。

鋼床版の疲労に関する過去の苦い経験により、縦リブ（Uリブ）を連続させ、横リブを貫通させる形に変わってきた。横リブとUリブの交差部では、横リブをUリブが貫通するように切り欠いて、Uリブを通す（縦リブを横リブ位置で不連続にして、横リブ両面に溶接する形状を使わない）。通常、溶接するのは、Uリブのウェブのみで、Uリブの下側の部分は、疲労き裂が生じやすく、それを避けるために溶接しない。横リブのウェブに開けるスカーラップは、応力集中を避けるために、丸みのある形とする（図6.25）。ウェブ

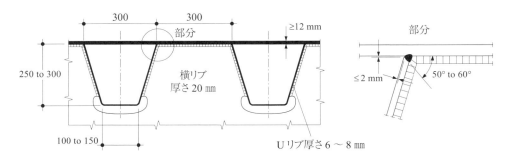

図 6.25　鋼床版への U リブの取り付け方法と横リブの例

のスカーラップは十分大きくして、回し溶接が可能にすることで、悪影響のあるノッチを防止し、適切な防食を可能とする。EN 1994-2 は橋の設計を含み、鋼床版の構造詳細のガイドに関する情報を含む。

　鋼床版は防水層で保護され、舗装は総厚 60～80mm のアスファルトで構成されることが多い。舗装と防水層は、柔軟性があるもので鋼床版にしっかり接着させる。舗装を厚くすると、鋼床版の曲げによる疲労応力を減らすのに役立つが、鋼床版の総重量を増加させ、鋼床版を用いる目的である自重の軽減に反することとなる。そのため、他の種類の舗装（加熱アスファルト、複合材料、など）も用いられる。しかし、鋼板とうまく適合し、局部応力の分散に及ぼす影響をよく理解しておく必要がある。

6.8　他の構造要素

　伸縮装置や支承といった橋の他の構造要素については 2.4 節で示す。これらの構造要素の大きさや構造詳細は、伝達する力、確保すべき移動量、選択された製品の種類による。設計者は、納入業者の提供品から構造要素を選択する [6.2～6.5]。構造要素の仕様には、装置の構造物への固定方法や設置の情報が含まれている。伸縮装置では防水性を保障するもの、支承の選択では、ほこりや泥が溜まりにくいものとする。

参考文献

[6.1]　E CCS/CECM, *Good Design Practice – A Guideline for Fatigue Design*, European Convention for Constructional Steelwork/Convention européenne de la Construction métallique, publication n° 105, Brussels, 2000 (1re éd.).
[6.2]　http://www.mageba.ch
[6.3]　http://www.reisnerwolff.at
[6.4]　http://www.maurer-soehne.de
[6.5]　http://www.agom.it

7章　鋼橋の製作と架設

Erection of the Viaduc des Vaux near Yvonand (CH).
Eng. Realini + Bader & Ass. ingénieurs-conseils, SA, Lausanne and Giacomini + Jolliet, ingénieurs civils & Ass. SA, Lutry.
Photo Bureau des autoroutes, canton de Vaud.

7.1 概要

　製作とは、鋼橋の部材を作るための、工場でなされるすべての作業を指す。製作は、材料である鋼板と形鋼の切断、孔明け、グラインダー、溶接またはボルトによる接合などの作業を含む。製作した部材は、必要に応じて工場で防錆のために塗装され、現場に輸送される。輸送手段と現場へのアクセスの難易度により、部材の形状、最大の寸法や重量が決まる。

　架設とは、鋼橋を建設するために現場で行うすべての作業を指す。架設方法は、現場の条件、使用できるクレーン、架設業者の経験によって決まる。架設方法は、橋のプロジェクトの初期の段階で十分に考慮し、全体構造や細部構造への影響を明らかにしておく。架設方法の選択では、現場での安全の保証とコストの制限に関して、橋の施工が最適になるようにする。

　架設期間は、橋の供用年数に比べてずっと短期間であるにもかかわらず、建設史上では、架設中に多くの事故が発生している。このような事故では、物損だけでなく、多くの人命の損失がある。技術者は自己の責任を自覚し、架設の全段階が注意深く検討され、明確に定義されているか油断なく注意するだけでなく、それらが現場架設で厳守されているかを確認する。

　7.2 節から 7.4 節では、工場での部材の製作、現場への輸送および現場での連結について示す。次に、鋼橋の異なる架設方法について 7.5 節で詳しく述べる。架設方法が基本設計や構造設計に与える影響についても説明する。最後に、7.6 節で製作と架設で考慮する許容誤差について示す。鋼・コンクリート合成桁橋のコンクリート床版の施工は、8.4 節に示す。

7.2 工場での製作

7.2.1 鋼材の入荷と準備

　鋼橋の製作は、材料、つまり鋼板、形鋼、連結材料（溶接材料やボルト）の発注から始まる。発注時の鋼材の市場状況、鋼材の規格や品質の特殊性によっては、入手の可能性や入荷までの時間に注意する。4.5.1 項で示した鋼材規格は、正確に指定する。鋼板は、鋼材の機械的性質や化学成分を保証するミルシートとともに納品される。納品されると、製作会社はそれぞれの品質管理手法に従って、追跡可能なように鋼板にミルシートの番号を記入する。要求されれば、入荷した材料が、注文した規格と品質に合致しているかを確認するための試験を行う。よく行われる試験は、鋼材の規格を確認する引張試験と、品質を確認するじん性試験である（『土木工学概論』シリーズの第 10 巻 3.3.1 項）。

　鈑桁と箱桁の製作では、鋼板を必要な寸法にガス切断するのが一般的である。溶接に備えて、厚い鋼板の場合は材端にグラインダーや、可能ならガス切断により、面取りすることもある。ボルト接合の場合は、必要なボルト孔をあける。孔の押抜き加工は、孔あけ後の仕上げをしない限り、繰返し荷重が作用する部材には使用しない。

7.2.2 構造部材の製作

　工場での製作は、作業環境が良いため、現場より良い溶接ができる（屋内なので天候に左右されない、部材の向きを変えて最良の溶接姿勢で作業ができる、地上で作業できる、など）。さらに、工場では、溶接ロボットを用いて溶接することで、溶接の品質が一定になる。自動溶接は、鈑桁の製作に必要な長いすみ肉溶接に特に有効である。

ボルトによる現場接合が予定される場合は、桁構造の複雑さによっては、部材の寸法精度や調整方法が正確で適切か確認するために、工場で部材を仮組みするとよい。この作業を仮組立という。仮組立を行うと、一般にコスト増につながる現場での部材の大規模な修正や変更を避けることができる。溶接による現場接合の場合は、構造物を正確な形にするのに十分な余裕があるので、仮組立は不要となる。

7.2.3　溶接

溶接部には大きさの異なる欠陥が含まれており、その大きさによっては桁の強度を低下させる（疲労、ぜい性破壊）。要求する品質の溶接を確保するため、熟練した作業員によって規準（SIA263/1）に則った作業方法で施工する。また、要求通りの溶接品質かを保証する適切な検査手法が必要となる。検査の頻度や検査箇所は、溶接品質の等級による。品質の等級は、主に、溶接に作用する応力の大きさやその部材の重要度による。溶接の等級は、厳格な要求のある特例的な場合のA級から、荷重の小さい溶接のためのD級まである（SIA263/1）。

溶接部の検査の基本は、目視による検査である。次に、溶接の品質等級により、磁粉探傷試験、浸透探傷試験、超音波探傷試験、放射線透過試験などの非破壊検査を行う。SIA規準263/1では、溶接の品質等級とその要求に応じた検査方法の詳細を示す。

7.2.4　防食

製作の最後に、部材をショットブラストで素地調整し、すぐに防食する。工場での最低限の防食は、下塗りである。場合によっては、塗装をすべて工場で行うこともある（4.5.5項）。現場溶接部の材端面は、ビニールテープで塗装から保護する。耐候性鋼を使用すると、塗装は不要になる。

7.3　輸送

製作された部材は、架設場所である現場に輸送される。工場で製作する部材の最大の寸法と重量は、工場の生産能力、輸送手段、現場のアクセス条件、使用する架設方法と機材によって左右される。輸送にあたって部材の寸法や重量に影響するのは、以下の点である。

- 鉄道：線路周囲のクリアランス、車両の積載重量、車両の長さ
- 道路：橋のクリアランス、使用できるトラックの積載重量、通行する道路の橋の荷重制限、道路の通りやすさ（直線性、幅）
- 船　：輸送する水路を航行できる船の積載重量、橋の桁下空間など

鉄道に関しては、通常の貨車の積載重量は、500〜700kNの間である。例外的に、特殊な貨車でもっと重い荷重も輸送できる。長さの制限は約20mである。多くの製作工場は鉄道網に連絡しているが、現場はそうではない。したがって、トラックを使用しないでの鉄道輸送は少ない。このような場合、鉄道とトラックによる輸送では、両者のより厳しい制限が適用される。さらに、鉄道とトラックを組み合わせた輸送では、トラック輸送だけに比べて部材の積み替え作業が余計に必要となる。

スイスの道路網では、下記の制限内であれば、特別な許可なしで輸送できる。

- 長さ：30m
- 幅　：3m
- 高さ：4m

・重量：440kN

　高速道路だけを使うのであれば、重量制限は 500kN までとなる。これを超える場合は、輸送の特別許可が必要となり、超過量の程度によって警戒車または警察の車を配する必要がある。例外的な部材の寸法や重量によっては、全面交通止めや片側の通行規制を行うこともある。

　道路での輸送の最大高さは、橋の桁下やトンネル内のクリアランスによって決まる。幹線道路では、クリアランスは最低 4.5m である。輸送時に通る橋によって最大積載荷重も決まる。スイスでは、SIA 規準 261/1 の荷重モデル 3 で設計された橋もある。この道路の最大輸送重量は、4800kN である。参考文献 [7.1] に、この主の輸送重量の指針が示されている。

　スイスでは、道路による輸送が一般的である。水上輸送が発達している国（フランス、ドイツ、オランダ）では、長距離の輸送には、鉄道や道路の代わりにバージでの輸送が選択肢となる（7.5.5 項）。

　現場のアクセス条件によって、他の輸送手段も考えられる。例えば、山岳部ではヘリコプターによる空輸が最適で、唯一可能な手段となることもある。輸送能力の高いヘリコプターでも、積載重量は約 40kN であるため、鋼部材の寸法はかなり制限される。将来の例外的なケースとして飛行船の使用も予想される。

7.4　現場での組立て

　現場で継手を施工するには、資格のある作業員が必要である。それでも、現場継手は工場製作に比べて低品質になりやすい。したがって、現場継手の数をできるだけ制限するのがよい。部材の分割方法を詳細に検討して現場継手を減らすことは、橋の設計段階で重要な検討事項である。

　ヨーロッパの国々のように、スイスでは、完全な一体化や現場塗装の容易さ、均一な部材表面の印象から、現場溶接が好んで使われる。溶接接合することで、ボルト接合の添接板の例のように、滞水や板間の湿潤を防止できる。ボルト接合は、鈑桁の連結で例外的な場合にのみ用いられる。ただし、対傾構と横構を主桁に連結するのには、ボルト接合がよく用いられる。

　現場での主桁の突合せ溶接には、天候から溶接作業を保護するための上屋が必要となる。これは一面では、現場溶接は、工場よりも厳しい条件で溶接されるので、溶接の品質に影響することを意味する。現場溶接は、より注意深い検査が必要で、一般に超音波で検査する。これらのことから、現場溶接継手は工場の溶接に比べてコストが高く、数を減らす方が有利である。

　部材単位を大きくすることで、現場継手の数が少なくなり、良質な施工を確保しやすい。このことは、7.3 節で述べた輸送における制限が許す範囲で良い方法となる。しかし、大きくて重い部材の現場での取り扱いは難しく、部材に大きな応力が作用することもある。部材や細部構造の設計に考慮できるよう、架設に関して早めに考えておくことが必要なのは、このためである。さらに、現場継手は作用力が小さい部位に設ける。

　図 7.1 に、構造部材の現場継手の継手位置を 2 例示す。2 分割した箱断面では、図 7.1(a) に示すように、箱桁のフランジの橋軸方向継手を、せん断応力が小さいフランジの中央に設ける。図 7.1(b) に示す主桁の例では、継手は死荷重による曲げモーメントが小さい位置に設ける。主桁の橋軸直角方向の継手を、支間中央や中間支点上に設けることは避ける。

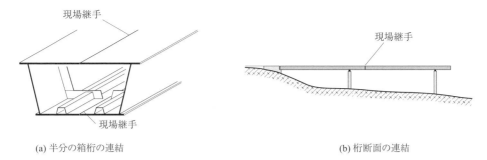

(a) 半分の箱桁の連結　　　　　　　　　　(b) 桁断面の連結

図 7.1　鋼構造部材の現場継手の例

現場では、屋外という既に難しい溶接作業を容易にするために、溶接工のアクセスを計画しておく。特に上向き溶接は、注意と疲労を伴う作業になるので、その数はできるだけ減らす。残留応力と溶接変形を少なくするために、一連の溶接手順にも注意する。溶接部の予熱は、要求されることもあるが（4.5.2 項）、この現象を減らすのに役立つ。

現場溶接の施工では、溶接される部材を保持する方法を計画しておく。例えば、溶接後に取り外すボルト継手の添接板がそれである。図 7.2 に、鈑桁の継手の例を示す（図 6.5 も参照）。図には、ボルトで固定した仮の添接板と現場溶接を示す。溶接される鋼板の固定方法は業者ごとに違うので、他の方法も可能である。

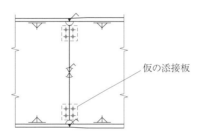

図 7.2　ボルトで固定した仮の添接板を用いた現場継手

架設時に必要な横構の例のように、鋼桁に架設部材が取り付けられる場合、架設が完了したら取り外す。疲労が問題となる橋の場合には（特に鉄道橋）、鋼桁に溶接された架設用の部材が疲労強度を低下させないよう、細心の注意を払う。そのような場合は、架設完了後に取り外し、溶接部をグラインダー仕上げする。

7.5　鋼橋の架設

架設現場の地理的、地形的条件とその環境は、鋼橋の架設方法の決定要因となる。桁橋に限ると、主な架設方法は以下となる。
・地上に設置したクレーンによる架設
・張出し架設
・送出し架設
・地組した桁（あるいは大ブロック）の一括架設

これらの方法は、7.5.2 項から 7.5.5 項で詳述する。それぞれの技術上の問題点に焦点を当て、架設段階で主桁に作用する曲げモーメントや力を明らかにする。7.5.1 項では、ま

ず鈑桁のすべての架設方法で共通で、注意深く考慮すべき基本的な事柄について示す。

他の架設方法もケースごとに検討する。特定の橋特有の要求や性質に合わせて開発された架設方法もいくつかある。例えば、ケーブルクレーンでの架設は、部材をケーブル上の滑車で吊り下げて運搬する方法で、吊橋で有効であるが、それは吊橋の主塔をケーブルクレーンの塔として使えるからである。アーチ橋と斜張橋にも特殊な架設方法が開発されている。アーチ橋については18.4節に示す。

7.5.1 鋼橋の架設の特徴

最近の鋼橋の架設は、少数精鋭の人員と作業手順の厳しい管理で特徴づけられる。鋼橋の架設は、構造物の安定性と人の安全に関して、特に危険を伴う段階である。そのため、主構造の基本設計や詳細設計で、架設方法の影響についての詳細な検討の必要性は、強調しすぎることはない。

クレーンの能力が向上したので、1つの部材の形状を大きくし、既設の部材を次の部材の架設のための架台として使い、コストのかかる支保工を使用しない傾向にある。したがって、架設時には、架設機材の重量によって一時的に供用時よりも大きい荷重が橋に作用することがある。このようなことは、架設中の構造系が完成後のそれと異なる場合に特に著しい。張出し架設や送出し架設による場合がこれに相当する。

供用中の橋では、設計で考慮される様々な荷重が同時に最大で作用する可能性は低い。これは、架設時には当てはまらず、架設時に考慮される荷重が同時に作用すると、設計で仮定した数値を容易に上回ることがある。予期しないか偶然の荷重が架設時に作用する可能性は、橋の供用時よりも高いため（クレーンの集中、大型部材の移動、など）、架設時の荷重の組合せや架設段階の注意深い管理についての詳細な検討は不可欠である。このような理由で、橋の設計の早い段階で、できる限り主構造に与える架設方法の影響を検討する必要がある。こうすることで、橋の基本設計に反映させることができる。

また、完成時に構造部材の安定に必要な部材が、架設時にはまだ設置されていない場合がある。これに対しては、仮の部材を計画するか、他の方法（計算、チェック、監視）を用いて、架設中の安定に対する安全性を確保する。例えば、合成桁でコンクリート床版が主桁の架設後に施工される場合、コンクリート床版が完成するまでは主桁上フランジの横座屈が問題となる。また、横構もそうだが、鋼桁の架設の最後に有効になる。大きな集中荷重（架設時の固定点、送出し架設時にウェブに作用する力）が一時的に載荷される部材の局部座屈に対する照査も必要である。同様に、架設時における構造全体の安定性（転倒、浮き上がり）も確保する。構造全体の安定性は、架設時には安定効果をもたらす死荷重の一部がないときに不十分となることがある。また、すべての構造部材に対して、吊り上げ、輸送、組立てなどの作業に耐えるかも照査する。

7.5.2 地上からのクレーンによる架設

クレーンによる架設（図7.3）では、ある長さの主桁、対傾構、横構などの鋼部材をクレーンで地上から吊り上げて架設する。この架設工法は、現場機材や労力が少なくて済むため、有利な方法である。しかしながら、橋へのアクセスが容易で、比較的地上に近い橋（約15mまで）にしか適用できない。

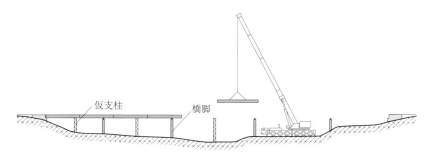

図 7.3 仮支柱を用いたクレーンによる架設

　架設では、中間の仮支柱（ベント）ありと仮支柱を用いない場合がある。仮支柱（支柱、足場）を用いる場合でも、それを連続させる場合と間隔を空ける場合がある。連続した足場には、多くの架設資材が必要であるため、最近ではほとんど使われない。大きな構造部材を架設するための大型のクレーンが使用できないような特殊な状況でのみ考慮される。架設現場に大型機材が入れないか、鋼部材の地組立ての空間が限られる場合がそれに相当する。

　吊上げ機材の進歩により、仮支柱が必要な場合でも、連続した足場でなく、間隔を空けた少数の支柱になる傾向がある（図 7.3）。現在、スイスの最も性能の高いクレーンのブームの基部における最大曲げモーメントは 15000kNm である。これは、例えば 100 トンの部材を 15m 先で持ち上げられることを意味する。短い支間長で各部材の形状が許す場合、仮支柱を省略できる。

(1) 形状に与える架設の影響

　地上から架設できる桁部材の長さは、一般にあまり長くない（最長で 30〜40m）。これらの部材に架設時に作用する応力は、横座屈が防止されている限りは重要ではない。しかし、設計者は、部材が、輸送や架設時に作用する局部的な力（集中荷重、吊り位置）に耐えることを照査する。さらに、例えば風荷重や架設機材の衝突などの条件下でも、架設途中の部材が常に安定性が確保されるように、架設手順を考える。

　橋軸方向の支持条件が、複数の橋脚に支持される遊動連続桁（5.3.4 項）に相当する構造系は、クレーンによる架設では、橋脚にかなり大きな応力がかかる（図 7.4）。この種の橋では、鋼桁は一般に橋台から連続して架設する。橋軸方向に止めるために、架設中は桁を橋台に仮固定する。温度変化 ΔT が生じると鋼桁は伸び（収縮）、固定支承をもつ橋脚を橋軸方向に押すことになる。橋脚上部が押されることによって、橋脚下部には橋の供用時よりも大きな曲げモーメントが生じる。さらに、架設中に鋼桁は直射日光にさらされて、温度変化は 50℃ に達することもある（+60℃ の鋼材の温度が計測されたこともある）。また、橋脚に曲げモーメントが作用するのは特に問題で、架設中に橋脚に作用する軸力は小さく、曲げモーメントによる引張応力がコンクリート橋脚にひび割れを生じさせることがある。

　このような曲げモーメントや力を避けるために、架設中は桁の固定支承を仮に可動としておく（図 7.4(a)）。完成系では、桁を中央の橋脚に固定し、橋台と橋台に近い短い橋脚では可動支承で支持する（図 7.4(b)）。架設中に橋脚に作用する曲げモーメントを減らすために、仮の支索（ケーブル）で支える方法がある。その場合、桁の伸縮が部分的に拘束され、鋼桁に軸力が生じる。

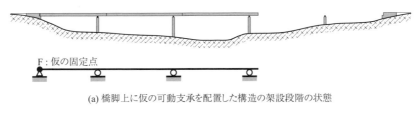

(a) 橋脚上に仮の可動支承を配置した構造の架設段階の状態

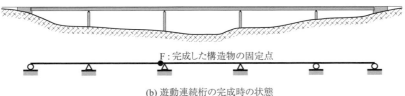

(b) 遊動連続桁の完成時の状態

図 7.4　構造物の架設の段階に合わせた支承の固定方法

7.5.3　張出し架設

　張出し架設は、橋脚から張出して、桁を次々に連結して片持ちで主桁を架設する工法である。両側からの片持ちを支間中央で連結して連続桁とする。この架設方法は、長支間（100m 以上）で、地面や水面から高い場合に適する。橋の部材を台船で運搬して吊り上げることができるため、航路上の架設によく用いられる。この架設方法は、どんな線形にも適し、変断面の桁の架設にも向いている。

　張出し架設は、橋台から一方向に向けて行うこともできる。例えば、ある支間を地上からクレーンで仮支柱上に架設し、この径間をカウンターウェイトとして利用し、次の支間を張出し架設する（図 7.5(a)）。張出しの支間長が長すぎるときには、仮支柱を用いる。中間橋脚から左右対称に進める張出し架設（図 7.5(b)）では、鋼部材を柱頭部に剛結する。張出し部の部材は、地上からのクレーンや既設の桁の上に設置したクレーンを用いて吊上げる。

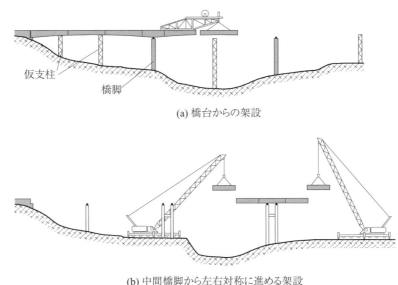

(a) 橋台からの架設

(b) 中間橋脚から左右対称に進める架設

図 7.5　張出し架設工法

(1) 設計に及ぼす架設方法の影響

　張出し架設の最大の問題は、水平方向と鉛直方向の橋の形状と方向を維持することである。隣接した橋脚から張り出した桁どうしを中央で閉合させるので、自重による片持ち部のたわみと相殺するため、大きくて正確なキャンバーを計画することが必要となる（図7.6）。さらに、コンクリート床版の死荷重やそれ以外の長期荷重によるたわみを補うためのキャンバーも追加する。張出し架設によるそれぞれの部材のキャンバーには、平面での曲線の影響と構造物のねじりも考慮する。

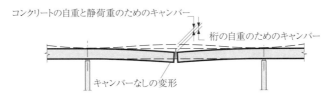

図 7.6　自重による片持ち部のたわみとこれに対するキャンバー

　張出し架設中には、鋼桁に大きな死荷重による曲げモーメントが作用する。さらに、張出し部にはクレーンや既設の桁の上で部材を輸送する台車の荷重も加わる。設計者は、鋼部材の自重と架設に伴う外力の橋軸方向の分布を、応力の観点だけでなく、たわみや転倒に対する安定も考慮することが重要である。支点部の断面の応力が超過する場合は、鋼桁を下から仮支持するか、上から仮のケーブルで支持する（図7.7）。また、箱桁または鋼桁のウェブは、部材の設置のために移動させる架設機材の局部の集中力に抵抗できなくてはならない。

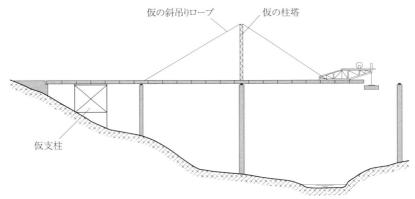

図 7.7　仮の支索（ケーブル）を用いた張出し架設

　水平方向の構造安全性を照査するため、片持ち部に作用する風荷重を考慮する。一般的には、桁の水平方向の曲げ、あるいはU形の開断面箱桁の場合はねじりに対する剛性を高めるために、仮の横構が必要となる。そのため、閉断面の箱桁の方が、この架設方法に適している。

　張出し架設による橋は、地上から高いことが多く、橋脚は細長い。架設中には、橋脚の構造系は、下部は固定、上端は自由の柱とみなせる。橋脚の有効座屈長は、その高さの2倍となるので、架設中の橋脚の座屈については詳細に検討する。さらに、橋脚から左右対称に張出し架設が進行する（図7.5(b)参照）場合で、張出し部の片方に横風を受けると、橋脚は鉛直軸周りにねじりモーメントを受ける。さらに、橋脚には、橋軸直角方向の風荷

重による曲げや、両側の張出し部に非対称に作用する荷重（クレーン、他の架設機材、異なる架設の段階）による曲げの荷重も作用する。張出し架設時の橋脚に作用する応力は複雑であり、それらの抵抗強度や座屈について注意深い詳細な検討を必要とする。

　架設時に張出し部と橋脚に作用する力の計算で、設計者は、それぞれの架設期間を考慮して、完成時の風荷重の特性値を低減できる。規準や指針に手引きがない場合は、架設中の風荷重を低減するためには、発注者の代理人と打合せる。10.4.1 項に、これに関する手引きを示す。

　両側の橋脚から張り出された鋼桁を閉合するときは、鋼桁には自重が作用している（図7.8）。そのため、曲げモーメント図 $M_y(g_a)$ は連続桁のそれとは異なる。他方、コンクリートの重さ、他の死荷重および活荷重は連続桁に作用する。したがって、構造物の構造安全性を照査する場合には、それぞれの荷重とそれに対応する構造系での応力を重ね合わせる必要がある。

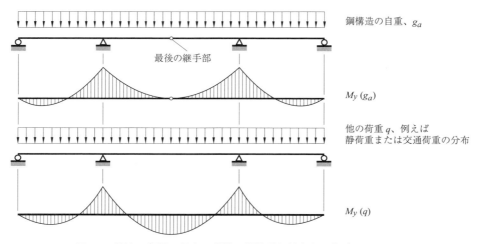

図 7.8　張出し架設の異なる段階の構造系と対応する曲げモーメント

7.5.4　送出し架設

　この架設工法では、橋の橋軸方向の延長線上の片側か両側で部材を地組する。そして、部材が地組されるに従って、構造物を完成時の位置まで段階ごとに引くか押すかして架設する（図7.9）。この工法を用いて、現在では支間長 150m まで送り出している。もっと長い支間も可能であるが、それには片持ち部をケーブルで支持することとなる。送出しによる鋼橋の架設は、クレーンが橋に沿って使えないときや、桁が高い位置にあるため地上に設置したクレーンで吊上げできないときに採用する。

　送出し架設は、すべての桁部材を地組ヤードで組立てるので、他の架設方法に比べて良好な条件で作業できる利点がある。この点は、溶接作業には特に重要である。しかしなが

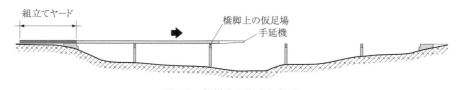

図 7.9　鋼構造の送出し架設

ら、送出し架設は、下記のような条件に制約される。
- 橋台の後ろの橋軸に沿って、鋼桁の地組のための十分な場所がある。
- 片側の橋台から送出し架設できるのは、直線橋か曲率一定の曲線橋である。
- 両側の橋台から送出し架設できるのは、直線橋または曲線橋であるが、直線と曲線の遷移領域で急変しない。
- 鋼桁の下面は平面である（移動面）ことが必要で、桁高一定の主桁が望ましい。しかしながら、多くの変断面の鋼桁が、架設中の桁高の変化を修正する仮設備を用いてこの方法で架設されている。
- 長支間の橋では、水平面のねじりと曲げに関する十分な剛性を確保するために、閉断面（箱桁、または仮の横構で閉じられたU形の開断面箱桁）が望ましい。

(1) 片持ち部のたわみ

送出し架設の際の片持ち部の重量を減らすために、手延機と呼ばれる軽量の桁（その多くはトラス構造）を鋼桁の最先端に取り付ける。橋脚に近づいたときの片持ち部のたわみを補うために、手延機を吊り上げる仮設備か、先端をくちばしのような形とする（図7.10(a)）。しかしながら、この形状の手延機は、桁が路面位置で送り出されて（同図参照）、支間が短い場合にしか向かない。この制約が満たされないと、たわみが大きくなりすぎ、各橋脚に片持ちの先端をケーブルで吊り上げる機材を用意する必要がある（図7.10(b)）。仮のケーブルで吊ることで、片持ちの先端のたわみと支点の負の曲げモーメントを大幅に減らすこともできる（図7.10(c)）。

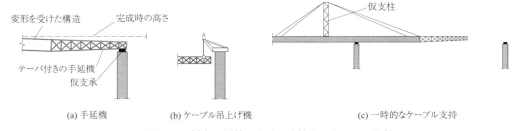

(a) 手延機　　(b) ケーブル吊上げ機　　(c) 一時的なケーブル支持

図 7.10　橋台に到着した時の片持ちのたわみの調整

鋼桁は下フランジを完成系の道路面の高さで送り出すか（図7.11(a)）、あるいは完成時の支承の高さで橋脚上を送り出す（図7.11(b)）。前者の場合は、鋼桁の送出しができるように、桁高と同じ高さの架台を各橋脚上に設置する。鋼桁すべての送出しが終わった後、鋼桁を完成系の位置まで降下させる（微妙な作業となることが多い）。さらに、設置を補助するために、手延機の先端に調整治具を設置するのがよい。その後、鋼桁を降下させるためのジャッキを桁下に設置し、手延機を解体する。

後者の場合は、鋼桁は完成時の高さで送り出される。鋼桁の送出しの完了後、仮の送出し装置を支承と取り替えるために、桁をほんのわずか持ち上げるだけでよい。しかしこの場合は、鋼桁の送出し完了後に、橋台のコンクリート製パラペットを打設し、その背面に盛土をする必要がある。

一般には、重量を減らすため、鋼桁のみを送り出す。しかし、部材の一部にコンクリート床版がある状態で鋼桁を送り出すこともできる。この方法は、橋の一部のコンクリート打設のためのアクセスが容易でなく、完成した合成桁を送り出した方が有利な場合に適している。その場合でも、送出し時には張出し部の床版を含まないのが普通である。

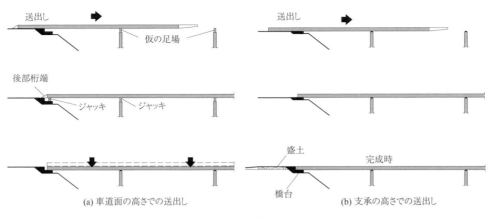

図 7.11　送出し架設中の桁の位置

(2) 送出し装置

送出し架設は鋼橋の架設工法としては確実な方法であるが、丁寧な施工を要する。これには、橋脚の上の移動装置と、送出し後に支承の上に最終的に設置するための作業場所が必要となる。また、構造全体を押すか引くのに適した設備が必要となる。このために以下の方法を用いる。

・6〜8本のより線ケーブルで引く。
・ストロークが1〜3mの油圧ジャッキで押す。

引く場合も押す場合も、鋼桁の動きを常に制御できるようにする。これは、構造物を引き戻すことも含む。送出し用のすべり架台（図7.12）は、桁への反力を分散させ、橋脚上で桁を滑らす。

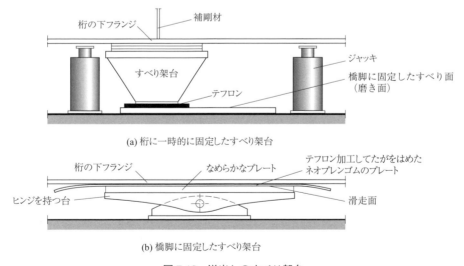

図 7.12　送出しのすべり架台

送出し用のすべり架台は、以前はガイド付きの複数のローラーで構成されていたが、ローラーより重い荷重に耐えられるすべり架台に発展した。すべり架台は、磨いた表面とテフロンで覆われた隙間の層で滑らかにすべる支承、あるいはブロックのことをいう。一般に次の2種類が使われる。

- すべり架台を桁に固定し、桁と共に移動させる方式を図 7.12(a) に示す。この方法の長所は、すべり架台を桁の補剛材の下に固定できることであり、それによって反力を桁の強度の高い部分に伝達することができる。すべり架台は、調整ジャッキを用いて補剛材から補剛材へ移動する。この作業により送出しを一時停止するため、それだけ時間がかかる。
- 図 7.12(b) に、すべり架台とヒンジ（よく用いられる）を橋脚に固定する方式を示す。すべり部には、消耗するネオプレンパッドが使われ、パッドに接触するこのプレートの表面はテフロン加工しておく。支承の反力をある程度の範囲に分散させるために、パッドは上記の方法よりも長くする必要がある。架台にはピンがあり、パッドは鋼桁の送出しによる桁の回転に追従する。この方法は、桁側に支承を固定する上記の方法よりも、送出しが速いが、反力に抵抗するために、補剛材間の桁のウェブの十分な強度が必要となる（以下を参照）。この種のすべり支承は、最も多く用いられている。

地組ヤードと橋脚上に、桁の下フランジ端に直角にローラーをあてる形のガイド（逸走防止）を設ける。このガイドは、桁が正しい方向に動くことを保障するだけでなく、架台からの集中反力の中心を決め、それをウェブに伝える役目を果たす。このガイドは、フランジが面外に変形しないように、および、予期しないモーメントや力がウェブに生じないようにする。

送出しの速さは、時間当たり 10m のこともあるが、この速さは、現場によっても、また同じ橋でもステップによっても異なる。送出しの方法が速度に影響するが、それ以外にも、すべり架台の種類、横風や日照などの影響も受ける。鋼桁の挙動が予測と異なる場合（たわみ、支点反力）は、送出しを中止する。挙動をチェックするための数値は、送出しの各段階でモニタリングする。水平な橋では、鋼桁の送出し時に必要な力は、自重の 3% から 10% である。支承のテフロンの摩擦の特性は、10.7 節で詳述する。

橋の向きによっては、過度に日照を受ける状況で鋼桁を送り出すことはできる限り避ける。側方からの日照により、鋼桁に温度差を生じ、片持ちの端部の水平方向のたわみが大きくなり、次の橋脚へ到達できなくなる。その一方で、送出しとガイドに用いる装置に、許容できない大きな力と水平反力が生じることもある。

送出し工法は、横風が顕著でないときに行われる。風速が制限値を超えた場合は、送出しを遅らすか中止し、極端な場合は張出し長を短縮するために鋼桁を後退させる。送出しが終わったとき、あるいは送出しを中断したときには、風荷重による応力やたわみを制限するために、片持ち部を側面からケーブルで支持することが必要となることもある。

(3) 転倒防止

送出し架設は、鋼橋の架設方法としては、最も多くの計算を必要とする。実際、送出し架設のすべての架設ステップに対して、断面力すなわち応力の包絡線を十分な精度で決める必要がある。

桁の自重や転倒防止のカウンターウェイトを考慮に入れ、送り出す構造の転倒に対する安全が確実であるかを常に照査することも重要である。これを 3 径間連続桁の例で説明する（図 7.13）。手延機が橋脚 2 に到着する直前は、送り出す桁の転倒に対する安全が確保されないことがある。必要に応じて、桁の後部（橋台 1）に安定を確保するためのカウンターウェイトを設置する。転倒に対する安全性照査の原則は、9.6.2 項と 18 章で述べる。

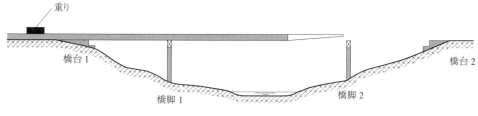

図 7.13 転倒に対する安全性

(4) 主桁に作用する応力

送出し架設は、鋼桁全体を動かすので、鋼桁の各部に完成時とは全く異なる応力状態が生じる。そのため、送出しの各架設ステップで各部に生じる断面力の詳細な計算が必要となる。その中で、特に曲げモーメントとせん断力、および主桁に伝達される支点反力が注目される。送出した桁の自重により生じる負の曲げモーメントがかなり大きくなることがある。図 7.14 に、3 径間連続桁橋桁で、手延機なしで送出した場合の負の曲げモーメントの包絡線を示す。さらに、主桁の半分の重量の長さ 20m の手延機を用いた時の負の曲げモーメントの包絡線の一部を示す。最終的な曲げモーメント図も図 7.14 に示す。

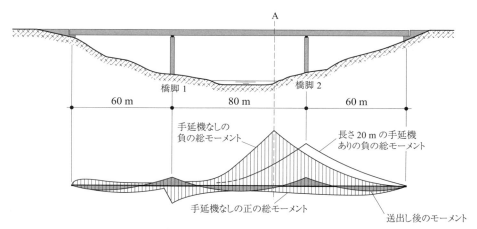

図 7.14 送出し時の曲げモーメントの包絡線の例

鋼桁の支間中央では、送出しにより大きな負の曲げモーメントが生じる。これは、送り出された最初の 2 径間で特に顕著である。また、例えば橋の完成時には応力が小さい断面 A では、手延機を使うと曲げモーメントをかなり減らせることもわかる。橋脚 2 では、手延機を使用すると逆に負のモーメントが増加するが、この断面は、桁に作用する他の荷重による大きな曲げモーメントに対して設計されているので問題にはならない。

この例は、長さと重さの点で手延機の選択が送出し時に生じる断面力の分布とその大きさに大きく影響することを示している。鋼橋は完成時に種々の荷重に抵抗するように設計されるが、多くの断面で送出し時に生じる断面力に抵抗できるように、手延機の長さを決める。最近では、最大径間長の 1/4 から 1/3 の長さの手延機がよく用いられる。

送出し時には、異なる鋼桁の断面が橋脚上を通過するので、それらすべてがすべり架台からの反力に抵抗できなければならない。完成時には、支承の反力は垂直補剛材を介してウェブに伝達されるが、送出し架設のときはそうではない（図 7.15）。垂直補剛材がない場合、集中荷重が作用するウェブの局部座屈、すなわちパッチ載荷（patch loading）によ

る強度が、設計要因となる。すべり架台の役割のひとつは、この大きな集中荷重を橋軸方向に分布させることである。送出し中のすべり架台の反力を測定すると、実際の反力が予測値に合うかどうか確認することができる。もし合わない場合は、ウェブの局部座屈を防止するため、反力が十分に分散するようにする。これは、ジャッキを用いてすべり架台の高さを変えて行う。必要なら、ウェブの集中荷重に対する強度を確保するため、ウェブの板厚を増加する、水平補剛材をウェブの下側に溶接する、などで局部的に補強する。

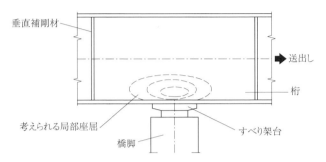

図7.15 送出し架設の途中ですべり架台が補剛材間にあるときの反力

　送出し架設中のたわみは、手延機の橋脚通過時や吊り上げ時に問題が生じないように計測して制御する。必要なら、すべり架台をジャッキアップして手延機が通過できるようにする。組立てヤードと橋脚上の横方向のガイドは、横風に抵抗できるように設計する。
　曲線橋を押出し架設する場合、曲率が断面力、およびたわみ（異なる支点反力、断面の回転）の両者へ与える影響を考慮する。大きく顕著な曲率の影響は、11.7節で検討する。

(5) 橋脚への影響

　床版と同様、鋼桁の送出し中には、下部構造にも断面力が作用する。これらは、特に橋脚が細長い場合に詳細に検討する。送出しによって橋脚に作用する主な荷重は、すべり架台上での上部構造の摩擦と、先端が斜めの手延機が橋脚に到達するときに作用する水平分力である。架設中の橋脚は、上部構造より独立しているとして、これらの力を考慮する。これは、橋の構造系が完成時と異なり、特に、座屈長は完成時とは異なることを意味する（**図7.16**）。

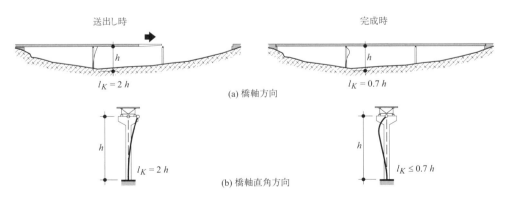

図7.16 橋脚の有効座屈長（送出し時と完成系）

　送出しにより生じる摩擦力は、橋脚の曲げで抵抗する。鋼桁の自重により橋脚に生じる軸力は一般に小さいため、この曲げモーメントが橋脚の設計を決めることがある。送出し架設中の橋脚の曲げモーメントを減らすために、橋脚の最上部に固定したワイヤーロープ

で補強することができる。しかし橋脚が高い場合は、この方法には問題がある。各橋脚の最上部に送出し装置を設置して、摩擦力を減らすこともできる。この方法では、すべての橋脚に配置された送出し装置を完全に連動させなくてはならず、それには特殊な制御と調整が必要である。

手延機の先端で片持ちのたわみを補正する場合、手延機の先端が傾斜していることによる水平力 H が橋脚に作用する。傾斜 a の手延機の先端が橋脚を通過すると、受け点に反力 R を生じる（図 7.17）。反力 R は鉛直でないため、水平分力が生じ、橋脚に付加曲げモーメントが生じる。この状況で、橋脚の細長比と曲げ剛性によっては、ワイヤーロープの適用を考える。

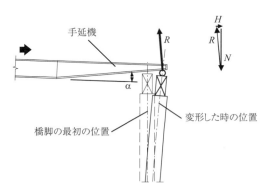

図 7.17　橋脚上でテーパのある手延機の通過時

7.5.5　鋼桁全体または大きなブロックの一括架設

鋼桁全体を一括架設することが可能で、大きな橋では数百トンもあるブロックを一括架設することもある。最もよく行われる方法は、台船を用いる方法、横取りによる方法、回転させて架設する方法である。

橋が航行可能な水面を横断する場合は、台船を用いて鋼桁を一括架設することができる。例えば、橋が橋軸の延長上の岸で地組される場合、片側の支点を台船の上に設置する（図 7.18）。その後、台船を対岸にある橋台まで動かして架設する。

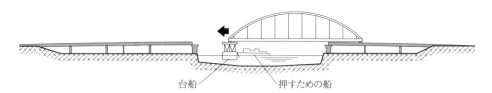

図 7.18　航行可能な川や運河での台船を用いた送出し架設

鋼桁を架設地点から離れた地組ヤードで組み立てた場合は、完成した鋼桁を地組ヤードから架設地点まで台船で運ぶことができる。箱桁橋の場合は、水密性を確保したあと、浮かべて現場に牽引することもできる。箱桁はその後、橋脚か橋台に固定したジャッキにつなげたワイヤーロープで吊り上げ、正しい位置に架設する。

鋼桁を横取りして架設することもできる（図 7.19）。この架設方法は、既存の橋を新橋に架け替える場合によく使われる。新橋は、既設の橋の交通をあまり妨げないで建設できる。新橋は、既設の橋の隣で仮橋脚と仮橋台の上に架設する。旧橋を取り壊す間、交通は

迂回させて新橋を使用する。全面交通止めの期間は短く、通常、一晩で十分に既存の橋脚と橋台に新橋を横取りできる。その後、新橋を交通開放して仮橋脚と仮橋台を撤去する。

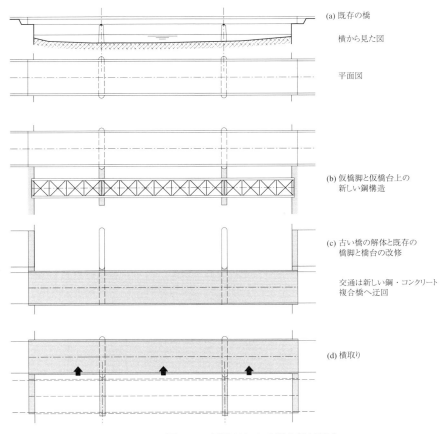

図 7.19　横取りによる橋の架け替え

他の架設方法として、水路にかかる橋を片方の橋の先端を中心に回転させて架設する方法がある。岸に十分な場所があれば、河川に平行に鋼桁を地組し、片側の橋台の鉛直な軸に対して回転させて架設する。この架設方法は、鋼桁をすべて地上で組立てることが可能で、地組ヤードへのアクセスが簡便なため、大変興味ある方法である。

7.6　許容誤差

(1) 製作上の許容誤差

鋼桁の部材や工場での製作機器は、設計の理論通りの精度では製作できない。鋼桁部材の適切な性能を確保するために、規準では、部材の設計理論値と実際に製作される部材の間に、製作上の許容誤差を定めている。これらの許容誤差は、技術的に実現可能な製作上の限界を考慮しながら、施工での要求事項をできるだけ満足するように定められている。この規準は、工場出荷時の部材の形状チェックにも役立ち、架設精度の目安にもなる。鈑桁の許容誤差の例を図 7.20 に示す。鈑桁の製作上の許容誤差は、スイスでは SIA 規準 263/1 に定めており、圧延形鋼の製作上の許容誤差については、例えば表 SZS C5 に定められている。同様の許容誤差は、ユーロコードにもある。

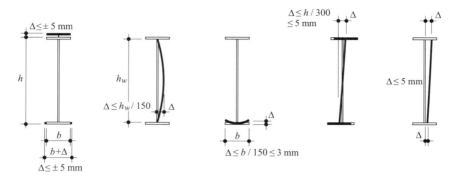

図 7.20　鈑桁の断面の製作上の許容誤差

(2) 架設における許容誤差

現場における鋼桁の地組や架設の際には、全体の形状の許容誤差に注意する。架設時の許容誤差は、現場作業の前に取り決め、架設中はそれを制御する。この許容誤差は、部材の通り、主桁間の距離、および桁間の継手である。理論的な部材の位置と実際との誤差についても、SIA 規準 263/1 に示されている。

道路橋では、建設の許容誤差も関連当局で定めておく必要がある。これは、利用者の快適性を保証するのが目的である。この許容誤差は、鋼床版の場合には舗装が薄いため、影響因子となる。コンクリート床版の場合にも、鋼桁にはキャンバーが必要で、それが製作される桁の形状に影響するので、道路面の許容誤差にも影響する。施工上の許容誤差は、防水層や舗装、橋の要素の設置についても定められている [7.2]。

参考文献

[7.1]　Routes pour transports exceptionnels: ponts – Bases pour prescriptions de transport, novembre 1990, Conférence suisse des directeurs des travaux publics, de l'aménagement du territoire et de l'environnement (DTAP), P.O. Box 422, 8034 Zurich.

[7.2]　Détails de construction de ponts: directives, Federal Roads Office (OFRO U), Bern, 2005. May be downloaded from: http://www.astra.admin.ch/.

8章　合成桁の床版

Precast slab elements used for the bridge at Dättwil (CH).
Eng. Bureau d'ingénieurs DIC, Aigle.
Photo DIC, Aigle.

8.1 概要

道路橋の床版は、鋼桁に連結されたコンクリート床版か鋼床版である。鋼床版の設計については、細部構造とともに 6.7 節で示す。この本では、特に鋼・コンクリート合成桁を扱うため、この章では、合成桁の床版の主要な設計の考え方について述べる。

この章の 8.2 節と 8.3 節では、鉄筋コンクリート床版とプレストレスコンクリート床版の一般的な形状について示す。ここでは主に、その設計を左右する構造原理や細部構造を取り扱うが、『土木工学概論』シリーズの第 9 巻で示す通常の鉄筋コンクリート床版の詳細には触れない。

8.4 節では、場所打ちの床版、送出し架設の床版、プレキャスト床版の架設方法について述べる（図 8.1）。ここでは、これらの架設方法の利点と欠点、および適用できる分野を明らかにする。また、床版の架設方法が鋼桁の設計に及ぼす影響についても触れる。

(a) 場所打ち床版　　　(b) 送出し架設床版　　　(c) プレキャスト床版

図 8.1　鋼・コンクリート合成桁の床版

8.5 節では、架設時や時間が経過して生じるコンクリート床版のひび割れについて示す。鋼桁の上で現場打ちした床版について詳細に示すが、特にコンクリートがまだフレッシュな時期に生じるひび割れの問題を扱う。最後に 8.6 節では、合成桁の床版の橋軸方向のプレストレスの問題、およびプレストレスの導入方法とそれが時間に伴ってどうなるかについて示す。

8.2 床版の設計

合成桁の床版の全体的な形や細部構造は、鉄筋コンクリート橋やプレストレス橋の床版と類似している。この 2 種の床版は、主に主桁との連結の仕方が異なり、それが設計に影響する。これらの床版は、交通荷重や他の荷重を支持し、それらを伝達する機能をもつ点では同じである。合成桁では、2 種の異なった材料が床版を構成するため、コンクリートの長期の挙動に対する種々の影響については 3.2 節に示す。

8.2.1 床版の役割

橋の床版の主な役割は、供用中の荷重（交通）や他の荷重を支持する面を提供することである。床版は通常、防水層と舗装に覆われるが、その他にも種々の橋梁付属物を支持する。例えば、防護柵や歩道と車道を分ける縁石や高欄、さらに照明や柱、また鉄道橋の場合には信号用門柱や架線である。したがって、床版は下記の機能をもつように設計される。

・交通による鉛直、水平方向の荷重、および防護柵や高欄に作用する荷重に抵抗する。
・これらの荷重を主桁（I 桁または箱桁）のような橋軸方向の構造に伝達する。

鋼・コンクリート合成桁の場合は、床版は以下の機能ももつ。

・合成桁の橋軸方向の曲げによる抵抗に寄与する。
・橋軸直角方向の力を橋脚や橋台に伝達するための横構の役目を果たす。

・溶接桁または U 形の開断面箱桁で、圧縮を受ける上フランジを拘束して、横座屈に対して安定させる。

鋼桁の架設の時点では、床版はまだ存在しないので、上記に挙げた床版の役割は、他の構造部材で代用する必要がある（5.6 節と 5.7 節）。

8.2.2 一般的な形状

床版は交通荷重に抵抗し、それを主桁かそれを支持する構造部材に伝達する。荷重は集中荷重と分布荷重の形で鉛直方向と水平方向に作用するが、これについては 10.3 節で定義する。これらの荷重は、鋼桁に単純支持されたと仮定される床版の局部的な曲げによって主桁に伝達される。図 8.2 に、床版の主な寸法を記入した合成 2 主桁橋の断面を示す。

図 8.2 は、スイスの典型的な高速道路橋の断面図で、床版幅は通常 12m と 13m の間で、2 本の鋼桁で支持される。床版厚、すなわち自重を低減させるために、主桁間隔は、桁間の正の曲げモーメントと桁上の負の曲げモーメントが等しくなるように選ばれる。すなわち、主桁間隔が床版幅の 50〜55％になる。その場合、床版厚は変化するが、桁上では最低 300mm、桁間では最低 250mm となる。主桁上の床版厚は、特に曲線橋の場合など、床版に必要な傾斜を得るため、それぞれ異なることがある。床版の耐久性と鉄筋のかぶりの要求を考慮して、張出し部の端部であっても、橋の床版の最低厚は 240mm 以上とする。

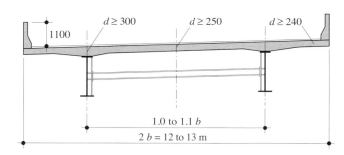

図 8.2 合成 2 主桁橋の床版の形状

床版幅がもっと広い場合は、橋軸方向の桁を増やして、多主桁橋とする必要がある。床版の支持を増やす、例えば横桁を上部に配置して床版を支持することもできる（5.6.2 項）。この横桁は、主桁間の床版だけを支持することも、床版幅が大きい場合には張出し部を支持するようにも設計できる（図 8.3）。この横桁は一般に床版に連結され、曲げの抵抗強度に寄与する。この横桁は、およそ 4m 間隔で配置され、床版厚を約 240mm 一定とすることができる。

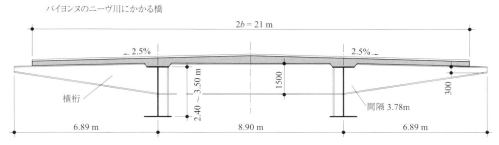

図 8.3 合成 2 主桁橋の横桁と張出し部の横桁の例 [8.1]

断面の上の方に横桁があると、コンクリート打設作業、特に移動型枠を使うときに邪魔になることがある。すべての車線を支える広幅の床版を適用するよりも、特にスイスの高速道路では、上下線を別々の橋とする方が好まれる。この方法は、床版の維持や修繕の際にも有利である。

床版の幅は、橋の使用目的による。床版厚と橋軸直角方向の鉄筋は、コンクリートと舗装の自重と集中および分布する交通荷重による曲げモーメントによって決まる。支間では、橋軸方向の鉄筋は、最低鉄筋量の規準（13.7.3項）を考慮するが、床版の断面積の0.75～1.0％程度である。中間支点上では、床版に引張応力が生じるが、鉄筋はひび割れが既定の最低ひび割れ幅以下となるようにする。しかし、この部分での鉄筋量は、一般に標準的な値が決められており、合成桁の設計では1％と2％の間である。中間支点上では、橋軸方向の鉄筋は合成桁の曲げの強度に含まれる。

8.3 細部構造

8.3.1 防水層と舗装

欧州の多くの国では、コンクリート床版は、防水層と舗装に覆われる。防水層の役割は、水や凍結防止剤（塩）、車からの廃棄物質などの有害物質から、コンクリートを守ることである。防水層は、床版の耐久性を確保するための主要な要素である。防水層の破損例は、特に床版の縁の継ぎ目の不具合、または設置不良など、数多い。防水層の不具合による結果は惨憺たるもので、補修には多額の出費が必要となる（床版の部分あるいは全体の交換、交通規制）。舗装は、防水層を交通荷重から守り、道路の表面に磨耗面を提供する目的をもつ。

防水層は、多くの要求事項を満足させねばならない。すなわち、
・水密性がある。
・床版のひび割れに追従する。
・有害物質に対して抵抗する。
・コンクリートの表面状況へ適応する。
・ある温度範囲で変質しない性質をもつ。
・衝撃や傷に対して抵抗する。

防水層には、コンクリート床版から離れて浮いているものと、床版に完全に接着するものがある。接着される防水層は、タックコートをもつ。浮いた防水層の場合は、防水層と保護層で構成される。接着防水層は、ポリマー瀝青または液体ポリマーでできており、浮いている防水層はマスチックアスファルトでできている。保護層は一般にマスチックアスファルトで構成されて、防水層の全表面に耐久性のある形で接着している。圧縮された瀝青材料による保護層は、非幹線道路の橋に用いる。現在では、接着防水層の方が、損傷が出たときの位置確認が容易なため好まれるが、設置には注意が必要となる。

床版の縁石や伸縮装置との境界の細部、路面の排水に必要な構造詳細については、綿密に検討し、防水層の耐久性を確保するために丁寧に施工する。床版の縁の防水層の詳細を図8.4に示す。反り上がった部分は、さらに鋼製のバンドで拘束されることもある。アスファルト2層を流し込んだ防水層と伸縮装置の接合部の細部を図8.5に示す。

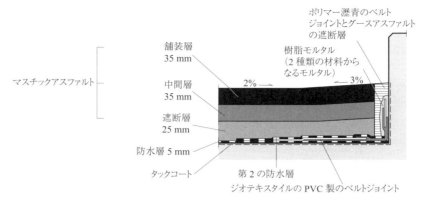

図 8.4 床版の縁の防水層の細部の例 [8.2]

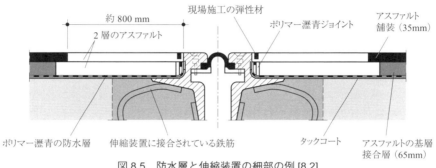

図 8.5 防水層と伸縮装置の細部の例 [8.2]

橋の状況によって、舗装はいろいろな要求事項に応えるが、例えば以下の点である。
・交通荷重による変形に対する抵抗
・タイヤの滑り止めのための表面の粗度
・雨水の排水（排水性舗装）
・騒音

舗装に関しては、瀝青材の混合材と、2層か3層で施工されるマスティックアスファルトを区別する。舗装の異なる層は、基層と中間層と呼ばれる必要な厚さを作るための層と、消耗する表面層からなる。舗装と防水層の総厚は、一般に100mm前後である。図 8.4 と図 8.5 に、舗装の構成の2例を示す。防水層、舗装、使用材料、材料に関する試験、敷設方法、および種々の要求事項、点検などは、規準 VSS 640 450 [8.3] で定義される。

8.3.2 地覆と壁高欄

橋の床版の端部は、車の走行範囲を示す防護柵や遮音壁のような交通を制御する部材を支持する役割をもつ。さらに、水が床版の下に流れないようにして主桁を保護する。地覆は、適切な細部構造として、床版の防水層も設ける（8.3.1 項）。また、地覆は人の目に触れるので、構造物の外観を損ねないようにする。

地覆の形、および交通制御の方法は、道路の種類、橋の下の防御対象、橋の長さ、および遮音の要求レベルによって決まる。一般には、施主の代理人がその橋特有の要求事項として、その橋の状況に合わせて、用いる地覆と交通制御の方法を明示する。図 8.6 に、高速道路橋の床版の地覆の例（鉄筋の基本的な配置も含む）を示すが、一方は防護柵のある地覆で、他方は防護柵を兼ねた壁高欄である。

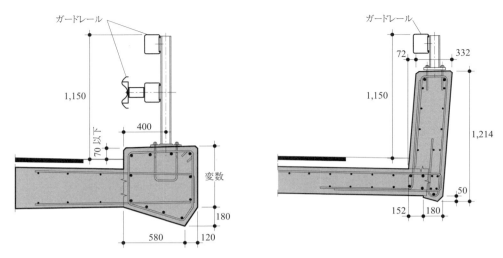

図 8.6　床版の地覆と壁高欄の例

　地覆のある位置は、常に、気象の影響だけでなく凍結防止の塩の化学的な影響にさらされる。そのため、そのコンクリートは、化学的な作用に抵抗できるもので、鉄筋は腐食を防止するためにかぶりを十分大きくとる。

　地覆は、通常、床版の設置後、コンクリートで造られ、床版に連結される。それらは、車両の衝突のような水平力に抵抗し（10.6.2 項）、それを床版に伝える。地覆は主桁の構造部材とは見なさないが、それは改修や取替え工事の際に、その機能を果たせないからである。

8.3.3　床版と鋼桁の連結

　合成桁では、コンクリート床版は、鋼桁に構造的に連結される。それには、**ずれ止め**と呼ばれる機械的な連結部材を用いるが、それはコンクリートと鋼材の表面での自然な付着は弱すぎ、また安定性に乏しいからである。この機械的な連結によって、床版は鋼桁の曲げ強度に含まれ、鋼桁と床版は一体となって鋼コンクリート合成断面を構成する。このずれ止めは、鋼桁に対する床版のずれやアップリフトに抵抗できなくてはならない。ずれ止めには以下のような種類がある（図 8.7）。

- スタッド：鋼桁から離れないように先端に丸い頭のある鋼棒のずれ止め。橋に使われるスタッドは、長さは最低 150mm、直径は通常 22mm である。スタッドは柔軟性のあるずれ止めで、せん断を受けると延性のある挙動を示し、橋軸方向のせん断力を再配分する。
- 孔明き鋼板：大きな孔の開いた鋼板でその孔に鉄筋が通る形のずれ止め。これは、鋼板に沿ってのコンクリートの摩擦と、孔と鉄筋との連動の組み合わせで強度を得る。このずれ止めは、延性のある挙動を示す。
- 形鋼のずれ止め：剛性の高いずれ止めで、形鋼（T 形や山形鋼）を溶接して作る。剛性が高いため、橋軸方向のせん断力の再配分はできない。
- スラブアンカー：柔軟性のあるずれ止め（よく鉄筋で作られる）であり、引張で機能し、橋軸方向のせん断力が再配分できる。

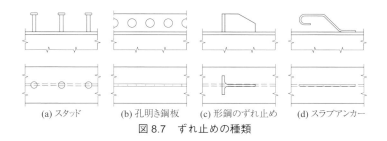

図8.7 ずれ止めの種類

最近の合成桁の鋼とコンクリートのずれ止めは、スタッドと孔明き鋼板である。他のずれ止めは、1960年代から1970年代に合成桁で使われていた。プレキャスト床版を用いる場合、床版を鉛直のプレストレス力を与えたボルトで鋼桁に固定し、コンクリート床版と鋼材の間に生じる摩擦によって連結することもある。

現在では、架設の簡便さと迅速さのために、頭付スタッドの使用が一般的で、特殊な溶接機を用いた電気アーク溶接で施工される。スタッドは、一般に工場で溶接されるが、床版の架設方法によっては、現場で溶接される。その場合は、十分な電力が必要となる。挙動の点では、せん断力が作用すると柔軟性があるため、スタッド間でせん断力を再配分することができる。このことは、もし合成桁の耐荷力を塑性設計で決めるときに必要である。頭付スタッドは、せん断力の方向にかかわらず、同じ抵抗強度をもつ利点もある。

スタッドを適切に配置し、コンクリートに十分埋め込んで、継手の適正な挙動を確保するために、図8.8に示す詳細な構造の要求を守る。せん断の方向のスタッドの間隔は、$5 d_D$ (d_D：スタッドの直径) 以下あるいは800mm以上としない。しかし、EN 1994(ユーロコード4)では、圧縮フランジの横座屈が床版によって拘束される場合、橋軸方向のずれ止めの間隔は、$22 t_f \sqrt{235/f_y}$ (ここで、t_fはフランジの板厚、f_yは鋼桁の降伏点) 以下としている。せん断に直角方向では、ずれ止めの間隔は $2.5 d_D$ 以下にはしない。引張フランジに溶接されるスタッドで、疲労荷重が作用する場合は、その直径は $1.5 t_f$ 以上にしない。

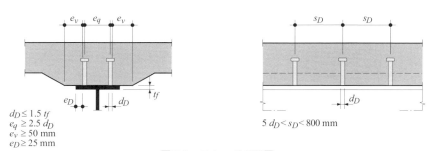

図8.8 スタッドの配置

床版の架設方法、例えば桁上の送出し架設、プレキャスト床版の使用、あるいはある種のプレストレスの導入のために、鋼とコンクリートの連結を遅らすことがある。この場合、通常、鋼桁上の床版に孔を明けておく。この孔は300mm×300mm程度の大きさで、1m間隔に明け、鋼とコンクリートの連結は、一群のスタッドを溶植して、収縮の少ないコンクリートで埋める。通常、一群のスタッドの数は、桁上の位置により10本から16本である。図8.14、図8.15、図8.16に、送出しで架設した床版を一群のスタッドで連結した例を示す。

荷重を受けるずれ止めの挙動は、単純な計算では把握できない。その静的耐荷力と疲労強度は、押抜き実験と呼ばれる実験で定める。この実験は規準で規定されており、各種のずれ止めの挙動を把握できる。スタッドの強度の設計値は13.5.2項に示す。

8.4 コンクリート床版の架設

鋼桁の完成後、または部分的な架設後にコンクリート床版を架設する。ここでは、この作業を行うための、以下の3つの方法について説明する。
- 場所打ち床版
- 送出し架設床版
- プレキャストの床版

8.4.1 場所打ち床版

場所打ちは、最もよく使われる床版の架設方法である。この方法は、特殊な形状の床版（斜橋、曲率が変化する、形が変化する）にも適用できる。使用する型枠の種類によって、架設は2種類に分類できる。固定した型枠で床版を打設する方法は、主に長さの短い橋に用いるが、移動型枠により打設する方法もある。

(1) 固定型枠

床版を固定型枠で打設する場合、以下の選択肢を考える。
- 地上に設置した支保工で支持する型枠
- 鋼桁に固定した型枠
- 薄いコンクリート版の型枠

最初の方法では、型枠は地上に設置された支保工で支持する。この方法の短所は、大がかりな支保工が必要で、桁下高の低い橋にしか使えない。しかし鋼桁に作用する生コンクリートの負荷がなく、型枠を外すときには、コンクリートの自重は直接、鋼・コンクリート合成桁によって支持される。

橋の桁下高が高い場合は、鋼桁に型枠を固定する方が有利である。この方法では、型枠からの力が、桁の不安定や強度低下させないで鋼桁に伝わることを確認する。型枠の桁への固定（鋼板に孔明け、または桁に仮溶接した治具）は、工場で桁の製作時に行い、現場での追加作業にならないように早めに計画する。鋼桁に型枠が固定されると、型枠とコンクリートの自重が鋼桁に作用する。コンクリート打設時に鋼桁に負荷がかかりすぎるのを避けるために、設計者は、鋼桁にコンクリートが固まると取り外す仮支柱を用いることがあり、この仮支柱は鋼桁に構造的に連結する。この仮支柱を用いると、コンクリートの自重は鋼桁に直接支持される。図8.9に、支間の中央に仮支柱をもつ鋼桁に取り付けた型枠の例を示す。

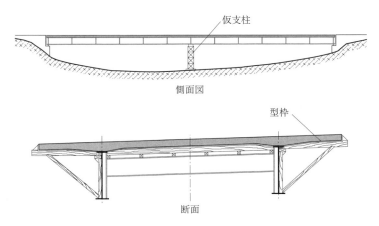

図8.9　鋼桁に取り付けた型枠

床版の型枠には、鉄筋コンクリートの薄い版（プレキャスト版）を用いることもできる。厚さ 80 ～ 100mm のプレキャスト版を、鋼桁上に直接設置する。プレキャスト版には一群のスタッドを避けて孔が明いており、鉄筋をこの孔の部分の連続性を保証するように配置する。そのあと、床版コンクリートをプレキャスト版の上に打設して一体化し、鋼とコンクリートを合成する。このプレキャスト版は、橋軸直角方向の曲げ強度に貢献するが、間に接合部があるため、橋軸方向の曲げには寄与しない。プレキャスト版と現場打ちコンクリートの自重は、鋼桁に作用する。プレキャスト版を用いる方法は、鋼桁の間隔があまり広くない多主桁橋や、床版を支持する上段に配置した横桁をもつ合成桁に使用できる。図 8.10 に、幅員の狭い橋でプレキャスト版を用いた型枠の例を示す。

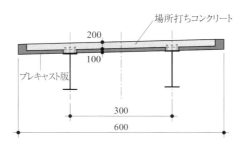

図 8.10　プレキャスト版を用いた型枠

プレキャスト版を型枠に使う代わりに、特に主桁間隔が小さい場合（2～3m）、冷間加工されたリブ付き鋼板を用いることもできる。その場合は、鋼板は埋込み型枠のように働き、床版強度には考慮しない。これは、橋の周辺の大気の影響で耐久性が早く損なわれることもあり、薄い鋼板の長期の挙動を保障するのが難しいからである。

固定型枠へのコンクリート打設では、容易に床版の不連続な打設ができる。鋼とコンクリートの合成は、コンクリートが固まり始めたときから有効であるため（スタッドはコンクリート打設前に溶植する）、支間のコンクリートを先に打設し、その後で中間支点部を打設する方が有利である。この方法は、支点部の床版の引張力を小さくする。そのため、連続して打設する方法に比べて、中間支点上の床版の橋軸直角方向のひび割れの可能性が低くなる。

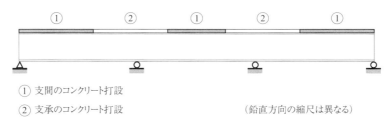

① 支間のコンクリート打設
② 支承のコンクリート打設　　　　　　　　　　　　（鉛直方向の縮尺は異なる）

図 8.11　中間支点上の床版の引張力を軽減するための固定型枠によるコンクリートの打設順序

(2)　移動型枠

桁下高が高く、長さもある構造物には、鋼桁の上を移動するワーゲンで支持した型枠を用いて、床版を場所打ちするのが有利である（図 8.12）。この方法は、橋の形状と断面がほぼ一定の橋に適用できる。コンクリート打設時に、ワーゲンから吊材を用いて床版の張出し部の型枠を支える。型枠を取り外すときは、吊材を外し、型枠を回転して床版から離す。ワーゲンは、前方を鋼桁の上フランジ、後方を打設が終わった床版によって支持されるレールの上を移動する。鋼桁間の型枠は、対傾構に支持されることが多く、型枠は対傾

構の上も移動する。このため、橋の断面の設計の際には、この作業が可能になる位置に対傾構を配置する。さらに、対傾構は、この荷重ケースを支持できるように設計する。

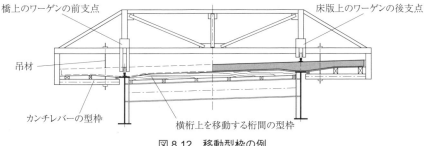

図 8.12　移動型枠の例

　床版が移動型枠の上で場所打ちされるとき、合成効果は、コンクリートの水和と同時に始まる。固定型枠の時と同様に、先に支間を、後で橋脚上の打設（支間先行工法）、またはスパンバイスパン打設（修正支間先行工法）を、支点上の引張応力の発生を制限するために用いるのがよい。欠点は、いずれの方法もワーゲンを何度も前後させる必要があることである。床版の橋軸直角方向のひび割れへの打設順序の影響は、8.5.3 項で示す。

　床版の橋軸方向のプレストレスが予定されており（8.6 節）、プレストレスを鋼桁ではなく床版のみに行う場合、コンクリート打設時に、一群のスタッドの周りにそのための孔を設ける。この方法では、合成効果はコンクリートの水和時には現れず、連続的にコンクリートを打設できる。この方法を用いると、中間支点上のコンクリーのひび割れの可能性は、特に打設 3 日後に床版の橋軸方向のプレストレスを導入する場合は低くなる。

　移動型枠を用いる場合、普通、1 週間で 15〜25m の長さの床版を打設できる。作業手順は、普通以下のようになる。
- 月曜日、火曜日：型枠の外し、必要ならプレストレスの導入、次の位置にワーゲンを移動
- 水曜日、木曜日：鉄筋とプレストレスのシースの設置
- 金曜日：コンクリート床版の打設

8.4.2　床版の送出し架設

　このコンクリート床版の架設方法は、鋼桁の送出し架設と類似している。床版パネルを型枠が設置されたヤードで打設し、鋼桁の上を押すか引くかして架設する方法である（図 8.13）。この架設方法の主な長所は、現場の限られた機材でかなりの速さで連続床版を製作できることである。ただし、この方法では、正確な施工と規定の許容誤差を常に注意することが必要となる。送出しを終えたら、鋼とコンクリートの合成に使われるスタッドを床版に明けたスタッド用の孔から上フランジに溶植する。

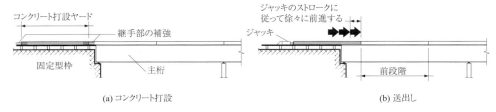

図 8.13　送出しによる床版の設置

送出し作業は、1週間サイクルで以下のような段階で行われる。
- 打設ヤードで1ブロックの床版を打設する。
- コンクリートの水和の後（3～4日後）、十分な強度が発現したら、型枠を外す。外し方には、型枠を下げる方法と、床版をジャッキで持ち上げる方法がある。
- 前の床版に残した橋軸方向の鉄筋に連結された新しい床版は、それまでの床版とともに、ジャッキで鋼桁の上を送り出す。
- 次に型枠を再設置して、次のブロックの床版のための施工サイクルが開始される。

(1) コンクリート打設の設備

コンクリートの打設ヤードには、油圧ジャッキを含む一連の設備が必要となる。コンクリート床版のブロックは、15～25mの長さである。一般に、打設ヤードは、片側の橋の上か、その延長線上に設置される（図 8.13）。中央が高い橋の場合は、橋の中央で床版を打設し、連続か交互に橋台に向けて移動させるのが有利である。この方法で、床版の建設の速さを2倍にできるが、打設作業を行う支間の鋼桁を補強する必要がある。

(2) 床版の送出し

床版は、押すか引くかして移動させる。
- 床版を押す場合は、各主桁上にストローク約1mの油圧ジャッキを固定する（図 8.13(b)）
- 床版を引く場合は、連続で移動できるウィンチを使用する。この方法では、床版をガイドしやすいが、長いケーブルと摩擦によって、移動が不安定になる。

この方法を用いる場合、鋼桁の座屈安定性のために、鋼断面の上部に仮の横構が必要不可欠となる。対傾構も同じだが、さらに主桁の上フランジ上を移動する床版の妨げとならないようする。この方法で、重量で3000～4000トン、長さで600mまでの床版の送出しができる。

(3) 滑らすための設備

鋳鉄製または鋼製の滑りパッドは、橋軸方向に通常2m間隔で設置されるが、鋼桁上の床版の移動中の摩擦係数を低減させる。それらは後でスタッドを溶植するための孔に取り付ける（図 8.14）。この装置で、動摩擦係数を約18%まで減らすことができる。これだけでは不十分であるため、少し湿らせた黒鉛を用いて滑走面の滑りをよくするが、これで動摩擦係数を6%まで下げられる（スイス、エイゲルのジャンクションの橋の測定値）。しかしながら、滑るときの摩擦係数は変動する。

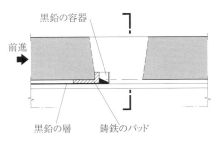

(a) 橋軸方向の断面　　　　　　　　(b) 橋軸直角方向の断面

図 8.14　黒鉛の容器付きの鋳鉄製あるいは鋼鉄製の滑りパッド

(4) 床版のガイド

床版の送出しでは、滑りパッドは主桁の上フランジの上に置く。移動中に側面にずれないような方法をとることで、滑りパッドからの集中荷重が偏心して鋼桁に作用することを避ける。橋軸直角方向のガイドは、橋脚上の桁に設置した鉛直軸をもつローラーで行う。ローラーは、そのために床版に取り付けた鋼板か、床版の縁自身を押す（図8.15）。後者では、ローラーはトラスを用いて鋼桁に固定する。

床版のガイドや許容誤差、床版の保持に関わる疑問点は、橋の設計時点で注意深く考えて、解決しておくことで、床版の送出しの進行を常に制御できる。

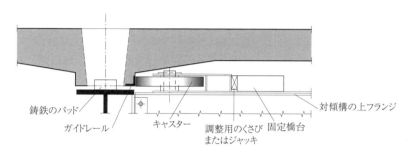

図 8.15 床版の側面をガイドする設備の例

(5) 鋼とコンクリートの合成

すべての床版の送出しが完了したら、スタッドを主桁の上フランジにスタッド溶接機を用いて溶植する。これは、この目的のために約1mごとに明けた孔で行う（図8.16(a)）。次に特別な低収縮のコンクリートを孔に流し込んで、鋼とコンクリートを連結する。孔は、スタッドの最小間隔を守るために十分な大きさとする。孔に打設するコンクリートは、床版よりも高い強度のものを用いるが、これはスタッドが群になっているので、橋軸方向のせん断力を確実に伝達させるためである。

送出しに使用したパッドが残るため、鋼とコンクリートの間に隙間ができるが、上フランジの防食のために、この隙間を埋める。通常、桁のフランジと床版の隙間にはモルタルを注入するが、ここは水の浸入を防止するシール材で囲まれている（図8.16(b)）。

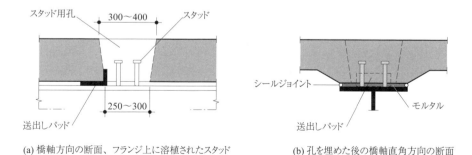

(a) 橋軸方向の断面、フランジ上に溶植されたスタッド　　(b) 孔を埋めた後の橋軸直角方向の断面

図 8.16 床版設置後の鋼とコンクリートの連結

8.4.3 プレキャスト床版

工場か現場で床版の部材をプレキャストし、鋼桁上に架設することで、床版の施工をさらに合理化できる。一般に、この部材は、床版幅と同じ幅で、長さは約2m、重さは15

〜20 トンである。特別な型枠に打設するため、どんな形状の床版でも正確に製作できる。プレキャスト床版には、1m ごとに鋼とコンクリートの合成のためのスタッド用の孔を設ける。図 8.17 は、プレキャスト床版部材を用いた床版の原理を示す。

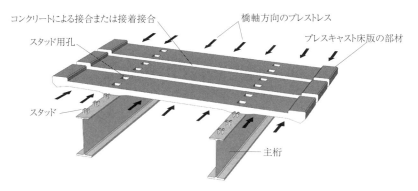

図 8.17　プレキャストの部材を用いた床版の原理

　鋼桁上の送出しと同様、この方法は、現場に大掛かりな機材を必要とせず、手早い施工ができる。送出しと異なり、プレキャスト部材の設置前に、ずれ止めを工場で溶植できる。しかしこの方法には、床版のジョイントに大きな欠点がある。橋軸直角方向の数多いジョイントは、時間の経過とともに耐久性が低下する箇所となる。耐久性の低下は、ジョイントが常に圧縮でない場合に生じやすい。経験上、プレキャスト床版では、防水層の破損と水の存在によるジョイントのひび割れの劣化の兆候が見られる。床版に橋軸方向のプレストレスを導入することで、この問題を解決できる。

　橋軸直角方向のジョイントには大きく 2 つの方法がある。コンクリートによる伝統的なジョイントと、最近の代案である接着によるジョイントである。

(1)　コンクリートによるジョイント

　コンクリートによるジョイントのために、プレキャスト部材の縁をジョイントの型枠になるような形状とする（図 8.18(a)）。プレキャスト部材から突き出た鉄筋の連続性を確保するためと、作用するせん断力を支持するために、ジョイント内に鉄筋を配する。橋軸方向のプレストレス用のシースは、ジョイント内でつなぐ。

　プレキャスト部材をコンクリートで接合する床版の施工の基本は、以下のとおりである。
- プレキャスト部材は移動式クレーンによって、地上から鋼桁上に架設するか（桁が地面に近い場合）、鋼桁上の既設の床版を用いて架設する。
- 橋軸直角方向のジョイントの鉄筋を設け、プレストレスのシースをつなぎ合わせる。
- すべての床版の架設が完了したら、部材間の橋軸直角方向のジョイントにコンクリートを打設し、床版の連続を確保する。
- 床版は橋軸方向にプレストレスする。この段階では床版はまだ鋼桁に合成されていないので、このプレストレスは床版にのみ作用する。
- 一群のスタッドの周りの孔に、低収縮のコンクリートを充填する。

　製作の許容誤差を厳しく守り、次に続く床版が問題なく設置できるようにする。許容誤差を超えることが続くと、例えば一群のスタッドの位置に床版を設置できなくなる。

(2)　接着によるジョイント

　接着によるジョイントにより、床版はより速く施工できる。この方法では、プレキャスト部材の片側にせん断キーを作り、その前の部材の端部の形にぴったり合うようにする

（図 8.18(b)）。このジョイントを通る鉄筋はないので、ジョイントが常に圧縮となるように、橋軸方向にプレストレスを導入する。

床版の接着によるジョイントの施工の原理は、コンクリートによるものに似ている。異なる点はジョイントの施工で、プレキャスト部材の設置に合わせて順に接着されることである。順に接着するために、床版の橋軸方向に一時的にプレストレスを与える。

施工のさらなる迅速化のために、一群のスタッドの代わりに、プレキャスト床版を鋼桁に接着する方法や、床版にスタッド用の孔を設けない方法も考えられる。

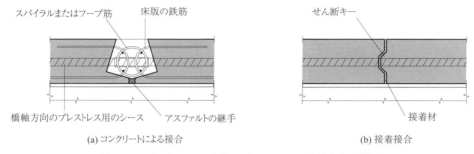

図 8.18 プレキャスト床版のジョイントの橋軸方向の断面

(3) 許容誤差の影響

プレキャスト床版は、床版を支える桁のフランジ間に高さの誤差が少しあっても問題がないため、2 主桁橋に適する。反対に、多主桁橋では床版がすべての桁に適切に支持されることを確保するのは難しい。

一般に、プレキャスト床版が直接主桁のフランジの上に設置されることはなく、フランジの縁に配した漏れ止め（シール材）の上に置かれる。このシール材は、コンクリート部材の不整やフランジとの不陸を補い、床版が均等に支持されるようにする。プレキャスト床版の場合も、桁との間にテフロンのくさびを挟み、その上に配置することで、接着やプレストレスの際に、床版が橋軸方向に動きやすくなる。その後、床版とフランジの隙間にモルタルを注入して埋める（図 8.16(b) に示す方法に類似）。

また、型枠のずれやプレキャスト部材のクリープによって、張出し部の端部のジョイントに 10～20mm の高低差が生じることがある。このような不具合は、床版の外観を損ねることになるので避ける。

8.4.4　床版の架設方法が橋の設計に与える影響

地上に設置した支保工で支持された固定型枠で場所打ちされた床版は別だが、床版の自重は、一般に鋼桁のみに作用する。これは特に、主桁（支間の圧縮を受ける上フランジ）の横座屈にとっては、最も好ましくない状況である。床版のコンクリート打設時や送出し時、プレキャスト部材の架設時には、圧縮フランジは側面の拘束がなく、これは、照査すべき危険なシナリオとなる。いったん、コンクリートが硬化するか、一群のスタッドの孔が充填されれば、フランジが側面支持されるため、横座屈は生じない。

床版の架設の順序も、鋼桁の支点反力に影響する。支間の長さの比や床版の施工段階によって、支点に負の反力が生じ、支点から桁の浮き上ることもある。特に橋台での浮き上りの現象を照査するのが重要だが、これは、端支間は隣の支間より短く、隣接の支間で床版が設置されるときに浮き上りやすいからである。

(1) 場所打ち床版

この床版の架設方法の長所は、コンクリートが固まり次第、鋼とコンクリートが合成されることである。移動型枠で部分ごとにコンクリート打設する場合、製作された合成断面は、次の段階のコンクリート床版の自重の一部を受け持つ。作業の進行とコンクリートの硬化によって、抵抗断面が変わっていき（鋼から合成へ）、それが、床版の架設中に桁に生じるたわみと断面力に影響する（13.3.1 項）。

たわみを決めるときに、床版の打設中の抵抗断面の変化を考慮することが重要である。特に、自重によるたわみを補うための製作時に鋼桁に設けるキャンバーを決めるときには、精度が要求される。計算をどの程度単純化するかによって、予想たわみは、実際のたわみと異なることがある。例として図 8.19 に、構造物の端から順に場所打ちした床版をもつ連続桁の抵抗断面の変化の影響を示す。この図は、以下の 3 つの異なる仮定によるたわみの計算結果を示す。

- 床版の自重をすべて一度に鋼構造に作用させ、鋼桁のみがこの荷重に抵抗する。
- 合成の効果を順次考慮するが、コンクリートのクリープ（n = 一定）の影響は考慮に入れない。
- 合成の効果を順次考慮し、それにコンクリートのクリープ（n = 変数）の影響も、コンクリート打設の各段階に応じて細かく考慮する。

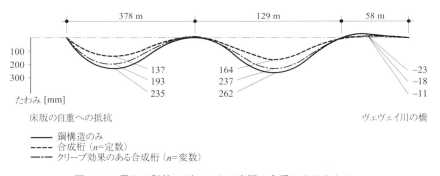

図 8.19　異なる計算モデルによる床版の自重によるたわみ

これらの計算の仮定は、最も単純なものから最も詳細なものまでであるが、桁のたわみの計算結果は、床版の打設と合成効果の順序をいかに正しく考慮するかによって、大きく変動することを示している。特に最初の仮定は、鋼桁の剛性だけを考えるため、大きすぎるたわみが計算される。2 番目の仮定では、合成断面の荷重を減らし、鋼桁に荷重を受け持たせるクリープの影響が考慮されていないため、たわみが小さすぎる。3 番目の仮定が実際の挙動に近く、キャンバーはこれを基準にする。

床版の架設時の断面力の計算には、各段階の荷重とそれに相当する桁の剛性を区別することが重要である。コンクリート打設時の荷重（コンクリートと型枠の自重）は、床版がまだない部分では鋼桁に作用し、コンクリートが固まった部分では合成桁に作用する（13.3 節）。鋼とコンクリートのヤング率比 n はコンクリートの材令によって定める。

(2) 送出し架設される床版

床版を鋼桁の上を滑らせて送出し架設するときは、床版の進行に伴う断面力、支点反力およびたわみを、逐次把握する必要がある。床版を最後まで送出して鋼とコンクリートが合成されるまでは合成効果を得られないため、送り出される床版の荷重に耐えるのは鋼桁のみである。例えば、図 8.20 に、送出しが進行したときの曲げモーメントの変化を示す。

この例から、床版の送出しによる曲げモーメントは、床版をすべて架設したときの最終的な状態の曲げモーメントとは形も大きさも異なることがわかる。したがって、床版の架設時の安全性を考えるとき、こうした影響を考慮する。

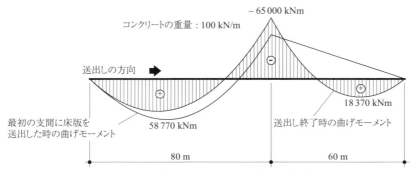

図 8.20 コンクリート床版の送出しによる鋼桁の曲げモーメント

8.4.2 項（図 8.14）に示したように、床版は通常主桁上に約 2m ごとに配置される鋳鉄製の滑りパッドで支持される。設計者は、このパッドが鋼桁に及ぼす集中荷重（100kN 程度）も考慮する。まず、この荷重による主桁ウェブの局部座屈を照査する。次に、支間では上フランジが圧縮力を受け、床版の送出し時には対傾構の位置でのみ側面の拘束があることを考慮して、横座屈が生じないことを照査する。

この床版の架設方法では、鋼とコンクリートの連結は、床版を設置して孔が充填された後になる。この利点は、理論上コンクリート床版の収縮の大半が連結される前に生じることである。これは、鋼桁やコンクリート床版に負荷をかけずに自由に収縮することでもある。床版の製作と鋼桁との連結の時間間隔によっては、床版の応力の計算に収縮量が減る効果を考慮に入れるとよい。

また、コンクリート打設ヤードが鋼桁の上（端部または支間上）に設置される場合は、それによる荷重も主桁の設計時に考慮する。この荷重は、主に型枠、打設後に型枠を下げ、送り出す装置の重量である。

(3) プレキャスト床版

プレキャスト部材の架設時の荷重は、床版全体の施工を終えた後に合成されるため、鋼桁のみに作用する。部材を地上からクレーンで架設する場合は、適切な架設順序を選ぶことで鋼桁に生じる応力を制限できる。橋の上に設置するクレーンで架設する場合は、床版を連続して施工するので、架設時の応力は送出し床版と同様になる。その場合、クレーンの重量も架設荷重に加える。床版の部材は、取り扱いや輸送による応力や、床版の連結性が確保されるまでの架設時の応力にも耐えるように設計する。

8.4.5 床版の架設方法が橋脚の荷重に与える影響

コンクリートの打設方法のどれを選択するかは、橋脚に作用する架設時の応力には、あまり影響しない（アップリフトは例外）。床版の架設は、滑らすときのほかは水平方向の負荷を生じない（床版の側面のガイドの機構によるが）。床版の自重による鉛直荷重は、遊動連続桁（15 章）の場合には、建設中の橋の安定性に影響を与えることがある。そのため、各段階の橋軸方向の安定性を照査する。また、方づえラーメン橋の場合には、床版の架設が橋軸方向に水平荷重を与えるので注意する。

8.5 床版のひび割れ

8.5.1 ひび割れの原因

　コンクリートの床版の耐久性は、鉄筋コンクリート床版、プレストレス床版、合成床版にかかわらず、橋の管理者や技術者が長年気にかけてきた課題である。すべてのコンクリート構造物は、ひび割れが生じることは避けられない。このひび割れは、中性化とコンクリートに内在する塩素を含む水の存在とともに、コンクリート構造物の劣化要因のひとつとされてきた。しかしながら、幅 0.4mm 以下のひび割れ [8.4] も、劣化要因の 1 つであることが知られている。このひび割れ幅は、適切な鉄筋比を用いることで比較的簡単に制御できる。

　コンクリート床版を保護して鉄筋腐食を防止する支配的な要素として、コンクリートの密度が挙げられる。ほかには、床版上に丁寧に施工された防水層があれば、時とともに生じるひび割れに水が達することもない。しかし、高密度のコンクリートと高性能の防水層であっても、長期間にわたる床版の機能を保証するためには、床版に生じる顕著なひび割れを避ける方がよい。橋の基本設計の段階で適切に考慮することで、床版のひび割れ、特に橋軸直角方向のひび割れを制限できる。設計者が、床版のひび割れを制限する最も良い方法の選択を助けるために、コンクリートのひび割れが生じる現象について以下で述べる。

　ひび割れは、引張応力がコンクリートの引張強度に達したときに生じる。床版の引張応力は、交通荷重、死荷重、温度変化、乾燥収縮のようなコンクリートの変化が複合して生じる。均一なコンクリートと仮定した床版に生じる引張応力を、支間長の異なる合成桁について解析した結果を表 8.21 に示す。種々の荷重による引張応力は、床版に作用する荷重の時系列で示す。計算値は、ワーゲンによる移動型枠でコンクリート打設する方法で架設した床版のもので、この床版は鋼桁に直接合成される。この例では、橋の片側から他方に向かってコンクリート打設が進行したと仮定する。

　この解析では、主に床版の全厚に作用する引張応力を考えるため、引張と圧縮を生じる温度変化の影響（13.2.3 項）は表 8.21 には示していない。交通荷重による応力は、25 トントラックの走行によるものである。収縮による応力では 0.015% の収縮ひずみを仮定した。

表 8.21　均一であると仮定した床版の平均引張応力（N/mm^2）

発生源	支間長 30m	支間長 80m
コンクリートの硬化	0.6	1.8
前進工法	1.8	2.7
床版の舗装	0.8	1.3
交通	0.3	0.1
乾燥収縮	0.8	1.4
合　計	4.3	7.3

　表 8.21 は、最も重要な引張応力は、床版のコンクリート打設の終了時、言い換えると打設の最後でコンクリートが硬化した後に生じることを示す。最初の 2 つの作用が、支間長 30m の橋の引張応力全体の 50% 以上（2.4N/mm^2）を占め、支間長 80m の橋では 60% 以上（4.5N/mm^2）を占める。この時点のコンクリートの引張強度（2.0〜3.0N/mm^2）を考慮すると、引張応力の大きさから、軸直角方向のひび割れは、支間長 30m の橋で生じる可能性があり、支間長 80m では確実に生じる。

以上から、時間とともに生じるひび割れを制限するには、床版の建設時の引張応力を減らすことが重要となる。設計者は、現場打設と硬化に伴って合成するときに、コンクリートの硬化の影響を制限し、適切なコンクリートの打設順序（8.5.3 項）を決めることを試みるとよい。

8.5.2　コンクリートの硬化の影響

コンクリートの硬化時の温度の挙動は、10 時間程度の発熱段階と 200 時間程度の冷却段階で特徴づけられる。コンクリートの物理的特徴は、硬化に伴って変化し、発熱段階と冷却段階でヤング率が増加する。図 8.22(a) に、硬化時のコンクリートの温度の測定例を示す。図 8.22(b) は、硬化時のコンクリートのヤング率の増加を概念的に示す [8.5]。

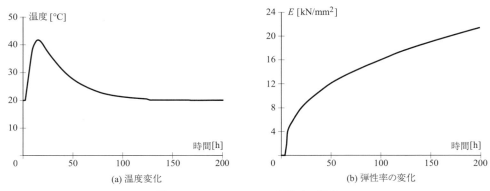

図 8.22　コンクリートの硬化時の挙動

硬化時の発熱と冷却によるコンクリートの変形が構造部材で拘束された場合、コンクリートに応力が生じる。特に、コンクリートの冷却時に、引張応力が床版に生じる。合成桁の場合、床版の硬化時に床版が鋼桁に合成されると、拘束するのは鋼桁である。この場合は、コンクリートの硬化によって床版に引張応力が生じるが、それがコンクリートの引張強度に近いことがある。引張応力の大きさは、鋼桁が床版を拘束する程度による。

鋼桁による床版の拘束の影響は、コンクリート硬化時の発熱段階と冷却段階で異なるが、ある一定のヤング率を用いることで簡易的に計算できる。図 8.23 は、合成桁の場合のコンクリート硬化に関連するセメントの硬化の影響の重要性を示す。図には、床版の発熱とその後の冷却に、それぞれ $\Delta T=25$℃ の温度変化がある場合の合成桁に生じる応力を模式的に示す。

図 8.23 の 2 径間連続の条件では、発熱段階では床版は圧縮され、冷却段階では引張を受ける。断面の応力は、ΔT による曲げモーメントと直応力、および不静定曲げモーメントを考慮して計算される。2 つの状態の違いは、コンクリートの硬化開始と 200 時間後にヤング率が増加した結果による引張応力である（図 8.22(b) 参照）。この例は、支間長約 50m の 2 主桁橋の合成桁の例であるが、コンクリートの硬化による床版の引張応力は、中間支点上で 0.9〜1.4N/mm² である（図の断面 2〜3）。若令のコンクリートの引張強度（200 時間後で 1.8〜2.5N/mm²）と比べると、この値は注目すべきである。

合成桁で、床版による拘束の程度は、鋼桁の面積とコンクリート床版の面積の割合である断面積比 n_A（retention coefficient）で定義できる [8.6]。

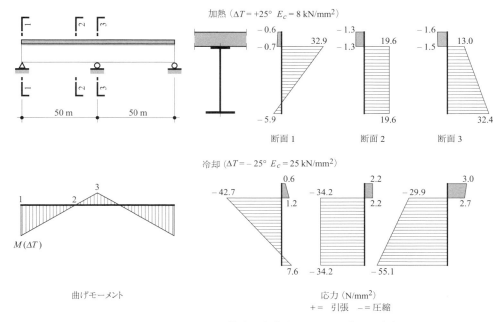

図 8.23 コンクリート硬化時の合成断面 1～3 に生じる応力

$$n_A = \frac{A_a}{A_c} \tag{8.1}$$

ここで、n_A：断面積比
  A_a：鋼桁の断面積
  A_c：コンクリート床版の面積

小さい断面積比 n_A は、断面積の小さい鋼桁で床版への拘束が小さい。大きい断面積比は、断面積の大きい鋼桁で床版の変形の拘束が大きいことを意味する。既設の橋の断面積比 n_A の計算では、中間支点部と支間で、支間長にほぼ直線的に比例することがわかる（表 8.24）。

この比例関係から、断面積比 n_A を合成桁の支間長と単純に関連づけることができる。この関係は、床版のひび割れに対するコンクリートの硬化の影響を支間長の関数として把握するのに有効であるが、この関係は目安であることに留意する。

実験室での実験や、建設中の構造物での測定、および数値解析では、コンクリートの硬化時に引張応力 σ_c が生じることが示された [8.6]。表 8.24 に示すように、その大きさは断面積比に依存する。

表 8.24 支間長の違いによるコンクリート硬化時の床版の引張応力

支間 [m]	$n_A = A_a / A_c$	σ_c [N/mm²]
30	0.05	0.5～1.0
50	0.08	1.0～1.5
80	0.12	1.5～2.1

この引張応力は、床版の全長に発生し、中長支間の橋では、橋軸直角方向のひび割れを招く。この影響を小さくするためには、打設時にコンクリートを冷却するか、発熱の少ないコンクリートを使用して、0.12 の断面積比 n_A に対して引張応力が 1.0N/mm² 以下になるようにする [8.6]。これらの予防策をどれも実施しない場合は、床版の橋軸直角方向のひ

び割れを抑制するために、構造物の全長にわたってひび割れ防止の鉄筋の設置が必要となる。特に断面積比 n_A が 0.08 以上の合成桁では、これが必要となる。

床版が剛な支承に支持されると仮定すると、硬化後にコンクリート床版に生じる引張応力は簡易に計算できる。曲げモーメントは無視し、合成断面の直応力のつり合いのみを考慮すると、床版の引張応力 σ_c は次式で計算できる。

$$\sigma_c = \frac{\alpha_T \cdot n_A^2 \cdot \Delta T \cdot E_a^2 \cdot (E^*_{c2} - E^*_{c1})}{(n_A \cdot E_a + E^*_{c2})(n_A \cdot E_a + E^*_{c1})} \tag{8.2}$$

ここで、σ_c：コンクリート硬化後の床版の引張応力
　　　α_T：コンクリートの線膨張係数で、鋼の線膨張係数（$a_T = 1 \cdot 10^{-5}$）と同じと仮定
　　　n_A：断面積比 n_A（A_a / A_c）
　　　ΔT：硬化時のコンクリートの温度と気温の温度差
　　　E_a：鋼のヤング率
　　　E^*_{c1}：発熱時のコンクリートの修正平均ヤング率
　　　E^*_{c2}：冷却時のコンクリートの修正平均ヤング率

コンクリートの修正平均ヤング率 E^*_{c1} と E^*_{c2} は一定と見なすが、発熱段階と冷却段階では異なる。これらの平均ヤング率は『土木工学概論』シリーズの第 8 巻と [8.7] によるクリープを考慮して修正する。一般に、合成桁に用いられるコンクリートには、式 (8.2) で次の値が使われる。

・$E^*_{c1} = 6 \mathrm{kN/mm}^2$
・$E^*_{c2} = 25 \mathrm{kN/mm}^2$
・$\Delta T = 25 ℃$

この簡略式で計算した結果と数値解析や実験の測定値はよく一致する。違いは、現象の複雑さを考えると小さい。この式を使った簡単な計算によって、床版の引張応力が高くなる場合が確認できるので、その値を制限する方法を検討する。

8.5.3　コンクリートの打設順序の影響

床版が場所打ちされ、コンクリート硬化時点で直接鋼桁に連結される場合、コンクリート打設は、中間支点上の床版に引張応力を生じさせ、それは床版に橋軸直角方向のひび割れを生じさせるに十分な大きさとなる（表 8.21 参照）。このひび割れは、コンクリートが若令で、床版が既にコンクリート硬化による引張力を受ける場合は、さらに生じやすくなる（8.5.2 項）。

床版の架設は、通常、コンクリート打設のワーゲンを使うか、橋の下のアクセスが容易で支間数が少ない場合は、鋼桁上に設置した固定型枠を用いて行われる。ワーゲンの移動や型枠の打設順序は、いつも一方向の操作ではなく、設計者はこれらの移動回数を少なくすることを考える。コンクリート打設の順序には、図 8.25 に示すいくつかの方法がある。すなわち、前進工法、支間先行工法、およびスパンバイスパン工法である。

前進工法（図 8.25(a)）は、ワーゲンの進行方向が一定で 1 回の移動距離も短い（15～25m）ため、最も合理的である。しかし、この方法は、床版内に生じる応力の観点で、特に中間支点の付近で不利となる。中間支点付近（図の③と⑥）は既にコンクリートが打設され、次の支間にコンクリートを打設するとき（図の④⑤と⑦⑧）に床版に引張応力を生じさせ、支点近傍ではかなり大きくなることがある（表 8.21 参照）。

橋脚付近より先に支間を打設する工法（支間先行工法）（図 8.25(b)）は、支間を支点部より先にコンクリート打設することで、支点部の引張応力を防ぐことができる。しかし、

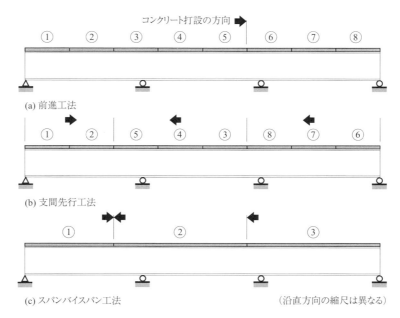

図 8.25　場所打ち床版のコンクリート打設の順序

この方法は、困難な型枠の移動が多くなる。特に、例えば⑤と⑥に移動するためにコンクリートが打設された③と④の上を、ワーゲンを移動させることになる。

支点部の前に全支間を打設する工法（スパンバイスパン工法）（図 8.25(c)）は、このような移動の問題を避け、打設長を長くすることで移動の回数を少なくできる。これは、②と③の架台を長くすることで可能になる。しかしこの方法では、長い床版の打設が必要となり、この大きさのワーゲンの原価償却ができる重要な橋でのみ実現可能である。また、長い距離の打設では、コンクリートの供給量と打設方法も保証する必要がある。この方法は、特に中小支間の長い橋に有利である。

一般に、前進工法と支間先行工法が最もよく用いられる。この 2 つを比較するために、表 8.26 に、30m と 80m の同一の支間をもつ 3 径間連続橋で、コンクリート打設で生じる床版の床版厚中央で計算した応力を示す。この計算では、各コンクリート打設法による、ワーゲンの移動とコンクリート打設を考慮している。床版の応力は、コンクリートのクリープと変動するヤング率を考慮して、最初の中間支点の断面でのコンクリート打設の終了時のものを計算した。

結果を比較すると、支点部の応力に関しては、前進工法よりも支間先行工法の方が有利であることがわかる。支間先行工法は、表 8.26 に示す 2 つの断面では中間支点の床版に圧縮応力を得ることもできる。支間長 80m では、より興味深い結果となる。すなわち、前進工法では床版に約 2.7N/mm の引張応力を生じ、これは顕著なひび割れの発生につながるが、支間先行工法では支点部に圧縮応力（-0.5N/mm^2）を与える結果となる。

支間先行工法が、支点上の引張応力を制限できる場合も、既にコンクリートを打設した支間の断面は、前進工法と同様、次の支間のコンクリート打設時に引張応力を受ける。しかしながら、断面は、死荷重による圧縮を受けるので、この影響は小さい。

床版の引張応力を減らすために、仮支柱を使うこともできる。この方法の手順を図 8.27 に示す。

表 8.26 コンクリート打設法による最初の支点上の床版の応力の比較

断　面	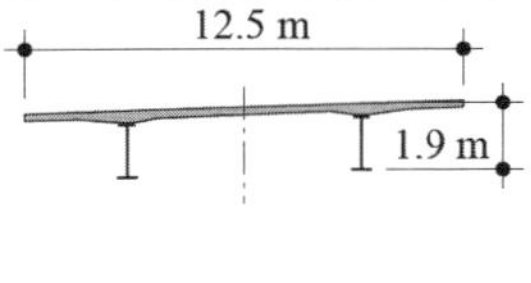 12.5 m / 1.9 m	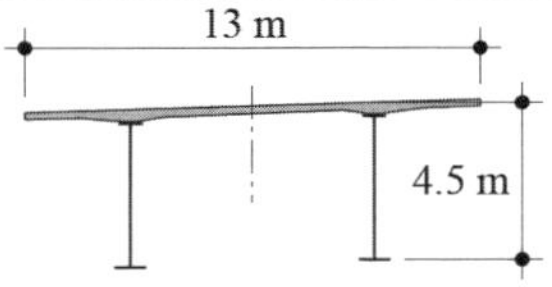 13 m / 4.5 m
支　間	$l = 30$ m	$l = 80$ m
断面積比	$n_A = 0.04$	$n_A = 0.12$
前進工法 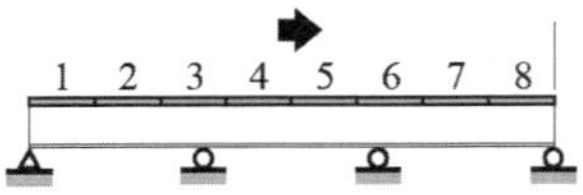 1 2 3 4 5 6 7 8	$\sigma_C = 1.8 \text{N/mm}^2$ （引張）	$\sigma_C = 2.7 \text{N/mm}^2$
支間先行工法 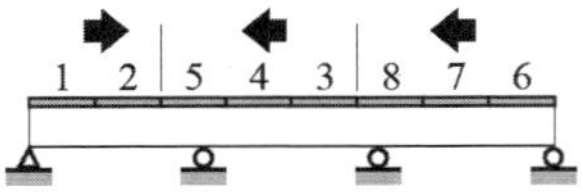 1 2 5 4 3 8 7 6	$\sigma_C = -0.2 \text{N/mm}^2$ （圧縮）	$\sigma_C = -0.5 \text{N/mm}^2$

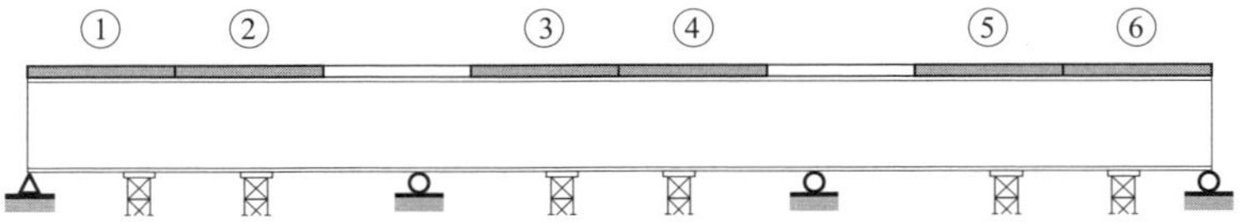

(a) 仮支柱

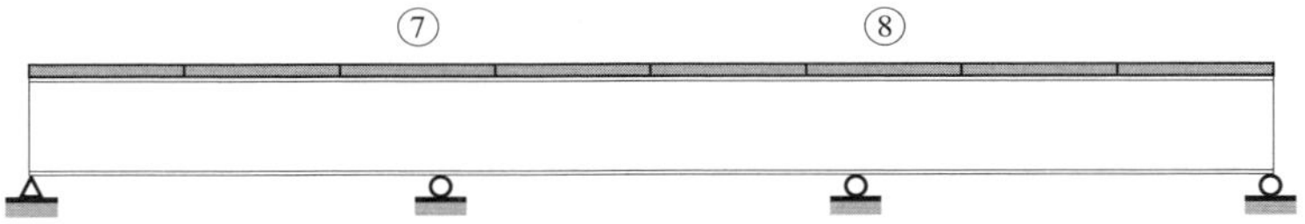

(b) 仮支柱を取り外したあとの打設　　　（沿直方向の縮尺は異なる）

図 8.27　仮の支点（支柱）を用いたコンクリートの打設順序

　桁の床版のコンクリート打設は、まず仮支柱で支持した支間のコンクリート打設から始める（段階①〜⑥）。コンクリートが硬化したら支柱を取り外すが、この領域は、床版が圧縮を受ける合成断面として挙動する。次に、支点部のコンクリートを打設する。この方法は、支間のコンクリートの自重の一部を、合成断面で支えるとともに、支点部の引張応力を減少させる。このやり方で、鋼桁の断面を減らすことができるが、仮支柱の設置のために施工が複雑となるため、使用は限られる。さらに、この方法は、地上高が低い橋という特別なケースに用いられる。

8.6　橋軸方向のプレストレスの導入

　床版の橋軸方向のプレストレスは、合成桁の耐久性の向上に役立つ対策のひとつである。しかしながら、この対策は、床版を適切に設計し、適切な補強をした後の補助的な手段と考える方がよい。床版の橋軸方向のプレストレスの目的は、床版の橋軸直角方向のひび割れを防止することである。一般に、床版は死荷重の影響下で橋軸方向に圧縮の状態が長期間保持されることが望ましい。さらに、活荷重の一部かすべてに対しても、橋軸方向の圧縮が保持されることがより望ましい。

場所打ち床版をもつ合成桁の場合は、橋軸方向のプレストレスは、支間長の長い場合（n_A が高い）でのみ検討される。合成桁の床版に生じる引張応力の原因を考慮し（**表 8.21** 参照）、コンクリート打設時に他の予防策をとらない場合には（8.5.2 項と 8.5.3 項）、橋軸直角方向の床版のひび割れの可能性が最も高いのは、支間長の長い橋である。他方、橋軸方向のプレストレスは、プレキャスト床版には必要であり、特に部材のジョイントが接着される場合には必ず用いる（8.4.3 項）。

合成桁の橋軸方向のプレストレスを使用するかどうかに関しては、以下のような疑問点をよく考える。

- コンクリートの長期の挙動による損失を考慮すると、プレストレスの長期的な効果はどれほどなのか？
- 橋軸方向のプレストレスはどの時点で導入するべきか？ プレストレスを時間的に遅くするとプレストレスの損失を減らせるが、場所打ち床版の架設では、引張応力は若令のときに生じるため、できる限り早くプレストレスする必要がある。
- 床版か合成桁をプレストレスした状態にするのがよいのか？ 床版のみのプレストレスでは、合成を遅らせるために特殊な構造詳細（一群のスタッドの孔）の選択が必要となる。合成桁全体のプレストレスでは、同じ効果を得るためのプレストレスが大きくなる。
- プレストレスは、橋の建設費にどれほど影響するのか？

これらの疑問に対する回答を以下に示す。ここでは、合成桁の床版の橋軸方向のプレストレスが適切で利点があるかを判断できる情報を示す。

8.6.1 プレストレスの方法の選択

コンクリートの挙動（収縮、クリープ）や長期的な鋼桁への床版プレストレス力の伝達によるプレストレス力の損失は、合成桁の床版へのプレストレスの導入を正当性するのを難しくしている。さらに、この損失の計算は、複雑で精度が低い問題がある。プレストレスに用いるいくつかの方法を検討して、プレストレスされた時の材令、合成時の材令、コンクリートの収縮、および導入プレストレスの関数として、時間経過に伴うプレストレスの損失を解析した [8.4]。この調査では、損失に関していろいろな方法を比較した。ここでは、図 8.28 に示す方法に関する結果を示す。

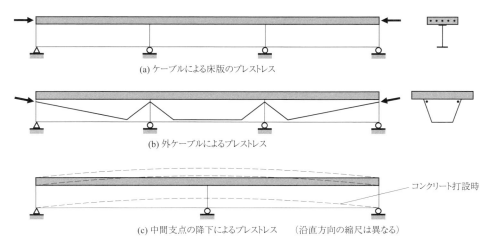

(a) ケーブルによる床版のプレストレス

(b) 外ケーブルによるプレストレス

(c) 中間支点の降下によるプレストレス　（沿直方向の縮尺は異なる）

図 8.28　異なる橋軸方向プレストレスの方法の模式図

図 8.28(a) に示すプレストレスの方法は、床版に**内ケーブル**を配するもので、場所打ち床版、送出しまたはプレキャスト床版に用いられる。これらのケーブルには、床版と鋼桁の合成の前か後にケーブルに引張力を与える。床版と桁の合成の前にケーブルに引張力を与える方法では、床版だけにプレストレスが導入される。先に合成させる方法に比べて、この方法では小さい引張力で済む利点がある。一方、床版と鋼桁の合成後のプレストレスは、一群のスタッド用の孔が不要となり、床版はより均一な構造となる。

図 8.28(b) に、ケーブルがコンクリート内に位置していない**外ケーブル**法を示す。プレストレスケーブルは鋼桁に固定し、ケーブルの線形によって、死荷重と活荷重による曲げモーメントを打ち消す曲げモーメントを導入することができる。この方法の利点は、外ケーブルは、点検および必要なら取替えが容易な点である。欠点は、力の導入とそれを偏向させる細部構造が製作費を増やすこと、さらに疲労耐久性に対する照査も必要となることである。

中間支点を降下して床版にプレストレスを導入する方法を、図 8.28(c) に示す。この方法は、コンクリート床版の打設の前に、鋼桁を中間支点の位置で持ち上げる方法（またはキャンバーを付ける）である。コンクリート硬化後に中間支点を下げることで、床版に圧縮力を導入できる。この方法は、2径間、3径間の橋、特に立体横断橋で用いられる。3径間以上の場合は、支点の上げ下げの施工と制御が複雑になり、またプレストレスの効果も小さい。支点の降下の方法とシースによる後施工のプレストレスを組み合わせて、桁の合成後にプレストレスの損失を補う例もある。

合成桁の橋軸方向の**プレストレスの損失**は、1万日後の中間支点の床版の圧縮応力の減少を算出して見積もる。図 8.29 に、床版の応力 σ_c の経時変化を模式的に示す。これは、パーセンテージで示す圧縮応力の損失 $\Delta\sigma_c$ でも定義される。

$$\Delta\sigma_c = \frac{\sigma_{c0} - \sigma_{ct}}{\sigma_{c0}} \cdot 100\% \tag{8.3}$$

ここで、σ_{c0}：初期の中間支点の床版の圧縮応力で、プレストレス直後の損失（ケーブルの摩擦、ケーブルの動き）を考慮した平均初期応力

σ_{ct}：1万日後の圧縮応力、すなわちケーブルのリラクゼーション、コンクリートの材令による収縮、クリープ、コンクリート床版のプレストレス力の鋼桁への伝達を考慮した圧縮応力

$\Delta\sigma_c$ が100%に近づくことは、中間支点の床版の初期の圧縮応力が時間の経過とともにほとんどなくなることを意味する。

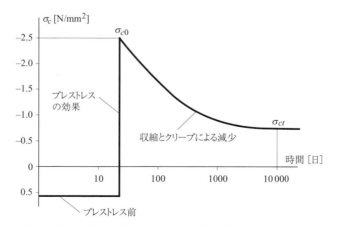

図 8.29　時間経過とともに支点上の床版の応力の変化を示す模式図

計算は支間長が 30m、50m、80m の代表的な合成桁について行った。図 8.30 に示すのは、[8.6] からの引用だが、床版内のケーブルでプレストレスを与える時期の違いによる応力の損失 $\Delta\sigma_c$ を示す。t_0 は鋼とコンクリートを連結した時点でのコンクリートの材令（後施工のプレストレスでは 7 日）を示し、t_p はコンクリート打設直後に連結された床版で、プレストレスを導入した時点のコンクリートの材令を示す。

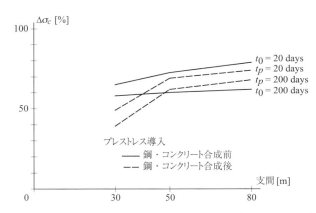

図 8.30　支間長ごとの床版内のケーブルによる後施工プレストレスの損失 $\Delta\sigma_c$

図 8.30 より以下のことが言える。
・プレストレスの損失は、支間長が長くなると増加する。
・合成前のプレストレスでは、プレストレス後にすぐに合成する（$t_0 = 20$ 日）と損失が大きくなる。
・合成後にプレストレスすると、プレストレスの時期が早ければ早いほど（$t_p = 20$ 日）、損失が大きくなる。
・一般に、支間長が 50m を超えると、プレストレスの時期にかかわらず、床版の圧縮の減少は 1 万日後では 60% 以上になる。

図 8.30 に示す値は、収縮係数 0.02% として算出した。収縮係数がもっと高い場合は、プレストレスの損失もさらに高まる（収縮係数 0.03% では、図 8.30 の $\Delta\sigma_c$ の値が約 15% 高くなる）。また、計算では $\sigma_{c0} = -2.5\,\text{N/mm}^2$ を用いた。この圧縮の初期値が 2 倍なら、プレストレスの損失はもっと少なくなる（$\Delta\sigma_c$ は約 10% 減）。その場合は、床版の圧縮の減少は絶対値ではより大きくなるが、初期応力の比で示されるプレストレスの損失（式 (8.3)）は通常、さらに小さくなる。また、中間支点の降下によりプレストレスを導入した合成桁の場合、プレストレスの損失が大きく、支間長の長い橋ではプレストレスはすべて失われる（$\Delta\sigma_c \approx 100\%$）。

実務的に、場所打ち床版の合成桁では、床版の橋軸方向のプレストレスの方法を選択する際には、床版に橋軸直角方向のひび割れが生じる可能性を考慮する。このひび割れは、支間長の長い橋に生じやすい（表 8.21 参照）。床版に導入する圧縮の初期値を決めるためには、プレストレスの損失を考慮する必要がある。また、設計者は、プレストレスを床版のみ（鋼とコンクリートの連結の前）に導入するのか、合成断面に導入するのかを検討する。ほかにも、設計者が考慮すべき施工上で対立するパラメーターがある。例えば、コンクリートが若令のときから引張応力が生じるため、床版のプレストレスはできるだけ早く導入したいが、それが早ければ早いほど損失も大きくなる。繰り返しになるが、プレストレスは床版のひび割れを減らすための補足的な対策と考えるのがよく、コンクリート打設

時の他の手段でも同等の効果が得られ、費用的にも安い。

　床版の橋軸方向にプレストレスを導入する方法を、表 8.31 にまとめる。そこには、それぞれの方法での予想される損失と経済的に有効かどうかをもとに、その橋の支間長に応じて推奨されるプレストレスの方法を示す。

表 8.31　プレストレスの方法の選択の例

	支間長		
プレストレスの方法	30m	50m	80m
床版内のケーブルで、合成前に	避ける	可	推奨
外ケーブルで、合成後に	高価	可	可
床版内のケーブルで、合成後に	推奨	可	高価
中間支点の降下で、2、3 径間連続桁で	推奨	可	避ける

　表 8.31 には、比較的小さい鋼桁（小支間）では合成後に床版のプレストレスを導入し、規模の大きい鋼桁（大支間）では、合成前に床版にプレストレスを導入する提案が示されている。小支間で合成後のプレストレスを選んだのは、必要なプレストレス力が大きくなる経費増よりも、一群のスタッド用の孔が不要となるコスト縮減が大きいからである。

8.6.2　プレストレスの損失の簡略な計算法

　表 8.31 では、異なる状況でのプレストレスの方法を推奨しているが、合成桁のプレストレスの損失の経時変化は把握できない。しかしながら、合成桁の中間支点の床版の圧縮力の損失は、簡略な方法で算出できる。この計算方法は、表 8.31 に示すプレストレスの方法に適用できる。『土木工学概論』シリーズの第 8 巻と論文 [8.9] [8.10] で述べる種々の計算方法を参考に、$\Delta\sigma_c$ に対して次式を用いることができる。この式は、式 (8.3) と同じだが、内部力のつり合いを考慮するとき、曲げモーメントの微小な影響は無視している。

$$\Delta\sigma_c = \frac{n_A \cdot E_a \cdot (\varphi \cdot \sigma_{c0} + \varepsilon_{cs} \cdot E_{c0})}{\sigma_{c0} \cdot (n_A \cdot E_a + n_A \cdot E_a \cdot \chi \cdot \varphi + E_{c0})} \cdot 100\% \tag{8.4}$$

ここで、n_A：断面積比（A_a/A_c）
　　　　A_a：鋼桁の面積
　　　　A_c：コンクリート床版の面積
　　　　E_a：鋼のヤング率
　　　　E_{c0}：プレストレス導入時のコンクリートのヤング率
　　　　σ_{c0}：プレストレス導入後の支点上の床版の初期圧縮応力
　　　　φ：クリープ係数
　　　　ε_{cs}：収縮によるひずみ
　　　　χ：[8.8] と『土木工学概論』シリーズの第 8 巻に示す ageing coefficient

　コンクリートの長期間の挙動に関する式 (8.4) のパラメーターは、[8.11] または SIA 規準 262 で与えられる数値をもとにしている。収縮の最終的な値に関して、ICOM [8.12] で行った測定では、規準で示す値は現場で測定した値をわずかに上回る。参考文献 [8.13] によると、収縮の最終値は、現場の試験体での測定で 0.02% に近い。

　式 (8.4) で算出した値を、数値モデルによる解析の結果と比較した。その差は 15% 以下であり、材料の挙動の不確実性（材令、クリープ、収縮の最終値）を考慮するとこの差は小さい。したがって、式 (8.4) は中間支点の合成断面の床版の圧縮応力の損失を、複雑な

数値解析をしないで、設計の初期に簡単に見積もることができるといえる。

参考文献

[8.1]　Kretz, T., Michotey, J.L, Svetchine, M., *Le cinquième pont sur la Nive, Bulletin ponts métalliques*, n° 15, OTUA, Paris, 1992.

[8.2]　*Détails de construction de ponts: directives*, Federal Roads Office (OFROU), Bern, 2005. Downloadable from: http://www.astra.admin.ch/.

[8.3]　Norme Vss Sn 640 450, *Systèmes d'étanchéité et couches bitumineuses sur ponts en béton*, Association Suisse des professionnels de la route et des transports, VSS, Zurich, 2005.

[8.4]　Bernard, O., Denarié, E., Brühwiler E., *Comportement au jeune âge du béton et limitation de la fissuration traversante des structures hybrides*, Federal Roads Office, Publication VSS 563, Zurich, 2001.

[8.5]　Wittmann, F.H., *Structure of Concrete with Respect to Crack Formation, Fracture mechanics of concrete*, Elsevier Science Publishers B.V., Amsterdam, 1983.

[8.6]　Ducret, J.-M., *Etude du comportement réel des ponts mixtes et modélisation pour le dimensionnement*, Thesis EPFL n° 1738, Lausanne, 1997.

[8.7]　Ghali, A., Favre, R., Elbadry, M., *Concrete Structures, Stresses and Deformation*, E & FN SPON Press, 3rd edition, London, 2002.

[8.8]　*Ponts mixtes, recommandations pour maîtriser la fissuration des dalles*, Service d'études techniques des routes et autoroutes, SETRA, Paris, 1995.

[8.9]　Trevino, J., *Méthode directe de calcul de l'état de déformation et de contrainte à long terme d'une structure composée*, Thesis EPFL, n° 728, Lausanne, 1988.

[8.10]　Markey, I., *Enseignements tirés d'observations des déformations des ponts en béton et d'analyses non linéaires*, Thesis EPFL, n° 1194, Lausanne, 1993.

[8.11]　CEB-FIP 90, *Model Code 1990*, Ed. Thomas Telford, London, 1993.

[8.12]　Lebet, J.-P., *Comportement des ponts mixtes acier-béton avec interaction partielle de la connexion et fissuration du béton*, Thesis EPFL, n° 661, Lausanne, 1987.

[8.13]　Lebet, J.-P., Ducret, J.-M., *Le comportement dans le temps des ponts mixtes continus*, Federal Roads Office, Publication VSS 527, Zurich, 1997.

9章　設計の基本

Illustration by Thomas Mikulas, Le Mont-sur-Lausanne.

9.1 概要

　構造物を設計するときは、使用性と安全性の両方を保証する照査の基本的な知識を適用する。このあとの 10 章から 15 章では、荷重、構造解析、鋼橋あるいは合成桁橋の構造設計を扱うため、この章では、『土木工学概論』シリーズの第 10 巻の第 2 章で述べた基礎知識を再確認する。

　9.2 節では、すべての建設工事に関わる必要書類について再確認する。特に構造物の寿命の様々な段階について述べる。これらの段階を考慮すると、入力するデータ、仮定、判断、構造計算、基本図面など、橋の寿命の間における関わりを、いろいろな機関で情報を共有するための書類を用意する。

　9.3 節では、主構造とその細部構造、予備設計、構造解析、およびそれが構造設計につながるプロジェクトの流れについて示す。この節では、そのために主要な書類、すなわち発注者の要求事項と設計の基本について示す。この節で概説するプロジェクトの段階は、特に、橋に適用することに関して 4.2 節で解説する。

　9.4 節は、荷重と作用に関する用語をまとめるが、これはそれに続く節を理解するのに役立つ。9.5 節と 9.6 節では、それぞれ使用性と構造安全性の照査と要求性能の基本原理について再確認する。

9.2　橋のライフサイクルと書類

　すべての建設事業で、設計者が目的とすることを、一般に次のように定義できる。
・要求性能を満足する構造物を施主に提供する。
・利用者に対して適切な安全性を保証する。
・使用性と構造安全性の観点から、耐久性のある構造物を提供する。

　主構造の設計は、このような目標を達成するために重要なプロセスである。これは、使用性や安全性に関する要求事項を満たすための手段のひとつであり、次のことを行う。
・荷重を支持する主構造の部材の大きさを決める。
・材料の品質やその特性を定義する。
・予備設計を含む基本設計で考えられた細部構造を確認して完成させる。

　構造物の全寿命の間でそれに関わる技術者全員が、構造物の使用性と安全性に関する要求事項や取るべき措置についての知識がなければ、構造物を適切に調査し、施工し、供用することはできない。また、これら技術者の間で、それぞれの役割が明確にされ協調されて、はじめて適切な情報伝達が可能となる。構造物の耐用期間の各段階、およびそれに関わる必要書類を見ていくことで、この点が理解できる（図 9.1）。

　使用性と構造安全性を保証するために考慮すべきことを図 9.1 に示す。
・様々な関係者、すなわち施主の代理人、建築家、技術者、専門家、管理者などの技術者。
・様々なプロジェクトの遂行の段階、すなわち予備設計、構造解析と構造設計、および施工、供用、維持管理、最終的には撤去、など。
・決めたことを記録する様々な書類、例えば発注者の要求事項、設計の基本、構造計算書、図面、技術報告書、製作時の品質管理計画、点検計画、維持管理計画など。これらすべての書類には、使用性と構造安全性を保証するために明確に記述された情報を含む。

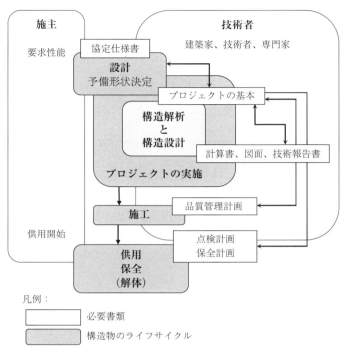

図 9.1　構造物のライフサイクルの各段階と関係する主な必要書類

図 9.1 に示す各段階とそれに関わる書類を以下に示す。

- 建設事業の開始時には、施主の代理人と建築家や設計技術者とで対話の場をもつ。対話は、施主の構造物の使用目的について示す。同様に、プロジェクトの遂行、施工、供用に関わる要求事項や制限事項を明確に示す。これらの事項は協定仕様書に記入されるが、協定仕様書は施主の代理人によりわかりやすいように書かれ、すべての決定事項と合意事項を含む。
- 技術者は、責任をもって協定仕様書の内容を建設専門家が使うために技術的な内容に翻訳して、基本計画書を作る。基本計画書の内容は必要に応じて改良される、すなわちプロジェクトの進行の様々な段階で、修正され、完成される。
- プロジェクトの計画段階（4.2 節）で、技術者は、設計段階で協定仕様書と基本計画書からなる参考資料を使用し、設計条件を決定する。構造設計は、特に構造形式、製作方法、主要な寸法、材料の特性、細部構造を明確にすることである。
- 技術者は、次に**構造解析**と**構造設計**を行う。構造解析では、荷重を作用させて主構造の挙動を把握する。構造設計では、荷重による構造部材のたわみと耐荷力を考慮して、最終的な寸法を決める。このとき、使用性と構造安全性の原則を適用する。
- 構造解析と構造設計では、技術者は構造計算書、図面、および技術報告書を作成する。これらの書類は、構造物の**施工**の基本として使われる。さらに、製作が要求品質に合致するか確認するための品質**管理計画**を作成する。
- **点検計画**と**保全計画**を施主の代理人に渡すが、これらは橋が供用された後で、使用性と構造安全性の点で協定仕様書と基本計画書の情報を施主側がもつためである。
- 橋の**供用**中は、施主の代理人は保全計画の指針に従って、耐久性を保証するために適切に措置する責任がある。施主の代理人は、計画供用年数に見合うよう必要な橋の**維持管理**を行う。

9.3 プロジェクトの遂行

9.3.1 協定仕様書

どのプロジェクトでも、初期に施主の代理人と技術者は、施主の要求仕様をまとめた協定仕様書を定める（図9.1）。この書類は、構造物の使い方に対する要求がまとめられ、施主の代理人によりわかりやすい形で書かれる。関係者全員がこの書類に署名するが、それには以下のような事項が含まれる。

- 橋の一般的な使用目的（交通の種類：道路橋、鉄道橋、歩道橋、あるいはその併用）、交通ネットワークでの位置づけ、および橋の制限事項（4.3節）。
- 計画供用年数
- 防水層、舗装、遮音などに関する供用中の維持管理の必要事項
- 橋が交差する道路の利用者、アクセスの制限、工事中の防護、など第三者の状況と要求事項
- 使用材料や供用開始の時期などに関する施主の代理人の特記事項
- 火災や洪水などに対する防護の方法、特殊なリスクに関する防災計画
- 特殊な交通のために橋を用いるとき、それに関する指針や規準からの特別な要求事項

9.3.2 基本計画書

基本計画書は、施主側の要求を設計者が用いるために技術用語を用いて書き直したものといえる。そこには、計画時や施工時に行われた使用性と構造安全性に関する考察や決定事項がまとめて記載される。したがって、基本計画書は、設計者や専門技術者が、構造計算書や施工管理計画、構造物の供用後の保守や点検の維持管理計画を作成するための情報を共有する要となる文書である。

基本計画書に書き込む範囲と内容は、その橋の規模や将来生じるかもしれない危険性の程度による。基本計画書では、使用性と構造安全性に関する考察は区別する。これらは互いに混同してはならない。

(1) 使用性

使用性に関しては、基本計画書に特に以下の点を示す。

- 計画供用年数
- 使用目的
- 機能性、快適性、橋の外観に関する要求
- これらの要求事項を保証する方法の計画
- 計算での主要な仮定

国によっては、計画供用年数を建設費用の減価償却に必要な期間に関連づけることがある。橋の場合は、供用年数を決めると計画交通量が決まるが、それは疲労の照査で必要となる。また、供用年数は、法律で決められる保証期間と同じではない。しかし、供用年数は、定期点検、維持管理、さらには必要な部材の交換などの計画の基礎となるので、非常に重要である。

使用性に関しては、基本計画書では特に、施主の代理人の要求とそれを満足させるための方法がまとめられる。橋では、その外観、床版の防水性、凍結や腐食に対する抵抗、さらに通常の使用状態における磨耗や付属構造物の機械的な機能を含む。橋のたわみやコンクリートのひび割れ幅、主構造の振動に関する施主側の特別な要求を含むこともある。施主による要求が特にない場合は、規準に示す値を適用する。

施主の代理人と合意した使用性は、使用条件書として基本計画の中に盛り込まれる。使

用条件書には、使用性が保証されるいろいろな場合を示すが、それは計画供用年数の間に予想される状況を含む。考慮すべき様々な使用状況を決めるため、主構造に作用する荷重の分析とそれが主構造に与える影響を検討する。この分析では、使用性の保証のために、どの要求が満足されなくてはならないかを知ることが重要である。そうすれば、適切な手段に焦点を当てることができる。使用条件書を作り、それに対して設計者が詳細に考慮することで、使用性を確保する方法が決まる。

使用性を保証する方法は次のようなものがある。
・適切な材料の選択（4.5節）
・注意深い細部構造の選択（4.5節）
・計算による照査（9.5節）
・注意深く、図面に則した施工、など
・適切な点検と維持管理

多くの場合、細部構造が妥当で材料の選択が適切であれば、橋の使用性は十分保証することができる。さらに、計算による照査は、いくつかの手段のひとつである。

(2) 構造安全性

構造安全性に対して考慮する内容は、主に橋の使用目的、重要性、それが置かれる環境による。基本計画書でも示したが、この結果は以下の点を含む。
・想定されるリスクのシナリオ
・構造安全性を確保するための手段
・考慮すべき基礎地盤の特性
・主構造のモデル化に関わる主要な計算の仮定
・許容できるリスク

想定される**リスクのシナリオ**は、主構造の限界状態を解析して得られるが、以下のことを含む。
・荷重：考慮した数値からの偏差、橋の置かれた環境による特殊な荷重、地盤の挙動
・抵抗：考慮した数値に対する偏差、疲労や腐食の影響、全体の安定性（転倒、アップリフト、滑動）

異なる荷重や抵抗、およびこれらが同時に働く確率に関するリスクの正しい理解は、安全性の考察の核心である。この分析では、技術者は、その橋の使用目的と置かれた位置を考慮して、橋と種々の荷重についてのすべての極限状態を検討の対象にする。この分析は、橋の施工中と供用後の両者を含む。技術者は、橋に起こりうるすべてのリスクを想定し、一覧表を作り、それを理解する必要があるが、そのうちの重要なもののみを残す。この分析の結果、重要ないくつかのリスクのシナリオがわかる。リスクのシナリオを確立し、それを技術者が詳細に検討することで、主構造の構造安全性を確保するための手段の基礎ができる。

この手段は、以下の4つに分類される。
・リスクの要因への対応（例えば、原因の除去、低減、その影響の低減）
・点検の計画、制御、警報システムの設置
・十分な耐荷力をもつように設計（9.6節）
・リスクの許容（例えば、飛行機の衝突など）

計算や設計の過程で、考えた手段の再検討や、それを補充する必要があることが判明することがある。設計計算は、構造安全性を保証するための手段のひとつである。

リスクを明らかにして、それへの対策のほかに、基本計画書には以下の点について示す。

・考慮する、あるいは決められた荷重（例えば、交通荷重、風荷重）
・考慮する、あるいは指定した材料の特性
・設計時に用いる、あるいは情報伝達に必要な数値（例えば、基礎に作用する支点反力）

9.3.3 基本設計

基本設計は、プロジェクトの最初の段階で行う（図9.1）。その主な目的を以下に示す。
・主構造の構造形式（桁、アーチ、吊り構造（5.3節））、その形（5.3.4項、5.4.2項）、断面の種類（5.5節）を決める。
・発注者の要求の中に示されない主要な構造の寸法を選択する（例えば、支間数、支間長、床版の厚さ、主塔の高さ）。
・材料とその特性の選定（4.5節）
・細部構造の決定（6章）
・架設法の選定（7章）

これらを選定していくことで、基本構造（図4.1参照）が決まるが、これは、予備設計（4.2.2項）として検討される。ここで選定された構造は、唯一の案ではなく、設計者が検討してきた種々の案の中で最適と判断されたものである。

基本設計は、設計者の経験や創造性に基づく考えや判断によって、設計を繰り返す段階である。支間長や桁の寸法は、例えば既設の桁の桁高比（5.3.2項）を参考に選定することが多いが、簡単な概略計算によって決めることもある。

橋に関しては、最終的な構造は、可能ないくつかの計画案を複数の基準で検証した結果に基づいて選ばれる。重要な橋では、これらの案が異なる設計チームから出てくる場合もあり、コンペの形で評価される。種々の可能な案を比較するには、以下の点を考慮する。
・提案の妥当性と提示された要求事項の遵守（4.4.1項、4.4.2項）
・耐久性（4.4.3項）
・外観と周囲の環境との調和（4.4.4項）
・維持管理に関する側面
・工期と工費（4.4.5項）

9.3.4 構造解析

構造解析は、構造設計と共に主構造を決めるのに用いる計算の一部である。構造解析（図9.2）で、構造モデル（11.2節）を用いて荷重作用下での主構造の挙動を予測する。構造モデルは、複雑な実際の主構造を部材の形状、材料の特性および基礎地盤を反映する物理的なモデルで表す。使用する構造モデルは実際の状況の複雑さを表現するのに適したものであり、それによって挙動を正確に予測し、その挙動に影響を与えるすべての要素を含む（例えば、梁モデルか有限要素モデル）。

荷重作用には、曲げモーメントやせん断力、応力、たわみや変位など、構造物の応答があり、構造解析によって求まる。これらは、材料の挙動と、つり合い条件と適合条件を考慮したモデルを使って計算する。この解析モデルでは、荷重による変位が微小か有限かを仮定でき、さらに構造物が弾性か弾塑性の挙動を示すかを仮定できる。解析モデルの選択は、構造物の複雑さと必要な解析結果の精度に依存する。

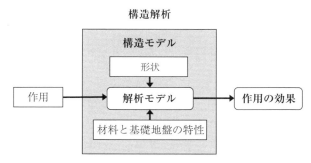

図 9.2　構造解析の摸式図

9.3.5　構造設計

構造設計（図 9.3）では、主構造の必要な寸法と材料の特性を決め、予備設計での細部構造を改善して完成させる。これは、使用状況とリスクのシナリオの分析に基づいた、使用性と構造安全性を保証するのに必要な手段のひとつである。

構造設計は、適切な設計基準を考慮して、使用限界状態と終局限界状態について行われる。これによって、使用性（9.5 節）と構造安全性（9.5 節）の要求に対して照査して、主構造の断面寸法を決める。これは、例えば荷重の効果を、たわみの許容値や構造要素の抵抗強度と比較することで行われる。これらの照査では、荷重と抵抗強度のどちらも**設計値**を用いる。この設計値は、**部分係数**の概念に基づき、荷重と抵抗に関して使用限界状態と終局限界状態とで異なる値を用いる。

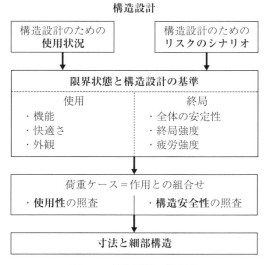

図 9.3　構造設計の摸式図

種々の照査を行う場合、荷重の効果は、荷重ケースにグループ分けされる。それぞれの荷重ケースは、**主たる荷重**と、それに**付随する変動荷重**で特徴づけられる。

もし、構造計算が構造部材の使用状況とリスクのシナリオに対する適合性を決める手段の場合は、各限界状態と各設計規範に対して荷重ケースを決める。これらの荷重ケースの組合せは、対象の構造部材にいつかは作用する荷重全体の考察の結果である。

(1) 荷重ケース

　使用限界状態に対する荷重ケースを定義するには、考えている供用状況で、作用するであろう荷重を考慮するが、それが常時作用するか変動する荷重かを区別する。さらに、変動する荷重では、荷重の大きさによって、稀に生じるのか頻繁に生じる荷重なのかを区別する。荷重ケースの設定は、このような考察と、照査される供用中の要求性能による。例えば、橋の供用中の美観に対しては、長期に作用する荷重（死荷重）による桁のたわみを照査する。使用者の快適性を保証するには、設計者は、稀な、あるいは頻繁に生じる荷重に対して、たわみや振動の基準によって照査する。この場合は、長期荷重（死荷重）は影響しない。

　リスクのシナリオに対して構造安全性を照査する場合、荷重ケースは、主荷重、必要な従荷重、および常時作用する長期荷重の組合せとなる。主荷重は、主構造や構造部材に対し、最大値と最も不利な載荷状態で荷重ケースに組み入れる。従荷重の定義には、次のような原則を用いる。すなわち荷重が主荷重である場合、つまり、その荷重が主構造に最大値で作用している場合、他の従荷重は間違いなく極限値よりかなり小さい。この原則は、『土木工学概論』第10巻の図2.9に、風と雪荷重の時間変動における荷重値の推移とともに示す。橋の場合も、活荷重と風や雪荷重の同時載荷に対して、これに類似した考え方が適用できる。一般に、通行可能なときは除雪されるので、橋では、雪荷重は従荷重として考慮しない。

9.4 作用

　一般に作用とは、機械的（集中荷重、分布荷重）、物理的（気温、湿度、収縮）、あるいは化学的（塩、アルカリ性溶液）である。これらの作用による構造物の応答は、作用の効果の形で表現される。これらの効果は、断面力（軸力、曲げモーメント、ねじり、せん断力）、応力、支点反力、たわみ、変位、あるいは他の物理的、化学的な応答である。

　構造設計では、作用 F はいくつかの値をとる。主な違いは、特性値と設計値である。**特性値** F_{rep} は、通常、統計的に評価した安全側の値で、例えば活荷重の特性値 Q_k は、与えられた最大値あるいは一定の再現確率によって決まる値である。特性値は、統計データが不十分であるとき、公称値をもとにするが、空間的や時間的にあまり変化しないときは平均値をもとにする。G_k で表される自重は、この場合に相当する。

　設計値 F_d は、構造解析と構造設計で用いる値である。使用性と終局限界状態を計算するために異なる設計値を用いる。設計値は、変動性と簡便なモデル化を考えて、一般に特性値に荷重係数を乗じて決める。

　作用の効果 E_d の設計値は、作用と効果が線形関係にあると仮定して、通常以下のようになる。

$$E_d = E\{F_d, a_d\} = E\{\gamma_F F_{rep}, a_d\} \tag{9.1}$$

ここで、F_{rep}：作用の特性値（死荷重には G_k、活荷重には Q_k）
　　　　γ_F：荷重係数
　　　　a_d：幾何学的寸法の設計値（断面の寸法、支間など）、一般に図面に示された公称値

荷重係数 γ_F は、荷重の種類（死荷重、活荷重）と照査の種類（使用性、構造安全性）による。これは、荷重の不確実性や、作用から効果を予測するモデルの不確実性を含んでいる。荷重係数は、9.5節と9.6節で定義する。

設計に必要な荷重ケースを特定するときに、荷重はその特性によって3つに分けられる。

- 構造物の供用中に常に作用する長期荷重 G。これには、主構造と非構造部材（縁石、舗装、バラスト）の自重が入る。プレストレス力 P は、緊張と同時に作用し、構造物の供用中に常に作用するが、これは強度の計算で考慮される。ただし、導入された力や偏心によるプレストレスの局部的な効果は、長期荷重と考える。
- 変動荷重 Q（交通荷重、気象に起因する荷重）。その大きさは、時間とともに大きく変わる。
- 特殊荷重 A（地震、衝突、脱線）。これはかなり大きい値となるが、非常に短時間に作用し、出現確率はかなり低い。この特殊荷重は、基準では設計値 A_d として与えられることが多い。

使用性や構造安全性の照査では、使用状況やリスクのシナリオに対応して、異なる荷重を組み合わせて荷重ケースとする。組合せは、照査すべき異なる限界状態や設計概念を考慮に入れる。照査は、一般に荷重の効果を考える。荷重ケースでは、複数の独立した作用の最も不利な値が同時に出現する確率が小さいことを考えて、これらの設計値に低減係数を乗じる。橋の荷重やその値は、10章に示す。

9.5 使用限界状態の照査（SLS）

9.5.1 照査の基本

計算で照査する使用状況については、主構造が、施主の代理人が定義するか規準で決められる制限内で挙動することを示す必要がある。使用限界状態の照査では、以下を調べる。

- 主構造の機能、すなわち希望する要求を満足するか（例えば、橋の場合でたわみが許容値以下となるか）
- 使用者の快適性（例えば、望まれない生理的な影響を与える橋の振動を取り除く）
- 構造物の外観（合成桁橋の床版のひび割れ、あるいは自重によるたわみ）

一般に、これらの限界状態に関して、使用性の照査では、次の設計式が成り立つことを示す。

$$E_d \leq C_d \tag{9.2}$$

ここで、E_d：対象の使用限界状態に対する荷重の効果の設計値
　　　C_d：それに対応する使用限界値で、基本計画書か規準で決められる。

使用性の照査では、式 (9.1) の荷重の効果の計算値 E_d を荷重係数 1.0 とする。

$$\gamma_F = 1.0 \tag{9.3}$$

荷重の効果の設計値 E_d は、対象とする使用限界状態によって、単一の荷重または同時に作用する複数の荷重の組合せからなる荷重ケースを用いて決める。

9.5.2 荷重ケース

式 (9.2) の照査では、SIA 規準 260 では活荷重の発生頻度によって、まれに、頻繁に、ほぼ常に作用する、の3種類の場合に分けている（『土木工学概論』シリーズの第10巻 2.6.2 項、第11巻 6.2.3 項）。活荷重の特性値と関連させた低減係数 ψ によって、いろいろな値の特徴を示す。荷重ケースの種類と考慮する作用の種類（長期か変動）は、満足させたい使用限界状態と作用の結果による。変動する荷重の効果は、回復する場合と不可逆な場合がある。

例えば、道路橋の快適性に関する使用限界状態の例では、設計の基準は、変動荷重（最初の添字＝3）が頻繁（2番目の添字＝1）な荷重ケースの効果によるたわみ w_{31} を制限する。

$$w_{31}(\psi_1 Q_{k1}) \leq \frac{l}{500} \tag{9.4}$$

ここで、w_{31}：交通荷重によるたわみ
　　　　ψ_1：頻繁な荷重ケースの特性値に乗じる低減係数（SIA 規準 260 の付録 B の表 6 によると $\psi_1 = 0.75$）
　　　　Q_{k1}：活荷重の特性値、荷重モデル 1（10.3.1 項）
　　　　l：対象とする支間長

この快適性の使用限界状態では、頻繁な活荷重の荷重ケースで生じる弾性のたわみを照査する必要がある。構造物の完成時の外観に関わる限界状態の照査では、ほぼ常に作用する荷重ケースを用いて、弾性のたわみを照査する。

$$w_2(G_k) \leq \frac{l}{700} - w_0 \tag{9.5}$$

ここで、w_2：長期荷重による長期のたわみ（主構造と非構造部材の自重）、収縮とクリープを含む。
　　　　G_k：対応する長期荷重の特性値
　　　　w_0：桁のキャンバー

式 (9.5) には変動荷重を含まないが、橋の外観に関わるこの限界状態には、長期荷重だけが影響するからである。規準では、橋には常に交通荷重が作用するわけではないため、$\psi_2 = 0$ とする（SIA 規準 260 の付録 B の表 6 による）。キャンバー w_0 は、完成時に死荷重と活荷重の一部（施主の代理人との合意による）が載荷された状態で、少し上向きのキャンバーとなるように決める。この上向きのキャンバーは美的に優れる。

SIA 規準 260 の付録 B と E で、考慮すべき荷重ケースと低減係数 ψ を示す。そうであっても、特殊な使用限界状態については、協定仕様書の作成時に施主の代理人と話し合って決めるのがよい。

9.5.3　使用限界

式 (9.2) によって照査する場合、検討する使用限界状態に合わせて使用性の限界値 C_d を定める。この限界値は、通常照査する異なる状況に応じて規準の中で与えられる。橋では、SIA 規準にたわみと振動についての限界値を示す。ただし、これらの値は目安であり、限界値について施主の代理人との取り決めがなく、協定仕様書に記載がない場合に限って用いる値である。

(1)　たわみ

例として、SIA 規準で提案されるたわみの限界値の目安を**表 9.4** にまとめる。l は支間長または片持ちの張出し長の 2 倍とする。

鉄道橋では、快適な使用性を確保するためのたわみ限界は、支間長と列車の速度による。これらの目安は、荷重の効果が元に戻る状況に相当する。

表 9.4　SIA 規準によるたわみの限界値の目安とそれに対応する荷重ケース

橋の種類	使用限界状態	荷重ケース	
		頻繁	ほぼ常に作用
道路橋	機能性 －道路の伸縮装置に関する鉛直方向の変位	5mm[a]	
	快適性	$l/500$[b]	
	主構造の外観		$l/700$[a]
鉄道橋	機能性（バラストあり） －支間のたわみ 　　$v < 80$km/h 　　80km/h $\leq v \leq 200$km/h －線路のねじれ（図 16.12） 　　$v \leq 120$km/h 　　$v > 120$km/h －床版の上面の隣接する部位（橋台または他の床版）に対する鉛直方向の変位 　　$v \leq 160$km/h 　　$v > 160$km/h	 $l/800$[c] $l/(15v\text{-}400)$[c] 1.0m rad/m[c] 0.7m rad/m[c] 3mm[c] 2mm[c]	
	主構造の外観		$l/700$[a]
歩道橋と自転車橋	機能性 －道路の伸縮装置に関する鉛直方向の変位 －支間のたわみ	5mm[a]	$l/700$[a]
	快適性	$l/600$[b]	
	主構造の外観		$l/700$[a]

[a] キャンバーを差し引き、クリープと収縮を考慮に入れたたわみ。
[b] 荷重モデル 1 によるたわみ。
[c] 荷重モデル 1 と、場合によっては荷重モデル 2 によるたわみ（荷重が作用する軌道は 2 本まで、特性値には衝撃係数が含まれる）。

(2) 振動

　橋は、動的な荷重（交通、風）を受け、そのため振動が生じやすい。振動は、橋の使用を制限させたり、快適性に悪影響を与えたりする。橋の振動は、動的な荷重と橋の応答の相互作用に要因があるため、検討が容易でない。この動的な問題は、斜張橋や吊橋のように風による振動に敏感な橋や、高速鉄道や歩道橋のような特殊な橋では、注意深く検討する。

　歩行者専用の橋は一般に軽量で、歩行者や風によって簡単に振動が生じるので、特に注意が必要である。これに関して、SIA 基準 260 には、鉛直方向の固有振動数が 1.6～4.5Hz になるのを避け、水平方向の振動に関しては、1.3Hz 以下の固有振動数を避けるという注意書がある。この問題は 17.4 節に詳しく示す。

　繰り返し生じる活荷重の振動数と橋の固有振動数が一致すると、橋が共振することがある。共振が生じると、構造部材の破断や橋の崩壊を招くこともあるので、それに対する解析を行って構造安全性の照査に含める。

9.6　終局限界状態の照査（ULS）

9.6.1　照査の基本

　計算による構造安全性の照査は、それに関係するすべてのリスクのシナリオに対して行う。照査では、荷重の作用による設計値と構造部材の抵抗強度を比較する。この照査では、SIA 規準 260 は 4 種類の終局限界状態を区別している。

- タイプ1：主構造全体の安定性（滑動、転倒、アップリフト）
- タイプ2：主構造あるいは構造部材の終局強度（断面の強度、座屈、またはメカニズムの形成）
- タイプ3：基礎地盤の終局強度（滑動、斜面の崩壊、土の破壊）
- タイプ4：主構造あるいは構造部材の疲労強度

タイプ1の終局限界状態に対する構造安全性の照査は、以下の設計の基準が満足されることを確認する。

$$E_{d,dst} \leq E_{d,stb} \tag{9.6}$$

ここで、$E_{d,dst}$：不安定を生じさせる作用の効果の設計値

$E_{d,stb}$：安定な状態を生じさせる作用の効果の設計値

タイプ2とタイプ3の限界状態は、以下の設計の基準が満足するとき、構造安全性が確認されたと見なす。

$$E_d \leq R_d \tag{9.7}$$

ここで、E_d：作用の効果の設計値

R_d：終局強度の設計値（9.6.3項）

荷重作用の効果の設計値 E_d は、同時に作用する荷重の組合せの荷重ケースによるもので、満足すべき終局限界状態と設計の基準によって異なるものを用いる。

9.6.2 荷重ケース

(1) タイプ1の限界状態

この終局限界状態では、橋やその一部に対して荷重ケースをそれぞれ定義する必要がある。設計者は、安定させる作用と不安定にする作用を区別し、検討する安定性のケースによって活荷重を最も不利な位置に与える。式(9.6)で、作用は不等式の左右にあるが、その荷重が安定か不安定に寄与するかによってそれぞれ異なる荷重係数が用いられる。この荷重係数は、SIA規準260に示されており、**表9.5**にその抜粋を示す。自重が、同時に安定か不安定に寄与する場合は、一般に両者に同じ荷重係数を用いる。これは、例えば支承のアップリフトに対する安定性の照査で連続桁の自重に相当する。この場合、自重がアップリフトに対して有利か不利かで荷重係数 $\gamma_{G,sup}$ と $\gamma_{G,inf}$ を用いるのではなく、どちらかの荷重係数を自重全体に用いる。

(2) タイプ2とタイプ3の限界状態

これらの限界状態には、次式で作用の効果の設計値を定めることができる。

$$E_d = E\{\gamma_G G_k, \gamma_{Q1} Q_{k1}, \psi_{0i} Q_{ki}, a_d\} \tag{9.8}$$

ここで、γ_G：長期荷重の荷重係数

γ_{Q1}：主な活荷重の荷重係数

ψ_{0i}：従荷重 Q_{ki} の低減係数（稀であることを示す変動する荷重 i の添字0）

a_d：幾何学的寸法の設計値（断面の寸法、支間、など）、一般に図面上に示される公称値

着目する部材の寸法を決める9.3.5項の考察によって、式(9.8)に相当する荷重のケースが決まる。通常、主荷重に加えて従荷重を1つ考慮するだけで十分である。主荷重が最大値で最も不利な形で作用しているときに、複数の独立した従荷重が作用することは非常に稀だからである。

荷重係数 γ_G と γ_Q は、荷重の種類と終局限界状態のタイプにより決まる。**表9.5**は、SIA規準260のタイプ1とタイプ2の終局限界状態の照査のための荷重係数をまとめて示

す．この規準は，タイプ3の限界状態（基礎地盤）の荷重係数も示す．長期の荷重には，G_kに効果全体が有利か不利かによって$\gamma_{G,sup}$または$\gamma_{G,inf}$を乗じる．橋の低減係数ψ_{0i}は，SIA規準260の付録BとEに示す．

表9.5 タイプ1とタイプ2の限界状態の荷重係数γ_F（SIA規準260による）

作用	γ_F	終局限界状態	
		タイプ1	タイプ2
長期荷重			
－作用	$\gamma_{G,sup}$	1.10	1.35
－抵抗	$\gamma_{G,inf}$	0.90	0.80
変動荷重			
－一般的に	γ_Q	1.50	
－鉄道	γ_Q	1.45	

(3) 特殊荷重

特殊荷重による限界状態に対して，これはタイプ1から3の終局限界状態の特別な場合だが，その作用と効果は次式で表される．

$$E_d = E\{G_k, A_d, \psi_{2i}Q_{ki}, a_d\} \tag{9.9}$$

ここで，A_d：特殊荷重の設計値
ψ_{2i}：特殊荷重に付帯する変動する荷重Q_{ki}の低減係数（変動する荷重iがよく生じる場合の添字2）

(4) タイプ4の限界状態

疲労に関する限界状態に対して，考慮すべき荷重ケースは，SIA規準263と本書の12.7節に示す．

9.6.3 設計終局強度

SIA規準では，一般に強度の設計値R_dは，次式で計算する．

$$R_d = \frac{\eta R_k}{\gamma_M} \tag{9.10}$$

ここで，抵抗係数γ_Mは次式となる．

$$\gamma_M = \gamma_R \gamma_m \tag{9.11}$$

ここで，γ_R：強度モデルの不確実性を考慮した部分係数
γ_m：特性値に対する不利な偏差を考慮した材料強度の部分係数
η：使用材料固有の修正係数（例えば，コンクリートの強度や弾性係数）

終局強度R（特性値R_kまたは設計値R_dの形をとる）は，本書の12章以下で述べる法則や構造物の他の規準に従って決定する．式(9.7)を用いる構造安全性の照査は，用いる解析モデルにより，メカニズムの崩壊荷重（q），断面力（M, T, N, V），あるいは応力（σ, τ）について行う．異なる基準には，異なる抵抗係数γ_Mの値が定義されている．SIA規準とユーロコードでは，これらの値は以下のとおりである．

・$\gamma_{M0} = 1.05$　鋼構造物の断面強度
・$\gamma_{M1} = 1.05$　鋼構造の安定性
・$\gamma_{M2} = 1.25$　継手の強度と純断面強度

- $\gamma_{M0} = 1.50$　コンクリートの強度
- $\gamma_{M0} = 1.15$　鉄筋や鋼材の強度

簡略化するために、SIA 規準においては γ_{M0} と γ_{M1} を区別しないので、抵抗係数は次のようになり、本書では、この表記を用いる。

- $\gamma_a = 1.05$　構造用鋼材
- $\gamma_{ap} = 1.05$　床版に用いる異形の鋼材
- $\gamma_c = 1.50$　コンクリート
- $\gamma_s = 1.15$　鉄筋
- $\gamma_v = 1.25$　継手の部材
- $\gamma_{Mf} = 1.00 \sim 1.35$　疲労

疲労強度は、『土木工学概論』シリーズの第 10 巻の第 13 章で詳しく示す方法で決定される。この照査方法の適用は、本書の 12.7 節に示す。

最後に、構造安全性の照査は、完成した構造物に必要であるばかりでなく、架設時の全段階においても必要であることに注意する。非常に不利な荷重ケースがしばしば生じるため、主構造の部分的な破壊や崩壊の確率は、架設中が最も高い。さらに、架設時の構造系は、完成した構造物とは大きく異なる。

10章　荷重と作用

Load case: traffic as the leading action.

10.1 概要

この章では、橋の詳細設計で考慮すべき荷重と作用について説明する。多くの国では、荷重と作用については、関連する指針や示方書に規定されており、例えばスイスでは、荷重と作用は SIA 規準 261 で規定される。この章では、その基準を詳しく説明するのではなく、詳細設計のための荷重と作用についての見解を補足する。ここでは以下の荷重と作用について示す。

- 10.2 節：死荷重と長期効果
- 10.3 節：交通荷重
- 10.4 節：気象に起因する作用
- 10.5 節：架設時の荷重
- 10.6 節：特殊な荷重
- 10.7 節：支承の摩擦力と拘束力

橋に作用する交通荷重のさらに詳しい情報は、ユーロコード、特に EN1991 の『構造物に作用する荷重』Part2 に記載される。これらで定義される荷重の特性値は、通常、対応する荷重係数とユーロコードで与えられるモデルと抵抗係数と組み合わせて使う。

既設橋の照査では、橋に作用する荷重の情報や、その橋の交通網上の役割によっては交通荷重や自重を低減させたものを用いることができる。既設橋の照査の詳細なガイドについては、文献 [10.1] に示される。また、橋の詳細設計における作用を示す設計例は、19章に示す。

10.2 長期荷重（死荷重）と長期効果

10.2.1 主構造の自重

主構造の自重は、図面に示す寸法と材料の平均単位質量をもとに定めた特性値 G_k で表される。この数値は事前にはわからないため、設計の最初に仮定する。鋼橋では、自重は主に鋼部材によるが、合成桁の場合は、それにコンクリート床版の自重が加わる。

主桁の自重の推定値は、設計者の経験によるか、あるいは実績に基づく経験式によって得られる。この仮定値は、設計の進行に伴ってチェックし、必要なら補正する。鋼橋（主桁、補剛材、対傾構、横構）の死荷重の統計分析で、橋の平均支間長 l_m と鋼桁の死荷重 g_a の関係は、床版の面積の関数として式 (10.1) が得られる。この経験式は、スイスで行われた 30 橋ほどの合成 2 主桁橋の調査をもとにしている。図 10.1 は、3 種類の床版幅員 $2b$ について、支間と鋼重の関係を示す。

例えば、床版幅員が 13m で支間長が 50m の合成 2 主桁橋は、1.05kN/m² であり、2 本の鋼桁はおよそ 13kN/m である。ちなみに、この橋のコンクリート床版は平均厚 300mm で、重量は約 100kN/m であり、これは支間長が変わってもほとんど変化しない。

$$g_a = 0.1 + \frac{0.02 l_m}{0.6 + 0.035(2b)} \tag{10.1}$$

ここで、g_a：鋼桁の自重（kN/m²）
　　　　$2b$：床版の幅員（m）
　　　　l_m：平均支間長　$l_m = \Sigma l_i^2 / l_{tot}$（m）
　　　　l_i：支間長 i（m）（$i = 1...n$）
　　　　l_{tot}：橋の全長（m）$l_{tot} = \Sigma l_i$

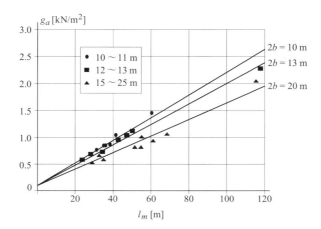

図 10.1　合成 2 主桁橋の支間長と鋼桁の自重の関係

式 (10.1) は、支間長 60m 以下の直線と少し曲線のある 2 主桁橋では、良い結果となる。支間長が 60m を超えると、g_a の値は 5% 程度小さくなる。箱桁橋、多主桁橋、曲線橋についても、式 (10.1) を用いることができるが、条件によりその精度は大きくばらつく。設計者は、基本設計で用いた自重の最初の仮定は、設計が進んだ段階でチェックし、必要なら補正する。

主構造の自重には一定の荷重係数を用い、影響線によって変えない。自重の効果がその照査において不利か有利かによって、上限値あるいは下限値を適用する。**表 9.5** には、タイプ 1（全体の安定性：滑動、転倒、アップリフト）とタイプ 2（主構造の終局強度）の限界状態に適用する荷重係数が示されている。

変断面桁では、自重の分布は支間に沿って大きく変わり、桁の断面力や支点反力を決めるために、鋼重の分布を考慮する。架設時には、主構造の自重とその分布は特に注意して決めるが、それは、架設機材の重量と風荷重を除くと、架設中に存在する唯一の作用だからである。

10.2.2　非構造部材の自重

橋の非構造部材とは、橋に取り付く部材、例えば、車道の舗装、歩道、縁石、高欄、ガードレール、配管、防音壁、照明や標識の設備である。

非構造部材の自重の特性値 g_k は、それらの理論上の寸法と平均単位荷重の積、あるいはその製品の供給者によって定義される。目安として以下のような数値を示す。

- 厚さ 10cm の舗装（スイスでの標準）は 2.4kN/m^2 の荷重に相当する。設計者は、供用期間中に厚さが変化しないことを保証するか、後に舗装が増厚されることを見越して設計計算で考慮する。
- **図 8.6** に示したコンクリート製の高欄の自重は約 10kN/m である
- コンクリート製の重い高欄が不要な場合は、鋼製ガードレールを用いるが、その自重は約 1kN/m である。
- 配管類は、一般にかなり軽い。特別な場合を除いて、管内の水の重さも無視する。

10.2.3　収縮、クリープ、プレストレス

鋼とコンクリートの合成橋では、鉄筋コンクリートまたはプレストレストコンクリートの床版が鋼桁に合成された時点から、収縮、クリープ、必要ならプレストレスの効果を考

慮する。収縮とクリープの影響は 13.2 節で示し、そこでは合成橋に特有の作用について述べる。鋼桁へのプレストレスの伝達は 13.5.4 項で示し、プレストレスの損失に関しては 8.6 節で示す。

10.2.4 支点の沈下

構造安全性の照査では、支点の沈下を考慮するかしないかは、支持条件と用いる解析方法による。静定構造物の場合、支点の沈下は曲げモーメントや軸力に影響しないので、構造安全性の照査に考慮しない。不静定構造物の場合は、各断面は生じる断面力に抵抗できなければならない。したがって、通常行われる弾性の構造解析で断面力を求めるときは、支点の沈下を考慮する。

使用性の照査では、支点の沈下を必ず考慮する。それはある限界値を超えないことで、橋の縦断が過度に変化しないように制限するが、この制限値は、設計者自身か、施主の代理人との話し合いによって決める。

力学的または美観的に許容できない支点の沈下を修正するために、設計者は支点を元の位置に戻す構造を計画しておく。これは 6.4 節で検討する。この構造は、不具合の生じた支承の交換にも使える。

10.2.5 土圧と水圧の作用

基礎と橋台の設計には、水平な土圧と水圧を考慮する。この作用は、構造安定性の照査に支配的になることもある。土質力学によって土圧の大きさを決める。SIA 規準 261 は、基礎地盤が構造に及ぼす影響に関して 1 つの章を割いている。適用する荷重係数は、SIA 規準 260 に定められている。

10.3　交通荷重

橋は、その用途によって、自動車、鉄道、歩行者、あるいはその組合せを支持する。それらに対応した活荷重ついて、以下に示す。水管、ガス管、電線などの付属物の荷重はこの節では取り扱わない。設計者は、これらの荷重について関連当局に相談する。

10.3.1　道路橋
(1)　荷重モデル

橋を通る道路交通により、主構造には鉛直荷重と水平荷重が作用する。荷重の特性値は、交通荷重の測定と数値解析をもとにして決める。SIA 規準 261 では、橋上の実際の荷重は、主構造に対して同じ荷重作用を及ぼす荷重モデル 1 によって表される。この荷重モデルでは、集中荷重を代表する 2 組の 2 軸荷重と、分布する車の重量を考慮するために、等分布荷重が作用する領域を与える。この荷重モデル 1 を図 10.2 に示す。

このモデルでは、車両が通る範囲を仮想の車線に分け、等分布荷重と集中荷重を作用させる。番号 1 と 2 を付した 2 本の仮想車線には、等分布荷重と 1 組の 2 軸荷重が作用する。車線 1 (トラック車線) は最も重い荷重が作用し、車線 2 に作用する荷重は、トラックと乗用車の混合に相当する。仮想車線 3 と残りの橋面は、主に乗用車に相当する等分布荷重が作用する。

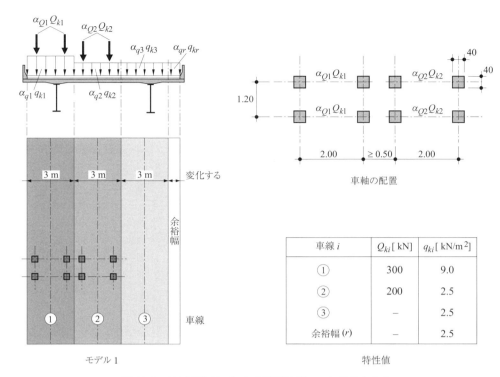

図 10.2 SIA 規準 261 による荷重モデル 1 とその大きさ

(2) 路面の仮想車線への割り振り

車道は、幅 3m の仮想車線に分ける。この幅が考慮する車線数を決める。残りの車道部分は余裕幅とする。設計者は、車道は、道路交通が進入可能なすべての橋面を指すことに留意する。つまり、歩道が常設の分離帯によって車道から分離されていなければ、歩道も車道の一部となる。車道の幅員が 5.4m 以上 6m 未満の場合、同一の幅の 2 本の仮想車線とする。車道の幅員が 5.4m 以下の場合は、幅 3m の仮想車線 1 本のみを考え、残りは余裕幅と見なす。

ユーロコード 1 では、橋の車道が常設の分離帯がなくて 2 方向の通行があるときは、分離帯も含めた車道の総幅員から仮想車線数を計算する。車道が連続する分離帯で分けられて 2 方向の通行があるとき、または車道が独立した 2 つの床版で構成されるときは、各々の車道の幅員を独立させて仮想車線数を計算する。

(3) 荷重モデル 1 の配置

橋軸方向の断面力の計算には、2 組の 2 軸荷重を橋軸直角方向に仮想車線の中央に配置する。床版の局部的な影響の計算では、2 組の車軸荷重をそれぞれ中央から動かして載荷する。しかし、2 組の 2 軸荷重を同一の断面に配置する場合は、2 組の間には最低 0.5m の間隔をあける。

最も荷重の大きい車線 1 は、解析すべき構造部材に着目して、車線の橋軸直角方向で最も不利となる位置に配置する。車線 2 は、必ずしも車線 1 に隣接して配置しなくてもよい。橋軸方向では、荷重は検討する部材の影響線に従って、最も不利となるように配置する。図 11.26 と図 11.27 は、合成 2 主桁橋で最大曲げモーメントを得るための荷重配置の例を示す。

ユーロコード 1 では、床版に 2 方向の交通が作用する場合、上下線の間に分離帯があっ

ても、仮想車線の番号は単一としている。言い換えれば、最も荷重の大きい車線1しか考慮せず、解析する構造部材にとって最も不利な位置に配置される。

2方向の交通が独立した2つの床版で支持される場合は、各車道に仮想車線の番号を付け、互いに別々に荷重を考慮する。しかし、上下線分離の車道が1つの下部構造で支持される場合は、車線の番号は単一となる。

(4) 特性値

道路の交通荷重の特性値は、ヨーロッパ数カ国で調査したデータを分析して決められた。この特性値は、年超過確率0.001をもとに計算し、係数α_{Qi}とα_{qi}（図10.2）を用いて調整する。この活荷重モデルの係数は、国別に定められる。スイスでは、係数α_iの値は通常0.9であるが、この係数は、重要性の低い道路や幅の狭い道路の場合、0.65まで下げることができる。また、特別な場合には、0.9以上を適用することもある（大型車の混入率が高い、頻繁に渋滞する）。係数α_iを増減するには、道路管理者の了解が必要となる。

特殊輸送車輌の通過可能な幹線道路の橋の場合は、大型輸送を扱う荷重モデルを考慮する。このモデル（荷重モデル3）はSIA規準261/1に示される。ユーロコードで定める非常に重い車軸の荷重モデル2は、SIA261では採用していない。

荷重モデル1は、疲労の応力の計算にも用いるが、その場合は、仮想車線1に車軸荷重$\alpha_{Q1}Q_{k1}$だけを考慮する。橋軸直角方向では、この車線は、実際の車線に合わせて配置する。橋軸方向では、車軸荷重は、検討する断面の応力範囲が最も大きくなるように配置する。ユーロコードでは、さらに詳細な疲労照査が可能な他の荷重モデルを提案している。2方向の交通や複数の車線がある場合、同時載荷の影響を係数λ_4を用いて考慮する（12.7.2項）。

(5) 衝撃係数

橋の動的挙動はかなり複雑である。それは多くの要因の影響を受けるが、例えば、主構造の動的特性（固有振動数、減衰）、舗装の凹凸、交通の特徴（車の形、荷重の分布など）、車両の特徴（サスペンション、ダンパー、固有振動数など）、走行速度が挙げられる。一般に、これらの要因をすべて構造解析に導入するのは不可能である。活荷重の動的な効果は、簡略化のために、弾性解析の結果に衝撃係数を乗じて評価する。この衝撃係数は、構造安全性と疲労安全性の照査では、必ずしも同じである必要はない。衝撃係数の値は、既設の橋の評価のように（19章）、設計者が交通の特性と交通網における橋の役割をよく理解する場合は、補正してよい。

ユーロコードと同様にSIA規準261では、衝撃係数を暗黙のうちに車軸荷重の特性値の中で検討しており、その衝撃係数は約1.8である。しかしこれには、車道の伸縮装置付近の動的な影響は考慮されていない。そのため、対応する荷重を計算するには、伸縮装置から測って3mの距離までは、車軸の組合せ荷重に衝撃係数$\phi = 1.3$を乗じて曲げモーメントやせん断力を計算する。

道路橋と鉄道橋の場合は、構造物の共振は考慮しないが、通常では共振を生じる条件にならないからである。しかし、鋼重が軽くて振動しやすい歩道橋の場合には、共振を考慮する（17.4節）。

(6) 水平荷重

道路交通の水平荷重は、車の減速や加速によって生じる橋軸方向の荷重である。曲線橋での遠心力の作用は、通常、道路交通では考慮しない（SIA規準261、第10.2.5.1）。自動車の加速時の荷重Q_Aと減速時の荷重Q_Bは、仮想車線1に作用する荷重モデル1の大きさに比例する。この荷重は車道の路面に作用し、SIA規準とユーロコードによると、その特性値は次式で定義される。

$$QA_k = QB_k = 1.2\alpha_{Q1}Q_{k1} + 0.1\alpha_{q1}q_{k1}b_1 l \leq 900 \text{ kN} \tag{10.2}$$

ここで、b_1：仮想車線 1 の幅（通常 3m）
　　　　l：着目する上部構造の伸縮装置間の距離

　自動車がガードレールや壁高欄、あるいは橋脚に衝突する荷重は、特殊荷重と見なし、10.6.2 項で示す。構造安全性を保証するためには、これらの衝突荷重を受ける構造部材には細心の注意を払う。

10.3.2　その他の橋

　鉄道の荷重や、歩道橋、自転車橋に作用する荷重は、鉄道橋については 16 章、歩道橋、自転車橋については 17 章に示す。

10.4　気象に起因する荷重

10.4.1　風荷重

(1)　完成後の状態

　橋桁や橋脚に作用する風荷重は、これらの部材の形と大きさにより異なる。風荷重を決めるには、風の動的な圧力、橋の位置、その形、そして動的な効果への感度が関係する。SIA 基準 261 の表 63 には、荷重係数が示されるが、桁と床版の断面形状を考慮して分類されている。この表には、風荷重の水平と鉛直の作用点の位置も示される。風荷重は、作用線と断面の回転中心の位置によっては、主桁にねじりを生じさせる。

　EN1991（ユーロコード 1）、特に Part 1-4 には、橋に作用する風荷重を正確に計算できる詳細な手引きが示されている。しかしながら、このように長く複雑な計算が、実際に有効で正確なのかは疑問に思われる。なぜなら、多くの要因について、橋に作用する風をそれぞれのケースについて現実的にモデル化するのは、ほとんど不可能である。大多数の橋では、風荷重は、最終的には構造部材の形状にごくわずかな影響しか与えない。したがって、風荷重の推定は、SIA 規準で提案される程度で十分に適切であろう。

　ある種の橋、例えば地上高が大きい橋（> 100m）や、吊り形式の橋では、特別に風の静的、動的な影響の検討を行うことが望ましい。さらに、風が地形に大きく影響を受けるような場所では、状況に応じて（例えば、長い桁橋の送出し架設）この検証を行うとよい。

(2)　架設時

　架設中、特に送出し工法あるいは張出し工法で架設する場合には、風荷重が支配的な要因となりうる。各架設段階で風の影響を受ける時間は限られる（数時間から数カ月）ため、強い風が吹く可能性は橋の完成後よりも低く、風荷重の特性値を減らすことができる。この低減については、規準には明記されていないため、施主の代理人の同意が必要である。風荷重の低減を考慮するには、以下の 2 つのケースが考えられる。

・架設期間が短い場合：検討する架設が数時間に限られ、構造物の安全性を確保する作業（支承の固定、片持ち部のケーブルによる支持など）を数時間で行える場合は、その一帯で採用される風の基準に合わせて、限界風速を定める。気象情報によって、通常 48 時間ぐらい前には、架設が可能かどうか判断できる。予測の風速が、定めた限界より低い場合は架設作業を開始する。予報が間違った場合は、架設は中止し、構造物を数時間安全な状態とする。予測の風速が限界より大きい場合は、架設を延期する。天気予報による管理は、鋼橋の送出し工法には最適であるが、当然、定められた風速限界が低ければ低いほど、送出しが中止となる日数が増えることになる。したがって、

この架設方法を用いる場合には、現場の進行状況と架設費用との妥協点を見つけることが重要である。例えば、高速道路 N1 線のヌシャテル湖畔にあるヴォー高架橋の送出し工法による架設では、最大風速が 60km/h に定められており、これは風荷重 0.17kN/m² に相当する（規準による最小の参考値は 0.9kN/m²）。

・長期の架設期間の場合：架設状態が長い期間（数週間から数カ月）にわたり、天気予報を用いるには長すぎる場合、または構造物の安全確保を数時間では行えない場合がある。この場合は、その近辺で測定した風速のデータを統計的に評価して、選んだ風速が超える確率を考慮して風荷重を低減する。

10.4.2 温度の影響

(1) 温度の変化

年間、または 1 日を通しての気温の変化と日照は、橋の部分や全体におよそ均一な温度上昇を生じる変動荷重である。橋の温度変化は、橋の位置や向き、断面形状、材料の性質、および通風状態に左右される。一般的には、どんな断面や床版に関係なく、温度変化は以下のように分けられる（図 10.3）。

・温度の一様な変化 ΔT_1
・温度の線形変化（勾配）ΔT_2、これはさらに鉛直方向の変化 ΔT_{2y} と水平の変化 ΔT_{2z} に分けられる。
・温度の非線形な変化

日照条件、例えば片側のみ日照を受けることにより、床版の幅員方向での温度変化が生じる。しかし、SIA 規準 161 は、この状況に対しては値を定めていない。

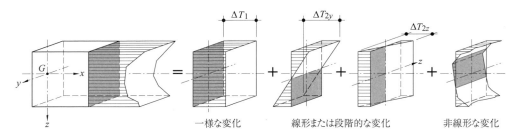

図 10.3　断面の温度変化の分解の原理

温度の一様な変化は、年間の気温の変化に起因する。気温の一様な変化の特性値 ΔT_1 は、その場所の平均気温の変化を参考にしており、SIA 規準では以下のように与える。平均気温は、スイス高原では約 10℃ である。

・鋼橋では：± 30℃
・合成桁橋では：± 25℃

床版の断面に生じる温度勾配 ΔT_2 は、1 日の日照変化による加熱と冷却に起因する。この温度勾配は、断面の上と下（鋼橋）、あるいは床版の上と下（合成橋）の違いで特徴づけられる。SIA 規準 261 は、ΔT_{2y} の特性値を以下のように定める。

・鋼橋では：+10℃（より熱い上面）または −6℃（より冷たい上面）
・合成桁橋では：コンクリート床版の厚さ方向で +12℃（より熱い上面）または −4℃（より冷たい上面）；鋼桁の温度は一様と仮定する。

規準に示される線形の温度変化とその数値は、現実を反映するモデルにすぎない。橋の断面で実際に測定した温度が、規準とはかなり異なることもある。例えば図 10.4 は、合

成桁橋の断面で、SIA 規準で提案する温度の鉛直変化と、床版内の温度勾配が最大なときに測定した温度分布を示す。この例では、合成桁の鋼断面に作用する応力が大きく異なる。このような差は、この計算がかなり複雑なことを考えると、基準のモデルで計算することの有効性に疑問が生じる。これについては、13.2.3 項に示すが、そこでは合成桁橋の温度の影響を考慮する。

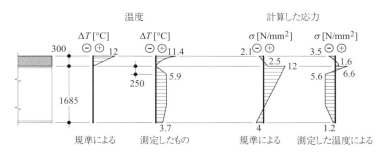

図 10.4　計測された温度勾配 ΔT_2、SIA 規準 261 で提案される温度勾配、および対応する応力の計算値の比較

最後に、温度による応力は、変形による他の応力と同様、構造安全性の照査では無視できる。13.4.2 項に、合成桁の解析に関してより詳細に示す。

(2) 温度変化の影響

温度が変化すると、材料は変形する。主部材の変位が拘束されていない場合は、変形（伸び、縮み、曲がり）が生じる。逆に、変位が拘束される場合（不静定構造）は、温度応力が生じ、軸力、曲げモーメント、せん断力によって、断面に応力が生じる。

橋の床版が自由に変形できる場合、温度の一様変化 ΔT_1 は、橋軸方向の変形を生じるが、この変形は伸縮装置で吸収される。温度に起因する変形 Δl の計算は、次式を用いる。

$$\Delta l = \alpha_T \cdot l \cdot \Delta T_1 \tag{10.3}$$

ここで、α_T：線膨張係数（鋼材とコンクリートでは $10^{-5}/℃$）
　　　　l：対象とする部材の長さ
　　　　ΔT_1：温度の一様な変化

例えば、線膨張係数 α_T が $10^{-5}/℃$ であるコンクリート橋や鋼橋の場合、温度が 1℃ 変化することで、長さ 100m につき 1mm の変形が生じる。橋の温度の一様な変化は、年間の気温の変化に相当するが、伸縮装置と可動支承の使用性に対する設計要因となる。

伸縮装置と可動支承の変位の計算のために、スイス連邦道路局 [10.2] は、上記に示した温度変化の値を ±10℃ だけ増加することを提案している。この補足的な温度変化は、通常、工場で行われる部材の調整で想定した温度と、現場架設時の温度との差を考慮する。また、架設時の気温が、10℃（スイス高原の年間平均気温）とかなり異なる場合、それを考慮して上記の補正した数値を用いる。さらに、橋の供用期間中、十分な変形性能を持たせるために、この 2 つの温度変化の合計を 50％増しにする。この変位が、全部または部分的に拘束された場合は、橋体に軸力が発生し、対策をしないと橋脚や橋台に伝わる。コンクリートと鋼の線膨張係数の少しの違いによる拘束は無視できる。

温度勾配 ΔT_2 の影響で、桁は、正の温度勾配（上面の温度の方が高い）では上に反り、負の温度勾配では下に反る。変形が拘束されると（連続桁の場合のように）、支点反力が橋脚と橋台に生じ、それによって上部構造に曲げモーメント（せん断力）が生じる。断面が、異なった線膨張係数をもつ複数の部材で構成される場合、上記と同じような効果が生じる。

もし水平の構造系が静定であれば、水平方向の温度変化の影響で、桁は側方に変形する。水平方向の温度勾配が大きい場合は、例えば橋の送出し架設のときに手延機が予定どおり次の橋脚に正確に到達するよう、温度勾配を考慮する。もし、構造が水平面で不静定の場合、支承と橋脚に水平力が生じ、これによって鉛直軸まわりの曲げモーメントが生じる。

温度が非線形に変化する場合は、断面内でつり合う応力が生じる。この応力は、通常設計では考慮しない。考慮する場合には、桁断面の正確な温度分布がわかれば、この応力を推定できる。

10.4.3 雪荷重

橋の設計では、普通雪荷重は考慮しない。しかし、降雪量の多い地方にある主要な道路では、自動車荷重と雪荷重の半分、あるいは自動車荷重なしですべて雪荷重を作用させることが不利になるなら、その荷重で照査する。雪荷重の設計値 q_s は、SIA 規準 261 か他の基準から、その地域の降雪状況を参考にして用いる。

10.5 架設時の荷重

橋の架設時には、上部構造に自重や架設に関わる大きな荷重が作用する。後者は、架設機材の荷重、資材の一時的な保管、場合によっては仮置きされた本体の部材などである。架設段階の死荷重とその橋軸方向の分布は比較的正確に計算できるが、架設に関わる荷重の場合はそうではない。基準には、コンクリート打設時の荷重や作業員の体重、仮置きされた資材や部材などの荷重は示されない（なお、EN1991-6 には最低限の値が示される）。これらの荷重を想定し、施工計画書、特にコントロールした施工のための品質管理要領に適切な形で考慮するのは技術者である。現場の架設機材、可動あるいは固定クレーン、型枠ワーゲン、などに関しても同様である。

架設中に考慮すべき荷重の種類とリスクのシナリオは、鋼部材と床版の架設工法に大きく依存する。採用される架設工法によっては、特殊荷重も存在する。異なるリスクのシナリオとそれに関わる作用荷重は、7 章（鋼構造の架設）と 8.4 節（コンクリート床版の架設）に示す。また、鋼構造の架設中に橋脚に作用する特殊な荷重も考慮するが、この荷重は、完成後のものとは大きく異なることがある。

さらに、構造設計で用いた仮定や、仮置き資材の位置や片持ちの大きさなどに関わる架設の計算仮定が遵守されていることを検証するために、適切な監視方法を適用する。こういった手順は、施工時に用いる品質管理計画にわかりやすく記述しておく。

10.6 特殊な荷重

10.6.1 地震の影響

欧州の規準では、地震荷重は特殊荷重と見なされる。地震時の橋の照査では、原則として構造安全性と使用性を照査するが、使用性の照査は 1 つの分類の橋だけに適用する。それは、その地域に重要な橋で、地震後も機能し続けなければならない橋である。例えば、谷間に架かるその地区の唯一の交通手段の橋と比べると、田舎にあってほとんど使われない橋は、その重要性が小さい。どちらの場合も橋の崩壊はあってはならないが、後者の橋は、大きな損傷により一時的に使用不可になることは許容されるが、前者の橋では、地震後に使用性を低下させる損傷は許容されない。すなわち、後者の橋は、地震時の構造安全性の照査のみを必要とし、前者の橋では、それに加えて使用性の照査も必要となる。

したがって、橋の分類は、その重要性の関数となる。そのために、橋を次の3つの等級（CO）に分類する。その基準は、救助作業に対しての橋の重要性、平均的な使用のレベル、損害の可能性とそれが環境に及ぼすリスク [10.3] による。SIA 規準 261 では、その等級に入る橋の例を示している。それぞれの等級には、重要度係数 γ_f が与えられ、設計ではそれを地震荷重に乗じる。

ほとんどの特殊な荷重と同様、地震荷重に対しては、設計計算に頼らないで適切な細部構造を選ぶことが最も効果的な対策となる。地震を受ける構造物の挙動を向上させる設計上の対策は、SIA 規準に示される。これらの対策は、橋の等級によって推奨あるいは義務となるが、さらに、地震危険地域（Z）による地理的な条件の関数となる。異なる地域は、計算で用いる水平加速度の値に影響する。地震対策は、橋脚や橋台に伝達される地震作用に影響を与える基礎地盤の特性にも左右される。

地震時には、橋は、地盤動によって橋軸方向と橋軸直角方向の水平地震動、および鉛直地震動を受ける。桁橋の場合、地震による結果、以下のことが生じる。
・上部構造の支点からの落下
・支承の損傷、特に固定支承
・橋台の破損
・橋脚の破損
・伸縮装置の破損

上部構造の支点からの落下は、どんな場合にも避けなければならないが、支承、橋台、橋脚、伸縮装置の破損は、通常、修繕が可能である。前述のように、設計者は、設計段階でこれらに適切に対応し、適切な支点や橋脚の細部構造を計画する。

(1) 橋の耐震設計の考え方と構造詳細

地震による負荷は、橋脚の弾性変形と塑性変形によって吸収されなければならない。上部構造は、地震時には弾性的に挙動する。地震時の挙動に限れば、中間の伸縮装置は弱点となるため、長く連続した構造で伸縮装置がない方が一般的に有利である。支間長が同程度の連続桁の方が、支間長が不揃いなものよりよい。さらに、橋軸方向では、遊動連続桁の方が、橋台に固定点のある橋より良い挙動を示すが、これは固定支承は地震で生じる大きな水平力に耐えられないためである。地震の作用に関する設計と構造詳細に関する詳細な手引きは、参考文献 [10.4] が参考になる。

橋の安全性の確保には、支点が地震荷重に抵抗するように設計されていても、地震によって上部構造が転落しないよう対策することが義務づけられている。この対策として、桁端と橋台の前面までに、橋軸方向にある程度の桁掛かり長を確保する。図 10.5 に示すように、この桁掛かり長の寸法は、固定支承を有する橋の b_1 と b_2、遊動連続桁の橋台の可動支承は b_2 となる。これらの値は、地震時の上部構造に対する地盤変位の検討に基づいている。したがって、これらは橋がある地震危険地域と、地盤条件（地盤の等級で定義される）により決まる。

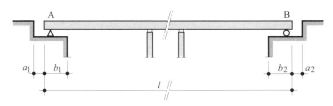

図 10.5　上部構造の落下を避けるための支承付近の寸法

橋台の桁掛かり長の b_1 と b_2 の値は、ユーロコード 8 [10.5] による式 (10.4) から式 (10.6) で定義されるが、同様の定義は参考文献 [10.6] にも与えられる。これらの定義は、ユーロコード 8 の旧版に基づく SIA 規準 261（2003）とは少し異なる。

・固定支承を有する橋の場合（点 A）：

$$b_1 \geq 0.2 \text{ m} + a_2 + \frac{2l}{l_g}u_{gd} \leq 0.2 \text{ m} + a_2 + 2u_{gd} \tag{10.4}$$

$$b_2 \geq 0.2 \text{ m} + a_1 + \frac{2l}{l_g}u_{gd} \leq 0.2 \text{ m} + a_1 + 2u_{gd} \tag{10.5}$$

・遊動連続桁の場合：

$$b_2 \geq 0.2 \text{ m} + \left(1.3 + \frac{2l}{l_g}\right)u_{gd} \leq 0.2 \text{ m} + 3.3u_{gd} \tag{10.6}$$

ここで、l：固定支承を有する橋の全長、または遊動連続桁の橋台と理論上の不動点の間の距離。

l_g：表 10.6 に示す基礎地盤の等級による長さの参照値。これは、これ以上では地盤の動きは関係しないと見なされる地盤の変位であり、すなわち橋台と橋脚基礎の間の最大変位が $2u_{gd}$ であることを意味する。

u_{gd}：表 10.7 に示す等級 CO I に対する地盤の変位の設計値。等級 CO II と CO III については、表の値に γ_f を乗じるが、それぞれ 1.2 と 1.4 である。

表 10.6　地盤の等級による長さの参照値 l_g（EN1998 による）

基礎の地盤の等級	A	B	C	D	E
長さ l_g [m]	600	500	400	300	500

表 10.7　CO I に対する地盤の変位の設計値 u_{gd} [mm] [10.6]

基礎地盤の等級		地域 Z1	地域 Z2	地域 Z3a	地域 Z3b
A	岩盤かそれに相当する地盤（例：花崗岩、片麻岩、石灰岩）、表面に 5m 以下のやわらかい材料がある場合を含む	20	40	50	60
B	非常に密な砂、礫の堆積、または非常に堅い粘土で、数十 m（30m）の厚さ以上、深くなるに従って機械的性質が大きくなるもの	40	60	80	100
C	密な、あるいは比較的密な砂、礫の堆積、または堅い粘土で、厚さが数十 m（30m）から数百 m に及ぶもの	50	70	90	110
D	締め固められていない粘着しない土、または粘着性の土で、厚さ数十 m（30m）以上のもの	60	110	140	170
E	基礎地盤が C または D の沖積層で成り立ち、厚さが 5m から 30m、より堅固な材料の A または B の層の上にあるもの	40	70	90	110

表 10.8 は、例として、式 (10.4) から式 (10.6) で求めた桁掛かり長を示す。これらは、橋台に固定支承をもつ橋と遊動連続桁について、橋の等級は CO III、不利な基礎地盤（等級 D：締め固められていない細かい砂）の条件で計算した。支承を設置するのに必要な構造に対して、これらの値は $a_1 = a_2 = 1.0$m であり、容易に施工できることがわかる。

表 10.8　桁掛かり長の最低の長さ b_1 と b_2 の例（CO Ⅲ, $a_1=a_2=1.0$m）

SIA 規準 261 による地震危険地域	地盤の等級 D, 不利な地盤（SIA 規準 261 による）			
	b_1 と b_2 [m]　橋台の固定支承		b_2 [m]　遊動連続桁	
	$l=50$m	$l=200$m	$l=200$m	$l=500$m
Z1	1.23	1.32	0.44	0.50
Z2	1.25	1.40	0.60	0.70
Z3a	1.27	1.46	0.72	0.85
Z3b	1.28	1.52	0.84	1.00

橋軸直角方向では、桁の支点からの転落の危険性は小さいが、それは端対傾構と断面のねじり強度が転落を防止するからである。しかし、地震危険度の高い地域や、断面の形状によっては、桁の落下防止のために横に保持する構造を設けた方がよい。

(2) 照査

地震荷重による構造安全性の照査は、すべての橋で行う。この照査は、主に橋脚、支点の周辺、および固定支承がある場合は、それも対象とする。通常、橋の桁本体の照査は、水平力、鉛直力ともに不要である。

使用性の照査は、等級 CO Ⅲ の橋のみに要求される。この照査は、特に伸縮装置の機能と可動支承の変位に関して行い、構造安全性の照査に用いる地震荷重の半分に対して保証されなければならない（しかし $\gamma_f=1.4$ を使う）。

地震荷重に対する設計では、保有水平耐力による設計（十分な変形性能をもたせる設計法）を用いるのがよい。地震時に十分変形するように、構造物の中に塑性ヒンジを設け、構造詳細を設計する。他の構造部材は、塑性領域が終局強度に達した場合でも、弾性内に収まるように補強する。橋の保有水平耐力による設計は、通常、橋脚に対して行い、上部構造に固定される橋脚の下端に塑性領域を設定する。上部構造は、地震時に弾性内に収まるようにする。

地震時の力の計算には、震度法と応答スペクトル法がある。前者は、地震の作用力を地盤の加速度と構造物の質量をもとに計算した等価な力に置き換える方法である。後者は、構造物の線形弾性モデルの動的解析である。両者の方法は、参考文献 [10.7] に詳細に述べられている。

橋には、震度法による設計が適している。構造物は、質量、バネ、ダンパーをもつ単純な 1 自由度系としてモデル化できる。橋軸直角方向に剛と仮定できる桁は、質量の大部分は桁の位置となり、橋脚は水平方向の安定性を保つ。震度法は、SIA 規準 261 で示されている。しかし特殊な構造物（アーチ、吊形式の橋の塔）は、地震による動的影響の詳細な計算が必要となる。

(3) 付帯荷重

SIA 基準 260 では、特殊荷重を考慮するときには、長期荷重とともに、準長期的な活荷重 $\Psi_{2i}Q_{ki}$ と特殊荷重 A_d を考慮する。橋には $\Psi_{2i}=0$ で、これは地震時の照査には、交通荷重を含まなくてよいことを意味する。

10.6.2　衝突

構造物に対する衝突荷重は、SIA 規準 261 では特殊荷重と見なされ、これは自動車、鉄道車輌、船、飛行機、クレーン、落石などに起因する。

このような特殊荷重には、まず衝突の可能性を排除するか減らすために、その要因に対して予防策を講じるのが望ましい（例えば、下が幹線道路や鉄道の場合に橋脚の位置を変える）。落石防護網や橋脚の前に設置するコンクリート製の擁壁、防護柵などのように上部構造を保護する部材も有効である。また、上部構造を不静定な構造とすると、万一構造部材が部分的に損傷しても、上部構造の崩壊を防ぐことができる。

危険要因への対策や防護工などの使用などでリスクが十分減らせないときは、衝突に対する十分な強度を構造部材に確保する。計算には、衝突する物体の質量と速度、さらにその対象となる構造部材の弾性と塑性の変形性能を考慮する。SIA 規準 261 では、衝突荷重を等価な静的な力に置き代えてモデル化する。

(1) 道路交通による衝突

幹線道路が上部構造に近い場合は、通行車輌による衝突を考慮する。規準では、衝突を考慮しなくてよい距離を定めており、市街地の道路で 3m 以上、郊外の道路で 10m 以上離れている場合は、衝突荷重を無視できる。橋の構造部材を設計する場合、正面からと側面からの衝突を区別する。さらに、衝突する物体が、大型貨物車の台車、車体の一部、あるいは積荷ということもある。SIA 規準 261 と連邦道路局の指針 [10.8] では、衝突を図 10.9 に示すように区別している。

(a) 車の正面が橋脚に衝突（車の台車）、作用線は交通の進行方向に対して角度 α をなす。
(b) 車の側面が壁またはパラペットに衝突、作用線は道路の軸に直角である。
(c) 車体か積荷が正面から橋脚に衝突する。
(d) 車体か積荷が側面から防護壁に衝突する。
(e) 車体か積荷が正面から道路上の橋の上部構造に衝突する。

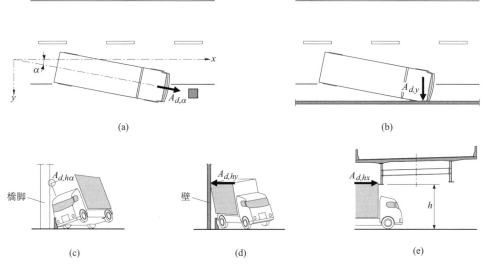

図 10.9　衝突の種類とそれによる力の記号を示す模式図

(2) 基本の値

衝突の設計値は、確率論に基づいて定められている。特に、指針 [10.8] では、様々な衝突について設計値を求める基本の値 Q_0 を設定している。この指針が示す基本の値は、SIA 規準 26 の設計値にほぼ対応している。しかし、指針はこれまでの基準に比べて、安全側の設計値を設定しており、衝突を説明するそれ以外のパラメーターを考慮する。基本の値を表 10.10 に示すが、そこでは等価水平荷重（衝突荷重）の衝突面積とその位置も示す。

表 10.10 文献 [10.8] による衝突荷重の設計値を求めるための基本の値 Q_0 と荷重を作用させる方法

	(a) 正面の衝突 （台車）	(b) 側面の衝突 （台車）	(c) 正面の衝突 （車体と積荷）	(d) 側面の衝突 （車体と積荷）	(e) 上部構造に 対する 正面の衝突
	$Q_{0,x}{}^a$[kN]	$Q_{0,y}$[kN]	$Q_{0,hx}{}^a$[kN]	$Q_{0,hy}$[kN]	$Q_{0,hx}$[kN]
高速道路	1500	600	500	200	750
主要道路 $v=80$km/h	1000	400	333	133	500
市街地	500	200	150	60	250
衝突面積	0.4m × 1.5^{b}m				集中荷重
衝突面積の中心の 路面からの高さ	0.75m 〜 1.5m		1.5m 〜 4.0m		下フランジに 対して

(3) 設計値

郊外では一般道と高速道路に対して、等価衝突荷重の設計値は、上部構造と車道端との距離、交通量と大型車混入率、上部構造に対する防護工の有無の関数となる。設計値は、式 (10.7) と式 (10.8) で決まる。

大型貨物車の台車か車体が、橋脚か壁へ、正面からか側面から衝突する場合、

$$A_d = \psi_s \cdot \psi_v \cdot \psi_r \cdot Q_0 \tag{10.7}$$

ここで、Q_0：表 10.10 に示す基本の値

ψ_s：図 10.11(a) に示す上部構造と車道端の距離を考慮した低減係数。地面が平坦でない場合、この低減係数を修正する。指針 [10.8] にこの修正方法が示される。

ψ_v：交通量を考慮した割増係数。指針 [10.8] にこの設定方法が示される。しかし、通常は、大型車は全交通量の 6% 程度で、20,000 台の日交通量では 1.0 となり、60,000 台では 1.35 となる。

ψ_r：防護工を考慮した低減係数

車道と上部構造の間にコンクリート製防護壁のような防護システムがある場合（図 10.9(c) と (d))、$\psi_r = 0$ となる。しかし、これが上部構造から 2m 以内にある場合は、橋脚や壁に対する車体や積荷の衝突を考慮する。防護柵が計画される場合は、低減係数は、防護柵の種類と上部構造からの距離によって決まる [10.8]。

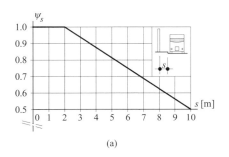
(a)

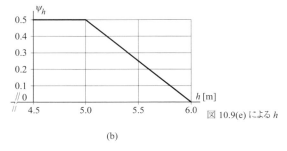
(b)

図 10.11 距離 s による低減係数 ψ_s（平地）とクリアランス h による低減係数 ψ_h

橋の上部構造に車体か積荷が正面から衝突する場合、

$$A_{d,hx} = \psi_h \cdot Q_{0,hx} \tag{10.8}$$

ここで、ψ_h：図 10.9(e) のクリアランスを考慮した低減係数（図 10.11(b)）

市街地では、等価衝突荷重は、表 10.10 に示される基本の値に等しい。参考文献 [10.8] によれば、この場合の値は単なる目安である。構造物の向きや、傾斜、カーブといったその土地の特徴も考慮して、これらの値を増減する。台車の正面衝突と側面衝突の場合には、SIA 規準 261 では、特に衝突により上部構造が負うリスクが高いと仮定し、設計値は基本の値を 50%増しした値を定めている。

(4) 付帯荷重

SIA 規準 260 では、衝突のリスクのシナリオについて、設計者は、衝突荷重と死荷重に加えて、付帯荷重の頻繁値 $\psi_1 Q_k$ も考慮すべきかを決める必要がある。橋のパラペットや橋脚への衝突に関しては、交通量の多い道路では、衝突荷重と同時に橋上での車輌荷重の影響を考慮するのが一般的である。図 10.12 に、床版の張出し部と橋脚に衝突した場合を示す。交通荷重は、荷重モデル 1 で代表され、SIA 規準 261 では、それに $\psi_1 = 0.75$ を併用する。

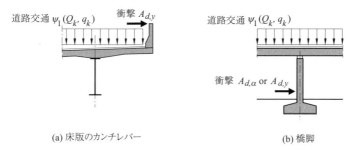

(a) 床版のカンチレバー　　　　(b) 橋脚

図 10.12　付帯交通荷重と衝突のリスクのシナリオの例

(5) 衝突の他の発生源

鉄道車輌による衝突は、16.3.5 項で述べる。他の種類の車輌や物体から受ける衝突は、関係する当局と協議するが、それができないときは、施主の代理人と協議して決める。橋への落石に関する情報は、SIA 規準 261/1 と参考文献 [10.9] を参照する。

10.7　支承からの摩擦と拘束による力

支承の摩擦力や拘束による力は、上部構造から下部構造に、あるいは下部構造から上部構造へ伝わる水平力で、支承の摩擦や変形に対する抵抗によって生じる。これらの力の値は、支承の種類（すべり、あるいはローラー）や変形性能によって決まる。固定支承により下部構造に伝わる力は、15 章に示す。

10.7.1　すべり支承とローラー支承

すべり支承（ポットベアリング支承または鋼製の線支承）では、すべり面は PTFE 層（ポリテトラフルオロエチレンまたはテフロン®）で構成される。このすべり面は、耐久性に優れていて、摩擦係数 μ が低いという長所をもつ。上部構造の移動によって生じる摩擦力は、支承の反力に比例する。

$$Q_{f,d} = \mu N_d \tag{10.9}$$

ここで、$Q_{f,d}$：摩擦力の設計値
   μ：摩擦係数
   N_d：支承に鉛直に作用する力の設計値（支点反力）

 摩擦係数 μ は、作用応力が 10 から 30N/mm^2 のとき、0.06 から 0.03 に減る。この摩擦係数の値は、支承が適切に保全される場合にのみ適用できる。すべり面がひどく汚れた場合は、より高い摩擦係数を適用する。ローラー支承は、現在ではあまり使用されないが、高張力鋼を用いたローラーの摩擦係数は 0.025 である。

10.7.2　ゴム支承

 ゴム支承は、長方形または円形のゴム（ネオプレン）のブロックを鋼板で挟んだ形で構成される。支承に生じる力は、変位と逆向きに生じるため、拘束力と呼ばれる。この力は、変位 u、ゴムのせん断弾性係数 G、支承の寸法に比例する。この種の支承では、変位 u は $0.7nt$ を超えてはならない。ここで、n は、厚さ t のゴム層の数である。さらに、拘束力を構造物に伝えるために、支承面に 2～3N/mm^2 の応力相当を生じさせる最小の力が必要となる。もし、応力がそれより小さい場合は、支承を主構造と機械的に連結する。拘束力は、次式を用いて計算できる。

$$Q_{rap,d} = \frac{AG}{nt} u_d \tag{10.10}$$

ここで、$Q_{rap,d}$：支承の拘束力
   u_d：支承上の桁の変位の設計値
   A：支承の接触面積
   G：ゴムのせん断弾性係数（$G ≒ 0.8$N/mm^2）
   n：ゴム層の数
   t：ゴムの 1 層の厚さ

 支承の詳細設計の詳しい手引きは、ドイツの規準 DIN4141[10.10] や、製造業者のカタログに示される。

参考文献

[10.1] Meystre, T., Hirt, M., *Evaluation de ponts routiers existants avec un modèle de charges actualisées*, Office fédéral des routes, Publication VSS 594, Zurich, 2006.
[10.2] Détails de construction de ponts: directives, Office Fédéral des Routes (OFROU), Berne, 2005. Téléchargement depuis: http://www.astra.admin.ch.
[10.3] Lestuzzi, P., Badoux, M., Génie parasismique, conception et dimensionnement des bâtiments, Presses polytechniques et universitaires romandes, Lausanne, 2008.
[10.4] Priestley, M. J. N, Calvi, G. M., Seible, F., Seismic Design and Retrofit of Bridges, John Wiley & Sons Ltd, Chichester, 1996.
[10.5] Eurocode 8 – Design provision for earthquake resistance of structure – Part 2 Bridges. Norme Européenne prEN 1998-2, Draft N° 5, Bruxelles, 2004.
[10.6] Evaluation parasismique des ponts-route existants: Documentation, Office Fédéral des Routes (OFROU), Berne, 2005.
[10.7] Bachmann, H., *Erdbebensicherung von Bauwerken,* Birkhäuser Verlag, Basel, 1995.
[10.8] Chocs provenant de véhicules routiers: Directive, Office Fédéral des Routes (OFROU), Berne, 2005.
[10.9] Rapport Danger naturel « Chutes de pierres » pour les routes nationales: Documentation, Office Fédéral des Routes (OFROU), Berne, 2003.
[10.10] Lager im Bauwesen, Norm DIN 4141, Ausgabe 2003-05, Deutsches Institut für Normung DIN, Berlin, 2003.

11章　桁橋の断面力

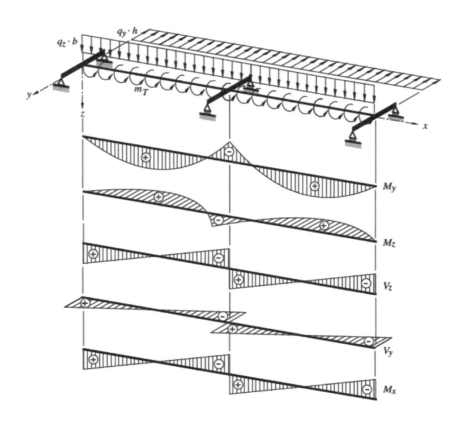

11.1 概要

この章では、桁橋の断面力の弾性計算について示す。桁橋は、対応する曲げモーメントとせん断力を担うだけではなく、橋の構造では大変重要なねじりモーメントも分担している。桁橋では、ねじりは断面の偏心載荷（5.5 節）か、構造形式（斜橋、曲線橋）によって生じる。

『土木工学概論』シリーズの第 1 巻と第 2 巻で説明した力学の法則によって、直線橋と少し曲線が入った曲線橋の断面力（$M_y, M_z, M_x, V_y, V_z, N$）を計算できる。この章では、橋の設計における応力の計算方法（荷重、作用、構造のモデル化、断面力）、および曲線橋と斜橋の力学について示す。

断面の種類（開断面か閉断面）の区別は、断面力と断面に作用する応力を計算する際に特に重要である。ねじりの主な抵抗（純ねじりか反りねじり）は、開断面と閉断面では根本的に異なり、計算方法に大きく影響する。

この章は以下のような構成となる。11.2 節では、直線桁橋について一般的に用いられる計算仮定とモデル化について簡単にまとめるが、これらは、この種の橋の基本である。そこでは、橋のねじり現象の重要性が示される。ねじりの理論、特に『土木工学概論』シリーズの第 10 巻 4.5.3 項で示す反りねじりの理論について、11.3 節で示す。11.4 節から11.7 節では、**表 11.1** に示す直線橋、斜橋、曲線橋の断面力の計算について示す。

表 11.1 本章の構成と内容

橋の種類	直線橋		斜橋		曲線橋	
平面図						
断面	閉	開	閉	開	閉	開
章 / 節 / 項	11.4	11.5	11.6.2	11.6.3	11.7.3	11.7.5

桁橋の断面力の計算は、通常、桁は弾性挙動を示すと仮定した解析モデルに基づいており、これは断面の局部的な塑性化（塑性ヒンジの形成）による断面力の再分布を考慮しないモデルである。実際には、鈑桁の圧縮を受けるフランジやウェブの一部で幅厚比が大きいときは、局部座屈のような断面の不安定な現象が塑性化よりも前に現れる。したがって幅厚比の大きい断面の塑性化による回転変形は、かなり制限されており、鋼桁が引張力のみを分担する鋼とコンクリート合成桁橋を除いて，断面力の再分配はできない。この塑性化による再分配については 13.4.2 項に示す。

現在では、技術者は構造物の断面力を簡単に計算できる高性能な計算機やソフトウェアをもってはいるが、力学と種々の解析方法の知識は、基本設計と詳細設計では不可欠である。それを念頭に、この章では簡略な計算方法を紹介するが、この方法は、構造部材の予備設計の断面決定に用いるとともに、計算機の出力の検証にも使える。

11.2 桁橋のモデル化

11.2.1 構造モデル

橋は、空間で安定する 3 次元の物体を形成する平面部材で構成される。そのつり合いは、支承、橋脚、橋台、橋の基礎によって地盤と接合することで成り立つ。橋は、3 次元的に荷重が作用する空間的な構造物（図 11.2(a)）で、支点によって動きが制限される。

断面力の計算は、荷重の作用点から支点までの様々な部材の応力を計算するための重要な手順のひとつである。計算を行うには、解析すべき構造の複雑さ、適用できる計算手法、計算の目的などにより異なったモデル化ができる。桁橋の場合、箱桁や2主桁、多主桁にかかわらず、構造力学で通常行われるように、断面の重心を通る梁としてモデル化される（図 11.2(b)）。このモデルは、梁の力学で解析できる。このモデルは、次の仮定が満足されれば適用できる。

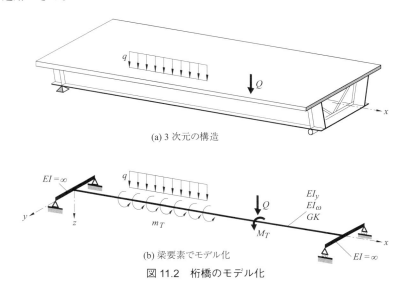

(a) 3次元の構造

(b) 梁要素でモデル化

図 11.2 桁橋のモデル化

・桁の長さが断面の大きさ（幅と高さ）よりも十分大きい。
・断面の形状が変形後も保たれる。
・せん断変形が無視できるほど小さい。
・応力が変形に比例する。

鋼橋または合成桁の断面を構成する鈑桁または箱桁は、薄い鋼板どうしを溶接で接合することにより構成される（5.3.2 項）。これらの構造部材は面外の剛性が小さいため、桁のみでは断面の形状が保持されない。そのため、断面の剛性を高めるために、橋軸直角に対傾構を配置する必要がある（5.6.1 項）。対傾構がある桁は断面が変形しないと仮定できるので、梁の力学を適用できる。以下は、梁の力学が適用可能であるという前提で話を進める。

一般に、梁は曲げモーメント M_y と M_z、せん断力 V_z と V_y、ねじりモーメント M_x に抵抗する。これらの断面力は、梁に作用する荷重から計算される。この荷重は、橋の橋軸直角方向の断面での解析により各桁に作用する荷重を求める。次に桁の橋軸方向の解析により断面力を計算する。ここで、以下に示す定義について示す。

・ねじり M_T または m_T：それぞれ橋軸直角方向の解析により得られる集中または分布するねじりモーメントであり、桁に作用させる。
・ねじりモーメント M_x：梁の橋軸方向の解析結果で得られるねじりモーメント。
・ねじり抵抗モーメント T：桁の各断面でねじりモーメント M_x に対する抵抗モーメント。

例として、車道の半分に鉛直荷重 q_z に加えて、桁の全高に水平荷重 q_y が作用する橋を考えよう（図 11.3(a)）。まず、橋軸直角方向の解析（図 11.3(b)）について考える。線形弾性挙動（材料と幾何学的）の仮定が成り立つと、荷重の分離と重ね合わせの原理が適用できる（『土木工学概論』シリーズの第2巻 2.7.4 項）。すると、作用する分布荷重 q_z と q_y は、それぞれ y 軸と z 軸回りに曲げを生じさせる2つの荷重 $q_z \cdot b$ と $q_y \cdot h$ に分解できる。も

しこの 2 つの荷重が、せん断中心 C_T に作用しないなら、荷重 $q_z \cdot b$ と $q_y \cdot h$ のせん断中心に対する偏心によるねじり m_T が桁に作用する。このねじりは、x 軸まわりにねじりモーメント M_x を生じさせる。

荷重が断面のせん断中心に対して分解されたら、梁の橋軸方向のモデル（図 11.3(c)）と構造系を考える。ここで、この橋軸方向の解析は次のように行う。

・鉛直面 x-z に対して曲げモーメント M_y とせん断力 V_z を求める、
・水平面 x-y に対して曲げモーメント M_z とせん断力 V_y を求める、

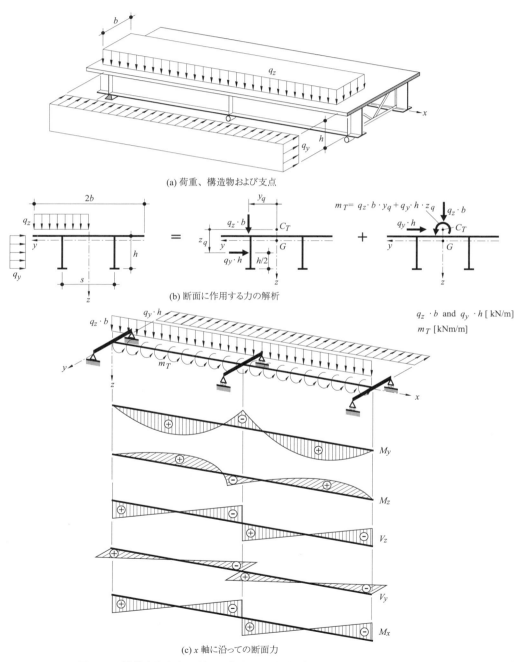

(a) 荷重、構造物および支点

(b) 断面に作用する力の解析

(c) x 軸に沿っての断面力

図 11.3　橋軸直角方向の断面に作用する荷重と橋軸方向の断面力の解析

・x 軸に沿ってねじりモーメント M_x を求める。

鉛直面と水平面の構造系は、支承の種類（すべりまたは固定）や橋脚（高い剛性または柔な橋脚）に左右され、特に橋軸直角方向の構造系に影響する（5.4.2 項）。

重ね合わせの原理は、せん断中心で分けて求めた種々の荷重の効果（断面力、応力）を、最終的には加え合わせて種々の照査を行うことを意味する。

サン・ブナンの原理（『土木工学概論』シリーズの第 2 巻 .7.5 項）によると、集中荷重の局部的な影響は、断面の高さや幅の大きい方の寸法と同じかその 2 倍の長さまでである。したがって、細長い梁では、荷重が作用する部位以外では局部的な影響は実用上無視できる。

橋の 3 次元的な挙動を考慮するために、より複雑な解析モデルを用いる必要がある。特に、構造部材が、梁理論で計算される断面力に比べて荷重による局部的な影響が大きくなるような寸法の場合、あるいは対傾構の間隔が大きいか存在しない場合である。特に、断面の形状が保持されない場合、他のモデルを使用する。例えば折り板理論 [11.2] のように、構造が互いに角で接合された板と版で構成され、面内または面外の荷重が作用するようなモデルである。ウラソフによる薄くて長いシェル要素理論 [11.3] のような複雑なモデルもある。

構造物の形や荷重が非常に複雑な場合や、非線形な挙動（材料や幾何学的な非線形）を考慮したい場合、また簡単な解析が不可能な高次の不静定構造の場合には、数値解析が不可欠となる。

11.2.2　曲げモーメント

(1)　弾性解析（EE）と（EER）

断面力の弾性計算については、『土木工学概論』シリーズの第 1 巻で詳細に示す。鋼橋と鋼・コンクリート合成桁では、通常弾性解析を用いて断面力を求める。変形性能が制限される鋼桁および合成桁では、通常、断面が塑性モーメントまで達することは許容しない。特に正または負の曲げを受ける鈑桁橋、あるいは負の曲げを受ける合成桁で、圧縮側の鋼板が座屈する現象は、断面の変形性能を低下させる（12.2.1 項）。さらに桁の抵抗は、横座屈強度によって制限を受ける（12.2.4 項）。

断面力の弾性計算では、橋軸方向の板厚や桁高の変化による断面 2 次モーメントの変化を考慮する。さらに材料の非線形性も考慮する。合成桁では、不静定構造の場合、中間支点上の床版のひび割れにより、断面力は支点部から支間へ再分配される。この現象を直接厳密に計算できないが、それは、各断面の剛性が作用する曲げモーメントに左右され、曲げモーメント分布は相対的な剛性に左右されるからである。13.3.2 項では、ひび割れが生じたコンクリートを、どのように合成桁の曲げモーメントの弾性解析で考慮するかを示す。

(2)　弾塑性解析（EP）

塑性抵抗を考える場合、弾性計算で求めた曲げモーメントは、断面が弾塑性に達する領域から弾性域にとどまる領域へ再配分される。ただし、この再配分は、通常の設計計算では考慮しない。特に、合成桁の径間の塑性抵抗を考慮する場合、桁の中間支点に再配分される曲げモーメントは考慮しない。合成桁の EP 計算と呼ばれるこの計算方法の限界については 13.4.2 項に示す。

鋼桁に関しては、径間の EP 計算を行うための条件がある。SIA 規準 263 で示されるのは以下の点である。

・径間の断面は、最低限断面等級 2 でなければならない。
・同じ荷重配置で、中間支点の曲げモーメントは、断面の弾性強度を γ_a で除した値の

90％を超えない。
・梁は横座屈に対して拘束される。

径間の断面の塑性抵抗を照査するために弾性計算で断面力を求めるとき（EP 法）、さらに中間支点の弾性挙動を仮定すると、いくつかの挙動は無視できる。それらは、曲げモーメントに関しての荷重履歴、構造安全性の照査で必要な収縮による変形または温度変化による変形である。当然ながらこれらの要素をすべて考慮する場合は（EE や EER 法）、これはあてはまらない。特に、合成断面の弾性抵抗を照査する場合は、いろいろな抵抗断面に作用する曲げモーメントをそれぞれ計算する（13.4.3 項）。

(3) 塑性解析（PP）

ある場合には、塑性解析によって断面力を決めることが可能で、それを断面の塑性抵抗で照査する。例えば、SIA 規準 236 の細長比の条件を満たす断面等級 1 の圧延形鋼からなる多主桁橋、あるいは鋼桁に主に引張力が作用する単純支持された合成桁の場合である。

11.2.3　せん断力

桁の橋軸方向のせん断力は、通常の構造力学で求められる（『土木工学概論』シリーズの第 1 巻）。圧縮を受ける橋脚の鉛直方向の剛性は、一般に無限大であると仮定され、弾性支持（バネ）された梁を考える必要はない。異なる橋脚の相対的な剛性は、計算ソフトを使って考慮できるが、これは実際に弾性支持された桁の場合（斜張橋、吊橋、アーチ橋）には、不可欠である。

様々な桁（2 主桁橋や箱桁橋の 2 つのウェブ、または多主桁橋や多室箱桁の複数のウェブ）でのせん断力の分布は、ねじりの形式（純ねじり、反りねじり）に左右される。この分布は 11.5.2 項で、特に開断面の橋について示す。箱桁橋では、鉛直荷重は橋軸直角方向の位置とは関係なく 2 つのウェブが等しく支持する。

11.2.4　ねじりモーメント

(1) せん断中心に対しての荷重の分解

せん断中心は断面上の点で回転中心とも呼ばれるが、この点を通って荷重が作用しても断面にねじりや回転を生じさせない。閉断面では、断面の重心の近くにせん断中心がある。逆に開断面では、せん断中心と重心ははっきり分かれる。『土木工学概論』シリーズの第 2 巻 9.9 節では、せん断中心の決め方について詳しく示す。

11.2.1 項で説明したせん断中心に対して、荷重を分解（モーメントと力の組合せ）することで構造物に作用する集中ねじり M_T または分布ねじり m_T を計算できる（**図 11.2 参照**）。直線橋では、断面のせん断中心に対して偏心する荷重を受ける場合、ねじりが生じる。各荷重ケースについて、重ね合わせの原理を適用して（『土木工学概論』シリーズの第 2 巻 2.7.4 項）、偏心荷重を中心荷重とねじりに分解して解析する（**図 11.3(b)**）。断面のせん断中心から距離 y_q だけ離れて作用する鉛直荷重 $q_z \cdot b$ と距離 z_q だけ中心からずれた水平荷重 $q_y \cdot h$ は、せん断中心に作用する 2 つの中心荷重 $q_z \cdot b$、$q_y \cdot h$ とねじり $m_T = q_z \cdot b \cdot y_q + q_y \cdot h \cdot z_q$ に分解される。この方法で、どんな荷重でも曲げを生じさせる鉛直荷重や水平荷重と、梁に沿ってねじりを生じさせるねじりに分解できる。**図 11.4** は、閉断面のせん断中心に対する力の分解の例を示す。

集中ねじり M_T または分布ねじり m_T は、梁の x 軸に沿ってねじりモーメントを生じさせる。これらのねじりモーメントは、断面のねじり抵抗モーメント T とつり合う（11.3.1 項）。

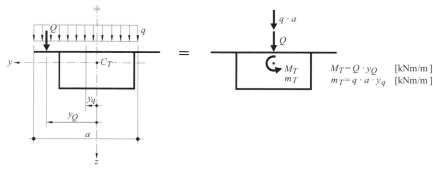

図 11.4　せん断中心に作用する荷重の分解

(2) 閉断面

断面が閉断面であるとき、橋は主に純ねじりで抵抗する梁と見なされる（11.3.2 項）。集中ねじり、または分布ねじりが作用する直線桁の軸に沿ってのねじりモーメント M_x の計算では、静定構造の場合はつり合い条件だけ、不静定構造の場合はつり合い条件と適合条件を考慮する。つり合い方程式、およびねじりの作用とねじりモーメント図の関係は、鉛直荷重とせん断力の関係に類似している。

分布ねじり m_T が作用している長さ dx の直線桁の要素を例にとろう（図 11.5）。この要素のつり合いは式 (11.1) で表される。

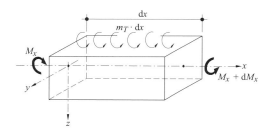

図 11.5　ねじり荷重が作用する長さ dx の桁の要素のつり合い

$$-M_x + m_T dx + (M_x + dM_x) = 0 \quad \Rightarrow \quad -\frac{dM_x}{dx} = m_T \tag{11.1}$$

この微分方程式の積分は、境界条件すなわち支点条件の関数となる。等分布ねじり m_T に対しては、ねじりモーメント図は線形を示し、集中ねじり力 M_T の作用位置では不連続となる。これは、せん断力図と類似している（図 11.6）。

静定梁の場合は、ねじりモーメント図（つり合い）を計算するのに支点条件がわかれば十分である。不静定構造の場合、これは橋の多くの場合にそうであるが、桁端は橋軸直角方向や斜めの線上でねじりに対して固定となるため、1 つまたは複数の幾何学的な適合条件を考慮する必要がある。

連続梁ですべての中間支点がねじりを完全に拘束する支点条件をもつ場合、ある径間の荷重は隣接する径間のねじりモーメント図に影響しない。そのため、ねじりに関しては一連の単純桁と見なすことができ、別々な構造と考える。逆に、支点がねじりを拘束せず、柔な支持（細長い橋脚）または部分的な固定（斜めの支点）となる場合は、より詳細な解析が必要となる。これについては、コルブルンナーとバスラーの文献 [11.2] の 3.3 章と 4.2 章が参考になる。

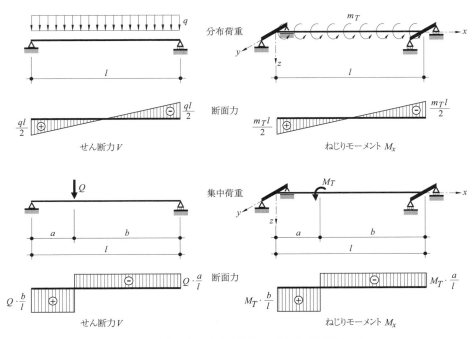

図 11.6 せん断力 V とねじりモーメント M_x の類似性

図 11.7 は、c の部分に等分布ねじり荷重が作用する、ねじりを固定する支点条件をもつ梁のねじりモーメント図を示す。

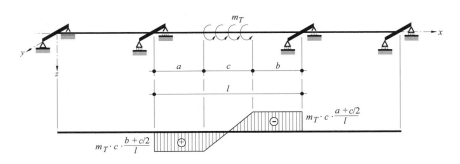

図 11.7 等ねじり抵抗をもつ梁のねじりモーメント図の例

(3) 開断面

上述のように（11.3.1 項）、梁に沿って作用するねじりモーメント M_x は2つのねじり、すなわち純ねじり T_v（11.3.2 項）、と反りねじり T_w（11.3.3 項）で抵抗される。橋が開断面であるとき、断面は主に反りねじりで抵抗し、断面力を曲げとねじりに分けて計算できる。しかしながら、開断面のねじりに対する抵抗の仕方は、ねじりモーメントの計算を閉断面に比べてその有用性が低くする。反りねじりは、断面では直応力とせん断応力となるため、開断面の桁の断面力（11.5.2 項）の計算では、橋軸直角方向の影響線を用いるのが有効である。結果的に断面力は曲げモーメントとせん断力となる。

前述の方法は、複合ねじり、すなわち同時に純ねじりと反りねじりに抵抗する桁では、変わってくる。曲げとの類似性はそれでも存在するが、中間支点上の反りの連続性は、荷

重が作用しない径間に反りモーメント M_ω（倍モーメント）が連続することを意味する。反りねじり抵抗モーメント T_w は、M_ω から得られ、支点上で x 軸まわりに完全に回転が拘束されても反りは拘束しないので、ねじりモーメントの連続性が存在する。

図 11.8 は、複合ねじりに抵抗する断面をもつ 3 径間連続桁で、中央径間に等分布ねじり力が作用する状況を示す。この図には、x 軸まわりの断面の回転 φ、倍モーメント M_ω、反りねじり抵抗モーメント T_w を示す。この図から、ねじりが作用する径間以外にも影響することがわかる。断面が主に純ねじりに抵抗する閉断面では、ねじりを受ける径間のみがねじり力に抵抗する。

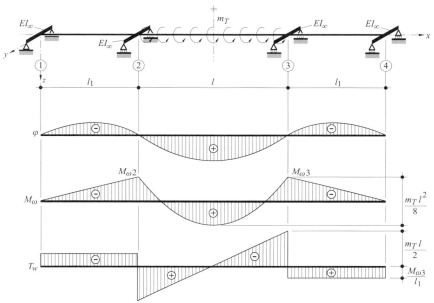

図 11.8　ねじりが作用する連続桁の回転、反り、およびねじり抵抗モーメント

11.3　ねじり

断面のねじりモーメントに対する強度については『土木工学概論』シリーズの第 10 巻 4.5 節に示す。ここでは、桁橋の解析に必要かつ有用な情報のいくつかを示す。

11.3.1　概要

ねじりは、交通荷重、風、非対称の自重のように断面のせん断中心から偏心して作用する荷重によって橋に生じる。曲線橋や斜橋の場合は、中心荷重によっても生じる。

作用するねじりモーメント M_x、これには集中ねじりモーメント M_T と分布ねじりモーメント m_T があるが、梁の要素を取り出すと、それは 2 つのねじり抵抗、純ねじり T_v と反りねじり T_w とつり合う。

- 最初の抵抗の形式は、断面内の一様なせん断流であり、主に閉断面での純ねじり T_v に相当する。純ねじりまたはサン・ブナンのねじりは、添字 v で示す（『土木工学概論』シリーズの第 10 巻 4.5.2 項）。
- 2 番目の抵抗の形式は、主に開断面で反りねじりモーメント T_w に関係する橋軸方向の直応力 σ_w とせん断応力 τ_w で構成される。反りねじりは、反りを意味する英語 warping により添字 w で示す（『土木工学概論』シリーズの第 10 巻 4.5.3 項）。

したがって、ねじりモーメントに対する強度は、2つのねじりの和となる。
$$T = T_v + T_w \tag{11.2}$$
ここで、T：ねじり抵抗モーメント
T_v：純ねじり抵抗
T_w：反りねじり抵抗

通常、ねじりモーメントが作用する梁は、同時に純ねじりと反りねじり、すなわち複合ねじりで抵抗する。どちらのねじり形式が優位なのかは、構造物の断面の形による。ここでは、主に純ねじりに抵抗する閉断面をもつ箱桁橋と、主に反りねじりに抵抗する開断面の2主桁橋を考える。

11.3.2　純ねじり

以下に示す純ねじりの理論に基づく式が有効であるためには、いくつかの要件がある。
・微小変形
・材料は、連続、等方、等質、線形弾性をもつ。
・断面は、変形後も形を保つ（平面保持）。

ねじりモーメントによる梁の変形は、原点からの距離 x の断面の回転角 $\varphi(x)$ によって決まる。梁の軸方向の微小距離 $\mathrm{d}x$ における回転角の変化は、以下の式によるねじり抵抗モーメント $T_v(x)$ に関係する。

$$\varphi'(x) = \frac{\mathrm{d}\varphi(x)}{\mathrm{d}x} = \frac{T_v(x)}{GK} \tag{11.3}$$

ここで、$T_v(x)$：x 座標のねじりモーメント
G：材料のせん断弾性係数
K：純ねじり定数

図 11.9 は、薄肉断面の開断面と閉断面の、閉じたせん断流 v のせん断応力 τ による純ねじり抵抗を示す。

薄肉閉断面では、ねじり抵抗モーメント T_v と応力 $\tau(s)$ との関係は、一般に式 (11.4) で表される。この式で用いられる変数は図 11.9 に示す。

$$T_v = \int \tau(s) t(s) h_C(s) \mathrm{d}s \tag{11.4}$$

簡単な方法でせん断応力の大きさと分布を決められるのは、梁の断面が円形か環状の場合のみである。他の断面形状については、弾性理論による式（『土木工学概論』シリーズの第3巻）はかなり複雑になる。そのため、これらの応力の分布を簡単に表すことができるプランドルの薄膜近似を用いるのが便利である。この近似による結果を、閉断面と開断面について以下に示す。

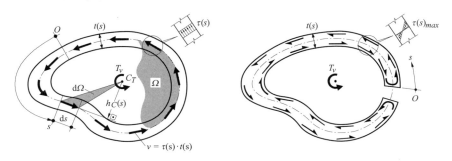

(a) 閉断面　　　　　　　　　　(b) 開断面
図 11.9　純ねじり抵抗に対応するせん断流

(1) 薄肉閉断面

図 11.9(a) に、鋼箱桁に見られる断面を示す。薄膜近似により、せん断流 v [N/m] の一般式 (11.5) を簡単に得ることができる。

$$v = \frac{T_v}{2\Omega} = 定数 \tag{11.5}$$

ここで、Ω：閉断面の板厚の中心線により定義された面積

板厚がその長さに比べて小さいと仮定すると、応力 $\tau(s)$ は板厚 t 内で一様と仮定できる。ブレッドの公式として知られる式 (11.6) は、この関係を表している。最大せん断応力は、板厚が最小のところで発生する。

$$\tau(s) = \frac{v}{t(s)} = \frac{T_v}{2\Omega t(s)} \tag{11.6}$$

箱桁橋の断面は、閉断面としてモデル化でき、張出部のねじり剛性は薄い場合（鋼床版）は無視できる。したがって、ここで示した理論は制限なく適用できる。合成箱桁橋（薄肉の鋼箱桁とあまり厚くないコンクリート床版）の場合は後述する。

(2) 薄肉開断面

図 11.9(b) にこの断面を示す。薄肉開断面の応力 $\tau(s)$ の値は、断面のどの位置でも計算できるが、薄膜近似によると、応力 $\tau(s)$ は中心線ではゼロ、板厚の縁で最大になる。せん断応力 $\tau(s)$ は、弧長座標 s が定める断面の周囲のどの位置でも式 (11.7) によって計算できる。

$$\tau(s) = \frac{T_v}{K}t(s) \tag{11.7}$$

開断面が、幅 h、厚さ t の鋼板と長さ $2b$ で厚さ h_c のコンクリート床版で構成された合成 2 主桁橋の開断面の場合は、断面に対応する（鋼に換算した）ねじり定数 K_{eq} は、次の式で求められる。

$$K_{eq} = \frac{1}{3}\sum ht^3 + \frac{1}{3}\frac{(2b)}{m}h_c^3 \tag{11.8}$$

ここで、m：せん断弾性係数の比、$m = G_a/G_c$

　　　G_a, G_c：それぞれ、鋼とコンクリートのせん断弾性係数（コンクリートでは、考慮する荷重に対応する係数を用いる。通常、交通などの短期荷重に相当することが多い）

各部材に作用するせん断応力は、次式で求まる。

$$\tau_a = \frac{T_v}{K_{eq}}t, \qquad \tau_c = \frac{T_v}{m \cdot K_{eq}}h_c \tag{11.9}$$

与えられた材料では、最大せん断応力は最も厚い要素で発生することがわかる。鋼板の板厚が床版より薄くても、鋼板の最大せん断応力 $\tau_{a,\,max}$ は、鉄筋コンクリート床版の応力 $\tau_{c,\,max}$ よりも高いことがあるが、それはせん断応力が、断面のそれぞれの要素のねじり剛性 G_iK_i に比例するからである。

(3) コンクリート床版で閉じられた断面

合成箱桁橋（図 11.10）はこの例であるが、コンクリート床版は、厚さがそれほどでなくてもそれ自身のねじり剛性が断面のねじり剛性に寄与する。純ねじりモーメント T_v は、箱桁の純ねじりモーメント $T_v(f)$（添数 f は fermé「閉」を意味する）とあまり厚くない床版の純ねじり $T_v(o)$（添数 o は ouvert「開」を意味する）の和となる。これらのねじりは、せん断弾性比 m で鋼に換算した剛性 GK_f と GK_o に比例する。断面のつり合いを考える。

$$T_v = T_{v(f)} + T_{v(o)} \tag{11.10}$$

さらに断面が変形しない（断面保持）を仮定して、x 軸回りでの断面の回転変形は、

$\varphi(x) = \varphi_f(x) = \varphi_o(x)$ となるので、ねじりモーメントの分布は以下のようになる。

$$T_{v(f)} = \frac{K_f}{K_o + K_f} \cdot T_v \qquad T_{v(o)} = \frac{K_o}{K_o + K_f} \cdot T_v \qquad (11.11)$$

$$K_f = \frac{4\Omega^2}{2\dfrac{h}{t_w} + \dfrac{s}{t_f} + m\dfrac{s}{h_c}} \qquad K_o = \frac{1}{3}\frac{(2b)}{m}h_c^3 \qquad (11.12)$$

ここで、h ：閉断面の平均高さ
s ：箱桁の幅
t_w：箱桁のウェブ厚
t_f：箱桁の下フランジ厚
$2b$：コンクリート床版の幅
h_c：コンクリート床版の厚さ

図 11.10 に、純ねじりに対応するせん断応力も示す。コンクリート床版が箱桁を閉じる部分では、せん断応力の合計 τ は、式 (11.13) を用いて計算される。この値はコンクリート床版の上縁と下縁で極値となる。

$$\tau = \tau_f + \tau_o = \frac{T_{v(f)}}{2\Omega h_c} + \frac{T_{v(o)}}{mK_o}h_c \qquad (11.13)$$

ここで、τ_f：閉断面の $T_{v(f)}$ によるせん断応力
τ_o：開断面の $T_{v(o)}$ によるせん断応力

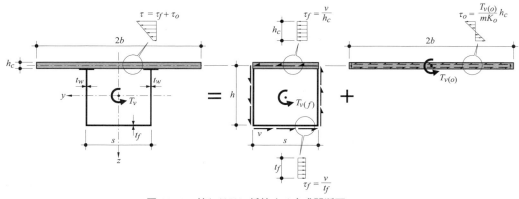

図 11.10　純ねじりに抵抗する合成閉断面

箱桁のウェブと下フランジでは、せん断応力は式 (11.13) の第一項に対応する厚さ t_w と t_f を代入して計算される。床版の張り出し部では、せん断応力の計算には式 (11.13) の第二項を用いる。

11.3.3　反りねじり

この抵抗形式は、断面がねじりモーメントの作用によって反りが生じ、その反りが適切な支持条件によって拘束か制限されるときに生じる。断面形状の違いによるねじり抵抗に関しては、参考文献 [11.2] に示される。

本書では、反りねじりを詳しく述べないが、橋の設計に関連することについては示す。より詳しい反りねじりの説明は、参考文献 [11.2] と『土木工学概論』シリーズの第 10 巻 4.5.3 項に示す。

(1) 微分方程式

11.3.2 項で示したもの以外に、次のような仮定を置く。
・橋軸方向の直応力は、板厚（薄肉）で一定である。
・せん断応力は、板厚で一定と仮定する。
・せん断変形は無視できる。

理論の再確認のために、一端が固定された H 断面の梁で、自由端にねじりモーメントが作用する場合（図 11.11(a)）を考える。断面の反りが部分的に拘束されることで、梁は部分的に反りねじりに抵抗する。上下フランジの水平移動量 $v(x)$ は、面内の曲げモーメント M_τ による曲げ変形に相当する（図 11.11(b)）。フランジの水平移動量に対応する直応力 σ_w とせん断応力 τ_w は、反りねじりによる応力状態を表す。

各フランジのせん断応力の合力はせん断力 V_τ（図 11.11(b)）となり、その偶力が反りねじり抵抗モーメント T_w であり、それは次式で表せる。

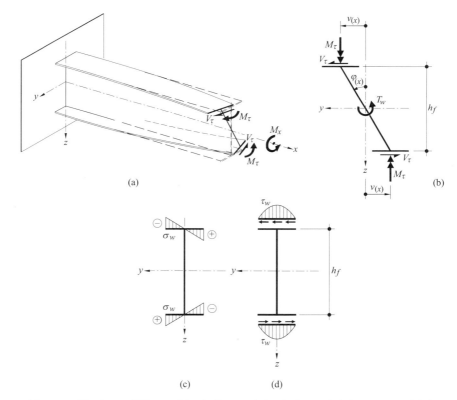

図 11.11　反りねじり抵抗：(a) 梁の変形、(b) 断面の変形、(c) 直応力、(d) せん断応力

$$T_w = V_\tau h_f \tag{11.14}$$

ここで、h_f：フランジの板厚中心間の桁高

ここで、断面にはねじりモーメント M_x だけが作用することと、これが2つの相反する方向の局部曲げモーメントとつり合うことに注意する。このモーメントは直応力 σ_ω を生じる。断面の反りを拘束したことにより生じるこの応力状態を説明するために、反りモーメント、あるいは倍モーメント M_ω を定義するのが有用である。I 断面の場合、反りモーメントは2つの曲げモーメント M_τ の偶力で定義できる。

$$M_\omega = M_\tau h_f \tag{11.15}$$

曲げとの類似性から、桁の各フランジに作用するせん断力 V_τ は、同じくフランジに作用する曲げモーメント M_τ の導関数であることを証明できる。各フランジの曲げ変形の微分方程式は以下となる。

$$\frac{d^2 v(x)}{dx^2} = -\frac{M_\tau}{EI_{fz}} \tag{11.16}$$

ここで、$v(x)$ ：y 軸に対するフランジの変形
I_{fz} ：フランジの z 軸周りの断面 2 次モーメント

断面の平面保持（剛体の回転、図 11.11(b)）の仮定を前提とすると、

$$v(x) = \varphi(x)\frac{h_f}{2} \tag{11.17}$$

せん断力 V_τ の微分方程式は以下となる。

$$V_\tau = \frac{dM_\tau}{dx} = -\frac{d^3 v(x)}{dx^3}EI_{fz} = -\frac{d^3 \varphi(x)}{dx^3}EI_{fz}\frac{h_f}{2} \tag{11.18}$$

したがって、反りねじりモーメント式 (11.14) は次式に書き換えることができる。

$$T_w = -\frac{d^3 \varphi(x)}{dx^3}EI_{zf}\frac{h_f^2}{2} \tag{11.19}$$

ここで、扇形断面 2 次モーメント I_ω を定義し、式を簡略化する。I 断面（一般の場合は後述する）では、次式となる。

$$I_\omega = I_{fz}\frac{h_f^2}{2} \tag{11.20}$$

すると、反りねじりの微分方程式は次式となる。

$$T_w = -\frac{d^3 \varphi(x)}{dx^3}EI_\omega \tag{11.21}$$

式 (11.16)、式 (11.17)、式 (11.20) より、反りねじりモーメントの微分方程式は次式で表される。

$$M_\omega = -\frac{d^2 \varphi(x)}{dx^2}EI_\omega \tag{11.22}$$

(2) 曲げとの類似性

反りねじりモーメント T_w は、x に対して倍モーメント M_ω の導関数である。このことは、せん断力 V_τ が曲げモーメント M_τ の導関数であることから、必然的と言える。また、梁の長さ dx に沿うねじりモーメントの変化は、dx に作用するねじり m_T に等しいことと、このねじりが y_q だけ偏心した荷重 q に比例していることから、曲げと反りねじりの間の荷重と部材力のつり合いには、表 11.12 で示すような類似性が認められる。

表 11.12 曲げと反りねじりの類似性

曲げ		反りねじり	
鉛直荷重	$q_z = -dV_z/dx = -d^2M_y/dx^2$	ねじり	$m_T = -dT_w/dx = -d^2M_\omega/dx^2$
たわみ	$w(x)$	回転	$\varphi(x)$
せん断力	$V_z = dM_y/dx$	ねじりモーメント	$T_w = dM_\omega/dx$
曲げモーメント	$M_y = -EI_y\, d^2w(x)/dx^2$	反りねじりモーメント	$M_\omega = -EI_\omega\, d^2\varphi(x)/dx^2$

反りねじりモーメント M_ω 図は、ねじりモーメント T_w の積分により求めるか、または曲げと反りねじりの類似性を利用して求めることができる。

(3) 応力の計算

応力 σ_w の分布は、曲げとの類似性によって定めることができる。I 断面では、図 11.11(b) のモーメント M_τ は、各フランジ $z = -h_f/2$ に直応力を生じさせる。

$$\sigma_w(y) = \frac{M_\tau}{I_{fz}} y = \frac{M_\omega}{h_f} \cdot \frac{h_f^2/2}{I_\omega} y = \frac{M_\omega}{I_\omega} \cdot \frac{h_f \cdot y}{2} = \frac{M_\omega}{I_\omega} \omega(y) \tag{11.23}$$

ここで、ω：断面 [m²] の扇形座標

一端固定の梁を例では（図 11.11(a)）、正のねじりモーメント抵抗 T_w に対して、反りねじりモーメント M_ω は負の値をもつ。M_ω と I_ω の大きさは、与えられた断面については一定であるため、応力 σ_w の分布は、扇形座標 $w(y, z)$ の関数となる。

$$\sigma_w(y, z) = \frac{M_\omega}{I_\omega} \omega(y, z) \tag{1.24}$$

正規化された扇形座標と扇形断面 2 次モーメント I_ω は、任意の開断面の場合には下記のように定義できる。

せん断応力 τ_w を考慮する場合にも、図 11.11(d) に示すように曲げとの類似性を使う。式 (11.25) を用いて、I 桁の場合（第一の等式）と任意の断面の場合（第二の等式）の応力を計算できる。

$$\tau_w(y, z) = \frac{V_\tau S_z(y, z)}{I_{fz} t(y, z)} = \frac{T_w S_\omega(y, z)}{I_\omega t(y, z)} \tag{11.25}$$

ここで、S_z：考えるフランジの部分の z 軸に対する断面 1 次モーメント
$\quad\quad t$：フランジ厚
$\quad\quad S_\omega$：考えるフランジの部分の扇形断面 1 次モーメント（式 (11.29)）

(4) 扇形座標

断面の扇形座標 Ω[m²] は、11.3.2 項で定義した閉断面の断面積と混同してはならず、正規化する扇形座標と以下に定義するその他すべての形状に対する変数の基本となる。扇形座標は、図 11.13 に示すように、原点 O と弧長座標 s をもつ。

$$\Omega(s) = \int_O^s h_C(s) \mathrm{d}s \tag{11.26}$$

正規化された扇形座標 ω は以下の関係式で定義できるが、ここで A は断面積である。

$$\omega(s) = \Omega(s) - \Omega(s)_{\mathrm{moy}} = \Omega(s) - \frac{1}{A} \int_A \Omega(s) \mathrm{d}A \tag{11.27}$$

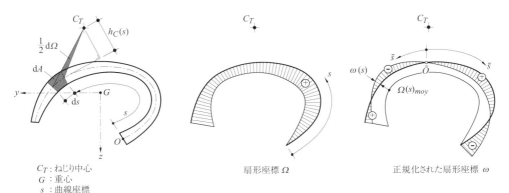

図 11.13　薄肉開断面の扇形座標 Ω と正規化された扇形座標 ω

この正規化された扇形座標は、弧長座標 s の原点 $\bar{O}$ として要素 $\omega \cdot dA$ の重心を選んだ点で扇形座標 Ω とは異なる（図 11.13）。したがって、定義から次式が得られる。

$$\int_A \omega(\bar{s})dA = 0 \tag{11.28}$$

扇形断面 1 次モーメントは次式で定義される。

$$S_\omega(s) = \int_O^s \omega(s)dA \tag{11.29}$$

扇形断面 2 次モーメントは次式で定義される。

$$I_\omega = \int_A \omega^2(s)dA \tag{11.30}$$

正規化された扇形座標 ω と扇形断面 1 次モーメント S_ω について、2 主桁橋の例を図 11.14 に示す。正規化された扇形座標 ω は、式 (11.24) で示す応力 σ_w に比例し、扇形断面 1 次モーメントは、式 (11.25) に示すように τ_w に比例する。

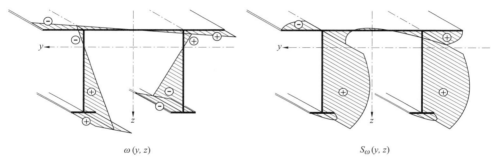

図 11.14　開断面の橋の正規化された扇形座標 Ω と扇形断面 1 次モーメント

11.3.4　複合ねじり

11.3.1 項で示すように、梁は純ねじりと反りねじりに同時に抵抗し、これを複合ねじりと呼ぶ。その相対的な重要性は、構造系、支持条件、梁のそれぞれに対する剛性で決まる。

同じねじりモーメントを与えた場合、閉断面は開断面に比べて変形がかなり小さい。したがって、閉断面は純ねじりに対する剛性が高く、純ねじりとつり合うためのせん断応力を生じるためのねじりが小さい。その結果、反り拘束による直応力とせん断応力も小さくなる。

他方、開断面は、変形を拘束する支点条件や支点での連続性の相対的なものになるが、純ねじりに対するせん断応力を生じさせる大きな変形が必要となる。この断面の反り変形を拘束すると、反りねじりによって大きなせん断応力 τ_ω と直応力 σ_ω が生じるが、純ねじりによる応力は小さいままとなる。

しかし、もし反り拘束がなくて直応力 σ_ω を生じさせない支持条件であれば、開断面は主に純ねじりに抵抗する。逆に、閉断面が反り拘束されると（完全な固定に近い場合）、主に反りねじりで抵抗する。

複合ねじりの一般的な場合を考察して、微分方程式を定義する。式 (11.2)、式 (11.3)、式 (11.21) を合わせると、ねじりモーメント T と梁の回転 φ の関係式 (11.31) が得られる。

$$T = T_v + T_w = GK\frac{d\varphi(x)}{dx} - EI_\omega \frac{d^3\varphi(x)}{dx^3} \tag{11.31}$$

梁の微小要素のつり合いの式 (11.1) の M_x を T に置き換えると、次式が得られる。

$$m_T = -\frac{dT}{dx} \tag{11.32}$$

式 (11.32) を式 (11.31) の導関数に代入すると、複合ねじりの微分方程式が得られる。

$$m_T = -GK\frac{d^2\varphi(x)}{dx^2} + EI_\omega\frac{d^4\varphi(x)}{dx^4} \tag{11.33}$$

これは定係数の4階の非斉次方程式である。単純な構造系や荷重の場合は、この式を解析的に解くことができる。単純桁では、4つの境界条件、すなわち生じる変位、ねじりに対する支点条件、または断面の数のねじり抵抗モーメント T、が必要となる。2つのねじり抵抗、T_v と T_w を、式 (11.31) を用いて回転 φ から求めることができる。もっと複雑な場合には、梁の形状（長さと断面）と荷重の関数として、設計チャートを用いて決める[11.2]。この設計チャートの例を図 11.15 に示す。パラメータ κ は、梁の反りねじりに対する剛性 EI_ω に対する純ねじり剛性 GK 特性で、次式で表す。

$$\kappa = l\sqrt{\frac{GK}{EI_\omega}} \tag{11.34}$$

ここで、l：ねじりに対する2つの支点間の梁の長さ

図 11.15 から、開断面の短い梁は主に反りねじりに抵抗し、閉断面の長い梁は主に純ねじりに抵抗することがわかる。この両者の間では複合ねじりに抵抗する。次節では、適切に対傾構を配した合成箱桁（11.4.1 項）は、純ねじりに抵抗すると仮定する。また、開断面の合成2主桁橋は主に反りねじりに抵抗すると仮定するが、床版の純ねじりも考える（11.5.1 項）。したがって、複合ねじり、正確には修正反りねじりに抵抗する構造物として解析する。

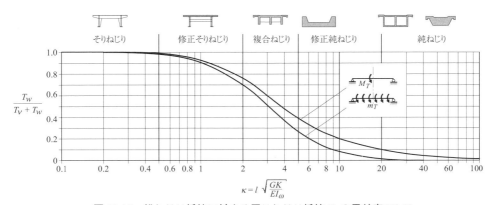

図 11.15　総ねじり抵抗に対する反りねじり抵抗 T_w の貢献度 [11.2]

文献 [11.4] に示される Benscoter のより複雑な理論では、反りにより生じるせん断のひずみエネルギーを考慮している。これによると、複合ねじりに抵抗する橋の実際の挙動を上述した理論よりも正確に解析できる。さらに Benscoter の理論は、ねじりに抵抗する構造物の挙動をより完全に示してしており、それによって純ねじり（サン・ブナンの理論）と反りねじりの理論の適用限界を定義できる。

11.4 閉断面の直線橋

閉断面の橋の断面は、完全に閉じた鋼箱桁、または U 形の開断面の上面をコンクリート床版で閉じた鋼箱桁で構成される（5.5.2 項）。この種の橋は、特にねじりモーメント、主に純ねじりに抵抗し、ねじり剛性が高いため変形が非常に少ない。

11.4.1 ねじりに対する挙動

閉断面の橋は、ねじりモーメントを受けると、板厚内の一様なせん断流による純ねじりで抵抗する。閉断面は通常円形ではないため、このねじり抵抗を発揮させるためには対傾構の存在が重要となる。実際、対傾構は、断面の形状保持に重要な役割を果たし、このことは純ねじりの理論が適用できるための必要条件である。対傾構の間隔が広すぎるか対傾構がない場合は、断面が大きく変形するので、梁の力学よりも複雑な理論でなければ、正しくモデル化することはできない。これらのモデルでは、シェルや折り板理論のように構造物の 3 次元挙動を考慮する。したがって、梁の力学とサン・ブナンのねじり理論を使うためには、梁の長さ方向に十分な対傾構を配する（5.6.1 項）。

図 11.16 は、偏心荷重 Q が作用する閉断面の変形を示す。断面は、完全に形状保持される（断面が変形しない）か、対傾構がなくて自由に変形する場合である。この図は、2 つの極端な事例の箱桁の鋼板に作用する直応力の分布も示す。断面の変形を拘束する対傾構がない場合は、断面が変形して反りねじりによる直応力が生じている。それによって直応力の分布は、梁理論による曲げによるものとは異なる。実際には、標準的な対傾構をもつ閉断面の橋では、多少の断面の変形があるにもかかわらず、断面が変形しない場合の応力に近いものとなる。面内剛性が十分にある適切な数の対傾構を配置すれば、断面の変形は非常に小さくなる。したがって、その影響は桁の設計で無視してよい（14.5.2 項）。

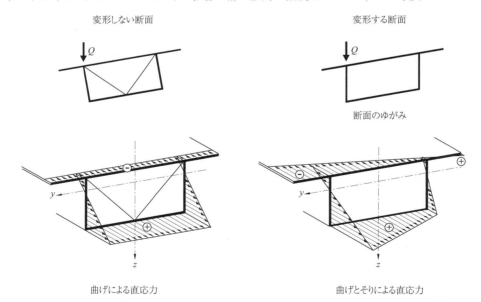

図 11.16　閉断面の変形に及ぼす対傾構の影響と相当する直応力

ねじりモーメント M_x がわかると、式 (11.6) と式 (11.13) によって、M_x を T_v と等しいとして、各箱桁の断面に生じるせん断流によるせん断応力が計算できる。設計者は、これらのせん断応力に、箱桁のウェブに作用するせん断力（曲げ）によるせん断応力を加える。

11.4.2 断面力の計算

桁橋のモデル化を扱った 11.2 節には、この種の橋の曲げモーメントとせん断力の計算に必要な知識を示した。橋軸に対して偏心する荷重によって生じるねじりモーメントは、11.2.4 項に示す方法を用いて計算できる。箱桁が同じ断面で 2 点以上で支持される場合、梁の支点はねじりに対する拘束を与える。

断面力（曲げとねじり）の最大値を定めるための作用荷重の橋軸方向と橋軸直角方向の分布は、どの影響を考慮するかによって異なる。図 11.17 は、異なる位置に載荷した分布荷重 q とモーメントを示すが、最大値が必ずしも同じ断面に生じていない。すなわち、

- ねじりモーメントは支点上で最大である。床版は半幅 b に荷重が作用している（この例では、各支点はねじりを支持すると仮定する）。
- 曲げモーメントは中間支点上で最大となる。閉断面の橋では、床版の半幅に荷重を載荷して箱桁の半分で解析するのと、床版全幅に載荷して全断面で解析する場合で、曲げモーメントの違いはない（図 11.17）。

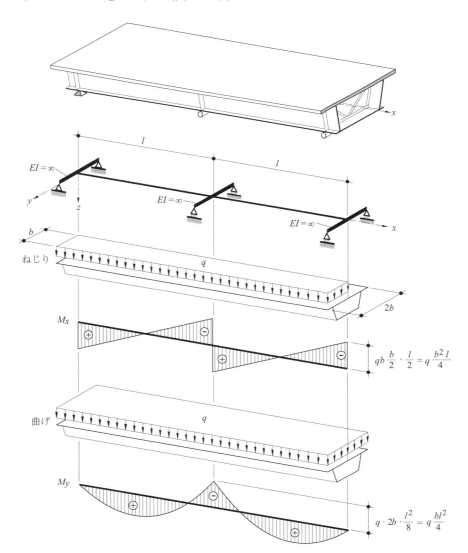

図 11.17 閉断面の橋の荷重位置とねじりモーメント図、曲げモーメント図

斜橋の場合、ねじりと曲げは、支点が斜めであることの拘束の影響を受ける。この効果を考慮する方法については 11.6.2 項に示す。

曲線橋の場合、せん断力に関してのみ直線の桁として計算できる。曲げモーメントとねじりモーメントは曲線の影響を受ける。断面力に対する曲線の影響については 11.7.3 項で示す。

11.5 開断面の直線橋

開断面の桁は、2 本または複数の鈑桁で構成される（5.5.1 項）。この橋は、偏心荷重に対して主に反りねじりで抵抗するため、断面の扇形特性を解析するのが難しい（11.3.3 項）。この節では、欧州でよく用いられる合成 2 主桁橋を取り上げる。

扇形特性（S_ω, I_ω）の計算を簡略化するために、橋軸直角方向の荷重分配の影響線を用いる。この簡略化によって、開断面の反りねじりによる応力と等価な曲げ応力を桁に生じさせる等価な荷重を定めることができる。まず 11.5.2 項でこの問題を検討し、曲げの解析の前にどの位置に荷重を作用させるかを定義する。

多主桁橋では、個々の桁に作用する荷重（不静定な横断面）の決め方については、他の解析法を適用する。荷重に対して各桁が分担する断面力を決めるために、格子状の桁には横桁の曲げ剛性と横桁と主桁との連結の剛性を考慮する。この方法として Guyon-Massonnet-Bareš[11.5] がある。複雑な形状の開断面の桁では、有限要素法で解析する必要がある。

11.5.1 ねじりに対する挙動

開断面の橋は、主に反りねじりに抵抗するが、それは純ねじり剛性が小さく、純ねじりに抵抗するには断面が著しく変形する必要があるからである。この変形は通常、支点条件によって拘束されるため、反りねじり抵抗による応力が生じる。断面が純ねじりに対して柔軟であれば、ねじり剛性に比例して断面力が分布するので、反りねじり抵抗の重要性が増す。合成されたコンクリート床版は断面のサン・ブナンのねじり剛性に寄与するので、鋼床版や非合成のコンクリート床版よりも大きく純ねじりに寄与する。図 11.15 に示すように、開断面をもつ合成桁は修正反りねじりに抵抗する。鋼床版または非合成のコンクリート床版をもつ開断面の橋は、反りねじりだけで抵抗する断面と見なす。

11.5.2 橋軸直角方向の影響線
(1) 問題の定義

設計者の問題は次のようになる。すなわち、図 11.18 に示す断面で、例えば集中荷重 Q が路面を橋軸直角方向に移動する場合、桁のフランジに生じる応力 σ_f はどのように変化するか、ということである。

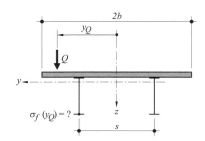

図 11.18　偏心荷重が作用した仮想の開断面

図 11.18 の荷重 Q は、橋軸に沿って種々の断面に曲げとねじりの組合せを生じさせる。11.3.4 項で説明したように、開断面は主に反りねじりに抵抗し、それは直応力とせん断応力だけでなく、コンクリート床版の純ねじりによっても抵抗する。純ねじりと反りねじりによる応力の重ね合せは、11.3 節で誘導した式と、床版の純ねじりと主桁の反りねじりを決めるための図 11.15 を考慮することで、厳密に計算できる。

しかしながら、反りねじりによる直応力と曲げによる直応力の類似性を用いることで、これらの応力の計算が簡易になる。この簡易計算法により等価荷重が定義されるが、これは桁の純曲げによる応力が、曲げに修正反りねじりが合わさった応力と等価な応力を生じる。これによって、荷重の橋軸直角方向の位置にかかわらず、曲げとねじりを受ける合成 2 主桁橋の問題は、等価な曲げの問題に集約される。

この等価荷重を定義するのは、次のステップとなる。
・橋軸直角方向の断面の偏心荷重を、対称荷重と呼ばれる中心線上に作用する曲げ荷重と、桁の逆対称荷重とも呼ばれるねじりに分解する。
・逆対称荷重に対して、等価断面と呼ばれる合成断面を決めるが、そこでは、曲げ応力は反りねじりによる直応力と同等である。
・等価荷重を決めるために橋軸直角方向の影響線を定義するが、それは梁の中心線上にあり、断面の反りねじりと曲げと同じ直応力を生じさせる。

(2) 偏心荷重の分解

例として、片方の主桁上に鉛直荷重 Q が作用する合成 2 主桁の断面(図 11.19)を考える。これは図 11.18 の $y_Q = s/2$ の場合である。この荷重は、いずれも作用荷重の半分の大きさの対称荷重と逆対称荷重に分解できる。

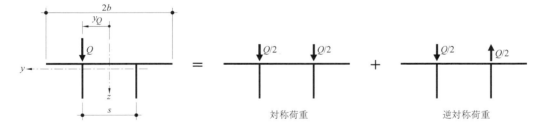

図 11.19 2 つの対称荷重と 2 つの逆対称荷重に分解した偏心荷重

対称荷重は、桁のねじり剛性とは関係なく、2 つの桁に同じ曲げモーメントを生じさせる。一方、逆対称荷重は、$M_T = Q \cdot s/2$ 相当のねじりを断面に生じさせる。すなわち、逆対称荷重は、各桁に逆対称曲げ(逆向きの曲げ)として作用する。これは、断面が純ねじりに抵抗しない場合、例えば鋼床版橋では正しい。しかし、合成桁の場合は、コンクリート床版はねじりの一部を純ねじりとして支持する。純ねじりによる抵抗は、床版の断面内のせん断応力の閉じた流れによるもので、鋼桁の純ねじり抵抗は無視できるほど小さい。断面の反りねじりにより直応力が生じるが、その分布は図 11.20(a) に示すようになる(図 11.14 も参照)。逆対称荷重の効果については、次に示す。

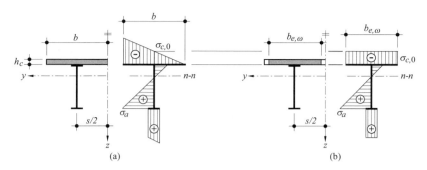

図 11.20 (a) 桁の断面の反りねじりと (b) 等価な桁の逆対称荷重による直応力の分布

(3) 等価断面

まず、床版の有効幅 $b_{e,\omega}$ を決めるのが桁の等価断面を定義する最初のステップになる。等価断面に対しては、逆対称荷重による鋼桁の曲げ応力は、反りねじり抵抗による応力と等価になる。まず、断面のねじり剛性 GK を無視すると、ねじりモーメントのつり合いは、主桁の逆対称曲げのみで得られる。つり合うためには、床版の水平せん断応力の合計がゼロでなければならないからである。等価曲げによる応力分布を図 11.20(b) に示す。

図 11.20(a) に示す直応力の分布は、断面にはねじりモーメントだけが作用しているので断面力と応力のつり合いから、$N = M_y = M_z = 0$ である。$N = 0$ と $M_y = 0$ は、z 軸回りの断面が対称であるから自動的に満たされる。ところが、鋼桁に生じる応力 σ_a が等価曲げと反りねじりの場合で同じになるように $b_{e,\omega}$ を決定したい。この条件を満足させるためには、中立軸は、等価曲げを受ける等価断面とねじりを受ける実際の断面と同じ位置でなければならない。

図 11.20(b) で、断面が z 軸に平行なウェブに対して対称な場合、曲げを受ける断面での中立軸 n-n の位置にかかわらず、曲げモーメント M_z は常にゼロである。逆に、各幅 $b_{e,\omega}$ には（M_y とは別に）それに対応する中立軸の位置が存在する。したがって、中立軸が希望する位置になるように幅 $b_{e,\omega}$ を見つけることが必要である。中立軸が一致すると、断面の中心の床版の応力 $\sigma_{c,0}$（図 11.20(a)）は、曲げによる床版の直応力 $\sigma_{c,0}$ に等しくなる（図 11.20(b)）。したがって、床版の応力による z 軸まわりの曲げモーメントは等しくなる結果が求まる。このことは、z 軸の $2b/3$ に作用する床版の合力の z 軸に対するモーメント（図 11.20(a)）は、z 軸からの距離 $s/2$ に作用する合力のそれに等しいことを示す（図 11.20(b)）。

この条件は次式で表される。

$$\sigma_{c,0}\frac{2b^3 h_c}{3s} = \sigma_{c,0} b_{e,\omega} h_c \frac{s}{2} \tag{11.35}$$

ここで $b_{e,\omega}$ は次式で表される。

$$b_{e,\omega} = \frac{4b^3}{3s^2} \leq b \tag{11.36}$$

この値が求まると、等価曲げの計算に用いる断面が決まるため、その断面 2 次モーメント I_y を計算できる。厳密に求める場合は、主桁の下フランジの有効幅も決める必要があるが、それは下フランジの直応力が台形分布になるので、その合力が $y = s/2$ に作用しないためである。フランジ幅が b に対して狭いときは、誤差はわずかである。

桁の等価断面の幅 $b_{e,\omega}$ によって決まると、実際の桁の反りねじりと等価桁の等価曲げモーメントとの間の類似性を用いることができる。この類似性により、複合ねじりの微分

方程式を解くのに必要な等価桁の扇形断面 2 次モーメント I_ω（反りに対する剛性）が決まる。この値は複合ねじりに対する微分方程式を解くのに必要となる。

ねじりの一様でない部分（式 (11.33)）に対する微分方程式は、次のとおりである。

$$m_T = EI_\omega \frac{d^4\varphi(x)}{dx^4} \tag{11.37}$$

正の等価曲げを受ける桁のたわみ曲線の縦座標を決める式は、次式となる。

$$\frac{q}{2} = \frac{m_T}{s} = EI_y \frac{d^4 z(x)}{dx^4} \tag{11.38}$$

ここで、I_y：等価桁の y 軸まわりの断面 2 次モーメント（幅 $b_{e,\omega}$ の床版を持つ 1 本の主桁）。
　　　　この断面 2 次モーメントは、偏心荷重 q の性質による係数 n で決定される。
　　　　偏心荷重 q は通常、橋では短期荷重（交通）に相当する。

断面は形状保持（剛体の回転）されるため、たわみは以下となる。

$$z(x) = \varphi(x) \cdot \frac{s}{2} \tag{11.39}$$

そして、式 (11.38) に式 (11.39) の 4 次導関数を導入して、

$$m_T = EI_y \frac{s^2}{2} \frac{d^4\varphi(x)}{dx^4} \tag{11.40}$$

式 (11.37) と式 (11.40) を比較して次式が得られる。

$$I_\omega = I_y \frac{s^2}{2} \tag{11.41}$$

これは、幅 $b_{e,\omega}$ の床版をもつ等価桁の反りねじりに関する断面 2 次極モーメント、または扇形断面 2 次モーメントである。

(4) 橋軸直角方向の影響線

さて、純ねじり剛性 GK がかなり大きい床版をもつ合成桁の断面について検討したい。複合ねじりの微分方程式は、式 (11.33) で与えられる。

$$m_T = EI_\omega \frac{d^4\varphi(x)}{dx^4} - GK \frac{d^2\varphi(x)}{dx^2} \tag{11.42}$$

合成桁では、ねじり剛性 GK はほとんど床版によるものなので、次式が得られる。

$$G_c K_c \cong G_c \frac{1}{3} 2b h_c^3 \tag{11.43}$$

ここで、G_c：コンクリートのせん断弾性係数
　　　　$2b$：床版の全幅
　　　　h_c：床版の高さ

桁の曲げの微分方程式より、

$$M_y = -EI_y \frac{d^2 z(x)}{dx^2} \tag{11.44}$$

式 (11.39) を 2 回微分すると次式となる。

$$M_y = -EI_y \cdot \frac{d^2\varphi(x)}{dx^2} \cdot \frac{s}{2} \quad \text{そして} \quad \frac{d^4\varphi(x)}{dx^4} = -\frac{d^2 M_y}{dx^2} \frac{1}{EI_y(s/2)} \tag{11.45}$$

これから、式 (11.42) を式 (11.41) を用いて書き換えると、

$$m_T = -\frac{d^2 M_y}{dx^2} \cdot s + M_y \frac{G_c K_c}{EI_y(s/2)} \tag{11.46}$$

次の変数を導入して、

$$\alpha^2 = \frac{G_c K_c}{2EI_y}\left(\frac{l}{s}\right)^2 \tag{11.47}$$

式を整理すると、最終的に次式が得られる。

$$\frac{d^2 M_y}{dx^2} - \left(\frac{2\alpha}{l}\right)^2 M_y + \frac{m_T}{s} = 0 \tag{11.48}$$

この微分方程式は、等価荷重 m_T/s が、それぞれ作用する 2 本の等価桁の逆対象等価曲げで表した複合ねじりを受ける橋の抵抗を示す。

(5) 特殊な場合：単純桁

反りに対して拘束のない長さ l の単純桁を考えよう。この桁は、片方の桁の上に線荷重 q が作用する 2 主桁橋で、この荷重は逆対称荷重 $m_T/s = \pm q/2$ となる。

単純桁の支持条件は、端部 $X = \pm l/2$ では $M_y = 0$ であり（積分を容易にするため、x の起点は支間の中央にする）、微分方程式 (11.48) の解が次式で得られる。

$$M_y^{\text{torsion}}(x) = \frac{q}{2}\left[1 - \frac{\cosh(2\alpha x/l)}{\cosh\alpha}\right]\frac{l^2}{4\alpha^2} \tag{11.49}$$

ここで、$M_y^{\text{torsion}}(x)$：等価断面の主桁上の y まわりの曲げモーメント。添え字 torsion は、実際の主桁の反りねじりによる応力と同じ応力を生じる等価曲げモーメントであることを示す。

この最大値は、径間中央 ($x = 0$) で得られる。

$$\text{逆対称曲げ}\qquad M_{y,\max}^{\text{torsion}} = q\frac{l^2}{8\alpha^2}\left[1 - \frac{1}{\cosh\alpha}\right] \tag{11.50}$$

桁は、各桁に等分される中心荷重による対称曲げにも抵抗する（図 11.19）。この場合、桁の径間中央の曲げモーメントはそれぞれ次式となる。

$$\text{対称曲げ}\qquad M_{y,\max}^{\text{flexion}} = \frac{q}{2}\frac{l^2}{8} \tag{11.51}$$

これで、対称曲げ（式 (11.51)）と逆対称曲げ（式 (11.50)）による応力の和で、下フランジの橋軸方向の応力 $\sigma_{f,tot}$ を計算できる。径間中央では、次式となる。

$$\sigma_{f,tot} = \frac{1}{W_{y,fl}}\left[\frac{ql^2}{16}\right] \pm \frac{1}{W_{y,to}}\left[\frac{ql^2}{8\alpha^2}\left(1 - \frac{1}{\cosh\alpha}\right)\right] \tag{11.52}$$

または、

$$\sigma_{f,tot} = \frac{1}{W_{y,fl}}\frac{ql^2}{8}\left[\frac{1}{2} \pm \frac{W_{y,fl}}{W_{y,to}}\frac{1}{\alpha^2}\left(1 - \frac{1}{\cosh\alpha}\right)\right] = \frac{1}{W_{y,fl}}\frac{ql^2}{8}\eta \tag{11.53}$$

ここで、+：偏心荷重が直接作用する桁
  −：偏心荷重の作用の少ない桁
  fl：対称曲げ（床版の有効幅 b_{eff} をもつ桁の断面に対して、13.3.4 項）
  to：ねじり、あるいは逆対称曲げ（床版の有効幅 $b_{e,\omega}$ をもつ桁の断面に対して）

通常、$b_{e,\omega} \cong b_{eff}$ であり、$W_{y,fl}/W_{y,to} = 1$ と仮定できる。

式 (11.53) によって計算した応力と、総荷重 q が桁に曲げモーメントを生じさせた場合から得られた応力を比較でき、その下フランジの応力は、下記となる。

$$\sigma_{f,ref} = \frac{1}{W_{y,fl}}\frac{ql^2}{8} \tag{11.54}$$

この式から $\sigma_{f,tot} = \sigma_{f,ref} \times \eta$ となる（式 (11.53) を参照）。係数 η は、2 本の桁のうちの片方で等価曲げとして支持された荷重の割合を表す。この係数は、主桁の上の荷重の橋軸直角方向の影響線の 2 つの縦座標を（記号によって）定義する。

$$\eta_{1,2} = \frac{1}{2} \pm \frac{1}{\alpha^2}\left(1 - \frac{1}{\cosh\alpha}\right) \tag{11.55}$$

ねじりは線形分布 q または集中荷重 Q の偏心量 y に比例するため、影響線は2つの縦座標 η_1 と η_2 によって決まる直線である。図 11.21 は、左側の桁の影響線の例である。影響線の縦座標 η は、断面のどの点でも、荷重がその点に作用するとき、左側の桁で支持される荷重の比率を示す。$y = 0$ の縦座標は、対称断面では常に 0.5 になるが、これは断面の中心に載荷された荷重は各桁に均等に分担されるからである。図 11.21 と図 11.26 の例では、集中荷重 Q の位置の縦座標 η_Q により、等価荷重 $\eta_Q \cdot Q$ を決めることができる。この荷重は、左の桁に曲げの形で作用するが、それは修正反りねじりと桁のねじりによるものと同じ直応力を桁に生じさせる。負の縦座標は、その位置の荷重がその桁を持ち上げるように作用することを示す。結論として、橋軸直角方向の影響線は、荷重の影響を決めるために用いて、それによって主桁の設計で荷重の最も不利な配置を確認できる。

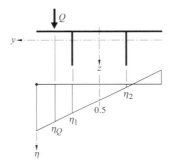

図 11.21　荷重 Q に対する橋軸直角方向の影響線（左側の桁）

図 11.22 は、係数 α（式 (11.47)）による縦座標 η_1 と η_2 の変化を示す。純ねじり剛性 GK が大きければ大きいほど（α^2 が大きい）、橋軸直角方向の影響線の勾配がゆるくなる（η_1 と η_2 は平均値 0.5 に収束する）。箱断面の極端なケースでは、式 (11.55) は次の値になる。

$$\lim_{\alpha \to \infty} \eta_1 = \lim_{\alpha \to \infty} \eta_2 = 0.5 \tag{11.56}$$

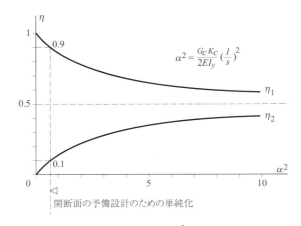

図 11.22　支間長 l の単純桁に対する α^2 の関数となる係数 η_1 と η_2

箱桁の断面では、ねじりモーメントに純ねじりで抵抗し、曲げによる直応力は閉じたせん断流を伴う。ここで示した理論は、曲げと反りねじりの応力の等価性に基づいており、箱桁には適用されない。箱桁の断面の場合は、荷重の橋軸直角方向の位置にかかわらず、箱桁の1/2は荷重の1/2に曲げで抵抗する。

他の指摘事項として、

・式 (11.55) で定義された橋軸直角方向の影響線は、径間中央の断面についてである（$M_{y,max}$で）。他の断面では、値が異なるが、それは対称荷重による曲げモーメント図（放物線）と逆対称曲げによる曲げモーメント図（式 (11.49)）は、径間に沿って比例的に変化しないからである。しかし実務上その違いは小さいので、径間中央で計算された影響線を橋の断面全体で使用できると仮定できる。

・厳密には、式 (11.55) は、偏心量が一定の等分布荷重が作用し、断面保持が成り立ち、床版の有効幅が曲げとねじりで等しい等断面の単純桁にのみ有効である。

(6) その他の特殊な場合

その他の構造系や荷重の場合は、式 (11.48) の類似性を用いて考慮できる。連続桁の等分布線荷重では、支間長 l をモーメントがゼロの点の間隔に置き換える（厳密には、作用荷重に対応する点が最大モーメントを決める）。

偏心した集中荷重 Q が作用する単純桁の場合は、x 座標（$x=0$ は径間中央に相当する）の位置の断面の橋軸直角方向の影響線の縦座標は次式で与えられる。

$$\eta_{1,2} = \frac{1}{2} \pm \frac{1}{2\alpha}\left(\tanh\alpha \cosh^2\left(\frac{2x}{l}\right) - \coth\alpha \sinh^2\left(\frac{2x}{l}\right)\right) \quad (11.57)$$

設計者は以下の点に注意する。

・この式による分布荷重は、分布荷重に比べてわずかに影響が小さい（式 (11.5) による）。
・通常の橋の設計では、簡略化のために集中荷重でも分布荷重のための影響線を用いる。

(7) 床版

床版は曲げや反りねじりによる応力だけでなく、純ねじりによるせん断応力も作用する。式 (11.3) と式 (11.45) を用いて、M_y を積分して純ねじり抵抗モーメント T_v を計算できる。

偏心量 y_q の等分布線荷重の場合、径間長 l の最大ねじりモーメントは次式となる。

$$T_{v,max} = \frac{qy_q l}{2}\left(1 - \frac{\tanh\alpha}{\alpha}\right) \quad (11.58)$$

そして、偏心量 y_Q で径間中央に作用する集中荷重 Q の場合は次式となる。

$$T_{v,max} = \frac{Qy_Q}{2}\left(1 - \frac{1}{\cosh\alpha}\right) \quad (11.59)$$

(8) 簡略化

橋の予備設計の段階で、断面力を求めるために橋軸直角方向の影響線を知る必要がある。しかし、この検討段階では、縦座標 η の計算のための係数 α（式 11.47）を決めるために必要な断面形状は、まだわからない。一般的な合成2主桁橋の予備設計の簡略化のために、近似的な影響線、すなわち $\eta_1 = 0.9$ と $\eta_2 = 0.1$、を用いることができる（図 11.23）。

設計の最終段階で、最終の断面寸法をもとに橋軸直角方向の影響線の計算を行い、近似値の適合性を確認し、必要であれば等価荷重と計算した断面力を修正する。

橋軸直角方向の影響線の使用により、断面の直応力とせん断応力の決定に曲げに対する周知の式を適用でき、反りねじりの複雑な式が不要となる。

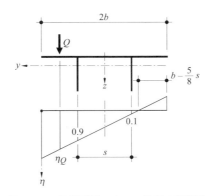

図 11.23　予備設計のための簡易な影響線

11.5.3　横構の効果

上横構によって閉じられた U 断面の箱桁橋（5.5.2 項）、あるいは下横構によって閉じられた開断面の合成桁（図 11.24）は、ねじりに対して閉断面の箱桁のように挙動する。

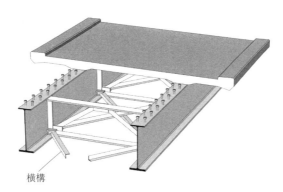

図 11.24　下横構をもつ開断面の合成桁

これらの断面は、横構に等価換算板厚 t_{eq} の概念を用いて閉断面と考えることができる。この板厚は、実際の横構の剛性を仮想の鋼板の剛性と等しいと見なして決める。図 11.25 は、いろいろな形状の横構についての t_{eq} の値を示す。右と左のトラスの断面積（A_g と A_d）は、桁の下フランジとウェブの一部の面積を含む。ウェブがどの程度含まれるかは、断面の直応力の分布によって変わるが、他に手引きとなる事項がない場合は、安全側の推定としてウェブの断面積の 4 分の 1 を考える。

$$A_{g,d} = A_{fg,fd} + \frac{1}{4}A_w \tag{11.60}$$

ここで、$A_{g,d}$　：左側（仏語で gauche）と右側（仏語で droite）の断面積で、t_{eq} の計算に用いる。

$A_{fg,fd}$　：左側と右側の桁の下フランジの断面積

A_w　：桁のウェブの断面積

等価換算板厚がわかると、断面の K と I_ω の特性値を決めることができ、純ねじりと反りねじりの相対的な寄与がわかる係数 κ を決定できる（図 11.15 も参照）。

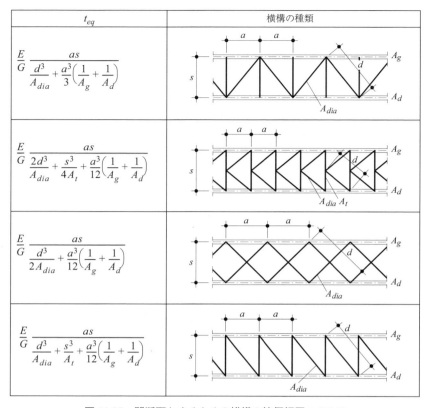

図 11.25　閉断面とするための横構の等価板厚 t_{eq} [11.2]

11.5.4　断面力の計算

　開断面の合成桁の場合、断面力の計算は、曲げモーメントとせん断力の計算に集約できる。偏心荷重によるねじりは、主に反りねじりで計算され、曲げモーメントを計算する等価荷重を用いて考慮される。上述のように、等価荷重は、修正反りねじりによるものと桁の曲げによる応力の合計と等価な直応力を桁に生じさせる。また、この等価荷重は、橋軸直角方向の影響線を用いて決める。

　説明のために、図 11.26 に SIA 規準 261 による交通活荷重の橋軸直角方向の配置を示すが、これは合成桁（ここでは左側の桁を考慮する）に集中荷重と分布荷重を作用させて、その最大の断面力を決めるためである。これらの荷重とその値の詳細は 10.3.1 項の図 10.1 に示す。荷重は、橋軸直角方向の最も不利な位置に載荷する。最も荷重の多い仮想車線（車線 1）は車道の端とするが、これは橋軸直角方向の影響線の縦座標が最も大きいからである。しかし、軸重を表す集中荷重は、桁の断面力を計算するときには、車線の中央に与える。ただし、床版の局部的な影響を計算する時は、集中荷重は車線の縁に移動させる。図 11.26 の例では、左側の桁（$\eta < 0$）の負荷を軽減する車線 3 の分布荷重は考慮しない。他方、輪荷重の 2 つの集中軸重のうちの 1 つが桁の負荷を減らす場合でも、2 つの軸重は同時に載荷されることになっているので、考慮する。

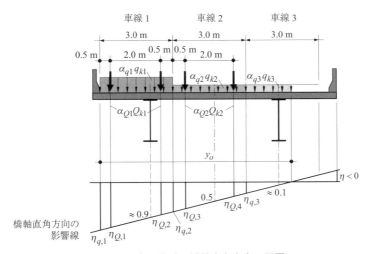

図 11.26 交通荷重の橋軸直角方向の配置

交通による等価集中荷重 Q_k の特性値は、桁の曲げモーメントを計算するのに用いるが、次式で与えられる。

$$Q_k = \alpha_{Q1}Q_{k1}\frac{(\eta_{Q,1}+\eta_{Q,2})}{2} + \alpha_{Q2}Q_{k2}\frac{(\eta_{Q,3}+\eta_{Q,4})}{2} \tag{11.61}$$

交通による等価分布活荷重 q_k の特性値は、桁の曲げモーメントを計算するのに用いるが、次式で与えられる。

$$q_k = 3\,\mathrm{m}\cdot\alpha_{q1}q_{k1}\frac{(\eta_{q,1}+\eta_{q,2})}{2} + 3\,\mathrm{m}\cdot\alpha_{q2}q_{k2}\frac{(\eta_{q,2}+\eta_{q,3})}{2} + (y_0 - 6\,\mathrm{m})\alpha_{q3}q_{k3}\frac{\eta_{q,3}}{2} \tag{11.62}$$

橋軸方向では、集中荷重と分布荷重は、求める断面力の計算で最も不利となる位置に載荷する。SIA261 規準によれば、車線 1 と 2 の車軸の組は、橋軸直角方向の同じ断面に作用させる。図 11.27 は、連続桁の正と負の最大曲げモーメントを計算するときの交通荷重の橋軸方向の載荷位置を示す。荷重は、求める断面力の影響線を参考に載荷する。車軸を表す 2 つの集中荷重は、計算を簡単にするために 1 つの荷重に統合される。

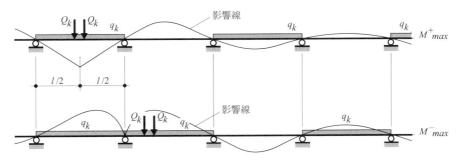

図 11.27 交通荷重の橋軸方向の配置

せん断中心に対する偏心荷重によるねじり以外に、例えば支承線の斜角によるもののように、他のねじりモーメントが桁に作用することがある。斜橋に関しては 11.6 節で示す。後述するように、支承線の斜角によるねじりは、付加的で不静定な作用となるが、それは開断面では、局部的な影響しか与えない。斜角のある支点部にだけ影響するので、径間の

他の部分は、斜角のない桁と同様にねじりを考慮しない。言い換えれば、斜角のない橋で得られた曲げモーメントやせん断力は補正しなくてよい。

曲線の影響は 11.7 節で示す。曲線の影響は、通常、逆対称曲げが作用した同等の直線桁を用いた簡略法で考慮することができる。橋軸直角方向の影響線も、床版のねじり剛性を考慮するためにこの逆対称荷重に適用できる。

11.6 斜橋

11.6.1 斜角の影響

橋軸と支承線が直角でない斜橋では（2.2.2 項）、中心線上に荷重が作用している場合でも、鉛直変位は 2 主桁橋の 2 本の桁、あるいは箱桁橋の 2 つのウェブで同じにならない。この変位の違いは、特に斜角のある支点付近で顕著で、橋軸回りに断面の回転を生じる。この回転に構造物がどのように抵抗するかは、桁のねじり剛性によるが、これは開断面よりも閉断面の方が極めて大きい。したがって、直感的に、断面力は閉断面の構造物の方が開断面よりも斜角の影響が大きいことが予想される。

斜角によるねじりモーメントは不静定力となるが、曲線桁の場合（11.7 節）とは異なり、いかなる場合も桁全体のつり合いには必要とされない。斜橋では、生じるねじりは付加的な現象と見なすことができる。その大きさは断面のねじり剛性に支配されるので、この付加的なねじりモーメントを支持するために閉断面を用いる必要はない。ねじり剛性の低い開断面は、構造安全性の点では問題はない。しかし、斜角による変位は、閉断面の橋よりも開断面の方が大きく、例えば鉄道橋のように、ねじりによる桁の変位を制限する必要がある場合は、閉断面の方が有利である。

11.6.2 閉断面

図 11.28(a) に示すねじり剛性の高い閉断面の斜橋について考察しよう。断面は、斜角のある支点では自由に回転できないので、中心載荷であってもねじりによる応力が生じる。このねじりの影響は、斜角 α と β が大きく、また断面のねじり剛性 GK が大きいとき、さらに重要となる。

図 11.28 に、閉断面の桁（箱桁）の断面力に与える斜角の影響を考慮するための例を示す。まず、桁はその両端を図に示す位置で支持されると仮定する。その状態に対する変位を、図 11.28(b) に示す。さて、桁が A′−A″ と B′−B″ で斜めの支点がある場合、本来この位置でのたわみはゼロなのだが、図 11.28(b) に示すように支点条件に適合しない。支点の適合条件を再度満足させるには、桁の両端にモーメント M_x を作用させる。このモーメント M_x は軸に沿って一定で、支点反力 R_{to} の偶力によって桁の両端に導入される（図 11.28(c)）。この斜角による支点反力は、直線桁と仮定した場合の支点反力に加える。

結果として、A″ と B′ に作用する支点反力は A′ と B″ より大きいことになる。条件によっては、A′ と B″ の支点反力はゼロ、あるいは負になることもある。この反力は、支点での橋のアップリフトを制御するために常に計算しておく。計算で負反力の可能性があるときは、この問題を解決するために橋の形（支点の間の距離、斜角、ねじり剛性 GK）の変更を検討する。そうでなければ、何らかの形のアンカーを計画する。

偶力 R_{to} は、径間の両端にそれぞれ $R_{to} \cdot e_A$ と $\dot{a} R_{to} \cdot e_B$ に等しい曲げモーメント M_y^{to} を生じさせる（図 11.28(d)）。したがって、斜角は梁にねじりを生じるだけでなく、M_y^{to} だけ曲げモーメントに変化を生じさせる。径間の両端でのねじりモーメント M_x と曲げモーメント M_y^{to} のベクトル和は、支承線に垂直な軸まわりに作用するモーメント M となる。

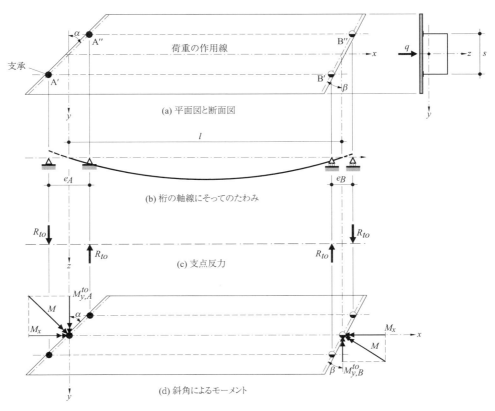

図 11.28　閉断面の斜橋

斜角のある支点は、ねじりに対する固定条件だけでなく、曲げに対する部分的な固定条件も示す。もし橋軸に直角な線からの角度で定義した支承の傾角が 0° であるとき、曲げは拘束しない。それが 90° になると（支点が橋軸と同じの線上にある）、曲げに対しては固定となる。斜角による部分拘束は、曲げモーメント M_y^{to} によって定量化されるが、支点に有害なモーメントを生じる一方で、支間部の曲げモーメントを減らす。

図 11.28 に示すケースでは、径間に沿っての断面に作用する曲げモーメントは、次式で与えられる（s は y 方向の支点の間隔）。

$$M_x = R_{to} \cdot s \tag{11.63}$$

そして、それぞれ支承 A と B に作用する曲げモーメントは、式 (11.63) を考慮して、次式で与えられる。

$$M_{y,A}^{to} = R_{to} \cdot e_A = \frac{M_x \cdot e_A}{s} = M_x \tan\alpha$$
$$M_{y,B}^{to} = R_{to} \cdot e_B = \frac{M_x \cdot e_B}{s} = M_x \tan\beta \tag{11.64}$$

図 11.28 に示すように、正の斜角 α と β に対しては、ねじりモーメントは負となり、補正する曲げモーメント $M_{y,A}^{to}$ と $M_{y,B}^{to}$ とは常に負となる。等分布荷重が作用する単純桁の場合のモーメントは図 11.31 に示す。

支点の偶力 R_{to} は、次に箱断面で示すように、適合条件を解くことにより決まる。開断面に対する詳細な計算は、文献 [11.2] に示されており、支点反力を含む主要な結果は 11.6.3 項にまとめる。

(1) 単純桁

図 11.28 に示した斜橋は、図 11.29(a) に示すように 3 本の梁からなる構造系でモデル化できる。梁は、長さ l で曲げ剛性 EI とねじり剛性 GK をもつ。梁はねじりのみに抵抗すると仮定する。斜角の効果は、この梁を支点に連結する無限大の曲げ剛性をもつ 2 本の梁で表される。この 2 本の梁は、端対傾構に相当する。

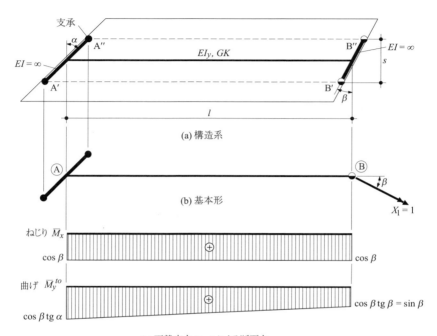

図 11.29 斜橋の解析モデル

斜橋の鉛直荷重は、4 つの支点 A′, A″ と B′, B″ に鉛直反力を生じさせる。この構造に作用する力はつり合いを保ち、次式を満足する。

$$\Sigma M_x = \Sigma M_y = \Sigma V_z = 0 \tag{11.65}$$

これら 3 つのつり合い条件式を用いて、4 つの未知な支点反力を計算する。足りない等式は、すべての不静定構造の場合と同様に、適合条件式で与えられる。モーメント M、つまり支承線に垂直な軸まわりに作用する桁端 B のモーメントを不静定力として選ぶことで、図 11.29(b) の基本系が得られる。図 11.29(c) は、単位モーメント $X_1 = 1$ による梁に沿ったねじりモーメント $\overline{M_x}$ 図と曲げモーメント $\overline{M_y^{to}}$ 図を示す。ねじりと曲げの適合条件を考慮すると、不静定モーメント X_1 の解が得られる。

$$X_1 = -\frac{1}{\cos\beta} \cdot \frac{\dfrac{GK}{EI_y}(k_1\tan\alpha + k_2\tan\beta)}{1 + \dfrac{GK}{3EI_y}((\tan\alpha)^2 + \tan\alpha\tan\beta + (\tan\beta)^2)} \tag{11.66}$$

ここで、k_1, k_2：桁に作用する荷重の種類に関わる係数で表 11.30 に示す。

表 11.30　X_1 の計算に用いる荷重の種類による係数 k_1 と k_2

荷重の種類	k_1	k_2
等分布荷重 q_z	$q_z l^2/24$	$q_z l^2/24$
支点 A からの距離が x の集中荷重 Q_z、ただし、$\xi = x/l, \xi'=(l-x)/l$	$Q_z l(\xi' - \xi'^3)/6$	$Q_z l(\xi - \xi^3)/6$
A の曲げモーメント M_y（例えば、連続モーメント）	$M_y/3$	$M_y/6$
B の曲げモーメント M_y（例えば、連続モーメント）	$M_y/6$	$M_y/3$

不静定力が把握できれば、式 (11.67) と式 (11.68) を用いて、A と B のねじりモーメント M_x と部分的な曲げ拘束モーメントを計算できる。曲げモーメント図は、通常の構造力学（つり合い）に従って計算できる。

$$M_x = X_1 \cos\beta \tag{11.67}$$

$$M_{y,A}^{to} = X_1 \cos\beta \operatorname{tg}\alpha \text{ そして } M_{y,B}^{to} = X_1 \cos\beta \operatorname{tg}\beta = X_1 \sin\beta \tag{11.68}$$

図 11.31 に、等分布荷重が作用する閉断面の単純斜橋の曲げモーメント図を示す。この図から、桁に作用する一定のねじりモーメントの存在と、斜角のある支点による支間の曲げモーメントの減少がわかる。

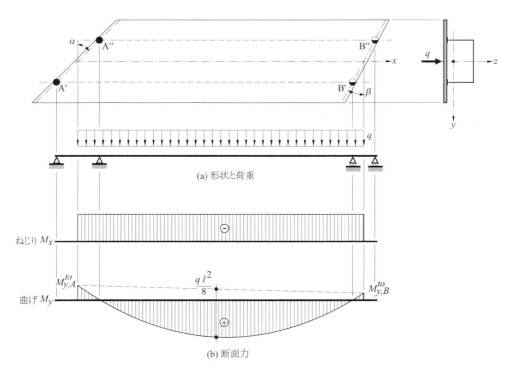

図 11.31　等分布荷重が作用する単純支持された閉断面の斜橋

(2) 連続桁

連続桁（図 11.32）の場合、計算方法は上で述べた方法と似ているが、より不静定次数が大きくなる。不静定力として、支点の連続モーメント M_i を選択できる。このモーメントは、支点の軸に垂直で、桁はこの方向に拘束される。不静定次数は、各支点の左右の変形の適合性を用いること、すなわち各径間の支承線まわりの回転を同じとすることで、減

らせる。基本系はこのように一連の単純斜橋と考え、上記で述べた方法で解析できる。

径間の端部の回転は、端部の 2 つの不静定モーメントと作用荷重によって表すことができる。したがって、不静定構造を解くための応力法が適用できる。

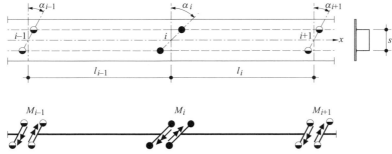

図 11.32 閉断面の斜角のある連続桁

11.6.3 開断面

図 11.33 に示す開断面の斜橋について考察するが、まず床版が主桁に連結されない場合を考える。床版の役割の 1 つは、荷重を主桁に分配させることであり、純ねじりに対する断面剛性はほとんどゼロである。中心線上に作用する分布荷重 q に対して、各主桁は、支間長がほぼ同じなので、荷重のほぼ半分を支持する単純梁のように挙動する。支承線の傾斜により、2 本の桁の鉛直たわみは、橋軸直角方向の 2 つの断面では同じではない。このたわみ差により、橋軸に沿って変化する床版の回転 φ を生じる。

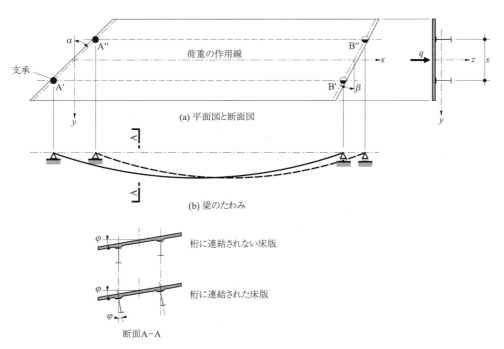

図 11.33 中心線に作用する線荷重による開断面の斜橋

床版が主桁に連結されるとき、および対傾構があるとき、断面形状が保持され、桁にはこの回転 φ が生じる。しかし、桁のねじり剛性が低いため、桁にそれほど大きな応力が生じることなく、回転はほぼ自由に生じる。さらに、この回転は、斜角のある支点の近くに影響して、支間では中心載荷による影響はほとんどない。しかし、開断面の橋では、斜角はねじりをある程度拘束するため、桁端では反りねじりが拘束されることによる直応力とせん断応力が生じる。

(1) 単純桁

図 11.34(a) に示す支間長 l で断面の中心に等分布荷重 q が作用する開断面 ($EI_\omega \gg l^2 GK$) の単純支持された斜橋について考える。ここでは、支点 A と支点 B で同じの斜角をもつ斜橋に限定する。11.3.3 項で述べた力のつり合条件と反りねじりの理論により、断面力（図 11.34(b)）が計算できる。ここでは、解を導く等式すべてを導くことはしないが、この問題について興味深い点をいくつか示す。斜角をもつ開断面の桁の詳細な研究は文献 [11.2] が参考になる。

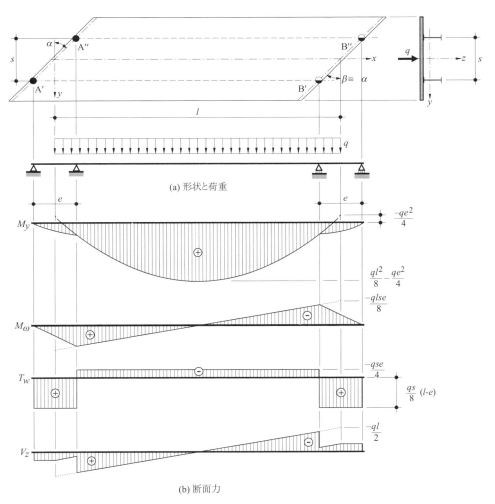

図 11.34 等分布荷重が作用する開断面の単純支持された斜橋

式 (11.69) から式 (11.71) は、図 11.34(b) に示す 4 つの支点反力と支点間の断面力の式を示す。

$$A' = B'' = \frac{ql}{4}\left(1 - \frac{e}{l}\right) \qquad A'' = B' = \frac{ql}{4}\left(1 + \frac{e}{l}\right) \tag{11.69}$$

$$M_y(x) = \frac{ql^2}{8}\left[4\frac{x}{l}\left(1 - \frac{x}{l}\right) - 2\left(\frac{e}{l}\right)^2\right] \qquad V_z(x) = \frac{ql}{2}\left(1 - 2\frac{x}{l}\right) \tag{11.70}$$

$$M_\omega(x) = \frac{qlse}{8}\left(1 - 2\frac{x}{l}\right) \qquad T_\omega = -\frac{qse}{4} \tag{11.71}$$

曲げモーメント M_y は桁の斜角にほとんど影響されないが、これはまっすぐな支点（droit）と斜角のある支点（biais）をもつ桁のモーメントの違いは $qe^2/4$ であるためである。径間の中央のモーメントの差は、次式となる。

$$\frac{M_y^{\text{droit}} - M_y^{\text{biais}}}{M_y^{\text{droit}}} = 2\left(\frac{e}{l}\right)^2 \tag{11.72}$$

径間長と支点のずれの比が $e/l = 1/10$ のとき、径間中央のモーメントの減少分は 2% のみである。せん断力は、2 支点の斜角が等しい場合、支間部では斜角の影響を受けない。支点付近のせん断力の補正は、支点反力の大きさと内側（鈍角側、A'' と B'）のせん断力の大きさから決める。

断面の反りねじりモーメントの重要性は、それが最大の位置（$x = e/2$）に生じる直応力を考慮することで評価できる。文献 [11.2] によると、曲げと反りによる最大直応力の関係は、およそ $2e/l$ に等しく、これは $e/l = 1/10$ とすると最大曲げモーメントの 20% にあたる。しかしこの 2 つの応力は、重ね合わせなくてよい。それは、曲げ応力は支間中央に作用し、反りによる応力は $x = e/2$ に作用するが、この位置では曲げモーメントが小さいため、フランジが容易に支持できるからである。逆に、2 つの最大せん断応力は、支点の近くで加算される。

(2) 連続桁

開断面の連続斜橋の基本的な構造系は、一連の単純斜橋である。不静定モーメントは、支点部の連続モーメント M_i と反りねじりモーメント $M_{\omega i}$ である。したがって考慮すべき適合条件は、曲げ変形の連続条件と反りの連続条件となる。したがって、変位法による解析が適用できる。しかし、3 つのモーメントと 3 つの反りねじりモーメントの式を解くには、それらが分離できるが、反復計算が必要となる。文献 [11.2] には、単純なケースの特別な解が示される。

支点部の断面力は最も斜角の影響を受ける。特に、斜角のある中間支点をもつ連続桁では、斜角の影響により、中間支点上の負の曲げモーメントが減少する。しかし、この曲げモーメントに伴う直応力の減少は、反りねじりモーメントがこの位置で最大であるため、反りによる直応力で部分的に相殺される。

11.7 曲線橋

11.7.1 曲線の影響

図 11.35(a) に示す長さ l の曲線桁について考察しよう。この桁には、自重あるいは軸に沿って等分布荷重 q が作用している。構造系は、単純桁と同じであるが、支点反力は鉛直方向 $R_A = R_B = ql/2$ であり、これらは桁のつり合いを保つには不十分である。実際、簡単なつり合いを考えても、常識的に見てもこの桁が安定することはなく、支点 A と B を結ぶ軸まわりで回転することがわかる。

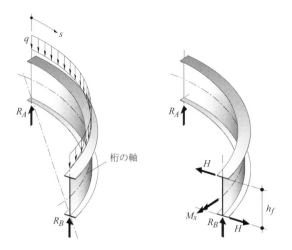

(a) 等分布線荷重　　　　(b) 水平な偶力 H、または拘束モーメント M_x

図 11.35　線荷重が作用した曲線桁とつり合いに必要な反力

　桁の転倒を防ぎ、荷重のつり合いを得るためには、水平な偶力 H または拘束モーメント M_x が少なくとも桁端の片方で必要となる（図 11.35(b)）。

　このねじりの拘束は、1本の桁の場合（図 11.36(a)）はタイによって、2主桁の場合（図 11.36(b)）は端対傾構によって実現できるが、これは桁のつり合いにとって力学的に必要である。その結果、軸の中心に荷重が作用しても、桁はその軸に沿ってねじりを受ける。

　同様な考察は、曲線連続桁の荷重が作用しない径間の場合にもあてはまり、この径間も隣接する径間の影響によりねじりモーメントが作用する。

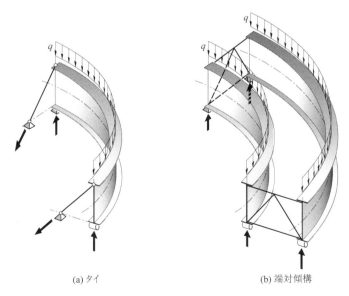

(a) タイ　　　　　　　　(b) 端対傾構

図 11.36　曲線桁のねじりの拘束

11.7.2　微分方程式

　この項では、一定の曲率半径 R をもつ曲線桁で、軸に沿って等分布線荷重 q と等分布のねじり m_T が作用する桁の断面力と外力のつり合いの関係を示す。y 軸方向（橋軸直角

方向）の荷重、または x 軸方向（橋軸方向）の荷重は考慮しない。したがって、せん断力 V_z は V と書いても曖昧ではなく、軸力は桁のどの位置でもゼロである。角度 $d\alpha$ は小さいとすると、次のように近似できる。すなわち、$\cos(d\alpha)=1, \sin(d\alpha)=\tan(d\alpha)=d\alpha$。

y 軸回りのモーメントのつり合い：

$$-M_y + (M_y + dM_y) - (V + dV)ds + (M_x + dM_x)\frac{ds}{R} - q\frac{ds^2}{2} + m_T\frac{ds^2}{2R} = 0$$

2 次の微小項を無視すると、次式が得られる。

$$dM_y - Vds + M_x\frac{ds}{R} = 0 \tag{11.73}$$

z 軸に対する力のつり合い：

$$-V + (V + dV) + qds = 0$$

したがって、

$$dV + qds = 0 \tag{11.74}$$

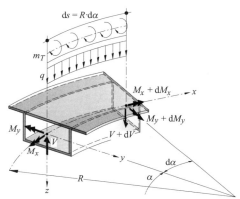

図 11.37　長さ $ds=Rd\alpha$ の曲線桁の要素

x 軸まわりのモーメントのつり合い：

$$-M_x + (M_x + dM_x) + (V + dV)\frac{ds^2}{R} - (M_y + dM_y)\frac{ds}{R} + q\frac{ds^3}{2R} + m_T ds = 0$$

2 次の微小項を無視すると、次式が得られる。

$$dM_x - M_y\frac{ds}{R} + m_T ds = 0 \tag{11.75}$$

式 (11.73) から式 (11.75) の項を ds で除して整理すると、以下の 3 つの微分方程式が得られる。

$$\frac{dM_y}{ds} + \frac{M_x}{R} = V \tag{11.76}$$

$$\frac{dV}{ds} = -q \tag{11.77}$$

$$\frac{dM_x}{ds} - \frac{M_y}{R} = -m_T \tag{11.78}$$

ねじり m_T がないとき（例えば、中心線上に作用した線荷重が作用する曲線桁）、ねじりモーメント dM_x/ds の変化は、曲げモーメント M_y に比例し、桁の曲率半径 R に反比例する。

式 (11.76) を s に対して微分して、式 (11.77) と式 (11.78) を代入すると、y 軸まわりの曲げの微分方程式が得られる。

$$\frac{d^2 M_y}{ds^2} + \frac{M_y}{R^2} - \frac{m_T}{R} = -q \tag{11.79}$$

ここで、M_y/R^2 と M_t/R の項は曲率半径の影響を表している。この微分方程式の解析では、支点条件と桁の変形条件を考慮する。以下の節では、閉断面の桁の特殊な場合をいくつか解析する。11.7.4 項に簡易計算法を示すが、これにより曲線箱桁の断面力の近似解が求まる。この簡易計算法は、11.7.5 項で開断面の曲線桁に適用する。

11.7.3 閉断面
(1) 単純桁

図 11.38(a) に示す桁について検討しよう。この桁は曲げに対して単純支持され、ねじりに対して両側で固定される。これに中心線上の等分布線荷重 q が作用する。微分方程式 (11.79) は、支点条件を満たすように積分できる。すなわち、$M_y(s=0) = M_y(s=l) = 0$ で $m_T = 0$ として、曲げモーメント $M_y(s)$ について次式が得られる。

$$M_y(s) = qR^2 \left[\cos\left(\frac{s}{R}\right) + \frac{1-\cos\left(\frac{l}{R}\right)}{\sin\left(\frac{l}{R}\right)} \sin\left(\frac{s}{R}\right) - 1 \right] \tag{11.80}$$

式 (11.73) と式 (11.74) を用いて、$M_x(s)$ と $V(s)$ は次式となる。

$$M_x(s) = V(s)R - \frac{dM_y}{ds}R = V(s)R - qR^2 \left[\frac{1-\cos\left(\frac{l}{R}\right)}{\sin\left(\frac{l}{R}\right)} \cos\left(\frac{s}{R}\right) - \sin\left(\frac{s}{R}\right) \right] \tag{11.81}$$

$$V(s) = V_A - qs \tag{11.82}$$

力が完全に決まるためには、$s=0$ におけるせん断力 V_A を知る必要がある。そのためには、支点の条件、つまりねじり $\varphi_A = \varphi_B = 0$ たわみ $w_A = w_B = 0$、そして曲線桁に沿う回転の積分を表す式 (11.3) を考慮する。

$$\int_0^l \frac{T_v(s)}{GK} ds = 0 \tag{11.83}$$

式 (11.82) を式 (11.81) に、次に式 (11.81) を式 (11.83) に代入すると、V_A について次式が得られる。

$$V_A = \frac{ql}{2} \tag{11.84}$$

したがって、せん断力は桁の曲率半径の影響は受けないが、このことは式 (11.74) からもわかる。式 (11.80)、式 (11.85)、式 (11.86) を併せて考えると、図 11.38(a) に示す桁の断面力の分布が得られ、これらは図 11.38(b) に示す。これらの式は、純ねじりに抵抗する桁だけに適用できる。

$$M_x(s) = qR \left[\frac{l}{2} - s - R \frac{1-\cos\left(\frac{l}{R}\right)}{\sin\left(\frac{l}{R}\right)} \cos\left(\frac{s}{R}\right) + R\sin\left(\frac{s}{R}\right) \right] \tag{11.85}$$

$$V(s) = q\frac{l}{2} - qs \tag{11.86}$$

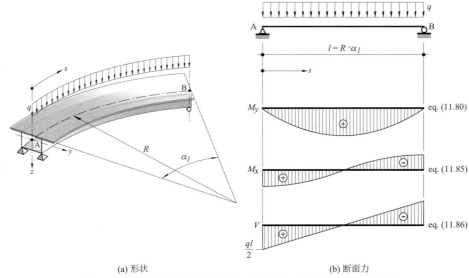

(a) 形状 (b) 断面力
図 11.38 桁の中心に等分布荷重 q が作用した閉断面の単純曲線桁

断面の中心から偏心 y_q に等分布線荷重 q を受ける単純支持された曲線桁の場合も、上記の方法と全く同じとなるが、そこに等ねじり $m_T = qy_q$ に対する式 (11.78) と式 (11.79) を考慮する。図 11.39(a) にこのケースを示す。せん断力 $V(s)$ の分布は、曲率半径や偏心荷重によって乱されないので、式 (11.86) は有効である。式 (11.87) と式 (11.88) は、ねじり m_T を考慮した曲げモーメント M_y とねじりモーメント M_x の分布を示す。これらのモーメント分布も図 11.39(b) に示す。

$$M_y(s) = (qR^2 - m_T R)\left[\cos\left(\frac{s}{R}\right) + \frac{1-\cos\left(\frac{l}{R}\right)}{\sin\left(\frac{l}{R}\right)}\sin\left(\frac{s}{R}\right) - 1\right] \tag{11.87}$$

$$M_x(s) = qR\left[\frac{l}{2} - s + \left(R - \frac{m_T}{q}\right)\left(-\frac{1-\cos\left(\frac{l}{R}\right)}{\sin\left(\frac{l}{R}\right)}\cos\left(\frac{s}{R}\right) + \sin\left(\frac{s}{R}\right)\right)\right] \tag{11.88}$$

曲げモーメントとねじりモーメントの分布は、図 11.39(b) で示すように、ねじり m_T の符号に依存する。もし z 軸の方向に作用する鉛直荷重が曲線の内側に偏心すると（正のねじり）、支間部の曲げモーメントとねじりモーメントは、偏心のないものよりも小さくなる。このことは当然、この現象の物理的な予想と一致する。曲線の外側に鉛直荷重が偏心する場合で m_T が負のときは、曲げモーメントとねじりモーメントは、偏心のないものよりも大きくなる。

さて、図 11.40(a) に示す偏心した集中荷重 Q が作用する単純桁の場合を考えよう。集中荷重 Q は、y 軸の正側にすなわち曲線の内側で偏心量 y_Q だけ離れて、支点 A から距離 s_Q の位置に作用する。

この場合の断面力のつり合い式は、以下となる。
せん断力は、

$$\begin{aligned}0 < s < s_Q: \quad & V(s) = V_A \\ s_Q < s < l: \quad & V(s) = V_A - Q\end{aligned} \tag{11.89}$$

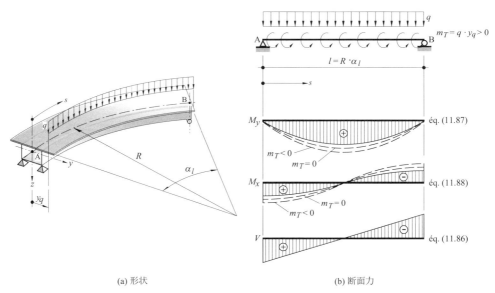

(a) 形状　　　　　　　　　　　(b) 断面力

図 11.39　偏心した等分布荷重 q が作用した閉断面の単純支持された曲線桁

曲げモーメントは、

$$0<s<s_Q: \quad M_y(s) = V_A R \sin\left(\frac{s}{R}\right) - M_{x,A}\sin\left(\frac{s}{R}\right)$$

$$s_Q<s<l: \quad M_y(s) = V_A R \sin\left(\frac{s}{R}\right) - M_{x,A}\sin\left(\frac{s}{R}\right) - Q(R-y_Q)\sin\left(\frac{s-s_Q}{R}\right) \quad (11.90)$$

ねじりモーメントは、

$$0<s<s_Q: \quad M_x(s) = M_{x,A}\cos\left(\frac{s}{R}\right) + V_A R\left(1-\cos\left(\frac{s}{R}\right)\right) \quad (11.91)$$

$$s_Q<s<l: \quad M_x(s) = M_{x,A}\cos\left(\frac{s}{R}\right) + V_A R\left(1-\cos\left(\frac{s}{R}\right)\right) + Q(R-y_Q)\cos\left(\frac{s-s_Q}{R}\right) - QR$$

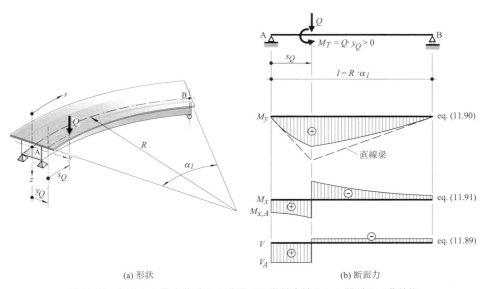

(a) 形状　　　　　　　　　　　(b) 断面力

図 11.40　偏心した集中荷重 Q が作用する単純支持された閉断面の曲線桁

支点条件 $M_y(s=0) = M_y(s=l) = 0$ と幾何学的適合条件式 (11.83) を用いて、式 (11.92) の支点 A のせん断力を表す式が得られる。

$$V_A = Q(1-s_Q/l) \tag{11.92}$$

ここでも、せん断力は桁の曲率半径には影響されないことがわかる。さらに、同じ境界条件を式 (11.90) に用いると、$M_{x,A}$ について次式が得られる。

$$M_{x,A} = V_A R - Q(R-y_Q) \cdot \frac{\sin((l-s_Q)/R)}{\sin(l/R)} \tag{11.93}$$

式 (11.90) と式 (11.91) に V_A と $M_{x,A}$ の値を代入して、曲げモーメントとねじりモーメントの式が得られる。荷重 Q の偏心量 y_Q の影響がわかる。式 (11.89) と式 (11.91) は、図 11.40(b) に示す。

(2) 連続桁

上記の 3 つの例は、同じ構造系、すなわち両端で曲げには単純支持、ねじりには固定支持された桁に基づく。どのような構造系であっても、考え方は同じであるので、適切な境界条件を考慮すればよい。

特に、曲げに対して連続する桁では、次のつり合い条件と変形の適合条件によって不静定次数を下げることができる。

・中間支点の両側では、曲げモーメントは連続するので、正負は変わるが同じ値になる。
・中間支点で桁が不連続になることはないので、回転角 θ は正負は別として同じになる。

これらの条件は、直線桁で用いられるものと同じである。

11.7.4 閉断面の簡易計算法

(1) 簡略化

曲線桁のねじり、曲げ、せん断による応力は、簡易計算法によって計算できる。この方法は、以下の 2 つの簡略化に基づく。

・曲線桁を、長さ $l=R\alpha_l$ の等価な直線桁に置き換える。ここで α_l は、単純桁の中心角、あるいは連続桁の 1 径間の中心角である。
・曲率半径の影響は、等価ねじりによって考慮する。

簡易計算法は、桁が純ねじりに抵抗すると仮定した式を用いるので、以下の考察もこの仮定に基づく。開断面の曲線桁の計算については、11.7.5 項で示す。

(2) 一定の曲率半径をもつ桁

最初の簡略化は、曲線桁を長さ $l=R\alpha_l$ の直線桁への置き換えだが、せん断力の計算については正確であるが、曲げモーメントに関しては近似値となる。例えば、断面の中心線に作用する等分布荷重の場合を考えると、支間中央の曲げモーメント M_y は、曲線桁に関する理論（式 (11.80) とその後の三角関数の変換）によると次式となる。

$$M_{y,max}^c = \frac{ql^2}{8} \cdot \frac{16\sin(\alpha_l/4)^2}{\alpha_l^2 \cos(\alpha_l/2)} \tag{11.94}$$

ところで、等価な直線桁の曲げモーメントは次式となる。

$$M_{y,max}^d = \frac{ql^2}{8} \tag{11.95}$$

中心角 α_l が小さくなると、この簡略化に伴う曲げモーメントの近似値の誤差は小さくなる。図 11.41 に、等価の直線桁を用いたときの曲げモーメントの誤差を示すが、誤差はわずかである。したがって、曲げモーメント図の計算では橋の曲率の影響を無視できる。これは、特に α_l が 0.3rad 以下のときには、長さ $l=R\alpha_l$ の直線桁の曲げの式を用いること

ができることを意味する。この場合、多くの実務上の場合がそうであるが、誤差は1%以下である。例えば、曲率半径 $R=1000$m の曲線橋では、曲げモーメントへの曲率の影響を無視できる径間長の最大は、$l=300$m 程度となる。

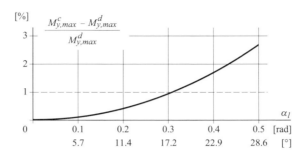

図 11.41　曲げモーメントに対する曲率の影響（$c=$曲線桁、$d=$直線桁）

第二の簡略化は、直線桁のねじりモーメントの変化 dM_x を表す式（式 (11.1)）と曲線桁（式 (11.78)）で $m_T=0$ の類似性に基づく。直線桁では、内部のねじり変化 dT に対応するねじりモーメントの変化は、$-m_T$ に等しくなる。曲線桁では、それは M_y/R に等しい。したがって、もし等価な直線桁が次式のねじり m_T を受けると

$$\bar{m}_T = -\frac{M_y}{R} \tag{11.96}$$

この等価な直線桁に作用するねじりモーメント M_x は、曲線桁に作用するものと同じとなる。言い換えれば、等価な直線桁への曲率の影響は、等価なねじり $\bar{m}_T$ を与えることで考慮されることになる。曲率の影響を等価なねじりを作用させる妙案であるこの計算方法の有効性は、曲げに関しては、$\alpha_l < 0.3$rad を超えてもよい。

桁の曲線によるねじりの計算は、等価な直線橋を用いて三段階で行う。
・もし必要なら曲率を考慮して（α_l の値によって決まる）、ねじりモーメント M_y を計算。
・式 (11.96) による等価ねじり $\bar{m}_T$ を計算。
・11.2.4 項に示す考察によって、等価な直線桁のねじりモーメント図を計算。

注意するのは、せん断中心に対して偏心した荷重（11.2.4 項）によるねじりモーメント m_T が、曲線によるねじり $\bar{m}_T$ に加算されることである。図 11.42 は、中心荷重 q と偏心荷重 q が作用する2径間連続の閉断面曲線桁への簡易法の適用例を示す。ねじりは、曲げモーメントの関数となるので、線形でないことがわかる。ねじりモーメントは、総ねじりモーメント $m_T+\bar{m}_T$ を考慮して計算する。図 11.42 の場合では、ねじりモーメントの分布は、例えば不静定構造に対する応力法を用いて得ることができる。

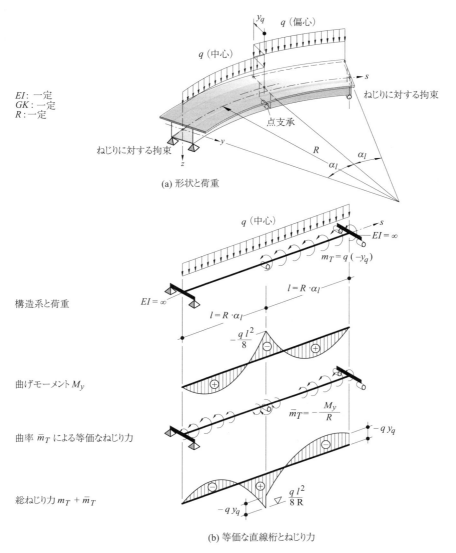

図 11.42　中心荷重と偏心荷重が作用する閉断面の曲線桁

(3) 多角形の桁（折曲げ桁）

もし曲線桁が複数の直線桁の組合せで構成されるとき（図 11.43）、ねじり M_T は、直線桁の交点（多角軸の角部）に集中する。直線桁の端部におけるモーメント M_y のつり合いから、作用集中ねじりに相当する M_T を計算できる。例えば、長さ l_1 と l_2 の 2 つの直線桁を分ける格点 1 でのつり合いを図 11.43(b) に示す。集中ねじりは次式となる。

$$\overline{M}_{T,1} = M_{y,1} \sin\beta_1 + M_{y,1} \sin\beta_2 = \frac{M_{y,1}}{2R}(l_1 + l_2) \tag{11.97}$$

曲線が直線桁で構成される曲線桁の解析は、このように等価の直線桁の曲げとねじりの計算に単純化される（図 11.43(c)）。

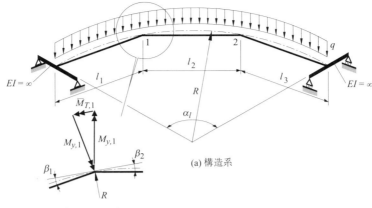

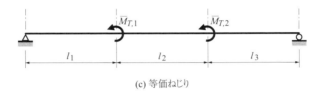

図 11.43　多角形の梁と等価ねじり

11.7.5　開断面

中心荷重と偏心荷重を受ける開断面の曲線桁（図 11.44）は、ここで示した簡易法によって、以下の荷重を受ける等価な直線桁として考慮できる。

・桁の曲率による等価ねじり
・中心線上や偏心して作用する線荷重 q による曲げ荷重
・線荷重 q の偏心により生じるねじり $q \cdot y_q$

断面が開断面で主に反りねじりに抵抗するとき、ねじりは、2 本の主桁の逆対称曲げによって支持される（11.5.2 項）。桁の曲率半径を考慮した等価ねじり $\bar{m}_T = -M_y/R$（式 11.96）は、主桁に作用する鉛直な隅力に分解できる（逆対称曲げ）。図 11.44 に示す例では、M_y は正の曲げモーメントであり、$\bar{m}_T$ は負のねじりとなり、結果として $\bar{m}_T/s$ に等しい荷重を外桁（添え字 ext）に作用させ、内桁（添え字 int）では除荷させる。

2 本の桁は、それぞれ対称曲げの $q/2$ に等しい線形荷重が作用している。さらに、もし荷重が偏心しているとき、各桁は対応するねじりに抵抗するため逆対称曲げが作用する。図 11.44 に示す例では、線形荷重の一部が $-y_q$ の偏心荷重であり、これは負のねじり qy_q を生じる。したがって、qy_q/s だけ外桁に荷重がかかり、内桁は除荷されることになる。

最後に、主に反りねじりで抵抗する開断面では、曲率半径と、特に偏心荷重によるねじりの影響の解析では、等価曲げのみが作用する等価桁を検討することになる。この等価曲げ荷重は、図 11.44 の例では以下となる。

外桁では、
$$q_{ext} = \frac{M_y/R}{s} + \frac{q}{2} + \frac{q \cdot y_q}{s} \tag{11.98}$$

内桁では、
$$q_{int} = -\frac{M_y/R}{s} + \frac{q}{2} - \frac{q \cdot y_q}{s} \tag{11.99}$$

ここで、s：主桁の間隔
y_q：橋軸に対する偏心荷重の位置（図 11.44 の例では、l_1 に沿っては $y_q = 0$、l_2 では y_q は負となる）

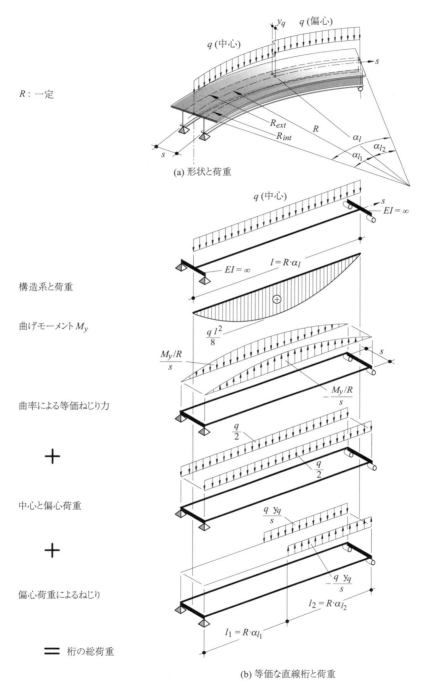

図 11.44　中心荷重と偏心荷重が作用する開断面の曲線橋

荷重 q_{ext} と q_{int} は、主桁に作用させるが、この主桁の展開した長さは、2本の桁の平均

ではなく、着目する桁の実際の曲率半径 R_{ext} と R_{int} とする。そして、桁は曲げが作用する独立した桁と考える。等分布荷重が作用する曲線桁の場合は、荷重 q_{ext} と q_{int} は、放物線荷重と等分布線荷重で構成されること（**図 11.44(b)**）に注目したい。また、曲線橋では、中心載荷であっても外桁は内桁より大きな荷重が作用することにも注意したい。

注意：

これまでの考察では、ねじりによる逆対称の曲げに抵抗する際には、橋軸直角方向の影響線の値 η を 1 か 0 とすること（1-0 法）が暗黙の仮定となっている（11.5.2 項）。設計者が、床版のねじり剛性（修正純ねじり強度）を考慮したい場合は、それぞれの桁に作用する逆対称荷重の割合を決めるために正確な影響線を考慮する。

参考文献

[11.1] Ducret, J.-M., *Etude du comportement réel des ponts mixtes et modélisation pour le dimensionnement*, Thèse n° 1738, EPFL, Lausanne, 1997.

[11.2] Kollbrunner, C.-F., Basler, K., *Torsion, Application à l'étude des structures,* Bibliothèque de l'ingénieur, Editions SPES, Lausanne, 1970.

[11.3] Vlassov, B., Z., *Pièces longues en voiles minces*, 2e édition, Eyrolles, Paris 1962.

[11.4] De Ville de Goyet V., Etudes spéciales pour le viaduc de la Haute-Colme, *Bulletin Ponts métalliques* n° 16, OTUA, Paris, 1993, pp 35-49.

[11.5] Massonnet, C., Breš, R., *Le calcul des grillages de poutres et dalles orthotropes selon la méthode Guyon-Massonnet-Breš*, Dunod, Paris, 1964.

12章　鋼桁

Box-girder beam bridge, Viaduc du Bois de Rosset, near Avenches (CH).
Eng. Bureau d'ingénieurs DIC, Aigle.
Photo ICOM.

12.1 概要

主桁あるいは橋に用いられる他の重要な構造部材は、鈑桁、箱桁、またはトラス桁であり、小支間の橋には圧延形鋼も用いられる。本章では、鈑桁の主桁の設計を取り扱う。トラス桁の照査については『土木工学概論』シリーズ第10巻の5.7節、同第11巻の12.3節、そして圧延形鋼桁に関しては同第10巻の5.3節で扱う。

本章の目的は、曲げとねじりを受ける鈑桁または箱桁の終局強度を定義することである。特に構造安全性の照査に重きを置き、使用性については、鋼・コンクリート合成桁を扱う13章で述べる。

連続鈑桁の破壊モードには、いくつかのパターンがある。図12.1は、この種の桁で特に照査が必要な箇所を示す。しかし、桁の断面はすべて構造安全性に関する条件を満たさなければならない。

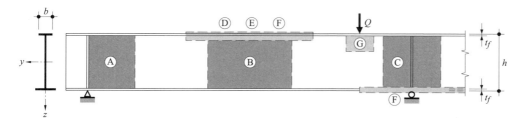

Ⓐ：せん断抵抗
Ⓑ：曲げ抵抗
Ⓒ：曲げとせん断の組み合わせへの抵抗
Ⓓ：圧縮フランジのウェブ内への鉛直座屈
Ⓔ：圧縮フランジの回転による座屈（局部座屈）
Ⓕ：桁の横座屈（圧縮フランジの横座屈）
Ⓖ：集中荷重（patch loading）への抵抗
◯：各細部構造の繰返し荷重による疲労強度

図12.1　鈑桁の重要な部位

まず、いろいろな桁の破壊の可能性と、それらに対して行うべき照査について示す。次に曲げモーメント（12.2節）とせん断力に対する強度（12.3節）、およびこの2つの力の相互作用を取り扱う。薄板の横座屈と局部座屈に関する理論はこの種の桁にとって重要であるが、これは『土木工学概論』シリーズ第10巻の第11章と第12章で取り扱うので、これらの安定性の現象の基本理論についてはここでは扱わない。しかし、鈑桁のせん断強度のモデルは、本章で展開する。

鈑桁の構成要素である水平補剛材と垂直補剛材の設計についても述べる（12.6節）。これらの補剛材は、圧縮とせん断を受ける薄板の後座屈強度を期待するのに不可欠な構造部材である。

集中荷重を与える位置の照査（12.5節）と疲労安全性の照査（12.7節）は、設計者が鈑桁を主桁に用いるときに考慮する最後の項目となる。鋼構造物の疲労に対する挙動の原理とその特徴、および疲労照査については、『土木工学概論』シリーズ第10巻の第13章で扱うため、ここで触れない。

この章では、様々な現象に対する設計のチェック（照査）について、技術者の理論的な

順序に沿って記述する。すなわち、桁橋の主構造としての考えをまとめた後に、技術者は、まず圧縮フランジのウェブ内への座屈に対する強度、フランジの局部座屈、さらに桁の横座屈に対して、ウェブとフランジの形状が定める制限内であることを確認する。これらの不安定性現象は、桁の曲げモーメントまたはせん断力が、終局強度に達する前に生じる可能性がある。技術者は、次に桁の補剛材の形状を決め、それが必要なければ、集中荷重の伝達の問題を検討する。最後に、疲労に対して許容できるレベルの安全性があることを確認する。

本章の最後の 12.8 節では、箱桁の強度に関して、その強度計算やそれに伴う照査が鈑桁のものと異なる場合の特徴について述べる。

12.2 曲げに対する抵抗

12.2.1 概要

鈑桁のウェブと圧縮フランジが、幅厚比と横座屈の制限を満たすとき（SIA 規準 263 による断面等級 3 と計算法 EE）、終局限界曲げ抵抗 M_R は、『土木工学概論』シリーズ第 10 巻 4.3 節で示すように、弾性モーメント M_{el} に等しい。

$$M_R = M_{el} = f_y W_{el} \tag{12.1}$$

ここで、f_y：鋼材の降伏点
　　　　W_{el}：弾性断面係数

橋で用いられる桁の 1 軸対称断面では、$W_{el,y}$ は、y 軸に対する弾性断面係数に相当し、これは中立軸から最も遠いフランジの重心について計算（EE 計算と呼ばれる）される。厳密には、弾性断面係数 W は、中立軸から最も遠い縁に対して計算されるが、鈑桁ではフランジの重心で計算することが認められている。そのため EE 計算であっても、この単純化した方法ではフランジ縁がわずかに降伏することを許容する。

鈑桁が断面等級 1 または 2 の幅厚比の条件を満たすとき、その曲げモーメントに対する終局限界強度は、圧延形鋼（EP 計算）のように、『土木工学概論』シリーズ第 10 巻、第 4 章と第 5 章の指針に従って計算する。

鈑桁のウェブまたは圧縮フランジの幅厚比が大きく、これが断面等級 4 に属するとき、終局曲げ強度は弾性計算で定義されるが、そのときウェブあるいは圧縮フランジの断面を低減する。圧縮部材の断面の低減の考え方は、局部座屈の理論と『土木工学概論』シリーズ第 10 巻の第 12 章で示す von Karmann の仮説に基づく。

圧縮フランジあるいは圧縮ウェブの一部の局部座屈によって曲げ強度が制限されるのに加えて、他の不安定現象が M_{el}（図 12.2）に達する前に生じることがある。それは主に圧縮フランジに関する現象である。

・圧縮フランジのウェブ内への鉛直座屈
・圧縮フランジの回転座屈（局部座屈）
・桁の横座屈（圧縮フランジの横座屈）

鈑桁の曲げ強度の照査を行う前に、まずこの 3 つの不安定現象の考え方を検討する。

12.2.2 圧縮フランジのウェブ内への鉛直座屈

桁が曲げを受けるとき、鉛直方向の曲率はフランジに直角な力を生じる。これらの力は、フランジに作用する軸力の方向が変わることで生じる（図 12.2(a)）。偏向力と呼ばれるこれらの荷重は、フランジに垂直に作用し、ウェブに圧縮応力 σ_z を生じさせる。この圧縮応力 σ_z は、図 12.2(a) で桁の長さ dx の部分に作用し、次式で定義される。

$$\sigma_z = \frac{\sigma_f A_f}{r t_w} \tag{12.2}$$

ここで、σ_f：フランジの圧縮応力
A_f：圧縮フランジの断面積
r：曲率半径
t_w：ウェブの板厚

以下のような簡略化の仮定を置く。
・座屈が生じたとき、圧縮フランジは降伏する：$\sigma_f = f_y$
・鈑桁の断面は対称である：$r = h_f/2\varepsilon_y$
・圧縮フランジの圧縮残留応力は、$0.5 f_y$ に等しく、これは圧縮フランジが次のひずみを支持できなければならないことを意味する：$\varepsilon_y = 1.5 f_y/E$

すると、式 (12.2) は次式となる。

$$\sigma_z = 3 \cdot \frac{f_y^2}{E} \cdot \frac{A_f}{A_w} \tag{12.3}$$

ここで、A_f：圧縮フランジの断面積
A_w：低減前のウェブの断面積　$A_w = h_f t_w$
f_y：圧縮フランジの鋼材の降伏点

ウェブが特に幅厚比が大きいとき、圧縮応力 σ_z によってウェブが座屈し、圧縮フランジはウェブの鉛直支持がなくなって、ウェブ内へ座屈することがある。ウェブを、ウェブ高 h_f と同一の高さをもつ柱のように挙動する圧縮板と見なすと、座屈応力 σ_{cr} は次式で与えられる。

$$\sigma_{cr} = \frac{\pi^2 E}{12(1-v^2)} \left(\frac{t_w}{h_f}\right)^2 \tag{12.4}$$

ここで、h_f：フランジの板厚中心間で表したウェブ高
v：ポアソン比、鋼材では $v = 0.3$

圧縮フランジのウェブへの鉛直座屈による破壊を防ぐために、$\sigma_z \leq \sigma_{cr}$ の条件を守る。この不等式と式 (12.4) と式 (12.3) を考慮すると、ウェブの幅厚比の制限値が得られる。

$$\frac{h_f}{t_w} \leq 0.55 \frac{E}{f_y} \sqrt{\frac{A_w}{A_f}} \tag{12.5}$$

ウェブの面積 A_w とフランジの面積 A_f の比の最低 0.5 を仮定すると（実際に、この比はこれより少ないことは稀である）、関係式 (12.5) は次式となる。

$$\frac{h_f}{t_w} \leq 0.40 \frac{E}{f_y} \tag{12.6}$$

この結果、
・$h_f/t_w \leq 360$：鋼材 S235 の場合
・$h_f/t_w \leq 240$：鋼材 S355 の場合

このような圧縮を受けるウェブの幅厚比の制限値は、多くの規準や指針で決められている。この値は、ウェブ面に荷重が作用しておらず、水平補剛材を持たない直線鈑桁に有効

である。水平補剛材があるときは、簡略的にこの幅厚比をウェブのそれぞれのパネルに適用できる。

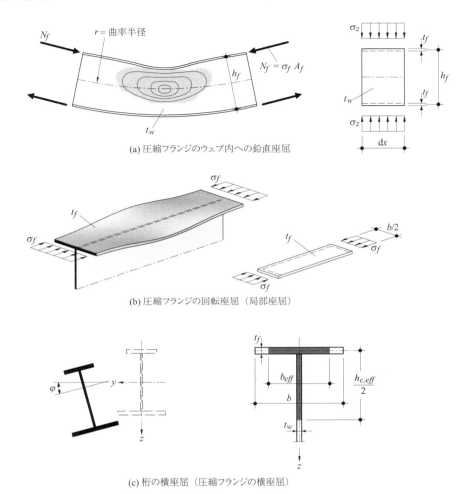

図 12.2　圧縮フランジに生じる可能性のある不安定現象

12.2.3　圧縮フランジの回転座屈

鈑桁の圧縮フランジの幅厚比が特に大きいと、図 12.2(b) に示すようにフランジがウェブとの接合部の周りを回るように座屈することがある。桁の曲げ強度におけるフランジの役割は重要であり、圧縮フランジの全断面が桁の曲げ強度に寄与するように、この不安定現象が生じない形状とする。

圧縮フランジの回転座屈は、2 辺が自由で、ウェブで単純支持される薄板の局部座屈と同じモデルと見なすことができる。このフランジを接合するウェブも一般に幅厚比が大きいことから、フランジに対する拘束は期待できない。そのためウェブの回転拘束は考慮しない。そのため、フランジの片方はウェブで単純支持されていると見なし、座屈係数 k は、0.426 となる（『土木工学概論』シリーズ第 10 巻、表 12.7）。フランジの半幅 $b/2$ とその板厚 t_f の比が、フランジの全断面が降伏点に達するのであれば、すなわち圧縮フランジの全断面が強度に寄与するなら、回転座屈は生じない。この場合、計算される有効幅 $b_{eff}/2$ は、少なくともフランジの半幅 $b/2$ 以上でなければならない。この条件は、『土木工学概

『論』シリーズ第10巻の式(12.24)を $\bar{\lambda}_p \leq 0.9$ 適用し、次式となる。

$$\frac{(b/2)}{t_f} \leq 0.9 \frac{\sqrt{k}}{1.052}\sqrt{\frac{E}{f_y}} \tag{12.7}$$

ここで、$\bar{\lambda}_p$：無次元細長比 $\bar{\lambda}_p = \sqrt{f_y/\sigma_{cr}}$
　　　　σ_{cr}：『土木工学概論』シリーズ第10巻の式(12.8)による弾性座屈応力

これから、次式が導かれる。

$$\frac{(b/2)}{t_f} \leq 0.56\sqrt{\frac{E}{f_y}} \tag{12.8}$$

この結果、
- $(b/2)/t_f \leq 17$：鋼材 S235 の場合
- $(b/2)/t_f \leq 14$：鋼材 S355 の場合

圧縮フランジの幅厚比が上記の制限からはずれるとき、それは不適切な形状の選択となるが、圧縮フランジの有効断面のみを横座屈と曲げ強度の計算に考慮する。

有効幅 $b_{eff}/2$ は次式で定義される。

$$\frac{b_{eff}}{2} = 0.56\sqrt{\frac{E}{f_y}} \cdot t_f \leq \frac{b}{2} \tag{12.9}$$

12.2.4 桁の横座屈

(1) 理論の再確認

『土木工学概論』シリーズ第10巻11.3節で示す横座屈に対する終局強度の考え方を、鈑桁に応用できる。鈑桁は、開断面の細長い断面で、純ねじりに対する強度（サンブナン）はかなり低いので、主に反りねじりに抵抗する（11.3.3項）。このような桁が横座屈するとき、圧縮フランジの横への変位とそれに伴う断面の回転（図 12.2(c)）で、その抵抗を生む。これは、桁の横座屈を考えるとき、断面の純ねじりは無視することを意味する。すなわち、圧縮フランジが横に変位するにつれて、断面の純ねじりの成分 σ_{Dv} は、反りねじりの成分 σ_{Dw} と比べて無視できる。

したがって、鈑桁の横座屈は、断面が圧縮フランジの有効断面とウェブの一部で構成される梁（$\sigma_{crD} = \sigma_{Dw}$）の横座屈と同じと考えることができる（式(12.12)）。座屈長は、フランジの側方への変位を妨げる固定点間距離 l_D に等しい。主桁をつなぐ対傾構はこの固定点と考えられるが、対傾構の面内の剛性によっては、対傾構は完全な固定点とはならず、フランジを部分的に支持する。その結果、座屈長は対傾構の間隔よりも長くなる。この点については、本節の最後に詳しく検討する。

フランジに作用する軸力は橋軸方向に変化するので、固定点間の曲げモーメントの変化を考慮するため、座屈長を係数 η によって減らす（『土木工学概論』シリーズ第10巻、図 11.16）。減らされた座屈長 l_K は、次式で表される。

$$l_K = l_D/\sqrt{\eta} \tag{12.10}$$

横座屈の応力成分 σ_{Dw}（反りねじり）は、圧縮を受ける桁の部分の弾性座屈応力と等しい。この応力は次式で定義される。

$$\sigma_{crD} = \sigma_{Dw} = \frac{\pi^2 E}{\lambda_K^2} \tag{12.11}$$

ここで、λ_K：桁の圧縮部分の細長比、$\lambda_K = l_k/i_D$

細長比 λ_K は、柱の細長比に相当し、その断面積 A_D は次式となる。

$$A_D = b_{eff} \cdot t_f + \frac{h_{c,eff}}{2} \cdot t_w \tag{12.12}$$

ここで、b_{eff}：式 (12.9) による板厚 t_f の圧縮フランジの有効幅
$h_{c,eff}$：式 (12.28) による板厚 t_w の圧縮ウェブの有効高

この断面積は、圧縮フランジの有効面積と圧縮フランジの近くのウェブの有効な部分により構成される。このウェブの有効な部分の高さは、圧縮を受けるウェブの高さの 3 分の 1 を超えない。

$$\frac{h_{c,eff}}{2} \leq \frac{h_c}{3} \tag{12.13}$$

回転半径 $i_D = \sqrt{I_D/A_D}$ に関係する柱の断面 2 次モーメント I_D は、断面積 A_D の z 軸まわりの断面 2 次モーメントに相当する（図 12.2(c) も参照）。

(2) 横座屈強度

橋に用いる鈑桁の抵抗モーメント M_D の計算で考慮する横座屈応力 σ_D は、構造や形状の不整や、鋼材の降伏点を考慮する。これは、次式で定義される。

$$\sigma_D = \chi_D f_y \tag{12.14}$$

ここで、χ_D：式 (12.16) で定める横座屈の低減係数

横座屈応力 σ_D は、鋼材の降伏点より小さいが、桁の曲げ抵抗を横座屈抵抗に制限する。この応力は、断面等級 4 の鈑桁の照査でよく用いられるが、その曲げの終局強度は、局部座屈のような局部の不安定性で制限される。この計算で用いる応力は、作用の種類によって異なる抵抗断面で計算された応力の和で導かれる。例えば、合成桁橋の中間支点の構造安全性の照査（13.4.4 項）はこの例である。他の場合では、横座屈モーメント M_D が直接用いられる。それは次式で定義される。

$$M_D = \sigma_D W_{c,eff} \tag{12.15}$$

ここで、$W_{c,eff}$：式 (12.33) による有効断面の圧縮フランジの断面係数

低減係数 χ_D は、全体座屈との相似によって次式のように計算される。

$$\chi_D = \frac{1}{\Phi_D + \sqrt{\Phi_D^2 - \bar{\lambda}_D^2}} \tag{12.16}$$

ここで、Φ_D：断面の不整を考慮する係数（初期不整、残留応力、降伏点のばらつき）で、横座屈の無次元細長比 $\bar{\lambda}_D$ は、以下のとおりである。

$$\Phi_D = 0.5[1 + \alpha_D(\bar{\lambda}_D - 0.2) + \bar{\lambda}_D^2] \tag{12.17}$$

ここで、α_D：不整係数、その値は溶接断面では 0.49 であり、これは座屈曲線 c に相当する。

SIA 規準 263 では、$\bar{\lambda}_D \leq 0.4$ のとき低減係数 χ_D は 1.0 であるが、ユーロコードではこの値は $\bar{\lambda}_D \leq 0.2$ のときのみ適用できる。

純ねじり抵抗を無視する鈑桁の場合（断面等級 4）の横座屈の無次元細長比 $\bar{\lambda}_D$ は、次式

となる。

$$\bar{\lambda}_D = \sqrt{\frac{f_y}{\sigma_{crD}}} = \frac{\lambda_K}{\pi}\sqrt{\frac{f_y}{E}} \tag{12.18}$$

鈑桁の断面が、断面等級 1、2、3 の幅厚比の条件を満たす場合、つまり圧縮を受ける断面すべてが強度に寄与する場合、純ねじり抵抗の成分を横座屈強度の照査に考慮できる。

低減係数 χ_D（式 (12.14)）を用いた横座屈応力を定義するのに、この係数を無次元細長比 $\bar{\lambda}_D$ に関連づける座屈曲線が多くの実験結果で校正されている。同様に、全体座屈も半実験式であるので同じである。しかし、現在のところ、橋に用いる鈑桁に関する実験は、数的に不十分である。したがって、このような桁に対する基準は慎重で、安全側の曲線の使用を提案しており、例えば SIA 規準では曲線 c である。また、ユーロコードではさらに慎重で、桁高が圧縮フランジの幅の 2 倍以上ある桁については、曲線 d を用いることを提案している。

有限要素法による数値解析では、（初期不整、溶接と鋼板のガス切断の残留応力を含む [12.1]）鋼板のガス切断による引張の残留応力の影響が横座屈に有利に働くことを示している。この引張応力は、鋼板の縁にあり、圧縮フランジの横座屈の挙動の改善に貢献する。この有効性については、現在検討中であり、今のところ指針や規準に取り入れられていない。

(3) 側方拘束の剛性が圧縮フランジへ与える影響

橋の主桁をつなぐ対傾構は、圧縮フランジを完全に側方拘束しているとは見なせない。座屈長を決める際には、対傾構の剛性を考慮する必要があり、その結果、横座屈応力の計算にも考慮する。一般に、対傾構が図 12.3(a) に示すようなラーメン構造のとき、主桁の圧縮断面の側方の支点は剛とは考えず、弾性支持（ばね）と見なす。このような状況は、開断面の橋の負のモーメントの領域（桁の下部が圧縮）、あるいは下路橋の正のモーメントの領域か、架設中の合成桁橋で生じる。後者の 2 例では、上フランジは圧縮で、対傾構で弾性的に支持される。

上述のケースは、横座屈の問題は、弾性支点上の連続した柱の座屈の一種となる。一般に、この柱は、長さ方向に変化する圧縮力（曲げモーメントと桁の断面 2 次モーメントが変化する）を受けており、対傾構による弾性（ばね）支持されている。このばねは、異なるばね定数をもつ。これは、比較的複雑な横座屈の問題であるが、計算ソフトで満足のいく結果が得られる。簡易計算法として、例えばエンゲッサー [12.2] による方法もあり、簡略化のために次の仮定を置く。

・支柱の断面は一定である
・圧縮の軸力は支柱に沿って一定である
・弾性支点は同じばね定数である
・両端では、支柱は側方に固定支持されるが、z 軸まわりには回転する

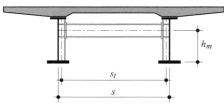
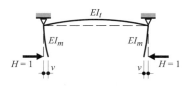

(a) ラーメン形式の対傾構をもつ開断面の桁　　　　(b) 対傾構の曲げ剛性

図 12.3　ラーメン形式の対傾構による圧縮を受ける下フランジの弾性支持

この安定性の問題の微分方程式を解くことで、対傾構の局部的な拘束による座屈軸力を求めることができる。それぞれの対傾構のばね定数 K は、柱に沿って分布していると仮定し、その値は e を対傾構の間隔として、$k = K/e$ となる。座屈軸力は次式となる。

$$N_{cr} = 2\sqrt{kEI_D} \tag{12.19}$$

この軸力を用いて、式 (12.19) の横座屈の固定点間距離を、単純支持された柱の弾性座屈の式から求めることができる。

$$2\sqrt{kEI_D} = \frac{\pi^2 EI_D}{l_D^2} \tag{12.20}$$

これにより、対傾構が弾性的に支持する圧縮部材の横座屈長を計算できる。

$$l_D = \sqrt[4]{\frac{\pi^4}{4}EI_D ev} \geq e \tag{12.21}$$

ここで、EI_D：断面積 A_D の柱の曲げ剛性（式 (12.12)）
e：弾性支点（対傾構）の間隔
v：対傾構の方向に作用する単位荷重 $H=1$ による変位（図 12.3(b)）、$v = 1/K$

座屈長が弾性支点間の距離 e より短い値が、式 (12.21) で計算されることがある。これは解としては不適切で、この場合 l_D は e とする。式 (12.21) で計算した座屈長は、式 (12.10) で低減した座屈長と式 (12.11) による座屈応力に適用できる。

幅厚比の小さい圧縮フランジには、式 (12.21) は大きすぎる横座屈長を与えることがあるが、それは、柱の塑性変形が曲げ剛性を低下させることがあるからである。この場合は、より現実的なアプローチとして、ヤング係数 E を次式で表される等価ヤング係数 E_{red} に置き換える。

$$E_{red} = \bar{\lambda}_D^2 \frac{\sigma_D}{f_y} E \tag{12.22}$$

ここで、$\bar{\lambda}_D$：横座屈の無次元細長比
σ_D：横座屈応力

この等価ヤング係数を用いた方法は、反復計算を必要とする。まず、l_D を選んで $\bar{\lambda}_D$（式 (12.18)）と σ_D（式 (12.14)）を計算する。次に最初に選んだ値を式 (12.21) による計算値と比較して、これを繰り返す。

変位 v は、後出のラーメン形式の対傾構に関する**表 14.8** に示す式を用いて計算できる。対称と逆対称の横座屈を考えて、その v の最大値で決まる。下路鈑桁橋の場合、または対傾構が断面の上部に位置する場合は、変位 v は、次式を用いてかなり精度の良い近似値を求めることができる。式の記号は、**図 12.3(b)** に示す。

$$v = \frac{h_m^3}{3EI_m} + \frac{h_m^2 s_t}{2EI_t} \tag{12.23}$$

対傾構の鉛直材には、圧縮部材の側方支点に対応した水平荷重が作用する。この値は、完全な柱では理論的にゼロであるが、圧縮部材の初期不整を含めた数値解析では、側方支点の役割を果たすのに必要な力は、その圧縮部材に作用する圧縮力のほぼ1%になることが示される。橋では、この圧縮力はフランジと式 (12.12) で定義したウェブの一部に作用する軸力に相当する。

(4) その他の横座屈の照査法

前述の横座屈荷重の簡易計算法では、対傾構の断面寸法と支間に沿っての外力の変化が考慮されないという大きな単純化がされている。この両者の変化は、橋でよく見られる。ユーロコード 3 では、設計荷重に最小の係数を乗じるような、より一般的な方法で無次元細長比を定義することを提案している。ユーロコードによると、無次元細長比は次式で定義される。

$$\bar{\lambda}_{op} = \sqrt{\frac{\alpha_{ult,k}}{\alpha_{cr,op}}} \tag{12.24}$$

ここで、$\alpha_{ult,k}$：横座屈を考慮しない、断面の特性抵抗値に至る設計荷重に乗じる最小の係数
　　　　$\alpha_{cr,op}$：圧縮を受ける柱の横座屈の弾性限界強度に至る設計荷重に乗じる最小の係数

座屈応力あるいは係数 $\alpha_{cr,op}$ は、圧縮フランジの形状変化と対傾構の支持条件の変化を簡単に導入できる計算ソフトを用いて計算できる。無次元細長比 $\bar{\lambda}_{op}$ がわかれば、式 (12.16) の $\bar{\lambda}_D$ を $\bar{\lambda}_{op}$ に置き換えて低減係数を計算でき、これで、横座屈応力（式 (12.14)）と横座屈モーメント（式 (12.15)）が計算できる。

最後に、断面強度の照査に合わせて上部構造の 2 次解析を用いる方法もあることを指摘しておく。この方法は、通常、部材の等価な形状不整を入れるので、その 2 次効果を考慮して繰り返し計算するために、有限要素プログラムが必要となる。通常、形状不整の形状は、その構造システムの座屈形状を、そしてユーロコードによれば $l/150$ の不整量（座屈曲線 d）を仮定する。ここで l は、考慮する座屈形状の変曲点間の距離である。

12.2.5 ウェブの局部座屈

曲げモーメントが作用する薄いウェブをもつ 1 軸対称の鈑桁の実験で測定された直応力の分布を、図 12.4 に示す [12.3]。曲げモーメントが小さいとき、ウェブの高さ方向の応力分布は線形であり、それは、応力が中立軸からの距離に比例するからである（Navier-Bernoulli の原理による座屈前の弾性挙動、図 12.4(a)）。曲げモーメントが増えるにつれて、ウェブの圧縮部分が面外に変形し（局部座屈、図 12.4(b)）、そこで支持できない応力をフランジに転嫁させる。この応力の再分配により、応力分布は線形ではなくなる（後座屈挙動、図 12.4(a)）。

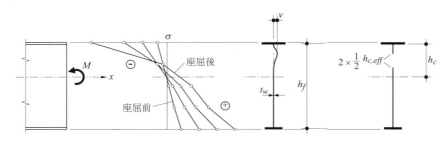

(a) 実験中に計測した応力分布　　(b) 変形した断面　　(c) 断面に欠落部のある有効断面
図 12.4　薄いウェブをもつ鈑桁で測定した応力分布

薄板で構成された桁の曲げ抵抗を検討し、この応力の再分配を考慮するために、いわゆる有効幅を用いる。これは圧縮力を受ける板のために研究された方法である（『土木工学

概論』シリーズ第 10 巻 12.3 節)。ここでは、圧縮側のウェブは、有効高 $h_{c,\,eff}$ で抵抗すると仮定し、その有効高は、圧縮フランジ近くと中立軸の近くにそれぞれ半分ずつ分布する（図 12.4(c)）。

(1) 2 軸対称断面

ウェブすべてが曲げ強度に寄与するための幅厚比の限界を計算できる。すなわち、ウェブ高 h_f と式 (12.7) を適用し、有効高 $h_{c,\,eff}$ は圧縮高さ h_c に等しいとして計算する。

$$\frac{h_f}{t_w} \leq 0.9 \frac{\sqrt{k}}{1.052} \sqrt{\frac{E}{f_y}} \tag{12.25}$$

曲げモーメントが作用する 2 軸対称断面は、ウェブに圧縮と引張が同じように作用しており、座屈係数 k は 23.9 であるので、次式となる。

$$\frac{h_f}{t_w} \leq 4.2 \sqrt{\frac{E}{f_y}} \tag{12.26}$$

その結果、幅厚比の限界は以下のようになる。
・$h_f/t_w \leq 126$：鋼材 S235 の場合
・$h_f/t_w \leq 102$：鋼材 S355 の場合

これは SIA 規準 263 の表 9 に示すものと同じだが、もしウェブの幅厚比がこの値より大きい場合は、曲げモーメント強度の計算に有効高 $h_{c,\,eff}$ のみを考慮する。この有効高は、2 軸対称断面には $h_c = h_f/2$ を式 (12.25) に代入して次式で定義される。

$$h_{c,\,eff} = 2.1 \sqrt{\frac{E}{f_y}} \cdot t_w \leq h_c \tag{12.27}$$

(2) 1 軸対称断面

式 (12.27) は 2 軸対称断面にのみに有効である。通常、鈑桁は 1 軸対称であり、有効高の計算には、次式を用いる。

$$h_{c,\,eff} = 0.9 \frac{h_c}{\bar{\lambda}_P} = 0.86 \sqrt{k} \sqrt{\frac{E}{f_y}} \cdot \frac{h_c}{h_f} t_w \leq h_c \tag{12.28}$$

ここで、h_c：圧縮側のウェブ高
　　　　h_f：フランジの板厚中心からの桁高
　　　　t_w：ウェブの板厚

2 つのフランジによる線形でピン支持されたウェブでは、座屈係数 k は次式で定義される。

$$k = \frac{16}{1 + \psi + \sqrt{(1+\psi)^2 + 0.112(1-\psi)^2}} \tag{12.29}$$

ここで、ψ：図 12.5(a) に示す最小応力と最大応力の比 $\psi = \sigma_{inf}/\sigma_{sup}$（正負を含む）。

破壊まで曲げの抵抗に寄与する有効高 $h_{c,\,eff}$ は、座屈しない圧縮ウェブに位置する。それは、圧縮フランジと中立軸に隣接する領域である。有効高 $h_{c,\,eff}$ の分布は、中立軸付近では約 $0.6 h_{c,\,eff}$、圧縮フランジ付近では $0.4 h_{c,\,eff}$ である。しかし、単純化のために、SIA 規準に示すように、有効高はこの 2 つの領域で同じように分布すると仮定する。

したがって有効断面は、図 12.5(b) に示すようになる。このウェブに「欠損」がある断面を、曲げモーメントの計算に使用する。この図では、圧縮フランジの欠損断面も示す。

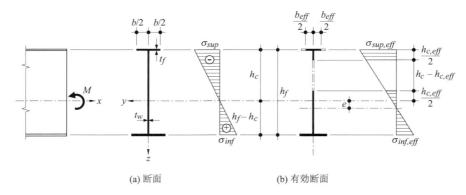

図 12.5　曲げを受ける 1 軸対称断面の鈑桁の有効断面と応力分布

フランジの全断面が有効でない場合は、断面係数 W_{eff} の計算でこの欠損断面を考慮する。

ウェブの「欠損」のある断面では、完全な断面で計算した中立軸でなく、変更した中立軸を求める。この中立軸は、断面の引張フランジの方向に移動するので、有効断面の曲げ強度の計算には、変更した中立軸の位置と断面 2 次モーメント I_{eff} の計算が新たに必要となる。完全な断面の中立軸と有効断面の中立軸との距離 e は、次式で計算できる。

$$e = \frac{h_c}{2} \cdot \frac{t_w(h_c - h_{c,eff})}{A_a - t_w(h_c - h_{c,eff})} \tag{12.30}$$

ここで、A_a：鋼桁の完全な断面の面積

有効断面の断面 2 次モーメント I_{eff} は、次式で計算できる。

$$I_{eff} = I_a - \frac{h_c^2}{4} \cdot \frac{A_a t_w(h_c - h_{c,eff})}{A_a - t_w(h_c - h_{c,eff})} - t_w \frac{(h_c - h_{c,eff})^3}{12} \tag{12.31}$$

ここで、I_a：鋼桁の完全な断面の断面 2 次モーメント

式 (12.30) と式 (12.31) は、圧縮フランジがすべて有効な場合でなければ適用できない。もしそうでないときは、有効断面は、欠損面積を負の面積として加えることで求められる。

鈑桁の強軸まわりの曲げモーメントの終局強度 M_R は、圧縮部材の局部座屈による欠損断面があり、圧縮フランジの応力は横座屈応力で制限されるが、その値は次式となる。

$$M_R = M_D = \sigma_D \cdot W_{c,eff} \tag{12.32}$$

ここで、M_D：横座屈強度

σ_D：式 (12.14) による横座屈応力

$W_{c,eff}$：有効断面の圧縮フランジの板厚中心で計算した断面係数

そして、

$$W_{c,eff} = \frac{I_{eff}}{h_c + e} \tag{12.33}$$

式 (12.32) は、$h_c + e \geq h_f/2$ の場合の曲げの終局強度の計算のみに適用される。それ以外の場合は、減少断面の引張フランジの中立軸に対して計算した弾性断面係数 $W_{t,eff}$ を用いて終局強度を計算する。座屈が決定的でない場合 ($\bar{\lambda}_D \leq 0.4$)、式 (12.32) の σ_D は f_y で置き換える。

鈑桁の曲げ強度が座屈で制限される場合 ($\sigma_D < f_y$)、有効幅 b_{eff} (式 (12.9)) と $h_{c,eff}$ (式 (12.28)) の計算において降伏点 f_y を $\sqrt{\sigma_D \cdot f_y}$ に置き換えることができる。このアプローチは、座屈時に圧縮フランジの曲げの平均応力が鋼材の降伏点 f_y よりも小さいことを考慮してい

る。このアプローチにより、保守性の低い有効幅が得られるが、反復計算が必要となる。

(3) 水平補剛材の影響

一般に、断面全体を曲げ強度に寄与させるために圧縮を受けるウェブに水平補剛材を溶接するのは、不経済となる。W_c と $W_{c,eff}$ を用いて計算した曲げ強度の違いは数パーセント程度で、この追加のコストは妥当ではない。他方、箱桁の圧縮フランジ（12.8節）に橋軸方向の補剛材を溶接することは、フランジは曲げ強度に大きく貢献するので、その断面すべてを有効にすることは重要である。

しかし、もし鈑桁で幅厚比制限によりウェブに1本または複数の水平補剛材が必要となるとき（ウェブのブレッシング、12.7.3項）、あるいは架設時に補剛材が必要なときは、桁の終局曲げ強度を考える際に補剛材の使用を考慮してもよい。この終局強度の計算では、有効幅と同じ考え方をもとにしており、ウェブの各サブパネルについて有効幅を計算する。この圧縮ウェブのサブパネル（図12.6(a) の $h_{c,1}$ と $h_{c,2}$）は、圧縮フランジと水平補剛材の間（あるいは2つの補剛材の間）となる。パネルは、その縁に沿ってピン支持と仮定する。もし水平補剛材に十分なねじり剛性が期待できる場合（溝形鋼による箱断面の補剛材）、パネルはその縁で固定支持と見なす。

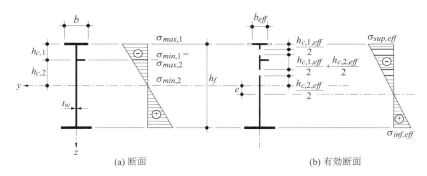

(a) 断面　　　　　　　　　　　(b) 有効断面

図12.6　水平補剛材を有する鈑桁の抵抗断面と応力分布

注意点としては、この方法が有効であるためには、水平補剛材は、ウェブの弾性座屈と後座屈に対して、適切にウェブを支持することである。これは、補剛材は十分な強度があるだけでなく、それ自身が面外に変位しない十分な曲げ剛性を有してウェブのパネルの支点となることを意味する（これは、桁の崩壊に至るまで有効でなくてはならない）。補剛材が強度と座屈に対して具備すべき条件については、12.6.4項で示す。

ウェブのサブパネル i の有効幅 $h_{c,i,eff}$（図12.6(b)）は式 (12.28) で計算できる。

$$h_{c,i,eff} = 0.86\sqrt{k_i}\sqrt{\frac{E}{f_y} \cdot \frac{h_{c,i}}{h_i}} t_w \leq h_{c,i} \tag{12.34}$$

この式で降伏点 f_y を、着目するウェブのパネルの縁に作用する最大応力に置き換えることができる。この応力 $\sigma_{max,i}$ は、ウェブの全断面（有効断面積以上）について計算されるが、圧縮フランジの有効幅は考慮する。縁で単純支持されるウェブのサブパネルの座屈係数 k は式 (12.29) で定義できる。係数 ψ_i は、ここでは、ウェブのサブパネルの縁に作用する応力 $\sigma_{min,i}$ と $\sigma_{max,i}$ の比である。有効幅 $h_{c,i,eff}$ の半分は、図12.6(b) に示すように、ウェブのサブパネル i の各縁に分布すると仮定する。

このような断面の断面係数 W_{eff} の計算では、表を用いるとよい。この計算に水平補剛材の面積を考慮できるが、曲げ強度に与える寄与は無視できる程度である。

12.2.6 構造安全性の照査（ULS）

ここでは、曲げを受ける鈑桁の構造安全性の照査のためのいろいろな段階を概説する。

① 圧縮フランジのウェブへの座屈を防ぐため、ウェブの幅厚比 h_f/t_w を照査する（式 (12.6)）。

② 疲労の影響を防ぐため、圧縮を受けるウェブの幅厚比 h_c/t_w を照査する（式 (12.88)）。

この 2 つの照査が満たされない場合は、ウェブの板厚を上げるか、適切な位置に水平補剛材を配置する。ウェブの板厚を増す方が、より経済的であることが多い。

③ 圧縮フランジの回転による座屈（局部座屈）を防ぐため、幅厚比 $(b/2)/t_f$（式 (12.8)）を照査する。

圧縮フランジがすべて曲げに寄与するための条件が満たされないとき、フランジがすべて有効になるように幅厚比 $(b/2)/t_f$ を変更する。曲げ抵抗への寄与が大きいので、鈑桁ではフランジの断面がすべて有効になるようにする。箱桁では、常にこれができるとは限らない。

④ 圧縮フランジの横座屈応力 σ_D を計算することで、横倒れ座屈（または圧縮フランジの横座屈）を照査する（式 (12.14)）。この横座屈応力が f_y より小さいとき、終局曲げ強度に達する前に横座屈が生じる。横座屈応力を増加させるために、圧縮フランジの断面 2 次モーメント（橋軸直角方向、断面の z 軸まわり）を大きくするか、圧縮フランジの固定点間の距離を小さくする。

⑤ 断面係数 $W_{c,\,eff}$（式 (12.33)）を計算するときに欠損断面を考慮した有効ウェブ高を用いるかどうかを決めるため、ウェブの幅厚比を照査する。

もし照査の③と⑤でフランジ幅やウェブ高を低減する必要がないなら、抵抗曲げモーメント M_R は式 (12.1) で定義される。この場合は、圧延形鋼と同様に、EE 計算法のための SIA 規準 263 の表 6 の条件を考慮して、横座屈に対して照査する。

もし照査③と⑤で有効幅を減らす必要があるなら、抵抗 M_R は式 (12.32) で定義される。

⑥ 抵抗係数 γ_a を考慮して、曲げに対する構造安全性を照査する。

$$M_{Ed} \leq M_{Rd} = \frac{M_R}{\gamma_a} \tag{12.35}$$

ここで、M_{Ed}：曲げモーメントの設計値
M_{Rd}：抵抗曲げモーメントの設計値
M_R：抵抗曲げモーメント
γ_a：鋼の抵抗係数

12.2.7 計算例：曲げ強度

橋に単純鈑桁橋が計画されているとしよう。断面の諸元は図 12.7(a) に示す。

- 上下フランジ：幅 $b = 600\mathrm{mm}$、板厚 $t_f = 20\mathrm{mm}$
- ウェブ：ウェブ高 $h_w = 2000\mathrm{mm}$、板厚 $t_w = 12\mathrm{mm}$
- 鋼材：規格 S355

上フランジは、10m ごとに剛な支点で拘束されるとして、桁の抵抗曲げモーメントを計算する。

(1) 幅厚比の照査

・圧縮フランジのウェブへの鉛直座屈

式 (12.6) により： $\dfrac{h_f}{t_w} \leq 240 \rightarrow \dfrac{2000 + 20}{12} = 168 \leq 240 \Rightarrow \mathrm{OK}$

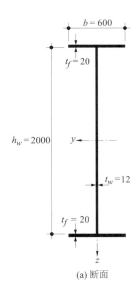
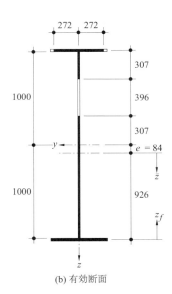

(a) 断面   (b) 有効断面

図 12.7　鈑桁の断面

- ウェブのブレッシング

  繰返し荷重を支持する幅厚比の大きい桁に対する式 (12.88) と、2軸対称の桁 $h_c = h_f/2$ より：

  $$\frac{h_c}{t_w} \leq 100 \rightarrow \frac{2020/2}{12} = 84 \leq 100 \Rightarrow \text{OK}$$

- 圧縮フランジ

  2軸対称断面に対する式 (12.8) により、圧縮フランジの断面すべてが曲げ強度に寄与することを照査する：

  $$\frac{(b/2)}{t_f} \leq 14 \rightarrow \frac{600/2}{20} = 15 > 14 \quad \Rightarrow \text{満足しない}$$

  したがって、式 (12.9) により圧縮フランジの有効幅を定義する。

  $$\frac{b_{eff}}{2} = 0.56\sqrt{\frac{E}{f_y}} \cdot t_f = 0.56\sqrt{\frac{210\,000}{355}}\,20 = 272\text{ mm}$$

- 曲げが作用するウェブ

  2軸対称断面に対する式 (12.26) により、ウェブの断面すべてが曲げに寄与することを照査する：

  $$\frac{h_f}{t_w} \leq 102 \rightarrow \frac{2020}{12} = 168 > 102 \quad \Rightarrow \text{満足しない}$$

  したがって、2軸対称断面に対する式 (12.27)、または $k = 23.9$ の一般的な式 (12.28) を用いて、ウェブの有効高を定義する：

$$h_{c,eff} = 0.86\sqrt{k}\sqrt{\frac{E}{f_y}} \cdot \frac{h_c}{h_f} t_w = 0.86\sqrt{23.9}\sqrt{\frac{210\,000}{355}} \cdot \frac{1010}{2020} 12 = 614 \text{ mm}$$

$$\frac{h_{c,eff}}{2} = 307 \text{ mm}$$

(2) 有効断面の諸量

断面の欠損は、図 12.7(b) に示すように圧縮フランジの有効幅とウェブの有効高からなる。断面の特性は、下フランジの板厚中心を参照軸とし、表 12.8 を用いて計算できる。

中立軸は y 軸から距離 $e = 1010 - 926 = 84$ mm だけ引張フランジ側にある。有効断面の断面係数は、次式となる。

$$W_{c,eff} = \frac{29.7 \cdot 10^9}{1010 + 84} = 27.1 \cdot 10^6 \text{mm}^3$$

この断面係数は、すべての断面が有効の場合よりも 15% 小さい。しかし、圧縮フランジの面積すべてが寄与する場合は、9% 小さくなるだけである（同一の断面積で異なる断面、例えば 500 × 24 とした場合）。

表 12.8 有効断面の諸量の計算

断面の要素	A [mm^2]	z_f [mm]	$A \cdot z_f$ [10^6mm^3]	$\bar{z}$ [mm]	$A \cdot \bar{z}^2$ [10^9mm^4]	I_{propre} [10^9mm^4]
上フランジ	10880	2020	22.0	−1094	13.0	0.0
上ウェブ	3564	1862	6.6	−936	3.1	0.0
下ウェブ	15684	664	10.4	262	1.1	2.2
下フランジ	12000	0.0	0.0	926	10.3	0.0
合　計	42128	−	39.0		27.5	2.2
中立軸の位置：926mm				$I_{eff} = 29.7 \cdot 10^9$mm^4		

(3) 抵抗曲げモーメント

断面の抵抗曲げモーメントは、

$$M_R = 27.1 \cdot 10^6 \text{mm}^3 \cdot 355 \text{N/mm}^2 = 9.64 \cdot 10^9 \text{Nmm} = \mathbf{9638 \text{ kNm}}$$

しかし、桁の曲げ強度は、横座屈によって制限されることがある。圧縮フランジの横座屈は、圧縮フランジの有効面積とフランジ付近のウェブの有効高の断面をもつ柱の座屈（z-z 軸まわり）と等しい。この柱は、以下の断面諸量をもつ。

$$I_D = \frac{20 \cdot 544^3}{12} + \frac{297 \cdot 12^3}{12} = 268 \cdot 10^6 \text{mm}^4$$

$$A_D = 544 \cdot 20 + 12 \cdot 307 = 14.6 \cdot 10^3 \text{mm}^2$$

$$i_D = \sqrt{\frac{I_D}{A_D}} = \sqrt{\frac{268 \cdot 10^6}{14.6 \cdot 10^3}} = 136 \text{ mm}$$

$$\lambda_K = \frac{l_D}{\sqrt{\eta} \cdot i_D} = \frac{10\,000}{1.0 \cdot 136} = 73.5$$

η は 1.0 とする（モーメント一定と仮定、安全側の仮定）。

・横座屈の座屈応力

$$\sigma_{crD} = \frac{\pi^2 E}{\lambda_k^2} = \frac{\pi^2 \cdot 210\,000}{73.5^2} = 384\,\text{N/mm}^2$$

・低減係数（座屈曲線 c を用いる）

$$\bar{\lambda}_D = \sqrt{\frac{f_y}{\sigma_{crD}}} = \sqrt{\frac{355}{383}} = 0.961$$

$$\Phi_D = 0.5[1 + \alpha_D(\bar{\lambda}_D - 0.2) + \bar{\lambda}_D^2] = 0.5[1 + 0.49(0.961 - 0.2) + 0.961^2] = 1.15$$

$$\chi_D = \frac{1}{\Phi_D + \sqrt{\Phi_D^2 - \bar{\lambda}_D^2}} = \frac{1}{1.15 + \sqrt{1.15^2 - 0.961^2}} = 0.562$$

・横座屈応力

$$\sigma_D = \chi_D \cdot f_y = 0.562 \cdot 355 = 200\,\text{N/mm}^2$$

・横座屈強度

$$M_R = M_D = 27.1 \cdot 10^6 \text{mm}^3 \cdot 200\,\text{N/mm}^2 = 5.42 \cdot 10^9\,\text{Nmm} = \mathbf{5420\ kNm}$$

12.3 せん断強度

12.3.1 概要

鈑桁のせん断強度は、圧延形鋼（『土木工学概論』シリーズ第 10 巻 4.4 節）と同様に、主にウェブによって得られる。しかし、鈑桁のウェブは幅厚比が大きい、すなわちウェブ高に比べて板厚が小さい（5.3.2 項）。これが、せん断の影響で局部座屈を生じやすくしている。

残念ながら『土木工学概論』シリーズ第 10 巻の第 12 章で示した線形弾性理論では、圧縮を受けるパネルの真の終局強度を求めることはできない。この理論は、せん断を受ける鈑桁のウェブのパネルの真のせん断強度を求めるにも不適切である。せん断に対する終局強度 V_R は、後座屈領域のウェブの挙動、すなわち弾性のせん断座屈応力 τ_{cr} を超えた後の挙動を考慮しなければ計算できない。

せん断を受けるパネルの挙動は、2 つの段階に分けられる（図 12.9）。

・局部座屈の前は（図 12.9(a)）、面内の応力状態は、同じ大きさの引張と圧縮の組み合わせである（正方形のパネルでは、縁に対して 45° の対角線で引張と圧縮とが存在する）。せん断の限界値 V_{cr} は、線形弾性理論（座屈前の挙動）を用いて求める。

・圧縮応力により局部座屈が生じた後は（これは圧縮を受ける柱の全体座屈とみなすことができ（図 12.9(b)））、その後のパネルの強度は斜材の引張によってのみ得られる。この斜材の引張応力は降伏点まで続く（後座屈挙動）。この追加の座屈後のせん断強度を後座屈強度 V_σ と呼ぶ。注意する点は、斜材の引張（斜張力場）により付加される強度は、せん断を受けるウェブのパネルが剛な部材で囲まれる場合にのみ効果が得られる（いわゆる膜効果）。鈑桁の場合は、フランジと垂直補剛材が十分に剛であるのでこれが成り立つ。この場合、座屈前のせん断パネルに重ねて、剛な周辺の部材と引張斜材とで有効なトラスが構成される。

したがって、せん断強度 V_R は、2 つの項からなる。

$$V_R = V_{cr} + V_\sigma \tag{12.36}$$

ここで、V_{cr}：せん断強度へのウェブの座屈前の強度

V_σ：せん断強度へのウェブの座屈後の強度

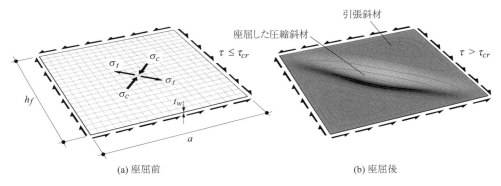

図 12.9 せん断を受けるパネルの座屈

12.3.2 弾性挙動（座屈前）の強度

座屈前の貢献、すなわちウェブが座屈前に抵抗する最大せん断力は、線形弾性の座屈理論をもとに計算され、以下で与えられる。

$$V_{cr} = \tau_{cr} h_f t_w \tag{12.37}$$

ここで、τ_{cr}：限界のせん断応力
　　　h_f：フランジの板厚の中心からのウェブ高
　　　t_w：ウェブの板厚

したがって、

$$\tau_{cr} = k \frac{\pi^2 E}{12(1-v^2)} \left(\frac{t_w}{h_f}\right)^2 = 0.9 k E \left(\frac{t_w}{h_f}\right)^2 \tag{12.38}$$

座屈係数 k は、a を垂直補剛材の間隔とすると、縦横比 $\alpha = a/h_f$ の関数となる。周辺を単純支持されたウェブのパネルに対しては、座屈係数は次式となる。

$$k = 4.0 + \frac{5.34}{\alpha^2}, \quad \alpha \leqq 1 \tag{12.39}$$

$$k = 5.34 + \frac{4.0}{\alpha^2}, \quad \alpha \geqq 1 \tag{12.40}$$

せん断を受けるパネルの幅厚比 h_f/t_w が小さいとき、および係数 α の値によっては、式 (12.38) によるせん断の座屈応力は、せん断の降伏点 τ_y に近くなる。鋼材の弾性限と降伏点の間の非線形挙動を考慮すると、それが弾性限 $0.8\tau_y$ を超えるときは、座屈応力 τ_{cr} を減らす。他方、もしウェブの幅厚比が小さいとき（コンパクト断面）、ウェブの局部座屈による不安定性の問題は生じないので、せん断座屈応力は τ_y を超えることができる。

上記の条件は、せん断を受けるパネルの相対的な幅厚比 $\bar{\lambda}_w$ で定義できる。

$$\bar{\lambda}_w = \sqrt{\frac{\tau_y}{\tau_{cr}}} \tag{12.41}$$

ここで、τ_y：せん断の降伏点、通常 $\tau_y = f_y/\sqrt{3}$

・もし、$\bar{\lambda}_w \leqq 0.9$（幅厚比の小さいウェブ）の場合は、せん断強度は次式で定義される。
$$V_R = \tau_y A_w \tag{12.42}$$
　ここで、$A_w = h_f t_w$：ウェブの断面積（欠損を含まない）

・もし、$0.9 < \bar{\lambda}_w \leqq 1.12$（$\tau_{cr} > 0.8\tau_y$）の場合は、せん断の座屈応力は低減した座屈応力 $\tau_{cr, red}$ に等しい。

$$\tau_{cr,red} = \sqrt{0.8\,\tau_y\tau_{cr}} \tag{12.43}$$

・もし、$\bar{\lambda}_w > 1.12$ の場合は、座屈応力は減らさない。

式 (12.42) は、圧延形鋼のせん断強度を定義する式と同じである。ウェブの幅厚比の制限は、それを超えると引張タイが生じることから定義できる。すなわち、これ以降は後座屈強度が期待できる。式 (12.38) と式 (12.41) と上記の条件 $\bar{\lambda}_w \leq 0.9$ から、次式を得る。

$$\frac{h_f}{t_w} \leq 1.12\sqrt{k}\sqrt{\frac{E}{f_y}} \tag{12.44}$$

垂直補剛材のない桁の場合、α は無限大で、k は 5.34（式 (12.40)）になるので、この幅厚比制限は以下となる。

・$h_f/t_w \leq 78$：鋼材 S235 の場合
・$h_f/t_w \leq 63$：鋼材 S355 の場合

もしウェブのパネルの幅厚比がこの制限値以下であれば、せん断力に対する終局強度は式 (12.42) で定義される。もし、幅厚比がこの制限値以上であれば、終局強度は、式 (12.43) による座屈応力の低減を考慮した式 (12.36) で定義される。

12.3.3 後座屈挙動の効果

せん断を受けるパネルで、弾性の座屈応力に達したとき、圧縮を受ける斜材が座屈するが、これでパネルが破壊するわけではない。鈑桁のウェブ（図 12.10(a)）に引張タイが生じてトラスに変わることで、後座屈領域で付加的なせん断抵抗が生まれる（図 12.10(b)）。

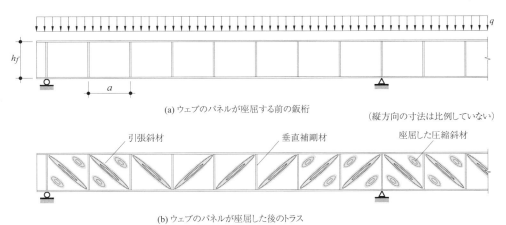

図 12.10　鈑桁のせん断に対する挙動

引張斜材の後座屈への寄与 V_σ は、図 12.11 に示すモデルに基づく。引張斜材の領域では、引張応力 σ_t は、単純に斜材のある幅 s に等分布すると仮定する。この単純化に基づいて、いろいろなモデルが開発されてきた。これらのモデルの基本的な違いは、引張斜材の定着の方法（フランジ、補剛材、隣接するパネル）と、システムの破壊のメカニズムである。

Basler が開発した理論 [12.4] では、フランジは引張斜材の定着には柔軟すぎるとして、引張斜材は隣接するウェブのパネルにのみ定着するという仮定に基づく。他の理論では、フランジの定着を仮定しているが、仮定する破壊のメカニズムが異なる（図 12.12）。Rockey と Skaloud [12.5] が展開した Prague-Cardiff のモデルは、記述すべきである。このモデルは、フランジの剛性が引張斜材の角度、幅、位置に与える影響を把握するための多

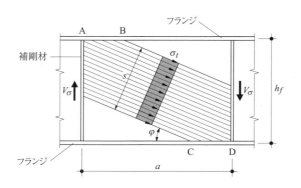

図 12.11 鈑桁のウェブのパネルの引張斜材の摸式図

くの実験をもとにしている。このモデルのメカニズムを図 12.12(a) に示すが、引張タイの角度がウェブのパネルの斜材と等しいのが特徴である。このモデルはその後発展し、図 12.12(b) のメカニズムと引張斜材の角度に関する詳細な仮定をもとにして、Cardiff モデルにつながった [12.6]。Ostapenko と Chern[12.7] は、その理論の中で、ラーメンのメカニズム（図 12.12(c)）を考え、引張斜材の幅を広くした。他のモデルについては、文献 [12.8] に多くの参考文献とともに示される。SIA 規準 263 のもとになる Basler モデルと Cardiff モデルを次に詳しく示す。

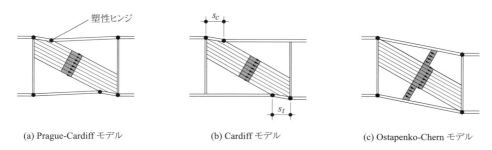

(a) Prague-Cardiff モデル　　(b) Cardiff モデル　　(c) Ostapenko-Chern モデル

図 12.12 鈑桁のウェブのパネルの破壊のメカニズム

(1) Basler モデル

Basler の理論では、引張斜材（斜張力場）は境界条件が合うときだけ形成されると仮定した。この境界は、垂直補剛材がトラスの垂直材、フランジが弦材で構成される。Basler は、フランジに垂直な曲げ剛性と補剛材に水平な曲げ剛性は小さいと仮定した。したがって、引張斜材は、剛な隣接のウェブのパネルにだけ定着されて、フランジは曲げには寄与しない。図 12.13 は、パネルの角を通る 2 本の直線で囲まれた一定幅の引張斜材の Basler モデルの原理を示す。2 つの隣接したパネルの対角線の引張力 T_2 はつり合っており、引張力 T_1 は、ウェブのパネルの三角形 ABC に定着される。力 T_1 を水平力 H と鉛直力 F_s に分解すると、F_s は垂直補剛材に作用する圧縮力となる。この Basler モデルの基礎となる仮定は、実験中の観察で何度も確認されている [12.9]。

ウェブの各パネルに形成される引張斜材は、追加のせん断力 V_σ を支持できる。この追加分は、一定のせん断が作用する桁のウェブを通る鉛直線 I-I で切断することで定義できる（図 12.14(a)）。それは、引張斜材の引張力の鉛直成分 $V_{\sigma 1}$ と、斜めの帯を定着する隣接した剛なウェブの 2 つの三角形のせん断力の寄与分 $2V_{\sigma 2}$ からなる（図 12.14(b)）。

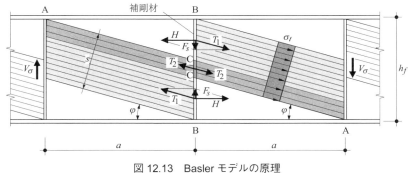

図 12.13　Basler モデルの原理

$$V_\sigma = V_{\sigma 1} + 2V_{\sigma 2} \tag{12.45}$$

図 12.14 に示す記号に従うと、斜材に作用する引張力 T の鉛直成分 $V_{\sigma 1}$ は、次式で表される。

$$V_{\sigma 1} = \sigma_t \cdot t_w \cdot s \cdot \sin\varphi = \sigma_t \cdot t_w \cdot \sin\varphi (h_f \cos\varphi - a\sin\varphi) \tag{12.46}$$

斜めの帯の傾斜角度 φ は、せん断終局強度に達したとき、$V_{\sigma 1}$ が最大になると仮定して計算できる。この傾斜角度は $dV_{\sigma 1}/d\varphi = 0$ として計算でき、次式が得られる。

$$\tan 2\varphi = \frac{h_f}{a} = \frac{1}{\alpha} = \tan\theta \tag{12.47}$$

ただし、

$$\varphi = \theta/2 \tag{12.48}$$

斜めの帯の力 T_2 がウェブのパネルで互いにつり合うので、T_1 のみが剛な三角形に定着される必要がある。三角形 ABC（図 12.14(b)）を取り出すことで、せん断応力が一定で支点反力に等しいことから、この剛な三角形のせん断応力を計算できる。水平力 H は、

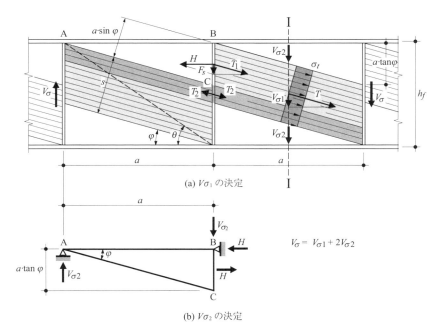

(a) $V_{\sigma 1}$ の決定

(b) $V_{\sigma 2}$ の決定

図 12.14　Basler モデルによる後座屈せん断強度

パネルの長さ a のフランジの軸力の増分であるが、点 A において支点の鉛直反力 $V_{\sigma 2}$ を生じさせる（点 B まわりのモーメントのつり合いから得られる）。

$$V_{\sigma 2} = \frac{H \tan \varphi}{2} \tag{12.49}$$

ここで、

$$H = \sigma_t \cdot t_w \cdot a \cdot \sin \varphi \cdot \cos \varphi \tag{12.50}$$

よって次式が得られる。

$$V_{\sigma 2} = \frac{\sigma_t \cdot t_w \cdot a \cdot (\sin \varphi)^2}{2} \tag{12.51}$$

式 (12.47) を考慮して、式 (12.45) に式 (12.46) と式 (12.51) を代入し、ウェブのパネルの形状と斜材に作用する引張応力 σ_t の関数として後座屈強度を定義する関係式が得られる。

$$V_\sigma = \frac{\sigma_t \cdot h_f \cdot t_w}{2} \cdot \frac{1}{\sqrt{1+\alpha^2}} \tag{12.52}$$

σ_t の値は、2 つの抵抗形式 V_{cr} と V_σ による応力 τ_{cr} と σ_t の合計が、von Mises の降伏条件を満たす応力状態に制限されていることを考慮して計算でき、それは次式となる。

$$\sigma_t = \sqrt{f_y^2 - \tau_{cr}^2 \left(3 - \left(\frac{3}{2}\sin 2\varphi\right)^2\right)} - \frac{3}{2}\tau_{cr}\sin 2\varphi \tag{12.53}$$

この式は、簡略化することで [12.9]、次式が得られる。

$$\sigma_t = f_y\left(1 - \frac{\tau_{cr}}{\tau_y}\right) = \sqrt{3}(\tau_y - \tau_{cr}) \tag{12.54}$$

式 (12.54) を考慮して、式 (12.52) と式 (12.37) を式 (12.36) に代入すると、Basler の理論によるせん断強度が得られる。

$$V_R = \left(\tau_{cr} + \frac{\sqrt{3}(\tau_y - \tau_{cr})}{2\sqrt{1+\alpha^2}}\right) \cdot A_w = \tau_R \cdot A_w \tag{12.55}$$

ここで、τ_R：せん断応力の限界
$A_w = h_f t_w$：ウェブの（控除しない）断面積

スウェーデンで行われた垂直補剛材のない鈑桁の実験 [12.10] では、引張斜材の傾斜角度が、辺の比 α が約 3 である仮想パネルに対する値より小さくならないことが示された。これは、垂直補剛材のない鈑桁、または補剛材の間隔が $\alpha > 3$ のとき、引張斜材が桁の両端に定着されることを条件に、式 (12.55) に $\alpha = 3$ を用いることができる。

しかしながら、実験では、桁端に特別な構造詳細がない場合は、引張斜材の定着が不十分となり、後座屈強度のすべては発揮できないことも示された。この場合、端のパネルのせん断強度を低減し、実験で確認された次式で制限される。

$$V_R = 0.9\sqrt{\tau_y \cdot \tau_{cr}} \cdot A_w \leq \tau_y A_w \tag{12.56}$$

この式では、τ_{cr} の値は、α が 3 以上であっても係数 α の有効値を用いて、式 (12.38) で定義される。

垂直補剛材に作用する圧縮力 F_s（図 12.14(a)）は、T_1 の鉛直成分に等しく、式 (12.54) を考慮して α に対して表すと次式となる。

$$F_s = \left(1 - \frac{\tau_{cr}}{\tau_y}\right)\left(\frac{\alpha}{2} - \frac{\alpha^2}{2\sqrt{1+\alpha^2}}\right) f_y A_w \tag{12.57}$$

(2) Cardiff モデル

このモデルは、図 12.15 に示すメカニズムに基づく。すなわち、s_c と s_t の長さは、塑性ヒンジが A, B, C, D で形成されると仮定して定義できるとの仮説を置く（図 12.15）。仮想仕事の原理を、例えば A と B の塑性ヒンジの仕事と、s_c に沿って定着させた引張斜材の力による仕事に適用すると、次式となる。

$$\sigma_t \cdot t_w \cdot s_c \cdot (\sin\varphi)^2 \cdot \frac{s_c}{2} = 2M_{pl,N} \tag{12.58}$$

これから、

$$s_c = \frac{2}{\sin\varphi} \cdot \sqrt{\frac{M_{pl,N}}{\sigma_t \cdot t_w}} \le a \tag{12.59}$$

ここで、$M_{pl,N}$：軸力によって低減されたフランジの塑性抵抗モーメント（『土木工学概論』シリーズ第 10 巻、式 (4.78)）

斜材の幅 s に及ぼす長さ s_c と s_t の寄与を考慮して、式 (12.46) と、このモデルの後座屈領域のせん断強度に対する寄与を次式で定義できる。

$$V_\sigma = \sigma_t \cdot h_f \cdot t_w \cdot (\sin\varphi)^2 \cdot \left[\cot\varphi - \cot\theta + \frac{1}{h_f}(s_c + s_t)\right] \tag{12.60}$$

引張応力 σ_t は、式 (12.53) で求める。角度 φ は、V_σ が最大となるように選ぶ。したがって、初期値 $\varphi = 2\theta/3$ から始めて、反復計算をする必要があるが、この計算は早く収束する。安全側として、角度 0.6θ とすることもできる。

式 (12.60) を式 (12.45) に代入し、Cardiff モデルによるせん断強度が得られる。

$$V_R = \left(\tau_{cr} + \sqrt{3}(\tau_y - \tau_{cr})(\sin\varphi)^2 \cdot \left[\cot\varphi - \cot\theta + \frac{1}{h_f}(s_c + s_t)\right]\right) \cdot A_w = \tau_R \cdot A_w \tag{12.61}$$

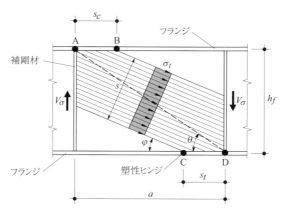

図 12.15　Cardiff モデルによる後座屈せん断強度

(3) 水平補剛材の影響

水平補剛材は、鈑桁のせん断強度でも役割を果たす。水平補剛材は、ウェブのパネルの高さをいくつかのサブパネルに分割し、特にパネルの局部座屈の強度（座屈前の強度）を高め、その結果としてせん断終局強度も高める。後座屈領域での引張斜材の形成は、水平

補剛材の影響も受けるが、それはかなり複雑な問題であり、いまだに十分な理解はされていない。せん断強度のいろいろなモデルが開発されているが、その有効性は、水平補剛材の配置と数に依存することが多い。

最も単純なモデルのひとつは、水平補剛材のない桁の場合と同様に引張斜材がウェブ高全体で生じると仮定している。このモデルによると、水平補剛材の存在が有利になるのは、最初に座屈するサブパネルの計算値 $\tau_{cr, min}$ を式(12.37)に代入した座屈前の寄与の増加のみである。この最小値 $\tau_{cr, min}$ は、サブパネルの寸法と式(12.38)を用いて求める。

Baslerによって、一般に安全側でない他の計算モデルも提案されている。このモデルでは、せん断強度は、すべてのサブパネルの座屈前の強度 $V_{cr, i}$ と後座屈強度 $V_{\sigma, i}$ の合計としている。しかし、$\alpha > 3$ のサブパネルに対しては、引張斜材はサブパネルでは生じないと仮定して、後座屈は考慮しない。

12.3.4 構造安全性の照査 (ULS)

鈑桁のせん断強度の照査は、次式で行われる。

$$V_{Ed} \leq V_{Rd} = \frac{V_R}{\gamma_a} \tag{12.62}$$

ここで、V_{Ed}：せん断力の設計値 V
V_{Rd}：せん断強度の設計値
V_R：せん断強度
γ_a：鋼の抵抗係数

式(12.62)による照査が満足しないとき、せん断強度を高める方法は2つある。それは、桁のウェブ厚を上げることと、垂直補剛材の間隔 a を小さくすることである。

12.3.5 計算例：せん断強度

桁高 $h_f = 1500$mm、ウェブの板厚 $t_w = 10$mm の鈑桁を考えよう。鋼材の規格はS355である。この桁の最初のパネルのせん断強度を次の場合について計算する。

・垂直補剛材の間隔が2000mmで、引張斜材が桁端で定着される。
・垂直補剛材はないが、桁端で引張斜材が定着される。
・垂直補剛材はなく、桁端で引張斜材が定着されない。

(1) 垂直補剛材と桁の端部に引張斜材の定着がある場合

最初のパネルのせん断強度は、式(12.55)によるBaslerモデルを用いて計算できる。

$$V_R = \left(\tau_{cr} + \frac{\sqrt{3}(\tau_y - \tau_{cr})}{2\sqrt{1+\alpha^2}}\right) \cdot A_w = \left(64.1 + \frac{\sqrt{3} \cdot (205 - 64.1)}{2\sqrt{1+1.33^2}}\right)(1500 \cdot 10) = 2.06 \cdot 10^6 \text{N}$$

$V_R = 2061$ kN (100%)

ただし、

$$\tau_{cr} = k\frac{\pi^2 E}{12(1-v^2)}\left(\frac{t_w}{h_f}\right)^2 = 7.6\frac{\pi^2 \cdot 210\,000}{12(1-0.3^2)}\left(\frac{10}{1500}\right)^2 = 64.1 \leq 0.8\tau_y = 0.8\frac{355}{\sqrt{3}} = 164 \text{ N/mm}^2$$

$$k = 5.34 + \frac{4.0}{\alpha^2} = 5.34 + \frac{4.0}{1.33^2} = 7.6 \quad \text{ただし、} \alpha = \frac{a}{h_f} = \frac{2000}{1500} = 1.33$$

(2) 垂直補剛材がなく、桁端で引張斜材が定着される場合

せん断強度は、上記と同様に計算できるが、$\alpha = 3$ と $k = 5.8$ を代入して $\tau_{cr} = 49 \text{ N/mm}^2$ となり、以下を得る。

$$V_R = 1374 \text{ kN} \quad (67\%)$$

(3) 垂直補剛材がなく、桁端で引張斜材が定着されない場合

せん断強度は、式 (12.56) で計算するが、それは垂直補剛材がなく桁端で定着できないため、引張斜材は $\alpha = \infty$ を用いる。そこで $\tau_{cr} = 45 \text{ N/mm}^2$ を用いると、以下を得る。

$$V_R = 0.9\sqrt{\tau_y \cdot \tau_{cr}} \cdot A_w = 0.9\sqrt{205 \cdot 45} \cdot (1500 \cdot 10) = 1.3 \cdot 10^6 \text{ N}$$

$$V_R = 1297 \text{ kN} \quad (63\%)$$

ここで示すパーセンテージは、せん断強度を高めるために中間の垂直補剛材を考慮すべきであることを示している。桁端では、せん断強度を高めるために、引張斜材の定着が可能な支点の補剛材を考えるよりも、最後の補剛材を支点に近づける方が簡単である。例えば、最後の補剛材を支点から 1500mm の位置に（2000mm の代わりに）配置すると、$\alpha = 1$、$k = 9.34$、$\tau_{cr} = 79 \text{ N/mm}^2$、$V_R = 1716 \text{ kN}$（83%）となる。

12.4 組合せ力による強度

12.4.1 相互干渉の条件

連続鈑桁に対する組合せ力による強度の問題は、主に大きな曲げモーメントとせん断力が同時に作用する中間支点の領域に関するものである。

Basler モデルの仮説によると、後座屈領域では、桁のフランジは引張斜材の定着には含まれない（12.3.3 項）。したがって、フランジはすべて曲げモーメントに抵抗する。最大の曲げモーメントの強度は、2 つのフランジのうちの小さい方の応力が降伏点に達したときに生じる。フランジの抵抗曲げモーメント $M_{pl,f}$（図 12.16(a)）は次式となる。

$$M_{pl,f} = f_y \cdot A_f \cdot h_f \tag{12.63}$$

ここで、f_y：鋼材の降伏点

A_f：フランジの小さいほうの面積 $A_f = b \cdot t_f$、またはフランジの有効面積 $A_{f,eff}$

h_f：フランジの板厚中心からのウェブ高

桁に作用する曲げモーメントが、フランジの抵抗モーメント $M_{pl,f}$ を超えるときは、ウェブも曲げに寄与する。その結果、せん断力 V に対するせん断強度 V_R は、図 12.16(b) の曲げモーメントとせん断応力の相関曲線が示すように、減少する。

せん断がないときの、曲げ強度に対するウェブの最大の寄与は以下に等しい。

$$M_{pl,w} = f_y \cdot \frac{(h - t_{f,sup} - t_{f,inf})^2}{4} \cdot t_w \tag{12.64}$$

ここで、h：断面の総高

$t_{f,sup}$：上フランジの板厚

$t_{f,inf}$：下フランジの板厚

t_w：ウェブの板厚

もしウェブにせん断力が作用していると、ウェブの曲げ強度に対する寄与は、ウェブの一部がせん断に抵抗することを考慮した係数によって減らす。この場合、断面の曲げ強度は以下となる（『土木工学概論』シリーズ第 10 巻 4.6.3 項）。

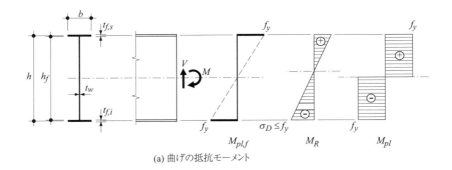

(a) 曲げの抵抗モーメント

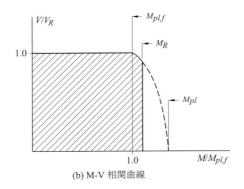

(b) M-V 相関曲線

図 12.16　曲げモーメントとせん断力の相関

$$M_R = M_{pl,f} + M_{pl,w}\left[1 - \left(\frac{V}{V_R}\right)^2\right] \tag{12.65}$$

ここで、V：せん断力

V_R：せん断に対する終局強度

曲げモーメントがフランジの抵抗モーメントより大きいとき、相関曲線は式 (12.65) となる。鈑桁では、断面が全塑性モーメントに達することはできない。したがって、曲げモーメント抵抗 M_R は、12.2 節で定義されるものに相当し、これが相関曲線の制限の由来である。

12.4.2　構造安全性の照査 (ULS)

曲げモーメント M_{Ed} とせん断力 V_{Ed} が作用する断面の構造安全性の照査では、抵抗係数 γ_a とせん断強度の設計値 V_{Rd} を相関曲線の式に導入する必要がある。

・M_{Ed} が $M_{pl,f}/\gamma_a$ より小さいとき、せん断との干渉はなく、満たすべき 2 つの条件は式 (12.35) と式 (12.62) に示される。

・M_{Ed} が $M_{pl,f}/\gamma_a$ と M_R/γ_a の間の場合、上記の 2 つの式とともに、曲げモーメントとせん断力の相関について次式で照査する。

$$M_{Ed} \leq \frac{M_{pl,f}}{\gamma_a} + \frac{M_{pl,w}}{\gamma_a}\left[1 - \left(\frac{V_{Ed}}{V_{Rd}}\right)^2\right] \tag{12.66}$$

12.4.3　計算例：組合せ力での桁の強度

12.2.7 項（図 12.7）の例で考えた桁が連続と仮定し、中間支点で 2000mm 間隔に垂直補

剛材を有する。中間支点で、この桁には曲げモーメント $M_{Ed} = -8000$ kNm が作用すると、この断面が抵抗できるせん断力の値はいくらか。中間支点の圧縮を受ける下フランジの横座屈は、コンクリート床版によって拘束されていると仮定する（下路式鈑桁橋）。

- 曲げモーメントの強度

    断面の曲げモーメントに対する強度は $M_R = 9638$ **kNm** である（12.2.7 項）。

- せん断強度

    せん断強度は、Basler モデルを適用して次式で計算できる。

$$\tau_{cr} = k\frac{\pi^2 E}{12(1-v^2)}\left(\frac{t_w}{h_f}\right)^2 = 9.45\frac{\pi^2 \cdot 210\,000}{12(1-0.3^2)}\cdot\left(\frac{12}{2020}\right)^2 = 63.3 \leq 0.8\,\tau_y = 0.8\frac{355}{\sqrt{3}} = 164 \text{ N/mm}^2$$

$$k = 4.0 + \frac{5.34}{\alpha^2} = 4.0 + \frac{5.34}{0.99^2} = 9.45 \quad \text{ただし、} \alpha = \frac{a}{h_f} = \frac{2000}{2020} = 0.99$$

$$V_R = \left(\tau_{cr} + \frac{\sqrt{3}(\tau_y - \tau_{cr})}{2\sqrt{1+\alpha^2}}\right)\cdot A_w = \left(63.3 + \frac{\sqrt{3}\cdot(205-63.3)}{2\sqrt{1+0.99^2}}\right)(2020\cdot 12) = 3.648\cdot 10^6 \text{ N}$$

$V_R = $ **3648 kN**

- 組合せ力による強度

    式 (12.63) により、フランジで抵抗できる曲げモーメントは次式に等しい。

$$M_{pl,f} = f_y \cdot A_f \cdot h_f = 355 \cdot (544.8 \cdot 20) \cdot 2020 = 7.81\cdot 10^9 \text{ Nmm} = 7814 \text{ kNm}$$

断面に作用する曲げモーメントがフランジが抵抗できる曲げモーメントより大きいため、

$$M_{Ed} = 8000 \geq \frac{M_{pl,f}}{\gamma_a} = \frac{7814}{1.05} = 7441 \text{ kNm,}$$

曲げモーメントとせん断力の相関の条件を満たさなければならない。式 (12.66) を用いて、求めるせん断力を得ることができる。

$$V_{Ed} \leq V_{Rd}\cdot\sqrt{1-4\frac{\gamma_a\cdot M_{Ed}-M_{pl,f}}{h_w^2\cdot t_w\cdot f_y}} = \frac{3648}{1.05}\cdot\sqrt{1-4\frac{(1.05\cdot 8000-7814)\cdot 10^6}{2000^2\cdot 12\cdot 355}} = \textbf{3226 kN}$$

断面が耐えることができるせん断力 V_{Ed} は、8000 kNm の曲げモーメントが作用していても、3226 kN である。これは、曲げモーメントがない場合のせん断強度が 7% 低下することを表している。

12.5 集中荷重に対する耐荷力

通常、集中荷重は、補剛材を介して桁に作用させるが、それは荷重を桁のウェブにうまく伝える。これに当てはまるのは、桁の支点の位置（12.6.2 項と 12.6.3 項）と、長期の集中荷重が作用する位置である。

しかし、集中荷重が移動して直接鋼桁に作用するときは、この荷重を上部構造に伝達するための補剛材を用いることはできない。この状況は、例えば移動クレーンを支持する桁（『土木工学概論』シリーズ第 11 巻 15.5.4 項）、または送出し工法で架設される桁で生じる。後者では、集中荷重が動くのではなく、支点の上を移動するのは桁になる（*patch loading*）。ウェブの補剛材がない時の集中荷重の位置では、桁は、ウェブの局部の降伏による破壊や局部座屈を生じることなく荷重を支持しなくてはならない。

12.5.1 移動する集中荷重に対する耐荷力

集中荷重が作用する鈑桁の挙動は、多くの要素に依存するが、主となるのはウェブの幅厚比である。図 12.17(a) は、桁のウェブで生じる種々の破壊の形式を、図 12.17(b) は、強度 F_R に及ぼすウェブの幅厚比 h_f/t_w の影響を模式的に示す。

幅厚比が小さいと、荷重を受けるウェブの局部の降伏により破壊が生じる。これは、圧延形鋼によく生じる。ウェブの幅厚比が大きくなると、破壊モードはウェブの全体座屈となり、さらに幅厚比が大きくなるとウェブの部分、または全体の局部座屈となる。後者は、ウェブのクリップリング（web crippling）として知られる。

ウェブの幅厚比に加えて、集中荷重が作用する桁の挙動は、フランジの幅厚比、荷重が作用する長さ s_s、ウェブの橋軸方向の応力（例えば曲げによる）、および集中荷重の作用点付近にある水平補剛材や垂直補剛材の存在にも影響される。荷重の相対的な位置も、桁の挙動に影響する。例えば同じ線上で逆向きにウェブを圧縮する荷重の場合である。

したがって、桁の集中荷重による強度は、強度と座屈の基準をもとに計算する。この 2 つの基準で計算される強度は、桁の横方向の変位とフランジの回転に対して橋軸直角方向に桁が拘束されている場合にのみ有効である。この安定性の現象は複雑なため、この強度を定義するいくつかの実験モデルあるいは半実験モデルが提案されている。ここでは、SIA 規準 263 に用いられるモデルについて示す（『土木工学概論』シリーズ第 11 巻 10.3.4 項も参照）。

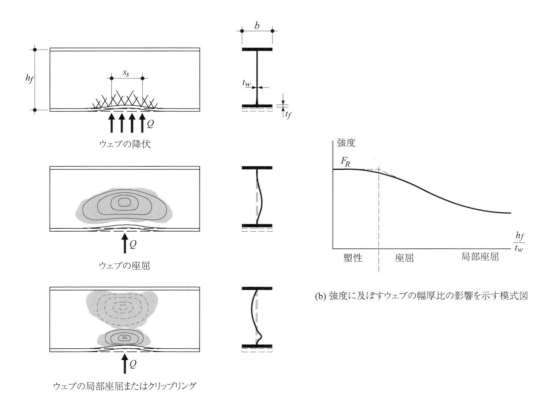

(a) 破壊の種類

(b) 強度に及ぼすウェブの幅厚比の影響を示す模式図

図 12.17　集中荷重による補剛材のないウェブの破壊メカニズム

(1) 強度の基準

強度 F_R は、フランジを介してウェブに伝達される集中荷重によって生じる局部的な降伏に相当する。この強度は次式で定義される。

$$F_R = f_y \cdot A \tag{12.67}$$

ここで、f_y：ウェブの鋼材の降伏点
　　　　A：荷重の分散を考慮した断面積 $A = l_{eff} \cdot t_w$

この断面積 A は、載荷の長さ l_{eff} とウェブの板厚 t_w より決まる。載荷の長さ l_{eff} は、荷重が作用する長さ s_s と桁のフランジへの分散の長さの和となる。フランジへの荷重の分散は、SIA 規準 263 で提案されるように、1：5 の勾配となる。

(2) 安定性の基準

ウェブの安定性に基づく強度は、実験結果を用いて検討され、その解析は von Karmann のアプローチに基づく。フランジに作用する集中荷重について、半実験式は次式となる。

$$F_R = 0.5 t_w^2 f_y \sqrt{\frac{E t_f}{f_y t_w}} \cdot \beta_1 \cdot \beta_2 \cdot \beta_3 \cdot \beta_4 \tag{12.68}$$

係数 β は、強度に及ぼす種々の影響を考慮している（記号は図 12.17(a) を参照）。

$\beta_1 = \sqrt[4]{\dfrac{b/2}{5 t_f}} \leq 1.25$　　　フランジの幅厚比 $(b/2)/t_f$ に関する係数

$\beta_2 = \sqrt{\dfrac{60 t_w}{h_f}} \geq 1.0$　　　片側だけに作用する集中荷重のためのウェブの幅厚比に関する係数

$\beta_3 = 1.0 + \dfrac{s_s}{h_f} \leq 1.5$　　　荷重が作用する長さ s_s に関する係数

$\beta_4 = 1.5 + \dfrac{\sigma_{x,Ed}}{f_y/\gamma_a} \leq 1.0$　　　桁の曲げによりフランジとウェブの継手に同時に作用する直応力 $\sigma_{x,Ed}$ を考慮する係数

12.5.2　構造安全性の照査（ULS）

鈑桁の集中荷重に対する強度の照査は、式 (12.67) による強度の基準の照査と式 (12.68) による安定性の基準の照査が必要となり、それには次式を用いる。

$$F_{Ed} \leq F_{Rd} = \frac{F_R}{\gamma_a} \tag{12.69}$$

もしこの条件が満たされない場合、ウェブの板厚を増やすか、集中荷重が作用するフランジ付近に水平補剛材を設ける（およそ $0.2\,h_f$ の位置）。残念ながら、今のところ水平補剛材を考慮して強度を計算する単純なモデルはない。この強度を正確に計算するには、有限要素による計算が推奨される。集中荷重が桁に沿って固定した位置に作用するときは、荷重の作用点に 12.6.1 項により設計した垂直補剛材を用いる。

(1) ユーロコードによる照査

ユーロコード 3 では、鈑桁への集中荷重に対する強度について、SIA 規準よりも正確で保守的ではない照査法を提案している。この方法では、強度 F_R の計算に有効長さ l_{eff} を用いるが、それを決めるために荷重が作用する長さ s_s だけではなく、荷重が作用するフランジとウェブの幅厚比とウェブの局部座屈を考慮した低減係数を用いる。照査は式 (12.69) を用いて行い、ウェブの強度と座屈の両方を考慮する。

12.6 補剛材

図 12.18 に、鈑桁に用いるいろいろな種類の補剛材を示す。まず、垂直補剛材であるが、これはウェブを安定させてせん断強度を高めるが、橋脚と橋台の位置では支点の集中反力を桁に伝達する。水平補剛材は、ウェブの剛性を高め、活荷重による面外変形を減らす。補剛材は、わずかであるが桁の曲げ強度を高める（12.2.5 項）。

鈑桁の垂直補剛材は、端補剛材以外は中間補剛材と呼ばれる。垂直補剛材は、鋼桁をつなぐ対傾構の面にあるとき、対傾構の支柱の役目ももつ。せん断強度について 12.3 節に示した理論によると、垂直補剛材は桁の破壊までその機能を果たすことを期待される。すなわち、後座屈領域で生じる有効なトラスの支柱の役割を果たすのに十分な断面であると同時に、桁の破壊までウェブのパネルを周辺で支持するのに十分な剛性が必要とされる。

上記の強度と剛性の考察とは別に、補剛材そのものが局部座屈を生じてはいけない。したがって補剛材は、断面がすべて有効になるように設計される。例えば、板でできた補剛材では、フランジで考えた式 (12.8) の条件と同じ幅厚比を考える。ここでは、まず中間補剛材、次に端支点上の補剛材、最後に水平補剛材の設計について示す。

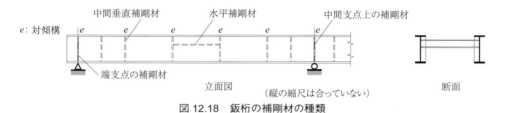

図 12.18　鈑桁の補剛材の種類

12.6.1　中間補剛材

補剛材の断面積は、式 (12.57) で定義された引張斜材の鉛直成分 F_s（図 12.13 参照）を支持するのに十分なものでなければならない。なぜなら、そのモデルによると、ウェブがせん断耐荷力に達すると、ウェブは完全に降伏してそれ以上の応力を負担できないからである。幅厚比の条件が守られていれば、補剛材の断面全体が降伏点まで荷重を支持できる。補剛材に必要な断面積 A_s は、次式で計算される。

$$A_s \geq \left(1 - \frac{\tau_{cr}}{\tau_y}\right)\left(\frac{\alpha}{2} - \frac{\alpha^2}{2\sqrt{1+\alpha^2}}\right) A_w \cdot \eta_1 \cdot \eta_2 \cdot \eta_3 \tag{12.70}$$

ここで、$\eta_1 = f_{yw}/f_{ys}$：ウェブの鋼材の降伏点 f_{yw} と補剛材の降伏点 f_{ys} との比を考慮する係数
η_2：ウェブ面に対する補剛材の偏心を考慮する係数。非対称の補剛材（片側）では、圧縮力 F_s は補剛材に曲げモーメントを生じさせるので、断面を増加する必要がある。この増加は表 12.19 に示す係数を用いて考慮する。
$\eta_3 = V_{Ed}/V_{Rd}$：作用の設計値による荷重 V_{Ed} が、せん断強度 V_{Rd} のすべてを必要としないときに補剛材の大きさを減らすための係数

破壊が生じるまで桁断面の変形を防ぐ必要があることは、補剛材が十分に剛であることを意味する。ウェブの板厚中心に対する補剛材の断面 2 次モーメントは、SIA 規準 263 により、次式を満足させる（文献 [12.11]）。

$$I_s = \left(\frac{h_f}{50}\right)^4 \eta_1^{3/2} \tag{12.71}$$

ここで、h_f：フランジの板厚中心の間の高さ

表 12.19 垂直補剛材の設計のための偏心係数 η_2

対　称		非対称（片面）			
桁のウェブ					
$\eta_2 = 1.0$		1.8	2.4	5	

ウェブから補剛材へ荷重 F_s が確実に伝達するには、すべての力が補剛材の上下 3 分の 1 の高さに伝わるように補剛材の溶接を設計する（図 12.13 参照）。

12.6.2 中間支点上の補剛材

連続桁の中間支点上の補剛材は、中間の垂直補剛材と同じ方法で設計する。これに加えて、補剛材は支点反力をウェブに伝達する。この機能を確保するために、全体座屈も照査する。この照査では、有効な柱の断面を求めるとき、補剛材の断面に加えて、幅 25 t_w のウェブも考慮に入れる。また、座屈長 l_k は、0.75 h_f とする。座屈の照査は、例えば SIA 規格 263 による座屈曲線 b を用いて行う。

集中荷重が作用する位置の補剛材の設計は、中間支点上の補剛材と同じ座屈モデルによって行う。補剛材は、構成する鋼板の幅厚比の要求も満足させる。

12.6.3 端支点の補剛材

桁端の支点の軸にある単一の補剛材は、後座屈挙動の基礎となるせん断強度の仮説を満たさない（12.3 節）。問題は、桁端では隣接するパネルがないため引張斜材の定着の要求が満足されないことである。桁端でせん断強度を確保する 2 つの選択肢がある。

- ウェブに対称の垂直補剛材が単一で、端のパネルの境界となり、支点反力を伝達する場合（柔軟な補剛材）。
- 上記の機能と引張斜材を定着する機能をもつ桁端の 2 重の補剛材（剛な補剛材）（図 12.20）。

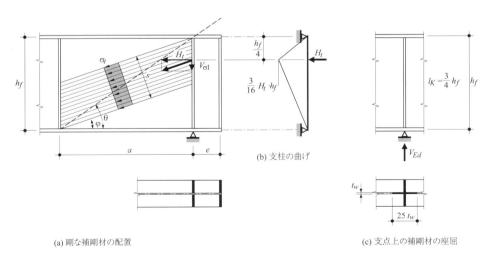

図 12.20　桁端での引張斜材の定着

(1) 柔軟な補剛材

この種の支点補剛材は、中間支点上の補剛材と同様に設計される。この種の端補剛材が用いられたとき、引張斜材の定着が不十分なため、端部のパネルのせん断強度を定義するのに式 (12.56) を適用する。

$$V_R = 0.9\sqrt{\tau_y \cdot \tau_{cr}} \cdot A_w \leq \tau_y A_w \tag{12.72}$$

柔軟な補剛材は、通常最も簡単で経済的な方法である。式 (12.62) によるせん断強度の照査が満たされないとき、τ_{cr} とそれに伴う V_R を増加させるため、この領域の垂直補剛材の間隔を狭める。

(2) 剛な補剛材

これは、施工がより複雑になるが、桁の端部に2重に配置された垂直補剛材で構成される（図 12.20(a)）。この方法では、後座屈領域の引張斜材による水平成分は、端のパネルの曲げによって抵抗を受ける。これは、端のウェブのパネルも後座屈強度すべてを発揮できることを意味する。そのためせん断強度は式 (12.55) により計算できる。

Basler モデル（図 12.13）では荷重 T_1 のみが隣接するパネルに定着されるが、桁端では引張斜材の全荷重が定着される。引張斜材の水平成分 H_t は次式で得られる。

$$H_t = \sigma_t \cdot t_w \cdot s \cdot \cos\varphi \tag{12.73}$$

降伏の基準（式 (14.54)）と $2\varphi = \theta$（図 12.20(a)）を考慮すると次式が得られる。

$$H_t = \sqrt{3}(\tau_y - \tau_{cr})\frac{h_f \cdot t_w}{2} \tag{12.74}$$

式 (12.55) から次式が得られる。

$$\sqrt{3}(\tau_y - \tau_{cr}) = 2(\tau_R - \tau_{cr})\sqrt{1+\alpha^2} \tag{12.75}$$

これを式 (12.74) に代入して、次式が得られる。

$$H_t = (\tau_R - \tau_{cr})\sqrt{1+\alpha^2} \cdot A_w \tag{12.76}$$

この式は、定着すべき力が、パネルのせん断終局強度 τ_R と座屈応力 τ_{cr} の差に相当する水平荷重であることを示す。この差は、柔軟な補剛材が用いられるとき、せん断強度は既に式 (12.56) で定めた制限値に達することを考慮して、減らすことができる。式 (12.76) の τ_{cr} を $0.9\sqrt{\tau_{cr}\tau_y}$ に置き換えると、次式が得られる。

$$H_t = (\tau_R - 0.9\sqrt{\tau_{cr}\tau_y})\sqrt{1+\alpha^2} \cdot A_w \tag{12.77}$$

この水平荷重は支柱の高さ h_f の4分の3に作用すると仮定する。フランジが支点上の補剛材で構成される支柱と、e だけ離れた桁端の支柱は、鈑桁のフランジで支持されると仮定する。支柱の最大曲げモーメントは次式となる（図 12.20(b)）。

$$M_{max} = \frac{3}{16} \cdot H_t \cdot h_f \tag{12.78}$$

(3) 照査

桁高 h_f の支柱は、作用モーメントを支持するのに十分な強度 M_R を保持する必要がある。すなわち、次式を満足させる（この式に抵抗係数 γ_a は入らないが、それはすべての力は抵抗強度で表されるからである）。

$$M_R \geq \frac{3}{16} \cdot H_t \cdot h_f \tag{12.79}$$

支点の補剛材は、式 (12.55) で計算した端のパネルのせん断強度に等しい力をウェブに

伝達しなければならない。中間支点上の補剛材と同様に、支点上の補剛材が V_R と同等かそれ以上の座屈強度 N_K があることを照査する。端のウェブのパネルのせん断強度と支点上の補剛材の照査は、次式を用いて行う。

$$V_{Ed} \leq \frac{V_R}{\gamma_a} \leq \frac{N_K}{\gamma_a} \tag{12.80}$$

ここで、V_{Ed}：支点反力の設計値

12.6.4 水平補剛材

水平補剛材が桁の破壊に至るまでの終局強度に寄与するためには、それらがウェブのパネルの後座屈領域に果たす役割が重要になる。特に、水平補剛材は、ウェブが面外に変形しない支点となる必要がある。実験により、弾性座屈の理論で設計した補剛材、つまり $\chi_{s,nec}$ に等しい相対剛性をもつ補剛材は（『土木工学概論』シリーズ第 10 巻 12.2.3 項）、後座屈領域ではウェブとともに面外変形を生じることがわかっている。すなわち、このような補剛材は、後座屈領域では有効ではなく、その剛性を高めなければならない。

実験と数値解析 [12.8] により、後座屈領域で桁の破壊まで十分な剛性をもつ補剛材は、弾性座屈の理論により計算されたものに比べて m 倍大きい相対剛性が必要なことがわかった。これは、主に弾性理論は製作による初期不整（形状、残留応力）を考慮していなく、また片側の補剛材は補剛される面に偏心することを考慮していないためである。

水平補剛材の設計には、次式を用いる。

$$\chi_s \geq m \chi_{s,nec} \tag{12.81}$$

ここでは、χ_s は、補剛材の相対剛性を表し、次式となる。

$$\chi_s = \frac{10.92 I_s}{h_f t_w^3} \tag{12.82}$$

ここで、I_s：$25 t_w$ のウェブの寄与を含めたウェブの板厚中心に対する断面 2 次モーメント

必要な相対剛性 $\chi_{s,nec}$ は、Klöppel と Scheer [12.12] の表に示されるとおりで、『土木工学概論』シリーズ第 10 巻 12.2.3 項にもいくつか示す。乗数 m は、次に示す値を適用できる。

- $m = 5$　：ねじり剛性のない補剛材（開断面）の場合
- $m = 2.5$　：ねじり剛性がある補剛材（閉断面）の場合

曲げとせん断が同時に作用するウェブのパネルでは、2 つの荷重について別々に定めた $\chi_{s,nec}$ の大きい方の値を用いる。

他のより安全側の計算方法 [12.8] は、圧縮領域にある水平補剛材の全体座屈強度を照査するやり方である。桁に作用する荷重による設計値と断面の欠損を考慮した圧縮軸力 N_{Ed} が作用する柱として取り扱う（図 12.6 参照）。この柱の断面積 $A_{s,eff}$ は、補剛材の面積 A_s と隣接するウェブの有効部分で構成される。例として、桁のウェブの補剛材を図 12.6 に示している。

$$A_{s,eff} = A_s + \left(\frac{h_{c,1,eff} + h_{c,2,eff}}{2} \right) t_w \tag{12.83}$$

この柱の座屈長は、垂直補剛材間の距離 a に等しい。柱は、座屈強度 N_K が次式であるとき十分であるとする。

$$N_{Ed} = \sigma_{s,Ed} \cdot A_{s,eff} \leq \frac{N_K}{\gamma_a} = \frac{\chi_K \cdot f_y \cdot A_{s,eff}}{\gamma_a} \tag{12.84}$$

ここで、$\sigma_{s,Ed}$ ：補剛材の位置の圧縮応力の設計値
　　　　χ_K ：座屈の低減係数

この場合の座屈の低減係数は、閉断面または開断面の補剛材それぞれの座屈曲線 b または c（『土木工学概論』シリーズ第 10 巻 6.2 節）に基づいて決定する。しかし、補剛する板（ウェブや箱桁の圧縮フランジ）に対して補剛材は非対称（片側）であること、および補剛材の溶接による不整のために、座屈長の 1/1000 以上（座屈曲線に適用した値、『土木工学概論』シリーズ第 10 巻 10.3.3 項）の形状不整を考慮する。この不整は、座屈曲線の基となった不整係数 α を大きくして考慮するが、座屈曲線 b では 0.34 を 0.49 に、座屈曲線 c では 0.49 を 0.64 とする。

上記の方法は、垂直補剛材で支持される水平補剛材にのみ適用できる。これは垂直補剛材がその柱の面外の剛な支点となるからである。その他の機能に加えて、垂直補剛材は、さらに水平補剛材に作用する力 N_{Ed} の 1％の力を支持しなければならない。この力は桁のウェブ面（または箱桁の圧縮フランジ）に直角で、各水平補剛材の取り付け位置で垂直補剛材に作用すると仮定する。

12.7　疲労

疲労安全性の照査の原則は、『土木工学概論』第 10 巻の第 13 章に示す。橋の基本設計では、細部構造の疲労に対する挙動を考慮することが重要である。これは、特に道路橋よりも活荷重による応力範囲が大きい鉄道橋の場合にあてはまる。

交通荷重を考えるとき、設計者は終局限界の耐荷力の照査の応力と同時に、橋には応力範囲が作用することを認識することが重要となる。交通荷重、ときには風荷重は次の応力を生じる。

・いわゆる 2 次応力：例えばピン接合と仮定するが実際は曲げモーメントを一部伝える継手に生じる
・衝撃応力：例えば伸縮装置の上を通過する車輌による応力
・相対変位と面外変形による応力：例えば多主桁橋の主桁をつなぐ対傾構の継手に生じる
・振動による応力：ケーブルやトラスの細長い部材

これらの作用、特に 2 次応力と相対変位による応力は、供用中の橋の主構造に見られる多くのき裂の原因である [12.13], [12.14]。これらのき裂は、設計者も製造者も予想していなかった挙動の結果であり、どの規準や指針にも示されていない。しかし、経験から、これらの問題の大部分は、設計と施工のときに構造と細部構造に配慮することで避けることができる [12.15]。

12.7.1　疲労強度

細部構造の疲労強度は、継手の形状、特に応力集中に影響される。橋における応力集中は継手に存在し、ガセットの使用、断面の変化、溶接、ボルト孔による。応力の連続した流れは、例えばガセットプレートの適切な形状を選ぶことで、応力集中を減らし、したがって疲労強度を高める。鉄道橋に関する 16 章では、この問題をより詳しく示す。

疲労強度は、組み立てる部材の大きさにも依存するが（寸法または板厚効果）、ある種類の継手では、板厚が大きくなると疲労強度が低下する。この疲労強度の低下は、2 つの方法で考慮する。すなわち細部構造の種類（例えば、ガセットの溶接の橋軸方向の長さ）で考慮する方法と、厚さ 25mm 以上の板厚に対して板厚効果 k_s を用いる方法である。こ

の板厚効果は，特に，表面がグラインダー仕上げされていない横溶接（フランジの突合せ溶接，鋼板の橋軸直角方向の継手）（**表 12.22**）や，裏当金を用いた溶接継手，特に鋼管構造に適用される。

疲労強度は，溶接欠陥にも依存する。この欠陥の影響は，適切な製造と管理を行うことで避けることができるので，その欠陥が関係する品質等級の限界値を超えないようにする（『土木工学概論』シリーズ第 10 巻 7.2.4 項，7.3.5 項）。そして，いわゆる疲労強度向上法も，応力集中と特に引張残留応力を減らすために適用でき（『土木工学概論』シリーズ第 10 章 13.6.5 項），それによって細部構造の疲労強度を向上できる。

12.7.2 照査

一般的には，疲労安全性の照査には，着目する細部構造の応力範囲のヒストグラムと疲労強度曲線によって推定した損傷の累積を考慮する。しかし，このような一般的な方法は，基準に示される標準的な荷重に基づく照査には不適切である。そのため，疲労安全性の照査には，修正係数を用いる。この修正係数の目的は，橋に実際に作用する荷重による疲労の影響（損傷）が，基準に示される疲労荷重モデルによる疲労の影響と同じとなることである。修正係数は，等価応力範囲を定義するときに適用する。

$$\Delta \sigma_{E2} = \lambda \Delta \sigma(Q_{fat}) \tag{12.85}$$

ここで，$\Delta \sigma_{E2}$：繰返し数 $2 \cdot 10^6$ に対する等価応力範囲（『土木工学概論』シリーズ第 10 巻 13.7.4 項）

λ：複数の部分係数 λ_i からなる全体の修正係数

$\Delta \sigma(Q_{fat})$：基準に示される疲労荷重モデルで計算される応力範囲

荷重の全体修正係数 λ は，複数の部分係数の積である。

$$\lambda = \lambda_1 \cdot \lambda_2 \cdot \lambda_3 \cdot \lambda_4 \leq \lambda_{max} \tag{12.86}$$

これらは次のことを考慮する係数である。

- 荷重の作用する部材の影響線長と交通量の影響（λ_1）
- 橋を通る年間の通トン数の影響（λ_2）
- 計画供用期間の影響（λ_3）
- 同時載荷される複数の車線，または主構造に作用する複数の疲労荷重モデルの効果（λ_4）

これらの部分係数と λ_{max} は，鉄道と道路の両方について SIA 規準 263 で定義している。これらは，例えば SIA 規準 261 で定められる疲労照査のための荷重モデルとともに用いる。

疲労安全性の照査では，通常，等価応力範囲が着目する細部構造の疲労強度より小さいことを示す。この照査は，$2 \cdot 10^6$ 回の疲労強度 $\Delta \sigma_C$ を用いて行われる。それぞれの細部構造は，疲労強度 $\Delta \sigma_C$ によって定義される。疲労安全性の照査は，次式で行われる。

$$\gamma_{Ff} \cdot \Delta \sigma_{E2} \leq \frac{k_s \cdot \Delta \sigma_C}{\gamma_{Mf}} \tag{12.87}$$

ここで，γ_{Ff}：疲労安全性の照査のための荷重係数で通常 1 とする

k_s：寸法効果を考慮する係数

$\Delta \sigma_C$：$2 \cdot 10^6$ 回に相当する細部構造の継手分類の疲労強度

γ_{Mf}：**表 12.21** による疲労安全性照査のための抵抗係数

SIA 規準 263 では，細部構造の点検と補修のためにアクセスできるか，および疲労破壊が及ぼす損害の大きさと重要度によって，疲労抵抗係数 γ_{Mf} を定義している（**表 12.21**）。この値は，施主の代理人か関連当局に相談して決めるが，それは施主が構造詳細か点検や維持管理の設備に投資することで，より小さい抵抗係数を選択するかも知れないからである。

表 12.21　SIA 基準 263 による疲労抵抗係数 γ_{Mf}

点検の可能性	破損の影響	
	重大ではない	重大
発見と直ちに損傷の補修ができる	1.0	1.15
発見と直ちに損傷の補修ができない	1.15	1.35

　橋では、疲労損傷による損害の大きさは、構造系の冗長性と関連する。もし他の荷重伝達経路があることで構造部材の破壊が構造の大きな部分の崩壊につながらないとき、この構造系には高次の冗長性があるという。この場合、構造安全性に関して言えば、部材の破壊は構造全体に重大な影響を与えないが、橋の使用の面では影響することがある。

　一般的には、合成桁橋、特に連続合成桁橋は冗長性があると見なされる。したがって、係数 γ_{Mf} は、点検と補修の可能性によって、1.0 または 1.15 とする。

　表 12.22 は、鈑桁によく見られる細部構造の疲労強度 $\Delta\sigma_C$ をまとめる。他の細部構造については、SIA 規準 263 とユーロコードに示される。

　式 (12.87) による疲労安全性の照査は、まずは、溶接継手について行うが、ボルト継手についても行う。式 (12.87) が満足されないときは、疲労強度を向上させるために継手の細部構造を見直す。また継手によっては、溶接後の処理や仕上げによって疲労強度を向上させることができる（『土木工学概論』シリーズ第 10 章 13.6.5 項）。それらの詳細は、文献 [12.16] に示される。

表 12.22 溶接による細部構造の疲労強度 $\Delta\sigma_C$ の例

継手等級 $\Delta\sigma_C$ [N/mm²]	細部構造	説明
71		縦方向溶接継手、連続したすみ肉溶接、または断続する溶接でスカーラップの高さは 60mm 以下
90		縦方向溶接継手 完全溶け込みの横突合せ溶接との交差部
グラインダー仕上げした溶接 112 / 非仕上げの溶接 90	① ② ③	①鋼板、圧延断面の横突合せ継手 ②組立て前に行った鈑桁のフランジとウェブの継手 ③板幅、または板厚に勾配≦1/4 にテーパ加工した鋼板または平鋼の横突合せ継手 板厚効果：$k_s = (25/t_f)^{0.2}$ （非仕上げの溶接にのみ適用、$t_f > 25$mm）
80	$L \leq 50$mm	付加物の長手方向の溶接の端部 強度等級は溶接の長さ L に影響される（板厚は影響しない）
71	$50 < L \leq 80$mm	
63	$80 < L \leq 100$mm	
56	$L > 100$mm	
90	$r/b \geq 1/3$ または $r > 150$mm	鈑桁か桁のフランジの端に溶接されたガセット 半径 r のなめらかなフィレットは溶接前に機械やガス切断で加工し、溶接後に矢印に平行にグラインダー仕上げする（16.2.3 項参照）
71	$1/6 \leq r/b < 1/3$	
50	$r/b < 1/6$	
40	滑らかなフィレットなし	
80	$L \leq 50$mm	鈑桁や圧延桁に溶接された垂直補剛材 長さ L は、補剛材の厚さとフランジ上の2つの溶接を含む
71	$50 < L \leq 80$mm	
50	t_f および $t \leq 20$mm	圧延桁または鈑桁のカバープレート カバープレートの端部で、前面溶接の有無によらない
45	$t_f \leq 50$ と $t \leq 30$mm	
36	$t_f > 50$ または $t > 30$mm	

12.7.3 ウェブのブレッシング

鈑桁は、幅厚比の大きいウェブを有するが、それは完全に平坦でなく初期の面外変形がある。ウェブの面外変形は、桁に作用する交通荷重によって増減する。このような繰返し荷重によるウェブの小さな動きは、ウェブの「息」あるいは「ブレッシング」(*web breathing*) として知られており、ウェブの板厚方向に応力範囲を生じる。これは、特にウェブとフランジまたは補剛材の溶接部で顕著である。

ウェブのパネルはフランジまたは補剛材でピン支持されると仮定されるが、実際はこれらの部材はウェブに回転拘束を与える。その結果、ウェブの動きは応力範囲を生じるが、これらの領域で大きくなることもある。時間とともに交通荷重による多くの繰返し数によって、ウェブのパネルとフランジか補剛材の間の溶接に沿って疲労破損が生じることがある。この疲労の影響を軽減するために、ウェブの圧縮部分の幅厚比を制限してその動きを減らす必要がある。このウェブの幅厚比の制限は、次式の経験式に基づく [12.17]。

$$\frac{h_c}{t_w} \leq 100 \qquad (12.88)$$

ここで、h_c：圧縮を受けるウェブ高
t_w：ウェブの板厚

この条件を満たさないときは、圧縮フランジと水平補剛材の距離が式 (12.88) を満たすように、水平補剛材を配置する。この水平補剛材は、圧縮フランジからの距離が $0.2\,h_f$ に配置するのが最も効果的である。

12.8 箱桁

12.8.1 箱桁と鈑桁の違い

箱桁と鈑桁は、主に以下の点で異なる。
- 鈑桁のフランジは厚く、幅厚比が小さいが、箱桁のフランジは幅広くて薄く、縦方向と横方向に補剛される。
- ねじりに対する挙動では、鈑桁は特に反りねじりで抵抗し、断面形状を保持する対傾構が十分にある箱桁は純ねじりで抵抗する。

中、長支間の箱桁では、できれば断面全体が箱桁の曲げ強度に寄与するように、圧縮フランジの補剛について念入りに設計する。曲げ、ねじり、せん断が作用する箱桁の解析は、単純な梁理論の枠組みを超えるものである。せん断遅れを考慮したより複雑な解析法を用いる。さらに、対傾構の間での断面の変形は (11.4.1 項)、直応力とせん断応力に影響を与えることがある。長い支間の箱桁橋では、構造解析に有限要素法を用いることが多い。

(1) フランジの幅の影響
- せん断強度について：鈑桁の幅厚比の小さいフランジは、ウェブの後座屈領域で生じる引張斜材が定着できる十分剛性のある支点である [12.8]。箱桁では、この状況は少し不利となる。その結果、複数の水平補剛材を有する幅厚比の大きい箱桁のフランジは、ウェブのパネルの完全な定着が期待できないと仮定するのがよい。この場合は、せん断強度は安全側として、Basler モデルの成分 $V_{\sigma 2}$（12.3.3 項）を考慮せずに決める。Cardiff モデルでは、せん断強度を決めるために、式 (12.61) に s_c と s_t を 0 とする。
- せん断遅れについて：幅が広いフランジで補剛材のある箱桁の場合、フランジの曲げによる直応力は等分布しない。応力はウェブとフランジの継手付近で大きく、フランジのせん断に対する剛性が低いために、この継手部から離れると応力は小さくなる。

この挙動は、せん断遅れ（*shear lag*）と呼ばれ、鋼桁とコンクリート床版の接合部に生じ、それが床版の有効幅を定義する現象と同じである（13.3.3 項）。この現象は、弾性領域で顕著である。

せん断遅れは、使用限界状態と疲労の照査では、有効幅を用いて考慮する。構造安全性の照査でも、この有効幅の概念が用いられるが、後座屈領域で用いることは勧められない。ユーロコード 3 は、せん断遅れを考慮するために別の方法を提案している。

(2) 純ねじり抵抗の影響

箱桁にねじりモーメントが作用するとき、純ねじりによる断面のせん断流は、箱桁の板要素に生じる一連の支柱によって抵抗される。後座屈領域では、ウェブのパネルと幅厚比の大きいフランジで生じる引張斜材は、ウェブとフランジの継手に圧縮力を生じる（図 12.23）。

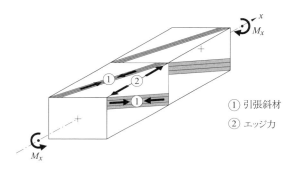

図 12.23　ねじりが作用する箱桁のエッジ力と引張斜材

エッジ力と呼ばれるこの力は、局部的な座屈を生じ、桁のせん断強度を減らすことがある。この問題は、まだ研究が必要である。安全側の解決策としては、設計荷重によるねじりモーメントのせん断流を弾性の座屈応力で制限することである。箱桁のウェブのせん断流に加えて、曲げによるせん断応力も生じる。ウェブのパネルとフランジの連結の設計では、例えばウェブとフランジの有効幅の和の半分の断面をもつ圧縮を受ける支柱と仮定して、このエッジ力を受け持たせる。

12.8.2　補剛材のない箱桁

フランジに補剛材がない限定された大きさの箱桁の解析には、鈑桁の抵抗モデルが適用できる。式 (12.28) によるウェブの有効高 $h_{c,\,eff}$ の計算は、圧縮フランジの断面積の割引を考慮して圧縮ウェブの高さ h_c と座屈係数 k（式 (12.29)）を決める。有効幅の考え方では、その幅厚比が以下の条件（SIA 規準 263、表 9）を満たさない場合は、圧縮フランジの幅を減らす。

・$b/t_f \leq 51$：鋼材 S235 の場合
・$b/t_f \leq 42$：鋼材 S355 の場合

ここで、b：2 つのウェブの板厚中心からの圧縮フランジの幅
　　　　t_f：圧縮フランジの板厚

圧縮フランジの有効幅 b_{eff} は、2 つのウェブの付近で等しく分布する。この有効幅は、式 (12.7) に座屈係数 $k = 4$ を代入して計算できるが、それは等分布圧縮力が作用する周辺単純支持（ピン支持）の板の座屈係数に相当する（『土木工学概論』シリーズ第 10 章、表 12.7）。

$$b_{eff} = 1.71\sqrt{\frac{E}{f_y}} \cdot t_f \leq b \qquad (12.89)$$

しかしながら、このような小さい箱桁では、フランジの総面積が箱桁の曲げ強度に含まれる上記の幅厚比を満足する形のフランジとするのがよい。

12.8.3 補剛材のある箱桁
(1) 曲げモーメントの耐荷力

箱桁の曲げモーメント抵抗は、主に圧縮フランジの挙動に依存する。ウェブの曲げ抵抗への寄与は小さい。圧縮フランジが有効に寄与するためには、一定の間隔の橋軸方向の補剛材とそれに垂直な補剛材を配置する。これらは、フランジの圧縮の支点の機能を後座屈領域でも果たすために、十分に狭い間隔として剛性のあるものとする。補剛材の溶接による初期不整と残留応力は、等分布で圧縮された板（例えば箱桁のフランジ）には、圧縮応力の勾配がある板（例えばウェブ）よりも著しい影響を与える。このようなより大きい初期不整は、Winterの式（『土木工学概論』シリーズ第10巻の式(12.23)）ではなく、Faulknerの提案による式[12.18]を用いて考慮できる。圧縮フランジの有効幅 b_{eff} は、$\overline{\lambda_P} \geq 0.55$ に対して、次式となる。

$$b_{eff} = \frac{1.05}{\overline{\lambda_P}}\left(1 - \frac{0.26}{\overline{\lambda_P}}\right)b \leq b \qquad (12.90)$$

ここで、$\overline{\lambda_P}$：圧縮部材の細長比　$\overline{\lambda_P} = \sqrt{f_y/\sigma_{cr}}$
　　　　b：2つのウェブの板厚中心の距離による圧縮フランジの幅

圧縮を受ける補剛されたフランジの挙動は、圧縮を受ける板と並列の複数の棒（支柱）の挙動の中間にある。ユーロコード3では、この2つの挙動を取り入れた、補剛材とフランジの有効断面を考慮する有効な抵抗断面を決めるモデルを提案している。しかし、補剛材を代表する独立した支柱を用いた単純なモデルも、実際の挙動に対する安全側のモデルであるため、常に用いることができる。この単純なモデルを用いるとき、この支柱の断面は、橋軸方向の補剛材の面積とその両側にある有効フランジの面積で構成され、それに垂直な補剛材で支持される。

ユーロコード3では、次式の限度を超えると、幅厚比の大きいフランジではせん断遅れを考慮する。

$$b_0 = \frac{l_e}{50} \qquad (12.91)$$

ここで、b_0：2つのウェブの間のフランジ幅の半分、または突出幅
　　　　l_e：曲げモーメントがゼロである地点の間の桁の長さ

前述したように、せん断遅れによるフランジの曲げ強度への効果の減少は、疲労安全性と使用限界の照査に影響を及ぼす。これは、中間支点で顕著である。構造安全性の照査では、弾塑性領域でのせん断遅れの影響を考慮するとき、この減少は比較的小さい。なお、フランジの寄与の低下分の計算は、ユーロコード3の1-5部を参考にする。

せん断遅れが箱桁の解析全体に影響する場合、特に連続桁の断面力の弾性計算に影響する場合は、それを考慮する。桁のそれぞれの支間で、フランジの有効幅を考慮して断面2次モーメントを計算する。ユーロコード3では、この有効幅は、lを桁の支間長として、b_0か$l/8$の小さい方の値とする。すなわち支間の比較的短い幅広の箱桁でこの減少が生じる。

(2) せん断強度

上述したように箱桁と鈑桁の挙動の違いを考えるとき（12.8.1 項）、箱桁の補剛されたフランジの幅厚比によっては、引張斜材のシステムが完全な形で生じることを妨げる。このことは、Basler モデルによるせん断強度に成分 $V_{\sigma 2}$ を含まないことを意味する。したがって、せん断強度は、次式となる。

$$V_R = \left(\tau_{cr} + \frac{\sqrt{3}(\tau_y - \tau_{cr})}{2(\sqrt{1+\alpha^2}+\alpha)} \right) \cdot A_w \quad (12.92)$$

ここで、τ_{cr} ：式 (12.38) によるせん断座屈応力
  τ_y ：ウェブの鋼材のせん断降伏点
  α ：ウェブの縦横比　$\alpha = a/h_f$
  a ：橋軸直角方向の補剛材の間隔
  h_f ：フランジの板厚中心でのウェブ高
  A_w ：ウェブの断面積　$A_w = h_f t_w$
  t_w ：ウェブの板厚

12.8.4　垂直補剛材

箱桁のウェブの垂直補剛材は、せん断強度への協力に関しては鈑桁のウェブの補剛材と同じ機能をもつ。したがって、それと同じ方法で照査できる（12.6.2 項）。垂直補剛材は、ウェブの水平補剛材（これは圧縮された支柱として挙動する）の支点となるために十分な剛性をもつ必要がある。そのため、垂直補剛材は、支える水平補剛材について上記で定義する支柱に作用する軸力の 1% をさらに負担するようにする。これらの垂直補剛材は、断面全体が有効になるように幅厚比の条件も満たす。

垂直補剛材が対傾構の一部となるとき、この機能により生じる力が、上述の力に加わる。しかし、このリスクのシナリオと荷重ケースについては注意深く解析する。というのは、ねじり、せん断、曲率の効果や風荷重の最大値は、すべて同時に作用することはないからである。

参考文献

[12.1]　European Convention for Constructional Steelwork(ECCS), *Manual on the Stability of Steel Structures,* Second International Colloquium on Stability, Introductory Report, Tokyo, Liège, Washington, 1976-1977.

[12.2]　Engesser, F., *Die Sicherung offener Brücken gegen Ausknicken, Zbl. Bauverw,* pp.1884-1885.

[12.3]　Ciolina, F., Brozzetti, J., *La stabilité élastique au voilement des âmes de poutres de ponts, Construction métallique,* n° 4, St-Rémy-lès-Chèvreuse, 1974, pp.5-20.

[12.4]　Basler, K., *Strength of Plate Girder in Shear,* Proc. ASCE, *Journal of Structural Division,* St 7, Reston (VA), USA, 1961, pp.151-180.

[12.5]　Rockey, K.C., Skaloud, M., The *ultimate load behaviour of plate girders loaded in shear, The Structural Engineer,* vol. 50, n° 1, London, 1972, pp.29-47.

[12.6]　Rockey, K.C., Evans, H.R., Porter, D.M., *A design method for predicting the collapse behaviour of plate girders, Proc. Instn. Civ. Engrs,* part 2, 1978, p.85-112.

[12.7]　Ostapenko, A. Chern, C., *Ultimate strength of longitudinally stiffened plate girders under combined loads,* IABSE colloquium, Reports of the Working Commissions, vol. 11, London, 1971, pp.301-313.

[12.8]　European Convention for Constructional Steelwork (ECCS), *Behaviour and Design of Steel Plated Structures,* Edited by P. Dubas and E. Gehri, n° 4, Zurich 1986.

[12.9]　Basler, K., *Strength of plate girder in shear, ASCE, Transactions,* Paper 3489, vol.128, 1963, Part. II.

[12.10] Höglund, T., *Design of thin plate I-girders in shear and bending with special reference to web buckling,* Division of Buildings Statics and Structural Engineering, *Royal Institute of Technology,* Bulletin n° 94, Stockholm, September 1993.

[12.11] Specification for the design, fabrication and erection of structural steel for buildings, *AISC,* New York, 1973.

[12.12] Klöppel, K., Sheer, J., *Beulwerte ausgesteifter Rechteckplatten,* Verlag von Wilhelm Ernst & Sohn, Berlin, 1960.

[12.13] Miki, C., Sakano, M., *A Survey of Fatigue Cracking Experience in Steel Bridges,* IIW / IIS, Doc. XIII-1383-90, 1990.

[12.14] Fisher, J. W., *Fatigue and Fracture of Steel Bridges – Cases Studies,* Wiley Interscience, New York, 1984.

[12.15] European Convention for Constructional Steelwork (ECCS), *Good Design Practice – A Guideline for Fatigue,* Bruxelles, 2000.

[12.16] Haagensen, P.J., Maddox, S.J., *IIW Recommendations on Post Weld Improvement of Steel and Aluminium Structures,* XIII-1815-00, 2003.

[12.17] Vincent, G. S., *Tentative Criteria for Load Factor Design of Steel Highway Bridges,* AISI, Washington, 1967.

[12.18] Faulkner, D., *Compression Tests on Welded Eccentrically Stiffened Plate Panels ; Steel Plated Structures,* An International Symposium, Crosby Lockwood Staples, London, 1976.

13章　合成桁

Composite trusses used for the road and rail bridges at Hagneck (CH).
Eng. Bureau d'ingénieurs DIC, Aigle.
Photo ICOM.

13.1 概要

本章では、コンクリート床版に合成された鈑桁または箱桁からなる合成桁の解析と照査について示す。特に、橋に用いられる合成桁の設計の特性について述べ、合成構造の一般的な基本原理は『土木工学概論』シリーズ第10巻と第11巻を参照する。鋼・コンクリート合成部材の解析と照査については『土木工学概論』シリーズ第10巻の4.7節と5.8節で述べ、建物に用いる合成桁については第11巻の10.5節で示す。

13.2節では、コンクリートの収縮や温度変化による影響のような合成桁特有の作用について述べる。合成桁には種々の構造解析法が適用されるが、それらは13.3節で示す。場合によっては、合成断面の強度の弾性計算を超える計算を適用することがある。例えば、合成桁の弾塑性挙動を考慮した解析法である。特に、図13.1に示す正のモーメント領域の径間では、塑性断面強度を考慮できるが、中間支点部では引張を受けるコンクリートにひび割れが生じるため、鋼桁と床版の鉄筋からなる断面強度は弾性、あるいは低減された弾性と仮定する。引張を受けるコンクリートのひび割れが連続合成桁の剛性、および作用荷重による応答に及ぼす影響についてもこの節で示す。

図13.1　合成桁の断面の強度と解析の種類

合成断面の曲げとせん断に対する抵抗のモデルと構造安全性の照査は、13.4節で述べる。ずれ止めによって鋼桁とコンクリートの間で伝達される橋軸方向のせん断の計算（図13.1）、この連結を行うスタッドの強度、弾性と塑性を考慮するかによって変わるスタッドの照査については、13.5節で示す。もし鋼とコンクリートの合成を保証する物理的な連結が十分な強度があれば、伝達される橋軸方向のせん断に対してコンクリート床版が耐えられることを照査する。13.6節では構造安全性の観点からこの問題を考える。

さらに13.7節では、使用限界状態、および合成桁橋の使用上の適切な挙動を保証するための照査について示す。

13.2 合成桁橋に特有の荷重の効果

13.2.1 概要

10章で、鋼橋、鋼・コンクリート合成桁橋の荷重について一般的に示した。水和時と床版が鋼構造に連結されたときにどうなるかについて理解し、必要なら合成構造部材の照査で考慮する。これらの特性は、水和に伴うコンクリートの発熱とその後の冷却、コンクリートの収縮とクリープに関係する。

コンクリートの水和に伴う床版の発熱と冷却の問題は、部分的に硬化したコンクリートのひび割れへの影響の観点から8.5.2項で示した。床版を形成する段階で生じるこの引張応力の大きさを推定するための簡易的なアプローチを示す。橋軸方向のプレストレスを含めて、この引張応力やその影響を減らす方法を提案する。種々のプレストレスの方法、お

よびプレストレス力の喪失については 8.6 節に示す。どの方法を用いるにしても、合成断面へのプレストレス力が導入されたことを保証する必要がある。この点に関しては、鋼・コンクリートの連結部への集中力の導入として 13.5.4 項に示す。

弾性の断面強度の計算の一部として、コンクリートのクリープの問題と、それが合成桁に与える影響について 13.4.2 項で考える。合成桁橋の設計でのコンクリートのクリープを考慮する方法は、次項に示す。コンクリートと鋼構造の間の温度差は、クリープと同様の方法で扱えるので、これについても次項で考える。

13.2.2 収縮

コンクリートの収縮（乾燥による）は、クリープと同様、湿度、床版の形状、コンクリートの品質の影響を受ける。SIA 規準 262 では、収縮ひずみを生じる異なる要因を特定するのはかなりの不確実性が伴うため、それを区別していない。この規準では、床版のコンクリートの品質 C30/37、道路橋の通常の床版の相対的な高さ $h_0 \fallingdotseq 300\,\text{mm}$ の場合、収縮ひずみ ε_{cs} は、無限時間後では、

・相対湿度 60％の場合：$\varepsilon_{cs,\infty} \fallingdotseq 0.03\%$
・相対湿度 80％の場合：$\varepsilon_{cs,\infty} \fallingdotseq 0.02\%$

現実には、収縮は時間とともに変化し、相対湿度の関数となる。図 13.2 は、スイス高原の高速道路の橋と同じ環境に置いた試験片で計測した、時間軸を対数座標で示した相対湿度と収縮の結果を示す。試験片は、橋の床版と大体同じ厚さがあり、0.5％の鉄筋がある。試験片のコンクリートは、橋の床版に用いたものと同一で、C30/37 に相当する。2 年以上にわたる計測の後、測定された最大収縮は、相対湿度が 60～90％のとき、およそ 0.015％であった。収縮係数は、相対湿度が下がると速く増加し、相対湿度が上がると収縮係数が減る傾向になる。現場での計測を考慮して、普通コンクリートを用いた鉄筋コンクリート床版では、長期の収縮ひずみの代表値として 0.025％を用いることができる。

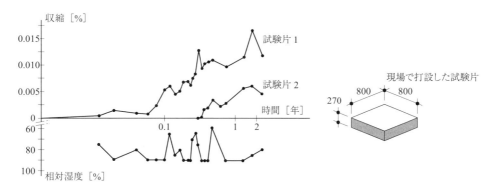

図 13.2　現場で打設した試験片の収縮量の測定（0.5％鉄筋量）

橋の合成断面で収縮の影響を計算するには、『土木工学概論』シリーズ第 11 巻 10.5.5 項で考察した方法を用いる。図 13.3 は、単純桁の場合の収縮を示す種々の力により合成断面に作用する直応力を示す。

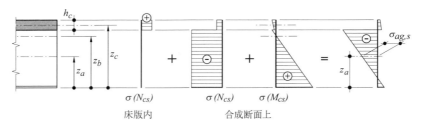

図 13.3 収縮による応力（単純桁）

収縮による断面力を計算する際に考慮する主要な点は、以下のようである。
- コンクリート床版の収縮が鋼とコンクリートのずれ止めによって拘束されるため、床版には引張力 N_{cs} が生じる。
- 断面のつり合いを保つために、合成断面には、圧縮力 N_{cs} と正の曲げモーメント M_{cs}（主のモーメント）が作用する。
- 単純桁では、収縮による直応力（図 13.3）は、桁に沿って一定で、断面内でつり合い、その結果ずれ止めにはせん断力は生じない。桁の両端では、直応力はゼロである。これは、床版に作用する応力による軸力 F_{vs} を、桁の両端に導入されることを意味する。この軸力は、この領域の鋼・コンクリートのずれ止めに局部的に作用する（13.5.4 項）。
- 連続桁では、中間支点での曲率の連続性を保証するために、収縮は負の不静定曲げモーメントを生じさせる。これらのモーメントに対応する鉛直方向と水平方向のせん断力が鋼とコンクリートのずれ止めに作用する（図 13.5 参照）。

軸力 N_{cs} とモーメント M_{cs} は、それぞれ以下のように定義される。

$$N_{cs} = \varepsilon_{cs}(t) \cdot E_{cs} \cdot A_c = \varepsilon_{cs}(t) \cdot E_a \frac{A_c}{n_s} \tag{13.1}$$

$$M_{cs} = N_{cs} \cdot (z_c - z_b) \tag{13.2}$$

ここで、$\varepsilon_{cs}(t)$：時間 t における収縮ひずみ
　　　　E_{cs}：収縮を考慮するとき、クリープを考慮にいれたコンクリートのヤング率
　　　　　　　（$E_{cs} = E_{cm}/2$）
　　　　A_c：コンクリート床版の面積（bh_c）
　　　　E_a：鋼のヤング率
　　　　n_s：収縮を考慮したヤング率比　$n_s = E_a/E_{cs}$
　　　　E_{cm}：コンクリートのヤング率の平均値（SIA 規準 264 による）
　　　　z_c：コンクリート床版の重心の位置（図 13.3）
　　　　z_b：合成断面の重心の位置（図 13.3）

ずれ止めで桁の両端に定着される床版の軸力 F_{vs} は、鋼断面に作用する軸力の合力に等しく、これは鋼断面の重心軸 z_a に作用する応力 $\sigma_{ag,s}$（図 13.3）に鋼断面の面積 A_a を乗じたものである。

$$F_{vs} = \sigma_{ag,s} \cdot A_a = \left[\frac{N_{cs}}{A_b} + \frac{M_{cs}}{I_b}(z_b - z_a)\right] \cdot A_a \tag{13.3}$$

ここで、N_{cs}：合成断面に作用する（負の）軸力
　　　　M_{cs}：合成断面に作用する（正の）曲げモーメント

A_b：n_s を用いて計算した抵抗断面積

I_b：n_s を用いて計算した合成断面の断面 2 次モーメント

(1) 床版の収縮の影響

文献 [13.1] による簡易な式が、連続合成桁の中間支点上と径間の床版に作用する引張応力 σ_{cs} を推定するのに使える。この式は、コンクリートにひび割れがなく、収縮による総曲げモーメントは無視するという仮説に基づく。実際、中間支点上の主のモーメントと不静定モーメントの合計は通常小さく、その影響は無視できる。この引張応力は次式で与えられる。

$$\sigma_{cs} = \frac{\varepsilon_{cs}(t) \cdot n_A \cdot E_{cm} \cdot E_a}{n_A \cdot E_a + n_A \cdot E_a \cdot \chi \cdot \varphi + E_{cm}} \tag{13.4}$$

ここで、$\varepsilon_{cs}(t)$：時間 t における収縮ひずみ

n_A：断面積比　$n_A = A_a/A_c$（8.5.2 項）

A_a：鋼桁の面積

A_c：コンクリート床版の面積

E_{cm}：コンクリートのヤング率（平均値）

E_a：鋼のヤング率

χ：材令係数

φ：クリープ係数

クリープ係数 φ と材令係数 χ に関しては、『土木工学概論』シリーズ第 8 巻が参考になる。図 13.4 は、異なる断面積比、すなわち $n_A = 0.04$（支間長が約 30m の場合）または 0.12（支間長が約 80m の場合）をもつ 2 つの合成桁橋に対して、クリープ係数の関数となる式 (13.4) を適用した例を示す。この例では、クリープひずみは 0.015%、材令係数は 0.6、コンクリートの平均ヤング率は 32kN/mm² とする。

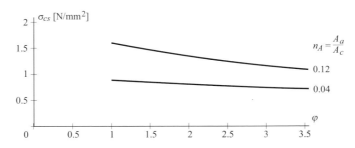

図 13.4　クリープ係数 φ の関数として求めた収縮による床版の引張応力 σ_{cs}

この適用例の結果は、クリープ係数 φ が 2.0 では、断面積比 n_A が 0.04（支間長 30m）と 0.12（80m）の間で変化すると、床版の引張応力は 0.8N/mm² と 1.4N/mm² の間で変化する。したがって、この引張応力の値は、コンクリートの引張強度以下となり、これだけでは連続合成桁の中間支点に生じる橋軸直角方向に床版を横断するひび割れを説明できない。しかしながら、時間経過とともに、他の作用による床版の引張応力が加わる。この応力の累積により、コンクリート床版の橋軸直角方向のひび割れが生じる。

(2) 収縮の鋼桁への影響

(a) 径間では

径間では、単純桁（図 13.3）でも連続桁でも、収縮によって鋼桁は桁高の大部分で圧

縮となる。連続桁の場合、収縮による負の不静定曲げモーメント（図13.5）は、さらに鋼断面の圧縮に寄与する。したがって、鋼桁の設計では安全側となるように、この収縮の効果を無視する。なぜなら、他の作用は径間の鋼桁に引張応力を生じさせるからである。

- 弾性強度を設計で使うときに、収縮による軸力と総モーメントの効果は、通常鋼桁の下フランジに圧縮応力を生じさせる。もしこの圧縮応力を無視すると、この領域では安全側の設計となる。
- 単純桁で塑性強度を計算で使うときは、断面が塑性挙動するときは収縮の効果はなくなるため、収縮の影響は考慮しない。連続桁では、不静定モーメントのみを考慮する。しかし、この不静定モーメントは桁に沿って負となる。これを無視することで、他の作用による径間の正の総モーメントは減らない。したがって、これも安全側の設計となる。

(b) 中間支点上では

連続合成桁の中間支点では、合成断面の終局強度は、弾性計算に基づく（13.4.2項）。これは、すべての作用の影響を収縮の効果も含めて考慮する必要があり、それは下フランジの圧縮応力を増やすことを意味する。

中間支点のひび割れのない複数支間にわたり連続する桁のコンクリート床版の収縮の影響を、図13.5(a)に示すが、これは『土木工学概論』シリーズ第10巻5.8.5項も参照する。鋼桁への効果の簡易な推定では、曲げモーメントは考慮しないで行う。中間支点と径間に作用する総モーメントは、相対的には小さく、支間数が増えるとさらに小さくなる。もし鋼桁と鉄筋に作用する軸力のみを考慮すると、鋼断面（鋼桁と鉄筋）に作用する応力σ_{as}は、以下で与えられる。

$$\sigma_{as} = \frac{N_{cs}}{A_a + A_s} = \frac{\varepsilon_{cs}(t) \cdot E_a \cdot A_c}{n_s(A_a + A_s)} = \frac{\varepsilon_{cs}(t) \cdot E_a}{n_s(n_A + \rho)} \tag{13.5}$$

ここで、N_{cs}：収縮による軸力（式(13.1)）
A_a：鋼桁の面積
A_s：鉄筋の面積
n_s：収縮を考慮したヤング率比　$n_A = E_a/E_{cs}$
n_A：断面積比　$n_A = A_a/A_c$
ρ：床版の鉄筋比

合成桁の中間支点で0.025%の収縮の最終ひずみ$\varepsilon_{cs,\infty}$で、1.5%の鉄筋とヤング率比$n_s = 12$を仮定すると、断面積比n_Aが0.04と0.12の間で変わるとき、鋼桁の圧縮応力σ_{as}は80N/mm^{2}と33N/mm^{2}の間で変わる。この圧縮応力のレベルは、構造安全性の照査で荷重係数を乗じるので無視できない大きさである。しかし、桁の終局強度に達する前に、中間支点の引張を受けるコンクリートがひび割れるので、この計算の仮定（コンクリートが桁の全長で寄与する）が満たされなくなる。

もし中間支点の引張を受けるコンクリートのひび割れを考慮すると、収縮が生じる桁の解析はもっと複雑になる。簡易法では、図13.5(b)に示すモデルが使用できるが、そこでは均一なコンクリートをもつ桁の両端に、収縮による力を作用させる。実際に、合成桁の中間支点のコンクリートにひび割れが生じると、収縮が無視できるか、消失すると仮定できる[13.1]。その結果、軸力は桁に沿って一定ではなく、中間支点では曲げモーメントのみが存在することになる。この曲げモーメントは、この領域の不静定曲げモーメントに相当し、主のモーメントはない。

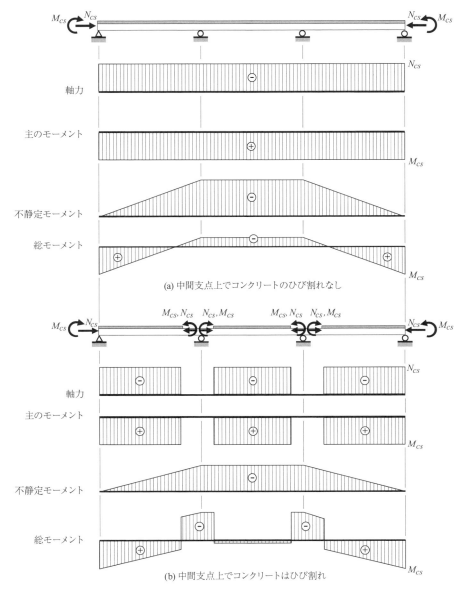

図 13.5　連続合成桁への収縮の影響

　複数の合成桁橋について数値解析 [13.1] した結果から、コンクリートのひび割れを無視した場合、鋼桁の下フランジに作用する圧縮応力 $\sigma_{cs,\,inf}$（0.025％の収縮による）は、橋の支間長により異なるが、平均で 19N/mm² であることがわかった。この値は実際の橋の挙動に近く、構造安全性の照査に考慮すべきである。したがって、中間支点で収縮を許容するには、下フランジの圧縮応力として設計値 25N/mm² を仮定する。それに相当する上フランジの引張応力は、断面の中立軸の位置を考慮して推定できる。

13.2.3　温度

　橋の設計基準で考慮する温度変化による作用については、10.4.2 項で示した。温度変化による荷重モデル、特に温度勾配は実際とは大きく異なることも 10.4.2 項で触れた。

均一な温度変化は、桁の伸縮を生じる。桁の長さの変化は、通常、伸縮装置の移動範囲で吸収する。毎日の温度勾配は、単純桁の曲げを生じさせ、連続桁の場合はそれに加えて不静定断面力を生じさせる。

合成断面の床版のように、温度勾配が断面の桁高の一部にだけ生じると、断面でつり合う直応力や残留応力が生じる。これは、単純桁でも同じである。一般に、温度による断面力は、収縮の影響を考慮するのと同じ方法で計算される。

一般に、合成桁の断面の桁高方向の不均一な温度分布は、この解析には考慮されないが、その理由は、まず特定の橋での推定が大変困難であるばかりでなく、その影響の計算も簡単でないからである。特に引張応力によるコンクリートのひび割れがある場合がそれに相当する。

温度勾配は、ゆっくりした毎日のたわみの変化を生じるが、これは一般に、橋の挙動や外観を損なうことはない。合成桁橋の使用性の照査には、通常、温度勾配は無視できる。しかし、温度勾配により合成断面に生じる応力は、構造安全性の照査では考慮する。このとき、実際に近い温度分布に基づいて応力の計算を行うことになるが、それは事前には把握できない。

これに関して、スイスで測定された温度変化を受ける合成桁橋の挙動についての実験や解析により、以下のような結論が得られた [13.2]。

- 合成断面の温度勾配は、主に床版厚方向に生じる。
- 鋼桁の桁高方向では、フランジ（フランジは厚板）よりウェブで温度変化が著しい。
- コンクリートより鋼材の方が速く温度変化する。
- 床版の舗装が厚ければ厚いほど、床版の温度勾配が小さい。
- 橋が地表近くにある場合、地面からの日光の反射によって鋼桁の温度変化が大きくなる。
- 鋼桁とコンクリート床版で計算された最大応力は、合成断面の同じ温度分布に起因するわけではない。さらに、この温度勾配は、必ずしも最大の温度勾配に対応するわけではない。
- 不均一な温度分布が応力に与える影響は大きいため、計算で無視できない。

図 13.6 は、鋼桁に最大圧縮応力を生じさせる温度分布を示す。この例は、支間長 42m の橋の 1 日の極端な温度分布に対して計算された。繰り返しになるが、床版に最大の引張応力を生じさせるのは、これとは異なる温度分布である。

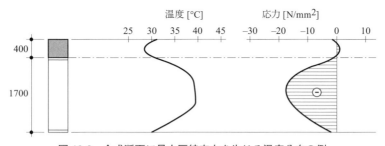

図 13.6　合成断面に最大圧縮応力を生じる温度分布の例

現象の複雑さにもかかわらず、この調査では、1 日の温度変化で生じる合成断面の応力は、合成断面の寸法、および支間長には影響されないことがわかった。スイスでの 1 日の気温の極端な変化に対して、対応する応力を表 13.7 に示す。これは舗装厚が 100mm、鋼桁の位置の床版厚が 400mm の開断面の合成桁橋の例である。この表の応力の値は、設計技術者が興味をもつコンクリートの引張応力と鋼材の圧縮応力である。

表 13.7　1 日の最大の温度変化による合成断面の応力

	支間長 40m			支間長 130m		
	上縁	中間	下縁	上縁	中間	下縁
床版の最大引張応力　[N/mm^2]	0.2	1.6	1.6	−0.4	1.4	1.1
鋼材の最大圧縮応力　[N/mm^2]	−3.0	−16.0	−4.0	−4.0	−16.0	−2.0

　この表 13.7 を見ると、最大応力は支間長にはほとんど左右されず、最大値は断面の最大縁に必ずしも生じるわけではないことがわかる。数値計算では、最大値は径間と支点上とでほぼ同じ値であった。

　この検討の結論として、スイスで測定した 1 日の極端な温度変化により、開断面の合成桁橋の全長で、下記のように仮定できる。

- 床版は、厚さの下半分、さらには下 3/4 で引張になることがあり、その値は 1.6N/mm^2 に達する。
- 鋼桁はウェブの桁高全体に圧縮を受け、その値は 20N/mm^2 に達する。下フランジは、応力約 5N/mm^2 の圧縮となる。

極端な温度変化によるこれらの値は、構造安全性の照査では荷重係数を乗じない。モデルの不確実性のみを含む小さい荷重係数を乗じることはある。

　数値計算では、舗装なしでは床版の下部の引張応力は 2.5N/mm^2 になることがわかった。しかし、舗装は鋼断面の応力には著しい影響を与えない。床版厚が薄くなると、最大の引張応力も減る傾向にあり、鋼桁の位置の床版厚が 250mm のときは 0.7N/mm^2 程度まで減る。

　箱桁の合成桁橋では、床版の最大引張応力は、開断面のそれとほぼ同じである。鋼桁の最大圧縮応力も同じであるが、最大値はむしろ下フランジに生じる。それは箱桁の下フランジの温度はウェブの温度とほぼ同じであるからである（2 主桁橋では、フランジの温度はより低い）。

　構造安全性の照査では、温度勾配による応力を詳細に計算する必要がない。これらの応力は、鋼桁では小さいからである。中間支点上の鋼桁の照査では、弾性挙動を仮定すると、上記で示した数値を用いることができる。径間では、弾塑性挙動を考慮すると、大半の応力が消失するので、考慮する必要性はなくなる。

13.3　断面力の計算

13.3.1　原理

　合成桁橋の解析と設計のための曲げモーメントとせん断力の計算は、通常、主構造を弾性挙動するモデルで行う。この弾性解析では、それぞれの作用をそれに抵抗する構造ごとに考慮する。特に以下の点を区別する。

- 鋼桁とコンクリート床版の架設中には、荷重は鋼桁だけに作用する。
- 合成桁は、鋼とコンクリートの合成後に生じる荷重に抵抗する。

　この 2 つの場合、桁に沿った抵抗断面の断面 2 次モーメントの分布を考慮する。合成桁橋では、中間支点での引張応力によるコンクリートのひび割れは、この領域の桁の剛性を低下させる。したがって、合成桁に作用する荷重による断面力の計算ではこれを考慮する。さらに、合成断面の断面 2 次モーメントの計算には、コンクリート床版の有効幅を考慮する。有効幅は、直応力が等分布すると仮定できる幅として定義される。

13.3.2 抵抗断面

　断面力の計算には、鋼構造の架設法と床版の設置法を考慮する必要がある。死荷重と活荷重がどの段階で作用するのかを把握することは特に重要である。桁に作用する荷重履歴を知ることで、各段階で抵抗する桁の形態（鋼のみ、または合成断面）を定義でき、断面力の計算に必要な断面2次モーメントの分布を把握できる。

　鋼桁と床版の架設が、桁に作用する断面力の計算に与える影響については、既に7.5節と8.4節に示した。例として、図13.8に、コンクリート打設中は仮の支保工を用いると仮定して、鋼桁に固定した型枠を用いて床版コンクリートを打設したときの曲げモーメントの計算のための荷重の履歴と抵抗断面を示す。この例では、もしコンクリートを複数の段階に分けて打設すると、床版のコンクリート打設による断面力の計算には、合成断面または鋼のみという異なる抵抗断面を考慮する（8.4.4項）。

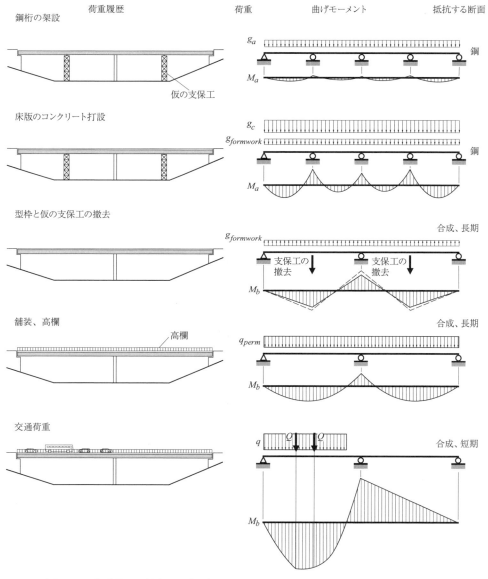

図13.8　荷重履歴に依存する曲げモーメントの計算のための構造系と抵抗断面の例

合成断面の弾性の強度計算には、荷重作用の持続時間を考慮する。これは、抵抗断面の計算に、持続時間に応じて種々のヤング率比 n を用いることで行われる（13.4.2 項）。これは、合成桁の断面 2 次モーメントの分布は、死荷重が作用するのか、交通荷重、すなわち短期荷重が作用するのかによって異なることを意味する。しかし実務的には、この違いが断面力に与える影響は小さく、1 つの分布のみを考慮する。通常は、この分布は、短期荷重によるヤング率比 n を用いた断面 2 次モーメントとなる。中間支点のコンクリートのひび割れの影響は、合成桁の断面 2 次モーメントの計算に考慮する（13.3.3 項）。

径間の合成断面の塑性抵抗の計算（13.4.3 項）には、荷重履歴は関与しない。しかし、曲げモーメントの計算では、常に鋼構造のみに作用する荷重と合成構造に作用する荷重を考慮する。

13.3.3 ひび割れの影響

中間支点上の引張を受けるコンクリートのひび割れは、この領域の合成断面の断面 2 次モーメントを計算する際に考慮する。抵抗断面は、鋼桁と床版の鉄筋で構成される。正確には、ひび割れの領域の長さを決めるために、最初に連続桁の解析が必要で、そこでは桁の全長で引張を受けるコンクリートの寄与を考慮する。そして、負のモーメント領域で引張を受けるコンクリートが引張強度以上になる長さで、コンクリートを無視した断面 2 次モーメントを決めてその後の解析を行う。この最初の計算に対して、ユーロコード 4 では、使用性の照査の荷重ケース（9.5.2 項によると稀に起きる荷重ケース）を長期荷重とともに用いることを提案している。そして、計算されたモーメント図で、コンクリートの理論的な応力がコンクリートの平均引張強度 f_{ctm}（C30/37 のコンクリートでは $f_{ctm}=2.9\text{N/mm}^2$）の 2 倍以上となる領域をひび割れのある床版と仮定して、次の反復計算に考慮する。

図 13.9(a) に示すように、支点の断面 2 次モーメントの割引を考慮するための簡易法がある。中間支点の両側 0.15 l の長さで、ひび割れのある床版で計算された断面 2 次モーメント $I_{b,\text{II}}$（状態 II）を用いる。桁の他の部分では、ひび割れを仮定した断面 2 次モーメント $I_{b,1}$（状態 I）を用いる。断面 2 次モーメント $I_{b,\text{II}}$ は、鋼桁の全体と床版の有効幅にある鉄筋で構成される断面の断面 2 次モーメントに相当する。この簡易法は、隣接する支間の比 l_{min}/l_{max} が 0.6 以上の連続桁に適用できる。床版がプレキャストの場合、場所打ちのコンクリートより収縮が少ないので、床版のひび割れの領域が短くなる。

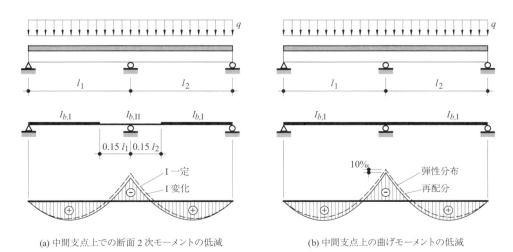

(a) 中間支点上での断面 2 次モーメントの低減　　　(b) 中間支点上の曲げモーメントの低減

図 13.9　連続合成桁の曲げモーメントの弾性計算

最初の計算では、他のアプローチもできる。それは、断面2次モーメント $I_{b,1}$ を用いて曲げモーメントを計算する方法で、ここでは桁全長でひび割れがないと仮定する。そして、支点上の曲げモーメントの10％を、ひび割れを考慮して再分配する（図13.9(b)）。径間のモーメントは、これに対応して増加させる。この低減は、等支間の連続桁で、鋼・コンクリートの合成後に生じる作用による曲げモーメントのみに適用される。

13.3.4 床版の有効幅

コンクリート床版の有効幅の定義は『土木工学概論』シリーズ第10巻の5.8.2項で示す。この床版の有効幅は、直応力が一定とされる幅であり、実際には一定でない床版の幅方向の応力分布をモデル化するのに使われる。この一定でない応力分布は、せん断遅れ（*shear lag*）の現象による。有効幅は、構造系、荷重の種類（集中荷重または分布荷重）、その断面における荷重の位置によって左右される。合成桁橋には、多くの数値解析により、有効幅に関する種々の計算モデルがあり、その中にはSIA規準とユーロコードで提案されるものも含まれる。図13.10では、床版の有効幅の定義を示すが、これはユーロコード4で提案されるものと類似しており、簡易的にどの荷重タイプにも適用できる。

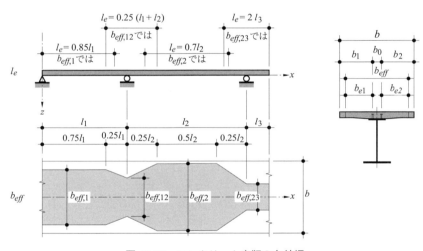

図13.10 コンクリート床版の有効幅

このモデルの有効幅 b_{eff} は、図13.10に示すように、支点か径間かで異なる。有効幅は、次式で定義される。

$$b_{eff} = b_0 + \sum b_{ei} \tag{13.6}$$

ここで、b_0：スタッドの外側の列の間の距離
　　　　b_{ei}：b_0 の両側の床版の有効幅
b_{ei} の値は次式で定義される。

$$b_{ei} = \frac{l_e}{8} \leq b_i \tag{13.7}$$

ここで、l_e：モーメントがゼロなる点の間のおよその距離（図13.10）
　　　　b_i：端のスタッドと床版の縁の間の距離、または、それぞれ、端のスタッドと隣接する桁までの距離の1/2

床版の有効幅と厚さで、合成桁の抵抗断面に考慮する版の面積が計算できる。これは、

断面の弾性の強度計算のための断面2次モーメント I_b と合成断面の断面係数 $W_{el,b}$ の計算を可能にする。安全側の方法として、この有効幅は、合成断面の塑性強度への床版の寄与を定義するためと、塑性断面係数 $W_{pl,b}$ の計算に用いることができる。

13.4　断面強度と構造安全性の照査（ULS）

13.4.1　断面の等級と抵抗モデル

合成断面の強度は、塑性強度モデルか弾性強度モデルを用いて定義される。この強度は、鈑桁の圧縮される部分の挙動に左右される。鋼板の幅厚比が大きければ、局部的な不安定現象（局部座屈）が急速に発生し、断面の強度が制限される。圧縮鋼板の限界幅厚比に基づいて、鋼断面の等級が定義される（『土木工学概論』シリーズ第10巻 12.3.2 項）。鈑桁（12.2.1 項）と同様に、適用する強度モデルの選択は、合成断面が属する強度の等級による。したがって、抵抗モデル（弾性、塑性）の選択は下記による。

・考慮する領域の鋼の断面の等級
・桁を構成する他の断面の等級（13.4.3 項）
・実施する照査の種類：使用性、疲労、構造安全性

断面の等級は、規準で定められる鋼板の限界幅厚比をもとにしている。鈑桁では、圧縮鋼板の座屈の無次元幅厚比 $\bar{\lambda}_p$ は、0.9 以上のとき、断面は等級 4 で、この強度の計算には有効幅を決める必要がある。このような断面には、EER 計算、すなわち弾性の断面力と低減された弾性強度（断面すべてが有効でない）を計算する。この種の計算は、負曲げの領域の合成断面の一般的な計算で、そこではコンクリート床版が引張を受けてひび割れると仮定して抵抗断面を計算する。実際に、引張を受けるコンクリートは、断面強度には寄与しなく、鈑桁のウェブは桁高の多くの部分で圧縮を受けるので、通常、座屈の無次元幅厚比 $\bar{\lambda}_p < 0.9$ の規準を満たさない。

無次元幅厚比 $\bar{\lambda}_p$ が 0.9 より小さいとき、EE 計算できるが、それは弾性の断面力の計算で、鋼断面の減少のない合成断面の弾性強度計算である。この計算は、正のモーメント領域に適用する。これは、負のモーメント領域にも適用されるが、例えば断面が等級 4 でない短支間の橋に対してである。

断面が等級 1 か 2 のとき、EP 計算が用いられるが、それは合成断面の塑性強度の計算による断面力の計算である。径間の合成断面の中立軸の位置が上フランジに近いため、鋼断面のほぼすべてに引張応力が発生し、13.4.3 項で述べるいくつかの条件が満足されれば、これらの断面に EP 計算が可能となる。

使用性と疲労の照査、さらに上部構造の架設段階での種々の照査には、桁は弾性の挙動でなくてはならず、弾性強度モデルのみが適用できる。

表 13.11 に、合成鈑桁を解析するときに可能な計算モデルをまとめる。

表 13.11　断面強度の可能な計算モデル

限界状態	支点領域	径間
使用性、疲労 架設段階	EER, EE	EE, EER*
構造安全性	EER, EE	EE, EP**

*　架設時に必要。
** 13.4.3 項の制約を参照のこと。

13.4.2 弾性の耐荷力

弾性強度モデルに基づく合成断面の終局強度は、合成桁橋で依然として広く用いられている。この種の計算では、コンクリートの種々の効果も含めたすべての荷重を考慮する必要があり、さらに荷重履歴も評価する。この方法でよく用いられる簡易な方法では、合成断面のコンクリートをヤング率比 n_{el}（『土木工学概論』シリーズ第 10 巻 4.7.2 項）で等価な鋼部材に置き換えるものである。このヤング率比 n_{el} は、鋼とコンクリートのヤング率比の E_a/E_{cm} を表す。ヤング率比は、桁に作用する荷重が短期か長期か、また収縮に関係するか、というコンクリートの特性に合わせる。したがって、強度の弾性計算では、荷重の持続時間によって複数の抵抗断面を定める。

抵抗断面が異なるため、弾性の抵抗モーメント $M_e = f_y \cdot W_{el}$ を一義的に定義できない。そのことは弾性解析モデルが、種々の抵抗断面に作用する応力の計算と断面の種々の部分に作用する応力を計算するために、それらを合算することで構成されることを意味する。

表 13.12 に、径間と支点の弾性強度計算に考慮すべき抵抗断面と対応する荷重をまとめる。合成断面の特性を決めるために、コンクリートのヤング率 E_{cm} を平均ヤング率 E_{cm} に対して、収縮に関する作用では 1/2、長期荷重では 1/3 になると仮定して、ヤング率比 n_{el} を簡易に計算できる。

表 13.12 弾性計算のための抵抗断面と対応する作用

	抵抗断面	荷 重
経間	鋼桁	架設中の荷重 例：鋼桁、コンクリート床版の自重 （もし仮の支点がないと） 架設荷重
	合成桁 $n_{el} = \dfrac{E_a}{E_{cm}} = n_0$	短期荷重 例：交通荷重、温度変化
	合成桁 $n_{el} = 3\dfrac{E_a}{E_{cm}} = n_\varphi$	長期荷重 例：舗装、機械的な要素、鋼とコンクリート合成後の長期荷重 仮の支点反力
	合成桁 $n_{el} = 2\dfrac{E_a}{E_{cm}} = n_s$	収縮や同様の作用の効果 例：支点の沈下とプレストレス力の喪失
中間支点	鋼桁	架設時の荷重 例：鋼桁、コンクリート床版の自重 （もし仮の支点がないと） 架設荷重
	鋼桁と鉄筋	すべての荷重 鋼とコンクリートの合成後に作用

中間支点の合成断面では、引張を受けるコンクリートは強度に寄与しないと仮定する。したがって抵抗断面は、鋼桁と床版の有効幅にある鉄筋で構成される。

架設中に、鋼桁のみが抵抗断面を構成するとき、あるいは中間支点で抵抗断面が鋼桁と鉄筋で構成されるとき、弾性の中立軸はウェブの桁高の中ほどにあり、抵抗断面は等級 4 であることが多い。このような断面に作用する応力の計算では、弾性の断面係数 $W_{c,eff}$（12.2.5 項）の計算にウェブの有効桁高 $h_{c,eff}$ を考慮する。この有効桁高は、応力比 Ψ を用いて、鋼の全断面で計算した初期の応力分布を考慮して定める。厳密に行うと、中間支点では、対応する応力が作用するそれぞれの抵抗断面に対して考慮する手順となる。しかし、図 13.13 に示す簡易法により、厳密な計算値にかなり近い結果が得られる。

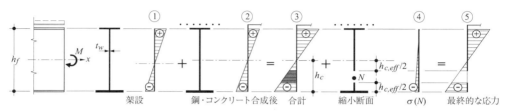

図 13.13　負のモーメント領域に位置する合成断面の応力分布

負のモーメント領域では、応力分布①と②に基づく 2 つの有効桁高を計算するのではなく、全応力の分布（分布③）をもとにしてウェブの有効桁高 $h_{c,eff}$ を計算できる。縮小断面に作用する最終的な応力（分布⑤）を得るために、中立軸に対してずれる仮想力 N による応力（分布④）を応力分布③に加える。この仮想力 N は、2 つの有効な断面 $h_{c,eff}/2$ の部分の間で負担できない応力に相当する。有効断面に作用する新しい分布①と②を計算し、それを加えて最終的な分布⑤を得る。

径間では、鋼桁がコンクリート床版に連結される前の架設段階で、圧縮フランジの設計応力が横座屈応力（12.2.4 項）で制限されることを考慮して、ウェブの有効桁高 $h_{c,eff}$ を計算できる。最初の設計の段階では、横座屈応力はまだ未知のため、$h_{c,eff}/2 = 25 \cdot t_w$ と仮定する。この近似は、式 (12.25) から得られたもので、合成桁橋に用いられる鈑桁の径間の一種の平均値である。

13.4.3　塑性耐荷力

連続鈑桁では、径間の正のモーメント領域では塑性強度モデルにより合成断面の終局強度を計算できるが、それは鋼断面のほぼすべてが引張になるためである。塑性モーメント $M_{pl,Rd}$ の設計値は、『土木工学概論』シリーズ第 10 巻 4.7.4 項に示す方法で計算できる。

終局強度を決めるために断面の塑性挙動を考慮する計算法の利点は、いくつかの効果を無視でき、そのため解析が簡単になることである。これらは、断面の荷重履歴（架設中に鋼断面のみに作用する荷重、その後合成断面に作用する長期荷重と活荷重）と残留応力の影響、あるいは強制変位（収縮、温度、支点の沈下）である。しかし、合成桁橋の径間の塑性強度については、次の点を考慮する。

・合成断面の延性
・曲げモーメントの再配分
・使用性への影響

これらの点は以下に示す。

(1)　延性

曲げによる塑性強度は、全断面が塑性になったときに得られる（『土木工学概論』シリーズ第 10 巻 4.3 節）。種々の抵抗断面に作用する荷重履歴と、合成断面の形状係数が鋼

I断面より大きいことを考慮して（『土木工学概論』シリーズ第10巻4.7.4項）、断面の変形能力または延性は大きくなければならない。この曲げの変形能力は、モーメント－曲率関係で表される。図13.14は、正の曲げモーメントが作用する合成断面のモーメント－曲率関係を示す。最初のケース（図13.14(a)）は、架設時に完全に支持された桁の場合である。2番目（図13.14(b)）は、支保工を用いないで架設された桁で、まずその鋼断面のみに自重による曲げモーメント M_g が作用し、次に他の荷重が合成断面に作用する。どちらの場合も、合成断面の塑性抵抗モーメントは同じであるが、支保工を用いない場合 M_{pl} に到達するのに必要な曲率 ϕ_{tot} は大きい。他方、支保工を用いない桁の場合、M_{el} で表される断面の塑性化が、支保工のあるものに比べて低い荷重レベルで開始する。

実際には、合成桁橋で用いられるような細長い桁の場合、径間の断面の全塑性モーメント M_{pl} に達するには、その曲率が大きくなり、合成桁の他への影響がない形で抵抗を得るのは難しい。これは、特に連続桁の場合がそうである。

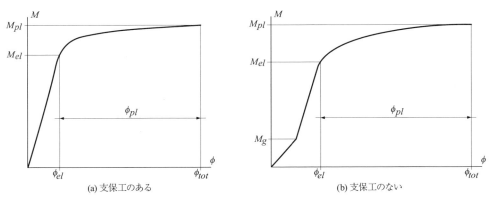

図13.14　正のモーメントが作用する合成断面のモーメント－曲率関係の摸式図

数値解析 [13.1] によって、代表的な合成桁橋の断面では、$\phi_{pl} = 5\phi_{el}$ では、下フランジと上フランジの半分以上が塑性化されることがわかる。この状態で、得られたモーメントは、支保工を用いた桁では塑性モーメントの95％程度であり、支保工のない桁では90％程度である。断面の全塑性状況を得るのが難しいことから、径間の合成断面の終局強度の設計値は以下とすることが許容される。

$$M_{Rd} = 0.95 M_{pl,Rd} \qquad \text{架設中に支保工が用いられる桁} \qquad (13.8)$$
$$M_{Rd} = 0.90 M_{pl,Rd} \qquad \text{架設中に支保工が用いられない桁} \qquad (13.9)$$

これらの制限は、連続桁にも適用できるが、それは径間から中間支点への曲げモーメントの再配分に関する計算の仮定と、塑性計算の適用には式（13.10）による隣接する径間の比率に関する条件とに結びついているからである。単純桁の場合は、もちろん隣接する支間の制限はなく、全塑性抵抗モーメント $M_{Rd} = M_{pl,Rd}$ が得られる。

なお、合成桁の異なる設計では、合成断面の塑性の中立軸が鋼桁のウェブに降りてくることがある。これにより、コンクリートの圧壊による断面の延性の低下が生じる。しかしながら、[13.3] の研究により、ウェブの圧縮領域 h_c がウェブ高の35％以下である場合は、塑性計算が認められる。

高張力鋼を合成断面に使用することも、中立軸を下げ、延性を低下させる結果となる。この現象を考慮するために、規格がS420とS460の鋼材を鋼桁に使用する場合は、規準では、図13.15に示すように、式（13.8）と式（13.9）の塑性抵抗モーメントの計算値 $M_{pl,Rd}$ を係数 β で減らすことを勧めている。

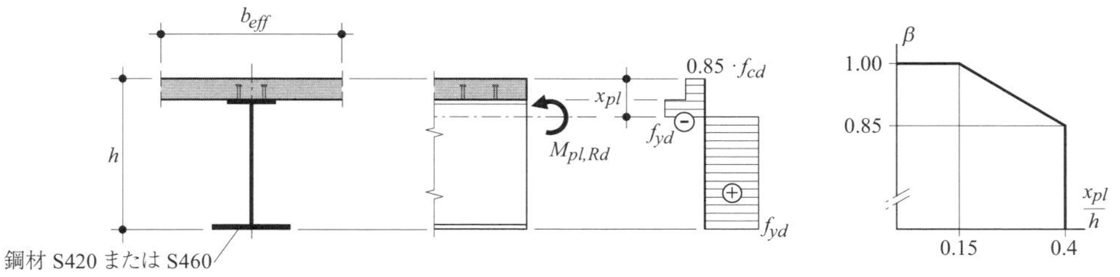

図 13.15　鋼材 S420 と S460 使用時の塑性抵抗モーメントの減少

(2) 曲げモーメントの再配分

連続桁では、径間の合成断面で塑性が始まると曲げ剛性が低下して、その結果、より剛な領域、すなわち中間支点部に曲げモーメントが再配分される（図 13.16(a)）。言い換えると径間の曲げモーメントの増加が支点上に比べて遅くなり、曲げモーメント図は弾性解析のそれとは同じでなくなる。

橋では一般的に、中間支点の断面が等級 3 か 4 であり、再配分されるモーメントが断面の弾性強度より小さいときのみ、断面はこれを受容できる。しかしながら、支点と径間の断面は 2 つの異なる荷重位置で決まるため（図 13.16）、荷重位置 2 で決まる支点の断面（$\bar{M}_{2,Ed} \leq \bar{M}_{el,Rd}$）は、一般に荷重位置 1 による再配分された追加のモーメント $\bar{M}_{Ed,red}$ に抵抗できる。

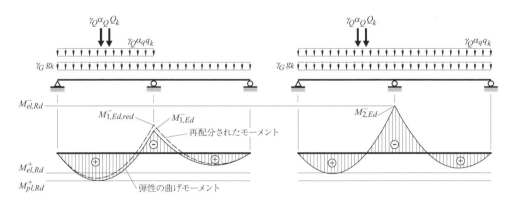

(a) 荷重位置 1 と径間の最大曲げモーメント　　(b) 荷重位置 2 と中間支点の最大曲げモーメント

図 13.16　径間の塑性化によるモーメントの再分配

荷重の弾性計算からは再配分するモーメントについての情報は得られないので、隣接する支間の比率によって、荷重位置 1 による再配分されるモーメントが支点の弾性強度（$\bar{M}_{1,Ed,red} > \bar{M}_{el,Rd}$）より大きくなることがある。その場合は支点の構造安全性の照査が満足されず、容認されない。数値解析（$\phi_{pl} = 5\phi_{el}$ の条件で行われた）で、径間の強度の塑性計算を仮定できるための隣接する支間との比率の限界が次式で求めた。

$$\frac{l_{min}}{l_{max}} \geq 0.6 \tag{13.10}$$

ここで、l_{min}：隣接する短い支間
　　　　l_{max}：隣接する長い支間

実際の橋でのいくつかの数値計算をもとに、荷重位置1の再配分による支点のモーメントの増加は、2径間の橋では約20％、3径間の橋では約15％であることがわかる。したがって、支点と径間中央の間の断面が、再配分されたモーメントの値に抵抗できるように照査する。

(3) 使用性への影響

合成桁の径間の塑性計算に基づく構造安全性の照査は、通常、弾性計算とは異なる断面になることを意味する。特に、これにより径間の断面が小さくなり、使用性の照査荷重により塑性化することもある。使用状態での塑性化は、桁の永久たわみを生じ、橋にとっては好ましくない。そのため、塑性を考慮した終局強度を計算するとき、荷重履歴を考慮した稀な荷重ケースによる応力を推定し、応力が鋼材の降伏点以下になることを確認する。

13.4.4　曲げに対する構造安全性の照査

曲げに対する構造安全性の照査は、せん断と同様に、桁の長さ全体について行うが、特にモーメントの最大位置と断面変化する位置について行う。構造安全性の照査は、架設の各段階と供用後の作用荷重について行う。これらの照査で考慮する作用は、種々の荷重ケースとなるが、それは設計で考えるリスクのシナリオによって決まる。

(1) 弾性計算

(a) 径間では

構造安全性の照査は、荷重履歴と様々な抵抗断面を考慮した応力の計算値を強度の計算値と比較することで成り立つ（**表 13.12** 参照）。**図 13.17** は、コンクリート打設時に支保工を用いない橋の場合（**図 13.17(a)**）と、同じ橋に支保工を用いた場合（**図 13.17(b)**）の応力の計算手順を示す。

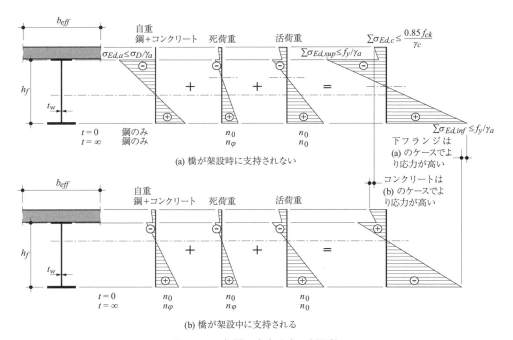

図 13.17　径間の応力分布と制限値

正確には、この計算は時間 $t=0$、すなわち橋の供用開始時と、他のコンクリートの挙動が生じた時（特に収縮とクリープ）が現れる時間 $t=\infty$ について行う。クリープは、結果として床版の応力の鋼桁への再配分を生じる。無限時間後には、さらに**図 13.3** の原理

に従う収縮による応力を、図 13.17 に示す応力範囲に加える。無限時間後では、下フランジは一般に最初の時点（時間ゼロ）よりも応力が大きくなり、床版では逆に最初の応力が大きい。さらに、床版には、架設時に桁が支保工で支持されると大きい応力が作用し、下フランジは支保工で支持されないときの方が大きな引張力を負担する。

構造安全性の照査では、中立軸から最も遠い縁で材料強度を超えないことを示す。これは、一般的な次式を用いて行う。

$$\sum \sigma_{Ed} \leqq f_d \tag{13.11}$$

ここで、$\sum \sigma_{Ed}$：応力の設計値の合計
　　　　f_d：材料の強度の設計値
　　　　　　鋼材では $f_d = f_{yd} = f_y/\gamma_a$、コンクリートでは $f_d = 0.85 f_{cd} = 0.85 f_{ck}/\gamma_c$
　　　　f_y：検討する箇所の鋼材の降伏点
　　　　f_{ck}：コンクリートの円柱の圧縮強度の特性値
　　　　γ_a, γ_c：材料の抵抗係数
　　　　　　鋼材では $\gamma_a = 1.05$、コンクリートでは $\gamma_c = 1.5$
　　　　　　（推奨値で、国によって異なることがある）

実際によくあるケース、すなわち支保工を用いない桁を図 13.17(a) に示すが、架設中の構造安全性の照査では、桁の上フランジの照査が重要である。このフランジは圧縮を受けるため、横座屈に対する十分な強度を備えていなければならない。この段階では、鋼桁の上フランジはコンクリート床版に連結されておらず、横桁の位置以外では側方の支持がないため、横座屈しやすい。これに関する照査は次式となる。

$$\sigma_{Ed,a} \leq \frac{\sigma_D}{\gamma_a} \tag{13.12}$$

ここで、$\sigma_{Ed,a}$：鋼をコンクリートに連結する前に生じるフランジの設計圧縮応力
　　　　　　（鋼材とコンクリートの自重、架設荷重）
　　　　σ_D：12.2.1 項による横座屈の応力

(b) 中間支点上では

中間支点部では、引張応力が生じたコンクリートはひび割れるものとし、断面の強度には含まない。この場合、応力の計算は、図 13.13 に示す原理によって計算する。鉄筋と鋼桁の上フランジの応力は、式 (13.11) によって照査し、すべての作用を考慮した圧縮を受ける下フランジの横座屈は、式 (13.12) によって照査する。

(2) 塑性計算

塑性強度の計算が可能な断面では、曲げモーメントが作用する桁の構造安全性の照査では、以下を確認する。

$$M_{Ed} \leqq M_{Rd} \tag{13.13}$$

ここで、M_{Ed}：荷重の組合せによる曲げモーメントの設計値
　　　　M_{Rd}：図 13.15 の原理を考慮した、式 (13.8) と式 (13.9) によるモーメントに対する強度の設計値

13.4.5　せん断力と組合せの力による構造安全性の照査（ULS）

合成桁の設計では、一般に床版は鉛直のせん断力に対する抵抗に寄与しないと仮定する。したがって、鋼桁のウェブだけがせん断に抵抗するので、鈑桁のせん断耐荷力のモデルに関する考察（12.3 節）は、合成桁の場合にも適用でき、式 (12.62) によって照査する。

中間支点部では、曲げモーメントとせん断力が同時に作用する。このような力の組合せによる構造安全性の照査は、鋼桁に対して 12.4 節で示したのと同じ方法で行う。

径間では、塑性抵抗を考慮するとき、曲げモーメント（塑性抵抗モーメントに近い）とせん断力（主に集中活荷重による）の間の相互作用について照査する。これは、塑性抵抗モーメントの計算で、ウェブの鋼の低減した降伏点 f_{yr} を適用して行う。ウェブの鋼材の降伏点は、2つの応力の同時載荷を考慮するためにvon Misesの降伏条件を適用して低減される（『土木工学概論』シリーズ第10巻4.6.3項、モデル1を参照のこと）。

13.5　鋼とコンクリートの連結

13.5.1　橋軸方向のせん断

(1) 弾性挙動

正のモーメントの領域では、連結部に作用する単位長さ当たりのせん断力 v_{el} は、せん断力 V に比例しており、次式で計算される（『土木工学概論』シリーズ第11巻10.5.5項）。

$$v_{el} = \frac{V \cdot S_c}{I_b \cdot n_{el}} \tag{13.14}$$

ここで、V：鋼・コンクリートの連結後の桁に作用する荷重によるその断面のせん断力
　　　　S_c：合成断面の中立軸に対する床版の断面1次モーメント
　　　　I_b：適切な n_{el} で計算した合成断面の断面2次モーメント（13.4.2項）
　　　　n_{el}：ヤング率比

合成桁では、抵抗断面の特性は、コンクリートの異なる影響（収縮やクリープなど）を考慮するため、荷重の種類（例えば短期か長期）によって異なる。すなわち橋軸方向のせん断力は、種々のヤング率比 n_{el} と抵抗断面に作用する異なるせん断力で計算されるせん断力の合計となる。橋軸方向の単位長さ当たりのせん断力の設計値 $v_{el,Ed}$ は、次式で表される（i は種々のケースに相当する）。

$$v_{el,Ed} = \sum_i v_{el,Ed,i} = \sum_i \frac{V_{Ed,i} \cdot S_{c,i}}{I_{b,i} \cdot n_{el,i}} \tag{13.15}$$

負のモーメントの領域では、床版のひび割れ（状態Ⅱ）は、断面1次モーメント S_c と断面2次モーメント I_b とは、鉄筋のみを含むことを意味する。しかし、この仮定は、ひび割れの間のコンクリートが引張応力の生じる床版の剛性を高める（引張の剛性向上効果として知られる）ことを無視している。ひび割れの間の引張を受けるコンクリートの寄与により、鉄筋のみで計算したせん断力に比べてこの領域のせん断力が増加する（図13.18(b)）。負のモーメント領域のせん断力の過小評価を修正するための安全側な方法として、支点では床版にひび割れは生じない（状態Ⅰ）と仮定して、コンクリートが寄与するとして橋軸方向のせん断力が計算できる。

他の方法は、ひび割れのある合成断面の挙動の研究 [13.4] に基づくもので、ひび割れの間の引張を受けるコンクリートの寄与を考慮する。この方法では、コンクリートを無視して（状態Ⅱ）、引張のコンクリートの実際の影響を考慮した係数を橋軸方向のせん断力に乗じる。この係数は、支間長が30〜80mの橋では1.10である。

(2) 塑性挙動

正のモーメント領域では、正の最大モーメントが作用する断面の近くで、鋼桁に塑性が始まることがある。このような断面は、弾塑性挙動を示す。この非線形挙動は、せん断力図に大きく影響する。せん断力の非線形性を示すために、図13.18には、径間に作用する集中荷重による曲げモーメント図、鉛直なせん断力図、および橋軸方向のせん断を示す。

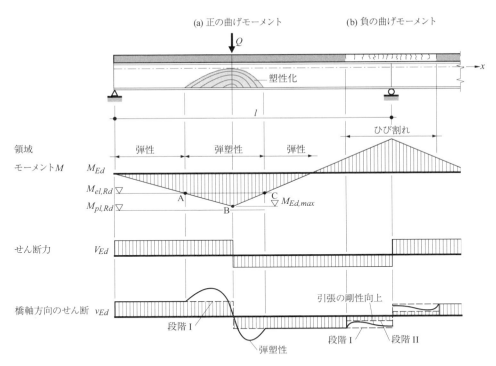

図 13.18　鋼の塑性とコンクリートのひび割れが橋軸方向のせん断力に与える影響

　曲げモーメントが鋼の降伏点を超える応力を生じさせるとき（点 A と点 C の間）、鋼とコンクリートの連結に作用する橋軸方向のせん断は鉛直のせん断力にはもはや比例せず、もっと速く変化する（図 13.18(a)）。この橋軸方向のせん断の非線形的な変化を理解するために、合成断面に作用する曲げモーメント M を（図 13.19）以下のように分解する。

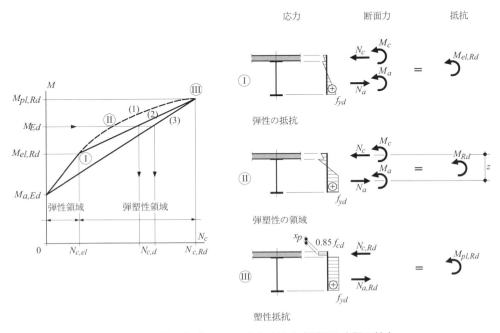

図 13.19　正の曲げモーメントによる合成断面の床版の軸力

- 鋼断面のみで抵抗するモーメント M_a
- コンクリート断面で抵抗するモーメント M_c
- ずれ止めによる生じる曲げモーメントで、それは床版に作用する軸力 N_a（これは鋼断面に作用する力に等しく、正負が異なる）に鋼とコンクリートの重心間の距離 z を乗じたものと等しい。

作用モーメント M のつり合いにより、次式が得られる。

$$M = M_a + M_c + N_a \cdot z \tag{13.16}$$

この式は、弾塑性領域でも成り立つ。しかし、鋼断面の塑性が始まるとき、抵抗モーメント M_a は、作用モーメント M よりもゆっくり増加する。外部モーメントと内部モーメントのつり合い（図 13.19 の点Ⅱ）を保つために、軸力 $N_a = N_c$ は、モーメント $N_a \cdot z$ をもっと早く増加して、M_a の増加の少なさを補う。弾塑性領域の軸力の増加が早くなることは、図 13.18(a) に示すように、この領域での床版と桁を橋軸方向にずれさせるせん断力の増加に対応する。

そのため、弾塑性領域では、式 (13.15) を用いての橋軸方向のせん断力の計算はできない。桁の隣り合う断面に作用する橋軸方向のせん断力は、2 つの断面の床版または鋼桁に作用する軸力の差によって計算する。軸力は図 13.19 を用いて求まるが、この図は、曲げモーメントの関数となる合成断面の床版の軸力 N_c の変化を示す。

図 13.19 は、特徴的な 3 点で合成断面に生じる応力分布も示す。
- 点Ⅰ：弾性抵抗モーメント $M_{el,Rd}$ に対応する応力分布
- 点Ⅱ：モーメント M_{Ed} に対応する弾塑性領域の応力分布
- 点Ⅲ：塑性抵抗モーメント $M_{pl,Rd}$ に対応する応力分布

弾性抵抗モーメント $M_{el,Rd}$ は、鋼またはコンクリートの断面の外縁が材料の弾性限になるときである。合成断面では、弾性抵抗モーメント（図の点Ⅰ）の計算は、鋼断面のみと合成断面の 2 つの異なる抵抗断面に作用する応力に依存する。弾性抵抗モーメントの計算には、断面に作用する応力、特にモーメント $M_{a,Ed}$ に相当する合成前の鋼断面のみに作用する応力の履歴を考慮する。

図 13.19 に示す曲線 (1) は、点Ⅰと点Ⅲの間の弾塑性領域の曲げモーメントより早く増加する実際の軸力の変化を示す。この曲線は、通常、反復計算の手法で求める。簡略化のために、これは 2 点間の直線 (2) で表される。合成断面に作用し、断面の弾性抵抗モーメント $M_{el,Rd}$ を超える曲げモーメントのために、この図から、床版に作用する対応する軸力 $N_{c,d}$ を計算できる。

図 13.19 の図の直線 (3) は、軸力の変化を別の方法でさらに安全側で簡略化している。この方法により、合成断面の弾性抵抗モーメントの計算を避けることができるが、軸力 $N_{c,d}$ が大きくなるため、鋼・コンクリートの合成のためにより多くのスタッドによるずれ止めが必要となる。

径間で弾塑性挙動するとき、せん断力を決めるは、桁に沿った点 A と B、または C と B（図 13.18）の断面の床版に作用する軸力 $N_{c,el}$ と $N_{c,d}$ の差を計算する。これらの点は、塑性領域の開始点（点 A と C）と曲げモーメントが最大になる点（点 B）を示す。点 A と B の間、または C と B の間でずれ止めにより床版に導入されるせん断力の合計 $V_{pl,Ed}$ は、次式で与えられる。

$$V_{pl,Ed} = N_{c,d} - N_{c,el} \tag{13.17}$$

ここで、$N_{c,d}$：式 (13.20) か式 (13.22) による最大曲げモーメントの位置の床版の軸力
$N_{c,el}$：式 (13.19) による弾塑性挙動が始まる断面の位置の床版の軸力

(a) $N_{c,el}$ の計算

弾塑性領域が始まる桁に沿った位置（図 13.18 の点 A と C）は、ここでは未知である。定義によれば、これは、合成断面の外縁が塑性化する位置である。断面の荷重履歴を考慮して、外縁が塑性化する条件は次式で表せる。

$$\sigma_{a,Ed}(x) = \frac{M_{a,Ed}(x)}{W_a} + k \cdot \frac{M_{b,Ed}(x)}{W_b} = f_{yd} \tag{13.18}$$

ここで、$M_{a,Ed}(x)$：x の位置の鋼断面のみに作用する曲げモーメントの設計値
$M_{b,Ed}(x)$：x の位置の鋼・コンクリート合成断面に作用するすべての荷重による曲げモーメントの設計値
W_a：フランジ厚の中央に対する鋼断面の断面係数
W_b：短期荷重に対応するヤング率比 n_{el} を用いて計算した合成断面の断面係数
k：合成断面に作用する応力の乗数
f_{yd}：鋼の設計降伏点　$f_{yd}=f_{yd}\cdot\gamma_a$

曲げモーメントは桁に沿って変化するため、点 A または C の位置は、$k=1.0$ として式(13.18) を満足する位置である。この位置を決めるには、いくつかの断面で係数 k が 1.0 に近い値を、式 (13.18) を適用し、内挿によって決める。

式 (13.18) では、鋼桁の下縁（引張フランジの板厚中心）が鋼の設計降伏点 f_{yd} に達して最初に塑性に入ると仮定する。厳密には、断面が別の縁（特にコンクリートの上縁）が塑性領域に入らないことを確認するが、もしそうなら式 (13.18) はこの別の外縁に対して適用する。さらに、安全側の簡略化として、すべての荷重は、短期荷重に対応する n_{el} で計算された合成断面に作用すると仮定する。

点 A の位置 x_A がわかれば、合成断面に作用するモーメント $M_{b,Ed}(x_A)$ が決まり、床版の直応力を床版厚で積分して床版に作用する軸力を計算できる。または、中立軸が鋼桁内にある場合は、次式で計算できる。

$$N_{c,el} = k\left(\frac{M_{b,Ed}(x_A) \cdot S_c}{I_b \cdot n_{el}}\right) \tag{13.19}$$

ここで、S_c：合成断面の中立軸に対する床版の断面 1 次モーメント
I_b：n_{el} を用いて計算した合成断面の断面 2 次モーメント
n_{el}：短期荷重に対するヤング率比
k：この合成断面での乗数で 1.0 とする

(b) $N_{c,d}$ の計算

軸力は、正の最大曲げモーメント $M_{Ed}=M_{Ed,max}$ の（図 13.18 の点 B）断面で定義される。この断面では、鋼桁のみに作用するモーメント $M_{a,Ed}$ と合成断面に作用するモーメント $M_{b,Ed}$ は既知である。桁のこの断面で床版に作用する軸力 $N_{c,d}$ は、点①と⑪の間の直線(2)（図 13.19）を用いて次式で計算できる。

$$N_{c,d} = N_{c,el} + \frac{(M_{Ed} - M_{el,Rd})}{(M_{pl,Rd} - M_{el,Rd})}(N_{c,Rd} - N_{c,el}) \tag{13.20}$$

ここで、$M_{pl,Rd}$：合成断面の塑性抵抗モーメントの設計値
$N_{c,Rd}$：断面が全塑性のとき床版に作用する軸力（図 13.19 の点Ⅲ）
$N_{c,el}$：式 (13.19) と k の有効値で計算した点 B の断面の弾性軸力 B
$M_{el,Rd}$：点 B の弾性抵抗モーメント

点 B の弾性抵抗モーメントは次式で定義される。

$$M_{el,Rd} = M_{a,Ed} + k \cdot M_{b,Ed} \tag{13.21}$$

点 B の合成断面では、式 (13.21) の乗数 k は、$x=x_B$ として式 (13.18) を用いて定義して、断面の上縁と下縁に適用する。このようにして求まる乗数 k の値は 1.0 以下であり、これらの最小値となる。この k の値を、式 (13.19) での弾性軸力 $N_{c,el}$ と式 (13.20) での弾性抵抗モーメントの計算に用いて、それらを式 (13.21) に考慮する。

ほかには、軸力 $N_{c,d}$ を計算する安全側の簡略化としては、図 13.19 の直線 (3) を用いる方法がある。この軸力は次式で計算する。

$$N_{c,d} = \frac{(M_{Ed} - M_{a,Ed})}{(M_{pl,Rd} - M_{a,Ed})} \cdot N_{c,Rd} \tag{13.22}$$

前述したように、直線 (3) を用いるとより大きい軸力となり、その結果ずれ止めで負担するせん断力が大きくなる。しかし、直線 (2) を用いるときに必要な弾性特性値 $M_{el,Rd}$ と $N_{c,el}$ の計算は不要となる。

13.5.2 スタッドの強度

溶植頭付きスタッドは、現在では橋に用いられる鋼・コンクリート合成の方法として最も普通に用いられる。このスタッドは延性のある鋼とコンクリートの連結となる。この連結の破壊は、以下の 2 つにより生じる (『土木工学概論』シリーズ第 10 巻 5.8.6 項)。
- スタッドが耐えて、コンクリートが圧壊する。
- スタッドの軸の破壊で、この破壊は、一般にせん断破壊と呼ばれるが、実際にはスタッドの曲げを伴うせん断による破壊である。

(1) せん断強度

スタッドのせん断挙動の正確な予測は、理論的には難しい。スタッドの強度は、押抜きせん断試験 (push-out) によって決められる。数多くの試験結果に基づいて、スタッドのせん断強度の設計値 P_{Rd} は、次式で定義される。

- コンクリートの圧壊

$$P_{c,Rd} = \frac{0.29 \, d_D^2}{\gamma_v} \sqrt{f_{ck} \cdot E_{cm}} \tag{13.23}$$

- スタッドの軸の破壊

$$P_{D,Rd} = \frac{0.8 \, f_{u,D}}{\gamma_v} \cdot \frac{\pi d_D^2}{4} \tag{13.24}$$

ここで、d_D：スタッドの軸の直径
f_{ck}：コンクリートの円柱の圧縮強度の特性値
E_{cm}：コンクリートのヤング率の平均値 ($E_{cm} = 10\,000 \sqrt[3]{f_{ck}+8}$ N/mm^2)
$f_{u,D}$：スタッドの鋼の引張強度（代表的な値として、$f_{u,D}=450$N/mm^2）
γ_v：ずれ止めに関する抵抗係数（$\gamma_v = 1.25$）

上記の式で計算した強度は、高さ/直径の比 h_D/d_D が 4.0 以上のスタッドを有する合成断面の強度の塑性計算に適用できる。設計で用いる強度 P_{Rd} は、式 (13.23) と式 (13.24) の小さい方の値となる。

合成断面の強度の弾性計算では、桁の弾性挙動であることを確認し、床版と鋼桁の間の

相対的なすべりを制限する。この制限は、式 (13.23) で得られる設計値を 25% 減らすことで得られる。

表 13.20 は、スタッドの強度の設計値のまとめである。橋では、直径 22mm で高さ 150mm 以上のスタッドが通常用いられる。

表 13.20　スタッドの強度 P_{Rd} の設計値　[kN]

スタッド軸の直径 d_D	塑性計算			弾性計算			
	コンクリート C20/25	コンクリート C25/30	コンクリート >C30/37	コンクリート C20/25	コンクリート C25/30	コンクリート C30/37	コンクリート C35/45
19mm	65	75	82	49	56	63	70
22mm	88	101	109	66	75	85	93
25mm	113	130	141	85	97	109	120

(2) スタッドの強度に及ぼす引張の影響

引張力 F_t がスタッドの軸に作用することがある。この力が $0.1P_{Rd}$ 以下であれば、スタッドのせん断強度に及ぼす影響は小さく、それを無視できる。逆に、もしこの力が $0.1P_{Rd}$ 以上であれば、引張力を反映したスタッドの強度試験によってせん断強度を決める。

橋では、鋼桁の床版の橋軸直角方向の曲げの拘束の結果により、間接的な引張力がスタッドに生じることがある。これらの力は一般に小さく、スタッドのせん断強度には影響しないと仮定する。

13.5.3　スタッドの数と配置

スタッドの数と配置は、断面の計算の方法、すなわち弾性計算か塑性計算かを考慮して決める。さらに、疲労からの要求によって、スタッドの数が増えることもある。また、集中力がずれ止めに作用するような特殊な箇所では、スタッドの数を追加する。以下では、鈑桁のフランジに溶接するスタッドについての条件を列挙する。床版との連結（例えば下路式鈑桁橋）のためにスタッドが桁のウェブに溶植される場合（水平なスタッド）は、それらの挙動や強度が異なる。このケースの指針は、ユーロコード 4 に示される。

(1) 弾性領域

桁の単位長さ（通常 1m）当たりに必要なスタッドの数 $n_{v,el}$ は、せん断力の設計値をスタッドの設計強度で除して決める。

$$n_{v,el} = \frac{v_{el,Ed}}{P_{Rd}} \tag{13.25}$$

ここで、$v_{el,Ed}$：式 (13.15) による弾性の橋軸方向のせん断力、kN/m
　　　　P_{Rd}：弾性計算（表 13.20）によるスタッドの設計強度、kN

スタッドは、支間に沿ってせん断力をカバーするように配置する。スタッドの数はせん断力に比例するため、理論的には桁に沿ってのせん断力に応じてスタッドの数も変化する。しかし実務的な理由により、スタッドは数メートルごとに等間隔で配置され、せん断力の設計値 $v_{el,Ed}$ がスタッドの設計値 $n_{v,el} \cdot P_{Rd}$ を局部的に 10% まで超えることが許容される。

図 13.21 は、等分布荷重を受ける桁のせん断力図 $v_{el,Ed}$ とスタッドによる抵抗 $n_{v,el} \cdot P_{Rd}$ の図を示す。この図には、ずれ止めの構造安全性の確保のための条件もまとめた。

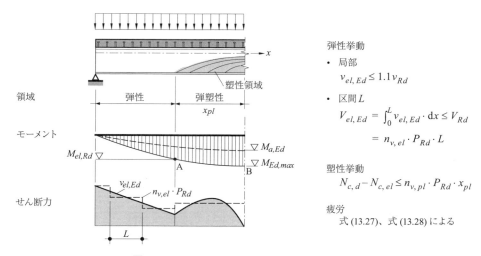

図 13.21　スタッドの分布と強度の制限の条件

(2) 塑性領域

径間に生じる弾塑性領域に配置するスタッドは、点AとBまたはCとB（図 13.18 参照）の間で床版に伝達する軸力（式(13.17)）の差を伝達するために十分な数とする。スタッドは十分延性のある連結手段であるため、それらを桁の塑性領域に等間隔で配置することができる。したがって単位長さ当たりスタッドの数 $n_{v,pl}$ は、次式で計算される。

$$n_{v,pl} = \frac{N_{c,d} - N_{c,el}}{x_{pl} \cdot P_{Rd}} \tag{13.26}$$

ここで、$N_{c,d}$ ：式(13.20)か式(13.22)による最大曲げモーメントの断面の床版に作用する軸力

$N_{c,el}$ ：式(13.19)により塑性が始まる断面の位置（点AまたはC）の床版に作用する軸力

x_{pl} ：塑性が始まる断面と最大モーメントの断面の間の距離（図 13.21）

P_{Rd} ：塑性計算によるスタッドの設計強度（表 13.20）

(3) 疲労安全性

鋼部材の疲労安全性の照査の原理については、12.7 節に示す。スタッドに関して、疲労は配置すべきスタッドの必要数に影響する。実験で、コンクリートに埋め込まれるスタッドの疲労強度は、応力の繰返し数だけではなく、疲労荷重によりスタッドに作用するせん断力の最大値も影響することが示されている。

疲労き裂が生じる位置は、桁に沿うスタッドの位置による。径間で圧縮フランジにスタッドが溶植される場合は、疲労き裂は、スタッドの軸、溶接部、溶植の熱影響を受けるフランジに生じることがある。しかし、スタッドが支点上の引張フランジに溶植されると、疲労き裂は溶接の基部で始まり、引張フランジの板厚方向に進展する。

ずれ止めの疲労安全性を照査するには、せん断力を弾性計算で求める。もし、合成断面に作用する長期荷重の組合せによる最大せん断力、およびスタッドに作用する疲労荷重のモデルが $0.6P_{Rd}$ に達しない場合（P_{Rd} はスタッドの塑性強度の設計値（表 13.20））、疲労照査は、12.7 節で示した考え方に従って行われる。構造安全性に必要なスタッドの数が弾性計算によって決められた場合、通常この条件を満たす。もしずれ止めの数が塑性計算によって決められた場合は、疲労の条件を明確に照査して、必要ならスタッドの数を増やす。

径間の圧縮床版にあるスタッドの疲労照査は、スタッドの軸に作用するせん断応力の形で表される次式の等価応力範囲 $\Delta\tau_{E2}$ に基づいて行われる。

$$\Delta\tau_{E2} = \lambda \cdot \Delta\tau(Q_{fat}) \leq \frac{\Delta\tau_c}{\gamma_{Mf}} \tag{13.27}$$

ここで、$\Delta\tau_{E2}$：200万回の等価せん断応力範囲
λ：複数の損傷係数 λ_i からなる修正係数
$\Delta\tau(Q_{fat})$：スタッドの軸に作用するせん断応力範囲（これは、疲労荷重 Q_{fat} のモデルで弾性計算されたせん断力の差によるもの）
$\Delta\tau_c$：継手の200万回疲労強度、スタッドのせん断では $\Delta\tau_c = 80\text{N/mm}^2$
γ_{Mf}：ずれ止めの部分安全係数で、スタッドの溶植部では1.15とする（表12.21）。スタッドの溶植部は点検できないが、数多くのスタッドがあるため、この疲労き裂が構造物全体に大きな損傷を与えないことでこの値が使われる。

荷重（式(12.86)を参照）の修正係数 λ を決めるためのそれぞれの修正係数 λ_i は、道路交通と鉄道について、ユーロコードとSIA規準263に与えられている。疲労照査では、荷重モデルとともに関連する基準にあるこれらの係数を用いる。

支点上で引張応力が生じる床版のスタッドでは、疲労照査は以下が必要となる。
・式(13.27)によるスタッドの軸の照査
・$\Delta\sigma = 80\text{N/mm}^2$ を用いて式(12.87)による引張フランジの照査
・ユーロコード4によるスタッドの直応力とせん断応力の相互作用の照査

$$\frac{\Delta\sigma_{E2}}{\Delta\sigma_c/\gamma_{Mf}} + \frac{\Delta\tau_{E2}}{\Delta\tau_c/\gamma_{Mf}} \leq 1.3 \tag{13.28}$$

相互作用（式(13.28)）では、$\Delta\sigma$ と $\Delta\tau$ の最大値は、疲労荷重モデルで同じ位置に生じるわけではない。そのため、この照査は2つのケース、すなわち直応力範囲が最大の場合のせん断応力、およびその逆のケースに対して行う。

中間支点部の応力は、床版のひび割れの影響を受ける。さらにひび割れの間の引張コンクリートの寄与は、これらの影響を正確に考慮することを困難にしている。それを考慮する方法の1つは、コンクリートの寄与を考慮して一度照査し、コンクリートを無視して鋼断面と引張鉄筋のみを考慮して照査し直す方法がある。

別の方法では、ひび割れた合成断面の挙動の研究[13.4]に基づくもので、ひび割れの間の引張コンクリートの寄与を考慮する。この方法では、等価なせん断応力範囲 $\Delta\tau_{E2}$ は、コンクリートを含めずに計算し、1.15を乗じる。等価な直応力範囲 $\Delta\sigma_{E2}$ も同様の仮定で計算するが、0.95を乗じる。この方法は、支間が30mから80mの橋に適用できる。

13.5.4　集中せん断力の導入

(1)　集中せん断力の種類

鋼とコンクリートの連結部には、ある特定の場所、例えば床版の端部や支間の鋼とコンクリートの間で異なるタイプの局部的な集中せん断力 V_{Ed} が作用することがある。この集中せん断力は、下記のような原因で生じる。

・合成桁に、ケーブルを用いてコンクリート床版か鋼桁にプレストレス力 P を導入（図13.22(a)）。
・合成断面の端部に、床版の収縮や床版と鋼桁の間の温度変化による収縮の導入（図13.22(b)）。

・合成トラスの格点におけるトラスの斜材の軸力の水平分力の差 ΔN の導入（図 13.22(c)）。
・せん断力の急な変化を生じさせる集中曲げモーメント ΔM の導入（例えば、方づえラーメン橋の場合、図 13.22(d)）。
・橋軸直角方向の断面形状の急な変化に起因する集中せん断力。

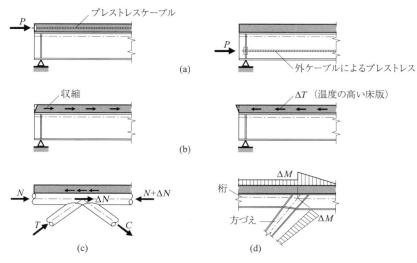

図 13.22　集中せん断力の例

(2)　集中せん断力の導入の長さ

集中せん断力 V は、合成断面に鋼とコンクリートの連結を通して、ある長さ L_v に導入される。延性をもつスタッドを使うとき、終局限界状態では、集中せん断力 V_{Ed} は、長さ L_v に等しく導入されると仮定できる。（図 13.23）。したがって、単位長さ当たりのせん断力 v_{Ed} は以下のようになる。

$$v_{Ed} = \frac{V_{Ed}}{L_v} \tag{13.29}$$

導入の長さ L_v は、次式で与えられる。

$L_v = (e + b_{eff})/2$　　もし P が桁の端部に作用する場合（図 13.23(a)）　　(13.30)
$L_v = e + b_{eff}$　　　　P が桁の別の部分に作用する場合（図 13.23(b)）　　(13.31)

ここで、b_{eff}：13.3.4 項による床版の有効幅
　　　　e　：$2e_y$ または $2e_z$ とする（力 P のずれ止めに対する力 P の位置の影響）
　　　　e_y：もし力 P が床版に作用すると、桁のウェブ面と力 P の作用点の橋軸直角方向の距離
　　　　e_z：もし力 P が鋼桁に作用すると、鋼とコンクリートの合成面と力の作用点 P（または ΔN）の間の鉛直距離

$L_v = b_{eff}$　　収縮またはコンクリートと鋼の間の温度差（図 13.23(c)）、
　　　　　　　および集中モーメント ΔM の導入のため　　(13.32)

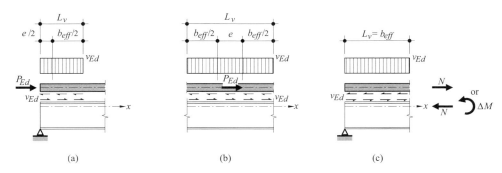

図 13.23 スタッドを用いた集中せん断力の導入に必要な長さ

解析される荷重ケースにより、長さ L_v のせん断力 v_{Ed} は、他の荷重によるせん断力の合計に加算される。この加算に際しては、設計者はせん断力の方向に注意する。例えば、桁の端部では、自重や第一径間の活荷重の影響によって、床版は桁の外側にずれる傾向がある。他方、床版の収縮は逆の方向のずれであり、鋼桁よりも温度の低い床版の場合も同様である。

(3) 集中せん断力の計算

上述した種々の要因で生じるせん断力は、以下の方法で計算できる。

(a) プレストレス P またはトラスの格点での軸力の変化 ΔN

床版に作用する P：

$$V_{Ed} = \left[\frac{P_{Ed}}{A_b} + \frac{M(P)}{I_b} \cdot (z_b - z_a)\right] \cdot A_a \tag{13.33}$$

鋼桁に作用する P または ΔN：

$$V_{Ed} = \left[\frac{P_{Ed}}{A_b} + \frac{M(P)}{I_b} \cdot (z_c - z_b)\right] \cdot \frac{A_c}{n_{el}} \tag{13.34}$$

ここで、P_{Ed}：鋼とコンクリート合成後に導入するプレストレス力 P（圧縮を負とする）の設計値、またはトラス部材の軸力 ΔN の変化

$M(P)$：力 P または ΔN が合成断面の重心からずれることによる曲げモーメントの設計値（M は正または負）

A_a：鋼桁の断面積

A_b：対応するヤング率比 n_{el} を用いて計算した合成断面の断面積

A_c：床版の断面積（$b_{eff} h_c$）

I_b：対応するヤング率比 n_{el} を用いて計算した合成断面の断面2次モーメント

n_{el}：ヤング率比

z_a, z_b, z_c：それぞれ、鋼断面、合成断面、コンクリート断面の重心の位置（図 13.3）

(b) 収縮または温度差

収縮あるいは温度差による軸力は、合成桁の端部かコンクリート打設の端部に定着しなければならない。収縮に対しては、13.2.2 項と式 (13.3) によりこのせん断力は次式となる。

$$V_{Ed} = \left[\frac{N_{cs}}{A_b} + \frac{M_{cs}}{I_b}(z_b - z_a)\right] \cdot A_a \tag{13.35}$$

床版と鋼断面の温度差 ΔT の場合には、N_{cs} と M_{cs} を計算するとき、ε_{cs} を $\alpha \Delta T$ に置き換えることで式 (13.35) を用いることができる。これらの断面力は、それぞれ $N(\Delta T)$ と $M(\Delta T)$ となる。また、これらは短期荷重のヤング率比を用いて計算する（床版の温度が鋼

構造より高い場合は、式 (13.35) で $N(\Delta T)$ は正、$M(\Delta T)$ は負となり、床版の温度が低い場合はこの逆になる）。

(c) 集中曲げモーメント ΔM

合成部材に導入される集中曲げモーメントの典型的な例としては、方づえラーメン橋の支柱の拘束の影響がある。方づえの左右のモーメントは同じではなく、その差は、方づえの頭部に曲げとして現れる。この集中モーメントは、コンクリート床版、またはひび割れがあるときは鉄筋での軸力差を生じさせ、この軸力差はずれ止めによって伝達される。対応する集中せん断力の設計値は次式となる。

$$V_{Ed} = \frac{\Delta M_{Ed} \cdot S_c}{I_b \cdot n_{el}} \tag{13.36}$$

ここで、ΔM_{Ed}：合成断面に作用する集中曲げモーメントの変化の設計値
S_c：合成断面の中立軸に対する床版の断面 1 次モーメント
I_b：合成断面の断面 2 次モーメント

(d) 断面形状の急な変化

合成断面の形状の変化による集中せん断力は、次式で求める。

$$V_{Ed} = \frac{M_{Ed}}{n_{el}} \left(\frac{S_{c1}}{I_{b1}} - \frac{S_{c2}}{I_{b2}} \right) \tag{13.37}$$

ここで、M_{Ed}：断面 1 と 2 の間で形状が変化する位置の合成断面に作用する設計曲げモーメント

断面 1 の形状が断面 2 よりも小さい場合は、V_{Ed} は普通正であり、断面 2 の方向に断面 1 に作用する。合成桁橋の鋼桁の場合は、構成する鋼板の断面変化による集中せん断力は小さく、通常無視する。

13.6 床版の橋軸方向のせん断

せん断は、鋼とコンクリートの境界面（ずれ止めが機能する）からコンクリート床版に伝えることができるようにする。このせん断は、橋軸方向のせん断によって床版に導入される。したがって床版とその橋軸直角方向の鉄筋は、このせん断に耐えるだけの十分な強度が必要となる。仮想の破壊面（図 13.24）、すなわち床版の厚さ（断面 A-A）、またはスタッドの周囲（断面 B-B や C-C）が定義できる。

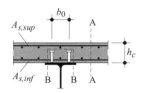

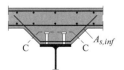

Type	A_s	L_c
A-A	$A_{s,inf} + A_{s,sup}$	h_c
B-B	$2A_{s,inf}$	$2h_D + b_0 + d_D$
C-C	$2A_{s,inf}$	$2h_D + b_0 + d_D$

図 13.24　橋軸方向のせん断による床版の仮想の破壊面

13.6.1 床版厚内の橋軸方向のせん断

床版の板厚に作用する橋軸方向のせん断は、せん断力 V が作用する面と仮想の破壊面 A-A との水平距離の関数となる（図 13.25）。断面積が $dx \cdot h_c$ の断面 A-A に作用する橋軸方向のせん断力 V_1 は、圧縮を受ける床版の要素に作用する力を考慮し、せん断を受ける断面の外の床版の要素①の橋軸方向のつり合い式を書くことで推定できる。

$$V_1 = V \cdot \frac{A_{c1,eff}}{A_{c,eff}} \tag{13.38}$$

ここで、V：dx に沿った鋼とコンクリートの境界面に作用するせん断力
$A_{c1,eff}$：せん断を受ける断面 A-A の外に位置する床版の要素の有効断面積
$A_{c,eff}$：鋼桁に連結された床版の有効断面積　$A_{c,eff} = b_{eff} \cdot h_c$

引張を受ける床版の要素では、それに対応するせん断力 V_1 は次式となる。

$$V_1 = V \cdot \frac{A_{s1,eff}}{A_{s,eff}} \tag{13.39}$$

ここで、$A_{s1,eff}$：有効断面 $A_{c1,ef}$ にある橋軸方向の鉄筋の断面積
$A_{s,eff}$：床版の全有効断面にある橋軸方向の鉄筋の断面積

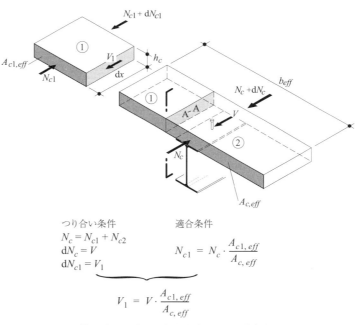

図 13.25　圧縮を受ける床版の橋軸方向のせん断破壊

鋼桁に対して対称で厚さ一定の床版で、そこに 1 列のスタッドがある特殊なケースでは、最も大きいせん断が作用する断面 A-A はスタッドの面であり、せん断力 $V_1 = V/2$ となる。

橋軸方向のせん断の終局強度は、圧縮を受ける床版も引張を受ける床版も、トラスモデルを用いて検討できる。図 13.26 は、合成桁の圧縮を受ける床版のモデルを示す。

このモデルでは、スタッドに支持されて圧縮を受ける斜材 C と橋軸直角方向の鉄筋は、橋軸方向のせん断力 V_1 と橋軸直角方向の鉄筋の引張力 T とでつり合う。圧縮を受ける斜材は、橋軸方向と角度 θ をもつ。圧縮を受ける斜材と橋軸直角方向の鉄筋は、橋軸の

せん断に抵抗できるに十分な強度でなければならない。圧縮を受ける斜材の強度 C_{Rd} の設計値は、次式で与えられる。

$$C_{Rd} = k_c \cdot f_{cd} \cdot h_c \cdot dx \cdot \sin\theta \tag{13.40}$$

ここで、k_c：コンクリートの圧縮強度の割引係数で、この荷重の場合は 0.6 とする。

f_{cd}：コンクリートの円柱の圧縮強度の設計値　$f_{cd} = f_{ck}/\gamma_c$

h_c, dx：それぞれ、せん断を受ける床版の面の厚さと長さ

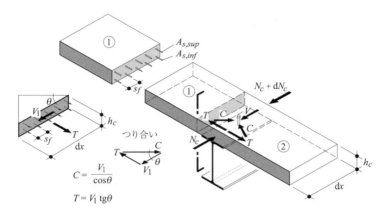

図 13.26　圧縮を受ける床版のトラスモデル

圧縮を受ける斜材とつり合う橋軸直角方向の鉄筋の強度 T_{Rd} の設計値は、次式で得られる。

$$T_{Rd} = f_{sd} \cdot (A_{s,sup} + A_{s,inf}) \cdot \frac{dx}{s_f} \tag{13.41}$$

ここで、f_{sd}：鉄筋の鋼材の設計降伏点　$f_{sd} = f_{ck}/\gamma_c$

$A_{s,sup}$：橋軸直角方向の上鉄筋の断面積

$A_{s,inf}$：橋軸直角方向の下鉄筋の断面積

s_f：長さ dx の鉄筋間隔

断面力のつり合いを考慮して（図 13.26）、床版の橋軸方向のせん断に関する構造安全性の照査では、潜在的な破壊面に作用する単位長さ当たりのせん断力の設計値が、コンクリートと鉄筋の単位長さ当たりの強度以下であることを示す。

$$\frac{V_{1,Ed}}{dx} = v_{1,Ed} \leq k_c \cdot f_{cd} \cdot h_c \cdot \sin\theta \cdot \cos\theta \qquad \text{圧縮を受ける斜材} \tag{13.42}$$

$$\frac{V_{1,Ed}}{dx} = v_{1,Ed} \leq f_{sd} \cdot \frac{A_{s,sup} + A_{s,inf}}{s_f} \cdot \cot\theta$$

$$\text{引張を受ける橋軸直角方向の鉄筋} \tag{13.43}$$

上記の式は、圧縮を受ける床版と引張を受ける床版に適用できる。圧縮を受ける斜材と橋軸方向からの角度 θ は、次の値が推奨されている。

・$25° \leq \theta \leq 45°$：圧縮を受ける床版の場合

・$35° \leq \theta \leq 45°$：引張を受ける床版の場合

せん断力の設計値は、式 (13.38) と式 (13.39) を考慮して、弾性の強度か塑性強度を考えるかによって式 (13.15) または式 (13.17) により決まる。もし、集中せん断力の導入による

局部的な影響がある場合は（式(13.29)）、それらを加算する。

13.6.2 スタッドの周囲の橋軸方向のせん断

仮想の破壊面 B-B と C-C（図 13.24）でのせん断強度の検討は、スタッドに作用する引張力がこれらの面にも作用するため、より複雑になる。この引張力は、床版の重心に作用する軸力がスタッドの根元から偏心していることから生じる。また、床版の構造によっては、この引張力が顕著になることがある。より精巧なモデルがないので、上記で展開したトラスモデルを以下のように置き換えて適用できる。

- 式(13.42) の h_c を L_c に、および、
- 式(13.43) の $(A_{s,sup} + A_{s,inf})$ を A_s に置き換える。

破壊面の長さ L_c とその表面を横切る鉄筋の断面積 A_s を、図 13.24 の表に示す。この表面に作用する橋軸方向のせん断は、鋼とコンクリートの連結部に作用する総せん断力に対応する。

13.6.3 橋軸方向のせん断と橋軸直角方向の曲げの相互作用

一般に、床版の橋軸直角方向の鉄筋は、前述した橋軸方向のせん断と床版の橋軸直角方向の曲げに同時に抵抗する。2つの役目を果たすために必要な鉄筋の断面積の和をとる代わりに、ユーロコード 2 の提案のように以下の基準を適用できる。

- 式(13.43) で与えられた値と、この値を半分にして橋軸直角方向の曲げにより決まる面積を加えた値のうち、大きい方の値を橋軸直角方向の鉄筋の断面積とする。
- 式(13.42) による圧縮を受ける斜材の破壊に対して、床版の総高さ h_c を、橋軸直角方向の曲げを受ける床版のコンクリートの圧縮領域の高さに置き換えて、照査する。

13.7 使用性の照査（SLS）

使用性の照査では、使用性に関する種々の要求事項の限度内で主構造が挙動することを保証する（9.5 節）。合成桁橋では、計算で使用性を照査するとき、応力やたわみ、床版のひび割れ、振動について照査する。これらの照査では、合成構造の挙動は弾性と仮定するので、弾性解析を行う。

13.7.1 鋼桁の引張応力

主構造の挙動が、弾性であることを保証するには、鋼桁の断面で最も応力の大きい縁の直応力を照査する。

$$\sigma_{Ed,ser} \leq f_y \tag{13.44}$$

この照査は、稀な荷重ケースによる応力（9.5.2 項）について行い、SIA 規準 260 では次式となる。

$$E_d = E(G_k, Q_{k1}, \psi_{0i} Q_{ki}) \tag{13.45}$$

この照査では、図 13.8 で述べた考え方で種々の抵抗断面の荷重履歴を考慮する。鈑桁では、この照査は、フランジの板厚の中心で行う。したがって、フランジの板厚の半分で生じるわずかな塑性は、許容される。

実務上では、この照査は、終局限界状態で塑性挙動することを許容する合成桁では重要である。言うまでもなく、終局限界状態の挙動が弾性である場合、使用限界状態でも弾性となる。

13.7.2 たわみ

たわみの計算は、以下の点を保証するために行う。
- 使用者の快適性、これは頻繁な交通荷重のみを考慮する。
- 上部構造の外観、これは常時荷重に近い荷重の和を考慮する。
- 頻繁な荷重ケースによる伸縮装置の正常な動き（交通荷重）。

検討すべき荷重と照査で考える限界状態に関する詳細は、表9.4 に示している。

上部構造の外観を確保するためには、交通荷重がないときに、上部構造が視覚的に良い印象を与えなければならない。このことは、鋼部材やコンクリートの自重によるたわみ、クリープも考慮した長期荷重によるたわみを、キャンバーによって補正することを意味する。コンクリート床版の架設方法は、自重よるたわみに顕著な影響を与えることがある。例えば、コンクリート床版を移動型枠によって打設する場合、コンクリート打設の工程、型枠の移動、抵抗断面の変化（鋼のみ、あるいは合成断面）クリープや収縮によるたわみの変化を計算する必要がある。そのため、このような計算は施工の詳細、特にコンクリート打設の工程がすべてわかったときに、はじめて計算できる。

さらに、視覚的に優れた外観をもった構造物とするには、活荷重なしで、橋は下向き（sagging）ではなく上向き（hogging）にたわんでいる方が望ましい。この効果を生み出すために、キャンバーの計算に活荷重に対する割合の形で通常表される一種のゆとりをもたせるが、この割合は、施主の代理人との合意による。

13.7.3 ひび割れ

コンクリート床版のひび割れにより構造物の外観が損なわれ耐久性に悪影響が出るのを減らすために、床版には適切な量の鉄筋を配する。橋軸直角方向では、橋軸直角方向の曲げと床版の橋軸方向のせん断（13.6 節）に抵抗し、さらに張出し部の床版のたわみを制限するために、鉄筋の断面積を決める。橋軸方向では、床版の鉄筋の断面積は、基本設計の標準的な値を使う。中間支点上では、コンクリートの断面積の1～2%の値を選び、径間では少なくとも最低鉄筋量以上とする。

床版の鉄筋の照査の基準は、次に示す要求事項による。
- 床版の外観、すなわち床版下面に開口するひび割れは外観に負の影響を与える（床版下面が地上から見える場合）。
- 耐久性、すなわちひび割れの開口幅が0.4mm以上で、凍結防止剤の塩分を含む水がこのひび割れに浸透すると耐久性が損なわれることがある。

SIA 規準 262 では、床版のひび割れに関して3等級の要求、すなわち普通、中機能、高機能、に分けている。その構造物の使用目的に応じて、基本的には施主の代理人が、コンクリート構造部材の要求事項を定める。

要求事項のどの等級でも、満たすべき最初の条件は、コンクリートのひび割れが最初に現れたときに鉄筋が降伏しないことである。橋の床版のケースの最低の鉄筋比 ρ は、もしそれが引張部材の一部であれば、以下のようになる（SIA 規準 262 による）。

$$\rho = \frac{A_s}{b_{eff} \cdot h_c} \cdot 100 \geq \frac{1}{1+h_c/2} \cdot \frac{f_{ctm}}{f_{sd}} \cdot 100 \quad [\%] \tag{13.46}$$

ここで、A_s：床版の有効断面 $b_{eff} h_c$ 内の鉄筋の断面積
h_c：床版厚（m）
f_{ctm}：コンクリートの引張強度の平均値
f_{sd}：鉄筋の鋼材の設計降伏点（延性等級 A と B の鉄筋の場合、$f_{sd}=435\text{N/mm}^2$）

例として、厚さ $h_c = 0.3$m、等級 C30/37 ($f_{ctm} = 2.9$N/mm^2) のコンクリートを用いた合成桁橋の床版では、最低の鉄筋比は約 0.58% となる。

SIA 規準 262 によると、橋の床版には、ひび割れを適切に分布させるために、中機能の要求に合わす必要がある。この要求を満たすために、変形に起因する鉄筋の応力 σ_s が図 13.27 の曲線 B が与える限界値を超えないことが必要となる。この曲線 B は、0.5mm の理論的なひび割れ幅に相当する。

高機能の要求事項は、通常定められた値として、鉄筋コンクリート床版には 0.3mm、プレストレス床版には 0.2mm にひび割れ幅を制限する鉄筋比を与えている。これらの要求事項が満たされるのは、常時荷重の影響下（『土木工学概論』シリーズ第 10 巻 2.6.2 項）で鉄筋に作用する引張応力 σ_s が、図 13.27 の曲線 C1 または C2 のそれぞれ開口幅 0.3mm と 0.2mm の限界値を超えないときである。図 13.27 の曲線 B と C2 は SIA 規準 262 の曲線 B と C に対応している。

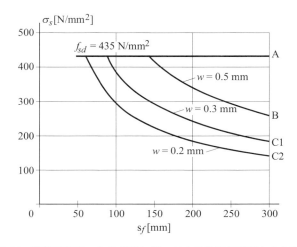

図 13.27　鉄筋の間隔 s_f とひび割れ幅 w による鉄筋の引張応力の限界値

SIA 規準 262 は、中機能と高機能の要求に対して、もうひとつ要求がある。それは、頻繁な供用荷重の作用下でも鉄筋が降伏しない断面積であることを、次式で照査する。

$$\sigma_s \leq f_{sd} - 80 \quad [\text{N/mm}^2] \tag{13.47}$$

この照査は、合成桁の中間支点上の橋軸方向の鉄筋ではほとんど決定要因にはならないが、それは、まず鉄筋比が大きい（1〜2%）ことと、さらに上部構造の自重を負担していないからである（床版の架設中に桁は支持されていない仮定）。

最後に、使用限界状態の合成桁橋のひび割れのある床版の引張応力 σ_s を計算するとき、ひび割れの間の引張を受けるコンクリートの効果（*tension stiffening effect*）を考慮する。この効果は床版を剛にする傾向があり、引張を受けるコンクリートの貢献を含まない一般的な状態 II の計算値に比べて床版に作用する引張力を増加させることになる。簡易的にこの効果を考慮するには、状態 II の鉄筋で計算した引張応力 σ_s に μ_s を乗じる。この係数は、図 13.28[13.4] に示すが、それを用いた σ_s は、式 (13.47) で使うか、高機能の要求の照査は次式となる。

$$\sigma_s = \mu_s \cdot \sigma_{s,II} \tag{13.48}$$

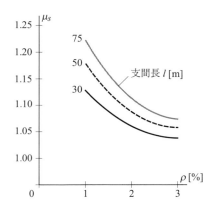

図 13.28　ひび割れの間の引張コンクリートの影響を考慮した鉄筋比 ρ による係数 μ_s

13.7.4　振動

　橋のような構造物では、交通荷重による振動が生じる。この振動の橋の利用者への影響と付属構造物に対する影響を、許容範囲に留めなければならない。道路橋と鉄道橋で、ケーブルを用いない構造では交通の影響は通常、振動の点では利用者にとって問題とならない。

　歩道橋では、自重が少ない上に細長い形状（主構造の曲げとねじりの剛性が低い）ので、振動の問題は注意して検討する。SIA 規準 260 では、鉛直方向と水平方向での避けるべき振動数の範囲を提案している。歩行者と自転車のための橋の動的挙動については、追加の情報とこの現象の特殊な計算方法について 17.4 節で説明する。

参考文献

[13.1]　Ducret, J.-M., *Etude du comportement réel des ponts mixtes et modélisation pour le dimensionnement*, Thèse EPFL n° 1738, Lausanne, 1997.

[13.2]　lebet, J.-P., Utz, F., *Effets de la température dans le dimensionnement des ponts*, Office fédéral des routes, Publication VSS 580, Zurich, 2005.

[13.3]　Picard, A., Massicote, B., Fournier, A., *Ultimate strength of slender composite steel plate girders*, In : *Developments in Short and Medium Span Bridge Engineering 94*, Edited by A. Mufti, B. Bakht and L. G. Jaeger, The Canadian Society of Civil Engineering, Montréal, 1994.

[13.4]　Gómez-Navarro, M., *Concrete cracking in the deck slabs of steel-concrete composite bridges*, Thèse EPFL n° 2268, Lausanne, 2000.

14章　対傾構と横構

Cross bracing above a support. Access viaduct to the freeway junction at Aigle (CH).
Eng. Piguet & Associés, Lausanne.
Photo ICOM.

14.1 概要

本章では、鋼橋と合成桁橋の対傾構と横構に作用する力について示す。上部構造は種々の対傾構と横構で構成されるが、その設計のための断面力の計算に通常用いられる方法についても説明する。

5.6節でいろいろな対傾構の選択肢について述べ、その機能について検討した。6.4節では、対傾構の構造詳細と鋼桁との連結について示した。また、5.7節と6.5節では種々の横構について示し、設計の考え方について示した。

14.2節では、桁橋の対傾構と横構がもつ機能を考慮して、これらの構造部材の計算に考慮すべき荷重と作用を示す。さらに対傾構に作用する荷重と、対傾構の設計や橋軸直角方向の桁橋の断面の種類（開断面または閉断面）に応じて作用する力について検討する（14.3節）。14.4節では、横構の場合に関する同様の点を示す。さらに14.5節では、対傾構と横構の構造安全性と剛性について検討する。

14.2 荷重と作用

対傾構と横構の設計に考慮する作用は、橋におけるこれらの部材の機能と、設計者がこれらの部材に対する要求によって決まる。したがって、対傾構と横構の構造部材の設計で考える荷重や作用を理解するためには、これらの機能について再度説明する必要がある。

14.2.1 対傾構と横構の機能

主桁、対傾構、横構は、橋の3次元の構造のうちの平面を構成しており、鉛直荷重と水平荷重を基礎に伝える。この中で、対傾構と横構は、以下の作用による水平荷重に抵抗し、伝えるのが基本的な機能（5.6.1項および5.7.1項）である。
- 風荷重（14.2.2項）
- 横座屈に対する主桁の拘束（14.2.3項）

荷重の伝達に加えて、対傾構は以下のような重要な機能を果たす。
- 橋軸直角方向の断面の形状保持と桁へのねじり（11.2.4項）の導入（14.2.4項）

設計の考え方によっては、対傾構は次のような機能を果たす。
- 橋脚または橋台の支承の修理や交換時に、橋を持ち上げるためのジャッキの支点としての機能（14.2.5項）
- 橋に添架する配管や点検通路を支持する機能
- 床版の架設方法によっては型枠を支持

最後の2つの機能により対傾構に生じる断面力は、その橋と対傾構の設計によるもので、それぞれの特殊な状況に応じて定義される。これらはここでは考慮しない。

風や桁の横座屈の拘束による水平力は、開断面の橋の対傾構と横構の設計では特に重要となる。対傾構は、径間ではこれらの荷重を横構に伝達し、支点ではこれらの力の合計を対傾構から橋脚や橋台に伝える。

箱桁橋は、橋軸直角方向の断面が閉断面であることから、厳密にいえば横構を持たず、箱桁の水平方向の曲げによって風に抵抗する。閉断面であることで、箱桁には横座屈は生じない。箱桁橋の場合、径間の対傾構またはダイアフラムには、（2主桁橋と異なり）直接風による負荷は生じないが、風によるねじれにより間接的に負荷が生じることがある。しかし、箱桁の橋脚と橋台上の対傾構は、桁に水平に作用する風荷重を支点に伝達できなければならない。

対傾構の他の主要な機能として、橋軸直角方向の断面の保持がある。作用荷重や風あるいは橋の曲率によるねじれが生じる橋の場合は、対傾構はねじれによる断面の変形に抵抗し、その形状を保持する。2主桁橋の場合、開断面は主に逆対称曲げで抵抗するため、対傾構にはそれほど負荷は生じない。しかし、直線箱桁橋の場合は、主に純ねじりで抵抗するので、対傾構には大きな負荷が生じる。曲線橋の場合（11.7節）、開断面でも閉断面でも、対傾構は形状保持の機能を果たすために特に重要となる。径間では、対傾構は曲率によるねじりを桁に伝え、支点では（ねじりに抵抗できる支点）では、桁のねじりモーメントを鉛直反力に変える。

横構に関しては、鋼・コンクリート合成桁橋では、鉄筋コンクリート床版が鋼桁に連結されると、横構の機能を果たす。この機能を果たすと、水平な桁のような挙動を示す床版は、橋軸直角方向の曲げに対して十分な剛性があり、無視できる程度の直応力が生じる。しかしながら、架設時すなわち床版打設前には、水平荷重に抵抗する仮の横構を設ける必要がある。

14.2.2 風荷重

5.4.1項で示したように、風による水平荷重は、径間の対傾構と支点上の対傾構では異なる。径間では、対傾構は風荷重を横構に伝えるが、支点上では、対傾構が横構からの力の和 R_H を支点に伝える（図14.1）。

側面からの風による径間の対傾構に作用する断面力を決めるためには、下フランジは、橋軸直角方向で一連の対傾構に支持される連続桁と見なし、ウェブ高の下半分に作用する風圧を支持する。ウェブ高の上半分に作用する風圧は、合成桁橋の床版または架設用の仮の横構に直接作用する。図14.1は、ラーメン形式の対傾構に作用する風荷重と、径間と支点上の対傾構の構造系を示す。径間では、対傾構は水平力 $Q_w = 1/2qhe$（e は対傾構の間隔）を負担し、この力を橋軸直角方向において対傾構を支える床版に伝える（図14.1(a)）。

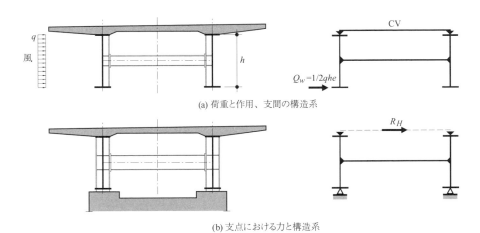

(a) 荷重と作用、支間の構造系

(b) 支点における力と構造系

図14.1 風荷重と2主桁橋のラーメン形式の対傾構の構造系

橋脚または橋台上では、対傾構は桁からの水平反力 R_H を支点に伝えるが、それは風による水平な力の和（開断面の橋の場合）となる。対傾構は、橋脚や橋台で水平方向に支持される（図14.1(b)）。橋脚や橋台での水平反力 R_H は、2つの支点か、片方が橋軸直角方向に可動の場合は1つの支点によって支持される（図5.18参照）。なお、橋脚上の支点は、橋脚の橋軸直角方向の曲げ剛性に依存する（図5.19参照）。

14.2.3　横座屈の拘束

鈑桁の横座屈に対する抵抗とその照査は、12.2.4項で示した。この横座屈は、座屈長（固定点間距離）の関数となる。圧縮フランジが横方向で支持されていない場合、座屈長は、隣接する対傾構の間隔によって与えられる。対傾構は、コンクリート床版と鋼桁が連結される前は、中間支点近傍では下フランジを、径間では上フランジを拘束する。

圧縮フランジの横座屈の拘束に必要な対傾構に作用する水平力 H_D（図14.2）は、圧縮部材の軸力 N の1%とされる。圧縮部材の断面積 A_D は、フランジの断面積とウェブの有効断面積の半分、ただし最大でもウェブの圧縮断面積の1/3の和とする（式(12.12)と式(12.13)）。図14.2は、中間橋脚近傍の対傾構に作用する荷重 H_D を示す。横座屈の場合は、対傾構を構成する部材の曲げ剛性によって対称か逆対称になる。この対傾構の変形図では、床版は無限大の横剛性をもつ部材と見なす。力 H_D は、活荷重が断面の中心から偏心して作用する場合、対傾構の片側だけに作用することもある。

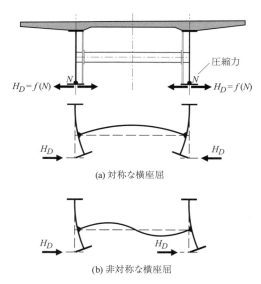

図 14.2　橋脚付近の圧縮フランジと対傾構の変形の可能性

風荷重を考える場合のように、水平力 H_D は、対傾構によって鋼桁の架設中や床版打設中の仮の横構に、あるいは合成桁橋が完成したときはコンクリート床版に伝達される。そしてこの荷重は、横構か床版により端対傾構に伝わる。架設法に関係なく、床版の設置時には径間の桁の上フランジの横座屈に対する構造安全性の照査では、床版の自重が考慮すべき荷重ケースとなる。いったん床版と鋼桁が構造的に連結されると、上フランジの横座屈の可能性はなくなる。

14.2.4　曲線の影響

断面の形状保持における対傾構の必要性は、曲線橋の場合、特に重要である。図14.3は、等分布荷重が作用する曲線2主桁橋の径間中央での橋軸直角方向の断面の変形を示す。対傾構がないと（図14.3(a)）、それぞれの桁は、鉛直変位と回転を生じて、その結果断面の変形（形状保持できない）を生じる。2つの桁を互いに連結する対傾構があると（図14.3(b)）、少なくとも局部的には2つの桁が一緒に変形し、橋軸直角方向の断面の形状が保持される。11.7.1項で示したように、横構は、曲線橋では重要な機能を果たし、桁

のつり合いを確保するのに必要である。これによって、対傾構は曲率によるねじりを曲線桁に有効に導入する。

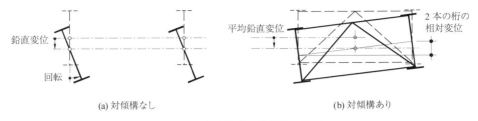

図 14.3　径間中央の曲線桁の変形

曲率によって対傾構に作用する断面力は、曲線桁の要素のつり合いを考えることで定義できる（図 14.4(a)）。一定と仮定する軸力 N が作用する長さ ds の要素で、曲率によって、ds に沿って等分布する放射方向の力 q_{dev}（偏向力）が生じる。

$$q_{dev} = \frac{Q_{dev}}{ds} = \frac{N \cdot d\alpha}{ds} = \frac{N}{R} \tag{14.1}$$

曲線橋では、偏向力はそれぞれの桁の部材に水平に作用する（図 14.4(b)）。ここでの部材は、引張または圧縮を受ける部材であり、すなわちフランジとウェブの一部である。偏向力は、引張部材では内向きに、圧縮部材では外向きに作用するので、結果として、断面を変形させる。対傾構はこの変形に抵抗する。対傾構の間では、単純化により、等分布偏向力がフランジの平面に作用すると仮定する。この力は、対傾構の間隔 e が大きいときには、桁の鉛直曲げに比べて大きくなることがある。そのため、曲線橋に対しては、対傾構を直線橋で見られる場合より狭い間隔で配置する。

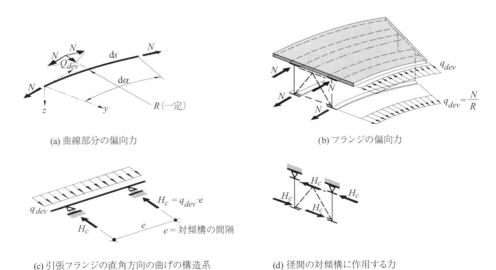

図 14.4　径間の曲線による偏向力の影響

対傾構に影響を与える偏向力は、等価な直線桁のフランジに橋軸直角方向の水平力 q_{dev} が作用するとして求めることができる。図 14.4(c) は、桁の下フランジに作用する偏向力を示す。これらの力による橋軸直角方向の曲げは、同図に示す構造系を考慮して決める。一連の対傾構は桁の水平方向の支点となるが、それは連続桁の支点の反力に抵抗し、この

反力は $H_C = q_{dev} \cdot e$ となる。フランジがコンクリート床版に構造的に連結されると、それが偏向力に直接抵抗する。

図 14.4(d) は、トラス形式の対傾構と、曲率により生じる荷重を示す。対傾構が引張部材と圧縮部材の両方に水平支点を与えるので、対傾構は閉じた系に作用する偏向力が作用する。つまり、水平な偏向力は、対傾構から横構に伝わらず、横構を通して支点まで伝達されない。対傾構はせん断を受けるパネルのように力を受け、曲率の影響（ねじり）を橋の断面に与える。

箱桁の場合、対傾構は曲率により生じるねじりを箱桁に導入する。それぞれの対傾構の位置では、曲率による影響は、フランジ面と箱桁に直角に作用する水平力 H_C の偶力で表される。この水平力 H_C は、箱桁の引張部材または圧縮部材に作用する力 N 全体を考慮して計算される。

14.2.5 支承取り換え用の仮支点

橋の桁を橋脚か橋台で持ち上げる必要があり、設計者がジャッキと桁の間の部材として対傾構を使う予定がある場合、この機能を考えて設計しておく。支承の補修や交換が必要な場合に橋を持ち上げるが、そのとき桁の支点反力は対傾構を通ってジャッキまで伝わる（図 14.5）。支点反力は、橋の自重と場合によっては低減した活荷重（この作業中は、橋の供用は部分的か全面通行止めにする）によるが、対傾構は支点反力を伝達し、その結果、鉛直のせん断力を受ける。この荷重ケースは、特殊な構造詳細を必要とし、対傾構の部材の寸法の修正が必要になることもある。ある場合には、対傾構のタイプを、例えばトラス形式の対傾構（図 14.5(a)）からラーメン形式かダイアフラム形式（図 14.5(b)）に変更することもある。

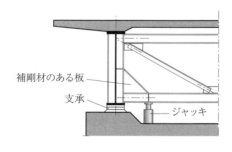 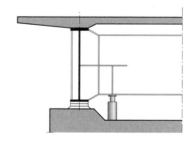

(a) トラス形式の対傾構　　　　　　　　(b) ダイアフラム形式の対傾構

図 14.5　橋のジャッキアップのための対傾構の構造の例

14.3　対傾構の断面力

これまで対傾構の異なる作用を明らかにしてきたが、本節では、対傾構を構成する部材に作用する断面力を考える。ここでは、開断面の橋と閉断面の橋を区別するとともに、対傾構の種類についても区別する。

径間の一連の対傾構には風による水平力 Q_w が作用しており（図 14.1）、さらに圧縮部材の横座屈に対する支点となることによる力 H_D が作用する（図 14.2）。対傾構には、断面（閉断面）の形状保持によるねじりを伝える断面力、および曲率による力 H_C が作用する（図 14.4）。これらの水平の力は、それぞれの最大値で同時に作用することはない。どの力が同時に作用するか、またその強さは、作用する荷重の分布と橋の形式、そして考慮

するリスクのシナリオによる。

　橋脚と橋台では、対傾構は、風荷重と横座屈の拘束による水平な反力、および横構からくる水平な反力を支点に伝える（横構が支承面の位置にないと仮定すると）。閉断面の橋の場合、対傾構は、ねじりモーメントを支点に、厳密にはこのようなモーメントに抵抗するように設計された支点に伝える。

　以下の項では、対傾構に作用する水平力、その力の要因（風、横座屈の拘束、曲率）にかかわらず変数 H で定義する。

14.3.1　開断面の橋

　下記のモデルは、対傾構の挙動を説明し、設計者が手早く対傾構に作用する断面力を決められることを意図している。床版は、側方の曲げに対して無限に剛であると考え、それにより対傾構の支点となる。

(1) トラス形式の対傾構

　図 14.6(a) は、トラス形式の対傾構を有する開断面の橋で、主な寸法は h_m と s である。対応する構造系は、図 14.6(b) に示す。力 H による対傾構の長さ d のトラス斜材に作用する軸力 D は、格点でのつり合いを考えて求めるが、その値は次式で得られる。

$$D = \frac{H \cdot d}{s} \tag{14.2}$$

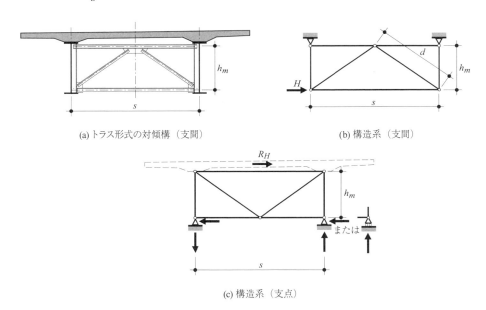

(a) トラス形式の対傾構（支間）　　　　(b) 構造系（支間）

(c) 構造系（支点）

図 14.6　トラス形式の対傾構の構造系

　図 14.6(a) は、径間の対傾構の例を示す。支点に横構の反力を伝達する橋脚または橋台上の対傾構の構造系を図 14.6(c) に示す。固定支点は、橋脚または橋台上の桁の支点を示す。単純にするため、床版の水平の反力 R_H は、半分を上フランジの位置に作用させる。対傾構の構造系を決めるときには、支点の設計の考え方が重要となるが、その例として片側が橋軸直角方向に可動の場合である（図 5.18 参照）。

(2) ラーメン形式の対傾構

　図 14.7(a) に、ラーメン形式の対傾構をもつ開断面をその主な寸法と併せて示す。径間の対傾構の構造系は、図 14.7(b) に示す。

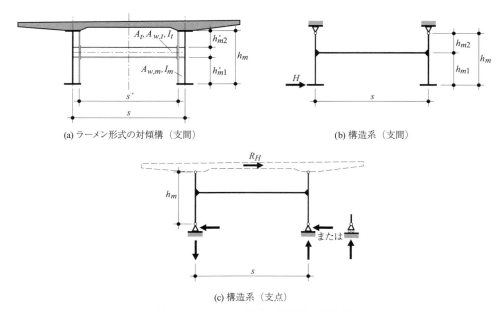

図 14.7　ラーメン形式の対傾構の構造系

　橋脚または橋台上で、横構の反力を支点に伝達する対傾構の構造系を図 14.7(c) に示す。この構造系の固定支点は、桁の支点、すなわち橋脚や橋台を表す。簡単にするために、床版の水平反力 R_H は、その半分をそれぞれの上フランジに作用させる。表 14.8 の関係式は、支点の 1 つが橋軸直角方向に可動の場合は適用されない。この場合、構造系は静定となるので、断面力は簡単に計算できる。

　曲げと軸力に対するばね定数 K [14.1]、および、たわみの計算にせん断力を考慮するための係数 K_V は、ラーメンのモーメント、軸力、およびたわみの計算に必要となる。これらの定数は、図 14.7(a) に示す記号を用いて次式で得られる。

支柱の下部　　$K_{m1} = \dfrac{{h'_{m1}}^3}{3EI_m}, \qquad K_{V,m1} = \dfrac{h'_{m1}}{GA_{w,m}}$ 　　　　　(14.3)

支柱の上部　　$K_{m2} = \dfrac{{h'_{m2}}^3}{3EI_m}, \qquad K_{V,m2} = \dfrac{h'_{m2}}{GA_{w,m}}$ 　　　　　(14.4)

対傾構の横支材　　$K_{t1} = \dfrac{s' \cdot h_{m1}^2}{2EI_t}, \qquad K_{V,t} = \dfrac{2s'}{GA_{w,t}}$ 　　　　　(14.5)

$$K_t = \dfrac{s' \cdot h_m^2}{2EI_t}$$

$$K_{t2} = \dfrac{s' \cdot h_{m2}^2}{2EI_t}$$

$$K_{tN} = \dfrac{s'}{2EA_t}$$

　ラーメンの支柱の断面 2 次モーメント I_m を計算するとき、主桁のウェブ厚の 25 倍に相当するウェブの幅を有効断面に考慮できると仮定する。支柱のウェブの断面積と横支材の断面積は、それぞれ $A_{w,m}$ と $A_{w,t}$ とする。

表 14.8 に、対称荷重と逆対称荷重を受ける対傾構（図 14.2）に作用する力とその大きさを示す。水平力 H を受ける対傾構のたわみ v もこの表に示す。

表 14.8　下フランジに作用する荷重 H によるラーメン形式の対傾構の断面力

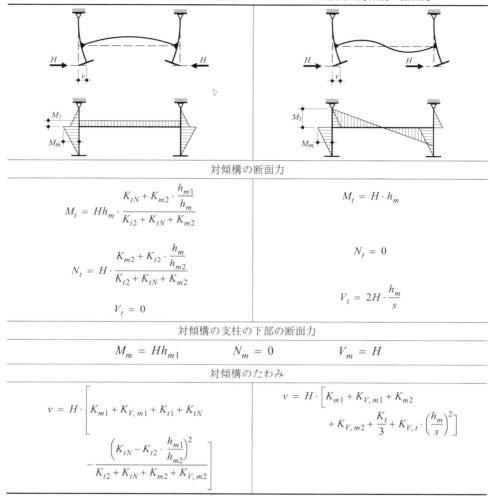

対傾構の断面力	
$M_t = Hh_m \cdot \dfrac{K_{tN} + K_{m2} \cdot \dfrac{h_{m1}}{h_m}}{K_{t2} + K_{tN} + K_{m2}}$ $N_t = H \cdot \dfrac{K_{m2} + K_{t2} \cdot \dfrac{h_m}{h_{m2}}}{K_{t2} + K_{tN} + K_{m2}}$ $V_t = 0$	$M_t = H \cdot h_m$ $N_t = 0$ $V_t = 2H \cdot \dfrac{h_m}{s}$

対傾構の支柱の下部の断面力
$M_m = Hh_{m1}$　　$N_m = 0$　　$V_m = H$

対傾構のたわみ	
$v = H \cdot \Bigg[K_{m1} + K_{V,m1} + K_{t1} + K_{tN}$ $\quad - \dfrac{\left(K_{tN} - K_{t2} \cdot \dfrac{h_{m1}}{h_{m2}} \right)^2}{K_{t2} + K_{tN} + K_{m2} + K_{V,m2}} \Bigg]$	$v = H \cdot \Bigg[K_{m1} + K_{V,m1} + K_{m2}$ $\quad + K_{V,m2} + \dfrac{K_t}{3} + K_{V,t} \cdot \left(\dfrac{h_m}{s} \right)^2 \Bigg]$

表 14.8 の式からわかるように、ラーメン形式の対傾構の断面力は、断面の高さ内の位置にはあまり影響されない。この位置は、どちらかといえば支持する断面力よりも、設計の考えや使用目的（例えば、管路や型枠の支持）で決まる。

表 14.8 の式で水平な荷重の作用点の計算と計測によるたわみは、せん断によるたわみも含む。このせん断によるたわみは、曲げによるたわみの約 20%程度である。なお、このたわみは、モーメントが支柱から床版に伝わらないという安全側の仮定に基づくが、それはその継手をヒンジで仮定しているからである。

(3) ダイアフラム

桁の支点まで伸ばした補剛鋼板で形成されるダイアフラム形式の対傾構に作用する荷重は、水平力によるせん断力だけである。この種の対傾構の使用は、開断面の橋では少ないが、長径間の橋の橋台位置では、ダイアフラム形式がよく使われる。

14.3.2 閉断面の橋

14.2.1 項でも触れたように、箱桁橋は水平の桁として風荷重に抵抗する。径間の対傾構は、風が箱桁にねじりを生じない限り、荷重を負担しない。風によるねじりが生じると、対傾構は、そのねじりを以下に示すように桁に伝える。それに対して、支点上の対傾構は、箱桁に橋軸直角方向に作用する風荷重を支点に伝達する。これは、合成桁橋の開断面の床版が果たす機能と同様である。

箱桁では、断面の形状を保持する機能が、対傾構に最大の応力を生じさせる。対傾構があると、箱桁はせん断流の形で橋に作用する純ねじりに抵抗する。ねじりは以下の要因で生じる。

・床版上に偏心して作用する荷重
・断面のねじり中心を通って作用しない水平力
・橋の曲率

ねじりを生じる荷重の組合せは、橋の形状と考慮する荷重ケースに関係する。下記で強調するように、この荷重の組合せでは、対傾構に生じる断面力の符号に注意するが、それは、ねじりの作用が同じようでも、お互いが逆に作用することがあるからである。

径間の対傾構は、ねじりを箱桁に導入する。実際、箱断面を構成する鋼板でねじりをせん断流に直接変換するには、断面は柔軟すぎるので、ねじりは径間の対傾構の位置だけで導入される。対傾構は剛な面を形成し、柔軟な箱断面に一種のねじりの支点を与える。したがってねじりは、集中ねじりモーメントの形で径間の各対傾構位置に導入される。このように、箱桁のねじりによる断面力の計算には、形がひずまない単純な棒構造（図14.9(a)）は、図14.9(b) に示す対傾構のある箱断面の構造系に置き換えられる。実際の橋の挙動は、この2つの間となる。ただし、十分な数の剛な対傾構があると（14.5.2 項）、橋の挙動は、ねじりがせん断流に変換され、箱断面の変形が小さい場合に近くなる。

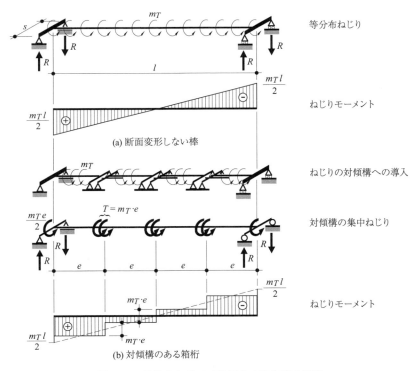

図 14.9　等分布ねじりが作用する箱桁橋の挙動

閉断面は、純ねじりに抵抗して、ねじりを桁の支点に伝える。橋脚や橋台の対傾構は、せん断流を箱桁の2つの支点に偶力 R の形で伝える。

(1) 径間の対傾構の荷重

径間のそれぞれの対傾構は、対傾構の間の要素の左右のねじりに影響される。すなわち、径間の対傾構は、対傾構間の箱桁の要素のねじりに対して剛な支点となる（図 14.9(b)）。上述したように、対傾構は、箱桁の要素の左右のねじりに抵抗しそれをせん断流に変換する。

径間の対傾構は、一般に等間隔に配置されるので、対傾構の設計は、図 14.9(b) に示すモーメントに対して行う。径間に n 本の対傾構があるとすると、桁の要素は $(n+1)$ 本となり、それぞれの要素の端部のねじりモーメントは（等分布ねじり荷重 m_T では）$m_T l / (2 \cdot (n+1))$ で与えられる。間隔が e である対傾構に作用する集中ねじりモーメント T は、この力の2倍となる。

$$T = \frac{m_T l}{n+1} = m_T e \tag{14.6}$$

(2) 橋台や橋脚の位置の対傾構の荷重

箱桁のねじりの支点と考えられる橋脚や橋台では（支点に2つの支承がある場合）、ねじりモーメントは、支点に作用する偶力となる。すなわち、箱断面のせん断流がこの位置で対傾構の偶力となる。このことは橋脚や橋台の対傾構には、径間の対傾構より明らかに大きい集中ねじりモーメントが作用することを意味する。図 14.9 に示す単純桁では、対傾構に作用し支点に作用する偶力となるねじりは、$m_T l/2$ となる。

連続箱桁橋では、中間橋脚の上の対傾構は、支点の左右のねじりモーメントの合計を伝える（もちろん、支点がねじりに抵抗すると設計されると仮定）。したがって、中間橋脚 B の上の対傾構は、次の集中ねじりに抵抗する（図 14.10）。

$$T_B = m_T \frac{l_g}{2} + m_T \frac{l_d}{2} \tag{14.7}$$

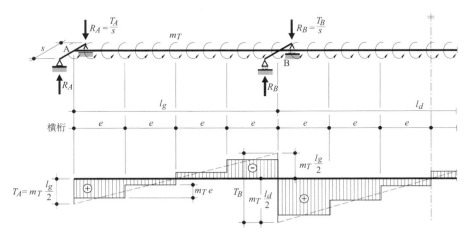

図 14.10 ねじりモーメント図および支点反力

この連続桁の場合、左の橋台の対傾構は、単純桁の例と同様、集中ねじり $T_A = m_T l_g/2$ が作用する。

(3) 対傾構でのせん断流の変化

前述したように、閉断面の箱桁に作用するねじりは、一連のねじり T（図 14.9(b)）と

して対傾構に集中しており、箱を構成する鋼板にせん断流として伝わる。それぞれの横位置では、したがって、集中ねじり T に比例したせん断流の変化 Δv があり、それは次式で表される（式 (11.5) による）。

$$\Delta v = \frac{T}{2\Omega} \tag{14.8}$$

ここで、T：対傾構（径間と支点）に作用する集中ねじり
　　　　Ω：閉断面の板厚中心で定義された断面積

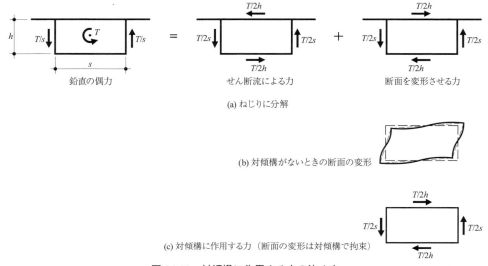

図 14.11　対傾構に作用する力の決め方

　図 14.11 に示すモデルを用いて、対傾構自体に生じる力を決めることができる。集中ねじり T は、例えば橋に作用する交通荷重の偏心によるもので箱断面のウェブに作用して、それは断面の逆対称荷重に相当する鉛直偶力 T/s に分解できる。箱断面には、$\Delta v = T/(2sh)$ によるせん断流の変化が与えられ、次に示す力が導入される。

・ウェブ　：　$\Delta v \cdot h = \dfrac{T}{2sh} \cdot h = \dfrac{T}{2s}$ \hfill (14.9)

・フランジ：　$\Delta v \cdot s = \dfrac{T}{2sh} \cdot s = \dfrac{T}{2h}$ \hfill (14.10)

　これらの力は、断面のせん断流により生じるが、断面の純ねじり抵抗に相当する。この力は全体としてねじり T とつり合うが、断面の逆対称荷重と各水平面の力とはつり合わない（図 14.11(a)）。したがって、断面のつり合いを確保するために、水平な断面に第 2 の力の形式を加える必要がある。この力の形式は反り力と呼ばれ、断面に反り変形を生じさせ（図 14.11(b)）、それは断面の反りによる直応力 σ_w とせん断応力 τ_w とに関連する。もし十分剛な対傾構により反り変形が拘束されると、第 2 の力の形式が対傾構に作用する（図 14.11(c)）。

　対傾構は、離散的な位置で閉断面の形状を保持するため、桁に沿って曲げによる直応力 σ_x と断面の反りによる直応力 σ_w が常に組み合わされる。この応力の比 σ_w/σ_x は、箱桁の角で最大となるが、対傾構の剛性とその数により決まる。この比が 0.05 以下の場合は、通常、箱桁の設計に応力 σ_w を無視する。一般に、各径間に剛な対傾構が少なくとも 5 本ある橋が、この場合に相当する [14.2]。

(4) トラス形式の対傾構

図 14.12 に示す箱桁のトラス形式の対傾構は、図 14.11(c) に示す力に抵抗できるように設計する。これらの力は、ウェブとフランジに溶接した補剛材で形成された断面をもつトラスの支柱と弦材に作用する。斜材の力 D は、トラスの1つの格点のつり合いから求める。例えば、斜材と箱桁の下フランジをつなぐ格点 A のつり合を考えよう（図 14.12）。

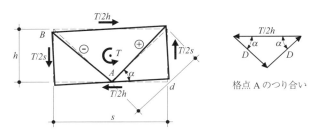

図 14.12 閉断面橋のトラス形式の対傾構の斜材に生じる力

$$2D\cos\alpha = \frac{T}{2h} \rightarrow 2D\left(\frac{s/2}{d}\right) = \frac{T}{2h} \tag{14.11}$$

斜材の力 D は次式となる。

$$D = \frac{T}{2hs} \cdot d = \Delta v \cdot d \tag{14.12}$$

式 (14.9) と式 (14.10) で定義した、せん断流の変化による箱桁の周辺に作用する力との類似性を考慮するのは興味深い。実際、トラスの斜材に導入される力は、斜材の長さ d を乗じたせん断流 Δv の変化に比例する。格点 B を考えると、力 D の鉛直方向の分力が $T/2s$ に等しいことがわかる。図 14.12 に示す例では、ねじり T の正の方向に箱桁が変形すると、左の斜材が圧縮され、右の斜材が引張を受ける。

桁のねじりが曲率による場合、このねじりを箱桁に導入する対傾構には、箱桁のフランジに作用する水平力 H_C（14.2.4 項）の偶力から生じる集中ねじりモーメントが作用する（図 14.13(a)）。対傾構のトラスの斜材における力の計算は、鉛直荷重の偶力の導入の場合と同じである（図 14.13(b)）。斜材に作用する軸力の正負に注意する。図 14.13 に示すように、同方向の集中ねじり T に対して、水平の力か鉛直の力の偶力のどちらかによって、斜材の軸力の正負が異なるからである。

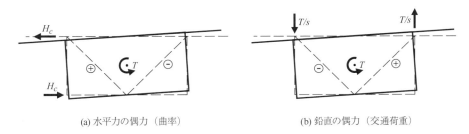

(a) 水平力の偶力（曲率）　　　　　(b) 鉛直の偶力（交通荷重）

図 14.13 断面の変形とトラス形式の対傾構の斜材に生じる力の正負

曲線橋では、対傾構のトラスの斜材の軸力 D は、偏向力 H_C の関数として表されるが、それは $\Delta v = H_C/2s$ で、次式となる。

$$D = \frac{H_C \cdot d}{2s} \tag{14.13}$$

この式 (14.13) を、開断面の橋のトラス形式の対傾構の斜材に生じる軸力の式 (14.2) と比べると、他のすべてが等しいとき、曲率による斜材の軸力は、箱桁では半分である。したがって、トラス形式の対傾構については、橋の曲率が大きい場合は、閉断面とする方が有利となる。

(5) ダイアフラム

図 14.11(c) に示す力によるせん断を受ける厚さ t の鋼板で形成されるダイアフラムを考えよう。ダイアフラムのせん断応力 τ は、力をダイアフラムの断面積で除して計算される。例えば、箱桁のウェブのダイアフラムの間の鉛直な断面積 $h \cdot t$ では、次式となる。

$$\tau = \frac{T}{2s} \cdot \frac{1}{h \cdot t} = \frac{\Delta v}{t} \tag{14.14}$$

ダイアフラムの水平力を考える場合も同様の計算ができる。せん断応力は、対傾構に導入されたせん断流の変化を、ダイアフラムを形成する鋼板の板厚で除した値と同じになる。

14.4 横構に作用する力

14.4.1 水平力

橋の横構に作用する力は、一階建ての工場建屋の場合と同じように決めることができる（『土木工学概論』シリーズ第 11 巻 14.3 節）。それは構造物に作用する水平力、主に風の力のつり合いを確保する。すなわち、荷重の伝達経路を支点まで確保して、構造物の安定を保証する。風による水平力は、部分的に主桁によって直接横構に、一部は対傾構を介して横構に伝達される（図 5.17 参照）。トラス形式の横構は、弦材となる主桁と、支柱あるいは横支材を形成する対傾構により構成される（図 5.26 参照）。横構に作用する力の大きさは、水平な構造系による。これらの力は、対傾構の有効長に逆比例するが、有効長は主桁の間隔に等しい。

14.4.2 横構の形状の影響

5.7.2 項で触れたように、横構は水平力に加えて、横構が固定される主桁の橋軸方向の変形にも影響される。横構を形成するトラス部材に作用する力の大きさは、横構の形状と桁高での位置による。

図 14.14 は、主桁の断面の下部で主桁に連結された形状の異なる 3 つの横構の径間での変形を示す。X 型（セントアンドリュースの十字）の横構の場合、横構は鉛直荷重による弦材の変形に合わせて自由に延びない。したがって、この拘束により生じる付加的な力が X 型の横構に作用する。ひし形の横構の場合は、斜材の変形は小さくなるが、それは主桁が橋軸直角方向には柔軟性があり、X 型の場合よりも拘束が小さいためである。K 型の横構の場合は、横構の斜材と支柱の支点の柔軟性が高いため、横構の斜材にわずかな力を与えるのみである。

架設用の仮の横構の場合、主に斜材に生じる付加的な力は、架設中の桁の橋軸方向の変形が橋の完成状態に比べて小さいので、通常、考慮しなくてもよい。しかし、もし橋の供用中にわたって横構が常に機能するときは、桁の中立軸付近に横構を連結するか、付加的な力が小さくなる形状にするか、あるいは横構の設計でこれらの力を考慮する。

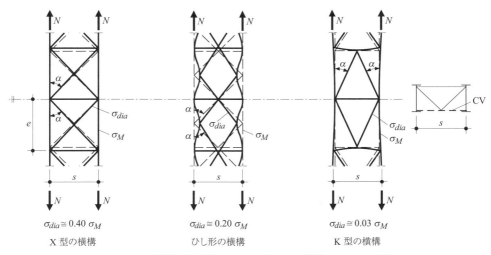

図 14.14 横構の形式別による主桁による横構（CV）の変形

下記の式で、横構が連結される弦材に作用する応力 σ_M に応じて、斜材の応力 σ_{dia} を推定できる。これらの式は、橋軸に対称な形状、対傾構の間隔が一定、弦材の応力が一定の場合のときのものである [14.3]。

X 型の横構
$$\sigma_{dia} = \sigma_M \cdot \frac{\cos^2\alpha}{1 + \frac{A_{dia}}{A_M}\cos^3\alpha + 2\frac{A_{dia}}{A_T}\sin^3\alpha} \tag{14.15}$$

ひし形の横構
$$\sigma_{dia} = \sigma_M \cdot \frac{\cos^2\alpha}{1 + \frac{A_{dia}}{A_M}\cos^3\alpha + 2\frac{A_{dia}}{A_T}\sin^3\alpha + \frac{A_{dia}\cdot e^2}{48 I_M}\sin^2\alpha\cdot\cos\alpha} \tag{14.16}$$

K 型の横構
$$\sigma_{dia} = \sigma_M \cdot \frac{\cos^2\alpha}{1 + \frac{A_{dia}}{A_M}\cos^3\alpha + \frac{A_{dia}}{A_T}\sin^3\alpha + \frac{A_{dia}\cdot e^2}{3 I_T}\sin^3\alpha} \tag{14.17}$$

ここで、A_{dia}：横構の斜材の断面積
A_M：横構の弦材の断面積（桁のフランジの断面積に等しい）
A_T：横構の横支材の断面積（対傾構の横桁に等しい）
I_M：横構面の弦材の断面 2 次モーメント
I_T：横構面の横支材の断面 2 次モーメント
e：横構の支柱（対傾構）の間隔

例えば、500 × 50mm の上フランジを有し、角度 $\alpha = 45°$、直径 101.6mm、板厚 10mm の鋼管の斜材、HEA300（広幅フランジ H 形鋼、フランジ幅 = 300mm）の対傾構の横支材をもつ、$s = 6.0$m の間隔の 2 本の主桁の場合、X 型の横構の斜材は、フランジに作用する σ_M のおよそ 40％に相当する応力 σ_{dia} が作用する。ひし形の横構の場合は、σ_{dia} は σ_M の約 20％、K 型の横構の場合は、この値は σ_M の約 3％である。したがって、X 型の横構は、恒常的な横構としては適切ではない。

14.4.3 開断面の箱桁の横構

例えば、送出し工法での架設時、あるいは恒常的な横構とするとき、開断面を閉じるために横構を用いる。合成 2 主桁橋は、下フランジの位置に横構を配置して閉じることで、

箱桁のように挙動させることができる。風荷重に加えて、この横構には閉断面の純ねじり抵抗に対応するせん断流が作用する。図 14.15 は、開断面箱桁を閉じるトラスの斜材と支柱の力を示す [14.4]。せん断流 v は、その断面に作用する純ねじり T より生じるせん断流に相当する。

$$v = \frac{T}{2\Omega} \tag{14.18}$$

ここで、v：せん断流
T：その断面に作用するねじりモーメント
Ω：閉断面の板厚中心での断面積

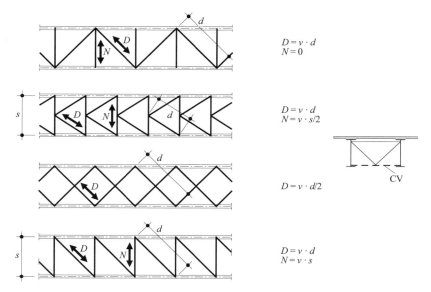

図 14.15 開断面を閉じる下横構（CV）のせん断流 v より生じる力

14.5 構造設計

対傾構と横構は、リスクのシナリオの照査や作用する荷重ケースを考慮して、構造安全性に関する多くの条件を満たさなければならない。架設のある段階のような特別な場合を除いて、これらの構造部材に対する使用性の要求はない。

しかしながら、自重による曲げによるたわみと共振の可能性を制限するために、対傾構あるいは横構を形成する部材はあまり細長くしない。さらに、対傾構を構成する構造部材が構造安全性の要求を満たしても、対傾構や横構には十分な剛性を持たす。この剛性は、橋の実際の挙動が構造解析のモデルに合うことを保証するために必要となる。

14.5.1 構造安全性（ULS）

トラス形式の対傾構と横構の圧縮または引張部材の設計では、構造安全性に関する要求事項を満足させる（『土木工学概論』シリーズ第 11 巻 12.3.3 項）。ラーメン形式の対傾構の横支材は、圧縮と曲げを受ける部材の抵抗と安定（横座屈）の条件を満足させる（『土木工学概論』シリーズ第 11 巻 12.2.2 項）。平面の対傾構（ダイアフラム）は、主にせん断力が作用し、そのためせん断を受けるパネルに関する条件を満足させる（12.3 節）。

対傾構と横構を形成する構造部材の一部は、橋の構造安全性を保証するために複数の機

能を同時に果たす。例えば、横構の弦材は、主桁の一部となり、例えば横構の断面の上部にあれば上フランジ、下部にあれば下フランジの一部となる。対傾構では、トラスやラーメンの支柱は、主桁のウェブの垂直補剛材の機能ももつ。さらに支点上の対傾構では、支柱は支点反力を主桁に伝える。しかし、これらのそれぞれの機能による最大の力は、同じ荷重ケースによるものでない限り、加算する必要はない。また、最大力は、必ずしも部材の同一の断面に作用させるとは限らない。

例えば、図 14.16 は、支点上のラーメン形式の対傾構の支柱に作用する力を示す。対傾構が支点反力 R を伝えるとき（図 14.16(a)）、支柱には支柱の基部で最大となる軸力が作用する。軸力はウェブに伝わることで減少し、支柱の上部ではゼロとなる。この機能を満たすには、12.6 節に従って圧縮を受ける柱として反力 R の最大値に対して支柱を設計する。支柱が対傾構のラーメンの一部としての機能を満たすときは、支柱には、合成桁橋の床版を構成する横構の水平反力 R_H（図 14.7）による曲げモーメント、軸力、せん断力（図 14.16(b)）も作用する。

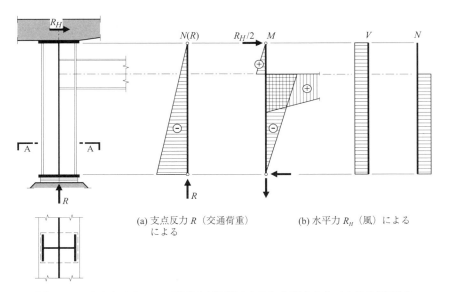

図 14.16　支点上のラーメン形式の対傾構の支柱に作用する力（支承の補剛材）

ラーメンの設計では、反力 R_H の最大値を考慮する。この最大値は、最大の水平力（風）を生じる荷重ケースに起因する。この荷重ケースは、活荷重によって生じる最大の鉛直反力 R を生じる荷重ケースと異なる。したがって、これらの 2 つの最大の力を設計のために加算する必要はない。また、最大の荷重が作用する支柱の断面は異なる。風による荷重ケースでは、最大の荷重が作用する支柱の断面はラーメンの隅角であるが、交通荷重では、支柱の基部である。横支材が上フランジの近くにあるとき、設計でこの 2 つの力を分けて考えることができる。

塑性設計の概念に基づいて、断面の一部がある機能を満たし、別の部材が別の機能を満たすと仮定して、荷重ケースを分けることもできる。例えば、横支材が取り付く T 断面で形成されるラーメン形式の対傾構の支柱では、
・T 断面のウェブには、ウェブのパネルを補剛する機能をもたせ、そのように照査する（(12.6.1 項、式 (12.70)）。
・T 断面のフランジは、桁のウェブの一部と合わせて曲げモーメントに抵抗すると見な

す（支柱では、軸力とせん断力は通常小さいので無視できる）。

14.5.2 最小寸法
(1) トラス形式の対傾構
　トラス形式の対傾構と横構は、これらの部材が主に風荷重に抵抗し、風はどちらの側からも吹くことから、橋軸に対して対称な形状となる。このことは、風の向きによってトラスの斜材のどちらかが圧縮を受けることを意味する。トラス部材の自重（もし水平なら）は、曲げを生じるが、これは無視できないことがある（圧縮部材の2次効果）。また、活荷重や風の影響で共振が起こり、疲労き裂につながるため、細長すぎる斜材の使用は避ける。これに対しては、SIA規準263では、部材の細長比は以下の値を守ることを推奨している。

- 圧縮を受ける主構造部材：$\lambda_K \leqq 200$
- 圧縮を受け、疲労が問題となる構造部材：$\lambda_K \leqq 160$

　　λ_K：要素の細長比（$\lambda_K = l_K/i$）
　　l_K：部材の座屈長（『土木工学概論』シリーズ第10巻、表5.32）
　　i：要素の断面2次半径

　橋の耐久期間中に常にその機能を果たさなければならない対傾構または横構では、細長比160を超えない方がよい。例えば、架設用の仮の横構には、使用期間が短いのであれば細長比200（あるいはそれ以上）が認められる。

(2) 開断面のラーメン形式の対傾構
　径間のラーメン形式の対傾構では、作用する断面力が小さくなり、対傾構の部材、特に横支材が桁高の小さい断面になることがある。対傾構の十分な曲げ剛性を確保するために、風が作用したときのラーメンの支柱の基部の変形は、鋼桁の桁高の1/500未満とする。この変形の条件は、径間の対傾構の横支材にはⅠ形鋼300（IPE300）以上の断面を使用することを意味する。他の断面を用いるときは、それと同等以上の断面2次モーメントであることを確認する。支点では、横構から伝わる風の反力が大きいため、より剛性の高い横支材を使用する。

　ラーメン形式の対傾構の面内の剛性は、主桁の圧縮フランジの横座屈の有効座屈長にも影響を与える（12.2.4項）。この安定現象に関しては、対傾構がフランジを側方から支持する機能があり、その剛性を考慮する。対傾構が剛であればあるほど、座屈長が実際の対傾構の間隔に近くなり、横座屈に対する抵抗が大きくなる。

(3) 閉断面での対傾構
　閉断面では、対傾構は主に断面の形状を保持して、断面にねじりを導入する。この機能を果たすために、対傾構は変形しない平面として挙動する。補剛板で形成されるダイアフラムは、十分な剛性があり変形しない平面であると仮定できるが、箱桁に用いる他の対傾構（トラスやラーメン形式の対傾構、図5.21参照）は、必ずしもそうではない。その場合、閉断面にゆがみが生じ、断面のそりによって生じる直応力が無視できなくなる（図11.16参照）。

　これについての数値解析による研究[14.2]により、ゆがみに対する対傾構の最小剛性が定義された。この最小剛性は、閉断面のゆがみが小さくなり、このゆがみによる生じる直応力が箱桁の曲げによる直応力の5%未満になることを保証する。この研究では、さらに連続桁で径間に十分に剛な対傾構5本を配することで、この5%を保証できることを示している。桁の桁高比を $h/l = 1/20$ から $1/25$ とすると、対傾構の間隔は $3.3h$ から $4h$ となる。

　数値解析により、ラーメン形式またはトラス形式の対傾構の剛性は、十分な剛性がある

と見なすには、ダイアフラムのゆがみに対する剛性の少なくとも20％である必要がある。対傾構の断面変形に対する剛性 K_D は、文献 [14.5] による表 14.17 に従って計算できる。他の対傾構の剛性の計算の参考となるダイアフラムの剛性の計算では、ダイアフラムの鋼板厚 t_D は 20mm と仮定する。

表 14.17 箱断面の対傾構の断面変形に対する剛性

(図：ダイアフラム、寸法 h_f、s、t_D)	ダイアフラム形式の対傾構 $$K_D = Gt_D sh_f$$
(図：ラーメン、I_{sup}、I_m、I_{inf}、h_f、s)	ラーメン形式の対傾構 $$K_D = \frac{24EI_m}{\alpha_0 h_f}$$ $$\alpha_0 = 1 + \frac{(2s)/h_f + 3(I_{inf}+I_{sup})/I_m}{(I_{inf}+I_{sup})/I_m + (6h_f/s)\cdot(I_{inf}I_{sup}/I_m^2)}$$
(図：V形トラス、A_{dia}、h_f、s、d)	V形のトラス形式の対傾構 $$K_D = \frac{EA_{dia}s^2h_f^2}{2d^3}$$

　この表では、ラーメン形式の対傾構について、ウェブやフランジ面に対する断面2次モーメント I_m、I_{sup} と I_{inf} を計算するが、そこでは箱桁のウェブとフランジの寄与を考慮できる。E と G はそれぞれヤング率とせん断弾性係数である。

　この対傾構の20％という最小剛性を適用すると、大きなラーメン形式の対傾構になることがあるが、このような場合には、径間ではトラス形式の対傾構にした方が有利となる。支点では伝達すべき荷重が大きいため、一般に構造安全性の要求を満たすためにダイアフラムを用いる。

参考文献

[14.1] Foucriat, J. C., Roche, J., Conception et calcul des éléments transversaux dans les ponts-routes mixtes, *Bulletin Ponts métalliques* n° 11, OTUA, Paris, 1986, pp 123-174.

[14.2] Park, N.-H., et al., *Effective Distorsional Stiffness Ratio and Spacing of Intermediate Diaphragms in Steel Box Girder Bridges*, International Journal on Steel Structures, vol. 4, n° 2, Korean society of steel construction, Seoul, 2004, pp 93-102.

[14.3] Dubas, P., *Brücken in Stahl*, Autographie zur Vorlesung Brückenbau AK, Eidg. Technische Hochschule Zürich, Schweiz.

[14.4] Kollbrunner, C. F., Basler, K., *Torsion, Application à l'étude des structures*, SPES Lausanne, Bordas Paris, 1970.

[14.5] Nakai H., Yoo, C. H., *Analysis and Design of Curved Steel Bridges*, McGraw-Hill, New York, 1988.

15章　全体の安全性

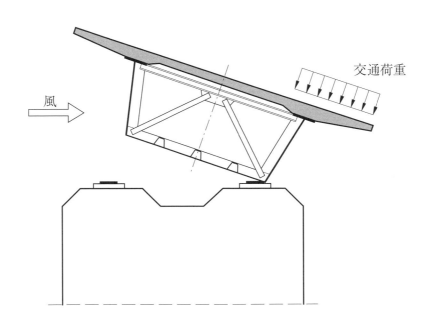

15.1 概要

この章では、橋全体の安定性とこれを保証するために設計で考慮する事柄について示す。ここでは、個々の構造部材の断面強度ではなく、橋全体のつり合いに関して示し、設計者は全体の挙動が橋の不安定につながらないことを確認する。

橋は、支点で転倒やアップリフトがあってはならない。遊動連続桁の場合は、橋脚は過度に柔軟にしないことが重要で、これは上部構造の橋軸方向の変位によって橋が不安定になるからである。したがって、設計者は、建設中や供用時に生じる好ましくない作用に対して橋が不安定にならないように十分に安全の余裕があるかの照査を行う。

この章では、桁橋に対して図15.1に示す3種類の安定性について考える。
・橋軸まわりの回転による転倒（図15.1(a)）
・支点でのアップリフト（図15.1(b)）
・遊動連続桁の橋軸方向の不安定性（図15.1(c)）

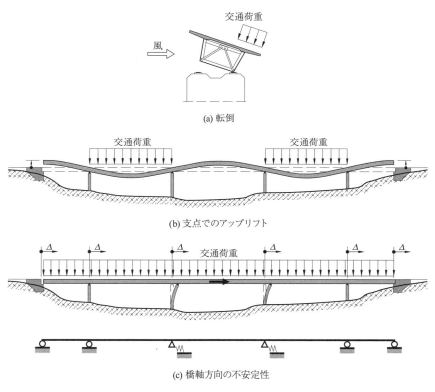

図 15.1 桁橋全体の安定性

最初の2つの挙動は、上部構造の全体の静的なつり合いに関係する。これは、支点が負の反力を支持できないときに生じる。3番目の橋軸方向の安定性は、面内で拘束されていない1層の多径間のラーメン構造の安定性の問題となるが、これは遊動連続桁の典型的な構造系である（5.3.4項）。

全体の安定性に関して照査する作用について考えたあとで（15.2節）、上記の3種の不安定の問題を、15.3節（転倒に対する安定性）、15.4節（支点のアップリフト）、および15.5節（遊動連続桁の橋軸方向の安定性）に詳しく述べる。

15.2 考慮すべき作用

橋全体の安定の照査では、設計者は不安定に寄与する作用は最大値を、安定に寄与する作用は最小値を用いて、最も不利となるリスクのシナリオを考える。1つの力が、作用線の位置により全体の安定性にとって有利にも不利にも作用することは珍しくなく、ある作用の影響の一部が有利に働き、他の影響が同時に不利に働くこともある。したがって、あるリスクのシナリオに考慮するか否か決定するために、作用の構造物全体に対する影響を考察する。特に長期荷重の場合には、設計者は1.0以上か1.0以下の荷重係数を使うのかを決める。

図15.2は、転倒の照査に関するこの考え方を図で示す。一群のトラックに吹く風は、不安定な効果を与える一方、トラックの自重は安定性に寄与することもあれば（図15.2(a)）、不安定に寄与することもある（図15.2(b)）。風のリスクのシナリオにおける活荷重の橋全体への影響は、このように橋の上のトラックの位置と重量によって、橋の安定につながることも、逆に不安定にさせることもある。

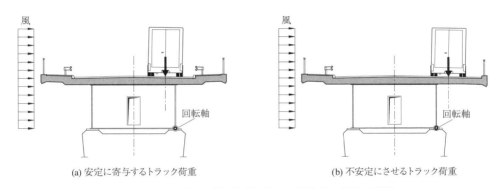

(a) 安定に寄与するトラック荷重　　　　　　(b) 不安定にさせるトラック荷重

図15.2　風を受ける橋の転倒に対する活荷重の位置の影響

多くの場合、不利な作用のすべてが同時に生じることはない。したがって、全体の安定の照査では、どれが不安定にさせる最大の作用か、どれが安定にさせる最小の作用かの2つのリスクのシナリオを考える。最も危険なケースが、この両極端の中間にあることがある。

転倒あるいは支点のアップリフトに対する安定の照査では、9.6.1項に示すように、タイプ1の限界状態に対する次式が満足されることを確認する。

$$E_{d,dst} \leq E_{d,stb} \tag{15.1}$$

ここで、$E_{d,dst}$：不安定にさせる作用の影響の設計値
　　　　$E_{d,stb}$：安定にさせる作用の影響の設計値

表9.5とSIA規準260、およびユーロコードには、作用の影響が有利（安定）か不利（不安定）かによって考慮すべき荷重係数を示している。

次に、15.3節から15.5節で示す照査では、異なる荷重をどのように考慮するかについて示す。橋の作用と荷重に関しては10章で示した。

15.2.1 長期荷重

長期荷重は、考えている橋の全体の安定性の種々の場面で、有利な影響と不利な影響を与える場合がある。例えば、上部構造の自重は通常、転倒に対しては有利に働くが、橋脚の座屈（これは遊動連続桁の橋軸方向の安定性に関連する）に対しては不利となる。

長期荷重が考えるケースに全体的に有利に働くか不利に働くかによって、荷重係数 γ_G は異なる。しかし、それが一部に有利で他では不利になる場合であっても、与えられたリスクのシナリオに対して、長期荷重には単一の荷重係数を用いる。例えば、連続桁の支点のアップリフトでは、ある支間の桁の自重は、安定に寄与し、他は不安定に寄与する場合がある。しかし、自重の荷重係数は、ある荷重ケースでは支間ごとに異なることはない。

15.2.2 交通荷重

交通荷重は、橋軸方向と橋軸直角方向の影響線を用いて、不利な位置に配置する。例えば、橋の上部構造の転倒の照査では、最も不利なリスクのシナリオは、床版の張出し部の上の1つの仮想車線に荷重を作用させた場合となる（図15.2(b)）。

15.2.3 風荷重

風は橋の上部構造にも下部構造にも作用する。橋軸直角方向の風は、上部構造の転倒に対する安定性に関与し、橋脚に作用する橋軸方向の風は、橋の橋軸方向の安定性にとって不利となる。このリスクのシナリオについては15.5節で示す。

風による上部構造の水平荷重は、橋の上に通過車両がないときは、桁高のほぼ中央に作用する。しかし、交通量が多い場合（例えばトラックの車列の停止）、風を受ける有効高が大きくなり、風荷重はトラックの上部と主桁の下面の中間あたりに作用する。これは、転倒モーメントを大きくする効果があるため設計で考慮する（15.3節）。風荷重の大きさは、10.4.1項に示した指針、および関連する基準によって定める。

15.2.4 地震

地震は、地盤の動きに起因して、橋に鉛直加速度と水平加速度を生じさせる。鉛直加速度は自重に変化を与え、自重が減ると床版のアップリフトを生じ、大きく増加すると橋脚の座屈を生じる。水平加速度は、橋脚と橋台から上部構造に伝わり、橋軸直角方向に作用すると橋の転倒につながり、橋軸方向に作用すると、全体の不安定を生じさせることがある。考慮する鉛直加速度と水平加速度の大きさは、SIA規準261に従って計算できるが、この規準は、すべり支承の支持部の寸法に関する基準も含む（10.6.1項）。

15.3 転倒に対する安定

15.3.1 この現象について

転倒は、転倒モーメントを受けて上部構造が橋軸まわりに回転して生じる。図15.1(a)は、支承線に関して回転する例を示す。支点が負反力を支持できるよう設計される場合、転倒は生じないが、当然ながら設計者は支承の強度が適切であることを照査する。通常の支承は、負反力に耐えられない。したがって、架設と供用時で考えるすべてのリスクのシナリオに対して、常に支点反力が正となるようにする。

15.3.2 構造安全性の照査（ULS）

転倒に対する構造安全性は、安定に寄与する作用と不安定にさせる作用（モーメント）を比較して、式(15.1)で照査する。モーメントはある回転軸に対して計算するが、それは1つの支承の線とする（図15.2）。図15.3(a)は安定に寄与する作用を示し、図15.3(b)は不安定にさせる作用を示す。なお、図15.3には、分布荷重の合力と交通荷重の作用点までの距離、yとzも示している。次に示すのは、定められたリスクのシナリオ（風、交

通荷重、または地震）に合わせて考慮する2種類の作用であり、それには関連する荷重係数が伴う。

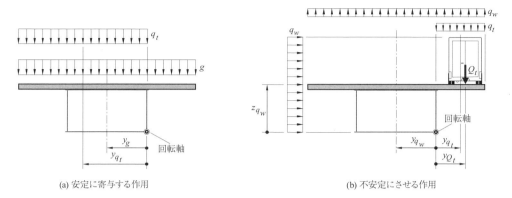

(a) 安定に寄与する作用　　　　　　　　　(b) 不安定にさせる作用

図 15.3　橋の転倒に対する照査で考慮する作用の例

安定に寄与する作用は、
- 長期荷重 g（上部構造と非構造部材の自重）
- 安定に寄与する側（回転の軸を考慮して）にある交通荷重 q_t、もしこの荷重がリスクのシナリオにおいて不安定にさせるときにも使用する場合（トラックに当たる風）。

不安定にさせる作用は、
- 不安定にさせる側（回転の軸に対して）に位置する交通荷重 q_t, Q_t、特に床版の張出し部。
- 橋の横方向、または上方向に作用する風荷重 q_w、ただし、後者は計算では無視することが多い。
- 橋軸方向または鉛直上向きの地震の力 q_{acc}（図 15.3 には示していない）。

15.3.3　設計での対応

転倒に対する安全性が保証されない場合、いくつかの解決策がある。それらは、
- 箱桁の幅を広げる（図 15.4(a)）。
- 橋脚上や橋台上の支点の間隔を広げる（図 15.4(b)）。

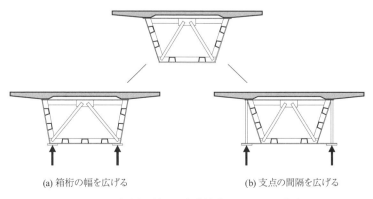

(a) 箱桁の幅を広げる　　　　　　　　(b) 支点の間隔を広げる

図 15.4　転倒に対する安定性向上のための設計

・負反力に抵抗できる支承を用いる。ただし、この選択に伴う費用の上昇と耐久性の低下に注意する。
・転倒に敏感な曲線橋では、支間を短くする（11.7.1 項）。
・鉄道橋では、支点の間隔を広くできるので、上下線を分離する 2 つの橋ではなく上下線一体の 1 つの橋を基本設計で用いる（16.2.2 項）。

15.4　支点のアップリフト

15.4.1　この現象について

ここでの支点のアップリフトは、転倒に対する橋軸直角方向のアップリフトではなく、橋軸方向のものである（15.3 節）。この種のアップリフトは、主に以下の状況で生じる。

・複数の径間をもつ連続橋（図 15.1(b)）では、ある径間に荷重が作用して隣の径間に荷重が作用していない場合、荷重が作用していない径間が持ち上がる傾向がある。場合によっては、桁が橋脚または橋台の支点と接触しなくなる。この現象は、側径間に見られるように、荷重が作用していない径間長が、荷重が作用する径間より短い場合によく生じる。
・合成桁橋の架設中には、コンクリート床版を鋼桁上に架設する際に鋼桁がコンクリート床版に比べて軽いため、図 15.5 に示すような橋台の支点のアップリフトが生じることがある。
・斜橋では、橋のねじり剛性および支点の相対位置 e と支間長 l の比が大きい場合、図 11.28 に示すように鋭角側の支点（A′ と B″）は持ち上がる傾向がある。

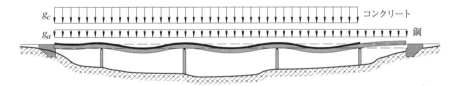

図 15.5　床版のコンクリート打設時の橋台の支点のアップリフト

中間橋脚の負の支点反力は、支承がそれに対して設計されていない場合、支承に損傷を与える。さらに有害なのは、橋台のアップリフトであり、これが生じると橋台と床版の間の伸縮装置に不連続が生じる。このような不連続は、交通安全に脅威となり、車輌通過時の衝撃によって支承や伸縮装置、さらには上部構造に重大な損傷を生じさせる。

15.4.2　構造安全性の照査（ULS）

アップリフトに対する構造安全性では、支点のアップリフトがないことを照査する場合、タイプ 1 の終局限界状態（式 (15.1)）を考える。支点のアップリフトが生じたときの構造強度を照査する場合は、タイプ 2 の終局限界状態と見なす。アップリフトが生じて支点との接点がなくなると、橋の構造系が変わる。

15.4.3　設計での対応

橋台の支点のアップリフトを防ぐのに最も効果的な方法は、内側の最初の径間の長さと側径間の長さの比を制限することである。これが 1.5 以上になると、アップリフトの問題が生じる。負反力を支持する支承を使用することも考えられるが、これはあまり用いられ

ていない。側径間に重りをつける方法もあり、例えば橋台上に重量のあるコンクリートの横桁を用いる方法である。

15.5 遊動連続桁の橋軸方向の安定性

15.5.1 この現象について

橋台のどちらか一方に固定支承がある場合（図 15.6(a)）、上部構造全体の橋軸方向の変位が拘束される。車両の制動や加速あるいは地震のように、橋軸方向に作用する力は、固定支点によって橋台に伝えられる。橋脚の座屈長は、その高さ h より短いか同じとなるが、それは桁が橋台で固定されるので、あたかも両端固定の柱のような挙動をするからである。

遊動連続桁では、両端の橋台にはすべり支承があり、図 15.6(b) に示すように、上部構造は橋脚上の固定支点だけで橋軸方向に拘束される。これらの橋脚がかなり細長い場合、つまり構造物の橋軸方向の曲げに対して柔軟な場合、水平荷重による大きな変位が生じる。この場合は上部構造に固定されていても、橋脚は両端固定の柱と見なされない。この場合の橋脚の座屈長は、側方に移動するラーメン構造に相当しており、高さ h よりも長くなる。すなわち橋台に固定支点をもつ橋の場合よりも長くなる。

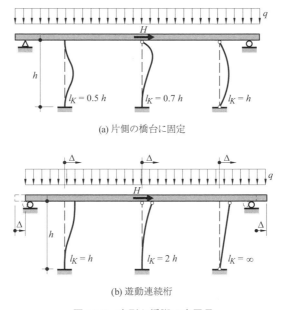

(a) 片側の橋台に固定

(b) 遊動連続桁

図 15.6 変形と橋脚の座屈長

遊動連続桁の橋脚の構造安全性は、各橋脚に対して、橋軸方向と橋軸直角方向の 2 次効果を考慮して終局強度の照査を行ったときに保証される。しかし、橋脚の強度が十分であっても、橋脚はかなり柔軟であり、設計者は（上部構造に固定される）一連の橋脚が全体として十分な剛性があることを照査する。この剛性は、係数 α、すなわち設計鉛直荷重の合計に乗じる係数を計算することで推定できる（これは、建物のラーメン構造で接点が固定されていない状況と類似している）。建築のラーメン構造（ここでは α_{cr} は側面剛性の指数として使われている。『土木工学概論』シリーズ第 11 巻 11.2.5 項）と比べて、床版と

橋脚で構成される連続梁の構造は以下の特性をもつ。

- 橋脚は、通常上部構造に剛結合されておらず、むしろピン接合される。
- 上部構造の曲げ剛性は、通常橋脚の曲げ剛性よりもかなり大きい。

後者の特性により、遊動連続桁の橋軸方向の安定性の計算をかなり簡易化できる。それは、上部構造の曲げによる変形を無視できるからである。

このような構造の弾性座屈荷重の計算方法は、いくつかある（例えば、エネルギー法、あるいは軸力を考慮した変形法）。以下に簡易法を示すが、これは簡単であるにもかかわらず十分な精度をもつ。

これらの計算方法では、遊動連続桁のそれぞれの橋脚に作用する橋軸方向の外力の分布を定めることはできない。むしろ、与えられた橋脚の圧縮力の影響を含む、全体の安定性を照査できる。これは、つり合いの分岐による弾性座屈の問題である。それぞれの橋脚の構造安全性を独立して照査するには、『土木工学概論』シリーズ第 8 巻の第 9 章（コンクリート橋脚）と第 10 巻の第 10 章（鋼橋脚）で説明した方法を用いる。橋脚の強度の照査はここでは取り扱わない。強度と安定性に関するコンクリートの橋脚の照査については参考文献 [15.1] に詳しい。

15.5.2 構造安全性の照査（ULS）
(1) 仮定

固定されていないラーメンの弾性座屈荷重は、変形した構造系を考え、以下のような仮定を置くことで得られる。

- 材料は線形弾性、すなわちヤング率と橋脚の断面 2 次モーメントは、荷重と変形が増加するとき一定である。
- 上部構造の曲げ剛性は、橋脚のそれよりもかなり大きい。
- 橋脚は、初期不整がなく完全に直線である。
- 支承は橋脚の軸に対して完全に中心に位置する。
- 橋脚には、上部構造だけの荷重が作用する。
- 座屈はつり合いの分岐による。

これにより安定の条件は、橋脚の頂部での橋軸方向の変位 Δ_0 による水平力 H_i の合計のつり合い条件となる。これらの荷重と変位は図 15.7 に示す。2 次効果（P-Δ 効果）は変形に増幅係数を導入することで考慮する（式 15.2）。この係数は、その橋脚の設計荷重と弾性座屈荷重（オイラー）の比で求まる。つり合いは、橋脚の上端の変形に対して、ラーメン構造がその変形した位置の状態を保つと見なす。言い換えれば、橋脚から上部構造に伝わる水平力の和はゼロとなる。もし、この水平力の和が正であれば構造系は安定となり、負になれば不安定となる。

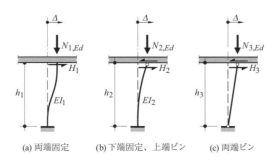

(a) 両端固定　　(b) 下端固定、上端ピン　　(c) 両端ピン

図 15.7　上部構造と橋脚の連結のタイプ

設計者は、鉛直荷重に乗じる値 α を求める。この値が 1.0 より多い場合、構造は安定であるが、α の値は、構造系の橋軸方向の剛性が十分であるとするには、2.0 以上とすることが一般的である [15.1]。

橋軸方向の変位 Δ は、この変位と作用する軸力 αN_{Ed} の間の次式を用いて 2 次効果を考慮している。

$$\Delta = \Delta_0 \frac{1}{1 - \dfrac{\alpha N_{Ed}}{N_{cr}}} \tag{15.2}$$

ここで、Δ：橋脚頂部の橋軸方向の変位で、上部構造の橋軸方向の変位に等しい。
Δ_0：上部構造に導入された初期変位
N_{Ed}：各橋脚に作用する軸力（正の圧縮力）の設計値
N_{cr}：変形した接点で座屈モードを考慮した橋脚の弾性座屈荷重
α：鉛直荷重の増幅係数

橋脚のつり合いの分岐による弾性座屈荷重は、次式（『土木工学概論』シリーズ第 2 巻 20.3 節）による。

$$N_{cr} = \frac{\pi^2 EI}{l_K^2} \tag{15.3}$$

ここでは、l_K は、図 15.6(b) に示す橋脚の座屈長である。

(2) 橋脚の頂部に生じる水平力

上部構造の水平変位によって橋脚の頂部に生じる水平力 H_i を計算するために、以下の 3 種類の橋脚を区別する。

- 基部と桁側の両方に剛結される橋脚（図 15.7(a)）
- 基部は剛結、桁側がピン接合される橋脚（図 15.7(b)）
- 基部と桁側の両方がピン接合される橋脚、すなわちロッキングピア（図 15.7(c)）

ロッキングピア（図 15.7(c)）は、上部構造によって拘束されるときだけ安定である。鉛直力がない場合、変位 Δ_0 による橋脚の頂部の水平荷重は存在しない。しかし、鉛直力がある場合、橋脚が傾斜して水平力が生じる。この荷重は、両端ピン支持の橋脚の軸力の水平成分であり、上部構造を不安定にさせる方向に作用し、上部構造の変位を大きくする。逆に、基部が剛結された橋脚に生じる反力は、変位 Δ_0 に抵抗する。

基部と桁側の両方に剛結される橋脚は、鋼橋と合成桁橋にはほとんど用いられず、一般にコンクリート橋に適すると考えられる。橋脚の頂部の荷重 H_1 に関連する変位 Δ_0（図 15.7(a)）は、式 (15.4) で得られる。

$$\Delta_0 = \frac{H_1 h_1^3}{12 EI_1} \tag{15.4}$$

この式を式 (15.2) と式 (15.3) と組み合わせると、式 (15.5) が得られ、これは橋脚頂部の反力 H_1 と変位 Δ の関係を示す。この N_{cr} の計算に用いる座屈長は、$l_K = h_1$ である。

$$H_1 = \frac{12 EI_1}{h_1^3}\left(1 - \frac{\alpha N_{1,Ed}}{N_{cr}}\right)\Delta = \frac{12\Delta}{\pi^2 h_1}(N_{cr} - \alpha N_{1,Ed}) \tag{15.5}$$

基部が剛結、桁側がピン接合された橋脚の場合、類似した関係式を得ることができる。初期変位 Δ_0 と橋脚の頂部の反力（図 15.7(b)）の式 (15.4) は、次のように変換できる。

$$\Delta_0 = \frac{H_2 h_2^3}{3 EI_2} \tag{15.6}$$

今度は、座屈長は $l_K = 2h_2$ を用いて反力 H_2 は次式となる。

$$H_2 = \frac{3EI_2}{h_2^3}\left(1 - \frac{\alpha N_{2,Ed}}{N_{cr}}\right)\Delta = \frac{12\Delta}{\pi^2 h_2}(N_{cr} - \alpha N_{2,Ed}) \tag{15.7}$$

同じように見えるが、式 (15.7) は式 (15.5) と同じではなく、それは弾性座屈荷重 N_{cr} が同じ座屈長で計算されていないからである。

両端ピン接合の橋脚の場合、2次効果によって変形が大きくなることはない。したがって、式 (15.2) は適切でない。水平成分の大きさを得るためには、その構造系に対して圧縮だけ作用する橋脚のつり合いを考慮すればよい（図 15.7(c)）。

$$H_3 = -\alpha N_{3,Ed} \cdot \frac{\Delta}{h_3} \tag{15.8}$$

この式の負の記号は、基部と桁側の両方がピン結合された橋脚の頂部に作用する力 H_3 が構造系を不安定にさせる影響があることを示す。

(3) 増幅係数

安定の条件は、橋脚の頂部に生じる水平力のつり合いによって表される。

$$\sum H = \frac{12\Delta}{\pi^2}\left[\left(\sum_i \frac{N_{cr,i}}{h_i} - \alpha \sum_i \frac{N_{i,Ed}}{h_i}\right) - \alpha \frac{\pi^2}{12}\sum_j \frac{N_{j,Ed}}{h_j}\right] = 0 \tag{15.9}$$

ここで、i：両端固定または剛結とピンを用いた橋脚を示す添え字
　　　　j：両端ピンの橋脚を示す添え字

すると、鉛直荷重の増幅係数 α が次式で与えられる。

$$\alpha = \frac{\sum_i \dfrac{N_{cr,i}}{h_i}}{\sum_i \dfrac{N_{i,Ed}}{h_i} + \dfrac{\pi^2}{12}\sum_j \dfrac{N_{j,Ed}}{h_j}} \tag{15.10}$$

荷重の増幅係数は、変位 Δ に影響を受けない。これは、橋脚の頂部に生じる水平力は変位 Δ に比例するが、変位はすべての橋脚で同じとなる（上部構造に固定されているので）。したがって、すべての水平荷重は、安定させるか不安定にさせるかにかかわらず、単一の橋軸方向の変位 Δ に比例する。これは式 (15.9) で表される。

(4) 仮説についての考察

座屈荷重の計算で用いた仮説では、分岐によって座屈が生じると仮定した。ところが、1層多径間のラーメンの崩壊は、常に分岐による荷重（弾性座屈）より低い荷重で発散により生じる（2次効果）。このことは、鉛直荷重の増幅係数 α はその構造の安全の余裕を表していなく、それは実際の橋では上記の仮説がすべて満たされないためである。

橋脚への風の影響、支点の偏心、あるいは橋脚の形状の不整は、座屈荷重よりずっと低い荷重で橋の崩壊を生じさせる。さらに、実際の橋脚の剛性はひび割れやヤング率の違いに影響されるが、それらは作用する荷重のレベルによって変わる。コンクリート橋脚のひび割れは、軸力と曲げモーメントの大きさに左右され、ヤング率は、荷重の持続時間（クリープの効果）に依存する。したがって、遊動連続桁の橋軸方向の安定を考える際には、この2つの効果には慎重な値を用いる。さらに、橋脚の基部は完全に剛結されていると仮定したが、それがいつも保証されるわけではないので、座屈長を伸ばすことで、基部での回転を考慮する。

これらの影響を考慮した全体の安定に関する正確な検討がない場合、係数 α を少なくとも 2.0 とするのが、ラーメンの横方向への変形に対する十分な剛性を保証するのに妥当と思われる。

(5) 実際の設計例

図 15.8 に示す遊動連続桁は、両端ピンの橋脚、基部を剛結し桁側をピン接合した橋脚および両端が剛結された橋脚をもつ。各橋脚に作用する軸力 N_{Ed} は、上部構造の自重と車道全体にかかる交通荷重による。表 15.9 は、各橋脚の入力データとその弾性座屈荷重 N_{cr} を示す。すべての橋脚は、同じ曲げ剛性 $EI = 840 \cdot 10^{12}$ Nmm^2 をもつと仮定する。

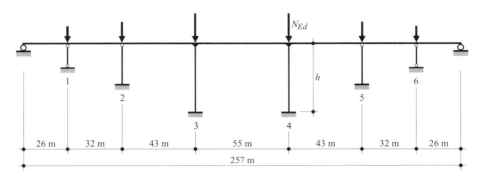

図 15.8 遊動連続桁の例

表 15.9 橋脚の入力データと座屈荷重

橋脚	1	2	3	4	5	6
種類	両端ピン	基部は剛結 上部はピン	基部と桁側を剛結	基部と桁側を剛結	基部は剛結 上部はピン	両端ピン
N_{Ed} [kN]	2800	3500	4900	4900	3500	2800
h [m]	7	12	20	20	12	7
λ_K		$2h$	h	h	$2h$	
N_{cr} [10^3kN]		14.4	20.7	20.7	14.4	

・橋脚 2 〜 5 について：
$$\sum \frac{N_{cr}}{l} = \frac{2 \cdot 14.4 \cdot 10^3}{12 \cdot 10^3} + \frac{2 \cdot 20.7 \cdot 10^3}{20 \cdot 10^3} = 4.47 \text{ kN/mm}$$

$$\sum \frac{N_{Ed}}{l} = \frac{2 \cdot 3500}{12 \cdot 10^3} + \frac{2 \cdot 4900}{20 \cdot 10^3} = 1.07 \text{ kN/mm}$$

・橋脚 1 と 6 について：
$$\sum \frac{N_{Ed}}{l} = \frac{2 \cdot 2800}{7 \cdot 10^3} = 0.80 \text{ kN/mm}$$

式 (15.10) による鉛直荷重の増幅係数は：

$$\alpha = \frac{4.47}{1.07 + \frac{\pi^2}{12} 0.80} = 2.59$$

鉛直荷重の増幅係数が 2.0 より大きいことから、このラーメン構造は遊動連続桁の橋軸方向の安全性の保証に十分な剛性を有する。

15.5.3 設計での対応

遊動連続桁の橋軸方向の適切な剛性と安定を確保するための対策は、主に橋脚に関することである。特に次のことが挙げられる。

・安定をもたらす橋脚の断面 2 次モーメントを増やす。
・基部を剛結し桁側をピン結合した橋脚の数を増やす。

・基部と桁側をピン結合した橋脚の数を減らす。

また、構造系の変更、例えば橋台に固定支点を設けるのは、橋軸方向の安定性の問題を解決できる。なお、設計者は、橋脚の頂部の水平変位、水平と垂直な力、荷重の偏心、材料の挙動に対して、橋脚がそれぞれ十分な強度をもつことを照査する。これは、架設途中および橋の供用時に対して行う。

参考文献

[15.1]　Brühwiler, E., Menn, Ch., *Stahlbetonbrücken*, Springer-Verlag, Wien, New York, 2003.

16章　鉄道橋

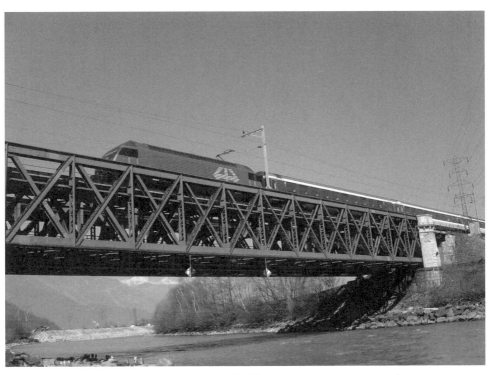

Truss bridge over the Rhône River at Massongex (1904) (CH).
Eng. CFF
Photo Yannick Parvex (CFF)

16.1 概要

本章では、鉄道橋の基本設計と構造詳細について紹介する。道路橋の設計の基本概念と作用についてのデータの一部は、鉄道橋においても有効であるが、本章では、鉄道橋に固有の特性に力点を置いて詳しく説明する。

道路橋と鉄道橋の主な違いは、考慮すべき活荷重の特性と大きさであり、また鉄道橋の構造詳細に影響する疲労の重要性も特徴的である。この違いが、鉄道橋に特有な主断面と細部構造となる。図 16.1 は、上下線一体の合成鉄道橋の典型的な断面を示す。また、使用性に関する要求は道路橋とはかなり異なり、それは特に橋の機能と利用者の乗り心地に関する要求についてである。最後に、軌道と橋の構造の相互干渉の問題、特にレールの継目と構造の伸縮装置の位置が橋の挙動と耐久性に与える影響に関しては、特別な要求がある。

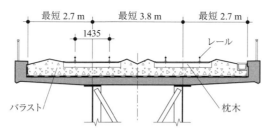

図 16.1　合成鉄道橋の典型的な断面

鉄道網には、標準軌道と狭軌道の 2 種類の軌道がある。また、特にスイス連邦鉄道（CFF）では、標準軌道の線路が大半であり、狭軌道の路線は、主に民営鉄道の山間部の路線に多い。この章では、標準軌道の路線の鉄道橋について示す。狭軌道の鉄道橋に関しては、民営鉄道会社の手引きと関連する規準を参考にする。

スイスの鉄道橋の監督官庁は、連邦運輸局（FOT）である。国際鉄道連合（UIC）は、鉄道輸送に関して世界的レベルで統括している機関である。UIC は多くの指針や規定を出しており、その中には遵守するべきものもある。これらの指針をすべて示すのは多すぎるので、必要に応じていくつかを参考に示す。これらは、典型的な構造細部、断面の例、レール、枕木、軌道などの規格の寸法、さらに鉄道に関する建築限界など、鉄道橋の基本設計に貴重で役立つ資料となる。

16.2 節では、鉄道橋の基本設計に関する項目、すなわち構造系、断面、構造詳細の選定について示す。16.3 節では、構造設計で考慮すべき荷重について説明する。最後に 16.4 節では、使用性および疲労安全性の照査について示す。

16.2 基本設計

16.2.1 橋軸方向の構造

(1) 橋の種類

橋軸方向の橋の構造系は、5.3 節で示した構造はすべて鉄道橋にも使用できる。しかし、短期荷重によるたわみの要求は、道路橋よりも厳しく、これが鉄道橋の設計を支配することがある。したがって、主部材としては曲げ剛性が高いものを選ぶのがよく、斜張橋や吊橋よりはトラスや合成桁橋のような桁橋が適する。ダイドアーチ橋（18.2.2 項）も鉄道橋にふさわしい構造である。

(2) 伝統的な鉄道橋の考え方

鋼鉄道橋は、大きな荷重を支持しなくてはならず、鉄道橋の設計と建設は19世紀まで遡る長い歴史をもつが、それはコンクリートの使用や合成桁が考えられる以前のことである。伝統的な鉄道橋の設計では、一般に材料の自重を最小にしながら剛な構造を作ることを試みてきた。トラス構造は、この考えに基づく典型例で、主構造にも2次部材や横構にもよく用いられる。

図16.2は鉄道橋の伝統的な構造を示す。これは異なる機能を果たす数多くの構造部材を系統的に配置することで構成される。鉛直荷重は、その作用点(レール)から枕木、縦桁(3次部材)、そして横桁(2次部材)を伝わって1次部材、すなわち主桁に伝達される。自重は、載荷点から橋の支承まで同様の荷重径路を通る。伝統的な設計の鉄道橋ではバラストを用いないが、それにより列車の通過時に騒音公害を生じる。それが、この伝統的な鉄道橋が建設されなくなった主な理由である。

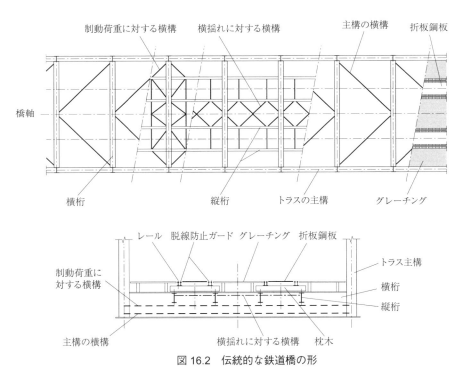

図16.2 伝統的な鉄道橋の形

種々の水平荷重は、複数の組の横構によって橋軸直角方向の支点に伝達される。伝統的な鉄道橋では、横構を3種類に区別する。

・主構の横構：対傾構間に設置するこの横構は、橋軸に直角に作用する水平力(風や遠心力)に対して抵抗する。これは、弦材が主桁、支柱が横桁となるトラスを形成する。
・横揺れ(Nosing force)に対する横構：縦桁の間に設置するこの横構は、レールに橋軸直角方向に作用する水平力(列車に吹く風、横揺れ、遠心力)を横桁に伝達するが、横桁は主構の横構の支柱を構成し、縦桁はこのトラスの弦材となる。2次横構の設計では、構造系は、横桁に支持された単純桁の連続と仮定する。
・制動トラス：対傾構の位置にあり、橋軸に直角に配置されるこの横構は、制動や加速による橋軸方向の力を主桁へ伝達する。これらの力は、レールに作用し、縦桁を伝わって横構に伝達される。そして主桁は、圧縮または引張により、橋軸方向にこれらの力

を橋の固定支点に伝達する。

(3) 最近の鉄道橋の構造の考え方

最近の鉄道橋の設計は、ある意味で道路橋のそれに大変よく似ている。例えば、合成2主桁鉄道橋は、通常鈑桁の主桁に構造的に連結されたプレストレスを導入された鉄筋コンクリート床版で構成される。一連の対傾構により鈑桁が完成系となる。この構造の考え方では、コンクリート床版が伝統的な鉄道橋で使われる3種類の横構の代わりとなる。最近の鉄道橋は、通常バラストをもつ（16.2.2項）。

(4) 単純桁と連続桁

多径間の桁橋の橋軸方向の構造系は、連続桁または単純桁の連続という2つの形式がある。道路橋では、連続桁が不利となることは少ないが、鉄道橋の場合は、これら2つの方法は長所と短所をもつ。それぞれの主な長所は次の点である。

単純桁の連続：
・支点の沈下にあまり影響されない。
・レールに伸縮装置が不要となる。
・下部構造へ制動力が適切に分配される。
・疲労の影響を減らせる（桁の剛性が高い）。
・必要であれば橋の一部が簡単に交換できる。

連続桁：
・橋の支点、支承、伸縮装置が少ない。
・たわみを減らせる（たわみと支点の回転角）。
・床版・床組構造の高さがより低い。
・より細い橋脚となる（橋脚上に2支承線を置く必要がない）。

橋の使用性や、特に耐久性に対する重要性が高まっており、これに関する設計の要求は、構造安全性の要求に比べて厳しい。したがって、今日では橋の伸縮装置と支承の数を減らし、たわみを制限するため、連続桁を用いるのが一般的である。たわみを減らすことは、時速200kmを超える高速鉄道の路線ではさらに重要となる。

(5) 橋の伸縮装置の間隔

橋の伸縮装置の間隔は、鉄道橋にとって重要であり、それは、床版と異なる動きをするレールと枕木とバラストに耐える能力によって伸縮装置の動きが制限されるからである。レールの伸縮装置がない（経済的な理由と乗客の快適さのため今日ではほとんどそうである）ので、レールと床版の両方に力を生じないで上部構造が自由に動くことはない。すなわち、レールと橋には相互干渉が存在する。

この挙動を考慮するため、スイスとヨーロッパの基準では、設計者が橋の伸縮装置の間隔の決定に、この相互作用を考慮することを定めている。詳細は16.4.2項で示す。

設計者は、伸縮の長さ l_T（図16.3）が合成桁橋で90m以下、鋼橋で60m以下であり、下記の3つの条件が遵守されれば、レールと支持桁の間の相互作用を計算しなくてよい。
・レールは引張強度 900N/mm^2 の UIC 60 タイプである。
・枕木の下のバラストは十分締固める。
・1500m 以上の曲線半径をもつ橋である。

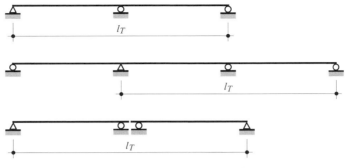

図 16.3 伸縮の長さ l_T の定義

16.2.2 橋軸直角方向の断面

橋軸直角方向の断面形状や構造部材の寸法は、床版の位置、軌道の数、レール下のバラストの有無など、多くの要因によって決まる。断面のそれぞれの特性は、実際には互いに独立してはいないが、本節では個別に検討する。上述した鉄道橋の近代的な設計では、鉄道橋も道路橋と同様に、コンクリート床版と合成された 2 主桁橋または箱桁橋となる。

(1) 床版の位置

鉄道橋は下路桁（図 16.4(a)）が多いが、この形は、通常レールと床版下面までの距離が小さくて上路の床版（図 16.4(b)）が使えない場合に限り適用される。上路桁は下記の利点をもつので好まれる。

・床版の下にある鋼構造部材は、気象の影響から保護され、床版自身も防水層によって保護される。そのため、ある程度の維持管理により高い耐久性が得られる。
・主桁を移動させることなく、軌道の線形の変更や床版の拡幅ができる。
・複線一体構造の橋では、下路桁（≥10m）では主桁の間隔が広くなり、床版の横桁の支間が長くなる。
・下路桁を用いたとき、列車の脱線により上部構造が損傷を受けることがある。

しかしながら、下路鉄道橋は、橋の下の建築限界の制約があるときに有利となる。さらに、この構造は遮音壁を不要にし、床版の高さを上げないで主桁に組み込むことができる。したがってこの形式は、特に都市部の環境に適している。

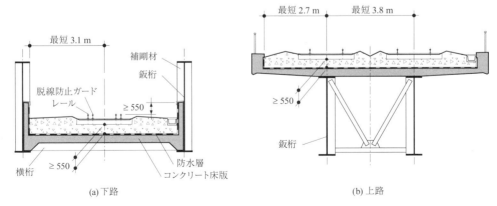

図 16.4 下路床版と上路床版の合成橋の例

(2) 軌道の数

鉄道が複線の場合、以下の2つの方法が考えられる。
- 2つの橋でそれぞれ単線を支持（上下線分離）、
- 1つの橋で複線を支持（上下線一体）。

どちらの方法が適切かは、レールの間隔、床版の位置、橋の支間長などの計画による。

- 上下線分離（単線）：この方法は、橋の部材がより軽くて扱いやすく、工場で製作して現場に運ぶことで現場溶接を少なくできる。さらに、2つの分離した橋を用いると、片線運行ができるので、橋の維持管理や取替えが容易にできる。しかしながら、2つの橋は、軌道中心間が少なくとも 6.50m ある場合の選択肢である。この軌道中心間は、普通は 3.80m であり、橋へのアプローチでレールの線形を変更する。下路桁では、条件が許す限り2つの橋を考えるのがよい。これは、特に横桁の重量を節約できるので、最も建設費が安くなる。
- 上下線一体（複線桁）：上路の橋では、上下線一体の橋が最も経済的になる。

(3) 軌道のバラスト（道床式）

最近の基準では、橋の上の軌道にバラストの使用を要求している。この形式は、レールを連続支持し、維持管理（バラストを再整備する機械）が簡単で、乗客に最良の快適さを保証するという利点がある。バラストは、騒音公害や疲労の影響を軽減するが、それは以下の理由である。

- 構造物に直接固定されるレールより、バラストの方が荷重の衝撃値が小さい。
- バラストは、列車の軸重をレールと構造物へより分散でき、その結果応力範囲 $\Delta\sigma$ を減少させる。これは特にレール直下の部材（床版、横桁）で顕著である。

例外もあるが、それは例えば都市部の環境で全路線にバラストがない場合や、床版の移動と伸縮装置で不連続になるためにバラストが使えない可動橋の例である。また、バラストを用いると構造物の自重が増えるが、これは長支間の橋では特に重要である。さらに、バラストの使用により、レールと床版の下面の距離が大きくなり、橋の下の建築限界に制限があるときには問題となる。

レールをバラストなしで構造物に直接固定するときは、すべての構造系がある程度の柔軟性をもつように設計する。伝統的な鉄道橋では、枕木は縦桁の上に置かれており、必要な柔軟性はレールに対して縦桁を偏心させることによって得られる。最近の鉄道橋では、レールと床版の間の柔軟性は、マスチックとポリウレタン樹脂でできた特殊なレール締結装置によって得られる。

(4) 主構造

主桁は、合成構造かどうかにかかわらず、道路橋の桁高比よりは小さくならない。これは、主桁に作用する鉛直荷重（列車荷重とバラスト）が大きいことと、より厳しいたわみ制限に起因している（16.4節）。設計の最初の推定では、上路の合成2主桁橋で鋼桁の桁高を $l/15$ と選ぶことができる。ここで l はモーメントがゼロになる点（自重のもとで）の距離である。合成箱桁、または2主の合成箱桁橋では、桁高は $l/20$ までとなる。

コンクリート床版の設計に関しては、下路と上路を分ける必要がある。

- 下路（図 16.4(a)）：支間が長いため床版を主桁の上に直接設置せず、横桁で支持する。床版は、橋軸方向の曲げ強度には必ずしも寄与しないが、横桁への取り付け方によっては、橋軸直角方向の合成効果を得られ。コンクリート床版は、レールの位置で伝統的な構造系の横構の代わりになる。

  一般に主桁と横桁の継手部は、一部または全体が床版に隠れるため、点検が困難である。そのため、この形式は、橋の下の建築限界の制限があるときだけに選択する。

- 上路（図 16.4(b)）：床版を主桁の上に直接設置しており、橋軸直角方向の曲げによって主桁に鉛直荷重を伝達する。このことで、床版は伝統的な鉄道橋の縦桁の代わりとなる。一般に、床版は鋼桁に合成されており、橋軸方向の曲げ抵抗に合成断面として寄与する。床版は、上横構の代わりとなる。

バラストのある単線の橋では、主桁の間、あるいは箱桁上の床版の最小厚は、約 300mm である。弾性締結装置の上にレールがある橋（バラストなし）の場合には、この厚さは少し薄くなる。複線のバラストのある橋の場合には、床版厚は 400mm が一般的である。

床版は、鋼で作ることもある（鋼床版、6.7 節）。その場合は、通常 2 方向に補剛された鋼板によって構成されるが、補剛リブの交差の数を減らすため、橋軸直角方向だけを補剛することもあり、その結果疲労耐久性が向上する [16.1]。主桁と一体化しているため、鋼床版は橋軸方向の曲げ抵抗に寄与し、さらに横構の機能も果たす。鋼床版を用いると製作費が高くなり、疲労に対する配慮が必要となるが、橋の軽量化や低い床版が必要な場合には、鋼床版を使用することに利点がある。

(5) 脱線の予防策

橋上または橋へ接近するときの列車の脱線を考え、適切な対策で回避する。脱線により以下の危険が生じる。

- 橋の構造部材への列車の衝突、特に下路の場合
- 列車の橋からの転落、特に上路の場合

そのため、レールの上に列車を留める方法を考えるが、例えば脱線防止ガード（図 16.4(a)）あるいはレールからの高さが少なくとも 550mm あるパラペットが考えられる。全長 10m 以下の橋では、脱線防止ガードは省略できる。

設計者は、脱線防止ガードがない場合、脱線した列車（16.3.5 項）が転倒しないことと、構造物の強度と転倒に対する安定性が損なわれないことを確認する。

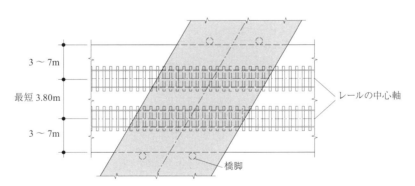

図 16.5 鉄道の上に架かる橋の橋脚までの最小距離

脱線時の衝突の可能性を軽減するために、ある程度の空間をレールの周囲に設ける。例えば、鉄道の上に架かる橋の場合、衝突による橋脚の崩壊を避けるために、橋脚とレールの間の距離を十分とって橋脚の位置を決める（図 16.5）。必要な最短距離は、路線の重要性、列車の速度、レールの平面での曲線半径などの要因によって決まる。それは、橋の崩壊を含めて、衝突により生じる可能性のある損害も考慮する。これについては文献 [16.2] に示される。

(6) 雨水の回収と排水

雨水の回収と排水のための橋軸方向と橋軸直角方向の勾配については、施主の代理人が決める。例えば、CFF[16.3] の規定によると、橋軸方向の最小勾配は 1.5％ であり、最大勾

配は5%である。橋軸直角方向では、図16.6の指針を守る。

　鉄道橋には、凍結防止の塩は使用されず、列車からの落下物（糞尿）による汚染の可能性も低いことから、橋の上の水の回収は道路橋ほど重要ではない。水は、直接河川に流すこともできるが、関連する鉄道の管理者、施主の代理人の要求、あるいは環境に関する特別な規定（地域計画、水質の保護に関する法律）に従うようにする。

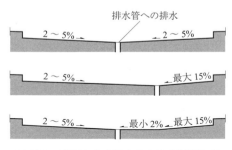

図16.6　床版からの排水のための横断勾配

16.2.3　疲労と継手

　鉄道橋で想定する供用年数は、通常100年である。この期間中は、鉄道橋は、適切な安全性を保ちながらすべての鉄道交通とそれによる応力の変動に耐えなければならない。これは、疲労に対して特別に配慮することを意味する。設計者は、以下の点を配慮する。

・疲労抵抗があるように、設計で継手の形状寸法を決める。
・確実に構造や継手が点検でき、発生する疲労き裂が発見できるようにする。

　継手の疲労強度を保証する基本は、応力の流れができるだけ連続になるように設計し細部構造を決めることである。さらに、設計者は、設計の仮定とは異なる実際の挙動による2次的な断面力に注意する。

　典型的な細部構造の例を図16.7に示す。図16.7(a)は、横構のガセットと主桁のフランジの継手を示す。フィレットを設けて溶接を仕上げることで、溶接の端部の応力集中を軽減できる。図16.7(b)は、下路の横桁と主桁の継手を示す。この継手では、応力の連続した流れを作り、横桁の拘束により生じる主桁のウェブの応力を軽減することが重要である。ワーレントラスの格点の施工例を図6.21(c)と図6.23(b)に示す。応力集中を避けるために、ガセットが丸い形状に切られている。

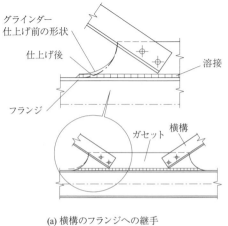
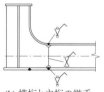

(a) 横構のフランジへの継手　　　　　　　(b) 横桁と主桁の継手

図16.7　疲労耐久性に優れた細部構造の例

疲労き裂が進展すると、ぜい性破壊が生じる。高品質の鋼材の使用によりこの可能性を小さくできる。したがって鉄道橋の場合、主構造部材には少なくとも品質 J2 の鋼材を用いる。4.5.4 項に、温度と鋼板の板厚の関数として適切な鋼材を選択するための詳細な手引きを示す。

なお、ある種の継手は、適切な溶接後の処理を行うことで疲労強度を向上させることができる。この詳細は、『土木工学概論』シリーズ第 10 巻 13.6.5 項と文献 [16.1][16.4] に示す。

16.2.4 特殊な細部構造

鉄道橋に特有の多くの細部構造は、種々の規定や指針に示されており、例えば、文献 [16.3] が参考になる。これらの細部構造のうち、図 16.8 に伸縮装置の例を 2 つ示す。伸縮の長さ l_T（図 16.3）が 90m 以下のとき、伸縮装置は、わずかな動きしか必要としない。この場合、バラストを連続して布設できる利点をもつゴム製の伸縮装置が使用できる（図 16.8(a)）。より大きな伸縮量に対しては、伸縮装置はこの伸縮量に備える必要があり、そこではバラストは不連続になる（図 16.8(b)）。バラストは適切な措置により、伸縮装置の両側にとどめておく。

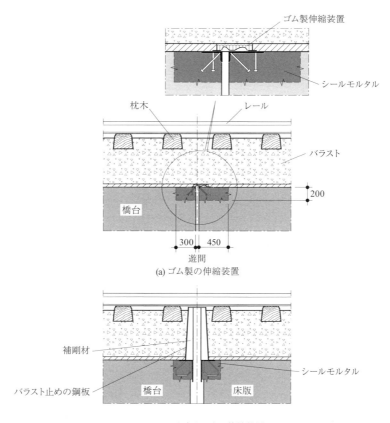

図 16.8　伸縮装置の例

16.2.5 美観

4 章で触れたように、橋に要求される性能を考えるとき、美観は複雑で主観的な問題である。14 章と 17 章で挙げた参考文献以外に、この問題についての CFF の指針が参考になる [16.5]。

16.3 荷重と作用

16.3.1 自重

自重は、材料の単位重量と、それに対応する体積の積で計算できる。材料の単位重量は、関連する基準に示される。補足的な情報については以下の項で示す。

(1) 構造物

構造部材の自重は、まず経験に基づいて推定して、その後、設計が進んだときに、必要があれば修正する。合成構造物では、床版の重量は、レールの数で決まる幅と平均厚さ（単線なら最低 300mm、複線なら 400mm）により決まる。鋼構造の自重の推定では、まず概算で床版の幅を $2b = 10$m として式 (10.1) を用いる。

(2) バラスト、レール、枕木

布設されるバラストの単位重量は、17kN/m^3 である。バラストの最小厚さは、管轄する機関によってレールの維持管理の要求事項（バラストの敷設機械とつき固め機械）として定められている。明確な指示がない場合、枕木の下面から下の厚さを 550mm とする。

鉄道レールには、様々な種類のレールと枕木が使われる。レールは、形状と断面積、すなわち 1m 当たりの重量によって分類される。枕木は材質（木、コンクリート、鋼）と厚さにより分類される。レールと枕木の組合せは、以下の点を考慮して選択する。

・線路の重要性（速度、重量、列車の数）
・レールの幅（狭軌道または標準軌道）
・国

他の基準がないとき、**表 16.9** の値を最初の設計条件として用いてもよい。管轄する機関（国内や UIC の例のような国際機関）は、ケースごとに追加情報を与えることもある。レールの種類は、通常、施主の代理人が決める。

表 16.9 スイスで用いられるレールと枕木の重量の目安（文献 [16.6] より）

部材	特徴	重量	備考
レール	標準軌道	0.54〜0.60 kN/m	路線に定められている車軸の荷重によるレールごとの重量
	狭軌道	0.35〜0.55 kN/m	
枕木	木材	0.90 kN/枕木	標準の間隔 60cm
	コンクリート	2.0〜2.8 kN/枕木	
	鋼材	0.70 kN/枕木	

16.3.2 列車荷重

鉄道橋で考慮すべき活荷重は、SIA 規準 261 に示されており、それは国際鉄道連盟（UIC）の列車荷重モデルに基づく。このモデルはヨーロッパ規準 [16.7] でも定められており、ヨーロッパ規準にはさらに、高速列車（$v > 200$km/h）の路線で考慮すべき荷重に関する詳細な情報と構造物を動的解析の方法も含まれる。

(1) 鉛直荷重

鉄道の荷重による作用は、レールの種類（標準軌道か狭軌道）、その路線を通る列車の種類（普通、または重い列車、高速列車）による。SIA 規準 261 は、活荷重の種類によって異なる荷重モデルを与えている。特殊な鉄道路線、すなわちアプト式鉄道、ケーブルカー、特殊な列車が通過できる路線については、その荷重のデータを管轄する機関から入手できる。

SIA 規準 261 には 3 つの荷重モデルが定義されている。当局は、モデル 3 を適用しなくてもよい路線を区別している。複数の線路を支える橋の場合では、異なる線路に列車が同

時載荷する可能性を認めている。鉛直荷重には、その部材の影響線の基線長に応じて適用する衝撃係数を乗じる（16.3.3 項）。鉛直荷重には、係数 α（16.3.4 項による規格荷重係数に対する係数）も乗じる。荷重は、常に最も不利な位置に作用させる。着目する影響線によっては有利となる車軸と分布荷重は、断面力の計算には含めない。

(2) 橋軸直角方向の水平力

道路橋とは異なり、鉄道橋の設計には遠心力を考慮する。遠心力は、例えば SIA 規準 261 の基準を用いて計算する。遠心力は、レール上 1.80m に作用すると仮定する。この力には、係数 α を乗じるが、衝撃係数は乗じない。

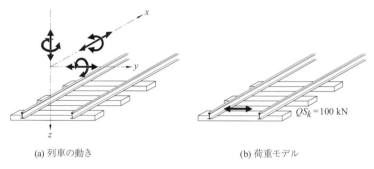

(a) 列車の動き　　　　(b) 荷重モデル

図 16.10　横揺れによる力

さらに、横揺れ（nosing）により生じる力も考慮する。この横揺れの力は動的作用で、軌道の不整による車両の懸架装置の動きにより生じる。図 16.10(a) に示すように、これらの動きは時間とともに変化し、3 次元的な動きで回転成分をもつ。これらの動きにより生じる力を正確に把握するのは複雑で、そのため関連する基準では、これらの効果を等価な静的な力を用いることを推奨している。この静的な力を図 16.10(b) に示す。その特性値は、SIA261 では 100kN で、レールの軸に垂直にレールの上端に作用させる。横揺れの力は、最も不利な位置に作用させる。この力には、係数 α を乗じるが、衝撃係数は乗じない。

(3) 橋軸方向の水平力

鉄道列車の制動と加速による効果は、橋軸方向の水平力として示される。これらの力は、レール軸方向に、レールの上面に作用させる。その大きさは、SIA 規準 261 に定められている。この力には、係数 α を乗じるが、衝撃係数は乗じない。

16.3.3　衝撃係数

鉄道橋の静的な応力とたわみは、いくつかの動的現象によって増幅される。
・荷重の速さ、これは列車速度と着目する影響線の基線長に関連する。
・荷重の作用頻度、これは車軸間隔と列車速度の関数となる。
・レールと車輪の形状不整と不規則性、これらは軸重の変化を生じさせる。

これらの現象を考慮するために、鉛直活荷重を衝撃係数 Φ で割り増す。この値は、疲労安全性の照査も含めた構造安全性の照査、および使用性の照査にも用いる。SIA 規準 261 は、着目する部材の影響線の基線長によって、この係数を計算できる式を示す。この規準には、橋のいろいろな部材の影響線の基線長を決めるのに用いる表も含む。

ヨーロッパ規準 [16.7] は、衝撃係数 Φ（SIA 規準 261 と同じ定義）に加えて、高速鉄道（$v > 200$km/h）の動的現象、既設橋に対する必要性、および疲労の計算で考慮するために 3 種類の動的な割り増し係数を定義している。

16.3.4 規格荷重モデルの分類のための係数

係数 α によって、荷重モデル（16.3.2 項）と着目する路線の実際の列車との差を考慮することができる。この係数は、主に路線を走る列車の種類によるもので、0.75 と 1.46 の間で変化する。ある特定のグループの荷重と力、すなわち鉛直荷重、橋軸方向と橋軸直角方向の水平荷重には、係数 α を乗じる。

スイスでは、SIA 規準 261 によると、構造安全性の照査に用いる係数 α の一般的な値は、1.33 である。これは、UCI による幹線と国際貨物線の推薦値に相当する。疲労と使用性を考慮するときは、$\alpha = 1.0$ を一般的に用いる。

16.3.5 脱線と衝突荷重

脱線が生じたとき、列車のかなりな重量が橋の構造部材に衝突する衝撃は、非常に大きい。そこでまず、16.2.2 項で示すように、脱線とそれによる衝撃を避けるための措置を講じる。もしそれが不可能なら、該当する規準には、構造物への衝突の影響を考慮する等価な静的荷重が与えられている。

等価な静的荷重の大きさは、特殊荷重と見なされ、列車が衝突する構造部材と線路の軸の間の距離によって 1500kN から 4000kN の間で変化する。SIA 規準 261 では、この等価な静的荷重をどのように構造部材に作用させるかを詳細に示す。

脱線を考慮するために、2 つの荷重モデルが SIA 規準 261 に示される。それにより上部構造の転倒に対する安定性と構造安全性が照査できる。脱線は、特殊荷重と見なす。上述したように、16.2.2 項に示した方法で、列車が走行軸から大きく外れないような措置を講じて、構造部材に衝突しないようにする。

16.3.6 遮音壁に作用する列車風圧の影響

遮音壁の間やそれに沿って列車が走るとき、列車によって押される空気は、列車の前後に圧力の増減を生じる（図 16.11）。この作用は、等価な静的荷重でモデル化できる。遮音壁に対する分布圧力の特性値 q_k は、図 16.11 の図で得られるが、この図にはこの圧力の分布も示す。速度 v はその路線の設計速度とする。これに加えて、特殊な動的効果を考慮するために、遮音壁の最初と最後の 5m、そして側面と平面で遮音壁の形状が変化する領域では、$2q_k$ の圧力に相当する荷重を作用させる。

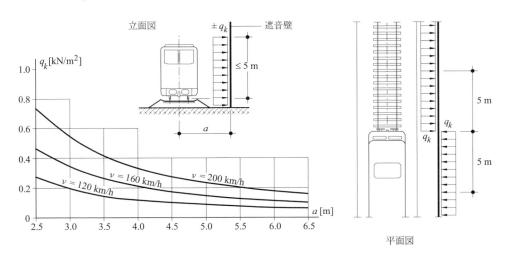

図 16.11　遮音壁に対する空力学な影響のための等価な静的圧力 q_k

図 16.11 に類似した図で、駅のプラットフォームのひさしや線路の上の歩道橋などの他の構造物にも有効な図が EN1991-2[16.7] に示される。

16.3.7 温度

鉄道橋に対する温度変化の影響は、道路橋の場合と同様に計算できる。バラストを布設した橋では、鉛直方向の温度勾配の特性値（10.4.2 項）は 50％減らすことができる。

16.4 照査

他の橋の場合と同様に、構造安全性と使用性が保証されることを照査する。鉄道橋では、2 つの特有な作用を考慮するが、それは列車の脱線と列車の通過による振動である。

列車の脱線は、橋の崩壊を生じてはならないが、列車の不通を招く。脱線を防ぐ設計は、使用性に関連するもので、適切な使用性の荷重係数と抵抗係数を用いて照査する。しかし、脱線が影響する構造物の強度や安定性については、終局限界状態として照査する。

振動は、2 種類の問題を生じる。まず、ある振動はバラストを粉砕することがあり、それが脱線につながることがある。さらに、ボギー台車の周期的な通過による振動は、構造物の共振に似た大きな動的な増幅を生じることがある。これは構造安全性に影響する。

16.4.1 構造安全性の照査（ULS）

疲労照査を含む構造安全性は、鉄道橋でも道路橋と同様に照査する。これについては、9 章から 14 章に詳しい。

疲労安全性の照査には、交通量を予想し、照査に必要な詳しいこと（SIA 規準 261 による修正係数 λ_i）を定義するために、線路の種類（重交通路線、幹線、地方線）を把握する。

上述したように、脱線を防ぐためにたわみを制限するときは、使用性の規準で考慮する。しかし、脱線により生じる影響のいくつかには、特殊荷重によるものとして終局限界状態として照査する。特に、脱線により生じる影響は以下がある。

・上部構造に対する列車の衝突。これは適切な構造詳細を選ぶこと（16.2.2 項）、または計算で考慮することで制限できる（16.3.5 項）。
・脱線した列車による橋の転倒に対しては、線路の軸に対して偏心する特殊な荷重モデルを用いて考慮できる（SIA 規準 261）。

荷重の載荷速度は、列車の速度とボギー台車の間隔を考慮して計算される。もしそれが橋の固有振動数に近いと、共振、すなわち顕著に振動が増幅することが生じる。共振は、構造安全性の問題であり、主に高速鉄道（$v > 200\text{km/h}$）の路線に影響する。速度が 200km/h 以下の路線の橋では、共振が生じる可能性は低く、スイスの規準では特に照査を必要としない。これは、たわみの制限（16.4.2 項）の中に経験的に含めているからである。ヨーロッパ規準 [16.7] には、特に高速鉄道の路線の橋の動的解析が必要な状況についての詳しい情報が示される。

16.4.2 使用性の照査（SLS）

鉄道橋の使用性は、乗客と周辺住民の快適性、機能性、外観に関係する。これらの使用限界状態とその規準について以下で示す。これらは SIA 規準 260 とユーロコード EN1990 の付録 2[16.8] に由来する。鉄道橋の使用性を照査するとき、この種の構造物の特殊性を考慮する。実際、鉄道橋の制限は、道路橋よりも厳しく、それは特に列車の脱線を防止す

るためである。しかし、そもそも脱線の確率を低減するには、レールを適切に維持管理するのがよい。

(1) 快適性

鉛直加速度は、乗客の快適性を確保するために制限する。この照査は、鉛直たわみの照査に暗に含まれている（以下を参照）。

列車が橋を通過するときに生じる騒音は、特に不快である。騒音緩和のために最もよく使われる方法は、バラストでレールを支持することである。バラストは、車輪とレールの間で生じる音と物理的な振動を吸収する。物理的な振動は、もし鋼構造に伝達されると、不快な共鳴を生じることがある。バラストが布設できないときは、鋼構造またはコンクリート床版にレールを固定するための特別な締結装置を用いる。この締結装置には、列車とレールからくる振動を吸収する材料を備える。遮音壁でこの問題に対応することもできる。しかしながら、遮音壁は、構造物の景観に影響することが多く、また耐久性の問題（取付け部、使用材料）、例えば風や列車の通過による振動で疲労き裂を生じることもある。したがって、遮音壁の使用を考える前に、近代的な車両とバラストを用いたレールによって、まず音源からの音を低減するのがよい。

(2) 機能性

脱線の確率が十分に小さければ、鉄道路線の機能性は保証される。以下の制限を設けることでこの目的を達する。

・鉛直加速度の制限、これは、バラストを布設した線路の安定性を保証する（この安定性は、路線の基本速度が200km/h以下のとき、鉛直たわみ制限によって間接的に保証される）。
・軌道のねじりの制限、これはレールと車両の適合性を保証する。
・桁端での桁の回転と床版と橋台の相対的な鉛直たわみの制限、これは、橋の端部でのレールの連続性を保証する。
・上部構造とレールの間の相互干渉で生じる圧縮応力の制限、これは、レールの座屈を防ぐ。

スイスの規準は、鉄道橋の鉛直たわみを以下のように制限する。

・$v < 80$ km/h のとき、$w < w_{lim} = l/800$
・80 km/h $\leq v \leq 200$ km/h のとき、$w < w_{lim} = l/(15v - 400)$

たわみは、頻度の高い列車荷重を考慮して、それを衝撃係数（16.3.3項）と $\alpha = 1.00$（16.3.4項）で割り増しして照査する。例えば、たわみが小さいと、バラストの破砕がかなり減るので、バラストを元に戻す維持管理の間隔を長くできる。

軌道のねじれは、θ/L の関係で、ここで θ はねじれが生じたときの走行面 A-B-C-D の回転角を表す。この回転角は、図16.12に示すが、ねじれが生じた後の面の直線 A-D と A-D′ の間で測定する。長さ L は通常、3mとする。SIA規準260によると、基本速度が120km/h以上の路線では、頻度の高い列車荷重によるねじりは、0.7mrad/mに制限されるが、ここでは衝撃係数（13.6.6項）を含み、$\alpha = 1.33$（16.3.4項）とする。速度が120km/h以下のときは、ねじりは1.0mrad/m以下とする。ヨーロッパ規準も同様の限界を定めている。この照査は、実際には、ねじりに対して比較的剛性の小さい橋、例えば仮橋や、厳しい制限が設計要因となる高速列車（$v > 200$ km/h）の路線だけに適用する。

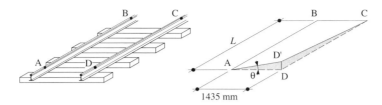

図 16.12　鉄道の軌道のねじりの定義

　床版の端部は、ねじりを制限するため線路の軸に対して垂直とする。斜橋はできるだけ避けるが、それは斜角があると列車が橋台と床版の伸縮装置を越えるときに、大きなねじりを生じるからである。もし、線路の線形が、橋が越えるべき障害物に対して斜めであれば、図 16.13 に示すように、床版の両端が線路の軸に垂直になるように、つなぎの部材を設計する。しかし、床版の張出しの自由長さは、床版と盛土の間の相対的なたわみが極端に大きくならないように制限する。貧配合のコンクリートを用いた斜橋の橋台の裏込めも、橋の端部の軌道のねじりを制限する方法のひとつである [16.3]。

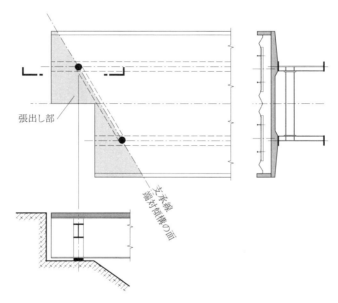

図 16.13　斜橋の橋台と支点の推奨される配置例

　鉛直たわみは、端支点での回転 φ を制限することでも減る（図 16.14(a)）。地表（裏込め、橋台）と橋の間の不連続性によって生じる段差は、乗客にとって不快であるだけでなく、脱線の可能性も高める。施主の代理人は、その路線の基本速度によって限界のたわみ角を定める。スイスでは、ヨーロッパ規準に比べて、やや厳しい値を定めている。しかしながら、実務では、たわみ制限とレールの応力の制限により、暗黙のうちにたわみ角の制限を満足するので、限界のたわみ角は別に計算する必要はない。桁が連なる場合は（図 16.14(b)）、鉛直たわみの制限 w_{lim} を半分にすると、中間支点の全たわみ角 φ が許容値に収まる。

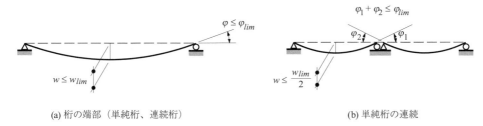

(a) 桁の端部（単純桁、連続桁）　　　　　　　(b) 単純桁の連続

図 16.14　支点での床版のたわみ角の制限

　床版と橋台の間の相対的な鉛直たわみの制限は、急激な変化を避けてなめらかに連続するレールを確保するのに必要である。このような相対的なたわみは、特に床版が支承の後ろに張り出すときに生じる。SIA 規準 261 は、このたわみを 2mm（$v ≦ 160km/h$）、あるいは 3mm（$v > 160km/h$）に制限している。このたわみは、衝撃係数を考慮した頻繁な使用荷重（16.3.3 項）で、$α = 1.00$（16.3.4 項）として計算する。

　夏期のレールの横への座屈と、冬期のレールのき裂を防ぐために、レールの応力を制限する。レールに伸縮継手がある場合（継目板で連結）、拘束力は小さくなり、車軸の水平荷重と鉛直荷重をバラストに伝達することだけを保証する。

　しかし、通常の連続したレール（溶接された）の場合、レールはより大きな応力に抵抗することになる。実際、レールを枕木に固定すると、橋軸方向のレールの動きはすべて枕木に伝達される。しかし、バラストによる抵抗がレールの自由な動きを拘束し、レールに橋軸方向の力が作用する。それに加えて、橋は軌道にとって柔軟な基盤となり、それによりレールにさらに力を生じさせる。そのため、レールと構造物の間に相互干渉があり、たわみは橋桁とレールの両者に部分的に伝達される。

　レールの応力は、車輪の直接的な作用以外に、主として以下の 3 つの原因によって生じる。

① 温度変化：応力は、橋桁だけでなくレールの長さ全体に生じる。これはレールの温度が上昇したとき、レールと橋桁の間の相対的な変形によるものである。実際、橋桁の膨張は、伸縮装置で可能だが、一部はレールで拘束される。したがって、レールは橋桁の膨張に対して弾性支点として挙動する。

② 列車の制動または加速：応力は、橋桁だけでなくレールの長さ全体に生じる。これは、制動または加速による力が、レールから地面、または床版に伝達されることによる。バラストや橋脚の剛性によっては、この力はレールへの影響範囲が広がり、レールと橋桁の間に大きな相対変位を生じることもある。

③ 鉛直荷重による橋桁の曲げ：この応力は、レールが橋の断面の中立軸に対して離れていることが原因で生じる。レールは橋の鉛直たわみに従い、それによって曲げによる力が作用する。レールの応力は、レールと床版の接合の剛性が大きいほど、そしてレールと橋の断面の中立軸のからの距離が大きいほど、大きくなる。

　スイスの基準 [16.2] と EN1991-2[16.7] は、両方とも圧縮応力の使用限界 $72N/mm^2$ と引張応力の使用限界 $92N/mm^2$ を設けている。この限界は、以下の条件すべてが満足されるときに有効となる。

・引張強度 $900N/mm^2$ の UIC 60 タイプのレールの使用
・枕木の下で十分締固められたバラスト
・直線橋または、曲線半径が 1500m 以上の曲線橋

　レールの応力を計算するには、適切なモデルを用いて上部構造とレールの間の相互作用

を考慮する（図 16.15）。このモデルは、レールの引張剛性（EA）、上部構造の引張と曲げ剛性（EA, EI）、床版と軌道の連結部の剛性（k_1）（枕木とバラスト）、桁に結合される橋脚の剛性（k_2）、および上部構造と軌道の伸縮装置を考慮する。考慮すべき荷重は、頻繁に作用する荷重、つまり主に活荷重と温度変化である。活荷重は、衝撃係数や係数 α で割り増ししない。実務的には、この相互干渉は、構造物の伸縮装置間の距離がある値、例えば 16.2.1 項で示した値以下であれば計算しなくてよい。

EN1991-2[16.7] に、上部構造とレールの間の相互干渉を考慮する方法についての詳細な情報、特に原理や適用するモデル、考慮すべき係数について示している。

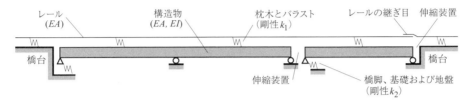

図 16.15　レールの応力計算の際の構造物、バラスト、枕木およびレールの相互干渉のモデル化の例

(3) 外観

構造物の外観は、床版のコンクリートの時間経過による挙動やキャンバーを含む準固定荷重が作用するときのたわみの影響を直接的に受ける。SIA 規準 260 によると、このたわみは 1/700 以下とする。

参考文献

[16.1] Tschumi, M., Grüter, R., Ramondenc, P., *Fortschritte im Eisenbahnstahlbrückenbau Europas, Stahlbau*, Vol. 67, Heft 8, 1998, pp. 612-626.

[16.2] *Dispositions d'exécution de l'ordonnance sur les chemins de fer*, SR 742.141.11, Office fédéral des transports, Berne, 2 juillet 2006.

[16.3] *Ponts-rails avec lit de ballast pour voie normale, Règles générales, sections transversales types et détails constructifs de ponts ballastés*, Directive AM 01 / 02, Chemins de fer fédéraux, Berne, 2002.

[16.4] Haagensen, P. J., Maddox, S. J., *IIW Recommendations on Post Welding Improvement of Steel and Aluminium Structures*, Publication XIII-2200-07, The International Institute of Welding, March 2008.

[16.5] *Directives concernant l'esthétique des ouvrages d'art des CFF*, Instruction DT DG 40 / 92, CFF, Berne, 1992.

[16.6] *Manuel pour la pose et l'entretien des voies*, Manuel R 220.4, Chemins de fer fédéraux, Berne, 1992.

[16.7] *EN 1991-2 – Actions sur les structures. Partie 2 : Actions sur les ponts dues au trafic*, Comité européen de normalisation, Bruxelles, 2004.

[16.8] *EN 1990-Annexe 2 – Bases de calcul des structures, annexe A2 : Application aux ponts*, Comité européen de normalisation, Bruxelles, 2006.

17章　歩行者や自転車のための橋

Moveable footbridge rotating about a horizontal axis: "Gateshead Millennium Bridge" (UK).
Eng. Gifford and Partners, Southampton, UK.
Photo ICOM.

17.1 概要

本章では、歩行者や自転車のための橋、すなわち歩道橋の基本設計と構造詳細について示す。歩道橋には、様々な構造形式があり、一般に、自重の軽さと周辺の環境を反映した景観の質に特徴がある。

歩道橋は、道路橋や鉄道橋に比べて活荷重が小さいことから、構造形式に多様な可能性をもつのが特徴である。活荷重が小さいので橋の自重を小さくできるが、それにより動的現象が基本設計に大きく影響する。高強度の材料が出現して、長支間でも断面を小さくできるが、そのため振動に対する敏感性がより大きな問題となる。橋の曲げ剛性(鉛直方向、水平方向)とねじり剛性の低下、さらに、影響は小さいが質量の減少は、歩行者による共振の可能性を高める。

歩道橋の設計や製作は、道路橋や鉄道橋の一般的な方法と基本的には同じである。本章では、歩道橋に特有な基本設計(17.2節)と考慮するべき荷重(17.3節)に関しての指針を示す。動的現象、特に歩行者の作用による歩道橋の挙動とその照査については、17.4節で詳しく述べる。

17.2 基本設計

17.2.1 構造

歩道橋の設計は、道路橋や鉄道橋とは異なる使用上の制約を受ける。さらに、活荷重が自動車などによる荷重に比べて小さいため、橋の構造の選択の幅がかなり大きい。図17.1は、透明感がある軽いイメージの歩道橋の2つの例を示すが、1つは両端ピン支持の扁平なアーチ(図17.1(a))、もう1つはケーブルによる吊構造である。

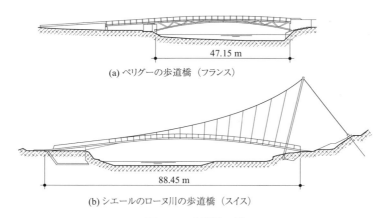

(a) ペリグーの歩道橋(フランス)

(b) シエールのローヌ川の歩道橋(スイス)

図 17.1　歩道橋の例

主構造の構造形式の選択の幅がかなり大きく、最終的な形状の選択では、その橋がその場所にふさわしいかどうかが決め手の1つとなる。これについては、何人かの技術者が論文を発表しており、特に参考文献[17.1]～[17.5]は興味深い。

橋の断面に対しても、多くの可能性があり、このことは設計者が創意あふれる設計ができることを意味する。いくつかの断面の例を図17.2に示す。良い外観を得ることが経済性よりも重視されることもあり、例えば、断面変化する主構造部材や複雑であるが洗練された形状が使われる。中小支間に対しては、主構造部材として圧延形鋼(図17.2)を用

いることができ、鈑桁より経済的になる。圧延形鋼の使用は、歩道橋に作用する荷重が小さいことから可能になる。溶接組立て部材は、支間長が大きいときに用いられ、例えば中央の箱桁がその例である（**図 17.2(b)**）。鈑桁も下路橋として用いるが、**図 17.2(c)** に示すように高欄としても役立つ。この高欄は、歩行者の手すりの役目と歩行者や自転車の転落防止の役目をもつ。

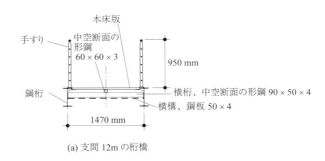

(a) 支間 12m の桁橋

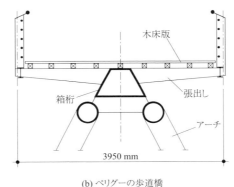

(b) ペリグーの歩道橋

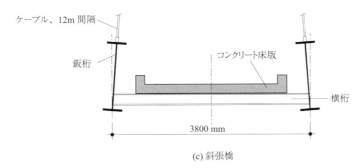

(c) 斜張橋

図 17.2　歩道橋の断面の例

17.2.2　床版

　床版には、木材、コンクリート、複合材料、鋼などの種々の材料が用いられる。鋼では、グレーチング、縞鋼板、さらに鋼床版が用いられる。床版には、断面の強度に寄与するものもあるが、歩行者や自転車のための路面としてのみ用いるものもあり、後者は他の構造部材に連結しない。木材のように平滑な表面の材料は、霜が降りるほど寒いときには滑りやすくなる。材料の選択には多くの考え方があるが、最も重要な要因は以下のとおりである。

・計画される使用目的（歩行者、自転車、軽い業務車両）

- 計画供用寿命
- 美観や建築的な要素
- 水の存在（屋根付きの橋か天候の影響を受ける床版をもつ橋か）
- 床版が構造部材か非構造部材か
- 作用荷重に対する局部的な強度（パンチングと曲げ）
- 表面の粗さと粘着性
- 構造物の質量
- 振動の散逸と減衰
- 費用

(1) 木材

木材は、橋の床版（板材）として古くから使われてきた。それは、特に屋根付きの橋に適している。もし屋根付きでないときは、板材間を数mm空けることで雨水を効率的に排水してすぐに乾燥できるようにする。熱帯産の硬い木材には、イペ、イロコ、ドゥシエなどのような気候に対して十分な耐久性のあるものもある。

橋の維持管理のために軽量の業務車両を用いるときは、パンチング（大きな集中荷重）に対する強度を注意深く考慮する。

(2) コンクリート

鉄筋コンクリートを用いた床版は重量が大きいが、比較的高い強度、耐久性に優れるという特徴がある。利用者の快適性の向上のために、コンクリート床版にアスファルトで舗装することがある。もし、コンクリート床版が鋼構造と構造的に連結されると、歩道橋の曲げ強度を向上させ、横構の役目を果たし、ときには橋の動的挙動を改善する。

歩道橋でプレキャスト床版を用いると、次のようなメリットがある。
- 歩道橋は幅が狭いため、プレキャスト部材が小さく、運搬が容易である。
- 床版の1m当たりの自重が軽いため、長い部材でも通常のクレーンで架設できる。
- プレキャスト化することで工事期間を短縮できる。

(3) グレーチングと縞鋼板

業務用通路など、外観があまり重要ではない歩道橋の場合は、このような軽量の鋼部材が適する。グレーチング（図 17.3(a)）は、およそ1.5m以内の支間長で構造部材として機能し、縞鋼板（図 17.3(b)）は約1.0mまでの支間長に限られる。

しかし、グレーチングには隙間があるため、特に桁下空間の大きいときには、利用者に不安感を与える。この理由から、この種の床版は特に業務用の橋に使われる。ただし、格子の間から雪が落ちるため、除雪が不要になる利点をもつ。

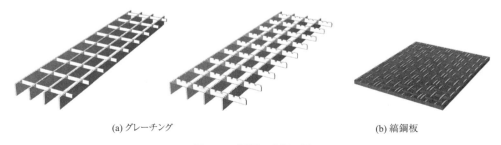

(a) グレーチング　　　　　　　　　　　　　(b) 縞鋼板

図 17.3　鋼製の床版の例

(4) 鋼床版

鋼床版（6.7節）は軽量で、橋全体の強度に寄与する床版が必要となる長支間の歩道橋

に用いられる。残念ながら、鋼床版は、他の床版と比べて高価である。利用者に滑りにくい表面を提供するために、アスファルト（または複合材料）で舗装する。

(5) 複合材料

複合材料は、最近になって歩道橋の床版に選択肢を広げた材料である。それは、高い接着性と耐摩耗性を有する。複合材料の床版の継手を形成することが、この材料の使用にあたっての最近の課題の1つである。

(6) 細部構造と継手

床版と主構造の連結は、特に木製と鋼製の床版での早期劣化の原因となる滞水が起こらないように設計する。万一劣化が生じたときに備えて、床版の交換が容易な接合方法とする。床版が橋の強度に寄与する設計でない場合は、主構造と床版の間の接合部が相対的に滑動できることが重要である。もしそれができないと、主構造に作用する力、例えば曲げモーメントや温度変化の影響による力が床版に作用する。

17.3 荷重と作用

歩道橋に作用する荷重とその作用の仕方は、道路橋に類似している。10章では、温度、風、地震、さらにクリープとプレストレス力などの荷重と作用について示した。本節では、自重と活荷重についてのみ示す。

17.3.1 自重

作用する荷重が小さいため、歩道橋の自重は一般に小さい。道路橋と比較した場合、歩道橋では自重に対する活荷重の比が大きい。歩道橋の例では、その比は1.5を超えるが、同じような支間の道路橋では0.5程度である。

道路橋や鉄道橋とは異なり、歩道橋に用いられる橋の形状や構造形式が多様なため、活荷重や支間長によって自重を推定するための経験式を求めるのは難しい。そのため、自重は、スケッチや類似の既存の橋の経験に基づいて推定して、必要があれば、詳細設計の前の予備設計の段階で変更する。

17.3.2 活荷重

歩行者や自転車のための橋は、SIA規準261に従って、分布活荷重の設計値4.0kN/m^{2}として設計する。荷重係数 γ_Q は1.5で、割引係数は $\psi_0 = \psi_1 = 0.4$ そして $\psi_2 = 0.0$ である。荷重には動的な衝撃係数は乗じないが、それは歩道橋では動的な照査が別途要求されるからである（17.4節）。

SIA規準261によると、軽量の業務用車両による局部的な影響は、10kNの集中荷重 Q_k を用いて考慮するが、そこでは等分布活荷重 q_k は用いない。割引係数は $\psi_i = 0.0$（$i = 0 \sim 2$）である。この荷重は、もっと重い車両が歩道橋を通過する可能性があるときは、当然、増加させる。また、自動車類が間違えて侵入しないように、車止めなどの適切な固定設備を設計で考慮する。

17.4 動的挙動

17.4.1 概要

道路橋や鉄道橋とは異なり、歩道橋の設計では、動的な影響が支配的になることが多い。このように軽量で細長い構造物では、使用性については特に注意して検討する。振動

と利用者の快適性への影響に対して特にあてはまる。歩行者と風の力が、構造物に動的に作用して振動を生じさせる。その振幅と振動数は多くの要因の影響を受けるが、特に以下の点が挙げられる。

- 2次部材と非構造部材も含めた構造物の鉛直と水平の軸周り（曲げ）、橋軸周り（ねじり）の剛性。
- 構造物の質量。
- 構造のもつ減衰性能。これは、使用材料の挙動や連結方法（特に、床版と主構造の連結）に大きく依存する。
- 歩行者または風による作用の振動数。

構造物の振動は、以下のことを招く。

- 利用者の快適性への負の効果：振動（振幅と加速度）は、利用者に否定的に感じられる。振動する橋は、利用者にとって不快なだけでなく、危険な印象（実際に危険でなくても）を与える。これは使用性の問題である。
- 疲労耐久性に影響：使用時の荷重（弱い風、歩行者による通常の使用）は、連続的な振動を招き、それにより疲労現象が生じ、構造物の損傷を生じることがある。
- 共振の発生：特異なケースで、作用荷重の振動数が構造物の固有振動数のいくつかに近くて、それが連続して作用すると、構造物の減衰が小さければ、構造物の共振が生じる。これは構造安全性の問題である。

使用者の快適性に負の影響を与え、不安感を与える振動は、歩道橋の一時的な閉鎖と構造変更の主要因となることがある。このような不安感は、一般に、振動による構造物の損傷や共振に至るよりかなり前に生じる。

したがって、使用性と構造安全性を確保するために、常に歩道橋の動的挙動の照査が必要である。使用性は、通常、利用者が感じる振幅と振動数を制限することで保証する。

17.4.2　基本設計と修正方法

後になって、好ましくない動的挙動を向上させるための構造変更、これは一般に複雑でコストがかかるが、その必要がないように、基本設計の段階から橋の動的挙動を検討しておくことは重要である。以下では、動的挙動に影響を与える要因を示す。これらを計算で考慮する方法は、17.4.3項に示す。

(1) 曲げ剛性とねじり剛性

剛性は、ここでは構造物に作用する力Fと、その力による変形wの比で定義する。剛性は、橋の固有振動数に直接影響し、剛であればあるほど、固有振動数も高くなる。構造部材の寸法、使用材料、支間長、さらに横構の有無がこの剛性に影響する。また、床材やガードレールなどの非構造部材も存在することで剛性が高くなる。したがって、非構造部材の影響を無視した固有振動数の計算は、振動数を低く推定することがある。

(2) 質量

質量も固有振動数に直接影響する。質量が大きければ大きいほど、固有振動数が低くなる。歩道橋の床版の材料の選択は（複合材料や木材による軽量の床版、コンクリート床版による重量のある床版）、質量、つまりは固有振動数に影響する。

歩道橋の建設後に、もし動的挙動が好ましくない場合は、例えば床版に質量を付加するような質量の調整が可能である。しかし、固有振動数を1/2にするには、質量を4倍にしなければならず、この方法は一般に現実的ではない。また、質量を増やすには構造物の補強が必要になり、その場合剛性が増すので、固有振動数に対して逆の効果となる。

(3) 減衰

減衰は、構造物の振動を減らす。減衰が大きければ大きいほど、構造物は早く静止状態に戻る。高い減衰は、容認できない振動、すなわち変形の大きさを制限し、繰り返し作用を受けるときの共振を避けることができる。

減衰は特に以下の項目に依存する。
- 材料の選択：コンクリート床版の方が、鋼床版より減衰が大きく、コンクリートがひび割れるとさらに減衰が大きくなる。
- 接合方法：ボルト接合の方が、溶接よりもエネルギーの散逸が大きい。
- 支承と基礎の種類：可動支承は、構造物と地盤の境界と同様に、エネルギーを散逸する。

したがって、減衰は以下のように区別できる。
- 材料による減衰：内部のエネルギーの散逸。
- 構造物による減衰：伸縮装置や支承の摩擦、および非構造部材によるエネルギーの散逸。
- 橋全体の減衰：基礎と地盤の相互干渉などによるエネルギーの散逸。

(4) エネルギー消散型あるいは付加質量型ダンパー

ダンパーを用いることで、歩道橋の動的挙動を改善できる。エネルギー消散型ダンパーは、主に振幅に影響する。動いている橋の機械的なエネルギーは、熱に変換され、これにより振動振幅が抑えられる。実際には、これは粘性ダンパーで、自動車に用いられるタイプと同じである。このダンパーを計算で考慮する方法は、文献 [17.7] に示す。

付加質量型ダンパーは TMD（tuned mass damper）とも呼ばれ、全く異なる原理で機能する。構造物に質量 - ばね - ダンパーのシステムを連結し（例えば、径間中央の床版の下に設置）、もし吊り下げられた質量が橋と逆に動くと、歩道橋の振動は乱される。もし、質量とダンパーを構成するばねの剛性を適切に選択すると、歩道橋の振幅が大きく減少して、橋の利用者が迷惑を被ることはなくなる。物理的には、吊り下げる質量は、橋と質量のシステムの固有振動数を変えるので、それは励起振動数から十分離れる。

付加質量型ダンパーは、1つの振動数だけが減衰できることに注意する。橋の複数の固有振動数が利用者の誘起する振動数の範囲にある場合、満足する動的挙動を確保するには、ダンパーをいろいろな方向（鉛直、水平、ねじり）の振動に対して複数用意する必要がある。付加質量型ダンパーは、構造の減衰定数ζが低い（<5%）場合、さらに効果的に振動を減衰する。したがって、コンクリート構造よりも鋼構造で効果的である。この種のダンパーは、歩道橋の振動を減らすために、最もよく使用される。

特に軽量で細長い歩道橋で、固有振動数が供用中に振動問題を生じると予想される場合には、設計の早い段階から、ダンパーを設置する場所を考えておくのがよい。

17.4.3 動的解析

歩道橋の動的解析では、最初に固有振動数を求めるが、さらに、歩行者の通行により生じるたわみと加速度を計算することもある。構造物の固有振動数の推定には、いろいろな計算法がある。一般に予備設計や計算ソフトのチェックには、単純な解析モデルに基づく最も基本的な解析法で十分である。もし、より詳細な計算が要求されるなら、有限要素法などによる数値解析も選択肢となる。計算ソフトの使用は簡単ではあるが、設計者は、常にその結果が妥当かどうかに注意する必要がある。

図 17.4 に、マス、ばね、ダンパーで構成された1自由度系システムを示す。このモデルで、線形弾性挙動を示す構造の応答（振動の1次モード）を計算できる。構造物は、質

量 M でモデル化され、それは剛性 k、減衰係数 c をもち、経時変化する力 $F(t)$ が作用する。剛性 k はばね定数で、力 F による変形 w の比で定義される。構造物の応答は、変形 $w(t)$ またはその導関数（速度、加速度）となる。

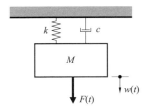

図 17.4　マス、ばね、ダンパーのモデル、1 自由度系

ここでは、動的荷重 $F(t)$ が作用する歩道橋の剛性 k、減衰定数 ζ（c の値に左右される）、固有振動数振 f、そして変形 $w(t)$ と加速度 $a(t)$ の計算方法について示す。

(1) 剛性

橋の剛性 k は、17.4.2 項で示すように、いろいろな要因に左右される。歩道橋をモデル化するには、以下の点を特に考慮する。

・コンクリート床版はひび割れることがあり、これはコンクリートのヤング率を減らすことで考慮できる。
・変動する荷重（歩行者、風）の作用は一般に短い時間で、コンクリートのクリープは考慮しない。
・非構造部材の影響は考慮する必要があるが、それは構造物の剛性を顕著に高めることがあるからである。

これらの要因、特に非構造部材の影響を正確に推定するのは難しい。そのため計算される剛性は、実際の剛性の近似値である。固有振動数を照査するときは（17.4.5 項）、このことを配慮した何らかの工学的判断が必要となる。

(2) 減衰

減衰は、振動振幅の対数減衰率 δ によって定義される（式 (17.1)）。この式で、i は、1 自由度系の自由振動の振幅 w_i の与えられたサイクルである。$F(t) = 0$, $w(t=0) = w_0$

$$\delta = \ln\left(\frac{w_i}{w_{i+1}}\right) \tag{17.1}$$

減衰は、振動振幅に依存する。小さい振幅では、減衰の値は 4 倍まで大きくなることがある。減衰の下限は上部構造の減衰に対応し、上限は下部構造による減衰分を考慮するが、この減衰分が顕著な場合もある。

式 (17.2) は減衰比 ζ を定義しており、この値は、構造物の減衰を特徴づけるのによく用いられる。

$$\zeta = \frac{\delta}{2\pi} \tag{17.2}$$

減衰比 ζ は、減衰係数の臨界減衰係数（振動せずに最も早くつり合いの状態に戻る減衰）との比で表示されることもある。図 17.4 に示す 1 自由度系に対しては、減衰比は以下のように表される。

$$\zeta = \frac{c}{2M\omega} \tag{17.3}$$

ここで、c ：減衰係数 [Ns/m]

M ：質量 [kg]
ω ：円振動数 $\omega = \sqrt{k/M}$
k ：剛性、またはばね定数 [N/m]

文献 [17.7] より引用した**表 17.5** は、歩道橋に使用された材料ごとに減衰比の代表的な値を示している。より詳しい減衰の値は文献 [17.8] を参照されたい。この**表 17.5** の値は、歩道橋の設計計算に用いる最低値に相当する。

表 17.5 歩道橋の減衰比の最低値 ζ [17.7]

歩道橋の種類	ζ [%]
鋼	0.3
鋼・コンクリートの合成	0.5
コンクリート	0.7
木製	1.5

(3) 振動周期

構造物は、その質量のもつ自由度に対応した固有振動数、および振動モードをもつ。分布した質量をもつ構造物の自由度は無限にあり、それによる固有振動数も無限にある。最も低い振動数である1次モードは、基本モードとも呼ばれ、その振動数は基本振動数と呼ばれる。振動モードは以下、2次モード、3次モードなどと呼ばれる。固有振動数の呼び方も同様である。通常、構造物の1次の振動数のみが実用上で重要となる。

図 17.6 は、67 橋の歩道橋の1次振動数の値を支間長との関連で示す。曲線は、振動数 f と支間長 l の関係である。これから、支間長が 30m を超える歩道橋では、歩行による平均の振動数が 2.0Hz であるから、振動が引き起こされる可能性が高いことがわかる。

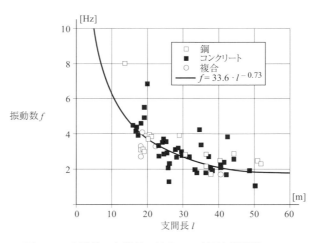

図 17.6 歩道橋の支間長に対する1次固有振動数 [17.9]

1自由度系（図 17.4）の固有振動数 f_0 [Hz] と固有周期 T_0 [s] は以下で計算する。

$$f_0 = \frac{\omega_0}{2\pi} \tag{17.4}$$

$$T_0 = \frac{1}{f_0} \tag{17.5}$$

質量 M [kg] と剛性 k [N/m] に関係する固有円振動数 ω_0 は、次式となる。

$$\omega_0 = \sqrt{\frac{k}{M}} \tag{17.6}$$

複数の自由度をもつ構造では、固有振動数と振動モードの計算には計算ソフトを用いる。しかし、橋で見られる連続した桁の固有振動数をほぼ妥当に推定できる簡単な方法がある。連続した桁を1自由度系の等価な系に置き直すことで、基本振動数を簡単に計算できる。橋が異なる支点条件をもつ単純桁のとき、構造物の動きを表す微分方程式の積分 [17.7] は、式 (17.6) を用いて固有円振動数を計算するのに用いられる等価質量 M^* [kg] と等価剛性 k^* [N/m] を計算できる。

剛性 EI と分布質量 m をもつ支間長 l の単純桁の場合、等価質量 M^* と等価剛性 k^* は、式 (17.7) と式 (17.8) により計算できる。

$$M^* = \phi_m \cdot ml \tag{17.7}$$

$$k^* = \phi_k \cdot \frac{EI}{l^3} \tag{17.8}$$

ここで、ϕ_m：質量係数、**表 17.7** を参照のこと。
ϕ_k：剛性係数、**表 17.7** を参照のこと。

表 17.7 に、異なる構造形式と荷重ケースについての係数 ϕ_m と ϕ_k の値を示す。これらの係数は、分布質量と剛性の構造系を1自由度系で表すのに用いる（**図 17.4**）。この表に含まれないケースについては、文献 [17.9] に示される式を解く必要がある。これが必要となる例としては、変断面の桁である。

表 17.7　分布質量と剛性の系を 1 自由度系で表現するための等価係数

構造系	荷重ケース	質量係数 ϕ_m		剛性係数 ϕ_k
		支間中央の集中質量	等分布質量	
単純桁	分布	−	0.5	48.7
	支間中央に集中	1.0	0.5	48.7
一端単純支持、他端固定の桁	分布	−	0.479	113.9
	支間中央に集中	1.0	0.479	113.9
両側固定の桁	分布	−	0.396	198.5
	支間中央に集中	1.0	0.396	198.5

支点が3点か4点ある連続桁（支間はそれぞれ $\eta l, l, \xi l$）に対しては、**図 17.8** により支間長 l の単純桁の基本振動数 f_0 から、その基本振動数 f を求めることができる。

振動数は、構造物の減衰の影響を受ける。鋼の歩道橋では、減衰比が低いことからこの影響を無視できる（**表 17.5**）。しかしながら、もし構造物の自重に対する歩行者の質量が大きい場合は、基本振動数は歩行者の存在により大きく変化する。この場合は、歩行者の質量を M^* に考慮するか、分布質量 m の値に考慮する。

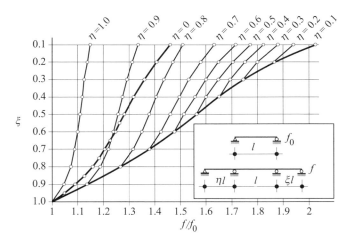

図17.8　文献[17.10]による2径間または3径間の桁の基本振動数

(4) 加速度と振幅

歩行者に作用する加速度は、多くの要因に左右される。特に加速度は、構造物に作用する加振力に依存する。このことは、構造物の特性だけで決まる固有振動数と異なり、構造物の特性と荷重の両者に依存することを意味している。これは、変動する作用荷重による振動振幅についても同じことがいえる。

分布質量と剛性一定の解析モデルに基づき、振幅 w_{max} と加速度 a_{max} を式 (17.9) と式 (17.10) を用いて求めることができる。これらの式は文献 [17.7] からの引用であるが、加振力が正弦曲線の形 $F_0 \cdot \sin(\omega_t)$ であるとき、適用できる。これらの式は、定常現象を表し、過渡現象の上限となる。

$$w_{max} = \frac{1}{\sqrt{(1-(\omega/\omega_0)^2)^2 + 4\zeta^2(\omega/\omega_0)^2}} \cdot \frac{F_0}{k^*} = \phi_{dyn} \cdot \frac{F_0}{k^*} \tag{17.9}$$

$$|a_{max}| = \omega^2 \cdot w_{max} = \omega^2 \phi_{dyn} \cdot \frac{F_0}{k^*} \tag{17.10}$$

ここで、ϕ_{dyn} ：動的増幅係数
　　　　ω ：加振力の円振動数
　　　　ω_0 ：構造物の固有円振動数、または自由振動数
　　　　ζ ：減衰比

比 F_0/k^* は、荷重 F_0 による構造系の静的変位（振動数ゼロ）を表す。動的増幅係数 ϕ_{dyn} は、正弦曲線の力と構造物の円振動数（または自由振動数）の比 ω/ω_0 と減衰定数 ζ の関数となる。鋼製の歩道橋のように小さい減衰に対しては、加振力の周波数が構造物の固有振動数に近いと、動的増幅が大変大きくなる。$\omega \fallingdotseq \omega_0$ のとき、構造物は共振して、このとき動的増幅係数は最大値となる。

$$\phi_{dyn,max} = \frac{1}{2\zeta} \tag{17.11}$$

(5) 1人の歩行者による作用

鉛直および水平な加振力は、歩行者が通行することで歩道橋に作用する。歩行者の典型的な鉛直振動数は、1.6Hz と 2.4Hz の間であり、その平均値は約 2.0Hz である。歩行者が走ると、振動数は 2.0Hz と 3.5Hz の間となる。歩行者による橋軸直角方向の加振力の振動

数は、水平方向では鉛直方向の 1/2 に相当する。

移動する歩行者が歩道橋に与える力 $F(t)$ は、静的成分（歩行者の体重）と動的成分とで構成され、動的成分は作用の振動数の倍数の振動数をもつ調和関数の和である。鉛直力は以下の式で表される（フーリエ級数分解）。

$$F(t) = G_0 + G_1 \sin(2\pi f_p t) + \sum_{i=2}^{n} G_i \sin(2i\pi f_p t - \varphi_i) \tag{17.12}$$

ここで、G_0：歩行者の体重に相当する静的な力で、一般に 700N とする。
　　　　G_1：第 1 項の振幅（力）。2Hz に近い振動数 f_p では、$G_1 = 0.4$、$G_0 = 280$N（最初の 3 項に限り、$F(t)$ のフーリエ級数の係数 = 0.4 とする）
　　　　G_i：第 i 項の振幅（力）
　　　　f_p：歩行者（歩行あるいは走行）による力の基本振動数
　　　　φ_i：第 i 項の第 1 項との位相の差
　　　　n：考慮する項数

通常、最初の 3 項のみを考慮する。現実には、歩道橋は第 1 項 $f_p = f_0$ によって鉛直に加振される。しかし歩道橋は、高次のモード、例えば 2 次、$2f_p = f_0$ で大きく振動することもある。

構造物に対して橋軸直角方向に作用する歩行者の水平力は、静的な成分を持たない。この力は第 1 項のみを用いて、以下の式で表される。

$$F(t) = 0.05 G_0 \sin\left(2\pi\left(\frac{f_p}{2}\right)t\right) = G_1 \sin\left(2\pi\left(\frac{f_p}{2}\right)t\right) \tag{17.13}$$

橋軸方向に作用する歩行者の水平力は、以下のように表される。

$$F(t) = 0.2 G_0 \sin(2\pi f_p t) = G_1 \sin(2\pi f_p t) \tag{17.14}$$

最近まで、歩道橋の動的解析と設計は、歩行者 1 人のみの通行の影響を考えてきた。しかし、この解析には適用限界があり、特に密度が変化する群集としての歩行者の影響を受ける都市部の歩道橋を考慮していない。

(6) 複数の歩行者による作用

複数の歩行者が同時に歩道橋を渡るとき、荷重の大きさとそれによる橋の応答は、歩行者が 1 人だけの場合に比べて大きくなる。複数の歩行者による作用には、動きがランダムで同期しないとして考慮する。歩行者の振動数と体重は、確率分布で表すことができ、個々の歩行者が橋に乗るときの位相差は、不確実な事象として表現する。さらに、歩行者の影響は、径間中央で最大となり、支承付近では加振力が小さくなる。

これらの変数は、複数の歩行者の加振力が、ある場合には累積され、ある場合では相殺されることを意味する。しかし、歩行者による加振力は正弦波ではなく、また橋の異なる場所に作用するため、解析的に積分の解を求めるのは大変難しい。したがって、数値計算するか簡易モデルを考える。歩道橋上の一群の歩行者の作用を表現するいろいろなモデルが開発されている。例として、SETRA の手引きに示されるモデルの結果について示す。

数値解析に基づいて、このモデルは、位相と振動数が完全に同期した等価な歩行者数 N_{eq} を定義できる。表 17.9 は、歩行者の通行密度 d と減衰比 ζ による N_{eq} を定義している。

表 17.9　同期した等価な歩行者数 N_{eq} [17.11]

歩行者の通行量	歩道橋の等級	密度 d [人/m²]	N_{eq}
低密度	III	0.5	$10.8\sqrt{N\cdot\zeta}$
高密度	II	0.8	
非常に高密度	I	1.0	$1.85\sqrt{N}$

　等価な歩行者数は、橋の上に等分布させ、最大加速度の計算では、力の正負はその橋の変形モードに合わせ、振動数は構造物の固有振動数と同じとする（通常、1次モードと1次の固有振動数）。開発されたモデル [17.11] では、考慮すべき荷重に割引係数 ψ を乗じるが、それは、歩行者の振動数の範囲が構造物の固有振動数 f から離れるので、構造物の共振の可能性が小さくなることを考慮している。図 17.10 では、歩行者の歩行による割引係数 ψ を、鉛直振動と水平振動について定義している。

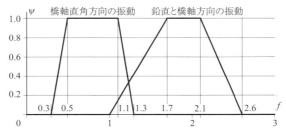

図 17.10　歩行者の動的作用の割引係数 ψ 17.11]

　例えば、文献 [17.11] によると、高密度の歩行者の通行を支える橋長 l の歩道橋では、鉛直振動の動的解析に考慮すべき歩行者の線荷重 [N/m] は、次式となる。

$$F(t) = \psi \cdot 280 \cdot \frac{N_{eq}}{l} \cdot \cos(2\pi f_0 t) \tag{17.15}$$

この荷重は、桁に沿って着目するモードに対応する変形（変形と同一の向き）によって正または負として載荷させる。

　なお、橋の上を群集が移動するとき、歩行者が徐々に歩調を合わせ、構造物の動きに同期することもある。このような強制的な同期は、主に歩道橋の側方の振動に影響する。歩行者は、橋軸直角方向の動きに大変敏感である（振幅が 2〜3mm の動きのときでも）ため、橋の振動数に自分のそれを合わせて本能的にバランスを取ろうとする。こうすることで歩行者は、橋を共振させることに直接貢献してしまう。この現象は、歩行者の数が多いほど、顕著となる。これが問題になった最近の例として、一時閉鎖を余儀なくされたロンドンのミレニアムブリッジとパリのソルフェリーノ橋の例がある。

　強制同期の場合には、文献 [17.12] の研究で、密度が高い群衆が側方モードの振動数で歩くときの同期は、歩調を合わせて歩く $0.2N$ の歩行者の効果に相当することが示される。ここでは、N は構造物にいる歩行者の数を表す。

17.4.4　マスダンパーの設計

　動的挙動を考えて設計したにもかかわらず、歩道橋の動的挙動が好ましくないとき、構造物に制振装置を設置する解決策があり、TMD タイプがよく用いられる。図 17.11 は、歩道橋（質量 M）とマスダンパー（質量 M_a）を模式的に示す。この2つのマスのモデル

は、2自由度系の減衰システムである。もし、質量 M_a とばね剛性 k_a が適切に選択されると、橋と制振装置を合わせた系は、振幅がゼロになるように応答する。物理的に、吊り下げられた重りは、その系の固有振動数を変え、加振力の振動数から十分離れる。これは、式 (17.9) と式 (17.10) の動的増幅係数 ϕ_{dyn} を減少させる効果をもつ。

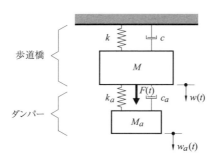

図 17.11　マス、ばね、ダンパーのモデル、2 自由度系

マスダンパーの設計では、最も重要となるのは質量比 M_a/M である。この質量比は、マスダンパーの橋に対する相対変位に直接影響する。この比率は、図 17.12 に示す曲線を用いて選択するが、これは文献 [17.13] から引用した。

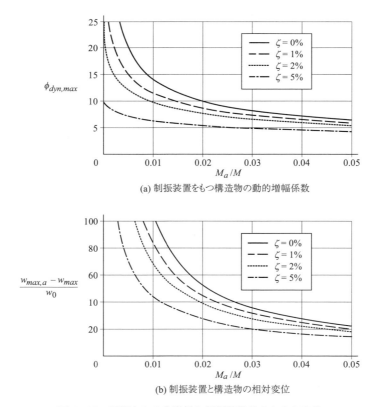

(a) 制振装置をもつ構造物の動的増幅係数

(b) 制振装置と構造物の相対変位

図 17.12　制振される歩道橋と制振装置そのものの変位

図 17.12(a) は、制振装置をもつ構造物の質量比 M_a/M と、構造物そのものの減衰定数 ζ に応じた最大の動的増幅係数 $\phi_{dyn, max}$ を示す。減衰定数が 5% 以上の構造物では、マスダンパーは、ほとんど効果がないことがわかる。約 0.02 より大きい質量比 M_a/M では、減衰定数が低い場合であっても、ダンパーの質量の増加と比べて、最大の振幅係数の減少が小さいこともわかる。

図 17.12(b) は、ダンパーの変位 $w_{max, a}$ と制振される構造 w_{max} の間の相対的変位を静的変位 w_0（式 (17.12) の G_1 による）で無次元化したものを、M_a/M の比と構造物そのものの減衰比 ζ の関数で示す。床版の下の空間が制限されるとき、M_a/M の選択に際して相対変位が支配的になる。

質量比を選択すると、図 17.13 により、振動数 f の振動モードの制振のために、構造物そののもの減衰比 ζ に応じて、制振装置の最適な振動数 f_{opt} を選択できる。

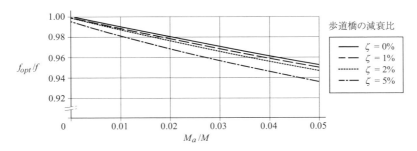

図 17.13　マスダンパーの最適な振動数

減衰のない歩道橋（$\zeta=0$）に対して、最適な振動数 f_{opt} と制振装置の最適な減衰比 ζ_{opt} は、式 (17.16) と式 (17.17) で計算できる。これらの最適値は、低い減衰比をもつ鋼製歩道橋の制振装置の設計にも用いることができる。

$$f_{opt} = \frac{f}{1 + M_a/M} \tag{17.16}$$

$$\zeta_{opt} = \sqrt{\frac{3(M_a/M)}{8(1 + M_a/M)^3}} \tag{17.17}$$

マスダンパーは、歩道橋の減衰させる振動モードの固有振動数に正確に同調されたときだけに、効果を発揮する。それに対して制振装置の減衰比 ζ_a と、もつべき最適な減衰比 ζ_{opt} の差は、それほど重要ではない。

歩道橋のマスダンパーの実際の計算例は、この章の最後に示す（17.4.6 項）。歩道橋の質量 m は 1500kg/m、支間長 l は 40m、M_a/M 比は 0.02 である。一般化した質量 M^*（表 17.7）を考慮すると以下のようになる。

・$M_a = 0.02\ M^* = 0.02(0.5 \cdot ml) = 0.02 \cdot 0.5 \cdot 1500 \cdot 40 = 600$ kg

・制振装置の最適な振動数は、$f_{opt} = \dfrac{f}{1 + 0.02} = 0.98f$

　　ただし、f は減衰すべき振動モードの振動数である。

・すると、その際の最適な減衰比は以下のようになる。

$$\zeta_{opt} = \sqrt{\frac{3 \cdot 0.02}{8(1+0.02)^3}} = 0.084$$

17.4.5　照査と限界値
(1)　方法論
　歩道橋の固有振動数を歩行者の加振振動数と比較することで、その動的作用に関する感度を手早く推定できる。振動数の比較で設計者が満足できない場合は、次のステップで加速度を考慮して照査する。
- 固有振動数の計算：通常、実務的には、1次の固有振動モードが重要である。もし、固有振動数が避けるべき固有振動数の領域外であれば、動的解析はこの段階で終了となり、使用者の快適性は満足されると仮定する。
- 加速度または変位の計算：固有振動数が歩行者の作用の範囲内にあるとき、構造物の加速度あるいは変位を決める動的解析を継続する。もし、加速度（または変位）が限界値以内であれば、構造物の動的挙動は満足されると仮定する。もしそうでなければ、橋の質量と剛性を変更するか、制振装置を付加する（17.4.2項）。

　通常の場合は、動的計算は、歩行者の動的作用を考慮できる計算ソフトを用いて行う（例えば、式(17.15)）。加速度の照査のほかに、使用者の快適性を保証する許容たわみと構造物のたわみを比較する方法もある。これについては、次にもう少し詳しく示す。

(2)　固有振動数
　関連する規準には、構造物の固有振動数として避けるべき振動数の範囲が示されている。この範囲は、歩行者による加振力の振動数に相当する。もし構造物の固有振動数がこの範囲にあれば、振動が増幅される。そのとき、利用者の快適性が低下し、橋の構造安全性が脅かされる。

　鉛直振動に対して、歩行者が歩くときの平均振動数は2.0Hzであり、走ると2.0から4.0Hzの間で変化する。このため、SIA規準260では、鉛直の固有振動数は1.6と4.5Hzの間を避けることを勧めている。もし固有振動数がこの範囲にあれば、規準では動的解析することを要求している。

　構造物の橋軸直角方向の水平振動とねじり振動による振動数を照査することも重要である。左右の足の運びが、このような振動を生じる。したがって、橋軸直角方向の振動やねじり振動では、避けるべき固有振動数は0.7から1.3Hzである。固有振動1.6から2.5Hzも、もし橋軸方向の水平振動のモードと一致するなら避ける。

　SETRAの手引き[17.11]では、橋の重要度と通行する歩行者の密度に応じて、異なる振動数の範囲が提案されており、それに加えて行うべき計算の種類と考慮する作用（**表17.9**）も提案している。

　一般に、最小の固有振動数が鉛直振動で5.0Hz以上、水平とねじり振動では2.5Hz以上である歩道橋では、歩行者は振動を起こさないとされる。

(3)　加速度
　高強度の材料の使用や吊形式、あるいは単に長支間のとき、歩道橋の固有振動数を歩行者が与える振動数の範囲から外せないことが多い。この場合、利用者の快適性は損なわれ、歩道橋の使用性を損なう。快適性は、振動数ではなく、むしろ加速度か変位で推し量る。

　ある加速度か変位に対する利用者の受忍限度は、振動、持続時間（数秒の過渡的な影響か、長い時間かという歩道橋を渡る時間に関係する）、利用者の密度（歩行者が1人か群

集か)、個人的な感覚（年齢、性別に依存）など、いろいろな要因に左右される。この受忍限度はかなり主観的な要素があるため、絶対的な限度ではなく、受忍可と否の加速度の遷移ゾーンとして考慮する。

いろいろな規準や参考文献で、橋の振動数に応じて加速度の受忍限度が提案されている。図 17.14[17.14] は異なる限度を示す。図内に太字で示す限度は、EN 1991 ユーロコード 1 のものである。この曲線は式 (17.18) で定義される。

$$a_{lim,v} = 0.5\sqrt{f_v} \leq 0.70 \text{ [m/s}^2\text{]} \tag{17.18}$$

ここで、f_v：歩行者によって励起される可能性が最も高い構造物の鉛直固有振動数 [Hz]。通常は、鉛直 1 次振動数。

式 (17.19) は、水平加速度の限度を同じように定義する。

$$a_{lim,h} = 0.14\sqrt{f_h} \leq 0.20 \text{ [m/s}^2\text{]} \tag{17.19}$$

ここで、f_h：歩行者によって励起される可能性が最も高い構造物の水平固有振動数 [Hz]。通常は、水平 1 次固有振動数。

文献 [17.8] には、いろいろな規準が示す限度に関する詳細が示される。

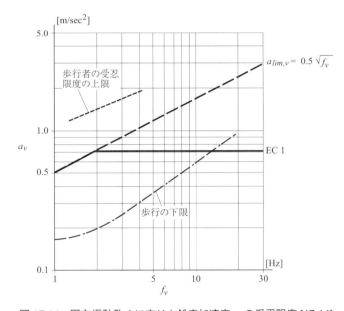

図 17.14　固有振動数 f_v に応じた鉛直加速度 a_v の受忍限度 [17.14]

SETRA の手引き [17.11] では、快適性のレベルが定義されている。例えば、橋の鉛直加速度 a_v では、以下のレベルが定義される。

・a_v が 0 と 0.5m/s² の間にあるとき、快適性は最大。
・0.5m/s² ≦ a_v ≦ 1.0m/s² のときは、快適性は中程度。
・1.0m/s² ≦ a_v ≦ 2.5m/s² では快適性は最低。
・鉛直加速度が 2.5m/s² 以上では、許容不可とみなす。

水平加速度 a_h は、強制的な同期を防ぐため、0.1m/s² までと制限される。

この SETRA の手引きによれば、施主の代理人は歩道橋の等級に応じて（表 17.9）、利用者に提供する快適レベルを選択できる。

2つの支点上で一定の剛性をもつ歩道橋の単純なケースでは、支間中央の最大加速度は、1次振動に対する次式で計算できる。

$$a_{max} = \omega^2 \cdot \frac{w_0}{2\zeta} = 4\pi^2 f^2 \cdot \frac{w_0}{2\zeta} \tag{17.20}$$

ここで、f ：橋の固有振動数と振幅 G_1 の振動数
　　　　　　1人の歩行者の鉛直加速度のための式(17.12)による。
　　　　　　1人の歩行者の橋軸直角方向の水平加速度のための式(17.13)による。
　　　　　　1人の歩行者の橋軸方向の水平加速度のための式(17.14)による。
　　　w_0：G_1 に対応する静的な変位
　　　ζ：減衰比

複数の歩行者による橋の加速度を計算するとき、振幅 G_1 に $\psi \cdot N_{eq}/l$（表17.9、文献[17.11]、図17.10）を乗じて、1次の振動モードに関する加速度を計算する際に考える線荷重を求める。

(4) たわみ

文献[17.15]の著者は、たわみの限界値 w_{lim} の2つのしきい値を提案しているが、1つは、それ以上になると歩行者が確実に振動を感じる限度、もう1つは、それを超えると不快感が高まり橋を渡るのを拒む限度である。これらの限度は、橋の固有振動数の関数として図17.15に示すが、そこでは歩行者が停止しているか動いているかも区別している。

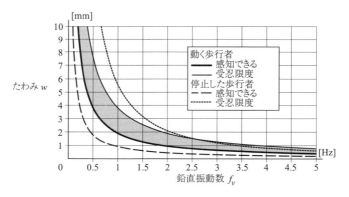

図 17.15　鉛直振動の体感限界と受認限度

一定の剛性をもつ単純桁の歩道橋のケースでは、歩行者1人によるたわみの最大値は、式(17.10)で計算できる。

$$w_{max} = \frac{a_{max}}{\omega^2} = \frac{w_0}{2\zeta} \tag{17.21}$$

表17.16に、式(17.21)で計算したたわみの例を、2種の加速度に対して構造物の固有振動数の関数として示す。

表 17.16　2種の加速度と固有振動数に応じたたわみ w_{max}

歩道橋の固有振動数 [Hz]	加速度に対するたわみ w_{max} [mm]	
	0.5 m/s²	1.0 m/s²
1.0	12.7	25.3
2.0	3.2	6.3
3.0	1.4	2.8

17.4.6　数値計算例

40m の単純支持の歩道橋の動的挙動を照査する。この歩道橋は、**表 17.9** によると等級Ⅲであり、厚さ 10cm の合成床版を支える 2 本の鈑桁で構成されている。歩行者のための有効幅は、2.50m である。その他、以下の諸量をもつ。

- 合成床版の断面 2 次モーメント：$I = 0.030 \text{m}^4$
- 単位長さ当たりの質量：$m = 1500 \text{kg/m}$
- 減衰比 $\zeta = 0.6\%$

(1)　鉛直の 1 次の固有振動数の決定

基本振動数は、円振動数 $f = \omega/2\pi$、$\omega = \sqrt{k/M}$ で計算できる。桁は等分布質量をもつ構造であるため、ω を計算する特性 M^* と k^* を定義するのに式(17.7)と式(17.8)を用いる。

あまり混雑しない等級Ⅲの歩道橋（$d = 0.5$ 人/m²）では、歩行者数 N は、$N = 0.5 \cdot 2.5 \text{m} \cdot 40\text{m} = 50$ 人となる。

歩行者の総質量は、$50 \cdot 70$ kg $= 3500$kg、または 1m 当たり、$3500/40 = 87.5$kg/m となる。この質量は振動数に影響するので考慮する。橋の振動数を、通行人がいない場合といる場合で、**表 17.7** による ϕ_m と ϕ_k を代入して計算する。

$$M^* = \phi_m \cdot ml = 0.5 \cdot 1500 \cdot 40 = 30\,000 \text{ kg}$$

　　　通行人なし（通行人がいると 31750kg）

$$k^* = \phi_k \cdot \frac{EI}{l^3} = 48.7 \cdot \frac{210 \cdot 10^9 \cdot 0.030}{40^3} = 4.79 \cdot 10^6 \text{ N/m}$$

$$f = \frac{1}{2\pi} \cdot \sqrt{\frac{k^*}{M^*}} = \frac{1}{2\pi} \cdot \sqrt{\frac{4.79 \cdot 10^6}{30\,000}} = 2.01 \text{ Hz}$$

　　　通行人なし（通行人がいると 1.95Hz）

これらの振動数は、歩行者が歩くときの振動数の範囲内にある。SIA 規準 260 によると、これらは避けるべき振動数の範囲にある。したがって、照査の第 2 段階に進み、歩道橋の動的解析を行う必要がある。

(2)　最大加速度の計算

$$式 (17.20) により、 a_{max} = \omega^2 \cdot \frac{w_0}{2\zeta}$$

静的変位 w_0 は、分布荷重 G_1 を考慮して計算するが、そこでは歩道橋上を同時に移動する歩行者の等価な数 N_{eq}、すなわち**表 17.9** による $N_{eq} = 10.8 \sqrt{N \cdot \zeta}$ および係数 ψ を考慮する。この係数 ψ は、橋の固有振動数と歩行者の歩行の振動数が近いため、ここでは1.0（**図 17.10**）とするが、このことは、この歩道橋が共振する可能性が高いことを意味する。

$$w_0 = \frac{5G_1 l^4}{384 \cdot EI} = \frac{5(\psi \cdot 280 \cdot 10.8\sqrt{N \cdot \zeta/l})l^4}{384 \cdot EI} =$$

$$\frac{5(1.0 \cdot 280 \cdot 10.8\sqrt{50 \cdot 0.006/40})40^4}{384 \cdot 210 \cdot 10^9 \cdot 0.030} = 219 \cdot 10^{-6}\,\mathrm{m}$$

通行人のいる橋では、

$$a_{max} = \omega^2 \cdot \frac{w_0}{2\zeta} = \frac{k}{M} \cdot \frac{w_0}{2\zeta} = \frac{4.79 \cdot 10^6}{31\,750} \cdot \frac{219 \cdot 10^{-6}}{2 \cdot 0.006} = 2.75\,\mathrm{m/s}^2$$

計算した最大加速度は、2.5 m/s² より大きく、歩行者の快適性では、受忍できない範囲にある（図 17.14）。そのため、橋の特性を変える、例えば剛性 EI を高めるか、制振装置を用いることを考慮する（17.4.4 項の計算例を参照のこと）。

参考文献

[17.1] Schlaich, J., Bergermann, R., *Fussgängerbrücken*, Birkhäuser Verlag Basel, Zürich, 1994.

[17.2] Baus, U., Schlaich, M., *Footbridges*, Birkhäuser Verlag Basel, Zürich, 2008.

[17.3] Leonhardt, F., *Ponts Puentes*, Presses polytechniques et universitaires romandes, Lausanne, 1986.

[17.4] Leonhardt, F., *Brücken, Bridges,* Deutsche Verlags-Anstalt, Stuttgart, 1994.

[17.5] *Ponts et passerelles*, Steeldoc 03 / 08, Documentation du centre suisse de la construction métallique SZS, Zürich, septembre 2008.

[17.6] Michotey, J.-L., Leher, P., La passerelle Japhet à Périgueux, *Bulletin Ouvrages Métalliques* n°2, OTUA, Paris, 2002.

[17.7] Bachmann, H., Ammann, W., *Schwingungsprobleme bei Bauwerken*, Association internationale des Ponts et Charpentes AIPC, Zürich, 1987.

[17.8] CEB-FIP, *Guidelines for the design of footbridges*, Fédération internationale du béton (fib), Bulletin n° 32, 2005, Lausanne.

[17.9] Bachmann, H., et al., *Vibration Problems in Structures*, Institut für Baustatik und Konstruktion (IBK), ETH Zürich, Birkäuser Verlag, 1995.

[17.10] Cantieni, R., *Dynamische Belastungsversuche an Strassenbrücken in der Schweiz*, Bericht Nr. 116 / 1, Eidgenössische Materialprüfungs- und Versuchsanstalt（EMPA）, Dübendorf, 1983.

[17.11] Setra, *Passerelles piétonnes, évaluation du comportement vibratoire sous l'action des piétons,* Guide méthodologique, Service d'études techniques des routes et autoroutes, Bagneux, 2006.

[17.12] Fujino, Y., Pacheco, B., Nakamura, S., Waarnitchai, P., *Synchronization of human walking observed during lateral vibration of a congested pedestrian bridge, Earthquake Engineering and Structural Dynamics,* vol. 22, septembre 1993, pp. 741-758.

[17.13] Bachmann, H., Weber, B., *Tuned Vibration Absorbers for « Lively » Structures, Structural Engineering International,* vol. 5, 1995, pp. 31-35.

[17.14] Blanchard, J., Davies, B.L., Smith, J.W., *Design Criteria and Analysis for Dynamic Loading of Footbridges*, Symposium on dynamic behaviour of bridges, Supplementary Report 275, Transport and Road Research Laboratory, Berkshire, England, mai 1977, pp. 90-106.

[17.15] Kobori, T., Kajikawa, Y., *Ergonomic evaluation methods for bridge vibrations, Transactions,* Japanese Society of Civil Engineers, vol. 6, 1974, p. 40.

18章　アーチ橋

Kirchenfeld arch bridge at Berne (1883) (CH).
Eng. M. Probst, Ins and J. Röthlisberger, Neuchâtel.
Photo Kentaro Yamada..

TGV Mediterranean, Viaduc de la Garde Adhémar (2000) (F).
Eng. Bureau d'études Greisch, Belgium.
Photo ICOM.

18.1 概要

最古の橋の形式は、石積みとレンガ造によるアーチ構造であった。この形式は、石に引張力を与えることなく、圧縮によって力を支点に伝達する。最古の鉄橋であるコールブルックデールの橋（図 18.1(a)）もアーチ構造であったが、アーチ橋は過去のものになったわけではない。その形状の美しさは否定できず、また景観に溶け込む優れた長所をもつため、アーチ橋は、現代でも頻繁に計画される構造である。さらに、アーチ橋では床版の変形が小さい傾向にあり、高速列車が通る鉄道橋の分野でも多く用いられている [18.1]。

これまで数多くのアーチ橋が建設されてきたが、特にタイドアーチまたは「弓弦アーチ」の形式が多い。この構造は、床版の上にアーチ（下路）があるが、他のアーチ橋では、床版はアーチの上（上路）や中間（中路）に位置している（図 18.1）。

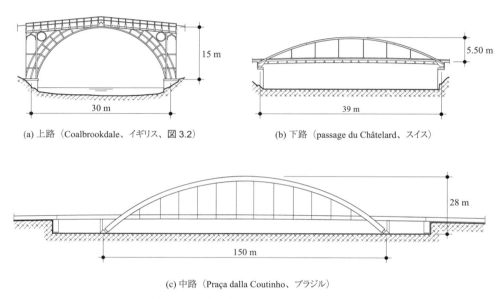

(a) 上路（Coalbrookdale、イギリス、図 3.2）　　(b) 下路（passage du Châtelard、スイス）

(c) 中路（Praça dalla Coutinho、ブラジル）

図 18.1　床版の位置によるアーチ橋の分類

中・長支間のアーチ橋、例えば 80～200m の場合、他の構造形式と比べて劣るところがない。吊り構造の橋（吊橋や斜張橋）は、これより長い支間で利点が認められる。この支間では、多角アーチの最も単純な形式である方づえラーメン橋も多く見られる橋である。文献 [18.2][18.3][18.4] は、アーチ橋の例が示されるが、本書の図 3.14 と図 3.15 には、現在、最大の支間長をもつ 2 つのアーチ橋を示している。

アーチの特徴である圧縮力に対して、鋼部材は不安定現象が生じるにもかかわらず、多くのアーチ橋が鋼製であるのは興味深い。圧縮が主であるので、アーチ構造にコンクリートが適した材料である。しかし、鋼にも利点があり、例えば小さい自重、溶接性、架設の速さは、すべて架設時の利点となる。この自重が軽いことは、安価で扱いやすい小型の架設機材の使用を可能にする。

18.2 節では、アーチ橋の構造形式について、静的挙動への影響を明確にしながら述べる。ここでの考察は、後で示す基本設計（18.3 節）、架設（18.4 節）、構造解析（18.5 節）、および設計照査（18.6 節）の観点から示す。

18.2 形式と機能

18.2.1 床版の位置

歴史的には、アーチ橋は、アーチで支持される上路式の床版をもつ石またはレンガ造の橋であった。昔は、引張力に耐える材料がなく、そのため吊り下げる中路や下路橋の建設は不可能であった。今日でも、コンクリート橋は、通常上路であるが、鋼橋は下路が多く建設される。

床版の位置の選択は、橋が建設される環境によるところが大きい。アーチの支点が絶壁のような深い谷にかかる橋では、その絶壁に支承を設ける上路が有利であり、起伏の少ない地形の橋では、下路アーチ橋が適する。

以下、本章では、鋼アーチ橋に多い下路アーチ橋を中心に述べる。

18.2.2 構造系

図 18.2 は、アーチ橋で最もよく見られる 4 つの構造系を示す。両端固定アーチ（図 18.2(a)）は、石積み、現代では鉄筋コンクリート橋によく用いられる。これは、基礎と構造物の連続性による。2 ヒンジあるいは 3 ヒンジをもつアーチ（図 18.2(b) および (c)）は、ピン構造が簡単に可能になるので、鋼橋によく用いられる（コンクリートでは難しい）。

両端固定のアーチは、3 次不静定で、2 ヒンジアーチは 1 次不静定となり、3 ヒンジアーチは静定である。不静定次数が高くなると鉛直たわみは小さくなるが、曲げによる断面力は、特にアーチ基部とクラウンで不静定次数に伴って大きくなる。

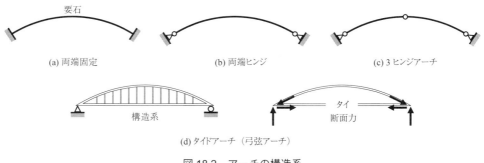

図 18.2 アーチの構造系

架設方式が構造系の選択に影響することもある（18.4 節）。タイドアーチ以外の構造系では、アーチ基部の圧縮力の水平成分のために、基礎地盤が支持するべき大きな水平の支点反力が存在する。このため、アーチ橋は良質な地盤、特に岩盤に基礎を造ることができる場合に適する。

図 18.2(d) は、タイドアーチ、あるいは「弓弦アーチ、bowstring」を示す。なお、英語圏では、bowstring は、高さに変化のある単純トラス橋（魚腹形、fish belly）を指す [18.2]。タイドアーチの考え方は、支点の水平反力をつり合わせるために、タイを用いてアーチの両端をつなぐことにある。この方法では、アーチの軸力の鉛直成分のみが橋台に伝達され、基礎地盤の質に対して適用性が高くなる。さらに、この構造系は、外部静定であるため、支点の沈下や一定の温度変化に対して鈍感である。しかし、タイドアーチは内部不静定で、その結果、断面力と鉛直たわみは、タイに比較してアーチの曲げ剛性の関数となる（18.5 節）。

18.2.3 アーチの数

アーチ橋は、単弦、または複数のアーチで構成される。単弦アーチ橋では、通常、幅員の中心に設置されたアーチの両側に車道を配置する。複数のアーチを用いるときは、車道はアーチ間に配置される。

18.2.4 ライズ比

図 18.3 は、アーチ橋のライズ比の定義を示す。ライズ比 λ_1 は、橋のライズ f（アーチの高さ）とアーチの支間 l の比で与えられる。このライズ比が小さければ小さいほど橋は柔軟性が増すが、ライズが大きすぎると、橋の外観を損なう。道路橋でも鉄道橋でも、ライズ比 λ_1 は、1/5 と 1/6 の間の値が選択される。

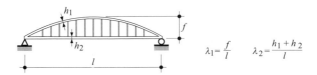

図 18.3　ライズ比と細長さに対する記号と定義

床版とアーチの断面形状の選択は重要である。アーチと床版の材料の割合は、基本設計の一部として決めるが、細いアーチに剛な床版、あるいはその逆のことである。18.5.2 項で説明するように、これは、非対称な荷重の作用下での挙動に大きな影響を与える。もし、h_1 をアーチの断面の高さ、h_2 を床版の断面の高さとすると、細長さ $\lambda_2 = (h_1 + h_2)/l$ は、アーチが 1 本か 2 本かによって 1/30 から 1/45 の間となる。

18.3　基本設計と構造部材

18.3.1　荷重の伝達経路

アーチ橋の鉛直荷重の伝達経路を図 18.4 に示す。この例では、床版に作用する荷重は、床版の橋軸方向と橋軸直角方向の曲げによって支持され、横桁と補剛桁を介して、吊材の下端部に伝達される。吊材の力は、その後、アーチに伝わる。アーチは、曲げが伴うこともあるが、主に圧縮によって荷重を支点と基礎に、もしあればタイにも伝達する。

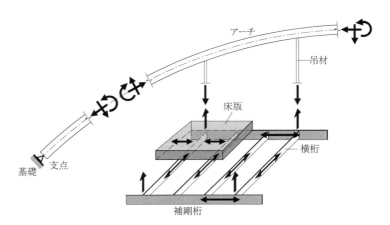

図 18.4　アーチ橋の鉛直荷重の伝達経路

18.3.2 アーチ

アーチは圧縮と曲げに抵抗するように設計する。座屈強度と曲げ強度は、アーチの断面2次モーメントに大きく依存する。したがって、例えば中空断面や溶接された箱断面のように、2つの軸周りの断面2次モーメントが大きい断面が望ましい。アーチの面外座屈に抵抗するために、断面2次モーメントの強軸を鉛直面にあるようにする。これは、アーチ間に横構がないか、少ないときには、通常そのようにする。

圧延開断面は支間長の短いアーチ橋に使用できるが、これは吊材との連結がかなり簡単にできる利点がある。しかし使用できる断面が限られるため、支間長が短いアーチに限定される。

18.3.3 床版

床版は、作用荷重を支点まで伝える基本的な構造要素である。走行面としての機能のために、床版は、曲げ剛性や強度に関するいくつかの要求事項を満足する必要がある。タイドアーチ橋では、床版はタイの一部としての寄与を考慮する。

合成アーチ橋の典型的な床版は、図18.5に示すように、鉄筋コンクリート床版、横桁、補剛桁で構成される。床版は、局部的な活荷重を横桁に伝えるために主に曲げに抵抗する。横桁は、一般に約5.0mの間隔に配置され、アーチの基部のレベルにある補剛桁に支持される。補剛桁は、横桁の荷重を吊材に伝達する。コンクリート床版は横桁の上フランジに連結され、横桁の中央部で合成断面となる。

横桁の間隔を広げる場合は、床版を支持するために橋軸方向に縦桁を加える。補剛桁は荷重分担が軽減され、場合によっては省略される。その場合、吊材を横桁に連結することになり、横桁の断面は大きくなる。

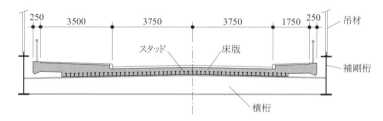

図 18.5 合成アーチ橋の典型的な床版の例

(1) タイドアーチ橋

タイドアーチ橋は、タイのないアーチ橋と比べて設計と細部構造が異なる。タイドアーチ橋では、アーチの圧縮力の水平成分はタイで受け持つ。

床版の形状は、引張力を支持しない床版と同じである（図18.5）。補剛桁は、引張力を支持するタイの役目を果たす。しかしコンクリート床版の補剛桁への連結は、補剛桁の引張が床版に影響することを避けるように設計して、コンクリートのひび割れを制限する。したがって、床版は補剛桁に直接連結せず、横桁のみに連結する。同じ理由で床版は、2つのアーチを基部でつなぐ端横桁には連結しない。

図18.6は、アーチ橋の近代的な床版の設計例を示すが、ここでは、コンクリート床版は、補剛桁とともに引張を支持するように構成される。古典的な設計に比べると、この設計は、同等の幅員に対して横桁が短く、床版があることで横桁と補剛桁の連結部が天候から防護されるため、耐久性に対する利点がある。しかし、アーチ橋の端部の床版で、引張を導入するに対して適切な構造詳細が必要となる。

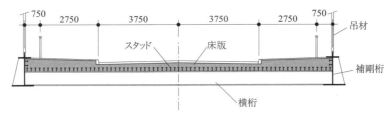

図 18.6 タイの引張力を分担する床版の例

図 18.7 は、アーチ橋の端部で、どうすればコンクリート床版が引張の一部を分担できるかといった構造詳細を 2 例示す。図 18.7(a) は、平面に剛な形式で、トラス組みで補剛桁の端部に固定される。トラスは I 断面で構成され、スタッドによって床版に合成される。この例では、横桁の間隔が狭く、吊材は補剛桁に連結される。

図 18.7(b) は、床版の端部の横構で、最初の 2 つの横桁と床版を支える縦桁を連結している。この方法では、横桁は間隔が開いていて補剛桁がないため、直接吊材に取り付く。

この 2 例では、横桁と横構はスタッドによって床版に合成される。一般に橋の端部の横桁は、床版へ引張をうまく伝えるために、他の横桁と比べて曲げとねじりに対する剛性が高い。設計者は、床版がタイの一部となることで、橋軸直角方向のひび割れに注意する。この場合は、橋軸方向に十分な鉄筋を用いてひび割れの開口を抑制する。

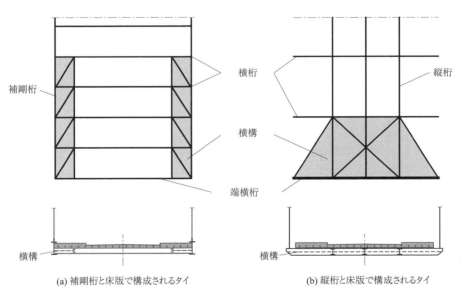

図 18.7 床版に引張力を導入するための橋の端部の設計例

(2) 細部構造

図 18.8 は、横桁と補剛桁の継手の例で、鉄筋コンクリート床版、横桁、スタッド、そして主桁のウェブに溶接された垂直補剛材を示す。この継手は、横桁にある程度の拘束を与えて、ラーメンの効果により補剛桁の横座屈に対する強度を高める。また、補剛桁に作用する風荷重を床版に伝達することで横構の機能も果たす。

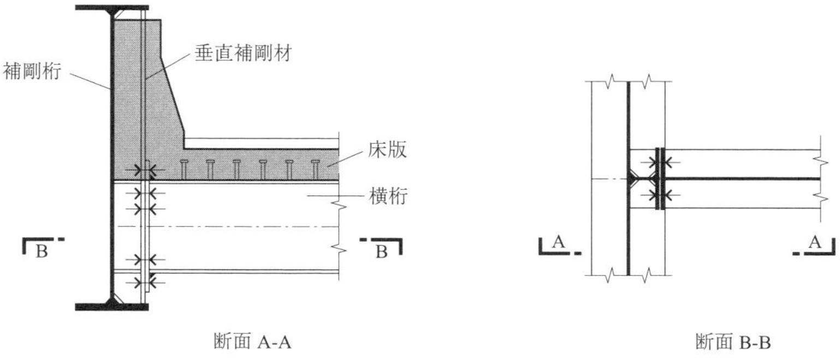

図 18.8 横桁と補剛桁の継手の例

タイドアーチ橋では、アーチと補剛桁の継手部近傍は、アーチとタイの力、および支点反力による荷重が作用する。これらの力に対して強度が発揮できるように、十分に補剛する。図 18.9 は、ストラスブールのマルヌ運河にかかる橋のこのような補剛の例である。支点上の板は、重点的に補剛されている。支点では、アーチの箱断面から補剛桁のⅠ断面に滑らかに断面変化している。

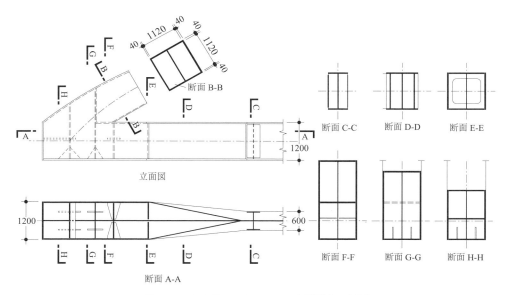

図 18.9 タイドアーチのアーチと補剛桁の補剛

ライン川のマルヌ運河にかかるストラスブール橋（スパン 103m、床版幅 11m）の例 [18.2]

18.3.4 吊材

(1) 吊材の種類

床版とアーチの間の吊材は、ケーブル、鋼棒、あるいは圧延形鋼で構成される。図 18.10 は、2 種類の吊材および補剛桁とアーチの継手の例を示す。

両端にねじ切りした鋼棒は、ケーブルに比べていくつかの利点があるのでよく用いられる。特に以下の点である。

・継手がシンプル。
・大規模な設備なしで簡単にプレストレスを与えることができる。
・ケーブルよりも約 15％ヤング係数が高い。

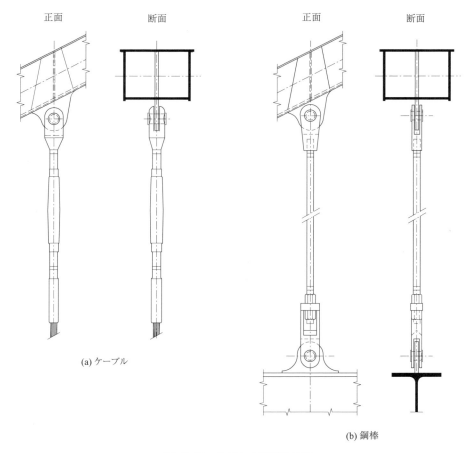

(a) ケーブル (b) 鋼棒

図 18.10　吊材とその継手の例

　長い吊材を構成するために、複数の鋼棒どうしを溶接でつなぐ。その場合は、継手の疲労破壊とぜい性破壊を考慮して、鋼棒を丁寧に溶接する。溶接継手を避けるために、吊材が長いときはケーブルを使用するのがよい。
　圧延形鋼は、今では稀にしか吊材に使用されない。圧延形鋼の主な利点は、鋼棒やケーブルより大きい曲げ剛性である。この曲げ剛性は、単弦アーチの場合に、アーチ間の横構がなくて面外剛性が低いため必要となる。

(2) 継手

　拘束による曲げ応力が継手に生じ、疲労き裂につながることがあるので、理想的には、吊材の両端をピン継手とするべきである。この理由で、一般に鉄道橋にはピン継手が用いられる。直径の小さいケーブルや鋼棒には、規格化されたピン継手が入手できる。これらは、図 18.10(a) と (b) に示したように鋳造品である。しかし、中実鋼棒の吊材のときは、例えば、図 18.11 に示すように鋼棒をガセットに溶接するなど、ピン挙動しないが継手の設計が簡単になる場合がある。

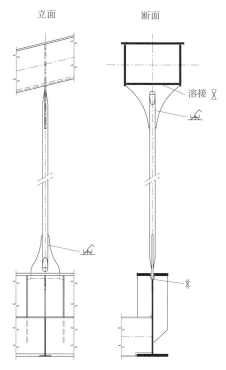

図 18.11　溶接された吊材の継手の例

　この溶接継手については、疲労強度を詳しく検討する必要がある。特にこの例では、ガセットが補剛桁の上フランジの孔を通して直接ウェブに溶接されている。ガセットが直接上フランジに溶接されるときに、上フランジにラメラテアが生じることがあるが、この構造詳細によりその危険性を避ける（『土木工学概論』シリーズ第 10 巻、図 7.10）。

　車両の衝突や疲労によって吊材を交換する必要がある場合、継手の構造詳細はこれに適応する必要がある。一般に、吊材の交換時に一時的に取り外せるので、ピン継手は交換に適している。

　吊材とその継手の基本設計では、橋の規模と予定される架設方法に応じて、どんな荷重が作用するかを考慮する。また、例えばジャッキで引張を導入する場合には、継手の周辺に機材用の空間が必要となる。

　設計者は、吊材が取り付く部位のアーチの局部的な強度も照査する。吊材からの力を適切に分布できるよう、アーチを補剛する必要がある。箱断面のアーチの補剛の例を図 18.12 に示す。

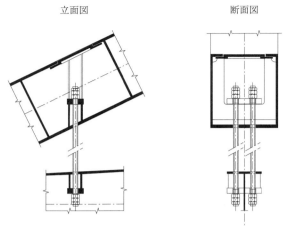

図 18.12　箱断面アーチの吊材の取り付け部の補剛の例、ストラスブールのマルヌ運河の橋 [18.5]

(3) 吊材の配置

吊材の間隔と傾斜は、基本設計において重要となる。吊材の傾斜や間隔は、橋の景観のみならず、床版の形状、構造全体の剛性、アーチの全体座屈に影響する。これらの点については 18.5 節で検討する。

図 18.13 に、2 つのアーチ橋の側面図を示す。上は（図 18.13(a)）鉛直の吊材を有し、下は（図 18.13(b)）傾斜した吊材を有する。傾斜した吊材の方が、床版の活荷重をアーチにより均等に伝える（18.5 節）。特に非対称荷重のときは、傾斜した吊材の方がアーチと床版の曲げモーメントが小さくなる。

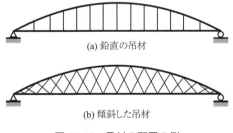

図 18.13　吊材の配置の例

これらの点を考慮すると、独創的だが極端な設計になることがある。例えば、橋に曲げを生じさせる荷重をより良く分布させるために、文字通り網目のように 3 点や 4 点で交差する傾斜した吊材で設計された橋がある [18.6]。この方法では、18.2.4 項で定義した細長さは、2 車線の道路橋で $\lambda_2 = (h_1 + h_2)/l = 1/100$ になる。材料の大幅な節約が可能となり、自重が軽いことから架設も容易になる。しかし、このようは細長さでは、高速道路の荷重を支持するのは難しい。細長さが約 1/100 で、網目状に吊材を組んだ橋は、最大の幅員が 7m 程度となる。

斜め吊材をもつアーチ橋を真横から見たとき、傾斜した吊材の景観は魅力的である。しかし、他の角度から見ると印象ががらりと変わり、吊材が不快に入り混じり、透明感も損なわれることがある。この問題は、2 本のアーチが傾いてアーチクラウンで合わさるとき、さらに悪くなる。

(4) 振動と制振

吊材は、走行車両、風、または雨によって振動することがある。この振動は、両端で剛結された鋼棒に局部的な曲げによる疲労破損を生じさせることがある。斜張橋と吊橋のケーブルの空気力学的な挙動に関する多くの研究があるが、アーチ橋の吊材に関する情報は少ない。参考文献 [18.7] は、風と雨の相互干渉の研究に興味深い貢献をしている。引張を受けるケーブルの振動数については、文献 [18.8] で示される。吊材の引張力は、その固有振動数を大きくする。

吊材の極端な振動を避けるためには、いろいろな選択肢がある。例えば、制振装置を取り付けることや、ケーブルや鋼棒の表面に凹凸を設ける方法である。

18.3.5 アーチ間の横構

合成桁橋と同様、床版は完成時には横構の役目を果たす。アーチでは、2つのアーチを横構でつなぐことで、面外の安定性が大きくなり、全体の剛性を高める。もしアーチの基部が橋軸方向に対してピン支持されていれば、アーチをつなぐ横構は構造の不安定性を排除するために必要不可欠である。

横構の例をいくつか図 18.14 に示す。三角形で構成しない横構を用いる方法（図 18.14(c)）は、橋軸直角方向の力に対するフィーレンディールトラスとして挙動する。これは、アーチ全体の面外の剛性、すなわち安定性が三角形のトラスの横構に比べて小さいにもかかわらず、景観に優れているためによく用いられる。下路アーチ橋の場合、横構の配置には、通過交通のためのクリアランスを守る。

アーチの間の横構は、設けないこともある。横構を設けない場合は、アーチは基部で端部の横桁に剛結する（図 18.26(a)）。

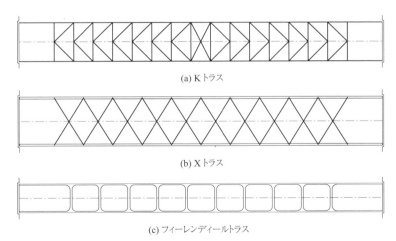

(a) K トラス

(b) X トラス

(c) フィーレンディールトラス

図 18.14　アーチの横構の例（上から見る）

18.4　架設

鋼橋の架設については、7 章で詳しく示した。ここでは、アーチ橋に特有の架設方法について示す。

18.4.1 ケーブルによる片持ち架設

この架設方法は、図 18.15(a) に模式的に示すが、仮ケーブルで支持しながら片側の岸から片持ち梁のようにアーチの半分を架設する方法である。この種のケーブル架設は、ケーブルをあまり高くない仮主塔に設置できることから、上路アーチ橋に適する。

条件が許せば、ウィンチやクレーンを用いて地表からアーチの一部を吊上げ架設できる。橋が大きい場合やアクセスが困難な場合には、ケーブルクレーン（図 18.15(b)）の使用が有利である。大きな橋の場合には、工事期間を短縮するために径間の中央部を地上で組み立て、強力なジャッキで吊り上げることもできる。この方法は図 18.15(c) に示すが、吊上げ時に生じる曲げを抑制するために、アーチの中央部に仮の吊材の配置が必要となることが多い。

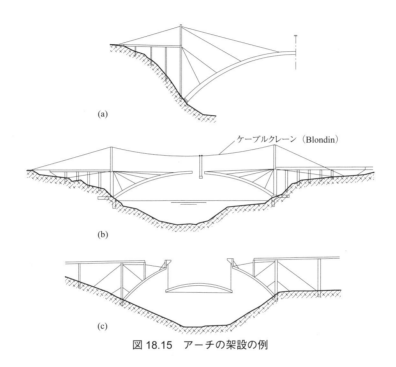

図 18.15　アーチの架設の例

18.4.2　半アーチの吊上げ、あるいは吊下げによる架設

地形が許せば、アーチの半分を、橋台から順に水平か鉛直に岸の上で組み立てる（図 18.16）。組み立てが終わった半アーチは、ジャッキやケーブルを用いて吊上げるか吊下げるかして、最終的な位置に架設する。この架設法は 2 ヒンジまたは 3 ヒンジアーチに有利であるが、それは架設時に半アーチを傾けるためにピン支承が必要となるからである。

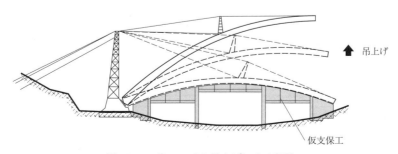

図 18.16　半アーチの吊上げによる架設

18.4.3 橋全体の組立て

タイドアーチ橋は、支点反力が鉛直方向のみのため、橋全体を組み立てて架設するのに適している。タイのないアーチ橋では、仮のタイで架設中のアーチを安定させる。河岸または橋の延長上でアーチを組み立てる場所があるときに、この架設法が採用できる。都市部では、橋全体の組立ては難しいことが多い。アーチ橋全体を架設するには、送出し、回転、横取りの3つの方法がある。

橋が航行可能な水路に架かっており、河岸のどちらかの延長上に十分な組立てスペースがある場合は、橋全体を送出し架設できる。橋の片側をバージに乗せ、水路を渡す（図18.17）。アーチ橋の支点と構造系は送出しの段階に応じて変わり、完成時の構造系とは異なる。吊材は引張力のみで設計されるために、架設時に仮支保工が必要となる。これについても図18.17に示す。

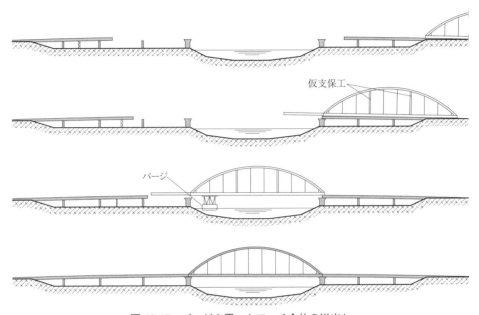

図18.17 バージを用いたアーチ全体の送出し

橋全体を回転によって架設することもできる。まず、片方の土手でそれに平行に橋全体を組み立てる。床版とアーチが完成した後、橋を橋台まわりに回転して架設する。この方法では、アーチの架設が地上で行われ、特別な機材を必要としないため経済的となる。

最後に、横取り工法は、供用中の橋の架け替えに特に有利である。新橋を旧橋に平行して仮支保工の上に架設し、旧橋を撤去した後、横取り工法で架設する。

18.4.4 床版上でのアーチの架設

建設予定のアーチ橋の床版が曲げに対して十分な強度と剛性があるとき、または仮支柱で支持できるとき、別の架設方法が可能になる。この方法では、まず床版を地上で、あるいは送出しで架設する。床版が設置されると、それをアーチの架設の作業ヤードとして使う。床版上に仮支柱を設けることで、アーチの架設が比較的容易となる。この架設方法を図18.18に示すが、当然のことながら下路アーチ橋にのみ適用できる。

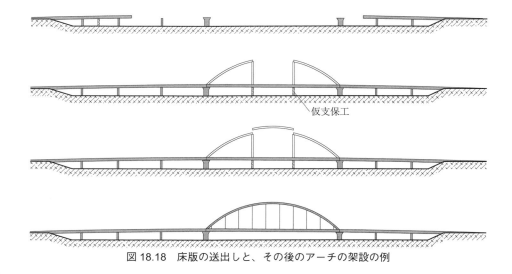

図 18.18 床版の送出しと、その後のアーチの架設の例

18.5 構造解析

18.5.1 断面力

(1) 圧縮の軸

理想的には、アーチの形状は、荷重による断面力の圧縮の軸と一致することである(『土木工学概論』シリーズ第1巻3.9.3項)。それにより、アーチには圧縮力のみが作用する。図18.19には、等分布荷重と集中荷重が作用する場合の理想的なアーチの形を示す。鉛直等分布荷重が作用する理想的なケースでは、アーチは放物線となる。垂直材の位置で集中力が作用する場合は、アーチの理想形は多角形となる。しかし、作用荷重がアーチ上で常に等分布するわけでなく、アーチが多角形でもないので、アーチには曲げモーメントも作用する。アーチのある点の曲げモーメントは、断面に作用する軸力とアーチの軸に対する偏心量の積で求まる。

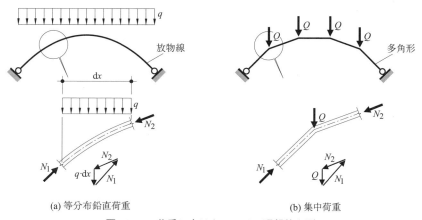

(a) 等分布鉛直荷重 (b) 集中荷重

図 18.19 荷重に応じたアーチの理想的な形

(2) 断面力の計算

アーチの断面力の解析では、不静定構造物のつり合い式と適合条件を解く。単純な荷重ケースとアーチ形状のときは、予備設計に解析式を用いることができる。

支間長 l、ライズ f の両端ピン支持の放物線アーチでは、床版の自重のような等分布荷重 q が作用するとき、曲げモーメントが生じない。それには、軸圧縮力だけが作用し、その水平成分 H は次式となる。

$$H = \frac{ql^2}{8f} \tag{18.1}$$

アーチの軸力は、α をアーチ軸の接線と水平線のなす角とすると式 (18.2) で与えられる。図 18.20 に、この場合の軸力 N の分布を示す。

$$N = \frac{H}{\cos\alpha} \tag{18.2}$$

なお、アーチの自重は、アーチの軸に沿って作用し、水平な直線上に作用しない。自重によるアーチの理想形は放物線ではなく、逆懸垂曲線となる（『土木工学概論』シリーズ第 1 巻 10.4.4 項）。

アーチ橋に等分布でない荷重や集中荷重が作用すると、アーチに曲げが生じる。この曲げモーメントの計算は、影響する要因が多いため複雑となる。そこで、設計者は数値解析に頼ることになる。18.5.2 項では、非対称荷重や集中荷重が作用するアーチ橋の定量的な情報を示す。

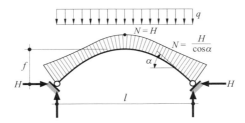

図 18.20　等分布荷重が作用する 2 ヒンジ放物線アーチの軸圧縮力

18.5.2　非対称荷重と集中荷重

上述したように、自重と自動車荷重による断面力の作用軸がアーチの重心軸と一致する場合に、アーチに圧縮力のみが作用する。この荷重ケースはほとんどあり得ない。この条件を満たさない荷重ケースは、床版に作用する非対称の自動車荷重や集中荷重である。以下にこれらの荷重を別々に考慮する。

(1)　非対称荷重

図 18.21 は、両端ピン支持のアーチとタイドアーチのたわみ、軸力、曲げモーメントに対する対称荷重と非対称荷重の影響を示す。圧縮の軸とアーチの軸とが一致する形状の放物線アーチ（図 18.21(a)）であれば、曲げモーメントが生じなく、軸力は式 (18.2) を用いて計算できる。支間の半分の非対称荷重（図 18.21(b)）は、通常、アーチに最も大きい曲げモーメントを生じる。一方、この場合軸力は対称荷重よりも小さくなる。

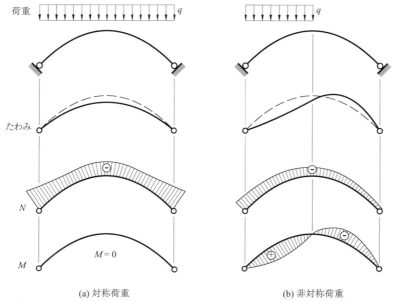

(a) 対称荷重   (b) 非対称荷重

図 18.21 対称荷重と非対称荷重がたわみと軸力と曲げモーメントに及ぼす影響

前述の結論を導くとき、床版の曲げ剛性は無視して、荷重がアーチに直接作用すると仮定した。しかし、床版とアーチの相対的な曲げ剛性は、アーチの断面力の分布に大きく影響する。吊材の引張剛性も影響するが、その割合はかなり小さい。図 18.22 は、アーチと床版の相対的な曲げ剛性の影響を、柔軟なアーチと剛な床版、その逆の組合せの極端な2ケースについて、床版の変形と曲げモーメントについて示す。

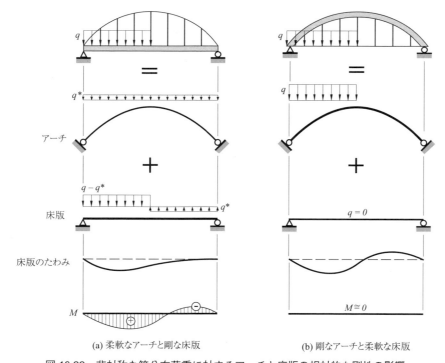

(a) 柔軟なアーチと剛な床版   (b) 剛なアーチと柔軟な床版

図 18.22 非対称な等分布荷重に対するアーチと床版の相対的な剛性の影響

剛な床版の場合（図 18.22(a)）、荷重 q の一部 q^* のみがアーチに伝達され、残りは床版の曲げで支持される。柔軟な床版の場合、ほぼすべての荷重がアーチに伝達される。床版は曲げに対しては剛性が低いため、荷重を支持することなくアーチの変形に従う。この剛性の相対的な影響は、タイドアーチについても同じである。

要するに、アーチと床版の荷重の支持の割合を決めるのは、アーチと床版の曲げ剛性の比である。すなわち、非対称な荷重を支点に伝達するため、どの部材に必要な剛性を持たせるかを決めるのは、設計技術者である。逆に、アーチと吊材の軸力に対しては、これらの剛性の比の影響は小さい。

(2) 集中荷重

トラックや列車の車軸のような大きい集中荷重は、図 18.23(a) に示すように、アーチに大きな曲げモーメントを生じる。この曲げモーメントを軽減するには、複数の吊材を用いて、この荷重をアーチに分散して導入する。剛な床版の場合、床版の曲げ剛性によって自然に分布される（図 18.23(b)）。床版の変形は、集中荷重の作用点に最も近い吊材だけでなく隣接した吊材にも生じる。荷重は、アーチに広く分布した形で伝わり、アーチに生じる曲げは小さくなる。

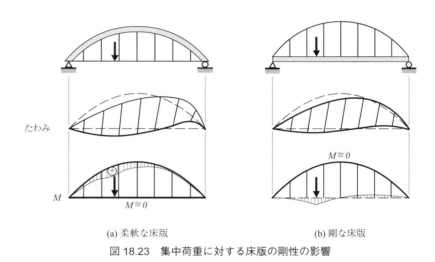

(a) 柔軟な床版　　　　　　　　　　(b) 剛な床版
図 18.23　集中荷重に対する床版の剛性の影響

図 18.24 は、傾斜（V 型）した吊材がアーチの集中荷重の分布に及ぼす影響を示す。アーチに伝わる床版の荷重の長さは、鉛直の吊材の場合よりも、傾斜した吊材の場合の方が長い。この影響は、床版が柔軟なほど顕著である。さらに、床版の剛性が同等の場合、細い吊材を数多く用いて支持する床版の方が、少ない数の太い吊材で支持する床版よりも集中荷重に対してより良い挙動を示す。

アーチ橋の曲げに対する全体的な挙動は、多くの要因、すなわちアーチと床版の相対的な曲げ剛性、吊材の間隔と配置、また影響が小さいが吊材の引張剛性に左右される。基本設計と構造解析の際は、これらの要因を考慮して最適な解を求める。

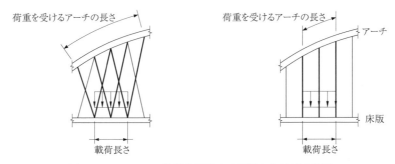

図 18.24　アーチに荷重を伝達する傾斜した吊材の使用

18.5.3　アーチの安定
(1)　座屈モード

圧縮と曲げが作用するアーチの安定問題は、設計者にとって最も扱いにくく難しい問題である。すなわち、吊材で（弾性支持）拘束され、通常 2 つのアーチをつなぐ横桁または横構で面外の安定性を確保された圧縮を受ける曲がった棒の座屈長を見つける問題である。したがって座屈安全性は、図 18.25 に示す種々のケースについて照査する。

・アーチ全体の面内の座屈
・アーチ全体、または横構で連結された 2 つのアーチの面外座屈
・吊材間、対傾構、またはアーチを連結する横構の間のアーチ部材の面内あるいは面外の座屈

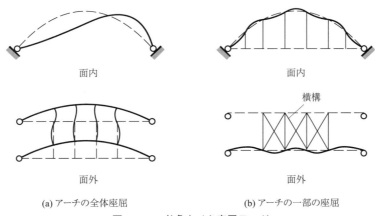

(a) アーチの全体座屈　　　　(b) アーチの一部の座屈

図 18.25　考慮すべき座屈モード

座屈長がわかると、座屈応力が計算でき、圧縮や曲げを受ける桁と同じ方法で照査できる。さらにアーチの断面を構成する鋼板の局部座屈による断面の控除の可能性を考慮する。安定性と強度の照査の考え方は、18.6.2 項に示す。

(2)　支配的な要因

アーチの安定とその重要性に影響する主な要因を、以下に示す。

・アーチの構造系は、座屈長に対して支配的な影響を与える。アーチの面内座屈と面外座屈を区別する。柱の場合と同じで、両端固定のアーチは、両端ヒンジのアーチに比べて短い座屈長となる。3 ヒンジアーチはアーチの面内の座屈長が最も長い。このアーチは、2 ヒンジアーチと同じく、横構がなければ面外には不安定となる。

図 18.26(a) は、座屈長を小さくするために、アーチ基部を端横桁と補剛桁に連結した例を示す。この横桁は弾性支持となるため、アーチの面内と面外の座屈長を決めるためには、それぞれ、横桁のねじり剛性と曲げ剛性を考慮する。この弾性支持の模式図を図 18.26(b) に示す。

- 同じ支間長と荷重タイプでは、アーチは、ライズ f が大きいほど大きな荷重を支持できる（式 (18.1)）。これは、ライズ f が大きくなるのに伴ってアーチを開こうとする水平力 H が減少することによる。この効果は、アーチが長くなると座屈長が増えるが、それと見合いの関係をもつ。このことは、ライズ比 f/l が 0.3 より小さいときに有効で、近代の鋼アーチ橋はこの場合に相当する。
- アーチ断面の断面 2 次モーメント I_x と I_y は、アーチの安定に支配的な要因となる。この断面 2 次モーメントが大きければ大きいほど、座屈強度が高くなる。
- アーチの間の横構の面内剛性（トラスまたはフィーレンディール構造、図 18.14）はアーチの面外座屈長に影響する。
- アーチを内側へ傾斜し上部で連結すると、その連結部で座屈を拘束するので、アーチの全体座屈にとって有利である。
- 吊材の剛性と数は、アーチの面内の安定に影響する。吊材の数が多く、直径が太いほど、安定に対する効果が大きくなる。
- 吊材が固定される床版の曲げ剛性も、吊材による補剛をより高めるため、アーチの安定性に影響する。

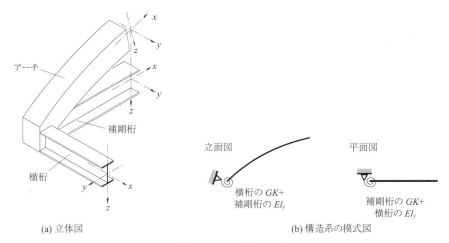

図 18.26　アーチ基部における横桁と補剛桁の弾性拘束

最後の 2 項目は、アーチの面内の安定への吊材と床版の影響に関するもので、図 18.27 に模式的に示す。図 18.27(a) は、2 ヒンジ下路アーチ橋の構造系を示す。図 18.27(b) は、アーチの 1 次の座屈モードを示すが、ここではアーチが吊材と床版に拘束され、それらがアーチに拘束力を与えることがわかる。アーチのモデル化（図 18.27(c)）では、アーチと等価な座屈長をもつ圧縮力が作用する弾性支持の直線の棒で、この影響を簡易に考慮するモデルを示す。

図 18.27　アーチの面内座屈のモデル

(3) 座屈長の決定

軸力と曲げが作用する曲線の棒の安定問題は複雑である。曲線の棒の座屈長 l_K は、まず弾性座屈荷重を計算し、次にこの荷重を式 (18.3) のオイラーの式に代入して座屈長を計算する。

$$N_{cr} = \frac{\pi^2 EI}{l_K^2} \tag{18.3}$$

解析の詳細は、ここでは割愛する。この点に関しては、例えば文献 [18.9] に示されるが、設計者は、座屈荷重を決める計算ソフトを用いるか2次解析を行う。ここでは、設計者が数値解析の結果が妥当かどうか確認するための一般的な注意事項を述べる。

(a)　面内座屈

図 18.28 は、文献 [18.9]（表 16.15）より引用した設計曲線の例で、これによりアーチ（3種類の構造系、すなわち3ヒンジ、2ヒンジ、両端固定）の弾性座屈荷重を安全側に決めることができる。これらの設計曲線は、等分布荷重が作用する断面2次モーメント一定のアーチに有効である。EN 1993-2 [18.10] 付録 D.3 には、座屈長を決めるための他の設計曲線が示される。

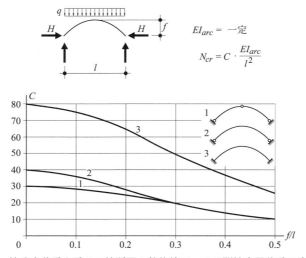

図 18.28　等分布荷重を受ける等断面の放物線アーチの弾性座屈荷重の決定 [18.9]

図 18.29 は、文献 [18.9]（図 6.163）より引用した設計曲線の例で、吊材のないアーチの座屈荷重 N_{cr} に比べて吊材の座屈荷重 $N_{cr,sus}$ への寄与を考慮できる。これらの設計曲線は、床版の曲げ剛性が座屈荷重に与える寄与については考慮していない。

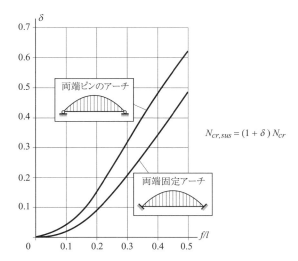

図 18.29　吊材の復元力によるアーチ（両端ピンまたは固定）の座屈荷重の増加 [18.9]

　タイドアーチの場合は、床版のアーチの安定への寄与は床版の引張軸力の 2 次的な効果によってさらに高まる。この軸力は、床版の曲げ剛性を高める傾向がある。文献 [18.9]（表 6.20）から引用した図 18.30 の設計曲線により、アーチ、吊材、床版の相対的な剛性を考慮して、アーチの弾性座屈荷重を決定できる。これらの部材の安定への効果はかなり顕著で、特に床版が剛のときに顕著である。

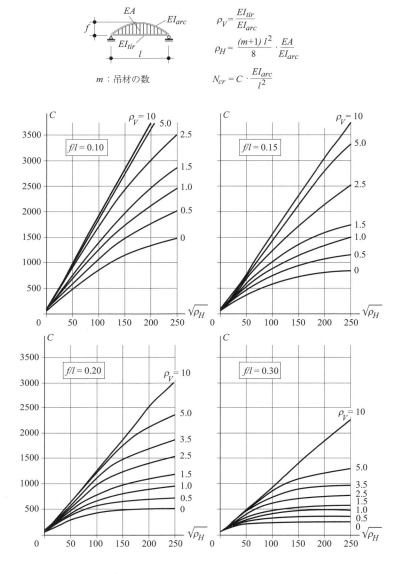

図 18.30 部材の剛性の違いを考慮した等分布荷重が作用する放物線タイドアーチの弾性座屈荷重 [18.9]

(b) 面外座屈

前述の設計曲線（図 18.28 ～図 18.30）は、アーチの面内座屈だけを考慮している。面外座屈長を決めるには、2つのアーチを連結する横構（図 18.14、図 18.25）の弾性支持の影響を考慮する。

18.6 照査

18.6.1 活荷重の位置

図 18.31 は、アーチの最大軸力（図 18.31(a)）または最大曲げモーメント（図 18.31(b)）を得るための荷重位置を示す。前者では、等分布荷重はアーチの支間全体に配置される。

後者では、以下の2つの荷重位置を評価する。
- 床版の支間長の半分に作用する非対称な荷重
- アーチ中央の曲げモーメントの影響線に応じた長さ l^* の対称な荷重

吊材と横構の力は、対象とする部材の影響線に応じて載荷することで得られる。床版の影響線を決めるには、アーチの曲げ剛性と、吊材の軸方向の剛性を考慮する必要がある。床版は、単に固定支点上、または吊材を表すばね支持された連続桁でモデル化してはならない。

橋の使用性に関するリスクのシナリオに加えて、下路や中路アーチ橋に対しては、衝突による吊材の破断のような、ある特殊な事故が生じる状況も考慮する。

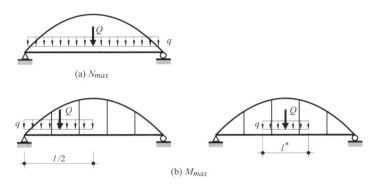

図18.31 それぞれ(a)最大の軸力と(b)最大の曲げモーメントを生じる活荷重の位置

18.6.2 アーチの照査

アーチの座屈長がわかると（18.5.3項）、SIA規準263やユーロコード3に与えられる式により、アーチを同じ座屈長の直線の棒と見なして、アーチの面内および面外の座屈の照査を行う。

例えば、アーチ断面の強度は、軸力と曲げを受ける直線の棒と仮定して、相関式を用いて照査する（TGC第11巻、12.4.1項）。もし、12章で述べた条件を満たさない場合は、局部座屈を考慮してアーチの有効断面を控除する（SIA規準263の表5aも参照のこと）。

参考文献

[18.1] *Bulletin Ponts Métalliques* n° 19, OTUA, Paris, 1999.

[18.2] *Arch'01, Proceedings*, 3ᵉ Conférence internationale sur les ponts en arc, sous la direction de C. Abdunur, Presses de l'Ecole Nationale des Ponts et Chaussées, Paris, 2001.

[18.3] J. Berthellémy, J.-C. Foucriat, W. Hoorpah, Les ponts en arc, *Bulletin Ponts Métalliques* n° 20, OTUA, Paris, 2000.

[18.4] *Strassenbrücken in Stahl-Beton-Verbundbauweise*, Dokumentation 1997, Bundesministerium für Verkehr, Abteilung Strassenbau – Referat StB 25, Druck Center Meckenheim, 1997.

[18.5] F. Schnarr et al., Le bow-string de Strasbourg sur le canal de la Marne au Rhin, *Bulletin Ponts Métalliques* n°19, OTUA, Paris, 1999.

[18.6] Tveit, P., *The Network Arch*, publié sur le site internet <http : / / pchome.grm.hia.no / ~ptveit / documents / The_Network_Arch_-_Fall_2008.pdf> ou <http : / / www.iabse.org / publications / elearning / LectureSeries / index.php>.

[18.7] Verwiebe, C., *Exciting Mechanisms of Rain-Wind-Induced Vibrations*, Structural Engineering International, 2 / 98, IABSE, Zürich, 1998, pp. 112-117.

[18.8] Reif, F., *Mittels geregelter harmonischer Endpunktverschiebung induzierte räumliche Seilschwingungen*,

Berichte aus dem Konstruktiven Ingenieurbau, Universität der Bundeswehr München 97 / 4, Munich, 1997.

[18.9] Petersen, C., *Statik und Stabilität der Baukonstruktionen*, 2e édition, Vieweg, Braunschweig, 1982.

[18.10] Eurocode 3, *Calcul des structures en acier – Partie 2 : Ponts métalliques*, Comité européen de normalisation CEN, EN 1993-2, Bruxelles, 2006.

19章　合成桁橋の設計例

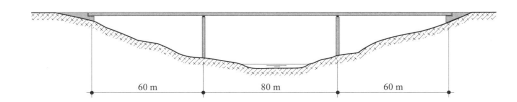

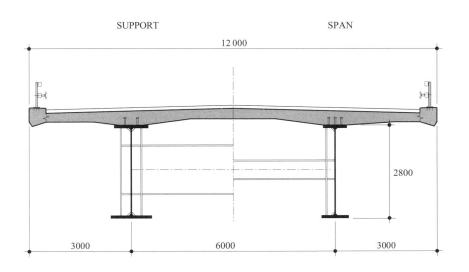

19.1 概要

ここでは、2主桁の合成桁橋の設計例を示す。この目的は、合成桁橋の構造安全性と使用性の照査に必要な計算のステップを説明することである。各ステップは、構造解析と設計に関するこの本の前の章で記述した流れに沿って行う。

例とした橋は、この種の橋の標準的な2主桁の合成桁橋である。この例は、SETRAによる設計例 [19.1] から取り、この本で示す設計原理に合わせた。この橋の例は、単純な形状（直線で斜角のない）であるため、計算が複雑にならない。橋の諸元とその橋の使用法、使用材料について説明した後に、19.3節で基本設計のひとつの方法について示す。

19.4節では、リスクのシナリオと考慮する作用について示す。19.5節では、構造解析について述べ、引張コンクリートのひび割れの影響について述べる。そこでは、床版の架設法の選択が断面力の分布に及ぼす影響に着目する。19.6節では、径間と中間支点上で最も大きな応力が生じる断面の構造安全性の照査について示す。橋軸方向の弾性と塑性のせん断力の分布を考慮するずれ止めの設計は19.7節で述べる。19.8節と19.9節では、それぞれ疲労安全性と使用性の照査について示す。

設計での繰返し計算については、照査は桁の最終断面のみについて行うので、この例では示さない。構造解析は上部構造だけに行い、交通荷重が支配的であるリスクのシナリオのみを考慮する。構造は、架設系と完成系について照査する。

この例では、設計の各ステップの手順と、構造解析と詳細構造の照査の数値計算に重きを置く。これまでの章で示す解説や式の多くの参照先を示す。

19.2 橋の諸元

19.2.1 橋の使用目的

この橋は、上下線一体の道路橋であり、歩行者と自転車のための歩道も両側にある。特殊な交通荷重の通行は許可されていない。上部構造の設計寿命は70年である。

19.2.2 側面図と平面図

橋の側面図を図19.1に示す。橋の全長は200mで、60m、80m、60mの3つの径間に分かれている。橋は側面から見ると水平で、中央径間では120mm、側径間では100mmのキャンバーをもつ。この橋は直線で、斜角はない。

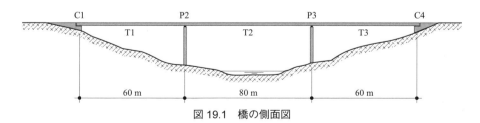

図 19.1 橋の側面図

19.2.3 コンクリート床版を含む代表的な断面

図19.2は、合成桁橋の支点上と径間の代表的な断面を示す。車道は、それぞれ幅員3.5mの車線2本と、車道の両側の幅員2.0mの歩道からなる。床版の両側に幅0.5mの地覆があり、床版の総幅員は12.0mである。この例では、ガードレールを支持する床版の2つの地覆は、非構造部材と仮定する。床版は、排水勾配として両側に2.5%の傾斜がつく。

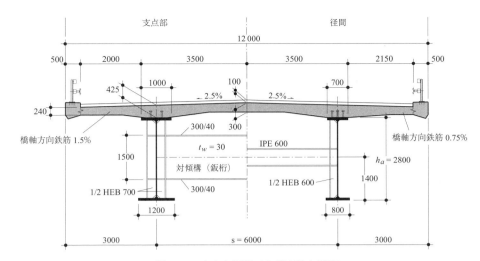

図 19.2 支点と径間での代表的な断面

床版の張出し長は 3.0 m で、主桁間隔は 6.0 m である。床版厚は主桁の上で 425 mm、床版の中央で 300 mm、張出しの端では 240 mm である。床版の平均厚さ h_c は 350 mm である。橋軸方向の鉄筋比は径間で 0.75%、支点上で 1.5% である。

19.2.4 主桁

主桁の一般的な断面を図 19.2 に示す。鋼桁の桁高 h_a は、橋軸方向に一定で、2.8 m である。フランジの幅と厚さ、ウェブ厚は、図 19.3 に示すように橋軸方向に変化する。

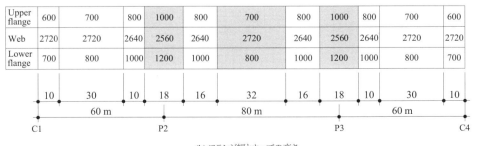

図 19.3 鈑桁の部材の最終的な形状

表 19.4 には、断面 2 次モーメント I_a（鋼桁）と I_b（合成断面）および下フランジの弾性断面係数 W_{inf} を、橋脚 P2 と中央径間 T2 断面についてまとめる。これらの値は、鋼（全断面）と異なるヤング率比 n_{el} に対して与えられる。さらに、合成桁の橋軸方向の断面 2 次モーメントの平均値（短期荷重に対するそれぞれの長さの加重平均）は、$I_b = 477 \cdot 10^9 \text{mm}^4$ である。

表 19.4 鋼と合成断面の主要な断面諸量

断面	ヤング率比 n_{el}	橋脚 P2 上の断面		径間 T2 の中央の断面	
		$I [10^9 \text{mm}^4]$	$W_{inf}[10^6 \text{mm}^3]$	$I [10^9 \text{mm}^4]$	$W_{inf}[10^6 \text{mm}^3]$
鋼材のみ	−	502	405	137	104
鋼材 + 鉄筋	−	583	421	−	−
合成、短期	6.0	997	470	359	137
合成、長期	18.0	749	446	288	130

19.2.5 対傾構と補剛材

鋼桁は、橋台、中間支点および径間においてラーメン形式の対傾構を持つ。対傾構の間隔は、側径間では 7.5m、中央径間では 8.0m である。図 19.2 には、支点と径間の対傾構を示している。支点では桁高 1.5m の鈑桁で、径間では鋼桁の桁高の中央に位置する IPE600（圧延 I 形鋼、フランジ幅 600mm）である。支点では、対傾構の支柱は、主桁のウェブに溶接した H 形鋼 HEB700（圧延 H 形鋼、フランジ幅 700mm）を半分に切断したもの 2 本で構成される。径間では、H 形鋼 HEB600（圧延 H 形鋼、フランジ幅 600mm）を半分に切断したもの 1 本を用いる。中間の垂直補剛材は、30 × 350 の平鋼を 4.0m 間隔で桁の内側に溶接する。

19.2.6 横構

架設中は、仮の横構が用いられる。これは、対傾構の面にある主桁（弦材）、対傾構（支柱）および斜材（LNP200 × 16）からなるトラスで構成される。完成時には、コンクリート床版が横構の役割を果たす。

19.2.7 鋼とコンクリートの連結

支点では、2 列の直径 22mm のスタッドを桁の上フランジに溶植する。スタッドの間隔は 275mm で、桁 1m 当たり 7.3 本のスタッドとなる。径間の塑性変形が生じる領域では、3 列の直径 22mm のスタッドを桁の上フランジに溶植する。これらのスタッドの間隔は 170mm で、桁 1m 当たり 18.0 本のスタッドとなる。

19.2.8 製作と架設

鋼構造の部材は工場で製作し、現場に運搬して吊上げ架設する。床版は、鋼桁上を動く移動型枠を用いて現場で打設する。この例では、前進工法（図 19.5(a)）と支間先行工法（図 19.5(b)）による 2 つのコンクリート打設について検討する。いずれの場合も、打設の各段階の長さは 25m である。

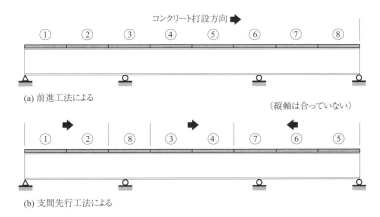

図 19.5 コンクリート打設（打設長さ 25m）

19.2.9 材料

主桁、補剛材および対傾構は、S355J2W+N（耐候性鋼）を用いる。鋼材の降伏点は、板厚（**表 4.7** 参照）に依存する。スタッドの鋼材は、冷間圧延鋼材 S235J2 で、その引張強度は $f_{u,D} = 450\text{N/mm}^2$（13.5.2 項）である。

床版のコンクリートは、SIA 規準 262 による C35/45 である。その圧縮強度は、$f_{ck} = 35\text{N/mm}^2$ であり、平均ヤング率は $E_{cm} = 35\text{kN/mm}^2$ ($k_E = 10000$)、平均せん断弾性係数は $G_c = E_{cm}/(2(1+\nu)) = 35/(2(1+0.2)) = 14.6\text{kN/mm}^2$ である。クリープは、ヤング率を低減して考慮し、その値は $E_{c\phi} = E_{cm}/3 = 11.7\text{kN/mm}^2$ である。これは、ヤング率比 $n_{el} = E_a/E_c$ が、合成断面に作用する荷重の種類により変わることを意味する（『土木工学概論』シリーズ第 10 巻 4.7.2 項）。

- 短期荷重には： $n_0 = E_a/E_{cm} = 210/35 = \mathbf{6}$
- 収縮には　　： $n_s = E_a/E_{cs} = 210/(35/2) = \mathbf{12}$
- 長期荷重には： $n_\phi = E_a/E_{c\phi} = 210/(35/3) = \mathbf{18}$

塑性のヤング率比 $\boldsymbol{n_{pl}}$（『土木工学概論』シリーズ第 10 巻 4.7.2 項）は、径間の厚さ 40mm のフランジに対する $f_{yd} = 355/1.05 = 338\text{N/mm}^2$、および $f_{cd} = 0.85 \cdot 35/1.5 = 19.8\text{N/mm}^2$ の設計値に対して、

- $n_{pl} = f_{yd}/f_{cd} = 338/19.8 = \mathbf{17.05}$

鉄筋は B500B である。これの降伏点は、$f_{sk} = 500\text{N/mm}^2$、設計値 $f_{sd} = 500/1.15 = 435\text{N/mm}^2$ である。鉄筋に対する塑性のヤング率比は、次式となる。

- $n_{pls} = f_{yd}/f_{sd} = 338/435 = \mathbf{0.777}$

19.3 予備設計

予備設計では、鋼桁の最も負荷の大きい断面の寸法を最初に選択するため、簡単に手早く経験に基づく方法で決める。この選択は、橋の静的挙動に相当する構造解析を行って断面力を得るために必要である。主桁の予備設計では、通常、支配的となる活荷重と固定荷重の荷重ケースを解析するだけで十分である。

この最初の断面力の計算により、選択した桁の断面の照査ができる（必要があれば、変更されたものに対しても）。そして、他の要素の断面寸法を決め、新たに断面力を再計算する。このような繰返しの手順を踏むことで、構造安全性の面で最適な断面形状に近づいていく。さらに、断面は、疲労や使用性に対する要求性能も満足することを照査する。こ

の計算例では、この手順の結果が、図 19.3 に示す主桁の材料の分布となる。
予備設計とこの例に沿って、中央径間と中間支点の鋼桁の断面形状を決める方法を説明する。

19.3.1 鋼桁の桁高

鋼桁の桁高は、支間長 l と床版の幅員 $2b$ の関数となる桁高比 l/h を計算する式 (5.1) によって決めることができる。中央径間では次のようになる。

$$\frac{l}{h} = 20 + \frac{l-30}{5} - \frac{2b-12}{2.5} = 20 + \frac{80-30}{5} - \frac{12-12}{2.5} = 30$$

この桁高比 30 は、桁高 2666mm に相当する。この例では、中央径間には 28.5 の桁高比に対応する桁高 2800mm を選択した。この桁高は橋軸方向に一定とする。

桁高の選択は、フランジの断面に影響して、桁高が高ければフランジ断面積は小さくなるし、その逆もある。桁の重量の観点から最適な桁高を定めるには、異なる桁高による設計を考慮する必要がある。実務では、通常、最初に選択された桁高は変えず、フランジの寸法やウェブ厚を変化させて、断面力の大きさに合わせる。

19.3.2 作用荷重

(1) 自重

予備設計では、断面力を推定するために、鋼桁に作用する鉛直荷重を単純にするとよい。桁方向の断面とその分布が未知なので、最初の構造解析では、いくつかの仮定、例えば桁に沿って断面 2 次モーメント一定を仮定して行う。

・鋼桁の自重は、例えば式 (10.1) を用いて推定する。ここで対象とするケースでは、次式となる。

$$g_a = 0.1 + \frac{0.02 l_m}{0.6 + 0.035(2b)} = 0.1 + \frac{0.02 \cdot 68}{0.6 + 0.035 \cdot 12} = 1.43 \text{ kN/m}^2$$

・したがって 1 本の鋼桁の自重は以下となる。$g_a = 6.0 \cdot 1.43 \text{kN/m}^2 = \mathbf{8.6 \text{kN/m}}$.
・床版の自重は平均厚を 350mm として計算でき、1 本の桁に対して以下の値となる。
$g_c = 0.35 \text{ m} \cdot 6.0 \text{m} \cdot 25 \text{kN/m}^3 = \mathbf{52.5 \text{kN/m}}$.
・非構造部材の自重には舗装とガードレールが含まれる。幅員 11.0m、厚さ 100mm の舗装では、1 本の桁に対して以下が得られる。$g = \mathbf{13.2 \text{kN/m}}$
・ガードレールの自重は、1 本当たり $\mathbf{1.0 \text{kN/m}}$ とする。

(2) 活荷重

活荷重モデル 1（10.3.1 項）は、着目するモーメントや力に対して最も不利になる橋軸方向と橋軸直角方向の車道上に作用させる。橋軸直角方向では、1 本の桁に作用する活荷重は、橋軸直角方向の影響線を用いて定める（11.5.2 項）。この種の開断面の橋では、偏心した活荷重により生じるねじりに対しては、桁は反りねじりで抵抗することに注意する。影響線により、反りねじりと曲げによる直応力の和と同じ直応力を生じさせる曲げとなる等価荷重を決めることができる。予備設計においては、単純化により、桁の上の縦座標が 0.9 と 0.1 となる橋軸直角方向の影響線とする。

橋軸直角方向の不利な位置に作用させた荷重モデル 1（図 11.26 参照）により、桁に作用する分布荷重と集中荷重が決まる。最終の設計のための計算（19.5.1 項）と同じ方法で、$q_k = \mathbf{30.9 \text{kN/m}}$ と $Q_k = \mathbf{786 \text{kN}}$ が求められる（予備設計に対して、橋軸方向に 1.2m 離れた 2 つの車軸の荷重を加算する）。

19.3.3 断面の形状

合成桁橋の予備設計の際には、鋼桁のフランジ断面の最初の推定のために支点と径間の曲げモーメントの設計値を用いる。まず、自重と活荷重による曲げモーメントの和を桁高で除する。この軸力を鋼材の強度の設計値で除すると、フランジの断面積の最初の値が得られる。この予備設計の段階では、技術者の経験によって、その構造物の特殊な事情を考慮して曲げモーメントや鋼材の強度の設計値を調整する。

例えば、設計者は、鋼桁のみに作用する荷重に対して、最終的な鋼桁は径間より支点の方が大きい断面となるため、支点の曲げモーメントが一定の断面剛性をもつ桁として計算したものより大きくなることを許している。そこで設計者は、フランジ厚が 40mm 以上になると想定して、鋼材の降伏点を割り引く。また、圧縮フランジの寸法を決めるとき、横座屈を考慮して降伏点より小さい鋼材の強度を仮定する。塑性抵抗モデルを用いるのであれば、径間の曲げ強度に対するウェブの寄与を考慮することもできる。

径間のウェブの板厚の計算では、最低板厚 10mm を考慮して、ウェブにおける圧縮フランジの鉛直座屈の条件（12.2.2 項）で最初の推定値とする。支点のウェブの断面積の最初の推定は、最大せん断力を 100〜130N/mm^2 程度のせん断強度 τ_R で除して求める。

この設計例では、19.3.2 項に示す荷重と、自重には 1.35、活荷重には 1.50 の荷重係数を用い、活荷重を橋軸方向の不利な位置に作用させると（図 19.6 を参照）、以下の値が得られる。

［中央径間の中央でのモーメント］
- 合成桁に作用する荷重によるもの : $M_{b,Ed}$ = **35 996kNm**[1]
- 鋼桁に作用する荷重によるもの : $M_{a,Ed}$ = **29 920kNm**
- 架設中の鋼桁に作用する荷重によるもの : $M_{a,Ed}$ = **32 941kNm**

［中間支点上のモーメント］
- 合成桁に作用する荷重によるもの : $M_{b,Ed}$ = **− 34 688kNm**,
- 鋼桁上に作用する荷重によるもの : $M_{a,Ed}$ = **− 51 384kNm**

［せん断力］
- 最初の中間支点のすぐ右で : V_{Ed} = **7256kN**

---

[1] この例では、読者が数値を探しやすいように桁数の多い数字を用いている。実務では、意味のある 3 桁か 4 桁の有効数字のみを残し、10^3 か 10^6 を用いて表示する。

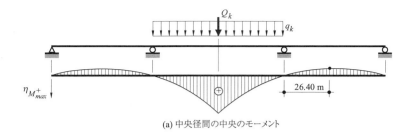

(a) 中央径間の中央のモーメント

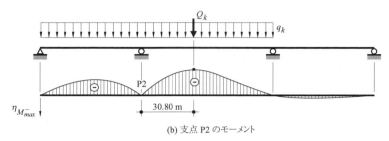

(b) 支点 P2 のモーメント

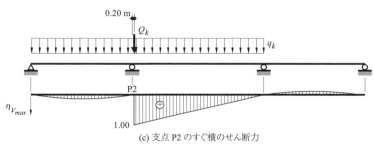

(c) 支点 P2 のすぐ横のせん断力

図 19.6　橋軸方向の影響線と活荷重の載荷位置

(1) 中央径間の中央の断面

最初の推定として、式 (12.6) に鋼材 S355 を適用して総桁高を h_f とすると、ウェブ厚 **t_w = 12mm** が得られる。

$$t_w \geq \frac{h_f}{240} = \frac{2800}{240} = 11.7\text{mm}$$

最終的な設計では、支点の鋼断面が径間より大きくなるため、鋼桁に作用する曲げモーメントの計算値が少し大きいと考えて、下フランジの断面積を計算する。計算されるモーメントの値は、例えば少なくとも 15% 減らすことができる。さらに、鋼材の降伏点の設計値 f_{yd} は、板厚が 40mm 以上では $335/1.05 = 319\text{N/mm}^2$ である。したがって、下フランジの断面積は、次のように計算される。

$$A_{f,inf} = \frac{M_{b,Ed} + 0.85 M_{a,Ed}}{h \cdot f_{yd}} = \frac{(35\,996 + 0.85 \cdot 29\,920)10^6}{2800 \cdot 319} = 68\,773 \approx 68\,800 \text{ mm}^2$$

断面強度の塑性強度を考慮するので、上記の断面積からウェブの引張部分の寄与分を減らすことができる。ウェブの引張部分は未知のため、例えばウェブ高の半分、すなわち 16800mm² を差引く。これにより、下フランジに必要な断面積は 52000mm² となる。この 52000mm² の断面積に対しては、**800×65mm** のフランジが選択できる。

予備設計では、上フランジの断面積は、鋼桁のみの状況を考え、床版の架設中は上フラ

ンジが圧縮を受けて横方向に座屈する（桁の横座屈）ことがあるので、架設段階を基本にして考慮する。鋼桁の径間に作用するモーメントを 15％割り引くことができ、さらに、低い強度、例えば横座屈を考慮して、300N/mm² とすることができる。

$$A_{f,sup} = \frac{0.85 M_{a,Ed}}{h \cdot \sigma_D / \gamma_a} = \frac{0.85 \cdot 32941 \cdot 10^6}{2800 \cdot 300 / 1.05} = 35\,000 \text{ mm}^2$$

上フランジとして、**700×50mm** がこの断面積に対応する。

(2) 中間支点上の断面

ウェブ厚の最初の推定として、せん断力を桁高で除して、せん断強度の値、例えば τ_{Rd} = 120N/mm² を用いると、t_w = **22mm** が得られる。

$$t_w = \frac{V_{Ed}}{h \cdot \tau_{Rd}} = \frac{7256 \cdot 10^3}{2800 \cdot 120} = 21.6 \text{ mm}$$

下フランジの断面積は、径間のフランジに対する考察を考慮して計算される。それは鋼桁のみに作用する分については曲げモーメントの最初の推定値を 15％増やす。さらに、圧縮フランジは、側面への座屈（横座屈）を生じやすい。

$$A_{f,inf} = \frac{M_{b,Ed} + 1.15 M_{a,Ed}}{h \cdot \sigma_D / \gamma_a} = \frac{(34\,688 + 1.15 \cdot 51\,384) \cdot 10^6}{2800 \cdot 300 / 1.05} = 117\,225 \text{ mm}^2$$

下フランジとして、**1000×120mm** がこれに対応する。

上フランジの断面積は下フランジの断面積に相当するが、いくつかの設計の照査では、鉄筋の断面を考慮できる（床版の断面積の 1.5％ = 31500mm²）。しかし、この予備設計の段階では鉄筋が作用する力を把握することが難しいので、その寄与は安全側として無視する。したがって、上記の式を用いてフランジの断面積を計算できるが、鋼材の降伏点の設計値として f_{yd} = 319N/mm² を用いる。計算された断面積は約 105000mm² で、**1000×105mm** のフランジに相当する。

(3) 予備設計のまとめ

表 19.7 に、予備設計で得られた鋼桁の断面寸法をまとめる。この寸法を、最終設計で得られた値と比較すると、予備設計の支点上の断面は不十分で、径間の断面はその逆であることがわかる。この違いは、予備設計では桁の剛性を一定とし、詳細設計では断面力に剛性を合わせたことによる。特に、構造解析で得られた曲げモーメント（19.5.3 項）は、予備設計に比べて、支点上では大きく、径間では小さい。このことは、簡単な仮定に基づく予備設計で得られた断面は、既に鋼断面の最終形状に近いことを意味している。

表 19.7 予備設計で得られた断面の寸法

	径間中央	支点
上フランジ	700×50	1000×105
ウェブ	12×2800	22×2800
下フランジ	800×65	1000×120

19.4 リスクのシナリオと作用

この例では、種々の照査も含めて合成桁の設計について説明する。まず構造安全性と使用性の照査のために、リスクのシナリオと限界状態を荷重ケースとともに挙げる。次に、合成桁の解析に必要な様々な作用の値の計算について示す。

19.4.1 リスクのシナリオと限界状態
(1) 構造安全性

表19.8と表19.9に、橋の上部構造の構造安全性の照査で考える異なるリスクのシナリオを示す。上部構造の構造詳細の設計に関連した終局限界状態は、タイプ2（断面強度、主構造の崩壊メカニズム）とタイプ4（主構造の疲労耐久性）である。

表19.8 架設中の構造安全性の照査のためのリスクのシナリオ

リスクのシナリオ	番号	固定荷重		主荷重		従荷重		設計での選択
		G_k	γ_G	Q_{k1}	γ_Q	Q_{ki}	ψ_{0i}	
鋼桁の破壊	1	鋼構造 コンクリート （まだ固まらないもの、および固まったもの）	1.35	架設荷重	1.50	温度変化	0.60	構造設計

表19.9 完成時の構造安全性の照査のためのリスクのシナリオ

リスクのシナリオ	番号	固定荷重		主荷重		従荷重		設計での選択
		G_k	γ_G	Q_{k1}	γ_Q	Q_{ki}	ψ_{0i}	
合成桁の破壊	2	鋼構造およびコンクリート収縮（それが不利な場合）	1.35 1.00	活荷重モデル1	1.50	温度変化	0.60	構造設計
鋼部材の疲労破壊	3	−		活荷重モデル1、集中荷重のみ	1.00	−		疲労耐久性のある構造詳細

(2) 使用性

この例で説明する使用性の照査は、合成桁のみに関するものである。考慮する使用限界状態（SLS）を表19.10にまとめる。

表19.10 完成時の使用性の照査のための限界状態

使用限界状態	番号	固定荷重		主荷重		従荷重		設計での選択
		G_k	γ_G	Q_{k1}	ψ_{11}	Q_{ki}	ψ_{0i}	
使用者の快適性	4	−	−	活荷重、モデル1	0.75	−		たわみの制限
構造物の外観	5	鋼構造、およびコンクリート収縮（それが不利な場合）	1.00 1.00	−				たわみの制限、キャンバー、ひび割れの制御
主構造の弾性挙動	6	鋼構造、およびコンクリート収縮（それが不利な場合）	1.00 1.00	活荷重、モデル1	0.75	温度変化	0.60	構造設計

19.4.2 作用

(1) 鋼桁の自重

鋼桁の断面は、図 19.3 に示すように、橋軸方向に沿って最終的には変化する。鋼桁の自重は、その断面と鋼材の単位重量 78.5kN/m³ から計算される。対傾構と補剛材の重量は、主桁の重量に係数 1.10 を乗じて考慮する。架設用の横構の自重は無視する。

(2) コンクリート床版の自重

コンクリート床版の断面は、図 19.2 に示す。この断面は橋軸方向に一定であり、その断面積は地覆も含めて $A_c = 4.26\text{m}^2$ となる。鉄筋コンクリートの単位重量は 25kN/m³ とし（この値は基準や指針によって異なり、またコンクリートの乾燥の程度にもよる）、床版の自重は 106.5kN/m であり、桁当たり $g_c = \mathbf{53.2\text{kN/m}}$ となる。

(3) 非構造部材の自重

非構造部材は、舗装、ガードレール、配管類（非構造部材のコンクリート床版の地覆の自重は、床版で考慮する）を指す。これらの特性値については、10.2.2 項に示す。この例では、舗装は厚さ 100mm、幅員 11m で単位重量を 24kN/m³ とすると、26.4kN/m となる。ガードレールの自重は 1.0kN/m と見積もる。配管とそこを流れる水は無視できると仮定する。各桁に作用する非構造部材の自重は次式となる。

$$g = 26.4\text{kN/m}/2 + 1.0\text{kN/m} = \mathbf{14.2\text{kN/m}}$$

(4) 収縮

弾性挙動を仮定して計算された断面では、中間支点上の下フランジの圧縮応力は 25N/mm² （13.2.2 項）とする。この応力の大きさは、収縮 $\varepsilon_{cs} = 0.025\%$ に相当する。この収縮 ε_{cs} に対応する軸力は、合成桁の両端のずれ止めで定着する。この力は、式 (13.3) で計算できる。橋の桁端のずれ止めの照査は、この数値計算例には含めない。

(5) 活荷重

道路の交通荷重は、10.3.1 項の記述に沿って決める。この例では、通行可能な車道の幅員は 11.0m である。仮想車線の数 n は、$n = 11\text{m}/3\text{m}$ の整数 = 3 となる。

この橋のルートは、特殊な交通荷重には開放されていないので、荷重モデル 3 は考慮しなくてよい。加速と制動による水平力は、上部構造の照査では無視する。したがって、荷重モデル 1 のみを考慮する。それぞれの荷重は以下となる（図 10.2 参照）。

- $q_{k1} = \mathbf{9.0\text{kN/m}^2}$
- $q_{k2} = q_{k3} = q_{kr} = \mathbf{2.5\text{kN/m}^2}$
- $Q_{k1} = \mathbf{300\text{kN}}$
- $Q_{k2} = \mathbf{200\text{kN}}$

係数 α_i は、$\alpha_{qi} = \alpha_{Qi} = \mathbf{0.9}$ とする。

(6) 風荷重

風荷重は、SIA 規準 261、特に付録 C と E を用いて計算する。この規準によって、床版に作用する水平力 q_1 と鉛直力 q_3 を計算できる。この例で示す橋の形状には、鉛直荷重 q_3 が上向きに作用し（係数 $c_{f3} < 0$）、橋の荷重を減らす。そのため、鉛直の風はこの計算例では考慮しない。水平の風荷重により、架設中の横構が設計できるが、この計算例では示さない。

(7) 雪荷重

雪荷重の最大値は活荷重と同時には作用しない。活荷重は雪荷重よりも重いため、雪荷重で設計が決まることはないので、雪荷重はこの例では考えない。

(8) 温度変化

温度変化の影響は、13.2.3 項の記述に従って考慮する。主桁のウェブには圧縮応力

−16N/mm², 下フランジには圧縮応力 −4N/mm²、コンクリート床版には引張応力 1.6N/mm² が作用する。

(9) 床版のコンクート打設時の架設荷重

架設荷重は、移動型枠の自重と生コンクリートの蓄積分に相当する。この荷重は、材料の過度な蓄積を避けるために、型枠の種類やコンクリート打設の方法と制御方法によって決める。この例では、等分布荷重 2kN/m²、すなわち桁当たり 11kN/m の荷重を考慮する。この荷重は、コンクリート打設のブロックの長さ、すなわち 25m に作用させる。

(10) 衝突荷重

ガードレールに対する車両の側面衝突の影響は、道路面から 1.15m の高さに作用する等価な荷重を用いて考慮する。この力の特性値は $Q_{0,y} = 600$kN（表 10.10 参照）である。これは、床版の橋軸直角方向の鉄筋の照査に用いられる。ここに示す例では、この照査は行わない。

(11) 地震

地震による力が、上部構造の設計を支配することは少ない。これは、地震力が重要となる橋脚や支承の設計とは異なる。ここに示す例では地震力は含まない。

19.5 構造解析

構造解析は、構造物の実際の挙動を示す解析モデルを用いることで、断面力を与える。合成桁橋に対しては、桁の断面力は、1次の弾性解析を用いて計算する。活荷重は、橋軸方向と橋軸直角方向に最も不利になる位置に作用させる。例えば、橋軸直角方向では、2 主桁橋の解析には、橋軸直角方向の影響線を用いて、荷重に不利な位置を見つける。橋軸方向では、対象とする断面力に応じた影響線によって荷重を不利な位置に作用させる。

この合成桁橋の例では、曲げモーメントの計算の際に中間支点部のコンクリートのひび割れを考慮するために、いくつかのアプローチを詳しく分析する。さらに、コンクリート床版の打設における 2 つの異なる方法、すなわち前進工法と支間先行工法の影響を考察する。

19.5.1 活荷重の橋軸直角方向の位置

荷重の橋軸直角方向の影響線は、11.5.2 項と、特に式 (11.47) と式 (11.55) に従って決める。床版の有効幅は、式 (13.6) により $2b_{eff} = 11.0$m であり、これは床版の幅員に相当する（地覆は非構造部材と仮定する）。

$G_c = G_{c0} = 14.6$kN/mm²（19.2.9 項）
$K_c = 1/3 \cdot 2b_{eff} \cdot h_c^3 = 1/3 \cdot 11000 \cdot 350^3 = 157 \cdot 10^9$ mm⁴
$E = E_a = 210$kN/mm²
$I_y = I_b = 477 \cdot 10^9$ mm⁴（19.2.4 項による平均値）
$l = 0.70 \cdot 80$m $= 56$m（連続桁でモーメントがゼロの点の間の距離）
$s = 6.0$m（主桁の間隔）

式 (11.47) により $\alpha^2 = 1.0$ が得られ、主桁位置での影響線の縦座標は、$\eta_1 = 0.85$、$\eta_2 = 0.15$ である。厳密には、各径間と各断面（径間、支点）での異なる影響線を計算する。しかし実務上では、これらはほとんど区別されず、主な支間の値が橋の長さ方向に適用される。

橋軸直角方向の影響線を用いて、図 19.11 と式 (11.62) に従って、分布活荷重による桁 1m 当たりの荷重を求めることができる。

$$q_k = \sum \eta_i \alpha_{qi} q_{ki} b_i = 0.97 \cdot 0.9 \cdot 9.0 \cdot 3.0 + 0.62 \cdot 0.9 \cdot 2.5 \cdot 3.0 + 0.27 \cdot 0.9 \cdot 2.5 \cdot 3.0$$
$$+ 0.04 \cdot 0.9 \cdot 2.5 \cdot 0.79 = 29.6 \text{ kN/m}$$

式 (11.61) によって、集中荷重も同様に求める。

$$Q_k = \sum \eta_i \alpha_{Qi} Q_{ki} = (1.08 + 0.85) \cdot 0.9 \cdot 300 + (0.73 + 0.50) \cdot 0.9 \cdot 200 = 743 \text{ kN}$$

この集中荷重は、図 10.2 に示した 2 組の 2 本の車軸が桁に与える影響を表す。車軸の距離 1.20m を無視する単純化は、安全側となる。

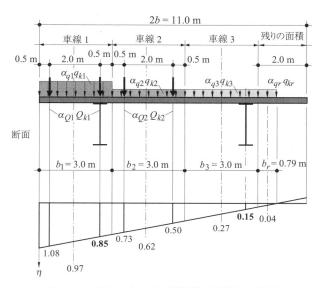

図 19.11　橋軸直角方向の影響線と活荷重の配置

19.5.2　活荷重の橋軸方向の載荷位置

活荷重の橋軸方向の最も不利な載荷位置は、影響線を用いて決める。図 19.6 には、異なる断面の異なる断面力の影響線の例を示している。これには、着目する断面力に対する活荷重の不利な位置も示す。

19.5.3　断面力

橋軸方向の断面力の値は、いろいろな断面（支点、径間）の剛性に依存し、合成桁では中間支点の床版のひび割れにも左右される。このひび割れは、コンクリートの打設法の影響を受ける。このひび割れを考慮して合成桁に作用する断面力図を得るために、13.3.3 項の最初に示す 2 段階の計算を行う。ひび割れとコンクリート打設法の影響を考慮するための簡易法は、19.5.4 項で示す。

いろいろな図に示す断面力は、19.4.2 項で示す作用の特性値を用いて計算する。活荷重の特性値 q_k と Q_k は、19.5.1 項で計算した値である。

(1)　鋼桁の架設

鋼桁の架設後の断面力を図 19.12 に示す。鋼桁の自重は、図 19.3 に示す分布によって計算し載荷する。径間中央から 8m の位置の曲げモーメントの値は、床版のコンクリート打設中の断面力に足し合わすのに用いる。

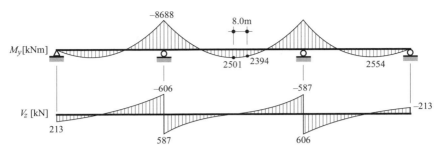

図 19.12　鋼桁の自重による断面力

(2) 床版のコンクリート打設

図 19.13(a) に、支間先行工法でコンクリート打設したときの断面力を示す。図 19.13(a) は、中央径間の中央が最大モーメントになることを示す（図 19.5(b) では第 4 段階）。また図 19.13(b) には、コンクリート打設の第 4 段階の架設荷重による断面力を示す。コンクリート打設後の断面力は、図 19.13(c) に示す。図 19.13(a) と (c) に示す値には、架設荷重は含んでいない。

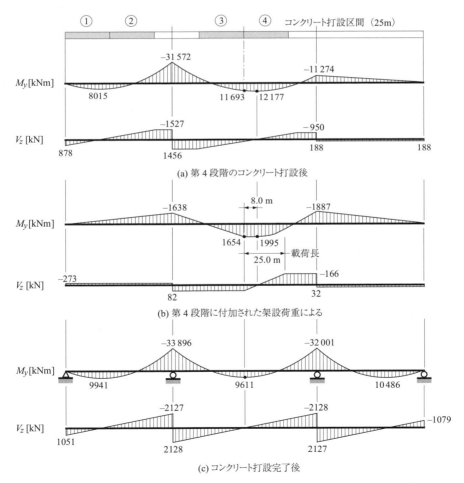

(a) 第 4 段階のコンクリート打設後

(b) 第 4 段階に付加された架設荷重による

(c) コンクリート打設完了後

図 19.13　コンクリート床版の自重による断面力（支間先行工法による打設）

(3) 完成時の断面力

図 19.14 は、完成時の橋に作用する自重に加えていろいろな作用、すなわち非構造部材の自重（図 19.14(a)）と活荷重（図 19.14(b)）による断面力を示す。橋軸方向の不利な位置に配置した活荷重による断面力は、図 19.6 で定義する橋軸方向の荷重の配置に相当する。

収縮と温度変化の影響は、付加応力の形で直接設計照査に導入される（19.4.2 項）。したがって、これらの作用による断面力の分布を計算する必要はない。

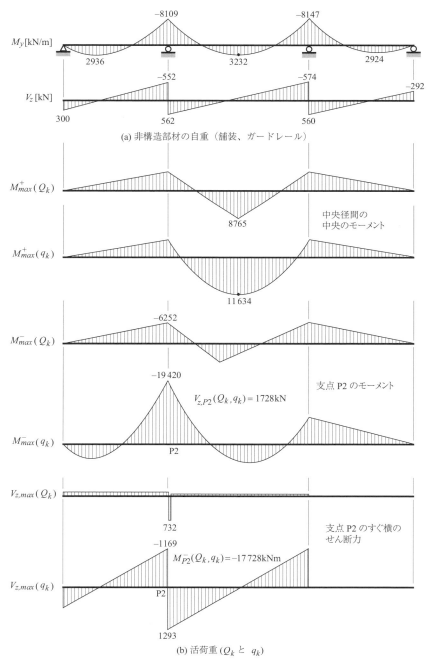

図 19.14　非構造部材の自重と活荷重による断面力

19.5.4 ひび割れとコンクリートの打設法
(1) 支点上のひび割れの影響

中間支点上（P2 と P3）のコンクリート床版のひび割れを考慮するのに用いる計算法（13.3.3 項で示す）の影響は、断面力の分布を比較して推定する。この比較に用いる荷重は、非構造部材の自重であり、それはコンクリート打設後に作用する荷重であるからである。しかしながら、この作用で導かれた結論は、活荷重にも有効である。ここでは、中間支点上の床版のひび割れを考慮する3つの方法を比較する。

- 方法1：前進工法（1a）と支間先行工法（1b）のコンクリート打設に対応する、いわゆる正確な2段階の計算。
- 方法2：中間支点の両側の長さ $0.15\,l$ にひび割れを仮定する直接的な計算方法（図 13.9(a)）。
- 方法3：ひび割れのない断面を仮定し、支点のモーメントの10%を自動的に支間に配分する計算方法。

それぞれの方法で計算した径間と支点 P2 の曲げモーメントを表 19.15 にまとめる。方法2と3はほぼ同じ結果となり、前進工法の妥当な概算となる。しかし、支間先行工法では、支点のひび割れを減らしたことにより、支点から径間へのモーメントの再分布が減る結果となる。このコンクリート打設の方法には、簡易解析法（方法2と3）は正確な結果を与えない。2段階の計算法（方法1）のみが、正確にモーメントの分布を予測できる。

表 19.15　曲げモーメントに対する解析法の影響

断面		方法1：「正確」な計算		方法2	方法3
		前進工法によるコンクリート打設	支間先行工法によるコンクリート打設	床版のひび割れの長さ $0.15\,l$	M の10%の再分布
中央径間の中央	[kNm]	3561	3252	3955	3943
	[%]	100	91	111	111
支点 P2	[kNm]	7545	8147	7427	7417
	[%]	100	108	98	98

(2) コンクリート打設方法の影響

コンクリート打設方法（図 19.5）の影響を検討するために、鋼桁、コンクリートおよび非構造部材の自重のような固定荷重のもとでのいくつかの断面の応力分布を比較する。

ここで考慮する2つのコンクリート打設の方法で計算した応力を、図 19.16 に示す。これらの応力は、支点でのコンクリートのひび割れを考慮する完全な2段階の計算により求めた。

この図から、支間先行工法により、中間支点部の鉄筋とコンクリート床版の引張応力がかなり減ることがわかる。したがって、前進工法に比べてひび割れ開口幅が狭くなるが、これは橋の外観や、表面が凍結防止剤（塩）を含む水に触れるときには床版の耐久性に対して利点となる。下フランジの応力は、コンクリート打設の方法の影響はほとんど受けない。以下の例では、コンクリート打設は支間先行工法のみを考慮する。

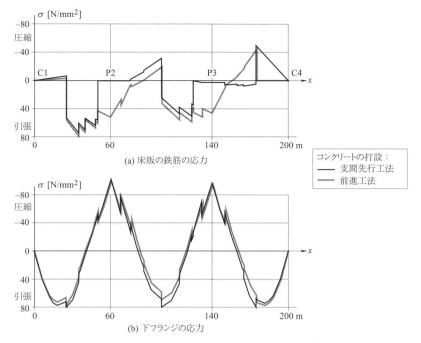

図 19.16 橋に生じる応力に及ぼすコンクリート打設法の影響

19.6 構造安全性の照査（ULS）

構造安全性の照査では、すべての桁の断面が作用する断面力に抵抗するのに十分なことを保証する。9.6 節によると、設計の規準 $E_d \leqq R_d$ が満足されるとき、構造安全性が確認される。ここで、E_d は、考慮するリスクのシナリオに対する荷重の組合せにより決まる作用の効果の設計値を表し、R_d は曲げ、横座屈、あるいはせん断に対する強度などの設計値である。

構造安全性の照査は、異なる架設段階および完成系に対して行う。この例では、以下のケースの断面の構造安全性の照査を示す。
- 架設中：中央径間の最も大きい荷重が作用する断面
- 完成系：中央径間の中央の断面
- 完成系：中間支点 P2 上の断面

曲げとせん断の強度の照査は、本書の 12 章と 13 章の情報を参考にしている。鋼とコンクリートのずれ止めの構造安全性と疲労の照査は、それぞれ 19.7 節と 19.8 節で示す。照査の前に、次節で抵抗断面とその特性を定義する。

19.6.1 抵抗断面の定義

(1) 鋼断面

この例で考慮する鋼断面は、表 19.4 に示した諸元をもつ図 19.3 に示した断面である。

(2) 床版の有効幅

床版の有効幅は、式 (13.6) と式 (13.7) を用いて計算する。幅 0.5m の地覆（図 19.2）は将来変更あるいは除去の可能性があるため、考慮しない。スタッドの列の軸間距離は、$b_0 = 0.40$m である。中央径間のモーメントがゼロの点の距離は $0.7l$ とする。ただし、l は径間長である。径間中央の断面では、有効幅として以下の数値が得られる。

$$b_{e1} = \frac{0.7 \cdot 80\,\text{m}}{8} = 7.0\,\text{m} > b_1 = (2.5 - 0.2) = 2.3\,\text{m}、すなわち\quad b_{e1} = 2.3\,\text{m}$$

$$b_{e2} = \frac{0.7 \cdot 80\,\text{m}}{8} = 7.0\,\text{m} > b_2 = (3.0 - 0.2) = 2.8\,\text{m}、すなわち\quad b_{e2} = 2.8\,\text{m}$$

$$b_{eff} = b_0 + \sum b_{ei} = 0.4 + 2.3 + 2.8 = 5.5\,\text{m} = b$$

したがって、床版は断面強度にすべて有効である。他の径間や支点の断面でも図 13.10 を用いて同じ結果が得られる。したがって桁1本当たりの床版の有効断面積は以下となる。

・$A_c = b_{eff} \cdot h_c = 5500 \cdot 350 = \mathbf{1925 \cdot 10^3\,mm^2}$

そして、鉄筋の有効断面（19.2.3 項）は以下となる。

・中間支点上では、$A_s = 1.5 \cdot A_c/100 = \mathbf{28.9 \cdot 10^3\,mm^2}$

・径間では、$A_s = 0.75 \cdot A_c/100 = \mathbf{14.4 \cdot 10^3\,mm^2}$

計算には、鋼桁上では床版は高さ 75mm のハンチを含み、床版の平均厚を 350mm とすると（19.2.3 項）、床版の実際の厚さは 425mm となる（図 19.2）。ハンチの断面積は、抵抗断面の計算には含めないが、上フランジの上の床版と鉄筋の重心位置 h_{Gc} を決めるときには考慮する。$h_{Gc} = 75 + 350/2 = 250\,\text{mm}$

19.6.2 架設中の径間の断面

対象断面は、中央径間の中央から 8m 右の位置にあり（図 19.13）、ここは第4段階のコンクリート打設の後に曲げモーメントが最大となる位置である。この段階では、主桁の上フランジは、コンクリートが固まるまで横座屈を防止する側方支持はない。それでも、対傾構の位置で主桁高の半分の位置にある架設用の横構による拘束は用意されている。架設中は、主桁は弾性でなくてはならず、そのため、この断面の照査は、横座屈を考慮した弾性抵抗モデルに基づいて行う。鋼断面を定義する記号を図 19.17 に示す。

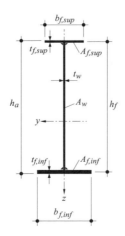

図 19.17 鋼鈑桁を表す記号

(1) 曲げモーメントの設計値

曲げモーメント M_{Ed} は、リスクのシナリオの番号1（表 19.8）では、図 19.12 と図 19.13 のモーメント図の値を用いて、次の値となる。

$$M_{Ed} = 1.35(2394 + 12\,177) + 1.50 \cdot 1995 = \mathbf{22\,663\,kNm}$$

この架設段階では、コンクリート床版が日照から鋼桁を保護し、鋼桁の高さ方向の温度

勾配が生じないので、温度変化の影響はこのリスクのシナリオでは無視できる。

(2) 安全性の照査

圧縮フランジのウェブへの座屈（式 (12.6)）：
$$h_f/t_w = 2760/14 = 197 \leq 0.40 \cdot E_a/f_y = 0.40 \cdot 210\,000/355 = 240 \quad \Rightarrow \text{OK}$$

圧縮フランジの回転による座屈（式 (12.8)）：
$$(b_{f,sup}/2)/t_f = (700/2)/40 = 8.75 \leq 0.56\sqrt{E/f_y} = 0.56\sqrt{210\,000/355} = 14 \quad \Rightarrow \text{OK}$$

(3) 横座屈強度

図 19.3 に示した断面積：
$$A_a = A_{f,inf} + A_w + A_{f,sup} = 800 \cdot 40 + 14 \cdot 2720 + 700 \cdot 40 = 98\,080 \text{ mm}^2$$

下フランジの板厚中心からの全断面の重心の位置：
$$z_G = \frac{A_{f,inf}z_{f,inf} + A_w z_w + A_{f,sup}z_{f,sup}}{A_a} = \frac{800 \cdot 40 \cdot 0 + 14 \cdot 2720 \cdot 1380 + 700 \cdot 40 \cdot 2760}{98\,080} =$$
$$z_G = 1324 \text{ mm}$$

鋼断面の断面 2 次モーメント（**表 19.4**）：
$$I_a = 137 \cdot 10^9 \text{ mm}^4$$

圧縮側の高さ：
$$h_c = h_f - z_G = 2760 - 1324 = 1436 \text{ mm}$$

縁応力の比：
$$\psi = \sigma_{\min}/\sigma_{\max} = -z_G/h_c = -1324/1436 = -0.922$$

座屈係数 $k = 22.03$（式 (12.29)）を用いて、有効圧縮高さ（式 (12.28)）：
$$h_{c,eff} = 0.86 \cdot \frac{1436}{2760}\sqrt{22.03\frac{210\,000}{355}} \cdot 14 = 715 \text{ mm} < h_c = 1436 \text{ mm}$$

全断面の中立軸と有効断面の中立軸の間の距離（式 (12.30)）：
$$e = \frac{1436}{2} \cdot \frac{14(1436-715)}{98\,080 - 14(1436-715)} = 82 \text{ mm}$$

有効断面の断面 2 次モーメント（式 (12.31)）：
$$I_{eff} = 137 \cdot 10^9 - \frac{1436^2}{4} \cdot \frac{98\,080 \cdot 14(1436-715)}{98\,080 - 14(1436-715)} - 14\frac{(1436-715)^3}{12} = 131 \cdot 10^9 \text{ mm}^4$$

圧縮縁に対する弾性の断面係数（式 (12.33)）：
$$W_{c,eff} = \frac{131 \cdot 10^9}{1436 + 82} = 86.4 \cdot 10^6 \text{ mm}^3$$

横座屈の抵抗モーメント M_D の計算には、圧縮フランジの横座屈長 l_D の関数である横座屈応力 σ_D を決める。横座屈長は、フランジの側方の拘束の間の距離、すなわち対傾構の間隔であり、この拘束の剛性に左右される。この剛性は、式 (12.23) を用いて橋軸直角方向の力 $H=1$ N による側方変位 v を計算することで求まる。架設のこの段階では、対傾構は横構の上にあり、その横構は対傾構の側方の支点と見なされる。**図 19.18** は、計算で仮定するラーメン形式の対傾構の構造系、およびそれを構成する部材の断面を示す。変位は、$v = 45 \cdot 10^{-6}$ mm/N と計算される。

式 (12.21) により、横座屈長 l_D が計算できる。この式では、断面 2 次モーメント I_D は、圧縮を受ける部材の断面積 A_D の z 軸まわりの断面 2 次モーメントに相当し、その断面積は式 (12.12) により計算される。

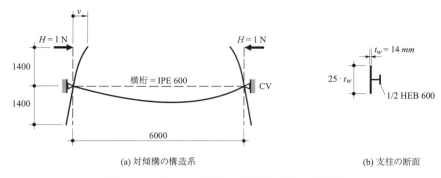

(a) 対傾構の構造系　　　　(b) 支柱の断面

図 19.18　ラーメン形式の対傾構の変位 v の計算

$$A_D = b_{f,sup} \cdot t_{f,sup} + \frac{h_{c,eff}}{2} \cdot t_w = 700 \cdot 40 + \frac{715}{2} \cdot 14 = 33\,005 \text{ mm}^2$$

$$I_D = \frac{t_{f,sup} \cdot b_{f,sup}^3}{12} + \frac{h_{c,eff}}{2} \cdot t_w^3/12 = \frac{40 \cdot 700^3}{12} + \frac{715}{2} \cdot 14^3/12 = 1.14 \cdot 10^9 \text{ mm}^4$$

$$l_D = \sqrt[4]{\frac{\pi^4}{4} 210\,000 \cdot 1.14 \cdot 10^9 \cdot 8000 \cdot 45 \cdot 10^{-6}} = 6768 \text{ mm} < 8000 \text{ mm}$$

ここで、$l_D < e$ であるため、$l_D = e = 8000$mm とする。したがって σ_D は次のように計算する。径間中央では、曲げモーメントはほぼ一定である。したがって $\eta = 1.0$ とし、$l_K = l_D = 8000$mm（式 (12.10)）である。圧縮部材の回転半径は次式となる。

$$i_D = \sqrt{I_D/A_D} = \sqrt{1.14 \cdot 10^9/33005} = 186 \text{ mm}$$

式 (12.11) と $\lambda_K = l_K/i_D$ を用いて $\sigma_{cr,D} = 1120\text{N/mm}^2$ が得られ、無次元細長比 $\overline{\lambda_D}$（式 (12.18)）は次の値となる。

$$\overline{\lambda_D} = \sqrt{f_y/\sigma_{cr,D}} = \sqrt{355/1120} = 0.563$$

式 (12.14)、式 (12.16)、式 (12.17) を考慮した σ_D の計算は、$\sigma_D = 287\text{N/mm}^2$ となる。12.2.4 項でも示したように、座屈曲線 c に基づく σ_D の計算は簡易化されており安全側となる。より精度の良い結果が必要であれば、断面形状の変化や橋軸方向の断面力の変化を考慮した、より精密な計算も可能である。より精密な計算は、座屈曲線 b を用いる簡易な横座屈の照査方法となる。この方法では、$\sigma_D = 304\text{N/mm}^2$ となる。

予備設計で、架設中の径間の圧縮フランジの横座屈応力として、300N/mm² が選ばれたことに注目したい。

(4) 照査

着目する断面の横座屈の強度は、$M_D = \sigma_D \cdot W_{c,eff}$（式 (12.32)）であり、$\boldsymbol{M_D} = 287 \cdot 86.4 \cdot 10^6 = 24797 \cdot 10^6 \text{Nmm} = \boldsymbol{24797\text{kNm}}$ となる。構造安全性は、以下のように照査される（式 (12.35)）。

$$M_{Ed} = 22\,663 \text{ kNm} \leq M_{Rd} = \frac{M_D}{\gamma_a} = \frac{24\,797 \text{ kNm}}{1.05} = 23\,616 \text{ kNm} \quad \Rightarrow \text{OK}$$

19.6.3　完成系の中央径間の中央の断面

正の曲げモーメントを受ける鋼とコンクリート合成断面の照査は、塑性強度を考慮する。実際、支間長の比率 $l_{min}/l_{max} = 60/80 = 0.75$ が 0.6 以上であり（13.4.3 項）、塑性強度モデルを使用できる。床版の架設に支保工を用いないので、抵抗モーメント M_{Rd} は、塑性抵

抗モーメント $M_{pl,Rd}$ の 90％に制限される（13.4.3 項）。

(1) 曲げモーメントの設計値

強度は塑性強度モデルで計算されるため、作用するのが鋼か合成断面にかかわらず、断面に作用する異なる曲げモーメントを足し合わせる（重ね合わせる）ことができる。さらに、断面の縁が塑性化するとともに影響がなくなる付加的な変形であるため、収縮と温度変化の影響は無視できる。この作用の不静定部分（13.2.2 項）は、有利な影響（収縮：不静定モーメントは径間中央では負となる）または無視できる影響（温度変化）を与える。図 19.19 は、塑性強度の計算のための径間の合成断面を応力分布とともに示す。

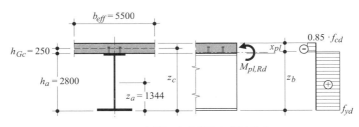

図 19.19　径間の合成断面と塑性強度

リスクのシナリオの番号 2（表 19.9）に対する曲げモーメント M_{Ed} は、図 19.12 と図 19.13 のモーメント図を用いて、以下の値となる。

$$M_{Ed} = 1.35(2501 + 9611 + 3232) + 1.50(8765 + 11\,634) = \mathbf{51\,313\ kNm}$$

(2) 塑性抵抗モーメント

塑性抵抗モーメント $M_{pl,Rd}$ は『土木工学概論』シリーズ第 10 巻（式 (4.135) と表 4.60）によって計算できる。以下には、途中の重要な結果のみを示す。

　　鋼桁の断面積：$A_a = 98\,080\,\text{mm}^2$

　　コンクリート床版の断面の等価面積：$A_c/n_{pl} = 1925 \cdot 103/17.05 = 112\,903\,\text{mm}^2$

圧縮の鉄筋は考慮していない。$A_a < A_c/n_{pl}$ であるため、中立軸は床版内にある。塑性の中立軸の位置は以下となる（『土木工学概論』シリーズ第 10 巻（表 4.60））。

$$z_b = h - \frac{n_{pl} \cdot A_a}{b_{eff}} = (2800 + 425) - \frac{17.05 \cdot 98\,080}{5500} = 2921\,\text{mm}$$

そして、塑性断面係数は、

$$W_{plb} = A_a\left(h - z_a - \frac{n_{pl} A_a}{2 b_{eff}}\right) = 98\,080\left(3225 - 1344 - \frac{17.05 \cdot 98\,080}{2 \cdot 5500}\right) = 169.6 \cdot 10^6\,\text{mm}^3$$

したがって、塑性抵抗モーメントは以下となる（『土木工学概論』シリーズ第 10 巻、式 (4.143)）。

$$M_{pl,Rd} = W_{plb}\frac{f_y}{\gamma_a} = 169.6 \cdot 10^6 \cdot \frac{355}{1.05} = 57.333 \cdot 10^9\,\text{Nmm} = 57\,333\ \text{kNm}$$

式 (13.9) により、$M_{Ed} = 0.9 \cdot 57333 = \mathbf{51\,600\ kNm}$

(3) 照査

式 (13.13) により構造安全性が照査できる。

　　　$M_{Ed} = 51\,313\,\text{kNm} < M_{Rd} = 51\,600\,\text{kNm}$　　　$\Rightarrow$ OK

曲げを受ける径間の断面の構造安全性は、完成系で満足される。

19.6.4 完成系の中間支点上の断面

着目する断面は、支点 P2 の上にある断面であり、負の曲げモーメントとせん断力が作用する。合成断面のコンクリートの部分は引張が作用するので、強度を計算するとき、すべてひび割れていると仮定する。したがって、抵抗断面は鋼桁と床版の鉄筋の断面で構成される。ウェブの幅厚比 $h_f/t_w = 2680/22 = 122$ を考慮すると、断面は等級 4 に属する。したがって、その強度は、ウェブの断面の控除を考慮して弾性モデルで照査する。

(1) 断面力の設計値

強度が弾性強度モデルで計算されているため、この断面に作用する種々の曲げモーメントを単に足し合わすことはできないので、まず鋼断面のみに作用するモーメントを考慮し、その次に合成断面に作用するものを考慮する。さらに、収縮と温度変化の影響をそれぞれ 13.2.2 項と 13.2.3 項に従って考慮する。収縮による応力 $\sigma_{cs} = -25\text{N/mm}^2$ と温度変化による応力 $\psi_0 \sigma_{\Delta T} = 0.6(-4.0) = -2.4\text{N/mm}^2$ を仮定する（19.4.2 項）。この 2 つの圧縮応力は下フランジに作用する。

負の最大曲げモーメント [2] M_{Ed} は、リスクのシナリオの番号 2（表 19.9）に対して、図 19.12 と図 19.14 の曲げモーメント図を用いて以下の値が得られる。

・鋼断面では：$M_{a,Ed} = 1.35(8688 + 33896) = \mathbf{57488\text{kNm}}$
・合成断面では：$M_{b,Ed} = 1.35 \cdot 8109 + 1.50(6252 + 19420) = \mathbf{49455\text{kNm}}$

これに相当するせん断力は、鋼桁のウェブで支持されるが、その値は以下となる。

$$V_{Ed} = 1.35(587 + 2128 + 562) + 1.50 \cdot 1728 = \mathbf{7016\text{kN}}$$

最大せん断力は（リスクのシナリオの番号 2、表 19.9、図 19.12～図 19.14）、

$$V_{Ed} = 1.35(587 + 2128 + 562) + 1.50(732 + 1293) = \mathbf{7461\text{kN}}$$

それに相当する曲げモーメントは、

$$M_{Ed} = 1.35(8688 + 33896 + 8109) + 1.50 \cdot 17728 = \mathbf{95028\text{kNm}}$$

(2) 断面の照査

圧縮フランジのウェブへの座屈（式 (12.6)）：(12.6)：
$$h_f/t_w = 2680/22 = 122 \leq 0.40 \cdot E_a/f_y = 0.40 \cdot 210\,000/355 = 240 \quad \Rightarrow \text{OK}$$

圧縮フランジの回転による座屈（式 (12.8)）：
$$(b/2)/t_f = (1200/2)/120 = 5.0 \leq 0.56\sqrt{E/f_y} = 0.56\sqrt{210\,000/355} = 14 \quad \Rightarrow \text{OK}$$

(3) 曲げモーメントに対する弾性強度

強度計算は、架設中の径間の断面の計算と同様の流れで行われる（19.6.2 項）。しかし、架設中に荷重を支える鋼断面と、完成時に作用する荷重を支える合成断面とを区別する。さらに、支点の圧縮フランジの横座屈を考慮する。図 19.20 は、支点上の抵抗断面と応力分布を示す。表 19.21 に、この断面の特性をまとめる。

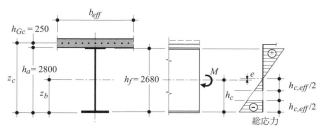

図 19.20 支点上の断面と有効断面に作用する応力

---

[2] 負の曲げモーメントは、ここでは正の値としている。これらのモーメントを用いて計算した応力は下フランジ（圧縮）では負となり、上フランジ（引張）では正となる。

表 19.21 支点 P2 上の断面の特性

	記号	単位	鋼断面	鋼と鉄筋の断面
鋼材の断面積(鉄筋も含む)	$A_a(+A_s)$	$10^3\,\mathrm{mm}^2$	320	349
下フランジの板厚中心からの圧縮高さ(=中立軸の位置)	h_c	mm	1240	1384
引張高さ	$h_f - h_c$	mm	1440	1296
断面 2 次モーメント(表 19.4)	I_a	$10^9\,\mathrm{mm}^4$	502	583
2 つのフランジ縁の応力の比	ψ		-1.162	-0.936
座屈係数	k		27.61	22.3
有効圧縮高さ	$h_{c,\mathit{eff}}$	mm	1119	1124
中立軸の変位	e	mm	5	12
有効断面の断面 2 次モーメント	I_{eff}	$10^9\,\mathrm{mm}^4$	501	581
下フランジに対する断面係数	$W_{c,\mathit{eff}}$	$10^6\,\mathrm{mm}^3$	402	416
上フランジに対する断面係数	$W_{t,\mathit{eff}}$	$10^6\,\mathrm{mm}^3$	349	452

弾性挙動の計算では、抵抗断面は、作用する荷重履歴と種類により異なる。そのため、断面に対してただ 1 つの弾性抵抗モーメントが決まらない。そのため、照査は、いろいろな断面の設計応力値の合計を材料の強度と比較することとなる。引張フランジでは、この合計の応力を鋼材の降伏点と比較し、圧縮フランジでは、横座屈応力と比較する。

横座屈応力 σ_D の計算は、19.6.2 項の横座屈に対する強度の計算と同じ考え方で行い、以下の数値を用いる。

$A_D = 154\,149\,\mathrm{mm}^2$

$I_D = 17.3 \cdot 10^9\,\mathrm{mm}^4$

$e = 8000\,\mathrm{mm}$(対傾構の間隔)

$v = 63 \cdot 10^{-6}\,\mathrm{mm/N}$(14.3.1 項の式と表 14.8 により計算され、図 14.7 に示す 2 つの場合の大きい方の値を用いる)

$l_D = 14295\,\mathrm{mm} > e$

ここで、$l_D > e$ であるため、この次の計算で考慮する横座屈長は 14 295mm となる。

橋軸方向の曲げモーメントの比 ψ :

・支点から 8m の M_{Ed} で対傾構の位置(この値は、図 19.12〜図 19.14 には示されていない)

$M_{Ed} = 1.35(4120 + 18\,380 + 4020) + 1.50(10\,726 + 4052) = 57\,969\,\mathrm{kNm}$

・支点の位置の M_{Ed} : $M_{Ed} = M_{a,Ed} + M_{b,Ed} = 57\,488 + 49\,455 = 106\,943\,\mathrm{kNm}$

・$\psi = 57\,969/106\,943 = 0.55$

ただし、$\eta = 1.26$(『土木工学概論』シリーズ第 10 巻、図 11.16)と式 (12.10) から、$l_K = l_D/\eta^{0.5} = 12735\,\mathrm{mm}$ となる。$\lambda_K = l_K/i_D = 38$ から、$\sigma_{cr,D} = 1434\,\mathrm{N/mm}^2$ が得られ、細長比 $\overline{\lambda_D}$ は以下の値となる。

$$\overline{\lambda_D} = \sqrt{f_y/\sigma_{cr,D}} = \sqrt{295/1334} = 0.45$$

座屈曲線 c を考慮した σ_D の計算により、$\sigma_D = 256\,\mathrm{N/mm}^2$ となる。19.6.2 項の最後の指摘によると、座屈曲線 b による計算では $\sigma_D = 265\,\mathrm{N/mm}^2$ となる。

(4) 曲げ強度の照査

(a) 圧縮フランジ

$$\sigma_{Ed} = -(M_{a,Ed}/W_{c,eff,a} + M_{b,Ed}/W_{c,eff,b}) + \sigma_{cs} + \psi_0 \cdot \sigma_{\Delta T}$$

$$= -(143 + 119 + 25 + 2.4) = -289 \text{ N/mm}^2$$

$|\sigma_{Ed}| > \sigma_D/\gamma_a = 244 \text{ N/mm}^2$（曲線c）または 252 N/mm^2（曲線b） OK ではない。

この照査は満足されないが、これはフランジ厚 120mm に対する降伏点の大幅な低減があるからである。

したがって、圧縮フランジの断面を増やすか、S460 などの高強度鋼材を用いる必要がある。鋼材の量と市場価格により、どちらかが選択される。厚い鋼板は、突合せ溶接のために余分な費用がかかることにも注意する。いくつかの製鋼所は、今日では降伏点 $f_{yk} = 355\text{N/mm}^2$ で少なくとも 100mm の板厚の鋼板の製造が可能である。これには特殊な鋼板の製造方法やそれに伴う管理が必要である。したがって、この例では、鋼材の規格（$f_{yk} > 355\text{N/mm}^2$）を指定することで、選んだ支点上の断面を用いることができ、それによって σ_D/γ_a が σ_{Ed} 以上になる。

(b) 引張フランジ

$\sigma_{Ed} = M_{a,Ed}/W_{t,eff,a} + M_{b,Ed}/W_{t,eff,b} = 165 + 109 = 274\text{N/mm}^2$

$\sigma_{Ed} < f_y/\gamma_a = 295/1.05 = 281\text{N/mm}^2$ $\Rightarrow$ OK

(c) 床版の鉄筋

この例では、鉄筋の応力の照査は不要である。すなわち標準的な値で十分で、引張フランジの応力の照査が満足されているためである。実際、鉄筋の鋼材の降伏点は高く（$f_{yd} = 281\text{N/mm}^2$ ではなく $f_{sd} = 435\text{N/mm}^2$）、そのうえ、鉄筋はコンクリートが凝固した後に合成断面に作用する荷重による応力を受ける。

(5) せん断強度

ウェブのパネルのせん断強度 V_R は、12.3 節に従って計算する。この計算に必要な主な断面の特性値を、**表 19.22** にまとめる。

表 19.22 せん断強度の計算のための特性

	記号	単位	数値	式／根拠
桁高	h_a	mm	2800	図 19.3
フランジ厚	t_f	mm	120	
ウェブのパネルの高さ*	h_f	mm	2680	
ウェブ厚	t_w	mm	22	
補剛材間の距離	a	mm	4000	19.3 節
ウェブの縦横比	α	−	1.493	$\alpha = a/h_f$
座屈係数	k	−	7.14	式 (12.39)
せん断限界応力	τ_{cr}	N/mm^2	90.9	式 (12.38)
せん断降伏点	τ_y	N/mm^2	205	$\tau_y = f_y/\sqrt{3}$
せん断力強度	V_R	kN	8601	式 (12.55)

＊：12 章によれば、フランジ板厚中心間の距離

(6) せん断強度の照査

最大せん断力に対する構造安全性の照査は、V_{Ed} = 7461kN として式 (12.62) で下記のように表される。

$$V_{Ed} = 7461 \text{ kN} < V_{Rd} = \frac{V_R}{\gamma_a} = \frac{8601}{1.05} = 8191 \text{ kN} \quad \Rightarrow \text{OK}$$

この照査は選択されたウェブ厚 22mm では満足するが、20mm に対しては満足しない。

(7) 曲げとせん断の相関に対する強度

支点の位置では、大きな曲げモーメントとせん断力が同時に作用する。最大曲げモーメントを生じる荷重配置と最大せん断力を生じる荷重配置の 2 つの荷重配置を考慮する。

もし曲げモーメントがフランジだけで抵抗できるモーメントを超えると、式 (12.66) で表される曲げモーメントとせん断力の相互干渉を照査する。フランジの片方の応力が降伏点に達したとき、最大モーメントが得られる。合成桁では、鉄筋の断面積を上フランジの有効面積に考慮できる。鉄筋の断面積は、塑性のヤング率比を用いて鋼材の等価断面に変換する（19.2.9 項）。それに伴って、偶力の腕の長さも調節する。

収縮と温度変化の影響をこの照査に考慮するためには、下フランジの降伏点 $f_{y,f}$ を割り引いて、$f_y + \sigma_{cs} + \psi_0 \cdot \sigma_{\Delta T}$ = 295 − 25 − 2.4 = 268N/mm² とする。フランジのより小さい面積は以下のように計算される。

$$A_f = \min(A_{f,inf}; A_{f,sup} + A_s/n_{pl,s}) = \min\left(1200 \cdot 120; 1000 \cdot 120 + \frac{28.9 \cdot 10^3}{0.777}\right) = 144\,000 \text{ mm}^2$$

軸力の腕の長さ h' は、下フランジの重心と上フランジと鉄筋を合わせたものの重心の間の距離に相当する。鉄筋は、上フランジの板厚中心から 73mm 上にある（ヤング係数比 $n_{pl,s}$ を考慮している）。その結果、腕の長さ h' は以下の値となる。

$$h' = h_a - t_{f,inf}/2 - t_{f,sup}/2 + 73 = 2800 - 60 - 60 + 73 = 2753 \text{ mm}$$

曲げモーメント $M_{pl,f}$ は、この例の場合、下フランジに $f_{y,f}$ に等しい応力を生じさせるモーメントに相当し、それは以下の値となる。

$$\boldsymbol{M_{pl,f}} = f_{y,f} \cdot A_{f,inf} \cdot h' = 268 \cdot 144\,000 \cdot 2753 = 106.244 \cdot 10^9 \text{Nmm} = \boldsymbol{106\,244 \text{ kNm}}$$

この断面に作用する総モーメントは、フランジで抵抗できるモーメントよりも大きいため（12.4.2 項）、

$$M_{Ed} = 106\,943 \text{ kNm} > \frac{M_{pl,f}}{\gamma_a} = \frac{106\,244}{1.05} = 101\,185 \text{ kNm}$$

モーメントとせん断の相互干渉の条件（式 (12.66)）を照査する必要がある。

曲げ強度に対するウェブの最大の貢献度 $M_{pl,w}$ は、式 (12.64) に等しい。

$$\boldsymbol{M_{pl,w}} = \frac{(h - t_{f,sup} - t_{f,inf})^2}{4} t_w f_{y,w} = \frac{(2800 - 120 - 120)^2}{4} \cdot 22 \cdot 345 = \boldsymbol{12\,435 \text{ kNm}}$$

ここでは、ウェブの温度変化の影響を考慮するため $f_{y,w}$ を代入して、$f_y + \psi_0 \cdot \sigma_{\Delta T}$ = 355 − 9.6 = 345N/mm² を用いる（13.2.3 項）。

(8) 最大曲げモーメントとそれに対応するせん断力の照査

鋼断面と鉄筋を含む鋼断面はあまり違わないため（**表19.21**）、この2つの断面に作用するモーメントの和で照査することが認められている。支点P2上の最大曲げモーメントは $M_{Ed, max}$ = 106943kNm である。そのときのせん断力は V_{Ed} = 7016kN である。照査は式(12.66) を用いて行う。

$$M_{Ed} = 106\,943 \leq \frac{M_{pl,f}}{\gamma_a} + \frac{M_{pl,w}}{\gamma_a}\left[1-\left(\frac{V_{Ed}}{V_{Rd}}\right)^2\right] = \frac{106\,244}{1.05} + \frac{12\,453}{1.05}\left[1-\left(\frac{7016}{8191}\right)^2\right] = 104\,343 \text{ kNm}$$

この照査は、最大曲げモーメントに対して満足していない。

照査を満たさない理由は、中間支点上のフランジ厚120mmの鋼材の降伏点の低減が大きいことによる。曲げ強度の照査と同様に、この鋼板の厚さに対して鋼材の規格（ f_{yk} > 355N/mm^2）を保証するという条件で、この例で選んだ支点上の断面とすることができる。

(9) 最大せん断力とそれに対応する曲げモーメントの照査

支点P2の最大せん断力は $V_{Ed, max}$ = 7461kN である。それに対応する曲げモーメントは M_{Ed} = 95028kNm である。曲げモーメント M_{Ed} が、フランジだけで抵抗できるモーメント $M_{pl,f}/\gamma_a$ = 106 244/1.05 = 101 185kNm より小さいので、相互干渉の照査は不要である。

19.6.5 補剛材の照査

(1) 中間補剛材

例として、支点P2から4.0mの位置にある中間補剛材を照査してみる。中間補剛材に必要な断面は、式(12.70)を用いて計算する。補剛材はS355鋼で作られるので、η_1 = 1.0 とする。ウェブの片側のみに溶接された板であるので係数 η_2 は2.4とする（**表12.19**）。作用するせん断力とせん断強度の比 η_3 は、7461/8196 = 0.91 である。この値は、安全側の推定であり、それはせん断力 V_{Ed} に支点P2の値を用いているが、最初の補剛材の位置の実際の値はこれより小さいためである。**表19.22** に τ_y, τ_{cr} および α の値を示している。ウェブの断面積 A_w は $t_w \cdot h_f$ に等しく、22·2680 = 58 960mm^2 である。したがって、補剛材の断面積 A_s は以下となる。

$$A_s \geq \left(1-\frac{90.9}{205}\right)\left(\frac{1.49}{2}-\frac{1.49^2}{2\sqrt{1+1.49^2}}\right)58\,960 \cdot 1.0 \cdot 2.4 \cdot 0.91 = 9059 \text{ mm}^2$$

これをもとに、**350×30mm** の**平鋼**を中間補剛材として選択する。その断面積は、A_s = 10500mm^2 > 9059mm^2 である。

この形状は、式(12.8) より得られた幅厚比の規準を満足する。

$(b/2)/t$ = 350/30 = 11.7 < 14   ⇒ OK

補剛材は、式(12.71) による断面2次モーメントの要求も満足する。

$$I_{req,s} = \left(\frac{h_f}{50}\right)^4 \eta_1^{3/2} = \left(\frac{2680}{50}\right)^4 = 8.25 \cdot 10^6 \text{ mm}^4 \quad \text{ただし、} \eta_1 = 1.0$$

補剛材の断面2次モーメントは、ウェブ面に対して計算され、以下の値となる。

$$I_s = 30 \cdot \frac{350^3}{12} + 30 \cdot \frac{350^3}{4} = 429 \cdot 10^6 > 8.25 \cdot 10^6 \text{ mm}^4 \quad \Rightarrow \text{OK}$$

(2) 支点上の補剛材

この例では、支点 P2 の S355 鋼の **HEB 700** の半分を 2 つ用いた補剛材（HEB 700 を半分に切断したもの、あるいは板で構成したもの、図 19.2）を照査してみる。この補剛材は、支点の反力を鋼桁のウェブに伝達するのに必要である。支点反力の設計値は、R_{Ed} = **13 650 kN**（リスクのシナリオの番号 2、表 19.9）であり、これは図 19.12 から図 19.14 に示す支点 P2 の左右のせん断力の合計に相当する。

支点の補剛材は、中間補剛材と同様の照査も満たす必要がある。しかし支点の補剛材は上記で照査した中間補剛材より剛で大きい断面をもつので、この照査を満足する。

支点 P2 の補剛材は圧縮が作用するので、支点の反力を伝達するのに適することを保証するために、全体座屈について照査する（12.6.2 項）。圧縮を受ける補剛材の座屈長は l_k = $0.75 h_f$ = $0.75 \cdot 2680$ = 2010mm とする。補剛材の断面は、ウェブに溶接した半分に切った H 形鋼 HEB 700 が 2 つと、長さ $25\, t_w$ のウェブの一部、550mm で構成される。この補剛材の総断面積は以下の値となる。

$$A_s = A_{\text{HEB}700} + 25 t_w \cdot t_w = 30\,600 + 25 \cdot 22^2 = 42\,700 \text{ mm}^2$$

関連する断面 2 次モーメントは、弱軸まわりの座屈はウェブの連続性のため物理的に起こりえないため、強軸まわりの H 形鋼の I_y となる。その値は以下となる。

$$I_s \approx I_{\text{HEB}700} = 2569 \cdot 10^6 \text{ mm}^4$$

下記の式（『土木工学概論』シリーズ第 10 巻、式 (10.4)、式 (10.5)、式 (10.26)）を用いて鋼材 S355 の無次元細長比 $\bar{\lambda}_K$ が得られる。

$$\bar{\lambda}_K = \frac{l_K}{\sqrt{I_s/A_s}} \cdot \sqrt{\frac{f_{y,s}}{\pi^2 E}} = \frac{2010}{\sqrt{2569 \cdot 10^6 / 42\,700}} \cdot \sqrt{\frac{355}{\pi^2 \cdot 210\,000}} = 0.107$$

無次元細長比は 0.2 以下であるため、全体座屈を考慮しなくてよく、断面の圧縮強度を用いることができる。

$$R_R = A_s f_{y,s} = 42\,700 \cdot 355 = \mathbf{15\,159 \text{ kN}}$$

支点 P2 の補剛材の強度に関する照査は、次式で表される。

$$R_{Ed} = 13\,650 \text{ kN} < \frac{R_R}{\gamma_a} = \frac{15\,159}{1.05} = 14\,437 \text{ kN} \quad \Rightarrow \text{OK}$$

厳密には、さらにこの補剛材（同時に対傾構の支柱でもある）の強軸まわりに曲げを生じる風による従荷重、および支点反力の若干の変更を考慮する。しかしながら、この例では、風の影響は補剛材の断面を変えない。

19.7　鋼とコンクリートのずれ止めの設計

鋼とコンクリートのずれ止めは、曲げ強度の計算に用いるモデルによって設計する。このことは、曲げ強度を弾性で照査する領域では弾性モデルを用いることを意味する。合成桁が塑性挙動する領域では、橋軸方向のせん断力の分布には塑性のモデルを用いる。この例では、径間中央では弾塑性で、それ以外では弾性挙動を示す。したがって、この例では、中間支点部の弾性設計と長い支間の中央のずれ止めの塑性設計について説明する。

19.7.1 中間支点部の弾性強度
(1) せん断力

橋軸方向のせん断力 v_{el} は鉛直方向のせん断力 V（式 13.14）に比例する。コンクリート床版が引張を受けてひび割れが生じた中間支点部では、この式に代入する断面の特性（I, S）を計算する方法が2つある。1つは、ひび割れのない断面（段階Ⅰ）の特性を用い、引張剛性効果（*tension stiffening*）を考慮するので上限に相当する。第2の方法は、ひび割れた断面（段階Ⅱ）の特性を用いて、計算されるせん断力に割増し係数 1.10（13.5.1 項）を乗じる。後者は、引張剛性効果を考慮するものより現実的な方法である。

表 19.23 は、この2つの計算法（ひび割れのない断面、ひび割れのある断面を割増し）によるせん断力 $v_{el,Ed}$ の計算に用いる変数をまとめる。

表 19.23 せん断力 $v_{el,Ed}$ の計算のための特性

	記号	単位	ひび割れのない断面 短期	ひび割れのない断面 長期	ひび割れのある断面	式／根拠
合成断面に作用する荷重	V_{Ed}	kN	3038	759	3797	図 19.14、$\gamma_G=1.35, \gamma_q=1.50$
ヤング率比（弾性）	n_{el}		6.0	18.0	1.0	19.2.9 項
中立軸の位置	z_b	mm	2176	1738	1456	図 19.20
コンクリート床版／鉄筋の重心の位置	z_c	mm	$h_a + h_{GC} = 2800 + 250 = 3050$			図 19.20、19.2.3 項、19.6.1 項
コンクリート床版（または鉄筋）の断面積	A_c（または A_s）	10^3mm^2	1925	1925	(28.95)	19.6.1 項
断面1次モーメント	S_c	10^6mm^3	1682	2526	46.0	$S_c = A_c(z_c - z_b)$
断面2次モーメント	I_b または I_a	10^9mm^4	997	749	581	表 19.4 と 表 19.21
割増し係数			1.0	1.0	1.1	13.5.1 項
せん断力	$v_{el,Ed}$	kN/m	**854**	**142**	**331**	式 (13.14)

橋軸方向のせん断力は、式 (13.15) で計算する。
- ひび割れのない断面の特性を用いると、$v_{el,Ed} = 854 + 142 = 996 \text{kN/m}$
- ひび割れのある断面の特性を用いると、$v_{el,Ed} = 331 \text{kN/m}$

(2) スタッドの強度

コンクリート C35/45 中の直径 $d_D = 22 \text{mm}$ の頭付スタッドの弾性強度の設計値 P_{Rd} は、$P_{Rd} = 93 \text{kN}$（**表 13.20**）である。スタッドの橋軸方向の分布は、生じるせん断力の関数となる。

(3) ずれ止めの照査

構造安全性の照査は、式 (13.25) を用いて行う。

- ひび割れのないコンクリート断面の場合、$n_{v,el} = \dfrac{996}{93} = \mathbf{10.7}$ 本/m

- ひび割れのあるコンクリート断面の場合、$n_{v,el} = \dfrac{331}{93} = \mathbf{3.6}$ 本/m

ひび割れのある断面では、割増し係数を用い、支点上の引張剛性効果を考慮することにより、ずれ止めの数をかなり減らすことができる。実際、せん断力が最大のときに支点

P2 上の断面にひび割れが生じると仮定するのは妥当である。この例では、この活荷重位置でのコンクリートの引張応力は、約 6N/mm² であり、これは C35/45 のコンクリートの引張強度 f_{ctm} = 3.2N/mm²（SIA 規準 262）よりかなり大きい。

しかし、疲労安全性を保証することが、中間支点のスタッドの数を決める支配要因となる（19.8.3 項）。結果的に、橋脚 P2 上に必要なずれ止めは、1m 当たり 7.3 本で 275mm 間隔の 2 列のスタッドとなる。

19.7.2　径間の塑性強度

(1)　せん断力

13.5.1 項に示される説明と式 (13.17) によると、桁の弾塑性領域のせん断力 $V_{pl,Ed}$ の値は、最大曲げモーメントの生じる点（図 19.24 の点 B）と、断面の縁が降伏する、あるいは塑性化する点（点 A と点 C）の軸力の差 $(N_{c,d} - N_{c,el})$ に相当する。

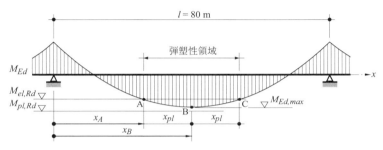

図 19.24　中央径間の弾塑性領域の模式図

(a)　座標 x_A と長さ x_{pl} の決定

桁の下フランジの桁軸方向の異なる位置での応力は、k = 1.0 とした式 (13.18) を用いて計算できる。図 19.12 から図 19.14 に断面力図を示す。径間の下フランジ厚は 40mm であり、設計降伏点は f_{yd} = 355/1.05 = 338N/mm² である。繰返し計算により座標 x_A = 32.2m が得られる。厳密には、弾塑性領域の長さを見つけるには、点 C の座標 x_C の計算は別に行う。しかし、この例では、曲げモーメントの分布はほぼ対称なため（図 19.12〜図 19.14）、支間中央の左右に同じ塑性長さ $(x_{pl} = l/2 - x_A = 40.0 - 32.2 = 7.8\text{m})$ を仮定することによる誤差は十分に小さい。

(b)　点 A の軸力 $N_{c,el}$ の計算

式 (13.19) は、径間中央から 7.80m の点 A の合成断面に作用するモーメント $M_{b,Ed}$ = 28 683kNm（非構造部材の自重と活荷重よる）による軸力 $N_{c,el}(x_A)$ の計算に用いる。この式では、点 A で k = 1.0 である。式 (13.19) の使用は、中立軸が鋼断面にあることから適切である。径間の断面の $z_b = I/W_{inf} + t_{f,inf}/2$ と、表 19.4 による n_{el} = 6.0 を用いると、次式が得られる。

$$z_b = \frac{359 \cdot 10^9}{137 \cdot 10^6} + \frac{40}{2} = 2640 < h_a = 2800 \text{ mm}$$

この断面の特性は、

　z_b = 2640mm（下フランジの下面に対する中立軸の位置）
　$S_c = A_c(z_c - z_b) = 1925 \cdot 10^3 \cdot (3050 - 2640) = 789 \cdot 10^6 \text{mm}^3$
　$I_b = 359 \cdot 10^9 \text{mm}^4$、$n_{el}$ = 6.0（表 19.4）

となり、次式が得られる。

$$N_{c,el}(x_A) = \frac{M_{b,Ed}(x_A) \cdot S_c}{I_b \cdot n_{el}} = \frac{28\,683 \cdot 10^3 \cdot 789 \cdot 10^6}{359 \cdot 10^9 \cdot 6.0} = \mathbf{10\,506\ kN}$$

(c) 点 B での軸力 $N_{c,d}$ の計算

径間中央の最大曲げモーメントの位置（図 19.24 の点 B）の断面での $N_{c,d}$ の計算には、式 (13.20) を以下の値とともに用いる（19.6.3 項）。

$$M_{Ed} = 51\,313\ \text{kNm},\ M_{pl,Rd} = 57\,333\ \text{kNm}$$

さらに、式 (13.20) の使用では、以下の計算が必要となる。

- $N_{c,Rd}$ ：断面が全塑性のときに床版に作用する軸力
- $M_{el,Rd}$ ：点 B の弾性抵抗モーメント
- $N_{c,el}(x_B)$：式 (13.19) と点 B の断面の k を用いて計算した点 B の弾性軸力

・点 B の断面が全塑性に達したとき、中立軸は床版内に位置し（19.6.3 項）、そのため床版に作用する軸力 $N_{c,Rd}$ は、鋼桁に作用する軸力に等しい。

$$N_{c,Rd} = A_a \cdot f_{yd} = 98080 \cdot 338 = 33.151 \cdot 10^6\,\text{N} = 33151\,\text{kN}$$

・$M_{el,Rd}$ の計算（式 (13.21)）には、あらかじめ係数 k を決める必要がある。そのために、径間中央の最大モーメントの位置の断面に対して、式 (13.18) を解く必要がある。

$$\sigma(M_{a,Ed}) + k \cdot \sigma(M_{b,Ed}) = f_{yd}$$

図 19.12 と図 19.13 からの値を用いて、

$$M_{a,Ed} = 1.35(2501 + 9611) = 16\,351\ \text{kNm}$$

$$M_{b,Ed} = 1.35 \cdot 3232 + 1.50(8765 + 11\,634) = 34\,962\ \text{kNm}$$

そして、表 19.4 の特性を用いると、k は以下の値となる。

$$k = \frac{f_{yd} - \sigma(M_{a,Ed})}{\sigma(M_{b,Ed})} = \frac{338 - (16\,351 \cdot 10^6)/(104 \cdot 10^6)}{(34\,962 \cdot 10^6)/(137 \cdot 10^6)} = 0.708$$

そして、曲げモーメント $M_{el,Rd}$ は以下の値となる（式 (13.21)）。

$$M_{el,Rd} = M_{a,Ed} + k \cdot M_{b,Ed} = 16351 + 0.708 \cdot 34962 = 41104\,\text{kNm}$$

・対応する $N_{c,el}(x_B)$ の計算は、x_A にある断面と同様に行うが、$M_{b,Ed} = 34\,962\,\text{kNm}$ と $k = 0.708$ を用いる。

$$N_{c,el}(x_B) = 0.708 \cdot \frac{34\,962 \cdot 10^3 \cdot 789 \cdot 10^6}{359 \cdot 10^9 \cdot 6.0} = 9067\,\text{kN}$$

そして、点 B の床版に作用する軸力として、式 (13.20) を用いて以下の値が得られる。

$$N_{c,d} = N_{c,el}(x_B) + \frac{(M_{Ed} - M_{el,Rd})}{(M_{pl,Rd} - M_{el,Rd})}(N_{c,Rd} - N_{c,el}(x_B))$$

$$N_{c,d} = 9067 + \frac{51\,313 - 41\,104}{57\,333 - 41\,104} \cdot (33\,151 - 9067) = \mathbf{24\,217\ kN}$$

簡易法（式 13.22）で力 $N_{c,d}$ を計算すると、以下が得られる。

$$N_{c,d} = \frac{(M_{Ed} - M_{a,Ed})}{(M_{pl,Rd} - M_{a,Ed})} \cdot N_{c,Rd} = \frac{51\,313 - 16\,351}{57\,333 - 16\,351} \cdot 33\,151 = 28\,281\ \text{kN}$$

これは上記で計算した軸力より、17％大きい。

(2) スタッドの強度

コンクリート C35/45 中の直径 $d_D = 22$mm のスタッドの塑性設計強度 P_{Rd} は、$P_{Rd} = 109$kN（表 13.20）である。スタッドは弾塑性領域 $2x_p = 15.6$m に等間隔で配置する。

(3) ずれ止めの塑性の照査

構造安全性の照査は、式 (13.26) を用いて行う。

$$n_{v,pl} = \frac{N_{c,d} - N_{c,el}(x_A)}{x_{pl} \cdot P_{Rd}} = \frac{24\,217 - 10\,506}{7.8 \cdot 109} = 16.1 \text{ 本/m}$$

スタッドが 1m 当たり 18 本なので、170mm 間隔で 3 列配置する。このスタッド間隔は、8.3.3 項で述べた SIA 規準 264 の規準を満足する。

$$s_D = 170 \text{ mm} > s_{D,min} = 5 \cdot d_D = 5 \cdot 22 \text{ mm} = 110 \text{ mm} .$$

19.8 疲労安全性の照査

ここでは、径間と中間支点部のウェブの垂直補剛材の引張フランジへの継手（図 6.10）の疲労安全性の照査について説明する。また、スタッドの疲労安全性の照査も示す。さらに、ウェブの幅厚比は、疲労き裂（ウェブのブレッシング）が生じないように制限するが、これについても示す。

19.8.1 径間の下フランジ
(1) 荷重

疲労安全性の照査は、疲労荷重（10.3.1 項、荷重モデル 1 の集中荷重）を考慮して行う。疲労荷重は橋軸直角方向の最も不利な位置ではなく、車線の軸上、すなわち図 19.25 に示す右車線に作用させる。疲労荷重 Q_k は、600kN（150kN の 2 輪をもつ車軸 2 本）である。桁に対する橋軸直角方向の影響線の値 η_d は、荷重位置で 0.704（図 19.25）である。$\alpha_Q = 0.9$ も考慮して、

$$Q_{fat} = \eta_d \alpha_Q Q_k = 0.704 \cdot 0.9 \cdot 4 \cdot 150 = 380 \text{ kN}$$

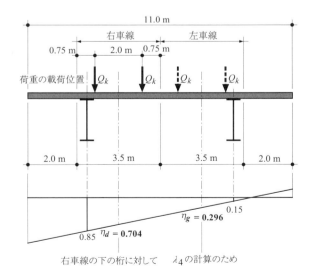

図 19.25 疲労荷重の橋軸直角方向の載荷位置

照査すべき溶接継手の断面の応力範囲は、図 19.26(a) に示すように、曲げモーメントの影響線の橋軸方向の 2 つの異なる位置に疲労荷重を作用させて計算する。この荷重は、径間中央の断面では、最大曲げモーメント $M_{max}(Q_{fat}) = 4461$ kNm と最小曲げモーメント $M_{min}(Q_{fat}) = -795$ kNm を生じる。

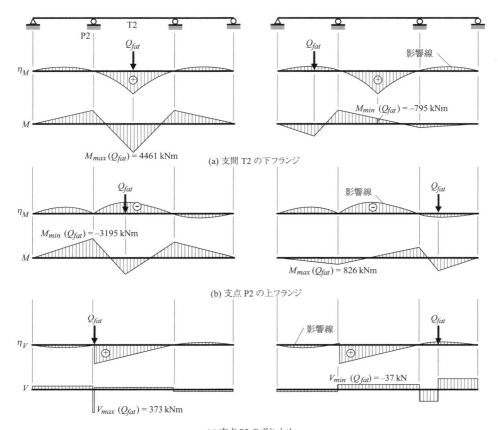

図 19.26 疲労安全性の照査のための荷重の載荷位置と断面力

径間の弾性断面係数は、$W_{inf} = 137 \cdot 10^6$（表 19.4）なので、応力範囲 $\Delta\sigma \cdot (Q_{fat})$ は、

$$\Delta\sigma(Q_{fat}) = \frac{M_{max}(Q_{fat}) - M_{min}(Q_{fat})}{W_{inf}} = \frac{(4461 + 795) \cdot 10^6}{137 \cdot 10^6} = 38 \text{ N/mm}^2$$

応力範囲 $\Delta\sigma_{E2}$ は、式 (12.85) で計算する。係数 λ_i（式 12.86）の値は以下のとおりである。
・$\lambda_1 = 1.42$、SIA 規準 263、図 51 で、$L_\phi = 1.427 \cdot 80 = 56$m
・$\lambda_2 = 1.0$、一定の重量に対して
・$\lambda_3 = 1.0$、設計寿命 70 年に対して（19.2.1 項）
・$\lambda_4 = 1.09$

比 $\Delta\sigma_2/\Delta\sigma_1$ は、荷重の橋軸直角方向の影響線を用いて簡単に求まる（図 19.25）。右車線の軸の η_d の値は、0.704 であり、左車線の軸の η_g の値は 0.296 である。したがって、$\Delta\sigma_2/\Delta\sigma_1 = \eta_g/\eta_d = 0.296/0.704 = 0.42$ となる。SIA 規準 263 によれば、係数 λ_4 は、相互交通の 12% が行き交うことで決まり、応力範囲 $\Delta\sigma_2/\Delta\sigma_1 = 0.4$ では、

ただし、$\lambda_1 \cdot \lambda_2 \cdot \lambda_3 \cdot \lambda_4 = 1.42 \cdot 1.0 \cdot 1.0 \cdot 1.09 = 1.55 < \lambda_{max} = 2.0$　そして、

$$\Delta\sigma_{E2} = \lambda \cdot \Delta\sigma(Q_{fat}) = 1.55 \cdot 38 = \mathbf{59\,N/mm^2}$$

(2) 細部構造の強度

継手等級は、SIA 規準 263 の表 24 によると、継手等級 4 で $\Delta\sigma_C = \mathbf{80N/mm^2}$ である（**表 12.22** も参照）。**表 12.21** に従って抵抗係数 γ_{Mf} を決める。引張フランジでは、疲労き裂は発見して遅滞なく補修できる。他方では、破損による損害（ここで言う破損とは引張フランジの破断を意味する）はかなり大きい。したがって、$\gamma_{Mf} = 1.15$ とする。

(3) 照査

疲労安全性は、$\gamma_{Ff} = 1.0$、およびこの構造詳細は $k_s = 1.0$ として式 (12.87) で照査する。

$$\gamma_{Ff} \cdot \Delta\sigma_{E2} = 59\,\text{N/mm}^2 \leq \frac{\Delta\sigma_C}{\gamma_{Mf}} = \frac{80}{1.15} = 70\,\text{N/mm}^2 \quad \Rightarrow \text{OK}$$

19.8.2 支点 P2 上の上フランジ

(1) 荷重

荷重の橋軸直角方向の載荷位置は**図 19.25** に示すものと同じであり、疲労荷重 Q_{fat} は同じく 380kN である。橋軸方向では、影響線上の 2 つの載荷位置は、**図 19.26(b)** に示す。荷重 Q_{fat} は、正の最大曲げモーメント $M_{max}(Q_{fat}) = 826$kNm と、最小曲げモーメント $M_{min}(Q_{fat}) = -3195$kNm を生じる。支点の弾性断面係数は $W_{t,eff} = 452 \cdot 10^6$（**表 19.21**）であるので、応力範囲 $\Delta\sigma(Q_{fat})$ は以下の値となる。

$$\Delta\sigma(Q_{fat}) = \frac{M_{max}(Q_{fat}) - M_{min}(Q_{fat})}{W_{t,eff}} = \frac{(826 + 3195) \cdot 10^6}{452 \cdot 10^6} = 9\,\text{N/mm}^2$$

$\lambda = 1.55$ とすると、

$$\Delta\sigma_{E2} = \lambda \cdot \Delta\sigma(Q_{fat}) = 1.55 \cdot 9 = \mathbf{14\,N/mm^2}$$

(2) 細部構造の強度

引張フランジの溶接の長さは 300mm（H 形鋼のフランジ HEB 700）であるため、$\Delta\sigma_C = \mathbf{56N/mm^2}$（SIA 規準 263, 表 24）となる。

(3) 照査

疲労安全性は式 (12.87) で照査する。

$$\gamma_{Ff} \cdot \Delta\sigma_{E2} = 14\,\text{N/mm}^2 \leq \frac{\Delta\sigma_C}{\gamma_{Mf}} = \frac{56}{1.15} = 49\,\text{N/mm}^2 \quad \Rightarrow \text{OK}$$

19.8.3 鋼とコンクリートのずれ止め

塑性計算により決まる径間のスタッドの数が多いため、疲労安全性の照査は、通常、必要でない。そのため、この例では、それについては述べない。しかし、支点の位置では照査が必要で、例えば支点 P2 について示す。

(1) 荷重

橋軸直角方向の荷重位置は、**図 19.25** に示したものと同じであり、疲労荷重 Q_{fat} も同じく 380kN である。橋軸方向の影響線上の 2 つの載荷位置は、**図 19.26(c)** に示す。荷重 Q_{fat} は、最大せん断力 $V_{max}(Q_{fat}) = 373$kN と最小せん断力 $V_{min}(Q_{fat}) = -37$kN を生じさせる。せん断力の範囲の計算には、疲労荷重が使用中の荷重に関係するため、コンクリート床版にひび割れはないものと仮定する。したがって、せん断力範囲 $\Delta v(Q_{fat})$ は、以下となる（S_c の値は**表 19.23**、I_b の値は**表 19.4** を参照）。

$$\Delta v(Q_{fat}) = \frac{(V_{\max}(Q_{fat}) - V_{\min}(Q_{fat})) \cdot S_c}{I_b \cdot n_{el}} = \frac{(373 + 37) \cdot 10^3 \cdot 1682 \cdot 10^6}{997 \cdot 10^9 \cdot 6.0} = 115\,\text{kN/m}$$

ここでは、$n = 1\text{m}$ 当たり 7.3 本のスタッドがあり、応力範囲 $\Delta\tau(Q_{fat})$ は以下のようになる。

$$\Delta\tau(Q_{fat}) = \frac{\Delta v(Q_{fat})}{n \cdot (\pi \cdot d_D^2/4)} = \frac{115 \cdot 10^3}{7.3 \cdot \pi \cdot 22^2/4} = 41\,\text{N/mm}^2$$

応力範囲 $\Delta\tau_{E2}$ は、式 (12.85) に類似した方法で計算する。修正係数は $\lambda = 1.55$ とする（19.8.1 項）。

$$\Delta\tau_{E2} = \lambda \cdot \Delta\tau(Q_{fat}) = 1.55 \cdot 41 = \mathbf{64\,N/mm^2}$$

引張を受けるコンクリートが支点上でひび割れていると仮定して、$\Delta v(Q_{fat})$ の計算に、係数 1.15（13.5.3 項）用いてひび割れの間のコンクリートの寄与を考慮することもできる。このときは、**表 19.23** に示した断面の特性を考慮して以下の値が得られる。

$$\Delta v(Q_{fat}) = 1.15 \cdot \frac{(373 + 37) \cdot 10^3 \cdot 46.0 \cdot 10^6}{581 \cdot 10^9} = 37\,\text{kN/m}$$

これから $\Delta\tau_{E2} = 21\text{N/mm}^2$ が得られ、これはせん断応力範囲より小さい。しかし、支点のコンクリートは、この疲労荷重のレベルではひび割れしないとするのが妥当で安全側であるので、$\Delta\tau_{E2} = 64\text{N/mm}^2$ を照査に用いる。

(2) 細部構造の強度

SIA 規準 263、表 25、継手 9 の継手等級は、$\Delta\tau_C = \mathbf{80N/mm^2}$ である。抵抗係数 γ_{Mf} は**表 12.21** に従って決める。鋼とコンクリートのずれ止めに対しては、生じる損傷が見つけにくく、速やかな補修もできない。他方、鋼とコンクリートのずれ止めは多くのスタッドで構成されるため冗長性が高く、損傷による損害（ここでの損傷は、スタッドの疲労破断を示す）は小さい。したがって、$\gamma_{Mf} = 1.15$ とする。

(3) 照査

疲労安全性は、スタッドの軸とせん断と引張の相関（式 (13.28)）に対して照査する。スタッドの軸のせん断は、式 (13.27) で照査する。

$$\Delta\tau_{E2} = 64\,\text{N/mm}^2 \leq \frac{\Delta\tau_C}{\gamma_{Mf}} = \frac{80}{1.15} = 70\,\text{N/mm}^2 \quad \Rightarrow \text{OK}$$

スタッドのせん断と引張フランジの引張の間の相関は、式 (13.28) により照査する（$\Delta\sigma_{E2}$ の計算と、$\Delta\sigma_C$ と γ_{Mf} の決定は 19.8.2 項を参照）。

$$\frac{\Delta\sigma_{E2}}{\Delta\sigma_c/\gamma_{Mf}} + \frac{\Delta\tau_{E2}}{\Delta\tau_c/\gamma_{Mf}} = \frac{14}{80/1.15} + \frac{64}{80/1.15} = 1.12 < 1.30 \quad \Rightarrow \text{OK}$$

この照査を満足している。ここでは応力 $\Delta\sigma_{E2}$ と $\Delta\tau_{E2}$ が同時に生じると考えているが、これは現実的でなく、安全側であることに注意する。

19.8.4 ウェブのブレッシング

ウェブのブレッシングについては 12.7.3 項で示した。活荷重の影響によるウェブの動きは、式 (12.88) によるウェブの幅厚比の制限を必要とする。合成桁では、この問題は主に合成桁の負のモーメント領域に生じるが、それは正のモーメント領域では、ウェブの圧縮高さ h_c は小さいかほとんどゼロであるからである。

中間支点部の領域では、ひび割れがあるコンクリートを仮定して計算したウェブの圧縮高さは、$h_c = 1384$ mm（表 19.21）であり、$h_c/t_w = 1384/22 = 63 < 100$ となるので、この照査は満足する。もし引張コンクリートにひび割れがないときは、繰返し応力を生じる荷重が短期荷重（活荷重）であるため、圧縮高さ h_c はヤング率比 $n_{el} = 6.0$ として計算する。この場合、$h_c = 2116$ mm、$h_c/t_w = 2116/22 = 96 < 100$ であり、安全側の仮定でも、照査は満足する。

19.9 使用性の照査（SLS）

13.7 節で示したように、道路橋の使用性の照査は、利用者の快適性、外観、橋の機能について行う。この 3 つの使用限界状態を保証するための照査は、橋のたわみ（表 9.4 に示す）、床版のひび割れ、および主桁が弾性内であることを基本にしている。

19.9.1 快適性

利用者の快適性は、使用限界状態の 4 番（表 19.10）による頻繁に生じる荷重ケースで照査する。照査は、式 (9.4) で行う。径間中央の最大たわみの計算では、荷重モデル 1 を径間中央の最大曲げモーメントの計算と同様に載荷する。数値計算により以下のたわみが得られる。

$$w_{31} = w_{31}(\psi_1 Q_{k1}) + w_{31}(\psi_1 q_{k1}) = 26.3 + 48.2 = 74.5 \text{mm} < \frac{l}{500} = \frac{80\,000}{500} = 160 \text{ mm}$$

この照査は、満足する。

19.9.2 外観

(1) たわみ

構造の外観は、準固定の荷重ケースを用いて使用限界状態の 5 番（表 19.10）に従って照査する。照査は、式 (9.5) で行う。キャンバーは $w_0 = -120$ mm である（19.2.2 項）。中央径間に生じる負の不静定曲げモーメントを考慮することで、この計算では普通、収縮を無視する。数値計算では以下のたわみが得られた（3 つの項は、それぞれ鋼構造の自重、コンクリート床版の自重、非構造部材の自重に相当する）。

$$w_2 = w_2(G_k) = 21.0 + 88.3 + 15.9 = 125.2 \text{mm} < \frac{l}{700} - w_0 = \frac{80\,000}{700} + 120 = 234 \text{ mm}$$

この照査は満足する。キャンバーの 120mm は、固定荷重によるたわみ（$w_0 + w_2 = -120 + 125.2 = 5.2$ mm）でほとんど相殺されるが、このことは、床版は活荷重が作用しないときは、ほぼ水平であることを意味する。もし、常に上向きの変形を求めるときは、キャンバーを増やすこともできる。

(2) ひび割れ

SIA 規準 262 では、床版のひび割れに対する要求を 3 つに区別していて、それらは、普通の要求、高い要求、より高い要求である。この例では、床版がより高い要求に対する規準に適合することを求められていると仮定する。

(a) 最低鉄筋比

最初に満足させる条件は、床版の橋軸方向の最低鉄筋比で、式 (13.46) で定義される。

$$\rho \geq \frac{1}{1 + 0.5 h_c} \cdot \frac{f_{ctm}}{f_{sd}} \cdot 100 = \frac{1}{1 + 0.5 \cdot 0.350} \cdot \frac{3.2}{435} \cdot 100 = 0.63 \%$$

設計例では、鉄筋比は 0.75% であるため（19.2.3 項）、この照査は満足する。

(b) ひび割れ開口幅

より高い要求を満たすには、ひび割れ開口幅を制限するために、十分な鉄筋量を与える。この例では、鉄筋の鋼材の応力 σ_s が、準固定荷重が作用しても曲線 C1 （図 13.27 参照）によるひび割れ開口幅 0.3mm に対する限界値を超えないようにする。

合成桁に作用し床版に負荷を与える準固定荷重は、非構造部材の自重である。床版架設時に床版に生じる長期の応力も考慮する。この例では、支間先行工法によりコンクリートが打設されるが、この応力は小さく無視できる。しかし、床版が前進工法により架設されるときは（図 19.16）この限りではない。

この例では、非構造部材の自重により生じる支点 P2 の曲げモーメントは、$M_{Ed} = -8109$kNm である（図 19.14）。鉄筋の断面係数は（表 19.21 による h_c を用いて）以下の値となる。

$$W_s = \frac{I_a}{h_f - h_c + t_{f,sup}/2 + h_{Gc}} = \frac{583 \cdot 10^9}{2680 - 1384 + 120/2 + 250} = 363 \cdot 10^6 \text{ mm}^3$$

したがって、鉄筋の引張応力は次式となる。

$$\sigma_s = \frac{8109 \cdot 10^6}{363 \cdot 10^6} = 22 \text{ N/mm}^2$$

この応力のレベルは、曲線 C1 を大きく下回っている。収縮の引張応力 25N/mm²（19.4.2 項の下フランジの収縮による圧縮応力に相当する応力）を加えても、照査は満足する。

非構造部材の自重によるひび割れのない床版を考慮した場合、中間支点の床版の引張応力は、$\sigma_c = 1.4$N/mm² であることに注意する。この応力に床版の収縮の効果 σ_{cs}（図 13.4）$= 1.4$N/mm² を加えた場合、床版の長期の引張応力は 2.8N/mm² となる。この応力は、コンクリートの平均引張強度 3.2N/mm² より小さい。したがって、短期変動作用の影響で床版に生じるひび割れは、その数や開口幅に関しては、それほど顕著なものではない。

(c) 鉄筋の降伏

完全にするには、3 つめの条件も満たす。これは、鉄筋の鋼材が、頻繁な荷重により降伏しないだけの鉄筋の面積があることを証明する。この例では、$\psi_1 = 0.75$ として活荷重の頻繁な作用 $\psi_1 \cdot Q_{k1}$ と $\psi_1 \cdot q_{k1}$ を考慮して、支点のモーメント 19252kNm （図 19.14）から、鉄筋の引張応力 53N/mm² が得られる。非構造部材の自重と上記で計算した収縮の効果を加え、$\sigma_s = 53 + 22 + 25 = 100$N/mm² が得られる。式 (13.47) で表される要求を満足させる。

$$\sigma_s = 100 \leq 435 - 80 = 355 \text{N/mm}^2 \quad \Rightarrow \text{OK}$$

この条件は満足するが、それは一般に規格 S355 の鋼材を用いた合成桁橋の桁でもそうである。これは、鉄筋の鋼材の降伏点 $f_{sk} = 500$N/mm² は、鋼材 S355 のそれよりも大きく、終局限界状態では鉄筋は降伏点に達しないからである（19.6.4 項）。

19.9.3 橋の機能

(1) たわみ

橋の機能の照査は、主に橋の伸縮装置の位置での鉛直たわみについて行う（相対的な鉛直変位、過度な回転による水平方向のずれに関してである）。この照査は、この例では示さない。

(2) 鋼桁の引張応力

使用性限界の 6 番（表 19.10）によると、この照査は、稀な荷重ケース、すなわち固定荷重と $\psi_0 = 0.75$ を乗じた活荷重によって、鋼桁が弾性領域に留まることを保証する。照

査は、中央径間の中央部で行う。終局限界状態での照査は、他の断面では弾性抵抗モデルに基づいて行うため、この照査は暗黙のうちに満足される。

下フランジの引張応力の照査に対しては、荷重履歴を考慮した応力を加算して、異なる抵抗断面で考慮する必要がある。収縮が中央径間に負の不静定モーメントを生じさせることを考慮すれば、この計算では収縮を無視できる。合成桁に作用する自重と、長期荷重と短期荷重、それに対応する断面のヤング率（**表 19.4**）に径間の最大モーメント（**図 19.12**〜**図 19.14**）を考慮し、次に示す応力の合計が得られる。

$$\sigma_{a,inf} = \frac{(2501 + 9611)10^6}{104 \cdot 10^9} + \frac{3232 \cdot 10^6}{130 \cdot 10^9} + \frac{0.75(8765 + 11\,634)10^6}{137 \cdot 10^9} = 253\,\text{N/mm}^2$$

この応力の合計は、鋼材の降伏点 355N/mm^2 より小さく、この照査は満足する。

参考文献

[19.1] *Guide méthodologique, Eurocodes 3 et 4, Application aux ponts-routes mixtes acier-béton,* Service d'études techniques des routes et autoroutes, SETRA, Bagneux（F）, 2007.

用語・記号説明

ローマ字（大文字）

A, B, C…	図中の点
A	断面積、特殊な作用（荷重）
C	使用性限界、せん断中心、ねじり中心、回転中心、係数
CV	横構（仏語で contreventement）
D	トラスの圧縮部材に作用する軸力
E	作用の効果、ヤング率
F	作用、集中荷重に対する抵抗
G	集中自重、せん断弾性係数、振幅
H	水平荷重
I	断面2次モーメント
K	等ねじりの係数、バネ定数、応力拡大係数
L	長さ
M	断面力（曲げモーメント）、作用（集中曲げモーメント）、曲げ抵抗、集中マス
N	断面力（軸力）、歩行者の数
P	プレストレス力、スタッドのせん断抵抗
Q	作用（集中荷重）、集中変動荷重
Q_A, Q_B, Q_S	加速力、制動力、横ぶれ力
R	抵抗、曲率半径、反力
S	断面1次モーメント、静的なモーメント
T	断面力（ねじりモーメント）、温度、タイの軸力、周期
V	断面力（せん断力）、せん断抵抗、集中せん断力
W	断面係数
X	不静定構造物の不静定モーメント

ローマ字（小文字）

a, b	寸法
a	補剛材の間隔、加速度
b	幅、フランジの幅、コンクリート床版の半幅
c	圧力の係数、減衰定数
d	寸法、斜材の長さ、歩行者の密度
e	距離、偏心、中立軸間の距離、対傾構の間隔
f	材料の強度、振動数、アーチライズ
g	分布自重
h	高さ、桁高、断面の高さ

i	断面2次半径
k	係数、低減係数、座屈係数、剛性、バネ定数
l	長さ、支間
m	作用（分布モーメント）、せん断弾性係数比（$m = G_d/G_c$）、分布マス
n	数、ヤング率比（$n = E_d/E_{cm}$）、断面積比（$n = A_d/A_c$）
q	作用（分布荷重）、分布変動荷重
r	半径
s	主桁間隔、箱断面の幅、長さ、薄肉断面中心線に沿った座標、タイの幅
t	厚さ、板厚、時間
u, v, w	x, y, z 方向の変位
v	せん断流れ、単位長さあたりのせん断力、速度、水平変位
w	鉛直方向の変位、変位、たわみ
x, y, z	x, y, z 方向の座標
x	圧縮を受けるコンクリートの高さ（合成断面）
z	てこの長さ
u, v	主軸（非対称断面）
x	橋や部材の長手方向の軸
y, z	主軸（対称断面）、橋の断面の軸

ギリシャ文字（大文字）

Δ	水平方向のたわみ
Φ	横座屈係数（横ねじれ座屈係数）
χ	材令係数、割引係数（横座屈、局部座屈）、相対剛性
Ω	中心線で表した面積、反り関数（基準化しない扇形座標）

ギリシャ文字（小文字）

α	角度、係数、横方向の影響線に対する係数、斜角、線膨張係数、ウェブの縦横比、不整の係数、交通荷重の係数、鉛直荷重の増幅係数
β	角度、係数、斜角、塑性モーメントの低減係数
ε	ひずみ
δ	対数減衰
ϕ	曲率、係数、増幅係数
γ	荷重係数、抵抗係数、部分係数
η	係数、影響線の縦距、補正係数、長さの比
φ	クリープ係数、角度、回転の角度、タイの傾斜、位相差
κ	等ねじり（サン・ブナン）とそりねじり（そり）剛性の比
λ	細長比、補正係数（疲労）
$\bar{\lambda}$	無次元細長比
μ	摩擦係数、ひび割れ間の引張の影響を考慮する係数
ν	ポアソン比
π	円周率（3.1416）
θ	回転角、ウェブパネルの対角線の角度
ρ	鉄筋比
σ	直応力

τ	せん断応力
ω	そり、基準化した扇形座標、固有円振動数
ξ	長さの比
ψ	変動作用に対する低減係数、応力比、モーメント比
ζ	減衰比

下付きの記号

A	断面積
C	せん断中心、曲率、継手等級
CV	横構（仏語で contreventement）
D	横座屈、スタッド、たわみ、ダイアフラム
E	作用の効果、等価
F	作用
G	長期荷重、自重、重心
H	水平
K	座屈
L	長手方向
M	曲げモーメント、材料、部分抵抗係数、部材、集中マス
N	軸力
P	板の座屈、局部座屈
Q	集中荷重、変動荷重
R	抵抗
T	橋軸直角方向、ねじり、温度、対傾構のラーメンの横桁
V	せん断力
a	構造用鋼、鋼桁、ダンパー
b	鋼とコンクリートの合成
c	コンクリート、コンクリート床版、圧縮
d	設計値、右側（仏語の droite）
e	対傾構、有効、外の
f	フランジ、疲労、閉断面、摩擦、力
g	基礎地盤、左側（仏語の gauche）
h	高さ、深さ、水平
i	内部の
$i, j, \cdots, n$	変動荷重 i の要素 $i, j, \cdots, n$ の値
k	特性値、剛性
l	長さ、支間
m	材料、平均値、分布マス、対傾構の支柱
n	固有振動数
o	開断面（開）
q	分布荷重
r	拘束、保持
s	鉄筋、補剛材、収縮、距離、間隔、寸法
t	引張、時間、トラス、交通、対傾構の間隔

v	橋軸方向のせん断、等ねじり（サン・ブナン）、ずれ止め、鉛直、体積
w	ウェブ、そりねじり（そり）、風
x	圧縮を受けるコンクリートの高さ（合成断面）
y	降伏
x, y, z	x, y, z 軸に対する
acc	稀な（accidental）
ag	重力の軸
arc	アーチ
cm	コンクリートの特性値の平均値
cr	限界値（critical）
cs	コンクリートの収縮
dia	斜材
dst	不安定化
dyn	動的
eff	有効
eq	等価
ext	外の
fat	疲労
fl	曲げ
inf	下フランジ、下鉄筋、特性値の下限値
lim	限界
max	最大
min	最小
moy	中間、平均
nec	必要な
opt	最適な
pl	塑性
rap	拘束
rep	代表的な値
red	低減
ref	参考
ser	使用性限界状態
sup	上フランジ、上鉄筋、特性値の上限値
sus	吊材
stb	安定化
tir	タイ
to	ねじり
tot	トータル
ult	最大値
α	角度 α で作用する
ϕ	クリープ
σ	後座屈の寄与

τ	そりねじりによるせん断応力
ω	そり関数（断面2次モーメント、ねじりのバイモーメント）、扇形座標
0	参考値、初期値、変動荷重の稀な作用
1	変動荷重の良く生じる値、単位荷重
$1, 2, 3, \cdots$	ある値、ある位置
I, II	コンクリート断面の第Ⅰ段階（等質）と第Ⅱ段階（ひび割れ）に対する
∞	最終的な値、無限大

上付きの記号

$\cdots^{*}$	一般化されたマスと剛性
$\cdots^{\text{flexion}}$	曲げによる影響
$\cdots^{\text{torsion}}$	ねじりの影響
$\cdots^{\text{droit}}$	直線橋
$\cdots^{\text{biais}}$	斜橋

材料強度

f_c	コンクリートの圧縮強度
f_{ct}	コンクリートの引張強度
f_{ctm}	コンクリートの平均引張強度
f_s	鉄筋の降伏点
$f_{u,D}$	ずれ止めに対する鋼の引張強度
f_y	構造用鋼の降伏点
τ_y	せん断の降伏点
$\Delta\sigma_c, \Delta\tau_c$	200万回疲労強度、継手等級（直応力範囲、せん断応力範囲）

関数、記号

d	微分
Δ	変分、差、範囲
sin	サイン、正弦
cos	コサイン、余弦
tan	タンジェント、正接
sinh	ハイパーボリックサイン、双曲線正弦
cosh	ハイパーボリックコサイン、双曲線余弦
tanh	ハイパーボリックタンジェント、双曲線正接

索　引

あ
アーチ橋　　12, 32, 65, 380
圧縮フランジの回転座屈　　235
アップリフト　　330, 34
孔明き鋼板　　128
安定性　　330

い
維持管理　　153
一括架設　　120
移動型枠　　131

う
ウェブのクリップリング　　258
後座屈　　249
内ケーブル　　146

お
横断線形　　45
送出し架設　　114, 132
送出し装置　　116
押出し架設による床版　　17
温度勾配　　279
温度変化　　172

か
開断面　　14, 76, 202
荷重　　166
風荷重　　311
活荷重　　63
下路　　15
下路桁　　345
管理計画　　153

き
規格　　52

基礎　　19
橋脚　　19
強靭さ　　47
橋台　　19
協定仕様書　　154
強度　　47
供用　　153
曲線橋　　12
曲線桁　　218
許容誤差　　121

く
クリープ係数　　277
クレーン　　110
クレーンによる架設　　16

け
桁橋　　12
桁高の大きい桁　　79
桁高比　　67
ケーブル　　66
減衰　　365
減衰比　　366
現場溶接　　108

こ
鋼床版　　14, 102
構造安全性　　155
構造安全性の照査　　244
構造解析　　153
構造設計　　153
固有振動数　　367
ゴム支承　　181

し
死荷重　　63

支間先行工法　142
支承　19
地震荷重　174
地覆　127
遮音壁　352
斜橋　12, 212
斜張橋　13, 33
縦断線形　45
主桁　17
主たる荷重　157
純ねじり　192
衝撃係数　170, 351
使用限界状態　159
使用性　154
衝突荷重　177
床版　17
上路　15
上路桁　345
伸縮装置　19, 20
じん性　53
信頼性　46

す

垂直補剛材　260
水平補剛材　260
スタッド　128, 296
スパンバイスパン工法　143
すべり支承　180
スラブアンカー　128
ずれ止め　17, 128

せ

ぜい性破壊　55
制動トラス　343
施工　153
施主の代理人　42
設計値　158
線形　44
前進工法　142
線膨張係数　173

そ

塑性解析　188

外ケーブル　146
反りねじり　194

た

ダイアフラム　99
ダイアフラム形式の対傾構　79, 317
対傾構　17, 78, 95, 310, 314
耐候性鋼　56
タイドアーチ　65
タイドアーチ橋　383
脱線防止ガード　347
縦横比　248
たわみ　306
弾性解析　187
弾塑性解析　187
ダンパー　365
断面力　187, 201

ち

中間支点を降下　146
鋳鉄　27
長大吊橋　29
直橋　12

つ

突合せ溶接　89
吊形式の橋　12
吊材　385
吊橋　13, 29

て

抵抗係数　163
鉄道橋　10, 342
手延機　115
手延べ式送出し架設工法　16
点検計画　153
転倒　330, 332

と

等価応力範囲　265
道路橋　10
特殊荷重　174
特性値　158

塗装　56
トラス橋　69
トラス形式の対傾構　79, 97, 315

に
2次効果　336

ね
ねじり　185
ねじり抵抗モーメント　185
ねじりモーメント　185

は
排水装置　19
端補剛材　260
場所打ち床版　17, 130
発注者の仕様書　40
幅厚比　241
バラスト　343, 350
張出し架設　112
張出し架設工法　16
鈑桁のせん断強度　247

ひ
美観　48
ひび割れ　139, 306
疲労　264
疲労安全性の照査　265
疲労強度　264
品質　52

ふ
付随する変動荷重　157
プレキャスト床版　17, 134
プレキャスト版　131
プレストレス　144
ブレッシング　268

へ
閉断面　14, 77
偏心荷重　203

ほ
防水層　126
方づえラーメン橋　12, 65
歩行者・自転車専用橋　11
保全計画　153
歩道橋　360

ま
枕木　350

ゆ
有効幅　240, 284
遊動連続桁　335
遊動連続桁橋　70, 72
雪荷重　174
輸送　107

よ
溶接　107
溶接性　54
溶接部の検査　107
横構　17, 73, 81, 99, 209, 310
横座屈　236
横揺れ　343

ら
ラーメン形式の対傾構　79, 95, 315

り
リスクのシナリオ　155, 412

れ
レール　350
錬鉄　27

著者

ジャン-ポール・ルベ（Jean-Paul Lebet）
1950 年 11 月生まれ
1975 年　スイス工科大学ローザンヌ（EPFL）卒業
1987 年　Ph.D. スイス工科大学ローザンヌ（EPFL）
2008 年　スイス工科大学ローザンヌ 土木工学科 教授、鋼構造研究所（ICOM）所長

マンフレッド・ヒルト（Manfred A. Hirt）
1942 年 8 月生まれ
1965 年　スイス工科大学チューリッヒ（ETHZ）卒業
1972 年　Ph.D. リーハイ大学（アメリカ）
1972 年　スイス工科大学ローザンヌ（EPFL）鋼構造研究所（ICOM）研究員
1980 年　スイス工科大学ローザンヌ 教授
1992 年　スイス工科大学ローザンヌ 教授、鋼構造研究所（ICOM）所長
2003 年　国際構造工学会（IABSE）会長（3 年間）
2007 年　EPFL 退職

英語版の翻訳者

グラハム・コーチマン（Graham Couchman）
スイス工科大学ローザンヌ（EPFL）　Ph.D.
英国鋼構造協会（SCI）　チーフ・エグゼクティブ（CEO）

フランス語版からの日本語への翻訳協力者

犬飼玲子（Reiko VACHOT-INUKAI）
在リヨン仏日・日仏通訳翻訳、リヨン控訴院付法定翻訳通訳官

訳者略歴

山田健太郎

1946 年 9 月生まれ
1969 年　名古屋大学 工学部 土木工学科 卒業
1971 年　名古屋大学大学院 工学研究科 土木工学専攻 修了
1975 年　メリーランド大学大学院 博士課程 修了　Ph.D.
1975 年　米国メリーランド大学 ポストドクトラルフェロー
1976 年〜　名古屋大学工学部助手、講師、助教授
1988 年　名古屋大学 工学部 教授
2001 年　名古屋大学大学院 環境学研究科 教授
2010 年　名古屋大学 名誉教授
　　　　中日本ハイウェイ・エンジニアリング名古屋 顧問

鋼橋（こうきょう） 鋼橋および合成橋の概念と設計

2016 年 6 月 20 日　第 1 刷発行

訳　者　山田　健太郎（やまだ　けんたろう）

発行者　坪　内　文　生

発行所　鹿　島　出　版　会
　　　　104-0028　東京都中央区八重洲 2 丁目 5 番 14 号
　　　　Tel. 03（6202）5200　振替 00160-2-180883

落丁・乱丁本はお取替えいたします。
本書の無断複製（コピー）は著作権法上での例外を除き禁じられています。また、代行業者等に依頼してスキャンやデジタル化することは、たとえ個人や家庭内の利用を目的とする場合でも著作権法違反です。

装幀：石原 亮　　DTP：エムツークリエイト
印刷：壮光舎印刷　　製本：牧製本
© Kentaro YAMADA, 2016
ISBN 978-4-306-02480-9　C3052　Printed in Japan

本書の内容に関するご意見・ご感想は下記までお寄せください。
　　URL：http://www.kajima-publishing.co.jp
　　E-mail：info@kajima-publishing.co.jp